安全生产
基础理论新发展

■ 谢 宏 主编

中国出版集团

世界图书出版公司

广州·上海·西安·北京

图书在版编目(CIP)数据

安全生产基础理论新发展 / 谢宏 主编. —广州 :世界
图书出版广东有限公司, 2015.10
　ISBN　978-7-5192-0408-2

　Ⅰ. ①安… Ⅱ. ①谢… Ⅲ. ①安全生产－研究 Ⅳ.①X93

　中国版本图书馆 CIP 数据核字(2015)第 253633 号

安全生产基础理论新发展

责任编辑	吕贤谷	
封面设计	高　燕	
出版发行	世界图书出版广东有限公司	
地　　址	广州市新港西路大江冲 25 号	
印　　刷	虎彩印艺股份有限公司	
规　　格	787mm × 1092mm　　1/16	
印　　张	29.625	
字　　数	593 千字	
版　　次	2015 年 10 月第 1 版　2017 年 1 月第 2 次印刷	
ISBN	978-7-5192-0408-2/X · 0049	
定　　价	104.00 元	

安全生产基础理论研究团队 (课题组) 组成成员

团队（课题组）执行责任人：颜 烨

团队（课题组）成员（根据倡议、贡献、原有研究基础等综合排列）：

谢 宏	马尚权	詹瑜璞	刘 伟	翁翼飞	张跃兵
田冬梅	姚 建	郭丽娟	王树江	李遐桢	方元务
卢芳华	李 季	刘 星	尹平平	李 涛	刘九龙
孙丽娜	慕向斌	张剑虹	牛金成		

各章（文稿）研撰人：

总报告 颜 烨

上卷

第一章 马尚权	第二章 姚 建	第三章 颜 烨
第四章 郭丽娟	第五章 张跃兵	第六章 翁翼飞
第七章 刘 伟	第八章 詹瑜璞	第九章 田冬梅
第十章 谢 宏		

下卷

《周易》的安全哲学思想论纲 郭丽娟

劳动者安全自律问题探析 王树江

企业安全亚文化的基本分析 方元务

劳动生产领域安全监管与安全管理的系统解析 翁翼飞

企业安全市场化精细管理实施与运行机制研究 翁翼飞

矿井瓦斯事故多因素模糊综合安全评价研究 刘 伟

安全产业学初探 颜 烨

企业全员安全风险抵押金制度研究 李遐桢

职业安全权保护的人权法审视 卢芳华

劳动生产领域安全行为分类与特征研究 张跃兵

前 言

2012年底，应学校（华北科技学院）要求和校学术委员会审议，按照党的十八大关于"强化公共安全体系和企业安全生产基础建设，遏制重特大事故"、国家安全生产"十二五"规划、国家安全生产科技"十二五"规划的精神，安全生产基础理论研究创新团队正式组建；2013年8月，团队选题被遴选为国家安全监管总局安全生产重大事故防治关键科技项目征集名录。

团队（课题组）主要以探索和创新安全生产领域的重大基础理论为己任，面向和服务全国安全生产大局，力争成为安全生产监管系统的政策咨询"智库"，为促进全国安全生产根本好转、推进安全生产现代化发展奠定坚实的理论基础和人才基础。

团队（课题组）现有成员23人，均为本校（华北科技学院）教师，凝聚了具有本校安全科技办学特色的高端人才。从职称、学历、年龄结构看，其中教授35%、副教授30%；博士学位者70%，其余为硕士；40岁以上的40%，以下的60%。从专业学科构成看，以哲学社会科学研究为主，涵盖安全哲学、安全系统学、安全社会学、安全伦理学、安全文化学、安全管理学、安全经济学、安全法学、安全（心理）行为学，兼及自然科学里的安全工程学、安全人机工程学等，基本形成了颇具特色的"安全科学学科群"（或者说是"安全生产学学科群"）。队伍结构合理。

两三年来，团队（课题组）成员团结合作，相互切磋，边教学边研究，取得了较好的成绩：一是先后在《中国安全科学学报》《科技管理研究》《中国煤炭》《华北科技学院学报》等专业刊物上，以及第二届国际矿山科学与工程论坛、材料科学高级论坛等会议上，发表相关专业论文20余篇，其中全国中文核心（和准核心）期刊、EI等检索论文10余篇；此外，有成员出版相关专著和相关培训教材数部。二是团队（课题组）努力向上一级部门申报研究课题和创新团队申报方面，主要做了如下工作，除了申报为安监总局相关重大事故防范关键技术项目征集名录，同时还申报了其他国家级项目或"高校智库"材料；部分成员申报了各自领域的厅局级、省部级科研项目。三是有2个相关项目获得省部级科研成果奖（中国职业安全健康协会科技成果奖）。四是先后有6人次荣获过省部级个人荣誉称号（河北省第十届社会科学优秀青年）和专家称号（国家安全生产技术委员会委员、国家安全生产专家组成员、国家安全生产应急救援专家组成员）。总体看，本团队（课题组）全部完成立项合同规定的任务，已经开始向上冲击，为今后申报教育部科研创新团队奠定了坚实基础。

多年来，团队（课题组）成员依托学校的快速发展，秉持"人无我有，人有我优，人优我强"精神，不断探索，先后在安全哲学、安全社会学、安全伦理学、安全监管理论、危险源理论等学科理论创建方面，取得国内独具特色的开创性突破；在安全经济学、安全法学、安全文化研究、安全行为（心理）学、安全人机工程学、安全系统学等方面也有新的开拓和进展；同时，在安全产业学、安全人权学等新兴交叉学科理论方面有了初步探索。这些进一步凸显了学校安全科技办学特色，丰富了安全科学技术理论体系。

团队（课题组）的规划理念和目标是：首先，形成有影响力的理论专著，成为安监立业的理论基础。目前安监系统尚未形成一套完整的涵盖各社会科学并兼及自然科学的理论专著，因而政策决策缺乏科学理论依据和支撑。为此，团队（课题组）在以往基础上持续开展研究和出版专著，并持续不断地吸纳人才和进行理论创新。其次，组建相关的研究基地，打造安全生产的强大智库。整合本校现有力量，进一步发现人才，扩展队伍，培育一个国内有影响力的安全生产理论研究基地，打造成为安全生产及其监管系统的强大思想智库。再次，有针对性地开展课题研究，直接服务于安全生产大局。主要是要围绕安全生产形势根本好转、安全生产现代化事业，开展有针对性的相关课题研究，使之直接服务于安全生产事业大局，如开展安全生产现代化建设研究、安全生产法律适用研究等。最后，培育一批高端人才，使之成为安监系统理论后备力量。主要是通过提携年轻教师和学者，同时培养一批文理相通的研究生，积极为安全生产理论研究和思想智库开掘人才资源，使之成为坚实的安监系统的理论后备军。

团队（课题组）最终成果为研究报告暨专著，分为上卷和下卷两大部分。上卷是关于安全生产基础理论体系的新进展研究，包括安全哲学、安全系统论、安全社会学、安全伦理学、安全文化论、安全管理学、安全经济学、安全法哲学、安全人机学、安全行为学10个方面，均在国内外研究上有新的突破，有的还是开创性研究。下卷则是关于安全生产新学科和新理论的自由探索部分，目前包括：安全产业学、安全人权学等交叉新兴学科的初步探讨，周易中的安全哲学思想探讨，安全伦理方面的安全自律研究，安全亚文化研究，安全管理（监管）新思想和安全综合评价，法学方面的安全抵押金制度研究、职业安全权保护制度的人权法审视，安全行为分类与特征新探索。

主　编
2015年3月

总 报 告

安全生产是工业社会的重要社会问题，关系到国家经济命脉和人们身心健康。它既要满足一个国家或地区的经济生产及其总量增长，又要切实保障生产劳动过程中从业者和在场服务对象（如乘客、顾客、居民）的生命安全和身心健康，即安全地生产、生产必须安全。当工业风险凸显的时候，从业者和在场服务对象的生命健康就将面临着更为危险的生产环境和因素，因而研究安全生产，也成为各种学科理论的关注重点。到底哪些是安全生产的基础理论，哪些是它的应用理论、应用技术或政策，这是需要首先弄清楚的问题。只有奠定了安全生产的基础理论体系，才能从根本上去查找安全事故发生的原因，进行科学安全生产决策和预防，杜绝和预防事故的发生。

一、研究背景和研究意义

改革开放以来，随着经济社会加速发展，前些年中国工业生产领域安全事故也日益凸显，人们对于安全保障的要求越来越高。这既反映了世界各国工业化进程的一般规律，同时也显现了中国自身的表现特征。

1. 研究背景

开展安全生产基础理论研究，既有经济社会发展一般规律背景，也有安全生产自身发展规律的背景，还有社会政策背景。

（1）从社会发展战略目标看，需要开展安全生产基础理论研究

"十二五"时期，是全面建成小康社会的重要战略机遇期，是深化改革、扩大开放、加快转变经济发展方式、协调经济社会发展的攻坚阶段，也是实现安全生产状况根本好转的关键时期。2012年，中共十八大报告明确提出全国"确保到二〇二〇年实现全面建成小康社会宏伟目标"，安全生产必是这一战略目标的重要组成部分和实现这一宏伟目标的必要之举，因而加强安全生产基础理论研究仍是重中之重。

（2）从安全生产现实状况看，需要开展安全生产基础理论研究

目前，虽然全国安全状况明显好转，保持了总体稳定、持续改善、"三个明显下降"（事故总量、死亡人数、死亡率）的发展态势，但诚如国家安全生产"十二五"规划指出，今后"安全生产工作既要解决长期积累的深层次、结构性和区域性问题，又要积极应对新情况、新挑战，任务十分艰巨"。

一是安全生产形势依然严峻。全国仍处于生产安全事故易发多发的特殊时期，事故总量仍然较大（2010年发生各类事故36.3万起、死亡7.9万人）；重特大事故尚未得到有效遏制，"十一五"期间年均发生重特大事故86起，且呈波动起伏态势；非法违法生产经营建设行为仍然屡禁不止；职业病、职业中毒事件仍时有发生。二是安全生产基础依然薄弱。部分高危行业产业布局和结构不尽合理，经济增长方式相对粗放。安全保障仍然不能满足经济社会快速发展的要求，如安全责任和措施落实不到位，安全投入不足，制度和管理还存在不少漏洞，工艺技术落后，设备老化陈旧，安全管理水平低下。三是安全生产监管监察及应急救援能力亟待提升。各级安全生产监管部门和煤矿安全监察机构基础设施建设滞后，技术支撑能力不足，部分执法人员专业化水平不高，传统监管监察方式和手段难以适应工作需要；现有应急救援基地布局不尽合理，救援力量仍较薄弱，应对重特大事故灾难的大型及特种装备较为缺乏；部分重大事故致灾机理和安全生产共性、关键性技术研究有待进一步突破。四是保障广大人民群众安全健康权益面临繁重任务。一方面，部分社会公众安全素质不够高，自觉遵守安全生产法律法规意识和自我安全防护能力还有待进一步强化；另一方面，随着经济发展和社会进步，全社会对安全生产的期望不断提高，广大从业人员"体面劳动"观念不断增强，对加强安全监管、改善作业环境、保障职业安全健康权益等方面的要求越来越高。

（3）从安全生产发展战略和政策看，需要开展安全生产基础理论研究

在社会主义现代化"四位一体"或"五位一体"（经济建设、政治建设、社会建设、文化建设、生态文明建设）总布局中，安全生产主要属于社会建设、社会管理的重要内容。中共十七大报告在"加快推进以改善民生为重点的社会建设"部分认为，要"坚持安全发展，强化安全生产管理和监督，有效遏制重特大安全事故。完善突发事件应急管理体制。"中共十八大报告在"改善民生和创新管理中加强社会建设"部分要求"强化公共安全体系和企业安全生产基础建设，遏制重特大安全事故"；中共十八届三中决定强调要"深化安全生产管理体制改革，建立隐患排查治理体系和安全预防控制体系，遏制重特大安全事故"。此前，2004年，《国务院关于进一步加强安全生产工作的决定》提出，安全生产状况到2020年要实现"根本好转"目标（要求2007年实现稳定好转、2010年实现明显好转）；2005年，关于"十一五"规划的建议首次提出"安全发展"概念；2006年，"十一五"规划纲要首次提出"公共安全建设"框架；2012 年，总理政府工作报告写入"安全发展战略"。这些概念和观点、战略和政策都需要以基础理论研究加以解析和论证。

（4）从安全生产科技规划本身看，更需要开展安全生产基础理论研究

国家安全生产"十二五"规划和安全科技"十二五"规划均提出大力实施"科技兴安"战略，强调顺应安全生产发展规律，强化安全生产基础理论研究，深入探索事故因子流动演变发生发展规律，以重大事故演化基础理论研究为突破口，围绕安全生产长效机制、事故致因、危险辨识与评价、灾害预防与控制、安全与应急管理、行为科学、社会科学、安全经济、安全文化 9 大方面理论研究，力争取得新突破。这是本团队（安全生产基础理论研究创新团队）选题的具体直接依据。

2. 研究意义

在上述基础上开展整合研究，具有重要的实践意义和学术意义。

（1）从实践层面看

该研究为提升安全科技水平、强化安全监管保障能力、提高全民安全文化素质等奠定基础，培养高层次安全科学理论人才，为安监系统立业奠定坚实的理论基石，不断促进全社会的安全文明、和谐发展，推进 2020 年实现安全生产状况根本好转和全面建成小康社会的宏伟目标。

（2）从学理层面看

该研究有助于逐步完善安全科学理论体系，不断发现和创造新的理论方法和新兴、交叉学科，形成系统化、科学化、广延化的安全生产基础理论体系，促进安全科学理论转化应用。

（3）从学校层面看

从组织层面看，该研究汇聚华北科技学院 2002 年确立安全科技办学特色以来的基础性学科研究成果和人才，凸显本校安全社会学、安全伦理学、安全法学等品牌性安全科学理论研究特色，对于进一步提升本校作为国家安监总局直属唯一高校的安全科技办学特色具有举足轻重的作用，同时进一步体现学校学科建设"人无我有，人有我优，人优我特"的特点，加强中年、青年结合，相互促进，带动人才培养、安全培训、社会服务和文化传承，进一步创建省部级或国家级科研创新团队。

3. 中国意蕴

如果与国外的情况对比，中国安全生产面临几方面的国情和历史：第一，中国是世界第一人口大国，与人口发展相关的各种安全保障条件、安全保障资源（包括安全生产力、安全科技和设施等）都显得非常紧缺；第二，随着改革开放加速发展和城市化加快发展（今后二三十年仍是城市化高速发展时期），人口流迁持续加速，流迁规模持续加大，世所罕见，这对公共安全和职业安全等都是严峻挑战，而且没有这种人口大国流迁的先例可循；第三，中国社会正处于从传统农业社会向现代工业社会、农村为主的社会向城市为主的社会急剧转型，期间涌现的传统与现代的冲突和交融，这种"复调社会"①是其他国家所没有的，必然对公共安全、个人安全带来巨大影响；第四，中国是一个儒家文化为社会结构基质的国家，由此衍生的中央集权制和家国同构模式，使得公共权力及人治方式成为公共资源机会配置的核心要素，并且裹挟着潜规则超越正式法治规则，这种民族特色使得各种风险更加具有复合性，安全预防、安全保障、安全监控更加复杂。由此，开展中国特色的安全生产基础理论研究富有特别重要的意义。

二、研究现状与研究设计

本研究需要在国内外研究基础上进一步深化和提升，因此紧密围绕"安全生产"这个大问题开展基础理论体系研究。

1. 国内外相关研究回溯

关于安全科学理论，国内外都有了一定的研究，但紧密围绕安全生产开展基础理论研究的尚不多。国内外相关综合研究大体分为如下三个时期②。

（1）从人类进入工业社会到 1950 年代

主要研究事故灾难，即事故学理论发展时期。突出的标志是 1930 年代美国海因里希发表"事故致因理论"成果，推进了近代工业的安全发展，其中事故预防理论、能量转移说、"三不放过原则"等广为运用。

（2）从 1950 年代到 1980 年代

主要研究危险分析、风险控制即防灾减灾问题。突出的是建立"事故链"概念、事故树分析法，确认人—机器—环境—管理的系统分析法。此阶段直接开创了安全科学研究，较早的是 1981 年德国 A. 库尔曼出版《安全科学导论》一书，将"人—机—环境"系统分为局部、区域、全球三个层次③，此后安全学基本原理研究不断兴起；中国刘潜在 1985 年前后从以往中国特色的"劳动保护科学"中跳出来，提出建立"安全科学"的设想。德国社会学家贝克 1986 年出版《风险社会》一书，重点探讨现代社会风险与高度现代性的关系④。

---

① 肖瑛. 复调社会及其生产——Civil Society 的三种汉译法为基础 [J]. 社会学研究，2010（3）.

② 参考罗云，程五一. 现代安全管理 [M]. 北京：化工出版社，2004：3-6.

③ [联邦德国] A. 库尔曼. 安全科学导论 [M]. 徐州：中国矿业大学出版社，1991.

④ Ulrich Beck. Risk Society: Towards a New Modernity [M]. Translated by Mark Ritter, London: SAGE Publications Ltd, 1992.

（3）1990 年代以来

安全科学研究迅速发展。突出的是提出从"系统安全"到"安全系统"原理转变，如 1992 年中国刘潜认为，安全科学技术体系应该包括安全哲学（安全观）、安全基础科学（安全学）、安全工程学（安全技术科学）、安全工程（安全工程技术）四个层次，后又提出安全系统论的"三因素四要素"说[①]；何学秋等着重探讨了安全科学与工程理论体系，先后出版了四版《安全科学与工程》教材；林柏泉、金龙哲、隋鹏程、陈宝库、李树刚、张兴容等都先后出版过"安全学原理""安全科学原理"；吴超等提出5 个一级、25 个二级安全科学原理[②]。从 1993 年罗云出版《安全经济学导论》一书以来，中国的安全文化理论、安全管理学、安全心理学、安全行为学、安全社会学、安全法学、安全伦理学、安全逻辑学、安全科学方法学等社会科学视角的研究，至今方兴未艾。1992 年、2009 年的中国国家标准《学科分类与代码》（GB/T 13747-92、GB/T 13745-2009），均将安全科学技术列入一级学科，与管理科学一样，作为自然科学与社会科学体系之间的综合性一级学科。

2. 本研究的范畴和架构

本研究主要着眼于"安全生产"这个领域进行"基础"理论研究，因而，在理论方法上都应该与以往的安全科学理论研究略有区别。《国家安全生产科技"十二五"规划》列出的 9 大安全生产基础理论，主要是从安全生产内在机理方面进行划分的，而且各类理论之间尚有包含重叠，缺乏严格的科学性。特此，我们这里着重从学科角度研划安全生产的基础（学科）理论。

（1）研究范畴

安全生产（work safety），在国外通常称为"职业安全"（occupational safety），主要是指在生产劳动过程中，劳动者和在场服务对象（如顾客、乘客、住户等）身心健康持续保持完好的状态，即不受到突发性的意外伤害和威胁。而"生产安全"除了包括这一职业安全内容以外，还包括生产可持续发展，如企业生产资金不出现断裂等现象，这不属于本研究范畴。

本研究所指安全生产范围，主要依托中国安全生产监管系统现有的范畴，包括交通安全、矿山安全（煤矿和非煤矿类）、建设施工和建筑安全、消防和危化品生产安

① 刘潜，徐德蜀. 安全科学也是第一生产力（第三部分）[J]. 中国安全科学学报，1992（3）；袁化临，刘潜. 从系统安全到安全系统——安全工程专业技术人员应具备的知识结构和思维方法 [J].（台）工业安全卫生月刊，2000（136）（10 月号）；刘潜. 中国百名专家论安全 [M] //源头之水——论述安全系统思想的形成，北京：煤炭工业出版社，2008；刘潜. 中国科协学会学术部编，发展中的公共安全科技：问题与思考（新观点新学说沙龙文集）[C] //安全"三要素四因素"系统原理与综合科学的基本特征，北京：中国科学技术出版社，2008.

② 吴超，杨冕. 安全科学原理及其结构体系研究 [J]. 中国安全科学学报，2012（11）.

全、商贸运营安全、压力容器和管道等、安全生产应急救援等与生产经营单位紧密相连的几个方面，强调突发性事故的安全机理，而不包括社会性安全、公共安全等，也不是"大安全""泛安全"。

（2）逻辑体系①

安全科学理论一般将生产经营从业过程中，对负面影响从业者身心安全健康的因素归结为危险性人员（自己和相关他人）、危险性物质（机器设备或自然有害物）、危险性环境（主要是生产作业的自然环境）三大方面。人们如果要理性地控制这些危险因素，最主要的就会涉及工程技术和卫生、员工心理行为、组织管理和标准这三种直接内在的要素。但仅有这三种内在要素还不足以完全确保从业者的安全，还需要考虑外在的、宏观层面的经济物质和市场理性、政治和法律制度、社会文化和伦理这三大要素。三大外在要素在一定程度上直接或间接影响三大内在要素，然后共同确保从业者的安全（图1）。这里要说明的是，"因素"一般是指引起事件的原因因子变量；而"要素"往往是指保障事件安全运行的必要条件，有时也是对事件产生正负影响的因素。

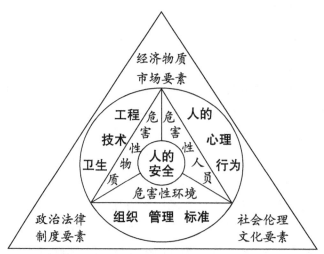

图1　生产劳动过程中从业者和在场服务对象安全因素要素及其构成

根据这些因素和要素，我们可以从学科建设层面构建安全生产的基础理论体系。所谓"基础理论"，应该是最基本的、一般性的、普遍性的原理探讨，最根本的是哲学原理，即涉及安全生产的世界观和方法论的问题，这就使得它与应用理论、安全生产政策、安全生产工程实践都有所区别。因此，研究体系结构需要首先考虑基本科学体系的划分。钱学森等曾将科学体系划分为：自然科学、社会科学、人体科学、思维

---

① 颜烨. 安全生产的影响因素要素及其基础理论新探［N］. 华矿安全报，2013（9），4.

科学、系统科学、数学科学、地理科学、建筑科学、军事科学、行为科学、文学艺术11 大类①。刘潜等提出安全科学技术体系的四个层次（即安全观—安全哲学、安全科学、安全工程学、安全工程）和安全系统的"三因素四要素"说（内在地包含着"人""物""事"，即行动目的的实现方式是人与人、人与物、物与物的方法方式这三种要素，同时加上第四个因素"动态系统"，即三要素形成彼此两两匹配的互补自组织系统：人—物、人—事、物—事，最终形成"人—物—事—系统"的"三要素四因素"系统原理）②；吴超等提出安全科学原理由安全生命科学原理、安全自然科学原理、安全技术科学原理、安全社会科学原理和安全系统科学原理五大一级原理组成，并提出了其下 25 条二级安全科学原理的名称③。中国国家标准《学科分类与代码》（GB/T 13745—2009）分为自然科学、农业科学、医药科学、工程与技术科学、人文与社会科学 5 大门类。藉此，我们认为，哲学是所有学科的"母学"，因而安全生产哲学是最基础的部分；系统科学是关涉综合性复杂系统工程的学科，安全生产必然涉及生产作业过程、作业环境中人—物—环境的系统协同学原理；如前所述，安全生产不仅仅涉及危害性物质、危害性自然环境及其相关的自然科学技术原理，而且也涉及社会科学以及综合科学领域原理，以及各学科原理的交叉。由此，我们从这个基础学科对安全生产基本理论体系进行架构（图 2）。

除了安全哲学、安全科学学以外，具体包括安全系统科学（兼跨安全自然科学和安全社会科学）、安全工程学、安全行为学（含安全心理）、安全管理学，安全经济学、安全法学、安全伦理学、安全文化学、安全社会学 9 个学科（当然还有新的发展）。这些学科在中国国家标准《学科分类与代码》（GB/T 13745—2009）均提及。至于安全生产涉及到的生命科学原理、生理学问题，亦可归入安全行为科学、安全系统科学加以研究。由此，基本可以形成一种类似的"安全生产学"（Work Safety Studies）体系。

（3）研究方法

具体涉及四类：①系统分析法，即将安全生产重大基础理论视为一个系统，分解为宏观、中观、微观三大层次和哲学、自然科学、社会科学、系统科学四个方面分别研究；②演绎—归纳法，主要是从各自学科视角，将安全生产重大基础理论进行推演和归纳总结；③文献研究法，主要对相关理论研究进行回顾和思考，达致温故而知新；④实地调查法，必要的时候，团队需要下基层地方进行实际安全生产观察和调查。

---

① 钱学森. 论系统工程［M］. 长沙：湖南科学技术出版社，1983.

② 刘潜，徐德蜀. 安全科学技术也是生产力（第三部分）［J］. 中国安全科学学报，1992（3）；袁化临，刘潜. 从系统安全到安全系统——安全工程专业技术人员应具备的知识结构和思维方法［J］.（台）工业安全卫生月刊，2000（136）（10月号）；刘潜. 中国百名专家论安全［M］//源头之水——论述安全系统思想的形成，北京：煤炭工业出版社，2008；刘潜. 中国科协学会学术部编发展中的公共安全科技：问题与思考（新观点新学说沙龙文集）［C］//安全"三要素四因素"系统原理与综合科学的基本特征，北京：中国科学技术出版社，2008.

③ 吴超，杨冕. 安全科学原理及其结构体系研究［J］. 中国安全科学学报，2012（11）.

图2　安全科学技术体系

三、基本原理及内容概述

这里，主要就各个学科针对安全生产这一领域的基本原理进行简要概括，具体分析参阅后面各章节。

1. 安全哲学研究概述

哲学是关于世界观和方法论的学问，高屋建瓴地回答人类最基本的问题，因而对安全问题、安全科学的研究无疑具有指导性。安全哲学既概括安全科学研究中揭示出来的普遍性概念和规律，也为安全科学研究提供方法；既对客观存在的安全及其相关问题深入探讨，也研究不同学科对安全的研究及其在这些研究中形成的一些普遍性概念、原理等理论。大体包括几方面：一是追寻安全思想的渊源与形成，包括宿命论与被动型、经验论与事后型、系统论与综合型、本质论与预防型等安全哲学思想的形成与发展；二是探索安全的基本哲学问题，如安全的自然属性和社会属性、基本的安全世界观、安全人身观、安全价值观；三是探索安全哲学的基本原理，包括安全的认识论和方法论、安全普遍联系规律、安全对立统一规律，以及安全质变量变规律（流变—突变）、安全必然性与偶然性、安全系统性与非线性、安全复杂性与简单性等；四是对具体的安全生产进行安全哲学思考，探索系统安全与安全系统的关系、安全与利益的关系，认为需要结合现代社会的发展，重构非线性安全哲学观，并以其理论和方法为指导，推进安全生产发展。此外，本研究强调尚需进一步开展中国哲学和其他西方哲学关于安全问题研究的挖掘。

2. 安全系统学研究概述

安全系统（工程）学是近十年来发展起来的新型科学，是以安全学和系统科学为理论基础，围绕系统—协同这一主轴，以安全工程、系统工程、可靠性工程等为手段，对系统风险进行分析、评价、控制，以期实现系统及其全工程安全目的的科学技术，是现代科技发展的必然产物，是安全科学的重要分支。安全系统学的研究内容主要集中于系统安全分析和安全评价上。这里，研究的安全系统主要是指用于实际生产中的狭义系统，不包括社会因素中的广义系统，具体内容有：第一，安全系统总论，包括国内外研究理论如安全系统论、事故致因被动原理和安全保障主动原理；第二，安全系统的基础原理——人本理论，如人本社会原理、人本自控原理、人本预防原理；第三，安全人机系统原理，如安全多样性原理、安全信息系统原理、安全人机功能分配原理等；第四，安全环境系统原理，如安全环境容量原理、安全环境和谐原理（安全环境周期原理）等。

3. 安全社会学研究概述

围绕安全—社会、行动—结构的基本命题，同时构建安全行动—安全理性—安全结构—安全系统的安全社会学研究链条，对安全生产这一具体的小社会系统开展社会学研究。主要内容包括：第一，概述安全生产与社会学的理论关联；第二，对安全生产的社会变迁状况进行简要分析和描述，强调因国情和历史不同，安全生产变迁的特征也不一样；第三，针对安全生产行动的特殊性，分析主体安全化、安全角色形成的社会过程，包括安全必需的内在心理基础和外在文化氛围，以及安全必需的公共理性如安全预防、安全保障、安全监控理性及其反思；第四，重点强调安全结构是安全社会学研究的核心，着重研究不同社会结构尤其社会阶层结构的安全特性、不同社会结构变迁对安全生产的影响、安全生产本身具有的社会结构特性等；第五，开展安全系统研究，强调政府—市场—社会三大主体力量之间、经济—政治—社会—文化四大子系统之间的结构协调对安全生产正常发展的重要性，即需要调整安全结构、加强安全建设、推进安全发展。

4. 安全伦理学探索概述

安全始终具有伦理关怀，本身是一种伦理理性行动，因而围绕行动—道德的主线开展安全生产的伦理学研究成为必然。这里，需要把握几方面的问题：第一，在概览德性伦理学、规范伦理学到元伦理学的发展历程的基础上，认为所谓"底线伦理"是更有效的社会秩序建构方式；第二，维护自身安全和不伤害他人是人与人的基本关系，因而安全伦理是各种伦理秩序的基本要求和首要原则，安全具有最基本的伦理秩序含义；第三，风险社会的特点和中国社会的经济决定论，使得安全作为构建伦理秩序的起点，具有现实合理性；第四，"物质决定精神"的错位和泛化，以至于"人"的工具性意识致使投机取巧的机会主义盛行和规则意识淡漠，是目前围绕安全构建伦理秩序的两大难题，安全（生产）伦理必然持有"真善美"的伦理追求；第五，针对传统文化的内向型而他律性不足，以及传统制度设计以人性"善"为逻辑起点的不合理性，提出安全（生产）伦理制度设计的基本逻辑，即着重从伦理监控和伦理教育制度化方面探索有效的安全（生产）伦理制度设计。

5. 安全文化论研究概述

自 1980 年代针对核安全问题提出安全文化概念以来，国内外关于安全文化研究和实践探索至今方兴未艾。本研究立足于安全系统工程角度，围绕规则—价值的命题，着重在如下方面进行挖掘。首先，在梳理和比较国内外各种安全文化定义及其差异的基础上，认为这些定义的共同观点在于：企业安全文化的核心是信念、价值、观念、态度和认知等心理层面的内容；安全文化相对于而又存在于社会和组织之中；安全文化研究的出发点和落脚点是考虑其对相关人的安全行为的影响。其次，提出危险源理论，认为危险源控制是企业安全生产工作的中心，因而应以危险源理论为基础建立企业事故控制模型；而安全文化则是企业已知的其他各种危险源控制方式的补集；因此说，安全文化建设与危险源控制有着深刻的内在机理。再次，通过与安全氛围、企业文化、安全管理、安全心理等的比较，重新界定企业安全文化，认为狭义的企业安全文化是指在企业安全生产过程中逐渐沉淀下来的，对企业内各层次人员的安全行为产生深刻影响的，通过各种有效方式在企业内广泛传播的，为企业内成员所共享和认同的观念的总和；广义的企业安全文化定义则是指除了上述狭义的定义以外，还包括对人的安全观念文化产生影响的安全行为文化、安全管理（制度）文化和安全物态文化。最后，企业安全文化受社会安全文化、区域地方的人文环境、传统观念、行业特点等多种因素的影响，因此企业安全文化建设应结合现状，因地制宜。

6. 安全管理学研究概述

安全管理是劳动生产领域或所有领域的重要活动；安全管理学则是研究安全管理活动及其规律的科学，是一门特殊的管理学，是安全科学的重要分支。

本研究主要围绕控制—调节的命题，着重在安全生产的理论与实践相联系的基础上进行实际探索：第一，通过安全管理与安全监管辨识，认为安全监管是政府行政的组成部分，是政府对生产企业行使监督、察看和管理的权限，而安全管理则是企业内部的微观操作性管理；第二，在政府安全监管方面，通过分析安全监管的缘由和意义、安全这一准公共产品的属性及其提供主体等，着重探讨政府安全监管的指导思想、战略目标和体系构成（组织管理、政策法规、执法监察、工伤保险、科技创新、中介服务、应急救援、宣教培训），以及政府安全监管过程和功能、原则和要求；第三，在企业安全管理方面，通过分析企业作为安全生产的多元主体角色，着重探讨企业安全管理自身的内在组织、规章制度、管理机制、基本原则和功能作用等。

7. 安全经济学研究概述

一般地，安全经济学是要围绕安全成本（安全投入）—安全收益（安全产出）这一命题进行研究。本研究根据安全经济学的基本理论，对安全经济的相关理论进行新探索，大体包括五个方面：第一，对中国学者三种事故损失计算方法（事故经济损失、事故经济损失构成和事故损失性安全成本）进行比较分析认为，中国应统一采用事故损失性安全成本法计算事故损失；第二，开展安全—效益型经济发展模式研究，认为通过政府的各种制度安排、指导和监管等适度干预，才能逐步实现安全效益型的可持续经济发展道路；第三，对安全保护成本与国际贸易竞争力的关系进行分析，认为中国的出口企业应该适应目标市场包括绿色安全生产在内的发展趋势，实现本质安全生产，提高国际贸易竞争力；第四，探讨从企业角度构建安全投资与安全投资经济效益的模型，有利于提高企业管理决策者对事故损失及安全投资效益的科学认识；第五，开展安全政策的经济性评估，包括它的基本内涵、要素构成、原则要求、一般步骤、主要方法等。

8. 安全生产法研究概述

安全生产领域的法律法规和相关规章制度是安全生产治理的重要手段和方式。这里，我们着重就如下方面进行了研究：首先，对安全生产法的基本内涵、调整对象、性质特征、原则要求、目的任务、法律形式渊源、法律效力等进行了概要式的阐述，认为安全生产法是国家制定的调整人们在生产生活过程中财产安全生产关系、人身安全生产关系及其行政监督管理关系、司法裁判关系的法律规范之和，调整对象是各种安全生产关系。其次，在此基础上，着重将安全生产法体系分为内在构成和分支构成；其内在构成（部门法体系）具体独立性且相互勾连，同时对分支法的划分依据和类型进行了阐述。最后，阐述安全生产的内在法律关系（包括内涵、特征、种类、主体及其资格和行为能力、课题及其类型、法律关系内容和法律事实）；并简要分析了此法与其他相关因素（如与政治领导之间、立法与执法之间）的平衡关系。

9. 安全人机工程学研究概述

安全人机工程学是人机工程学的一个重要分支，也是安全科学的重要分支。随着机械化、自动化、电子化、数字化的高速发展，人的因素在生产中增效的作用和人免受危害的需求越来越大，人机协调问题显得越来越重要，人们越来越重视安全，对劳动条件和环境要求越来越高，从而促进了安全人机工程学科的迅速发展。安全人机工程学围绕人—机—环协调工程技术这一主轴，开展如下研究：第一，安全人机工程学研究的意义和价值、研究现状和应用范畴，以及研究目的、研究内容、研究方法（一般方法和亨利维尔法）；第二，通过与人机工效学、安全心理学、安全工程学、人体测量学及生物力学、人体生理学及环境科学等的比较，从而揭示安全人机工程学的学科特定性、科学性和必要性；第三，探索安全人机工程学的新趋势和发展前景，认为今后这一领域的发展趋势主要表现为绿色人机、虚拟人机、信息化人机、数字化人机、智能化人机等，特点非常明显，其研究范围和领域不断拓宽、方法和手段不断更新、高科技左右更为突出，人机界面特性研究和视觉—目标拾取认知技术研究有待于新的发展。

10. 安全行为学研究概述

安全行为学、安全心理学是安全科学中最早研究的学科之一，实质是关注生产劳动者在劳动过程的操作行为和心理，更重视现场环境及其心理行为的相互关系研究。本次安全行为学研究在回顾行为科学、安全行为学的国内外文献的基础上，确立了新的研究视角，即从安全管理入手思考安全行为控制，将安全行为镶嵌在政府宏观政策、企业内部中观管理、个体微观生理心理三个层面，来考察安全行为的影响因素和把控着力点；最后，专门就来自于企业安全管理实践案例，具体建构一套安全行为的评价体系，包括企业员工安全行为评价指标体系、企业组织安全行为评价方法（企业安全生产指数法、安全信用等级、安全评价平台 APP 客户端及平台结果管理等），有一定创新度。

四、其他相关学科理论新探

本团队（课题组）成员也进行了其他相关交叉学科和理论的新探索，简要汇总摘要如下。

1.《周易》中的安全哲学和伦理思想初论

《周易》是中国古代智者的集大成思想巨著之一，反映了人和事物的"变"与"不变"的一般辩证规律，是中国古代哲学的鸿篇巨制。其中，《周易》关于人和事物（自然和社会）的灾变、风险、安全等问题尤其突出。《周易》反映的人类安全观念并非是宿命论的和被动承受型的行为特征，相反，《周易》弥漫着浓浓的忧患意识和居安思危、险中求胜的安危转换思维，具有非常丰富的主动获求安全的理念和方法。首先，《周易》在世界观方面，是充满忧患的安全世界观（所谓"戒惧终始"）；其次，《周易》体现出居安思危的方法论（所谓"安而不忘危，存而不忘亡，治而不忘乱，是以身安而国家可保也"）、转危为安的方法论（所谓"知进退存亡而不失其正者，其惟圣人乎！"）等。

与此同时，安全伦理思想也是《周易》规范伦理的体现。《周易》一书特别强调规则和秩序，尤其强调体现中国古代规则和秩序的"礼"；《周易》表达"礼"的独特方式是爻位。"安全"伦理理念体现的则是作为社会底线的、足以约束共同体所有成员，对于共同体"公共"价值准则、"公共"利益分配方式的伦理建构。安全是人类社会的基本秩序，安全伦理是底线伦理和规则伦理，对于规范的遵守是基本伦理原则和要求，所以就安全的普适性和强制性，安全伦理是规范伦理。《周易》关于爻位的当位说，对于秩序的强调对于安全伦理具有积极意义。其变通思想的泛化和滥用导致规则意识的淡漠，在安全伦理建构中需要特别警惕和防范。安全规则的基本精神是对生命的尊重，安全伦理的基本方法就是慎密与反身内省，对他人的关爱和仁慈，这些仅仅依靠规则意识远远不够。安全伦理的坚实根基是个人的道德修养。《周易》以德性判断吉凶，崇尚"诚"的天人合德思想仍然是有益的德性思想。

2. 探索劳动者的安全自律问题

研究认为，安全自律就是指从事安全生产的个体在学习领会各项安全生产规章制度和行为规范的基础上，使之内化为自己的内心信念，并能够外化为具体的安全生产行为的主观意识。安全自律具有自觉认知性、自我约束性、主观意识与客观存在的一致性、行业性、社会性等特点。由于目前生产领域的一些领导和员工双重存在安全自律的缺失现象，因而在实践中需要加强规章制度建设、严格安全管理、强化教育培训，以及营建好包括企业、家庭、学校和社会在内的安全自律环境。

3. 开展企业内部安全亚文化研究

通过实地调查和理论思考结合研究认为，安全亚文化与安全主文化相对应，对企业员工的思想和行为具有极大的影响。相对于安全主文化或反文化，安全亚文化具有从属性、边缘性、小群体性、动态发展和政治色彩偏淡等特征，有着物质态、观念态、行为态等形态层次，同时具有表达、凝聚、抗拒等社会功能。在社会成因方面，安全亚文化往往基于经济收入分化、社会结构分化、多元文化冲突和社会心理等方面原因而形成。

4. 对安全监管与安全管理进行系统论解析

在持续区分安全监管与安全管理的基础上，分别对政府安全监管与企业安全管理进行了系统分析。一方面，在进一步界定安全监管内涵的基础上，提出安全监管涉及三个维度即主体维度（政府、企业、社会中介组织三个主体）、政策维度（经济性、社会性、法律性三类政策）、要素维度（文化、法制、责任、科技和投入五项要素），并用数学式、立体坐标进行综合解析。另一方面，从"安全要素流"的角度，深入探索企业系统安全管理的四个阶段（计划、组织、领导、控制）及其对应的"点"（要素）、"线"（流程）、"面"（系统），以及安全要素"六流合一"（安全信息流、安全物资流、安全资金流、安全人员流、安全价值流、安全契约流）的系统集成和分解。

5. 专门开展煤矿企业安全市场化精细管理研究

煤矿企业安全市场化精细管理是煤矿企业实施的一种安全管理模式或体系，即采用内部市场化的方法，在煤矿企业内部通过市场机制将事先明确好价格的安全隐患作为商品进行交易的活动。在研究企业安全市场化精细管理的主要动因基础上，指明这类管理活动的总体思路和主要目的、运作原则和基本特点，同时着重对煤矿企业安全市场化精细管理的运作机制（组织机构设置、隐患交易价格和工程费用体系、业务流程厘清、运行规则制定等）进行了具体细化阐述。

6. 专门开展矿井瓦斯风险的综合评价模型研究

综合评价是一项重要的管理工作。瓦斯事故是煤矿中最常见的事故，其危害性居煤矿各类事故之首。瓦斯危险性是由许多难以定量化的因素决定的，本书提出对难以定量化的因素进行定量化和模糊综合处理和综合评价，有利于评价和掌握煤矿瓦斯安全水平，确定安全投资方向和提高安全投资效益，降低煤矿瓦斯发生概率，从而减少和避免煤矿瓦斯事故的发生，步骤如下：首先，要分析和掌握发生瓦斯事故的各类原因；其次，确定瓦斯危险性因素的论域，确定评语等级论域；再次，进行单因素评价及建立模糊关系矩阵，确定评价因素的模糊权向量，选择合适的合成算子，对模糊综合评价结果向量分析；最后，根据评价结果发现安全薄弱环节并采取相应措施予以预防。

7. 安全产业学的初步建构

安全产业作为现代社会不可或缺的一种重要新兴产业分域，目前得以迅速发展；尤其是它在应对风险社会来临、保障人的安全过程中，其功能和作用日益受到广泛关注；相关的安全产业政策、实践和学术研究也得到了进一步发展。作为学科意义的安全产业学，必将伴随产业理论的深入发展与安全产业的兴盛而产生。目前，安全产业学的学科建构条件（如社会需求、学理基础、专家体系、研究范式等）已经成熟，其研究对象（研究安全产业内在发展规律及其外在关系的一门综合性交叉学科）、基本原理（产业经济学、管理学、社会学、法学、文化学等）、主体内容（如内在构成及外在关联、组织管理及法律法规、社会需求与研究发展、社会分化与文化氛围）、研究方法等在内的学科体系得到初步探索。

8. 企业全员安全风险抵押金制度研究

针对目前很多企业热衷于向员工收取全员安全风险抵押金的问题，研究认为，这种抵押金的立法态度目前并不明确，解释上也存在"有效说"与"无效说"。政府及其安全生产监管部门对全员安全风险抵押金采取支持态度，而司法实务则认为企业向员工收取安全风险抵押金的行为无效。中国将来修订《安全生产法》之时，应明确规定全员安全风险抵押金；国家应主要从企业全员安全风险抵押金备案制度、全员安全风险抵押金的适用范围、风险抵押金的管理与使用、风险抵押金的收取时间、奖惩一致等几个方面，构建起全员安全风险抵押金法律制度。

9. 职业安全权保护制度的人权法考察研究

职业安全权是人权的重要组成部分。通过阐述职业安全权在人权中的地位、当前中国劳动者职业卫生危害存在的状况，以及对职业安全权保护三个阶段的国际人权实践考察，研究从人权法角度审视中国目前相关法律法规，认为其既有优点也有缺陷。其优点在于：与以往相关法律法规相比，从业劳动者的主体权利地位和权利内容得到立法确定；法律规定的立体综合架构有利于人权保护的全面性和有效性；劳动安全法超越传统劳动法的人权保护局限。其缺陷在于：立法者和决策者的人权保护意识不强，制度设置存在经济安全优先于职业安全保护的倾向；缺乏统一的以职业安全权保护为基准的系统性法律制度体系；法律施行范围偏窄、赔偿保障长期偏低等问题。由此，提出要从人权保护的长期性、全面性和有效性角度出发，强化立法的人权意识，解决法律法规过于分散分割的局面，整合为一体；立法和执法要进一步凸显劳动者的公民权利地位和职业安全卫生权益；壮大社会组织力量，切实改变强政府—强企业—弱社会的人权保护格局。

10. 劳动生产过程中安全行为的分类与特征新探

研究认为，在劳动生产中，人的行为是事故发生的主要初始触发危险源（80%以上的事故都是由人的不安全行为引起的）。通过对行为科学和安全行为理论发展源脉的梳理，认为狭义的安全行为往往与不安全行为（事故倾向行为）相对；广义的安全行为则与生产行为等相对，与安全生产密切相关，是安全科学领域研究的行为范围，包括事故倾向行为和非事故倾向行为在内的行为。安全行为具有辅助性和伴生性、动机复杂性、责任边界模糊性和事后追究性等特征。按照不同角度，安全行为往往分为很多类型：如根据行为主动与否，分为任务行为和情景行为；根据行为的阶段性，分为决策行为和执行行为；根据意识深浅，分为有意识行为、浅意识行为和无意识行为。为此，要求企业针对不同安全行为，开展不同的行为管控方式。

目　录

上卷　安全生产基础学科理论新进展

下卷 安全生产新学科和新理论探索

上　卷

安全生产基础学科理论新进展

第一章 安全哲学原理

当今是高、新、繁技术不断涌现，信息化、数字化生产与生存的方式越来越普及的时代，各种各样的新技术，改变着人们的生产方式和生活方式。历史的经验告诉我们：技术是一把双刃剑，给人类带来方便和舒适的同时，也会给人类带来危害与灾难。这样人类在寻找安全的过程中，不知不觉地掉进自己双手设下的陷阱，往往明天将要为今天的收益付出更大的代价。科学论证自己行为的同时，却忽略了能够不断起协调作用的哲学。为此，人类在重视发展安全科学同时，必然要以哲学为指导。哲学不仅要概括安全科学研究中揭示出来的普遍性概念和规律，而且还需要对安全科学方法进行研究，为安全科学研究提供方法，以便从哲学的高度指导安全科学的研究。从哲学的高度研究安全，既需要对客观存在的安全及其相关问题作深入探讨，也需要研究不同学科对安全的研究及其在这些研究中形成的一些普遍性概念、原理等理论。

第一节 安全思想的渊源与形成

人类的发展史一直伴随着人为或自然意外事故和灾难的挑战。从远古祖先祈求老天爷保佑、被动承受灾害，到学会"亡羊补牢"，凭经验应付，一步一步地走到近代人类的"预防"之路，直至现代全新的安全观念、观点、策略、行为、对策等，人们以安全系统工程、本质安全化事故预防的科学和技术，把"事故忧患"的颓废认识变为安全科学的缜密，把现实社会"事故高峰"和"生存危机"的自忧变为抗争和实现平安康乐的动力，最终创造人类安全生产和安全生存的安康世界。在人类历史过程中，包含着人类的安全哲学，即安全认识论和安全方法论的发展和进步。

工业革命前，人类的安全哲学是宿命论，具有被动型的特点。从工业革命暴发至20世纪初，由于技术的发展使人们的安全认识论提高到经验论的水平，在事故策略上有了"事后弥补"的特征，在方法论上有了很大的进步和飞跃，即从无意识到有意识，从被动变为主动。从20世纪初至50年代随着工业社会的发展和技术的不断进步，人类的安全认识论进入了系统论阶段,在方法论上推行安全生产和安全生活的综合对策,进入了近代安全哲学阶段。从20世纪50年代至世纪末,由于高技术的不断涌现,如现代军事、宇航技术、核技术的利用,以及信息化社会的出现,人类的认识论进入了本质论阶段,超前预防成为现代哲学的主要特征。这样的安全认识论,推进了现代工业社会的安全科学技术和人类征服意外事故的手段和方法。安全哲学发展四个阶段的简况见表1-1。

表1-1 安全哲学发展的简况

阶段	时代	技术特征	认识论	方法论
Ⅰ	工业革命前	农牧业及手工业	听天由命	无能为力
Ⅱ	17世纪至20世纪初	蒸汽机时代	局部安全	亡羊补牢,事后型
Ⅲ	20世纪初到20世纪50年代	电气化时代	系统安全	综合对策及系统工程
Ⅳ	20世纪50年代以来	宇航技术和核能	安全系统	系统本质安全化和预防型

一、宿命论与被动型安全哲学

这种认识论和方法论表现为:对于事故和灾害听天由命,无能为力。认为命运是上天的安排,神灵是人类的主宰。事故对生命残酷践踏,自然和人为的灾难和事故只能被动承受,人类生活质量无从谈起,生命与健康的价值被抹杀,是一种落后愚昧的社会。

二、经验论与事后型安全哲学

随着生产方式的变更,人类从农牧业社会进入到了早期工业化社会(蒸汽机时代)。由于事故与灾害类型的复杂多样和事故严重性的扩大,人类进入了经验论阶段。在哲学上反映出来:建立在对事故与灾难经历上来认识人类安全,有了与事故抗争的意识,学会了"亡羊补牢"的手段,是一种头痛医头、脚痛医脚的对策。如事故发生后事故原因不明、当事人未受到教育、措施不落实、责任人未受到处罚的"四不放过"原则;事故统计学的致因理论研究,事后整改对策的完善,管理体制中的事故赔偿与事故保险制度等。

三、系统论与综合型安全哲学

这一方面,主要是指建立了事故系统的综合认识,认识到人—机—环境—管理是事故的综合要素，主张采用工程技术硬手段与教育和管理软手段综合措施。其具体思想和方法有：全面的安全管理思想；安全检查与生产技术统一原则；讲求安全性人机设计；推行系统安全工程，企业、国家、工会、个人综合负责的制度；生产与安全的管理中要求同时计划、部署、实施、检查、总结的"五同时"原则；企业各级领导在安全生产方面向上级、职工、自己"三负责"制；安全生产中要查思想认识、查规章制度、查管理落实、查设备和环境隐患，进行定期和非定期检查相结合，普查与专查相结合，自查、互查、抽查相结合，生产企业岗位每天查、班组和车间每周查、工厂每季查、公司年年查，定目标、定标准、定指标，科学定性与定量相结合等安全检查系统工程。

四、本质论与预防型安全哲学

进入了信息时代，随着高技术的不断应用，人类在安全认识论上有了本质安全化的认识，在方法论上讲求安全的超前、主动。具体表现为：从人与机器和环境的本质安全入手，人的本质安全不但要从人的知识、技能、意识素质入手，而且还要从人的观念、态度、伦理、认知、情感、品德等人文素质入手，从而提出安全文化的思路。物和环境的本质安全就是采用先进的安全科学技术，推广自组织、自适应、自动控制与闭锁的安全技术。研究人—物—能量—信息的安全系统论、安全控制论和安全信息论等现代工业安全原理。技术项目中要遵循安全措施与技术设施同时设计、施工、投产的"三同时"原则。企业在考核经济发展、进行机制转换和技术改造时，安全生产要同时规划、发展、实施"三同步"原则；要求进行不伤害他人、不伤害自己、不被他人伤害的"三不伤害"活动，整理、整顿、清扫、清洁、态度的"5S"活动，生产现场的工具、设备、材料、工件等物流与现场工人流动的定置管理，对生产现场的"危险点、危害点、事故多发点"的"三点控制工程"等超前预防型安全活动；推行安全目标管理、无隐患管理、安全经济分析、危险预知活动、事故判定技术等安全系统工程方法。

先哲孔子曾经说过，建立在"经历"方式上的学习和进步是痛苦的方式，只有通过"沉思"的方式来学习才是最高明的。当然，人们可以通过"模仿"来学习和进步，这是最容易的。从这种思维方式出发，进行推理和思考，可以感悟到，人类在对待事故和灾害的问题上，千万不要通过事故的经历才得以明智，因为这太痛苦。人的生命只有一次，健康何等重要。因此，应该掌握正确的安全认识论和方法论，从理性和原理出发，通过"沉思"来防范和控制职业事故和灾害，至少要选择"模仿"之路，学会向先进的国家和行业学习，这才是正确的思想方法。

对于社会，安全是人类生活质量的反映；对于企业，安全也是一种生产力。面对我国经济的快速发展，必须用现代的安全哲学来武装思想，指导安全行为，从而推动人类安全文化的发展，为实现现代高质量安全生产和安全生活而努力。

第二节　安全的基本哲学问题

这里，我们概略地勾勒出关于安全的基本哲学问题，如安全属性、安全观等。

一、安全与哲学的关系

安全问题越来越突出，已经成为一个广泛存在于当今社会生活和众多科学研究领域的问题。对于任意个人、组织或团体而言，没有安全就无法发展，更不能长期生存下去；对于人类来说，没有安全，就没有人类的延续，更谈不上可持续发展。安全问题在当代社会中已经成了一个重要的现实问题。正因为安全如此重要，"安全"概念成为被自然科学和社会科学等许多学科研究的概念。人们不仅从各个学科的不同角度研究安全问题，而且通过各种具体措施和实践活动来实现不同的安全需求。站在马克思主义哲学角度来看，科学是一种在历史上起推动作用的革命力量，任何一门理论科学的每一个新发现，即使它的实际应用甚至还无法预见，都使马克思感到衷心喜悦。历史证明，哲学离不开科学的推动作用，科学也离不开哲学。哲学是关于全局、战略、根本等问题的理性思考，它能引导和规范思维活动，从静态中体悟动态，从有限中看到无限，从现实中预测未来。一种正确的哲学世界观和方法论，能够协助我们从复杂的具体的现象形态中，抽象出一般的本质理论。在科学与哲学的关系中，一方面是哲学对科学研究具有不同程度和不同形式的指导作用，另一方面则是科学为哲学研究提供各种各样的素材并推动哲学的发展。当具体科学中的某些概念被多学科普遍运用和研究时，当有关问题涉及的领域越来越广泛时，从哲学层次上进行概括和研究是非常必要的。

二、安全属性

属性往往是指事物本身所具备的自然的、社会的属性。大体可以从如下几方面理解安全的哲学属性。

1. 天与命

解决天与命的辩证关系，对安全属性的理解将有很大的帮助。有一种观点认为，命是由天决定的,认为不论人的能动性有多强,都无法逃出天对命的主宰。如果从安全的角度来讲,认为天灾、事故、人命伤亡都是由天注定的,人类不管采取什么办法都始终逃不出天的主宰,这显然是一种对安全的否定。从唯物主义的观点出发,天就是自然界存在的一切不以人的意志为转移的物质,而人的生命也只是自然界一种特殊的、能动的存在方式。人是有能动能力的,可以认识自然界,改造自然界,从而改变自身的命运,而不受天的任意摆布。人类的天灾人祸,是可以通过安全加以解决的。这也就是安全存在的一个理论基础,也是安全的一个最重要为自身存在的属性。

2. 安全的自然属性

从人的生存和生活方式来看,人的本性表现为自然属性和社会属性。人的自然属性是人的社会属性的基础,没有了人的自然属性,就没有人的社会属性;人的社会属性制约着人的自然属性,人的自然属性受人的意识指导,具有强烈的社会色彩。纵观人类发展历程,可以看出:人的自然属性是盲目、自发地追求安全;人的社会属性指导人的自然属性更好地解决、趋向安全,而不会盲目地、无组织地追求安全。众所周知,人的本性是随着社会的发展而变化的,因此,安全需要也是在不断地变化。但是安全需要是人的本性,因此可以说,安全是人类生存发展永恒的主题。从安全的发展可以看出,人们在重视和解决工伤事故,特别是人身伤亡等一些物质伤害之后,也把目光扩展到一些无形的伤害,例如,人的心理、人的精神伤害等。从这个意义上说,安全既是物质的,又是精神的。以人为本,从哲学上说就是把人作为历史创造的主体和实践发展的目的。现在以人为本的概念应用的范围特别广。同样,在安全这个领域里,以人为本更需要提出来。因为安全是人的本性的需要,所以更应该从以人为本这个角度来提出、分析和解决安全问题。

3. 安全的社会属性

人的社会属性是指人性在人的社会关系中表现出来的,人不是生来就具有社会属性,而是通过社会生活、社会教化所获得的,它属于后天属性。社会属性是指人在社会关系总和中表现出来的固有性质和内涵。正如马克思所说的,"人是一切社会关系的总和"。正如人的社会属性是人性在社会中表现出来的属性,同样,安全社会属性也应该是指社会属性在安全中表现出来的性质。严格的定义应该是,安全的社会属性是指安全要素中那些同人与人的社会结合关系及其运动规律相联系的演化规律和过程。安全文化和安全伦理属于意识形态范畴,安全法规已经是人们社会生活的重要法则之一,它们是安全的社会属性的重要内涵。安全文化是文化在安全领域里一种特殊的文化。因此,安全文化是指为使人类变得更加安全、康乐、长寿,使世界变得友爱、和平、繁荣而创造的安全物质财富和安全精神财富的总和。伦理是人们的信念或信仰,也是规范行为的准则。可以这样说，安全里面一些相关的哲理跟伦理道德是相近的，甚至可以说是从伦理道德里面引伸出来的。例如，"人命关天"可以认为是人们从多年的生死经历，在总结人与自然、人的社会行为伦理中提高而得出的。

实际上，安全的自然属性与社会属性是不可分割的。因为在安全要素中，不可能单独来研究某个要素，或者是它们之间的隔离的、静态的关系，只能用系统的观点来研究安全要素之间的动态的、有机的联系，正确地把握安全的发展动态及其规律。因此，从这个意义上来说，安全的系统属性正是安全的自然属性和社会属性的耦合点。随着生产力水平的不断提高和科学技术的不断进步，人们解决安全的能力也在不断的提高，安全的自然属性和社会属性在耦合的过程中，同安全系统的特点一样，也是在追求其在一定时期、一定条件下的为人们可接受的耦合条件。

三、安全观

哲学是关于世界观和方法论的学问，那么，安全同样涉及世界观、人生观、价值观及其本质的认识。

1. 世界观、人生观、价值观与安全观

世界观是指人对世界总体的看法，包括人对自身在世界整体中的地位和作用的看法。它是人生观、价值观、安全观等的总和。安全观是人们对安全的地位和作用的看法。人生观是对人生目的、意义的根本看法和态度。人生目的是依个人的不同而不同，但人的最低的，也是最基本的目的应该是生存。而且理想的生存从安全的角度来说就是安全、舒适、健康的生存。而安全是指人的身心免受外界因素危害的存在状态及其保障条件。从这个意义上说，安全观是人生观的最基本目标。人生价值观是人们对人生目的意义和人生价值的根本看法和态度，它指导着人生道路的方向，对个人的成长有着极其重要的意义。安全作为个体生存问题，也是作为社会安定、团结、稳定的问题，必须为人们的人生价值所取向。不然，不管是作为个体，还是作为社会都将会出现不稳定的因素，影响到自身问题。因此，从这个意义上说，安全观是实现人生价值观的保障。生命价值观是人们对人的一生为自己和社会所创造物质和精神财富总和的看法。而安全的内在要求就是保障生命健康、顺利的延续，从而实现人的生命价值，从某种意义上说，安全即命。因此，安全是围绕着生命价值运动的，即生命价值是安全的核心。更进一步说，生命价值观就是安全观的核心。

2. 本质安全与安全本质

本质安全是指在工程技术范畴内，即使有人为失误的情况下也能确保人身及财产

安全的机制和物质条件，使之达到本质的安全化。但要达到本质安全，不管是资金、人力还是物力等，都需要依据当时的技术、经济水平而具有相应的本质安全化程度。安全本质是对安全内在规律和本质的把握。人们对安全本质的把握是个动态的、不断深化的过程。因此，从不同方面和不同程度来把握安全本质可以有如下的种种描述：安全是一种理念；安全是一种特定的技术状态；安全描述的是一种趋势或过程，安全的本质特征是动态特征，因此，安全本身就是一个动态过程。

3. 安全价值观

安全价值观是指人们在进行安全工作和培养安全意识等方面是否有价值以及价值大小的看法。它包含安全的社会价值和经济价值等具体领域里的价值。显然，安全在社会和经济领域里，有其自身重要的价值。

一方面，安全的社会价值表现为：①安全的社会效应。生产安全与人们生活及社会的稳定直接相关。事故频发或重大事故的发生，不但直接影响人们的生活，也影响其他单位的生产和工作以及社会的稳定。所以，一个安全的生产氛围所带来的社会效应是巨大的。②社会安全秩序。社会的安全秩序在我国通常称为公安，与之相对应的英文应该是"secure"。人们要使一个社会和平、安定地发展，就必须制定一些安全法规和法制，以规范人们的行为。这是一个和平、安定社会存在的内在需要。当然这里所说的公安也应该是大安全概念的内涵。

另一方面，安全经济价值的特点表现在安全系统是个灰色系统。因此，它有不确定性、远期性、反直观性等特点。它既有确定性又有不确定性。确定性是安全投入，必有安全经济价值的回报。不确定性是安全投入不可预知性，很难琢磨它的不可见的效果。安全既有近期性又有远期性的矛盾。从表面上看，安全投入不会立竿见影，但长期效果却是明显可见的。这就是以牺牲近期效果，达到远期效果。反直观性就是安全投入所产生的间接的经济效果，是前面的不确定性的延伸。安全投资和安全效益也应当遵循安全经济投资的优化准则。一方面，即以一定的安全投入，得到最大的安全效益；另一方面，在得到一定的安全效益时，使得安全投入最小。这就是通常所说的，以最小的安全投资得到最大的安全效益。但是安全投资效益的评价应该兼顾经济效益和社会效益，这是个需要不断完善的课题。

随着科技的进步、社会的发展和人们对安全认识能力的提高，就需要扩展对安全认识的视野，就需要把安全的探索和认识扩展到人类生产、生活、生存的领域，这就是时代的变革要求人们转变观念，建立科学的安全观。因此，安全观的产生是人类社会发展的必然。

第三节 安全的基本哲学原理

马克思主义哲学既是世界观又是认识世界、改造世界的方法论，是最高层次的思维方法，它提供了处理主观思维与客观规律的最高理论和原则。安全科学作为一门新兴的交叉学科，在分析与认识问题上一定要以它作为理论指导。

一、关于安全的认识论和方法论

从马克思主义哲学出发，可以将安全的哲学研究方法和认识论归纳为以下几方面。

1. 一切从实际出发

以客观对象的全部事实及事实之间的相互关系为认识的出发点，对每一次灾害的前因后果都要进行客观地分析，达到主观与客观的统一，印证客观事物从发生、发展到消失的全部过程。

2. 在普遍联系中把握事物的方法

任何一个事件的发生都不是孤立的，它同周围事件有着密切联系，这其中包括横纵向联系、间接联系、内外部联系、本质与非本质联系、必然联系和偶然联系。要正确认识安全问题，就必须全面地了解事物客观存在的复杂联系，并且具体分析不同的联系，在众多的联系中找出事物直接的、内部的、本质的、必然的联系。非线性联系是事物主要的联系方式，利用思维跳跃、思维拓扑的方法找出事物安全的本质规律。

3. 在动态中把握安全规律的方法

唯物辩证法不仅是联系的学说，而且也是运动发展的学说，整个世界就是各种事物不断运动变化过程。因此在安全学研究中，必须加入时间的概念，在动态中加以认识，善于抓住安全度发展的趋势，不断研究新情况和新问题，既要对事物安全的现状进行评价，又要加深对事物的未来的分析。

4. 矛盾分析法

矛盾分析法就是运用唯物辩证法关于矛盾学说的观点，对客观事物的矛盾进行辨证分析的方法。安全科学就是讨论安全与危险这一对矛盾运动变化发展规律的科学。

矛盾在不同时期有各自不同的特殊性，这就使安全的发展显示出过程性和阶段性。如果矛盾的质发生变化，事物的安全状态也要发生根本性变化；矛盾的质没有变化，但量发生了变化，将使同一事件的发展显示出阶段性。如果能深刻认识安全领域中的各种矛盾，并能正确地解决矛盾，这就会促进安全科学极大的发展。

5. 非线性思维法

安全科学中各种组元的关系相当复杂，欲获得本质的抽象的安全基本规律，必须打破僵化的思维模式，运用非线性安全思维方式考虑。用目前非线性理论中的联系和变化观，分析安全中的各种问题。

二、安全科学中基本概念的哲学辨析

安全哲学解释安全认识和安全伦理问题，确立安全准则和安全评价、安全感、安全观等安全科学的基本概念的内涵、外延，而且进一步研究这些基本概念的相关关系，揭示安全的本质和安全活动的规律等，是安全科学发展的导向。

"安全"概念是指没有危险的客观状态，"安全感"则是主体对自身安全状态的感性认识。"安全感"概念指向的是一种主观状态，"安全感"是主观体验，"安全感"是针对安全主体自身而存在的，而不是针对其他主体而存在的，安全感是以非理性为主导的体验。安全是一种客观状态，同时安全也是一种利益，一种价值。一般说，在"安全""利益""价值"三个概念之间，"价值"是一个包容了"利益""安全"等多个概念的外延最广泛的属概念，"利益"是一个表达正面价值的概念，它的外延比"价值"小，但比"安全"大，是"价值"的种概念，"安全"的属概念。"安全"也是一个表达正面价值的概念，但它的外延比"利益"小，是"利益"的种概念。这就是说，安全是一种利益，属于利益，但不是利益的全部，利益包括了安全，然而却不局限于安全，除了安全利益之外，还有其他更广泛的利益。这里把安全、利益、价值都看成了一种客观存在，更准确地说是一种客观关系，而不是一种主观关系，也不是主观与客观的关系。安全作为一种客观的价值存在，从理论上讲应该是可以度量的。

安全评价与安全感一样，也是客观安全状态的一种主观反映，但它不同于安全感：首先，安全评价的对象不仅是评价者自身的安全状态，而且还包括了对其他对象安全状态的判断；其次，安全评价在层次上高于安全感，理性思维和分析在安全评价中占据主导地位；再次，安全评价的主要内容是对不同主体安全状态的具体认知和评价，属于价值判断。安全评价一般针对特定主体，是对其安全与否及安全程度的认知和断定。

安全观是对现实安全问题的综合性的理性化的认识。第一，它以理性思维为主导，但没有完全排除非理性思维和感知，包括着一般的安全感和安全体验，是对安全问题的广泛经验认识和研究；第二，它不局限于具体的安全对象，而是对现实安全问题的普遍认识；第三，它不局限于对安全状态与安全价值的认知，而广泛地涉及到现实安全如何形成，如何获得安全等一些现实安全问题，是对现实安全问题的综合性思考；第四，它的认识重点在安全的现实问题上，而对与现实联系不太密切的一般普遍性的安全理论问题，特别是安全的本质属性、抽象思维等并不重视。

安全理论是对安全基本问题的理论性、系统性的认识与表达。安全观如果上升到系统化理论化的高度，也便成了安全理论。安全理论有两种表现形式，一种是安全科学，对客观安全系统抽象分析、理性思考与普遍研究；另一种是安全哲学，对安全的普遍性问题的思辩性研究，是其他所有安全理论研究和实践分析的最基本的出发点。对于安全科学来说，它又分两个层次，一个是用抽象推理方法研究安全的普遍性问题，这便是安全学；一个是用实证方法研究某些特殊领域的安全问题，这便是经常提到的安全工程学。实现这一目标可能需要较长的时间，但追求这一目标则需要从现在开始。这既具有深化安全科学研究和丰富哲学理论的深远的理论意义，又具有服务现实社会中人的各种安全需求的直接的实践意义。

三、安全科学中几对范畴的哲学关系

这里，从唯物辩证法出发，对安全科学中的几对范畴作如下的哲学解读。

1. 安全与危险的统一性和矛盾性

安全与危险在所研究的系统中是一对矛盾，它们相伴存在。安全是相对的，危险是绝对的。安全的相对性表现在三个方面：首先绝对安全的状态是不存在的，系统的安全是相对危险而言的。其次，安全标准是相对于人的认识和社会经济的承受能力而言，抛开社会环境讨论安全是不现实的。再次，人的认识是无限发展的，对安全机理和运行机制的认识也在不断深化，即安全对于人的认识而言具有相对性。危险的绝对性表现在事物一诞生危险就存在，中间过程中危险势可能变大或变小，但不会消失，危险存在于一切系统的任何时间和空间中。不论人类的认识多么深刻，技术多么先进，设施多么完善，危险还是不会消失，人、机和环境综合功能的残缺始终存在。

安全与危险是一对矛盾，它具有矛盾的所有特性，一方面双方互相反对、互相排斥、互相否定。安全度越高危险势就越小，安全度越小危险势就越大。另一方面安全与危险两者互相依存，共同居于一个统一体中，互相贯通，存在着各向自己对方转化的趋势。安全与危险这对矛盾的运动、变化和发展推动着安全科学的发展和人的安全意识提高。

2. 安全科学的联系观和系统观

恩格斯指出："当我们深思熟虑地考虑自然界或人类历史或我们精神活动的时候，首先呈现在我们眼前的一幅由种种联系和相互作用无穷无尽地交织起来的画面。"客观世界普遍联系的观点是唯物辩证法的总特征之一。安全与危险在系统中的影响因素特别多，因果联系错综复杂，安全科学欲反映它的内在规律性，必须全面地分析各要素，利用各个学科已取得的研究成果，对开放的大系统进行分析和综合，找出安全的客观规律和实现途径。在多种原因中要注意区分主要原因和次要原因，内因和外因，直接原因和间接原因，客观原因和主观原因等。在全面分析因果联系的基础上要集中力量抓住事物内部的主要矛盾进行分析和研究。

根据安全科学自身的特点，必须用系统的观念去分析它，系统最大的特点是它的整体性、有机性、层次性。它具有其要素所不具有的性质和功能，整体的功能不等于其各要素的性质和功能的叠加。整体的运动特征只有在比其要素更高的层次上进行描述，整体大于部分之和。尤其对危险而言，一危害因子与另一危害因子相加不是两个危害因子。系统的整体性是由各个要素综合作用决定的，是系统内部各要素相互作用、相互联系产生某种协同效应。系统整体性的强弱，要由要素之间协同作用的大小决定。在安全领域中，各种安全和危险要素很多，叠加在一起整体影响力会大大增加，所以为了实现系统总体功能向有利的方向发展，必须对各要素统筹兼顾，增加安全因子的整体功能，削弱危险因子的整体功能。决不能各自独立、彼此隔离，那样会大大降低系统的安全功能。

要素以一定的结构形成系统，各要素在系统中的地位会有一定的差异，尤其在复杂系统中，各要素的地位就更加复杂。这就决定在安全这个复杂的大系统中，有些要素处于主导地位和支配地位，有些要素处于从属地位和被支配地位，应注意各要素关系，以利于实现系统的整体安全。

3. 安全科学的简单性和复杂性、精确性和模糊性

客观世界是复杂的，同时又是简单的。安全科学所要研究的系统也是复杂和简单的，一方面包含无穷多层次的安全和不安全矛盾，相互间形成极为复杂的结构和功能，它与外部世界又有多种多样的联系，存在多种相互作用。另一方面，系统又是可以分解的，任何复杂多样的系统都可以分为简单要素、元素、单元，可以看成许多单一的集合。内、外部的联系和所遵循的基本规律往往又是简单的。

安全科学的认识，总是从模糊走向精确，模糊和精确是辩证统一的。安全与危险之间没有精确的界限，是个模糊概念，但可用精确的数字更好地解释模糊。精确和模糊是一个问题的两个方面，模糊性可以说明精确性，适当的模糊反而精确。无疑定性

描述将导致建设性的和组织上的安全措施，并已对安全工程的不断完善作出了很大贡献。但是，就对技术装备的了解来说，模糊的定性描述有太广的边界。在具体情况下，这种边界将会降低安全程度，从而不能应用明确的相关准则。安全方面的欲求状态因此不能精确地确定，还会导致欲求状态和实际状态之间的界限模糊。这就是人们在观察同一实际情况时，有的认为是安全的，有的认为是不安全的。因此在具体情况下，有必要处理好精确性和模糊性的关系。

4. 安全科学的必然性和偶然性

必然性就是客观事物的联系和发展中不可避免、一定如此的趋势。偶然性是在事物发展过程中由于非本质的原因而产生的事件，它在事物的发展过程中可能出现，也可以不出现；可以这样出现，也可以那样出现。毛泽东指出："客观现实的行程将是异常丰富和曲折变化的，谁也不能造出一本中日战争的'流年'来，然而给战争趋势描化一个轮廓……"。具有自燃倾向的煤在富氧和蓄热的条件下必然发生自燃，但条件的具备带有很大的偶然性，且这种偶然性完全服从于火灾系统内部隐藏规律的必然性。

必然性和偶然性不仅相互联系、相互依赖，而且在一定的条件下可以相互转化。如矿井通风中扇风机房的反风门，本来是可以上下提升的安全门，灵活运转具有必然性，灾害时不能调节的情况是偶然的。但随着年久失修，滑轮生锈，周围地压强烈挤压，灾害时这一安全措施不能运用成为必然，偶然性转化为必然性。这类事故煤矿中时有发生，所以在处理系统安全问题时，对于有利的偶然性应创造条件促使其发生，不能抱有侥幸心理；对于有害的偶然性应尽可能地减弱和避免，并做好应付突发事故的一切准备。

四、安全科学中流变与突变的哲学观

哲学中的量变与质变，在安全科学中表现为流变与突变。安全科学的流变与突变现象源远流长。在历史上人们往往只习惯于流变，而不习惯于突变。因为缓慢的流变对人的影响不明显，而突变会使人手足无措。古人往往把火山、地震、洪水、星坠等突变赋予神的力量或其他超自然力，没有科学地认识突变。

在自然界和社会生活中，存在着两类性质截然不同的现象：一类是连续变化的现象，如天体运行、光电的传播、经济的增长、语言的演化等；另一类是不连续的突变现象，如闪电雷鸣、塌方、岩石断裂、地震、气体的相变、基因的突变等。对于连续变化的现象，应用300年前牛顿和莱布尼兹等创立的微积分理论，可以解决科学技术、经济活动和社会生活中的大量问题。如牛顿的运动三定律及万有引力定律、麦克斯韦尔的电磁波理论、爱因斯坦的相对论及波尔的量子力学等重大理论，就是借助微分方程建立起来的。然而，以牛顿和莱布尼兹的微积分理论为基础的数学模型，却存在着固有的局限性，它只能用于描述连续变化的现象，所涉及的曲线和曲面必须是光滑的。可是，不连续的突变现象却要求以不光滑的曲线和曲面来描述，这就产生了描述突变现象与已有的数学理论和方法的矛盾。面对这种矛盾，过去数学家们通常采用"分段处理"或"近似处理"的办法，把不光滑的曲线和曲面光滑化，然后再用连续数学模型来描述。随着科技的发展，对突变现象"分段处理"或"近似处理"的数学方法已不再适用。

长期以来，人们对状态变化的形式问题一直存在着不同见解，总的来看，有三种不同的倾向：一种是"飞跃论"，认为从一种质态向另一种质态的转化是以不连续的方式通过飞跃实现的；另一种是"渐进论"，认为在任何两种质态之间不存在着什么绝对分明和固定不变的界限，一切质态的差异都在中间阶段互相融合，因此不同质态的转化是以连续的方式通过渐进完成的；第三种是"两种飞跃论"，认为飞跃可分为"爆发式"和"非爆发式"两种，旧质到新质的转化有的是以爆发式飞跃完成的，有的则是以非爆发式飞跃完成的。

在严格控制条件情况下，如果质变中经历的中间过渡态是稳定的，那么它就是一个流变过程，如果中间过渡态是不稳定的，那么它就是一个飞跃过程，就是突变工程。所谓稳定性，简单地说，就是当干扰改变事物的原有状态时，事物所具有的抗干扰能力，或者说当干扰使事物偏离稳定态时，事物依靠某种作用回到稳定态的能力。突变理论通过模型还揭示了事物的质态的转化，既可以通过飞跃来实现，也可以通过渐变来实现，关键在于控制的条件的不同，认识突变和流变之间的相互转化关系，对全面而深刻地理解质量互变规律，并运用于认识和改造世界，无疑有着十分重要的意义。

恩格斯在《自然辩证法》中研究了流变和突变的范畴，认为流变是一种缓慢的变化过程，突变则是流变过程的中断，是质的飞跃。流变和突变是量变和质变在自然界中的具体表现，因此，流变和突变的范畴与量变和质变的范畴属于不同层次的范畴。由此可见，无论是量变还是质变，都可能出现流变和突变两种形式，都是流变和突变的统一。其统一性主要表现在三个方面。

（1）流变与突变的相对性

作为一对对立的概念，流变与突变是相互依从的。在安全科学的研究中，没有绝对的流变和突变。离开了流变，就无所谓突变；离开了突变，流变也无从谈起。事实上要把影响安全的质划分为流变和突变的界限是很困难的，因为事物的发展总保持自身的连续性，总在一切对立概念反映的客观内容之间存在中间过渡环节。所以，从这个意义上讲，一切对立都是相对的。如河流的水位总在一定的范围内变化，没有超过河床，就什么事也不会发生；河水溢出了河床，就成了洪水。总之，在空间规模、时间速度、结构、形态及能量变化程度上或采取的形式上，流变与突变都只有相对意义。

（2）流变和突变的层次性

在讨论事物安全度的流变和突变时，总是联系某一具体的物质层次。在同一物质层次上，流变和突变有其具体的表现形式，可以进行严格的界定。在这个意义上讲不同物质层次的流变和突变有其不同的表现形式和质的规定。某种具体的安全变化过程，在低层次可以称为突变，而在高层次则属于流变。例如人体某一器官损伤，针对小区域来说，是一次突变事件；对整个人体而言，是综合功能的流变。

（3）流变和突变的相互转化

在一定条件下，流变可以转变为突变，突变也可以转变为流变。例如，生物演化过程是一个缓慢的流变过程，但几百年来，因人类砍伐森林、捕杀动物、使用农药和排放废物，造成了几次大量生物物种灭绝的突变事件。又如，人类依靠科学技术，采取了种种措施，有效地避免了许多危及人类生存、发展的自然界突变事件或减弱了突变事件的强度（洪水、泥石流、风暴、动植物病虫害等）。流变表现为事物微小而缓慢的量的变化，突变表现为显著而迅速的质的飞跃，在流变中往往也有部分质变，在质变中也伴随着量的变化。在质变发生之后，又会出现流变和突变的新的周期，事物就是如此循环往复至无穷地变化和转化的。

流变向突变的转化，往往是在事物达到极端的状态后出现的物极必反，事物达到高峰就会向对立面转化。"皎皎者易污，峣峣者易折"。看来是完善的事物，通过某种随机因素，某种扰动或涨落，猛然间会发生突发性雪崩式的变化。突变向流变的转化与流变向突变的转化不同，突变向流变的转化往往是在事物发生突变后，在新质的规定下，出现平稳的变化状态，开始了新的变化周期，这时微小的扰动和涨落，对事物没有明显的影响。事物的流变和突变具有复杂性和多样性，在研究和处理时切忌千篇一律，要用不同的方法进行具体研究。

在安全系统变化过程中，为了达到预测未来安全状态目的，人们的注意力主要集中在探索过去连续性安全变化的周期性规律，揭示安全状态变化与驱动因素之间的线性关系。但是这些研究有意无意地都主要是以"流变论"为理论基础的。恰如普里高津曾经指出的："近代科学的魅力在于它认为已经发现了自然界的永恒规律。认为一个随时间演变的系列变化服从一定的规律，当初始情况确定以后，未来的情况将由这个变化规律来决定。"自从 20 世纪 80 年代以来，随着研究技术方法的改进，人们开始发现安全科学中的许多问题的变化表现为突变或者灾变。它们的发生具有随机性、跳跃性、不连续性、因果之间呈现非线性。突变特征的认识对安全科学理论建立具有挑战性的意义。

第四节　安全哲学与安全生产关系

人的生命是最宝贵的。中国是社会主义国家，经济发展不能以牺牲精神文明为代价，不能以牺牲生态环境为代价，更不能以牺牲人的生命为代价。重特大安全事故给人民群众生命财产造成了重大损害。我们一定要痛定思痛，深刻吸取血的教训，切实加大安全生产工作的力度，坚决遏制住重特大安全事故频发的势头。而安全哲学中含有丰富的辩证法思想，为中国的安全生产提供了大系统思维、大开放思维、大科学思维等现代安全科学的思维方式，对中国实现科学发展有着极其重要的意义。

一、重构非线性安全思维

这里，我们着重阐述在劳动生产领域或其他领域重构非线性安全思维的基本哲学原因。

1. 思维方式及其时代性

思维方式是一个历史的概念。"思维过程本身是在一定的条件下生长起来的，它本身是一个自然过程。"人类的思维方式永远随着社会文明的进步而发展。科学技术作为生产力各要素中起第一位变革作用的要素，也是对人类思维方式影响最深刻的因素。综观人类历史发展的进程，思维方式经历了三次大的变化。

古代直观性整体思维方式——古代东、西方基本都属于朴素的、整体的、直观性思维方式。近代机械性整体思维方式——最基本的思维方式是机械思维方式，把宇宙的一切联系，都看成唯一的机械的相互作用来思维。

辩证思维方式——19 世纪上半叶，自然科学对热能与机械能的转换关系的研究取得了突破性进展。"三大"发现的证实，自然科学从经验科学变成理论科学。发展辩证系统思维方式的工作则开始于黑格尔，黑格尔从研究人类思想史中天才地重新发现和恢复了古希腊的辩证法和系统观，并作了多处发挥。马克思在总结人类全部思想成果，特别是 19 世纪自然科学伟大发现的基础上，完成了黑格尔唯心的辩证思维方式转变为唯物辩证思维的根本革命。这种新的辩证思维，使人类从直觉的、机械的整体观提到辩证唯物主义的新高度。首先，强调了"存在"整体性的第一性；其次，强调自然界整体性的动态性；第三，强调自然界存在方式的暂时性与永恒性的统一；第四，强调思维方式必须和存在方式相统一；第五，运用辩证整体思维方式研究社会和人类自身。

2. 改变安全思维方式的必然性

如果从思维方式角度来认识安全问题，关键是观念的转变，从根本上说是价值观念的转变。当代的科学技术创造了空前的社会文明，自动化甚至无人化车间的生产比狩猎与采集式的生产活动先进很多，这可能是没有异议的。但是人类为了安全的明天，今天的价值取向该如何定位呢？目前在商品经济中，市场竞争异常激烈，每个生存个体（集体、利益体）都尽可能地获得高额利润，在这种观念的支配下，把安全问题作为风险经济来考虑。没有看到外生变量在一定条件下制约内生变量的关系，这是典型的机械思维方式。无限制地向外部系统掠取，使人类安全系统已濒临危险的边缘。人类所创造的技术和社会关系颠倒成为人享受安全的羁绊。人类一旦只看见物质利益时，人便生活或工作在安全的阴影中了。

近代科学的发展揭开了自然系统相互作用的神秘色彩，人们在经验和实验中所得到的线性思维作用下，不断地在手段上创新，发明新的技术，使科学应用于生产，达到了理性主义"控制自然，征服自然"的目的。但是，这种实践活动却导致了技术理性的产生与发展。技术理性以科学、客观、功利、实证等为特色，使人们相信，人可以凭借理性把握技术来无限地征服控制自然，这种结果必然导致人的自由与主体性的增长，并最终达到"完善"。人类因此建立起了线性的社会进步观和文明发展观，以为社会的进步和文明的发展在于物质财富的增长。世界各国，尤其是西方资本主义国家因此选择了一条以经济增长为主的社会发展道路，以求得国民收入与国民生产总值的增长，认为只要物质财富增加了，人民就会享受安康、舒适和民主的生活，安全问题等也随之自然而然地解决。的确，这种线性观点为人类对物质财富的追求起了很大的作用，使西方走上了工业发展的道路，产生了工业文明。但是这却并没有带来预期的繁荣，反而引发了一系列的全球性问题。例如工业社会的发展，特别是进入了高技术高速发展的时代，全球的文明起了根本性变化，但技术带来的直接性社会副作用也极为严重。总之，传统的机械思维方式已造成大的安全问题，在自然层面上，出现资源枯竭、水土流失、环境污染等资源危机、能源危机和生态危机等问题；在社会层面上，产生经济畸形发展、贫富悬殊、政治动荡、道德伦丧等问题；在人的层面上，出现人性压抑、人的价值与情感失落，甚至人机倒置等问题。机械时代推动起来的商品化浪潮和价值观念，科学还原论的研究路线，至今仍隐蔽地渗透在人们的思维方式、行为方式之中。到了 21 世纪的今天，如果不改变这种方式，那么人类所面临的安全问题将会永远无休止地增长。

3. 安全思维的非线性方式革命

20 世纪初，系统思维方式以"整体大于它的各部分之和"的基本表达，否定了整体为各部分的加和的机械思维方式的表达而受到普遍肯定。贝塔郎菲引自亚里士多德的原意是"全体并不是部分的总和。"用简式表示就是："整体=部分之和+结合形式。"系统观阐明了整体不能归结为要素的加和，还要包括整体的有机结构形式。还原论坚持对整体作机械分解去寻求整体的本质属性，其结果不仅忽略了决定整体特征的结构，而且被机械分解后的孤立"要素"，也失去作为整体的要素的意义，因而仍无法说明整体的本质属性。过去对安全问题采用线性分解为几个部分，然后集体求和的思想，可能应该改变。系统论以崭新的思维方式推动了20世纪科学思想的重新定向，并愈来愈明确必须以非线性数学思维方式来研究复杂系统问题。以往传统的安全思维方式的特点是动态现象作静态处理，复杂现象作简化处理，整体不平衡作局域平衡处理，机体问题作分割处理，即是说，把复杂安全问题存在的普遍的非线性现象，都近似地、简单地以线性方法来思维和处理，削足适履就不可避免。安全状况不断恶化也就不足为奇。安全状况的改变不能依靠"管""制"，而是通过"理""导"等形式，引导安全系统内部的非线性自组织作用向有利于人类的方向发展。

随着现代科学的发展，近代以事故频数和线性关系为主的机械统计安全思维，因大量的安全问题不可解释而不得不重新修正。现在因系统科学和非线性科学的诞生，应该出现以安全机理和系统整体统一的非线性安全思维。这样安全科学的非线性思维方式是对传统机械的、封闭的及活力论的思维方式的突破而诞生的。

4. 以非线性思维方式重新辨识安全

安全科学中面对的非线性现象极其繁多。如气象变化、虫灾、瘟疫流行、股市行情以及地震、雪崩、泥石流、瓦斯爆炸等突发性灾变现象，都不能用传统科学的线性方法求解，而应归属于非线性思维方式的领域。

由于系统科学、混沌理论等非线性科学的发展，现代安全科学应该越来越能够按照自然界的规律性说明安全本质，而不必再求助于造物主。非线性思维不仅动摇工业安全问题，也动摇了关于经济系统安全和国家政策控制的传统思路。这类事实表明，只有通过非线性安全理论才能得到合理的解释，因而促使当代支持非线性安全学的研究迅速兴起。在进入混沌态时，微观上由于非线性相互作用，又导致系统开始新的自组织，即是说，其混沌无序态整体被导入潜在中心即吸引子，就是从混沌向新的有序过程演化的起点。在涉及整体性问题时，现在有了一种更合理、更切实的思维方式，这就是非线性的整体思维方式。当代以突变理论、混沌理论为代表的非线性科学的每一成就，都必将给予我们更准确预测未来并保持良好安全发展态势以更有效的工具，使我们有可能不断缩短主客观之间的距离，也必将为改变安全科学的传统思维方式，为更切实认识经济变化和社会其他领域的变化规律开辟崭新的前景。

总之，非线性思维不仅推动了自然学科革命，也将影响安全学科以及所有的学科，

21世纪的安全科学技术将发生革命性变化。非线性思维方式与现代安全理论的结合，其意义将更为深远，这可能是21世纪调整安全思维方式的新导向。

二、安全系统与系统安全

劳动生产领域的安全问题是个系统工程问题，它把安全的各个要素考虑在内，以系统的观点来研究安全，从而形成安全系统。而系统安全是把安全问题看成一个子系统，它们之间是一种相互依存的辩证关系。换一个角度讲，也可以认为系统安全是目的，而安全系统是手段，它们之间具有目的与手段的辩证关系。安全哲学试图采用系统思考方法来分析安全系统的安全度可持续性问题，结合有关安全要素，初步构建影响安全度的系统动力学模型，如图1-1所示。

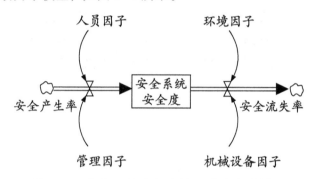

图1-1　安全系统安全度的系统动力学模型

模型中的安全系统安全度是一个状态变量，表示安全水平的高度，受安全产生率和安全流失率两个流率变量影响，而人员因子、机械设备因子、环境因子、管理因子4个变量，分别对其产生影响。模型中的云状符号表示源（sources）与漏（sinks），二者为抽象概念，代表安全系统输入输出状态的一切物质，以安全系统安全度来说，云状符号表示安全度的来源和去向。

1. 安全系统是灰色系统

劳动生产中的安全系统是以安全三要素（人、机、环境）作为主要组成部分的，以系统的观点来研究它们之间的相互关系及其规律。但安全系统的要素之间的相互关系具有一定的灰度，导致灰度的原因是由认识能力的不足决定的，也由系统模糊性决定。因此，安全系统是个灰色系统，必须以灰色理论来研究。

2. 环境是安全系统的组成基元

从安全的定义可以知道，安全是指人的身心免受不利因素影响的存在条件及其保障条件。从中可以看出，安全作为一个系统来研究，环境这个因素是不能忽视的，环境对人的身心的影响不亚于安全的其他因素。因此，从这个意义上说，环境是安全系统的组成基元。当然，考虑了环境要素的安全系统仍然是处在更大的环境之中。

3. 可接受解是安全系统的优化模式

一般系统的优化模式是寻求最优解，调动系统的各个要素以及准确地把握它们之间的内在规律，使系统达到最优化。但对于安全系统而言，安全系统是个灰色系统，无法准确把握它们之间的内在联系。从人们对安全的需要，虽说达不到绝对安全，但人们对安全有一个可接受水平，这就是把安全作为系统进行优化的目的。即寻求可接受解是安全系统的优化模式。

4. 安全、事故隐患、事故的辩证统一关系

由若干不安全因素构成的事故隐患可能有两种发展趋势：一种是通过采取措施，消除不安全因素，也就是消除事故隐患，达到了一种安全状态；另一种是事故隐患演化成为事故。因此，在安全、事故隐患、事故的辩证统一关系中，一方面不能认为无事故就是安全的，就是说事故隐患的存在与否应该是判定安全与否的主要根据。另一方面，可以认为事故只是一种极端的表现，人们在关注事故的同时，应该把安全工作的重点放在发现和消除事故隐患上。第三方面，安全不是只研究事故的，安全学不等同于事故学。因此，统筹兼顾是科学发展观的根本方法，同时兼顾各个方面的发展要求，把经济建设、政治建设、文化建设、社会建设及其各个环节统筹好，协调好，使之相互促进、相互支撑，实现良性互动。安全生产管理工作同样如此，必须统筹兼顾人员、机械设备、环境、管理等安全要素，以安全文化为纽带，促进安全投入和安全科技，最终使得安全度水平始终大于安全熵水平高度，以避免安全伤亡事故，从安全哲学的角度构建安全木桶模型，如图1-2所示。

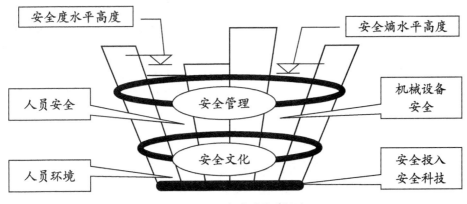

图1-2 安全木桶模型

三、辩证统一的安全和利益关系

在社会发展的过程中，必然出现各方利益诉求的矛盾点，安全生产观不是消极回避，而是主动剖析，提出解决方法，可以说，直面利益观是安全生产观的创新之处。例如："要坚持在全国人民根本利益一致的基础上，妥善协调各种具体的利益关系和内部矛盾，正确处理个人利益和集体利益、局部利益和整体利益、当前利益和长远利益的关系。""要加强统筹协调，提高处理利益关系的能力……""统筹协调各方面利益关系，妥善处理社会矛盾。适应我国社会结构和利益格局的发展变化……"在安全生产领域，面对利益，出现了种种不良现象：工人为了完成超额任务而违章作业，企业负责人为了利润而忽视安全投入，安全监察人员贪污受贿，地方政府为了 GDP 政绩而漠视职业健康安全卫生……。于是，一段时期内安全和利益显得水火不相容，出现了利益至上的倾向，造成对安全和利益之间关系的迷惑误解。只有树立正确的安全利益观，才能保证安全发展，结合科学发展观的利益观，提出安全利益观：安全和利益对立统一，安全是实现利益的前提条件和基础。

坚持全面发展的运动观点，辩证统一地认识安全和利益之间的对立统一关系。安全生产中，单纯追逐利益会导致安全事故，造成财产损失和人员伤亡，安全投入在一定的程度上也影响利益的获取，说明安全和利益目标在一定条件下是对立的。在一定的条件下，安全是实现利益目标的重要前提和条件，只有安全工作做好了，才能促进生产朝着良性健康的方向发展，才能保证利益目标的顺利实现，二者才能和谐发展、相互促进，说明两者是统一的关系。因此，安全和利益充分体现了对立统一的关系。面对利益，一般人"利益障目，趋之若鹜，不见其他"，然而，老子却能提出超前的利益观。"天长地久。天地所以能长且久者，以其不自生，故能长生。是以圣人后其身而身先；外其身而身存。非以其无私邪？故能成其私。"认为天地之所以能够长久存在，是因为天地创造万物的本意不是维护自己的生存，圣人效法天地的这种"不自生精神"，把自己的利益置之度外而成为圣人；在"故能成其私"中可以把"私"理解为利益，"成其私"表示自身利益目标的实现。可是，难道天地和圣人没有考虑自己的利益吗？答案显然是否定的，"无私""不自生"的看似违背常理的做法却自然而然地使他们克服了不利条件，获得了利益。因此，老子的利益观点充分体现了安全和利益是辩证统一的关系。

综上所述，站在哲学的角度对安全生产进行思考，我们不难得出：第一，树立正确的安全利益观，安全是实现利益目标的前提和基础，没有安全就没有利益，安全和利益辩证统一；第二，安全系统是一个复杂的社会技术系统，必须统筹安全社会技术系统，不但重视技术子系统的安全作用，而且要发挥社会子系统的安全影响作用，使安全系统处于高技术高社会维度下的安全状态；第三，安全度的水平高低对安全系统产生影响，造成安全系统从可持续安全状态进入临界可持续安全状态，从而跃迁到不可持续状态，最终导致安全伤亡事故发生；第四，提出安全发展观，在科学发展中坚守"生命为本、安全第一、安全优先"的理念，安全生产参与主体具有正确的安全利益观，统筹安全社会技术系统、统筹不同安全行业、统筹人员机械环境管理等安全要素，树立全面、协调、可持续的安全发展观，才能又好又快地科学发展。

四、劳动生产中的安全科学方法论

以前人们对事物的认识，受认识能力和认识手段的制约，往往把复杂事物加以简化，略去其中的一些次要因素，或者把复杂系统还原分解为低级的简单系统，在局部上求得问题的解决，即把非线性问题化为线性问题来处理。在认识上这是线性观点，是线性思维，在方法论上是还原的。非线性科学揭示了这种观点及其方法的局限，主张以非线性观点来认识与处理事物，克服线性观点还原、简化的缺陷，从整体上把握事物变化的性质与规律，把复杂事物当作复杂事物来处理，考虑客观事物的更多因素。由于世界在本质上是非线性的，因此非线性观点才是分析与处理事物的根本方法，线性观点只不过是非线性观点分析与处理事物的特例。而马克思主义哲学是关于自然、社会和思维发展普遍规律的科学，是科学的世界观和方法论，是指导世界人民变革世界、改造世界和经济建设的理论基础。"马克思主义的哲学认为十分重要的问题，不在于懂得了客观世界的规律性，从而能够解释世界，而在于拿了这种对于客观规律性的认识去能动地改造世界。"

安全科学所研究的对象在本质上是非线性的，因此它包含着无限多个安全素与危险素的非线性相互作用。用数学的语言来说，安全演化的状态变量是由无限多个安全素与危险素变量构成的函数。这些变量不是独立的，而是相关的。它们之间的非线性相互作用在宏观上的表现为安全状态变化。安全科学是跨学科的交叉科学，非线性是安全科学的本质特征，这在客观上要求我们必须用非线性和多学科综合研究的方法。安全哲学正是基于生产力的发展、科学技术的进步和人们对安全问题认识的提高，把已有的、分散的并寓于各学科的对安全问题的知识、技术、经验等经过分离、综合和系统化而形成的新兴的综合性学科。其目的和作用在于紧紧抓住影响人们生产、生活和各项活动的安全与事故这个特殊矛盾，研究其发展、变化的规律，以便更自觉、更卓有成效地预防事故发生，保障生产经营活动顺利进行，保障人类自身的安全与健康。也就是说，安全科学研究的特殊矛盾是安全与事故的矛盾。用辩证唯物主义观点看，任何危险都离不开一定的物质条件；任何物质在一定的条件下，都会有一定的危险性，危险是物质存在的一种特殊形态，是物质运动性的一种特殊表现。危险是安全科学应当研究的一种特殊类型的矛盾，具有普遍性、特殊性、可转化性、可认识性等特征。只要抓住这一学科的基本矛盾，就等于抓住了这个学科的纲。只有对各系统、各部门的危险有了充分的认识，并且掌握其转化的规律和条件，预防事故才更有针对性，安全措施才能更可靠。

在劳动生产领域或其他领域，安全科学的方法是介于哲学方法和具体的单学科安全工程研究方法之间的中间层次的认识工具和研究手段。它是随着安全问题的复杂而产生和发展的，从认识论和方法论的角度分析、总结，结合非线性科学的方法，概括人类在安全领域中的理论和实践经验，获得安全科学规律性的认识。安全哲学是为安全学提供认识论和方法论的一门学问。安全方法正是在安全哲学的指导下产生的。

（1）事故突变法

根据内因是事物前进的动力，并且通过质与量的辩证关系，可以推断出事故产生的内在规律。事故是在外界因素通过事故隐患逐渐积累到一定突破点，从而突变为事故。

（2）风险分析法

风险分析法是通过分析事故隐患而发展起来的，它的哲学依据就是可能性与现实性的辩证关系。通过把握风险分析法，可以抑制事故隐患从可能性转化为现实性。

（3）事故致因法

事故致因法是建立在原因和结果的辩证关系上来把握事故发展动态的。通过事故致因法可以分析出，产生事故的事故隐患、危险源，从果推因，从而避免有类似事故再发生。

最后，需要说明的是，尽管马克思主义哲学具有最高的哲学意义，但其他西方哲学以及中国哲学里还有一些"珍珠颗粒"需要吸收进来，而且随着经济社会加速变迁和后工业社会的来临，哲学思想理念和方法本身也在深化发展，因而我们关于安全（生产）哲学的研究也需要进一步拓展领域，比如中国哲学里的老庄道家思想、孔孟儒家思想等，西方哲学的现象学研究、后现代主义研究等，都可以在安全哲学加以运用。

第二章　安全系统学原理

世界上任何事物都必然存在于系统之中，可称为某系统的一个组成部分，它有一定的目标，而系统又由若干个子系统所构成。科学及系统工程是以系统为研究对象，复杂系统及其开发、运行、革新是系统工程学研究的基本问题。系统工程是组织管理系统的基本方法和综合技术。根据系统类型不同，有各类系统工程，如：安全系统工程、工程系统工程、管理系统工程、社会系统工程、经济系统工程等。系统可分为孤立系统、封闭系统和开放系统，安全生产系统一个开放的系统，其稳定性与外界环境有很大的联系，是一个多变的系统。

安全系统工程①是近十年来发展起来的新型科学，是以安全学和系统科学为理论基础，以安全工程、系统工程、可靠性工程等为手段，对系统风险进行分析、评价、控制，以期实现系统及其全工程安全目的的科学技术，是现代科技发展的必然产物，是安全科学的重要分支。安全系统工程学的研究内容主要集中于系统安全分析和安全评价上。本章所研究的安全系统主要是指用于实际生产中的狭义系统，而不包括社会因素中的广义系统。

第一节　安全系统总论

中国《辞海》对事故的定义是："意外的变故或灾害。"随着经济的发展，我们对事故的定义更加狭义了，主要指工程建设、生产活动、交通运输等发生的意外破坏，并造成人身、财产的损失。可见，我们对安全系统研究有着非比寻常的意义。

---

① 汪应洛. 系统工程学（第三版）［M］. 北京：高等教育出版社，2007.

一、国内安全系统研究

在安全系统原理方面，国内专家结合安全论、系统论和控制论的观点、方法，提出了一些有代表性的安全思想和安全文化，具有代表性的主要有以下几种。

刘潜认为安全系统是由安全的"三要素四因素"构成的，当今只有用安全系统方法才能真正解决系统安全问题，安全科学作为典型的综合科学学科，有某种特定的目的性、复杂的非线性，功能的系统性，综合的整体性。安全科学是从安全自发认识、安全局部认识和系统安全认识发展到了由安全系统认识的学科科学、应用科学和专业科学三种学科认识阶段的科学。

徐德蜀认为胡锦涛总书记关于"安全生产"的"四个必然"及安全发展的"三个不能"的讲话十分重要，对高速发展的国民经济建设具有现实意义和指导作用。安全是当代人从事一切活动首先要考虑的。"安全为天""安全第一""安全至上""安全优先""安全超越一切"的理念和原则，是一切政治工作、经济工作、科技创新、文化繁荣以及全面建设小康社会必须遵循的公理。

戴基福认为安全是企业永续发展的重要基础，安全管理是安全文化的基础，安全管理与企业的各种管理制度是不可切割的。台湾地区企业安全文化尚有许多步入外资，主要为本土企业较不重视企业安全管理所致。

陈宝智认为系统安全理念和方法产生近半个世纪以来，被越来越多的人接受，应用的领域也不断扩展，并在解决安全工程新问题中不断形成新的理念和方法，如重大危险源控制、本质安全设计、防护层、机能安全和复杂社会—技术系统安全等。

宋守信提出了一种对安全文化进行科学、全面评价的方法，根据企业安全文化的特点以 SMART 准则为依据，从安全意识、安全价值观、安全行为、安全现状等方面确定了 24 项安全文化评价指标，提出了安全文化星级划分标准，并建立了基于 BP 神经网络的安全文化星级评价体系。

一般来说，1970 年代以后，安全系统原理才逐步得到完善（上述国内研究均在 1980 年代以后提出），能较为全面地概括安全生产系统中事故发生背后的真实原因，其主要可分为两个大类，即被动原理和主动原理。其中被动原理指事故的发生受机器的影响较大而表现出来的原理，包括事故频发倾向原理、能量意外释放原理、因果连锁原理、扰动起源事故原理、动态变化原理、轨迹交叉原理、混沌学原理等；主动原理指事故发生受人为影响较大而表现出来的原理，一般将其综合为人为致因原理，一般包括安全保障的控制原理（人、机器、环境风险因素的控制）、协同原理（人、机器、环境之间的关系协同）。

这些原理均从人的特性、物的属性和环境状态之间是否匹配和协调的观点出发，认为物和环境的信息不断地通过人的感官反映到大脑，人若能正确地认识、理解、判断，做出正确决策和采取行动，就能化险为夷，避免事故和伤亡；反之，如果人未能察觉、认识所面临的危险，或判断不准确而未采取正确的行动，就会发生事故和伤亡。由于这些原理把人—机—环境作为一个整体（系统）看待，研究人—物—环境之间的相互作用、反馈和调整，从中发现事故的原因，揭示出预防事故的途径，所以，又将它们统称为安全系统原理。现代安全系统原理包括很多区别于传统安全系统原理的新观点。

第一，在被动原理方面，改变了人们只注重操作人员的不安全行为，而忽略硬件故障在事故致因中的作用的传统观念，开始考虑如何通过改善物的系统可靠性来提高复杂系统的安全性，从而避免事故。

第二，在主动原理方面，没有任何一种事物是绝对安全的，任何事物中都潜伏着危险因素。通常所说的安全或危险只不过是一种主观的判断，从而我们更加注重研究人为所导致事故的发生。

第三，不可能根除一切危险源，可以减少来自现有危险源的危险性，宁可减少总的危险性而不是只彻底去消除几种选定的风险。

第四，由于人的认识能力有限，有时不能完全认识危险源及其风险，即使认识了现有的危险源，随着生产技术的发展，新技术、新工艺、新材料和新能源的出现，又会产生新的危险源。

二、事故致因的被动原理

事故发生原理的发展经历了多个阶段[1]，现在还在发展完善中，其中主要有以事故频发倾向原理和海因里希因果连锁原理为代表的早期被动原理，以能量意外释放原理为主要代表的第二次世界大战后的被动原理，以及将人作为事故致因着重研究的人为致因原理等，在我国比较有影响的有以下几种。

1. 事故频发倾向原理

1919 年，英国的格林伍德（M. Greenwood）和伍兹（H. Woods）把许多伤亡事故发生次数按照泊松分布、偏倚分布和非均等分布进行了统计分析发现，当发生事故的概率不存在个体差异时，一定时间内事故发生次数服从泊松分布。一些工人由于存在精神或心理方面的毛病，如果在生产操作过程中发生过一次事故，当再继续操作时，就有重复发生第二次、第三次事故的倾向，符合这种统计分布的主要是少数有精神或

---

① 景国勋，杨玉中. 煤矿安全系统工程［M］. 徐渊：中国矿业大学出版社，2009.

心理缺陷的工人，服从偏倚分布。当工厂中存在许多特别容易发生事故的人时，发生不同次数事故的人数服从非均等分布。在此研究基础上，1939 年，法默（Farmer）等人提出了事故频发倾向原理。事故频发倾向是指个别容易发生事故的稳定的个人内在倾向。事故频发倾向者的存在是工业事故发生的主要原因，即少数具有事故频发倾向的工人是事故频发倾向者，他们的存在是工业事故发生的原因。如果企业中减少了事故频发倾向者，就可以减少工业事故。

事故频发倾向原理是阐述企业工人中存在着个别人容易发生事故的、稳定的、个人的内在倾向的一种原理。这种原理所研究的对象是人，以人为研究对象，对人的工作状态、安全情况进行统计，从而总结出规律。格林伍德和伍慈曾对许多工厂里伤害事故发生次数资料按如下三种统计分布进行统计检验。

（1）泊松分布

当工作者发生事故的概率不存在个体差异时，即不存在事故频发倾向者时，一定时间内事故发生次数服从泊松分布。在这种情况下，事故的发生是由于工厂里的生产条件、机械设备方面的问题，以及一些其他偶然因素引起的。

（2）偏倚分布

一些工作者由于存在着精神或心理方面的毛病，如果在生产操作过程中发生过一次事故，则会造成胆怯或神经过敏，当再继续操作时，就有重复发生第二次、第三次事故的倾向。造成这种统计分布的是人员中存在少数有精神或心理缺陷的人。

（3）非均等分布

当工作场地中存在许多特别容易发生事故的人时，发生不同次数事故的人数服从非均等分布，即每个人发生事故的概率不相同。在这种情况下，事故的发生主要是由于人的因素引起的。为了检验事故频发倾向的稳定性，他们还计算了被调查工厂中同一个人在前三个月和后三个月里发生事故次数的相关系数，结果发现，工厂中存在着事故频发倾向者，并且前、后三个月事故次数的相关系数变化在 0.37 ± 0.12 到 0.72 ± 0.07 之间，皆为正相关。

1926 年纽鲍尔德研究大量工厂中事故发生次数分布，证明事故发生次数服从发生概率极小，且每个人发生事故概率不等的统计分布。他计算了一些工厂中前五个月和后五个月事故次数的相关系数，其结果为 $0.04 \pm 0.009 \sim 0.71 \pm 0.06$。这也充分证明了存在着事故频发倾向者。1939 年，法默和查姆勃明确提出了事故频发倾向的概念，认为事故频发倾向者的存在是工业事故发生的主要原因。

对于发生事故次数较多、可能是事故频发倾向者的人，可以通过一系列的心理学测试来判别。例如，日本曾采用内田—克雷贝林测验测试人员大脑工作状态曲线，采用 YG 测验测试工人的性格来判别事故频发倾向者。另外，也可以通过对日常工人行为的观察来发现事故频发倾向者。一般来说，具有事故频发倾向的人在进行生产操作时往往精神动摇，注意力不能经常集中在操作上，因而不能适应迅速变化的外界条件，从而导致事故的发生。

尽管事故频发倾向论把工业事故的原因归因于少数事故频发倾向者的观点是错误的，然而从职业适合性的角度来看，关于事故频发倾向的认识也有一定可取之处。

2. 能量意外释放原理

1961 年吉布森（Gibson）提出，并由哈登（Hadden）引申的能力转移论，是事故致因原理[①]发展过程中的重要一步。吉布森提出了事故是一种不正常的或不希望的能量释放，各种形式的能量是构成伤害的直接原因。因此，应该通过控制能量或控制作为能量达及人体媒介的能量载体来预防伤害事故。

（1）能量意外释放原理

在生产过程中能量是必不可少的，人类利用能量做功以实现生产目的。人类为了利用能量做功，必须控制能量。在正常生产过程中，能量在各种约束和限制下，按照人们的意志流动、转换和做功。如果由于某种原因能量失去了控制，发生了异常或意外的释放，则称发生了事故。

如果意外释放的能量转移到人体，并且其能量超过了人体的承受能力，则人体将受到伤害。吉布森和哈登从能量的观点出发，曾经指出：人受伤害的原因只能是某种能量向人体的转移，而事故则是一种能量的异常或意外的释放。

能量的种类有许多，如动能、势能、电能、热能、化学能、原子能、辐射能、声能和生物能，等等。人受到伤害都可以归结为上述一种或若干种能量的异常或意外转移。麦克法兰特（McFarland）认为："所有的伤害事故（或损坏事故）都是因为：①接触了超过机体组织（或结构）抵抗力的某种形式的过量的能量；②有机体与周围环境的正常能量交换受到了干扰（如窒息、淹溺等）。因而，各种形式的能量是构成伤害的直接原因。"根据此观点，可以将能量引起的伤害分为两大类。

第一类伤害，是由于转移到人体的能量超过了局部或全身性损伤阈值而产生的。人体各部分对每一种能量的作用都有一定的抵抗能力，即有一定的伤害阈值。当人体某部位与某种能量接触时，能否受到伤害及伤害的严重程度如何，主要取决于作用于人体的能量大小。作用于人体的能量超过伤害阈值越多，造成伤害的可能性越大。例如，球形弹丸以 4.9N 的冲击力打击人体时，最多轻微地擦伤皮肤，而重物以 68.9N 的冲击力打击人的头部时，会造成头骨骨折。

第二类伤害，则是由于影响局部或全身性能量交换引起的。例如，因物理因素或化学因素引起的窒息（如溺水、一氧化碳中毒等），因体温调节障碍引起的生理损害、

---

① 隋鹏程，陈宝智，隋旭. 安全原理［M］. 北京：化学工业出版社，2005.

局部组织损坏或死亡（如冻伤、冻死等）。

能量转移原理的另一个重要概念是：在一定条件下，某种形式的能量能否产生人员伤害，除了与能量大小有关以外，还与人体接触能量的时间和频率、能量的集中程度、身体接触能量的部位等有关。用能量转移的观点分析事故致因的基本方法是：首先确认某个系统内的所有能量源；然后确定可能遭受该能量伤害的人员，伤害的严重程度；进而确定控制该类能量异常或意外转移的方法。

能量转移原理与其他事故致因原理相比，具有两个主要优点：一是把各种能量对人体的伤害归结为伤亡事故的直接原因，从而决定了以对能量源及能量传送装置加以控制作为防止或减少伤害发生的最佳手段这一原则；二是依照该原理建立的对伤亡事故的统计分类，是一种可以全面概括、阐明伤亡事故类型和性质的统计分类方法。

能量转移原理的不足之处是：由于意外转移的机械能（动能和势能）是造成工业伤害的主要能量形式，这就使得按能量转移观点对伤亡事故进行统计分类的方法尽管具有理论上的优越性，然而在实际应用上却存在困难。它的实际应用尚有待于对机械能的分类作更加深入细致的研究，以便对机械能造成的伤害进行分类。

（2）应用能量意外释放原理预防伤亡事故

从能量意外释放的观点出发,预防伤亡事故就是防止能量或危险物质的意外释放，从而防止人体与过量的能量或危险物质接触。在工业生产中，经常采用的防止能量意外释放的措施有以下几种：①用较安全的能源替代危险大的能源，如用水力采煤代替爆破采煤、用液压动力代替电力等。②限制能量，如利用安全电压设备、降低设备的运转速度、限制露天爆破装药量等。③防止能量蓄积。如通过良好接地消除静电蓄积、采用通风系统控制易燃易爆气体的浓度等。④降低能量释放速度。如采用减振装置吸收冲击能量、使用防坠落安全网等。⑤开辟能量异常释放的渠道。如给电器安装良好的地线、在压力容器上设置安全阀。⑥设置屏障。屏障是一些防止人体与能量接触的物体，有三种形式：第一，屏障被设置在能源上，如机械运动部件的防护罩、电器的外绝缘层、消声器、排风罩等；第二，屏障设置在人与能源之间，如安全围栏、防火门、防爆墙等；第三，由人员佩戴的屏障，即个人防护用品，如安全帽、手套、防护服、口罩等。⑦从时间和空间上将人与能量隔离。如道路交通的信号灯、冲压设备的防护装置等。⑧设置警告信息。在很多情况下，能量作用于人体之前，并不能被人直接感知到，因此使用各种警告信息是十分必要的,如各种警告标志、声光报警器等。

以上措施往往几种同时使用，以确保安全。此外，这些措施也要尽早、尽快的使用，做到防患于未然。

3. 因果连锁原理

海因里希是最早提出事故因果连锁原理的，他用该原理阐明导致伤亡事故的各种因素之间，以及这些因素与伤害之间的关系。1969 年由瑟利（J. Surry）提出的瑟利模型，以人对信息的处理过程为基础描述了事故发生的因果关系。该原理认为，人在信息处理过程中出现失误从而导致人的行为失误，进而引发事故。而 1970 年海尔（Hale）的"海尔模型"，1972 年威格里沃思（Wigglesworth）的"人失误的一般模型"，1974 年劳伦斯（Lawrence）提出的"金矿山人失误模型"，以及 1978 年安德森（Anderson）等人对瑟利模型的扩展和修正等，都从不同角度探讨了人失误与事故的关系问题。

（1）海因里希因果连锁原理

该原理的核心思想是：伤亡事故的发生不是一个孤立的事件，而是一系列原因事件相继发生的结果，即伤害与各原因相互之间具有连锁关系。海因里希提出的事故因果连锁过程包括如下五种因素：①遗传及社会环境（M）。遗传及社会环境是造成人的缺点的原因。遗传因素可能使人具有鲁莽、固执、粗心等对于安全来说属于不良的性格；社会环境可能妨碍人的安全素质培养，助长不良性格的发展。这种因素是因果链上最基本的因素。②人的缺点（P）。即由于遗传和社会环境因素所造成的人的缺点。人的缺点是使人产生不安全行为或造成物的不安全状态的原因。这些缺点既包括诸如鲁莽、固执、易过激、神经质、轻率等性格上的先天缺陷，也包括诸如缺乏安全生产知识和技能等的后天不足。③人的不安全行为或物的不安全状态（H）。这二者是造成事故的直接原因。海因里希认为，人的不安全行为是由于人的缺点而产生的，是造成事故的主要原因。④事故（D）。事故是一种由于物体、物质或放射线等对人体发生作用，使人员受到或可能受到伤害的、出乎意料的、失去控制的事件。⑤伤害（A）。即直接由事故产生的人身伤害。

上述事故因果连锁关系，可以用五块多米诺骨牌来形象地加以描述，如图 2-1 所示。如果第一块骨牌倒下（即第一个原因出现），则发生连锁反应，后面的骨牌相继被碰倒（相继发生）。

该原理积极的意义就在于，如果移去因果连锁中的任一块骨牌，则连锁被破坏，事故过程被中止。海因里希认为，企业安全工作的中心就是要移去中间的骨牌——防止人的不安全行为或消除物的不安全状态，从而中断事故连锁的进程，避免伤害的发生。

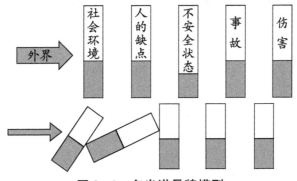

图 2-1　多米诺骨牌模型

海因里希的原理有明显的不足，如它对事故致因连锁关系的描述过于绝对化、简单化。事实上，各个骨牌（因素）之间的连锁关系是复杂的、随机的。前面的牌倒下，后面的牌可能倒下，也可能不倒下。事故并不是全都造成伤害，不安全行为或不安全状态也并不是必然造成事故，等等。尽管如此，海因里希的事故因果连锁原理促进了事故致因原理的发展，成为事故研究科学化的先导，具有重要的历史地位。

（2）博德事故因果连锁原理

博德在海因里希事故因果连锁原理的基础上，提出了与现代安全观点更加吻合的事故因果连锁原理。博德的事故因果连锁过程同样为五个因素，但每个因素的含义与海因里希的都有所不同。

①管理缺陷。对于大多数企业来说，由于各种原因，完全依靠工程技术措施预防事故既不经济也不现实，只能通过完善安全管理工作，经过较大的努力，才能防止事故的发生。企业管理者必须认识到，只要生产没有实现本质安全化，就有发生事故及伤害的可能性，因此，安全管理是企业管理的重要一环。安全管理系统要随着生产的发展变化而不断调整完善，十全十美的管理系统不可能存在。由于安全管理上的缺陷，致使能够造成事故的其他原因出现。

②个人及工作条件的原因。这方面的原因是由于管理缺陷造成的。个人原因包括缺乏安全知识或技能，行为动机不正确，生理或心理有问题等；工作条件原因包括安全操作规程不健全，设备、材料不合适，以及存在温度、湿度、粉尘、气体、噪声、照明、工作场地状况（如打滑的地面、障碍物、不可靠支撑物）等有害作业环境因素。只有找出并控制这些原因，才能有效地防止后续原因的发生，从而防止事故的发生。

③直接原因。人的不安全行为或物的不安全状态是事故的直接原因。这种原因是安全管理中必须重点加以追究的原因。但是，直接原因只是一种表面现象，是深层次原因的表征。在实际工作中，不能停留在这种表面现象上，而要追究其背后隐藏的管理上的缺陷原因，并采取有效的控制措施，从根本上杜绝事故的发生。

④事故。这里的事故被看作是人体或物体与超过其承受阈值的能量接触，或人体与妨碍正常生理活动的物质的接触。因此，防止事故就是防止接触。可以通过对装置、材料、工艺等的改进来防止能量的释放，或者操作者提高识别和回避危险的能力，佩带个人防护用具等来防止接触。

⑤损失。人员伤害及财物损坏统称为损失。人员伤害包括工伤、职业病、精神创伤等。在许多情况下，可以采取恰当的措施使事故造成的损失最大限度地减小。例如，对受伤人员进行迅速正确地抢救，对设备进行抢修以及平时对有关人员进行应急训练等。

（3）亚当斯事故因果连锁原理

亚当斯提出了一种与博德事故因果连锁原理类似的因果连锁模型，该模型以表格的形式给出，见表2-1。

表 2-1　亚当斯事故因果连锁模型

管理体系	管理失误		现场失误	事　故	伤害或损坏
目　标 组　织 机　能	领导者在下述方面决策失误或没作决策： 方针政策 目标 规范 责任 职级 考核 权限授予	安技人员在下述方面管理失误或疏忽： 行为 责任 权限范围 规则 指导 主动性 积极性 业务活动	不安全行为 不安全状态	伤亡事故 损坏事故 无伤害事故	对人 对物

在该原理中，事故和损失因素与博德原理相似。这里把人的不安全行为和物的不安全状态称作现场失误，其目的在于提醒人们注意不安全行为和不安全状态的性质。

亚当斯原理的核心在于对现场失误的背后原因进行了深入的研究。操作者的不安全行为及生产作业中的不安全状态等现场失误，是由于企业领导和安技人员的管理失误造成的。管理人员在管理工作中的差错或疏忽，企业领导人的决策失误，对企业经营管理及安全工作具有决定性的影响。管理失误又由企业管理体系中的问题所导致，这些问题包括：如何有组织地进行管理工作、确定怎样的管理目标、如何计划、如何实施等。管理体系反映了作为决策中心的领导人的信念、目标及规范，它决定各级管理人员安排工作的轻重缓急、工作基准及指导方针等重大问题。

4. 北川彻三事故因果连锁原理

前面几种事故因果连锁原理把考察的范围局限在企业内部。实际上，工业伤害事故发生的原因是很复杂的，一个国家或地区的政治、经济、文化、教育、科技水平等诸多社会因素，对伤害事故的发生和预防都有着重要的影响。

日本人北川彻三正是基于这种考虑，对海因里希的原理进行了一定的修正，提出了另一种事故因果连锁原理，见表 2-2。

在北川彻三的因果连锁原理中，基本原因中的各个因素，已经超出了企业安全工作的范围。但是，充分认识这些基本原因因素，对综合利用可能的科学技术、管理手段来改善间接原因因素，达到预防伤害事故发生的目的，是十分重要的。

表 2-2　北川彻三事故因果连锁原理

基本原因	间接原因	直接原因		
学校教育的原因 社会的原因 历史的原因	技术的原因 教育的原因 身体的原因 精神的原因 管理的原因	不安全行为 不安全状态	事　故	伤　害

5. 扰动起源事故原理

1972 年贝纳（Benner）提出了解释事故致因的综合概念和术语，同时把分支事件链和事故过程链结合起来，并用逻辑图加以显示。他指出，从调查事故起因的目的出发，把一个事件看成某种发生过的事物，是一次瞬时的重大情况变化，是导致下一事件发生的偶然事件。一个事件的发生势必由有关人或物所造成。将有关人或物统称之为"行为者"，其举止活动则称为"行为"。这样，一个事件可用术语"行为者"和"行为"来描述。"行为者"可以是任何有生命的机体，如车工、司机、厂长；或者任何非生命的物质，如机械、车轮、设计图。"行为"可以是发生的任何事，如运动、故障、观察或决策。事件必须按单独的行为者和行为来描述，以便把事故过程分解为若干部分加以分析综合。

1974 年劳伦斯（Iawrence）利用上述原理提出了扰动起源论。该原理认为"事件"是构成事故的因素。任何事故当它处于萌芽状态时就有某种非正常的"扰动"，此扰动为起源事件。事故形成过程是一组自觉或不自觉的，指向某种预期的或不可测结果的相继出现的事件链。这种事故进程包括着外界条件及其变化的影响。

相继事件过程是在一种自动调节的动态平衡中进行的。如果行为者行为得当或受力适中，即可维持能流稳定而不偏离，从而达到安全生产；如果行为者行为不当或发生过故障，则对上述平衡产生扰动，就会破坏和结束自动动态平衡而开始事故进程，一事件继发另一事件，最终导致"终了事件"——事故和伤害。这种事故和伤害或损坏又会依此引起能量释放或其他变化。

扰动起源论[1]把事故看成从相继事件过程中的扰动开始，最后以伤害或损坏而告终。这可称之为"P 原理"（Perturbation 原理）。依照上述对事故起源、发生发展的解释，可按时间关系描绘出事故现象的一般模型，如图 2-2 中由（1）发生扰动到（9）伤害组成事件链。扰动（1）称为起源事件，（9）伤害称为终了事件。该图外围是自

---

[1]　转引自《安全管理理论》，安全管理网 www. 9764.com/Manage/Theory/201107/192658.shtml.

动平衡，无事故后果，只使生产活动异常。该图还表明，在发生事件的当时，如果改善条件，亦可使事件链中断，制止事故进程发展下去而转化为安全。图中事件用语都是高度抽象的"应力"术语，以适应各种状态。

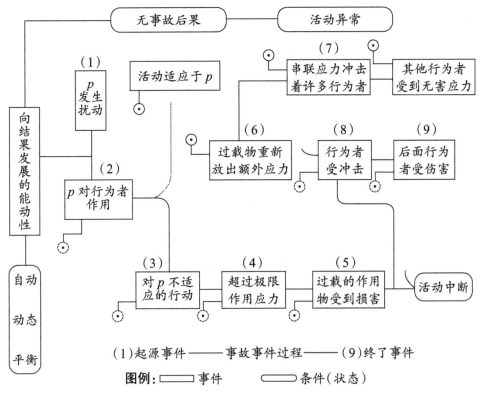

(1)起源事件 ———— 事故事件过程 ———— (9)终了事件

图例： ▭ 事件　⬭ 条件（状态）

图2-2　事故起源一般模型

6. 动态变化原理

在本纳的P原理之后，紧接着约翰逊（W. G. Johnson）于1975年提出了"变化—失误"模型，塔兰茨（W. E. Talanch）在1980年介绍了"变化论"模型，佐藤吉信在1981年提出了"作用—变化与作用连锁"模型，都从动态和变化的观点阐述了事故的致因。

约翰逊认为：事故是由意外的能量释放引起的，这种能量释放的发生是由于管理者或操作者没有适应生产过程中物的或人的因素的变化，产生了计划错误或人为失误，从而导致不安全行为或不安全状态，破坏了对能量的屏蔽或控制，即发生了事故，由事故造成生产过程中人员伤亡或财产损失。图2-3为约翰逊的变化—失误原理示意图。

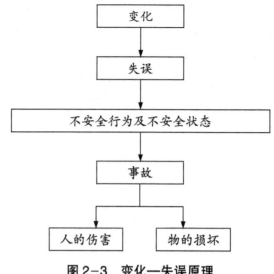

图2-3　变化—失误原理

按照变化的观点，变化可引起人失误和物的故障，因此，变化被看作是一种潜在的事故致因，应该被尽早地发现并采取相应的措施。作为安全管理人员，应该对下述的一些变化给予足够的重视。

第一，企业外部社会环境的变化。企业外部社会环境，特别是国家政治或经济方针、政策的变化，对企业的经营理念、管理体制及员工心理等有较大影响，必然也会对安全管理造成影响。例如，从对新中国成立以后全国工业伤害事故发生状况的分析可以发现，在大跃进和"文化大革命"两次大的社会变化时期，企业内部秩序被打乱，伤害事故均大幅度上升。

第二，企业内部的宏观变化和微观变化。宏观变化是指企业总体上的变化，如领导人的变更，经营目标的调整，职工大范围的调整，录用，生产计划的较大改变等。微观变化是指一些具体事物的改变，如供应商的变化，机器设备的工艺调整、维护等。

第三，对于不是计划内的变化。一是要及时发现变化，二是要根据发现的变化采取正确的措施。

第四，实际的变化和潜在的变化。通过检查和观测可以发现实际存在着的变化；潜在的变化却不易发现，往往需要靠经验和分析研究才能发现。

第五，时间的变化。随着时间的流逝，人员对危险的戒备会逐渐松弛，设备、装置性能会逐渐劣化，这些变化与其他方面的变化相互作用，引起新的变化。

第六，技术上的变化。采用新工艺、新技术或开始新工程、新项目时发生的变化，人们由于不熟悉而易发生失误。

第七，人员的变化。这里主要指员工心理、生理上的变化。人的变化往往不易掌握，因素也较复杂，需要认真观察和分析。

第八，劳动组织的变化。当劳动组织发生变化时，可能引起组织过程的混乱，如项目交接不好，造成工作不衔接或配合不良，进而导致操作失误和不安全行为的发生。

第九，操作规程的变化。新规程替换旧规程以后，往往要有一个逐渐适应和习惯的过程。

事故的发生一般是多重原因造成的，包含着一系列的变化—失误连锁。从管理层次上看，有企业领导的失误、计划人员的失误、监督者的失误及操作者的失误等。该连锁的模型见图 2-4。

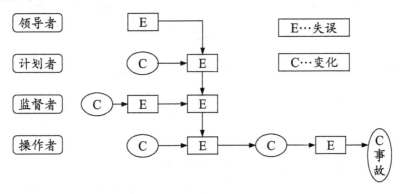

图 2-4　变化—失误连锁模型

需要指出的是，在管理实践中，变化是不可避免的，也并不一定都是有害的，关键在于管理是否能够适应客观情况的变化。要及时发现和预测变化，并采取恰当的对策，做到顺应有利的变化，克服不利的变化。

7. 轨迹交叉原理

20 世纪 80 年代初期，人们又提出了轨迹交叉论。该原理认为，事故的发生不外乎是人的不安全行为和物的不安全状态两大因素综合作用的结果，即人、物两大系统时空运动轨迹的交叉点就是事故发生的所在。预防事故的发展就是设法从时空上避免人、物运动轨迹的交叉，使得对事物致因的研究又有了进一步的发展。

轨迹交叉原理（trace intersecting theory）是一种研究事故致因的原理，可以概括为设备故障（或缺陷）与人失误，两事件链的轨迹交叉就会构成事故。随着生产技术的提高以及事故致因原理的发展完善，人们对人和物两种因素在事故致因中地位的认识发生了很大变化。一方面是由于生产技术进步的同时，生产装置、生产条件不安全的问题越来越引起了人们的重视；另一方面是人们对人的因素研究的深入，能够正确地区分人的不安全行为和物的不安全状态。

轨迹交叉原理的示意图见图 2-5。图中，起因物与致害物可能是不同的物体，也可能是同一个物体；同样，肇事者和受害者可能是不同的人，也可能是同一个人。

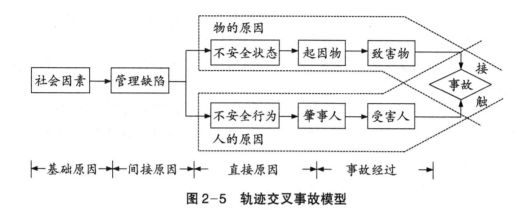

图 2-5　轨迹交叉事故模型

轨迹交叉原理反映了绝大多数事故的情况。在实际生产过程中，只有少量的事故仅仅由人的不安全行为或物的不安全状态引起，绝大多数的事故是与二者同时相关的。例如：日本劳动省通过对 50 万起工伤事故调查发现，只有约 4% 的事故与人的不安全行为无关，而只有约 9% 的事故与物的不安全状态无关。

在人和物两大系列的运动中，二者往往是相互关联，互为因果，相互转化的。有时人的不安全行为促进了物的不安全状态的发展，或导致新的不安全状态的出现；而物的不安全状态可以诱发人的不安全行为。因此，事故的发生可能并不是如图 2-5 所示那样简单地按照人、物两条轨迹独立地运行，而是呈现较为复杂的因果关系。

人的不安全行为和物的不安全状态是造成事故的表面的直接原因，如果对它们进行更进一步的考虑，则可以挖掘出二者背后深层次的原因。这些深层次原因的示例见表 2-3。

表 2-3　事故发生的原因

基础原因（社会原因）	间接原因（管理缺陷）	直接原因
遗传、经济、文化、教育培训、民族习惯、社会历史、法律	生理和心理状态、知识机能情况、工作态度、规则制度、人际关系、领导水平	人的不安全状态
设计、制造缺陷、标准缺乏	维护保养不当、保管不良、故障、使用错误	物的不安全状态

轨迹交叉原理作为一种的被动原理，强调人的因素和物的因素在事故致因中占有同样重要的地位。按照该原理，可以通过避免人与物两种因素运动轨迹交叉，来预防事故的发生。同时，该原理对于调查事故发生的原因，也是一种较好的工具。

轨迹交叉原理将事故的发生发展过程描述为：基本原因→间接原因→直接原因→事故→伤害。从事故发展运动的角度，这样的过程被形容为事故致因因素导致事故的运动轨迹，具体包括人的因素运动轨迹和物的因素运动轨迹。

8. 混沌学原理

混沌原理是近30年才兴起的科学革命，它与相对论及量子力学同被列为20世纪的最伟大发现和科学传世之作。量子力学质疑微观世界的物理因果律，而混沌原理则紧接着否定了包括宏观世界拉普拉斯（Laplace）式的决定型因果律。美国气象学家洛伦茨在20世纪60年代初研究天气预报中大气流动问题时，揭示出混沌现象具有不可预言性和对初始条件的极端敏感依赖性这两个基本特点，同时他还发现表面上看起来杂乱无章的混沌，仍然有某种条理性。其对初始条件的极端敏感依赖性表现为蝴蝶效应：今天北京一只蝴蝶展翅翩翩对空气造成扰动，可能导致下个月纽约的大风暴。

安全系统混沌学是以现代数学理论为工具，以系统非线性动力学为基础，以安全系统"混沌—耗散—突变—协同—灰色—分形—拓扑"等理论为主体，以实现安全系统混沌控制、降低事故发生率和负效应为目标，对安全科学基本规律、安全学基本原理进行探索研究的学科。

安全系统混沌学是一门由各种角度不同却又彼此连通的现代非线性理论组合而成的独立学科；这些理论又由于其本身的横断性、综合性，使得安全系统混沌学可以渗透至各种不同的安全学科中甚至安全领域的各个方面。近年来，我们通过研究，将混沌学原理运用到安全系统学中来，将混沌学与安全系学结合，很好地解决了一些用其他原理所无法解决的安全问题，并且在实际生产中能得到很好的运用。

（1）安全系统混沌学的意义

它在安全科学研究中主要具有如下五个方面的重要意义：①运用安全系统混沌学思想，可以进一步深化对安全系统本质特征的认识。安全系统具有客观存在性、抽象性、结构性、开放性、动态性，属于远离平衡态的非线性自组织系统，并以耗散结构存在，具有混沌特性，认清安全系统的本质有利于把握安全系统的运行规律。②安全系统混沌学的原理可以衍生出新的事故致因原理和新的系统安全分析法。例如，通过安全系统混沌学的研究，人们可以认为事故是由微小的扰动引起的涨落使安全系统失稳导致的结果；可以定量分析安全氛围的量化作用和机理；另外在系统安全分析中，可以测量系统的无序程度，还可以判定安全系统的稳定性。③运用安全系统混沌学思想，可以重新塑造人们对安全管理的认识。在确定性的安全系统中，由于事故的发生具有内在随机性，唯有依靠连续不断的安全管理才能监控调节系统的控制参数，将系统的运行稳定在预期的轨道上，实现安全系统的混沌控制。④运用安全系统混沌学思想，可以产生新的安全评价方法和事故预测手段。例如，尖点突变评价原理、模糊综合评价原理以及安全灰色预测原理，为安全系统的分级、综合评价、聚类分析和事故预测整理出了较系统的解决办法。⑤安全系统混沌学对于安全科学的研究还具有重要的哲学指导意义。使人们认识到安全系统确定性与事故发生随机性的统一，为安全科学理论研究中工具的选择与方法的运用指明了方向。

此外，安全系统混沌学还有一个重要作用是可以处理系统与环境、系统与系统之间、系统与子系统之间、子系统与子系统之间等的边界混沌衔接问题。

（2）安全系统混沌学的原理分支及特性

安全系统混沌原理主要包括安全系统混沌动力学与安全系统混沌控制两大部分。安全系统混沌学主体内容包括安全系统耗散结构原理、安全系统突变原理、安全系统协同原理、安全系统灰色原理等。在安全系统混沌动力学中，安全系统具有五大混沌动力学特性：①有界性。根据事故致因原理中的"轨迹交叉论"，安全系统中各元素的运动轨线始终局限于一个确定的区域，这个确定区域的大小与安全系统的范围有密切关系。②内随机性。在安全系统内产生类似事故随机发生的运动状态，这显然是系统内部自发产生的，故称为内随机性，但这种内随机性与通常认为的随机性不同，它是由确定的安全系统对初值的敏感性造成的，是混沌系统特有的确定的随机性，体现了安全系统的局部不稳定性。③分维性。安全系统具有丰富层次的自相似结构，各子系统中事故的发生虽轨迹不一，却又有共同的规律，如分形特征等。④标度性。安全系统的混沌运动是无序中的有序态，只要对系统中各变量数值的影响参数掌握足够全，测量设备精度足够高，总可以在一定尺度的安全系统混沌域内预测到事故发生的相关信息。⑤普适性与统计特征。安全系统中事故的发生规律表现出一定的统计特征。

系统混沌学揭示出人们对安全规律与由此产生的行为之间（即原因与结果之间）关系的一些基本性错误认识。我们过去认为，确定性的原因必定产生规则的结果，但现在我们知道了，它们可以产生易被误解为随机性的极不规则的结果。我们过去认为，简单的原因必定产生简单的结果（这意味着复杂的结果必然有复杂的原因），但现在我们知道了，简单的原因可以产生复杂的结果。我们认识到，知道这些规律不等于能够预言未来的行为，我们只能运用好当前的安全理论知识去减少或避免安全事故，但是混沌学告诉我们不可能做到百分之百的安全，研究混沌学对生产的绝对安全就显得尤为重要了。

系统安全原理发展到现在，虽然还不很完善，还有大的进步空间，但是对于现在国内的安全生产体系而言，系统安全理论还是具有很大的实用性，要真正的将理论和实际结合起来，这样才能发挥理论的价值。

三、安全保障的主动原理

如前所述，事故发生的主动性原理即人为致因原理，是采取强制管理的手段控制人的意愿和行为，使个人的活动、行为等受到安全生产管理要求的约束，从而实现有效的安全生产管理，也就是就是强制性原则，在一定的程度上来说，就是人本原则的延伸。所谓强制就是绝对服从，不必经被管理者同意便可采取控制行动，所谓人本，就是以人为本，强制与人本的结合就是我们所研究的安全系统学的人为致因原理。

在新型科技日益得到更新的现代社会，新材料、新设备、新工艺、新技术逐渐成为人民生活生产追求的"四新"。与此相对应的是"四化"，即中共十八大报告提出："坚持走中国特色新型工业化、信息化、城镇化、农业现代化道路，推动信息化和工业化深度融合、工业化和城镇化良性互动、城镇化和农业现代化相互协调，促进工业化、信息化、城镇化、农业现代化同步发展。""四新四化"随着改革的深入，慢慢登上了历史的舞台，我们安全系统学的发展也是紧随社会的脚步，也在不断的更新发展中，下面我们就一起来学习安全系统学主动原理在生产生活中的应用。

人为致因原理是现代管理发展的必然趋势和客观要求，任何一个组织的管理者在管理实践中都必须以主动原理作为管理的主导思想，在管理的全过程中实行以人为中心的主动管理，在最大的限度内激发组织成员的积极性、主动性和创造性，有效地实现组织目标。其中最出色人因安全保障即是控制论和协同论。

1. 安全控制论原理

控制论是研究动物（包括人类）和机器内部的控制与通信的一般规律的学科，着重于研究过程中的数学关系。

（1）一般控制论原理

控制论的观点从广义的角度来看属于管理学的范畴，管理学的控制原理认为，一项管理活动由四个方面的要素构成。一是控制者，即管理者和领导者。前者执行的主要是程序性控制、例行（常规）控制，后者执行的是职权性控制、例外（非常规）控制。二是控制对象，包括管理要素中的人、财、物、时间、信息等资源及其结构系统。三是控制手段和工具，主要包括管理的组织机构和管理法规、计算机、信息等。组织机构和管理法规保证控制活动的顺利进行，计算机可以提高控制效率，信息是管理活动沟通情况的桥梁。四是控制成果。管理学上的控制分为前馈控制和后馈控制、目标控制、行为控制、资源使用控制、结果控制等。下面主要阐述集中管理类型。

①动力管理。动力是推动工作或事业向前发展的一种力量。作为一个管理者，每当在组织中发现低效率、无秩序、积极性不高等问题时，首先需要检查的就是推动工作进行的动力是否充足。没有动力，管理就不可能进行有序运动。因此，管理必须要有强大的动力。一般来讲，管理的基本动力有三种类型：第一，物质动力。它不仅是对个人的物质刺激，更重要的是组织的经济效益。经济效益是推动管理发展的动力，是检验管理实践的标准。只有将物质利益与管理活动结果结合起来，才能大大提高经济效益。也就是说只有把对组织的贡献与从组织得到的物质利益紧密结合起来，才能形成动力。第二，精神动力。它是指组织及其成员的观念、理想、信仰等精神方面的

追求所形成的管理动力，它包括理想教育、日常的思想政治工作、精神奖励等。精神动力是客观存在的，它能弥补物质动力的缺陷，而且本身就有巨大的威力，在某些特定的情况下，还可以成为决定性的力量。第三，信息动力。它是指信息的传递所构成的反馈对组织活动发展的推动作用。从管理的角度来看，信息作为一种动力，有超越物质和精神的相对独立性。在信息化社会，信息冲击产生的压力会转变成你追我赶的竞争动力，它对组织活动起着直接的、整体的、全面的促进作用。物质动力、精神动力和信息动力，是促使管理活动不断地持续下去的力量，管理不仅要有这些动力，更为重要的是需要管理者正确地运用这些动力，能够顺利地实现组织目标。而管理者要有效地实现动力管理，就必须从根本上重视人的需要。

②柔性管理。柔性管理是相对刚性管理而言的。在刚性管理中，组织管理者是以制度和职权为条件，利用约束、监督、强制和惩罚等手段对组织成员进行管理。而柔性管理是以情感和文化为基础，运用尊重、激励、引导和启迪等方式进行管理。从本质上说，柔性管理是一种"以人为本"的管理，它是组织管理者依据组织成员的心理和行为规律，以人性化的工作方式和管理思维，在组织成员中形成一种潜在的说服力，从而把组织的意志变为组织成员的自觉行动。因此，实行柔性管理应从情感管理入手，实行民主管理、自我管理和文化管理。

③人才管理。善于发现人才、培养人才和合理使用人才是人才管理的根本。将人本思想落实到人才管理中去，就要求管理者在工作中实现人岗匹配、人尽其才、才尽其用的目标。如何实现这一目标呢？需要做好以下工作。

第一，人才测评。人才测评是建立在心理学、管理学和人才学等学科基础上的一种综合性人才评价系统，它通过心理测试、行为观察分析、情景模拟演练等，对人才的素质、结构和兴趣等方面能够得出一个比较客观的认识，这种认识为管理者认识人才价值，挖掘人才潜能提供帮助和指导。具体来讲，人才测评能够为组织提供整体的人力资源状况和水平，为组织做好人力资源规划打下基础，在人员的招聘和员工的培养及使用等方面进行有针对性的管理。如：可以根据人才测评的结果，全面建立人才数据库。然后，根据企业发展的进程找出所缺乏的人才类型，并及时给予补充，建立起与组织发展相适应的人才梯队。再如：组织可以根据人才测评提供的员工业务能力、管理能力和性格特征等情况，组建新的团队，实现员工的优势互补，达到最优的组合，发挥最大的效能。

第二，能级管理。能级是现代物理学的概念，能是做功的本领，能量有大有小，把能量按大到小排列，犹如阶梯。在组织管理中，机构、人员等都有一个能量的问题，能量大，作用大。现代管理的任务就是建立一种使组织的每个人都能"各尽其能"的运作机制，为组织合理地配备人才和使用人才打下坚实的基础。实行能级管理，就可以达到这个目的。因为能级管理就是要在管理系统中建立一套合理的能级，即根据每个组织和个人的能量大小安排其地位和任务，使人的职位与能力相称。它要求管理的内容能够动态地处于相应的能级中去，以此充分发挥人的能力。

第三，工作丰富化。组织管理者要实行以人为本的管理，就必须创设一个让人全面发展的的场所，间接地引导人自由地发展自己的潜能。从企业组织来讲，为了提高工作效率，必须进行专业分工，而且每个人担负的工作越单纯，工作的效率会越高。这样企业只需要员工长期重复做某项工作，它必定引发出相应的问题，员工成为机械手，就意味着无法看到个人的工作和整体工作的联系，失去了享受劳动成果的欣慰感。又由于企业对员工的知识与能力的要求有限，员工长期从事于某一道工序，必然会感到枯燥无味甚至厌倦。可以讲，效率的获取是以员工的片面发展为代价的。如何将工作效率与员工多方面的技能发展相结合，是实现人本原理的重要问题。管理者运用工作丰富化的管理手段，可以妥善地解决这一问题。

（2）安全控制论原理

从一般控制论原理的广义范围内，可以认为，在安全生产领域，安全控制论要组织研究合理的安全生产管理人员和领导者；明确事故防范的控制对象，对人员、安全投资、安全设备和设施、安全计划、安全信息和事故数据等要素有合理的组织和运行；建立合理的管理机制，设置有效的安全专业机构，制定实用的安全生产规章制度，开发基于计算机管理的安全信息管理系统；进行安全评价、审核、检查的成果总结机制等。运用控制原理对安全生产进行科学管理，其过程包括三个基本步骤：一是建立安全生产的判断准则（指安全评价的内容）和标准（确定的对优良程度的要求）；二是衡量安全生产实际管理活动与预定目标的偏差（通过获取、处理、解释事故、风险、隐患等安全管理信息，确定如何采取纠正上述偏差状态的措施）；三是采取相应安全管理、安全教育以及安全工程技术等措施纠正不良偏差或隐患。

①安全生产策略的控制原理。对于技术系统的管理，需要遵循如下一般控制原理：系统整体性原理，计划性原理，效果性原理，单项解决的原理，等同原理，全面管理的原理，责任制原理，精神与物质奖励相结合的原理，批评教育和惩罚原理，优化干部素质原理。

②预防事故能量的控制原理。其理论的立论依据是对事故本质的定义，即事故的本质是能量的不正常转移。这样，研究事故的规律则从事故的能量作用类型出发，研究机械能（动能、势能）、电能、化学能、热能、声能、辐射能的转移规律；研究能量转移作用的规律，即从能级的控制技术，研究能转移的时间和空间规律。预防事故的本质是能量控制，可通过对系统能量的消除、限值、疏导、屏蔽、隔离、转移、距离控制、时间控制、局部弱化、局部强化、系统闭锁等技术措施来控制能量的不正常转移。

③冗余性控制原理。就是通过多重保险、后援系统等措施，提高系统的安全系数，

增加安全余量。如在工业生产中降低额定功率，增加钢丝绳强度，飞机系统的双引擎，系统中增加备用装置或设备等措施。

④闭锁控制原理。在系统中通过一些原器件的机器联锁或电气互锁，作为保证安全的条件。如冲压机械的安全互锁器，金属剪切机室安装出入门互锁装置，电路中的自动保安器等。

⑤能量屏障控制原理。在人、物与危险源之间设置屏障，防止意外能量作用到人体和物体上，以保证人和设备的安全。如建筑高空作业的安全网，反应堆的安全壳等，都起到了屏障作用。

⑥距离防护控制原理。当危险和有害因素的伤害作用随距离的增加而减弱时，应尽量使人与危险源距离远一些。噪声源、辐射源等危险因素可采用这一原则减小其危害。化工厂建在远离居民区，爆破作业时的危险距离控制，均是这方面的例子。

⑦时间防护控制原理。是使人暴露于危险、在有害因素存在的地方停留的时间缩短到安全程度之内。如开采放射性矿物或进行有放射性物质参与的工作时，缩短工作时间；粉尘、毒气、噪声的安全指标，随工作接触时间的增加而减少。

⑧薄弱环节控制原理。即在系统中设置薄弱环节，以最小的、局部的损失换取系统的总体安全。如电路中的保险丝、锅炉的熔栓、煤气发生炉的防爆膜、压力容器的泄压阀等。它们在危险情况出现之前就发生破坏，从而释放或阻断能量，以保证整个系统的安全。

⑨坚固性控制原理。这是与薄弱环节原则相反的一种对策。即通过增加系统强度来保证其安全性。如加大安全系数，提高结构强度等措施。

⑩个体防护控制原理。根据不同作业性质和条件配备相应的保护用品及用具，采取被动的措施，以减轻事故和灾害造成的伤害或损失。主要途径有两个，一是在不可能消除和控制危险、有害因素的条件下，以机器、机械手、自动控制器或机器人代替人的某些操作，防止危险和有害因素对人体的危害。二是使用警告和禁止信息，采用光、声、色或其他标志等作为传递组织和技术信息的目标，以保证安全。如宣传画、安全标志、板报警告等。

2. 安全协同论原理

协同论[①]（Synergetics）亦称协同学或协和学，是研究不同事物共同特征及其协同机理的新兴学科，是近十几年来获得发展并被广泛应用的综合性学科。它是兴起于1970年代的系统论分支，着重探讨各种系统从无序变为有序时的相似性。协同论的创

---

① 转应自智库·百科，MBAlab 网 http://wiki.mbalib.com/wiki/%E5%8D%8F%E5%90%8C%E7%90%86%E8%AE%BA.

始人哈肯把这个学科称为"协同学"，一方面是由于我们所研究的对象是许多子系统的联合作用，以产生宏观尺度上结构和功能；另一方面，它又是由许多不同的学科进行合作，来发现自组织系统的一般原理。客观世界存在着各种各样的系统；社会的或自然界的，有生命或无生命的，宏观的或微观的系统等，这些看起来完全不同的系统，却都具有深刻的相似性。安全协同论主要研究生产活动这个开放系统在与外界物质和能量交换的情况下，如何通过自己内部协同作用，自发地出现时间、空间和功能上的有序结构。

（1）一般协同论原理

一般协同论原理[①]的主要内容可以概括为三个方面。

①协同效应：协同效应是指由于协同作用而产生的结果，是指复杂开放系统中大量子系统相互作用而产生的整体效应或集体效应。对千差万别的自然系统或社会系统而言，均存在着协同作用。协同作用是系统有序结构形成的内驱力。任何复杂系统，当在外来能量的作用下或物质的聚集态达到某种临界值时，子系统之间就会产生协同作用。这种协同作用能使系统在临界点发生质变而产生协同效应，使系统从无序变为有序，从混沌中产生某种稳定结构。协同效应说明了系统自组织现象的观点。

②伺服原理：伺服原理用一句话来概括，即快变量服从慢变量，序参量支配子系统行为。它从系统内部稳定因素和不稳定因素间的相互作用方面描述了系统的自组织的过程。其实质在于规定了临界点上系统的简化原则——"快速衰减组态被迫跟随于缓慢增长的组态"，即系统在接近不稳定点或临界点时，系统的动力学和突现结构通常由少数几个集体变量即序参量决定，而系统其他变量的行为则由这些序参量支配或规定，正如协同学的创始人哈肯所说，序参量以"雪崩"之势席卷整个系统，掌握全局，主宰系统演化的整个过程。

③自组织原理：自组织是相对于他组织而言的。他组织是指组织指令和组织能力来自系统外部，而自组织则指系统在没有外部指令的条件下，其内部子系统之间能够按照某种规则自动形成一定的结构或功能，具有内在性和自生性特点。自组织原理解释了在一定的外部能量流、信息流和物质流输入的条件下，系统会通过大量子系统之间的协同作用而形成新的时间、空间或功能有序结构。

（2）安全协同论原理

安全协同论又可以分为新老三论。老三论是指信息论、系统论、协同论；新三论是指突变论、控制论、结构论。

安全协同论原理老三论中阐述的几个原理主要内容如下。

---

① 董宇鸿. 协同理论对企业持续成长能力的相互作用 [J]. 现代企业，2008 (12).

①信息论原理：信息论①原理是运用概率论与数理统计的方法研究信息、信息熵、通信系统、数据传输、密码学、数据压缩等问题的应用数学学科。信息论将信息的传递作为一种统计现象来考虑，给出了估算通信信道容量的方法。信息传输和信息压缩是信息论研究中的两大领域。这两个方面又由信息传输定理、信源—信道隔离定理相互联系。

②系统论原理：系统论原理主要研究安全系统的一般模式、结构和规律，它研究各种系统的共同特征，用数学方法定量地描述其功能，寻求并确立适用于一切系统的原理、原则和数学模型，是具有逻辑和数学性质的一门新兴的科学。

③协同论原理：协同论原理主要研究远离平衡态的开放系统在与外界有物质或能量交换的情况下，如何通过自己内部协同作用，自发地出现时间、空间和功能上的有序结构。协同论以现代科学的最新成果——系统论、信息论、控制论、突变论等为基础，吸取了结构耗散理论的大量营养，采用统计学和动力学相结合的方法，通过对不同的领域的分析，提出了多维相空间理论，建立了一整套的数学模型和处理方案，在微观到宏观的过渡上，描述了各种系统和现象中从无序到有序转变的共同规律。

安全协同论原理新三论中阐述的几个原理主要内容如下。

①突变论原理：突变论原理是研究客观世界非连续性突然变化现象的一门新兴学科，自20世纪70年代创立以来，数十年间获得迅速发展和广泛应用，引起了科学界的重视。突变论的创始人是法国数学家雷内托姆，他于1972年出版的《结构稳定性和形态发生学》一书阐述了突变理论，荣获国际数学界的最高奖——菲尔兹奖章。突变论的出现引起各方面的重视，称之为"是牛顿和莱布尼茨发明微积分三百年以来数学上最大的革命"。

②控制论原理：控制论原理是研究动物（包括人类）和机器内部的控制与通信的一般规律的学科，着重于研究过程中的数学关系，使得系统的运行符合人们的期望。

③结构论原理：结构论②研究系统的结构、功能与发生演变及其相互关系的规律，也称为泛进化或自组织系统的结构理论（曾邦哲1986—1994年发展的系统综合理论），探讨系统的结构本原模型、适应稳态结构、系统层次的组织建构，以及实在系统与符号系统对应转换关系，探讨系统科学的逻辑学基础，以及宇宙、生命、文明的信息组织化过程的结构演变规律。

---

① 林晓群，林铭. 从协同论的角度看虚拟学习社区发展——以"VB爱好者乐园"为个案 [J]. 山西广播电视大学学报，2013（1）.

② 贾军，张卓. 中国高技术企业业务协同发展实证分析 [J]. 中国科技论坛，2013（1）.

3. 人为致因原理的运用

依据上述控制论、协同论等人为致因原理的内容，可以延伸出以下几条原则，运用在人为管理中。

（1）安全第一原则

安全第一就是要求在进行生产和其他工作时把安全工作放在一切工作的首要位置。当生产和其他工作与安全发生矛盾时，要以安全为主，生产和其他工作要服从于安全，这就是安全第一原则。

（2）激励原则

激励—保健因素理论是美国的行为科学家弗雷德里克·赫茨伯格（Fredrick Herzberg）提出来的，又称双因素理论。这是激励原则的理论根源。他告诉我们，满足人类各种需求产生的效果通常是不一样的。物质需求的满足是必要的，没有它会导致不满，但是仅仅满足物质需求又是远远不够的，即使获得满足，它的作用往往是很有限的，不能持久。要调动人的积极性，不仅要注意物质利益和工作条件等外部因素，更重要的是要从精神上给予鼓励，使员工从内心情感上真正得到满足。

（3）监督原则

监督原则是指在安全工作中，为了使安全生产法律法规得到落实，必须设立安全生产监督管理部门，对企业生产中的守法和执法情况进行监督。

（4）事故预防与控制原则

事故预防与控制包括事故预防和事故控制。事故预防是指通过采用技术和管理手段使事故不发生；事故控制是通过采取技术和管理手段，使事故发生后不造成严重后果或使后果尽可能减小。对于事故的预防与控制，应从安全技术、安全教育和安全管理等方面入手，采取相应对策。

（5）行为原则

现代管理心理学强调，需要与动机是决定人的行为之基础，人类的行为规律是需要决定动机，动机产生行为，行为指向目标，目标完成需要得到满足，于是又产生新的需要、动机、行为，以实现新的目标。掌握了这一规律，管理者就应该对自己的下属行为进行行之有效的科学管理，最大限度发掘员工的潜能。

（6）能级原则

所谓能级原则是指根据人的能力大小，赋予相应的权力和责任，使组织的每一个人都各司其职，以此来控制、保持和协同发挥组织的整体效用。一个组织应该有不同层次的能级，只有这样才能构成一个相互配合、有效的系统整体。能级原则也是实现资源优化配置的重要原则。

（7）动力原则

没有动力，事物不会运动，组织不会向前发展。在组织中只有强大的动力，才能使管理系统得以持续、有效地运行。现代管理学理论总结了三个方面的动力来源：物质动力、精神动力、信息动力。物质动力指管理系统中员工获得的经济利益以及组织内部的分配机制和激励机制；精神动力包括革命的理想、事业的追求、高尚的情操、理论或学术研究、科技或目标成果的实现等，特别是人生观、道德观的动力作用，将能够影响人的终生；为员工提供大量的信息，通过信息资料的收集、分析与整理，得出科学成果，创造社会效益，使人产生成就感，这就是信息动力的体现。

（8）纪律原则

不以规矩无以成方圆。作为现代社会的组织，没有纪律也是不可能长期生存下去的。因此，组织内部从上到下都应该制定并遵守共同认可的行为规范，违犯了纪律就应该得到相应的惩罚。

安全系统学对安全生产问题着重是解决物的不安全状态问题。安全系统的主动原理主要是对生产起管理作用，主要着眼于人的不安全行为问题的管理。而安全系统的被动原理主要是对实际生产中人的工作状态进行分析，再结合实际生产工作而得出的一系列安全理论。一个着重讲人与人之间的主动管理，一个讲人与物之间的被动关系，这就构成了整个安全系统基本理论。

第二节　安全系统的人本基础原理

"安全第一"是人类生存、发展过程中永恒的主题，随着社会的进步，人民生活条件的日益改善，安全问题越来越受到人门的关注，安全科学也有了很快的发展，人本原理也逐渐被企业安全管理者运用到安全生产中，为深化改革做安全护航。特别是煤炭行业，实现安全生产（国外一般称"职业安全健康"）受到其生产条件、技术水平、企业管理水平和职工队伍总体素质等诸多因素的制约，在现代化的进程中，生产条件、生产技术水平不断提高，实施以人为本，促进安全生产是非常必要的。人是安全的主体，以人为本即是安全系统运行的基础和出发点。

一、人本安全原理概述

在管理中必须把人的因素放在首位，体现以人为本的指导思想。以人为本有两层含义：一是一切管理活动都是以人为本展开的，人既是管理的主体，又是管理的客体，每个人都处在一定的管理层面上，离开人就无所谓管理；二是管理活动中，作为管理对象的要素和管理系统各环节，都需要人掌管、运作、推动和实施。

1. 安全人本原理的内涵

在安全系统中，所谓人本原理，简而言之就是安全管理工作要以人为本，将人的生命安全看作生产的第一要素，进而在以人为本的基础上，提高企业员工素质，调动职工积极性、创造性，以做好人的安全性根本工作。

一般来说，系统的组成部分包括人、物、环境以及完成任务的方法。"人"主要指在生产活动中的操作者；"物"指生产活动中的工具，这里的工具包括主要工具和辅助工具，主要工具如采煤工艺中的采煤机、掘进机等，辅助工具如刮板输送机、液压支架、监控设备等；"环境"主要指工作场地周围的一切动态，其中包括空气、温度、湿度、声音等；"方法"主要指用于指挥生产工作安全、高效地进行的一套理论，如一个煤矿的开采，必须先进行开拓设计一样，设计好了，有经济的、最佳的方法，剩下的就是生产工作的运行了。人、物、环境、方法的关系模型如图2-6所示。

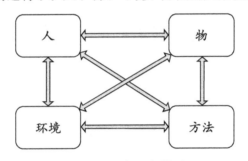

图2-6 系统要素模型图

生产过程中有不同的生产岗位需要人来工作，而面对不同的岗位，要因人而异的安排合适的工作，寸有所长、尺有所短，好的器具要用对地方，才能发挥他的全部功能。做好了人本工作，生产才能有序且稳定的进行。

2. 实施安全人本原理的重要性

人—机—环境系统工程的研究内容可用图2-7来形象描述，具体包括7个方面[①]，部分研究要点简述如下。

第一，人的特性研究。例如，人的工作能力研究，人的基本素质的测试与评价，人的体力负荷、脑力负荷和心理负荷研究，人的可靠性研究，人的数学模型（控制模型和决策模型）研究，人体测量技术研究，人员的选拔和训练研究。第二，机的特性

[①] 陈信，龙升照. 人—机—环境系统工程学概论［J］. 自然杂志，1985（1）.

的研究。例如，被控对象动力学的建模技术，机器的防错设计研究。第三，环境特性的研究。例如，环境检测技术的研究，环境控制技术的研究，环境建模技术的研究。第四，人—机关系的研究。主要包括静态人—机关系研究、动态人—机关系研究和多媒体技术在人—机关系研究中的应用三个方面。静态人—机关系研究主要有作业域的布局与设计，动态人—机关系研究主要有人、机功能分配研究（人、机功能比较研究；人—机界面设计及评价技术研究）。第五，人—环关系的研究。例如，环境因素对人的影响，个体防护措施的研究。第六，机—环关系的研究。例如，环境因素对机器性能的影响，机器对环境的影响。第七，人—机—环境系统总体性能的研究。例如，人—机—环境系统总体数学模型的研究，人—机—环境系统全数学模拟、半物理模拟和全物理模拟技术的研究，人—机—环境系统总体性能（安全、高效、经济）的分析、设计和评价。

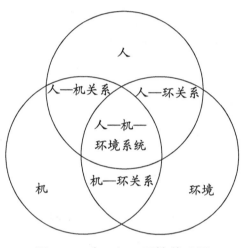

图2-7　人—机—环境关系图

3. 运用人本原理的原则

实施原则大体有三个方面：第一，"能级"原则。站在安全系统学的角度，单位和个人都具有一定的能量，并且可按照能量的大小顺序排列，形成安全系统的能级，就像原子中电子的能级一样。在安全系统中，建立一套合理能级，根据生产单位和个人能量的大小安排其工作，发挥不同能级的能量，保证生产系统的稳定性和持续性。第二，"激励"原则。安全生产的激励就是利用某种外部诱因（如奖惩制度等）的刺激，调动人的积极性和创造性。以科学的手段，激发人在安全意识上的内在潜力，使其为安全生产发挥积极性、主动性和创造性，这就是激励原则。人的工作动力来源于内在动力、外部压力和工作吸引力。第三，"动力"原则。推动生产活动进行的基本力量是人，生产管理必须有能够激发人的工作能力的动力，这就是动力原则。对于安全生产，有三种动力，即物质动力、精神动力和信息动力。

4. 安全人本的表现

大体归纳为几个方面：第一，把安全建立在对人的本性的科学认识的基础上。在西方安全人本管理理论中，各个学派都有自己的人的假设理论，各个学派的理论观点不同主要源于其对人的认识不同。例如，科学派以人是"经济人"为假设，行为科学学派以人是"社会人"为假设，决策理论学派以人是"决策人"或"管理人"为假设，权变理论学派则以人是"复杂人"为假设，等等。第二，在安全管理中正确运用能级、激励、动力三种原则。马斯洛把人的需要分为生理、安全、感情、受人尊重、自我实现五个层次，通过这几个层次，能对生产者有效地灌输安全意识。第三，重视每一位工作者的精神、价值观和政治思想。从心理的角度充分调动人心中的人本精神。第四，创造能充分发挥人的聪明才智和拔尖人才脱颖而出的机制和环境。让重视安全人本的工作者做好榜样。

二、人本安全的社会原理

安全人本的社会原理，是指在自然因素的影响下，对安全系统中各元素（人、物、环境、方法等）之间的影响。社会之所以产生，是由于我们祖先的生活需要。当我们的祖先认识到结成一定的群体，通过分工合作能够有效地抵御猛兽和外族的侵袭，有利于自己的生存时，于是就结成了一定的群体。这种群体就是最初的社会。最初的社会与动物的社会没有区别，随着人类在语言和文字的作用下，通过一代代人对外界事物认识的不断深入，知识的逐渐增长积累，反应能力的逐渐增强，对外界事物进行反应的活动逐渐的广泛和深化，最初的社会也就逐渐发展成人类社会了。

安全系统的人本社会原理即指社会发展过程中，受自然、人类影响而向着一定方向发展、运行，不因个人意愿而改变的一种规律。它是社会发展的必然方向和推动社会向前发展进步的动力。安全人本哲学认为，人的需要是推动社会向前发展进步的原始动力并且决定着社会发展进步的方向，人的知识是推动社会向前发展进步的直接动力。

人与人的交往互动形成社会。人与人之间、人与社会之间的关系都会影响安全生产系统的运行，这需要深入探究，具体放在后面的安全社会学章节详谈。

三、人本安全的自控原理

安全系统中的自控原理，是指在人、物、环境三者中，各元素之间的相互作用，并能导致某个结果的产生，并且这个结果在相对条件下不受广义系统的影响。

从自控的角度看，安全人本是由人、物（机器）和环境三个部分对应的内容组成，其中方法与三者都有着直接的必然联系，方法是人所制定的，而又反作用于机器和环境，并随着生产过程而动态地变化。从系统的构成可以看出，影响安全的有：人的因素、机器（含技术）因素、环境因素，还有生产过程中三个因素间的相互作用。企业的安全管理水平可以用下面的公式表述[①]：

$$SML = F\left(M, f\left(P, T, E\right)\right)$$

式中：SML——企业的安全管理水平；

M——管理的因素；

P——人的因素；

T——机器的因素；

E——环境的因素；

$f\left(P, T, E\right)$——三个因素间的相互作用。

四、人本安全的预防原理

人本安全预防原理，是指安全生产管理工作应以预防为主，通过有效的管理和技术手段，减少和防止人的不安全行为和物的不安全状态。

1. 偶然损失原则

事故后果以及后果的严重程度，都是随机的、难以预测的。反复发生的同类事故，并不一定产生完全相同的后果，这就是事故损失的偶然性。偶然损失原则告诉我们，无论事故损失的大小，都必须做好预防工作。

2. 因果关系原则

事故的发生是许多因素互为因果连续发生的最终结果，只要诱发事故的因素存在，发生事故是必然的，只是时间或迟或早而已，这就是因果关系原则。

3. 3E原则

造成人的不安全行为和物的不安全状态的原因可归结为四个方面：技术原因、教育原因、身体和态度原因以及管理原因。针对这四方面的原因，可以采取三种防止对策，即工程技术（Engineering）对策、教育（Education）对策和法制（Enforcement）

---

① 衣冠勇，李明春. 谈煤矿安全管理维度模式的构建［J］. 煤矿安全，2005（4）.

对策，即所谓 3E 原则。

4. 本质安全化原则

本质安全化原则是指从一开始和从本质上实现安全化，从根本上消除事故发生的可能性，从而达到预防事故发生的目的。本质安全化原则不仅可以应用于设备、设施，还可以应用于建设项目。

第三节　安全人机系统原理

安全人机是运用人机工程学的理论和方法研究"人—机—环境"系统，并使三者在安全的基础上达到最佳匹配，以确保系统高效、安全、舒适、健康、经济运作的一门综合性的科学。安全人机工程主要研究内容包括如下八个方面：①研究人机系统中人的特性，包括人的生理和心理特性；②研究工作人员的选拔问题，根据人机的匹配给出最佳的人员分配；③研究各种安全装置；④研究各种人机结合面；⑤研究系统中的人机功能分配；⑥研究系统的可靠性，保证系统的安全；⑦研究系统安全性设计设计原则和方法以及安全性评价系统和方法；⑧研究工作环境和作业场所。

下面我们主要从安全的多样性、信息的复杂性、形态的多重性以及人机功能的分配方面进行讨论和研究。

一、安全多样性原理

这里，我们主要就安全生产介绍安全人机系统的几个基本原理，包括：本质安全化原理、安全协作增效原理、役物宜人原理、安全目标原理等[①]，至于安全人机工程学，我们将在后面章节深入谈及。

1. 本质安全化原理

安全科学界一般将本质安全化定义为：体系本身就是安全的，这意味着体系的固有安全水平是人们可以接受的，而这个安全水平的实现是通过体系元素之间的协调性来实现的。从这个思路给出安全人机系统的本质安全化的定义即为：在构建系统的过程中，通过对构成系统的人、机、环等因素进行合理有效的组合，将三个因素的协调性调节到一定程度，在这种情况下，系统开始运作时，不管是对系统中的人来说，还

---

① 张建，吴超. 安全人机系统原理理论研究［J］. 中国安全科学学报，2013（6）.

是对整个系统而言，其安全性都是可以接受的，这便是安全人机系统的本质安全化。系统因素组合的协调性程度决定了本质安全化的水平。

对安全人机系统本质安全化原理有以下两个方面的解释。

一方面，本质安全化的水平是由系统因素组合的协调性程度来决定的，而系统因素组合的协调程度并不是由人的主观意识来决定的，而是取决于社会的科学技术水平，对本质安全化水平提出过高要求是不科学的，但并不是说人们可以对本质安全化水平不做要求，要在当前社会的科学技术水平上尽可能地提升本质安全化的水平。在进行安全人机系统设计时，要保证设计的质量，使系统的固有安全水平达到人们的安全需求。

另一方面，系统的本质安全化水平可能受到系统外因素的影响，如对人机系统的管理等因素。即使系统的各因素组合的协调性程度很高，如果缺乏有效的管理，系统依然存在较大的安全隐患。安全人机系统的运作都是有一定的操作规程的，管理的目的就是让系统因素，尤其是人这个因素，要按照操作规程进行操作，以保证系统的安全水平。

2. 安全协作增效原理

"协作增效"是用来讲述与他人的合作精神的，属于心理学的词汇。它原本的核心思想是：1＋1>2，也就是通过与别人的合作，来获得更大成效，这种可获得的成效不是个人可获得成效的简单叠加，而是远远大于各个体单独作用时可获得的成效之和。笔者尝试着将这种思想引用到安全学领域当中，用来说明系统的特性。对于安全人机系统而言，它有三个大的组成要素：人、机、环，进行人机系统的设计时，通过三个要素的组合来达到设计的目的，而获得这种目的，仅仅依靠人是做不到的，人必须凭借物。只依靠物也是不行的，物不具备主观能动性，物必须在人的意识之下运作，才能达到人的目的。只有人、机、环组合在一起，才能取得各因素单独作用时所不能获得的功效，这便是安全人机系统中"协作增效"的思想。换一个角度来理解，人们通常在进行人机系统设计时，更想获得的是系统的作用成果，而不是系统中某些因素单独的作用效果，也就是说人们在潜意识中是趋向于对系统"增效"部分的认可，是想更多地获得"大于2的部分"，这便是安全人机系统中安全协作增效原理的意义。

3. 役物宜人原理

役物宜人，顾名思义，通过对物的改进和塑造，使其更好地适应人的特征与要求。该条原理也蕴含了人本思想，更看重人，一切都要为人服务。即使系统中人与非人因素对系统的运行都是不可或缺的，但将人看作主体，人的存在才保证了系统存在的意义。当然，这里的人并不简单指人这个因素，它还包含了人的思想与目的。役物宜人原理对应于安全人机系统，有以下几个方面的内容。

知人造物的思想，研究人的生理、心理特性，如进行人体测量学的研究，通过这些研究与测量的结果来指导人机系统的设计，这也是役物宜人的第一步。

从人的角度去设计物，再从物的基础上挑选人。这里人的意义不相同，前者是宏观意义上的人，指人这个类别，后者则是个体意义上的人。这里的意思是从人类特征出发设计人机系统，再根据系统的特性出发，选择合适的操作者，以保证系统的安全性。

研究人机之间分工及其相互适应问题。人机分工要根据两者各自特征，发挥各自的优势，达到高效、安全、舒适、健康的目的。

在同一个系统当中，人为主体，物为客体，看重人的感觉。在系统运作时，保证人在最小代价下获得最高效率，使人的安全感得以提升。

4. 安全目标原理

系统原理可以定义为：从大安全的视角出发，以安全科学理论及实践为基础，采用系统思维和协同分析方法，对系统中人、机、环等涉及安全的因素进行整体优化，以实现预定安全目标而获得的基本规律和核心思想。安全人机系统原理主要指研究人—机—环之间的相互作用关系，探讨如何使"机"符合人的形态学、生理学、心理学等方面的特性，使得人—机—环相互协调，以达到人的能力与机器的操作要求相适应，创造出安全、高效、舒适的工作条件，并基于上述目标和过程获得的普适性基本规律。如果用一种描述性的语言对安全人机系统原理进行说明，则可以表述为：对安全问题的研究涉及到诸多问题的多个方面，当考虑到人机系统的安全问题时，就用安全人机系统的思想去权衡所面临的问题，这种思想的核心内容便是安全人机系统原理。

二、安全信息系统原理

信息化即是指对信息进行系统化、集成化、自动化管理的过程，信息系统是信息化的具体实现方式和手段。正确的系统观是理解计算机管理信息系统的基础，系统工程理论与方法则为信息系统的开发和建设提供了理论指导。

1. 安全信息化的内涵

安全信息系统原理主要是研究信息传递过程。人与机器在操作过程中要不断传递信息，因此，机器上各种显示器、控制器要设计得适合于人使用。

从安全信息系统的观点看，系统的思想可以被定义为：一组相关部件为了一个共同目标协同工作，接受输入和有组织的转换产生输出。即一组相互关联、相互影响的部件，为了实现某种目的，在一个边界内运转而构成的整体。信息系统从其环境接受输入，然后将信息转换成输出并反馈给环境，如图 2-8 所示。

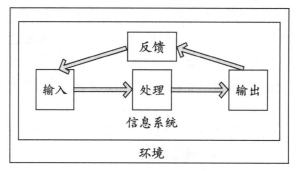

图 2-8　信息系统的系统观

2. 安全信息化的内容

安全生产不仅与设备、管理、市场等因素有关，而且受地址、环境等自然因素影响，其信息不仅有生产信息、管理信息、市场信息、同时还必须有安全信息、地质信息，因此企业生产的信息化有很大的难度，但通过安全系统学的发展，对信息系统也有了很大的促进，中国安全信息系统建设得到迅速的发展，取得了很多经验，缩小了与发达国家之间的差距，少数企业达到了世界先进水平。信息化的具体内容包括下述几个方面[①]。

（1）企业信息化平台

企业信息化平台包括综合信息网络通信平台和计算机综合信息协同工作平台。综合信息网络通信平台的主要作用是为企业生产、安全、经营管理等各个信息系统的多媒体通信，建立运行安全、稳定可靠、畅通、便于维护的通信基础设施，即企业公用电话交换网络。计算机综合信息协同工作平台的主要作用是为企业生产、安全、经营管理等各个信息系统的开发、集成和运行，提供运行安全、稳定可靠、便于扩展维护的系统平台。

（2）管理系统信息化

企业要使相应的计划与统计管理、物流管理、综合调度管理、安全管理、人力资源管理、财务管理、办公管理、计量与质量管理等系统实现信息化，就是要使这些管理环节在计算机综合信息协同工作平台环境的支持下协同工作，实现集团公司与各分公司、子公司，各部处等单位之间的资源共享；用户接口层为用户提供信息查询、浏览和数据输入等接口；探索企业应用 ERP、电子商务、辅助决策系统等。

---

① 武予鲁. 煤矿本质安全管理 [M]. 北京：化学工业出版社，2009.

（3）地质信息化

地质信息化就是要实现各类地学实体的数字化、信息化和网络化，进而实现基于互联网的点对点（P2P）式地学信息资源共享，实现计算机绘图。

（4）办公自动化

办公自动化就是实现行政管理办公的自动化、无纸化，提供一个最佳的企业协同办公工作平台。

（5）**安全监测监控信息化**

安全监测监控信息化是整个生产信息化的重要内容，要保证安全，就应该对上述因素的变化情况进行监测，并将所监测到的情况实现就地指示、报警，同时通过网络传输到调度室，进行储存、分析，配合相应的专家系统，对灾害情况进行预测预报。

（6）**生产调度指挥信息化**

生产调度指挥信息化，即构造覆盖生产、安全、销售、后勤和成本核算等功能的综合信息集成与处理系统，实现安全生产调度指挥的网络化，将应用系统集成构成一个集安全、生产信息实时处理，综合调度决策支持，生产指挥，办公自动化等为一体的综合监控调度指挥系统。

三、人机功能分配原理

现代化生产中的"机"向着高速化、精密化、复杂化方向发展，对操纵"机"的人的判断力、注意力和熟练程度提出更高的要求，而人类的生理、生物能力学特性等却没有多大变化，相反，可能会随文明进步而出现退化现象，必然出现人与"机"之间的不协调、不平衡。因此，所设计的"机"必有符合操作者的身心特征、生物力学特征，把人机作为一个整体、作为一个系统加以考虑，使"机"与人始终处于安全卫生、合适、高效率的状态，这就出现了安全人机功能分配。

1. 对"人"的要求

大多数生产事故中，除了环境和设备因素外，主要是人为事故，即责任事故，为了避免人为事故的发生，那么就需要把握人的心理要素，在心理学的角度对人机功能进行分配。

（1）**人的心理表现**

①节能心理（惰性心理）：人的长期生存中，由于生活的需要，养成的一种习惯，总是希望以最小能量（付出）获得最大的效果；②侥幸心理：在操作过程中，往往可采取几种方法或通过不同的途径，有时较安全的操作方法往往比较复杂，而存在侥幸

心理；③逆反、挫折心理：在一些情况下个别人在好胜心、好奇心、求知欲、偏见或对抗情绪等心理状态下，产生与常态心理相对抗的心理状态；④厌倦心理：除身体疲劳、人体生物节律等可使人感到厌倦外，紧张又单调的作业也十分容易使人感到厌倦，表现出对作业的无兴趣、心不在焉；⑤麻痹心理：员工对生产危险的意识模糊，"什么危险不危险，以前也没出过事，我不在乎"的心理；⑥习惯心理：常常习惯了一种类型的操作，当面临紧急情况时，很自然就用平常的方法去处理；⑦自负心理：过度相信自己的能力和经验，而忽视了环境的变化，这是那些技艺高超的人容易陷入的心理状态；⑧紧张心理：当发生某些非常规的事件时，这些突然而又强烈的刺激会引起严重的心理紧张，从而导致判断力下降，进而衍生出生产事故；⑨求快心理：在生产过程中总有一定的生产任务，工作者为了赶进度，拿奖金，不顾或者模糊了生产的危险性，从而导致生产事故。

生产过程中除了这些自身原因所导致的心理情况，还有来自社会的一些因素，比如人际关系、家庭关系、生活情况、节假日等，也对员工的工作有很大的影响。

（2）采取的措施

对于不同的心理状态，无论是工作者本人还是管理者，都要采取相应的措施，来避免将上述心理情况带到生产中，导致生产的安全事故。可采取如下措施：①把感知应用在安全生产中；②改善工作条件，增强感知效果；③改变环境状态，增强事物的对比性；④提高员工的协调性，增强不同环境的适应能力；⑤实施安全规范行为；⑥培养心理个性，调控安全行为；⑦根据作业人员的不同性格，调配其工作岗位；⑧根据作业人员的不同性格，运用不同的管理方式；⑨根据作业人员的不同性格，合理搭配班组成员；⑩加强安全心理素质培训。

2. 对"机"的要求

现代企业普遍认识到，好的人机工程学条件可减少事故的可能性，增加生产能力，设备是企业的主体工具，是实现施工工艺的重要条件，是企业可持续发展的必备条件。设备的优劣，对生产效率，生产质量以及安全生产，均有重大的影响。"巧妇难为无米之炊"，特别是科学技术飞跃发展的今天，没有先进的施工设备，是难以生产用户满意的产品的。设备安全管理，是设备管理与安全管理的综合管理形式。他们之间是一种相互渗透、密不可分的关系。设备管理是生产企业要素和生产过程管理的一个重要组成部分，将对安全生产以及企业自身带来一系列的影响。

因此，如何加强机械设备安全管理，保证安全生产已成为新形势下企业加快发展的一个重大课题。我们通过剖析一些发生事故的案例，不少是由于人的不安全行为和物的不安全状态所导致的。因而为了确保机械设备的安全运行，必须抓好设备安全和设备管理，从源头上抓起，遏制事故的发生。

（1）设备管理的基础工作

设备种类多样，而且操作相对复杂，各台设备有各台设备的操作规程。为保证设备安全运行，必须根据设备的具体要求，对各台设备的主要技术参数、安全性能以及操作性能全面掌握，不能长期使用小马拉大车的情况。在工艺选型上，正确选择符合要求的设备，避免超载、超负荷等设备的不安全因素出现。在设备选型过程中，应对设备进行分析、比较，将选择配置合理设备作为安全生产中必不可少的一个重要环节来抓。

首先，应按项目的生产组织设计，依据生产量的大小，决定所需设备规格型号、数量，应组织对设备进行调研，掌握设备的可靠性。新购置设备之前，应对厂家的信誉度、产品质量、价格及售后服务，进行全面了解和评定，择优购置。根据煤电公司有关设备物资采购文件精神，成立"设备物资采购招标比价领导小组"，由经理担任组长，分管领导亲自抓，结合公司实际，进一步细化设备优选和管理工作。

其次，研究制定《设备材料管理实施细则》，目的是强化管理。实施细则在设备管理、物资采购、设备检修、仓库保管等方面都作了明确的规定。在各种生产设备、办公装备、施工主材的采购中，全面推行招标比价工作，并将招标比价、物资采购、仓储管理列入 ISO9001 质量管理体系的范畴，进行规范性管理。

生产对设备的选择性较强，在选择设备的配置上要精打细算，力求少而精。做到生产上适用，技术性能先进，安全可靠，设备运行状况稳定，经济合理，能满足生产工艺要求。设备选型应按实际生产能力、技术力量及所需动力配置，使之与生产能力相适应。避免使用淘汰性产品。尽量选择能源消耗低、噪音小、环境污染小的设备，使其综合成本降低。

（2）设备现场的安全管理

加强现场督查，提高安全服务意识是强化现场机械设备管理，为安全生产服务的关键，把机械设备的隐患及安全操作的事故苗子消灭在萌芽状态是设备管理的重中之重。因此搞好机械设备管理，光靠设备的安全质量是不够的，必须把设备管理重心放在操作人员自身的素质上，加强对操作人员遵章守纪、巡回检查情况的监督，对机械设备运行情况进行检查记录，发现问题及时整改。另外，每月定期组织对设备完好率进行安全检查，把设备安全纳入检查的范围。检查重点是设备用电安全、设备运转安全、设备维修质量等。

（3）加强设备维修和保养，提高设备完好率

设备的完好，是设备组成的各个系统通过安全管理使之能够在一定的时间内正常运转的状态。而设备在使用中，经常会出现各种故障，这些故障往往是由一些不易发现的小故障积累而成的，就是专职检修人员在施工现场值班巡查，有时也难以发现，最终导致停机停产。不管是大故障还是小故障，它的存在或出现，都会给生产造成影响。因此，加强施工设备的现场管理和维修保养工作，要求操作人员和维修人员及管理人员协调配合好，特别是设备操作人，应积极参与设备的管理和维修工作。因为，操作人员是接触设备最为频繁的人员，这是设备管理和检修人员所不具备的，因此要求操作人员必须具有一般维修保养常识。操作人员可以及时发现设备的异常情况，采取有效措施，将故障消灭在萌芽状态。

设备维修管理上即使做了大量的工作，但往往因缺乏设备管理的基础资料收集，而给设备管理带来一定的影响。重点强化设备管理的力度，规范设备管理，特别要对设备的验收记录、档案资料进行分类存档，满足设备查阅要求。

设备和配件的供应直接关系到设备的完好。在为生产服务的宗旨下，做好物资管理台账，设备维修记录，按时做好设备检修维护。只有加强机械设备维护保养，设备才能保证正常生产的需要。

（4）强化员工安全教育，提高安全素质

加强职工队伍建设，提高其技术素质和业务能力，是强化现场机械设备管理，为安全生产服务的基础。班组在"三级"安全教育中，设备的安全操作规程，是其中主要内容之一，但设备的完好与否，是同等重要的。杜绝"三违"现象，同样要强调设备的完整性和安全性，它不仅关系到设备的本质安全，而且同时直接危及操作人员的人身安全。试想，若一台残缺不齐的设备，操控困难、运行不稳，或是安全装置失灵，甚至缺失，其将要产生的后果是可想而知。所以，要强化安全教育、全员参与，使"要我安全"转变为"我要安全"的自觉行为，在学习教育中，努力提高自身的安全素质，自觉遵守各项规章制度，积极主动参与设备管理和安全管理。随着科学技术的发展，许多设备，朝着大型化、智能化的方向发展，这就要求设备的操作人员以及检修人员、管理人员的技术素质、技术水平必须与其相匹配，否则，不仅不能发挥设备的正常功能，反而容易造成设备非正常损坏，影响设备的本质安全和使用寿命。因此，建立和落实设备的各项管理制度，不断地进行技术培训，制定可行的安全操作规程，是保证设备安全的必要条件。加强对操作人员的技术培训，主要通过学习机械使用安全技术规程，使其了解、熟悉规程并以规程为准绳指导工作。为了检验学习的广度和深度，联系施工实际进行学习和考核。

企业的发展，已使企业内部"上岗靠竞争，竞争靠技能，技能靠培训"成为职工队伍提高技术素质和业务能力，为安全生产服务的自律行为。

设备安全的要求，不仅属于安全管理的范畴，而且也是设备管理的业务范围，两者是交叉相融的，是保证人机安全的基础。设备的管理不能不讲安全，安全管理必讲设备的安全。所以，提倡"安全第一、生命至上"的安全理念和"安全无小事、安全从我做起"的全员安全意识，是促进设备安全管理迈向新高度的推动力。

3. 人机功能分配

人机功能分配指根据人和机器各自的长处和局限性,把人机系统中任务分解,合理分配给人和机器去承担,使人与机器能够取长补短,相互匹配和协调,使系统安全、经济、高效地完成人和机器往往不能单独完成的工作任务。

(1) 人和机器的特征机能比较

①感受能力。人可识别物体的大小、形状、位置和颜色等特征,并对不同声音和某些化学物质也有一定的分辨能力;而机器可以接收超声、辐射、微波、电磁波、磁场等信号等,超过人的感受能力。②控制能力。人可以进行各种控制,且在自由度、调节和联系能力等方面优于机器;同时,其机器设备和效应运动完全合为一体,能"独立自主",操纵力、速度、精密度、操作数量等方面都超过人的能力。但不能"独立自主",而必须外加动力源才能发挥作用。③工作能力。人可以依次完成多种功能作业,但不能进行高速运算,不能同时完成多种操纵和在恶劣环境条件下作业;机器能在恶劣环境条件下工作,可进行高速运算和同时完成多种操纵控制,单调、重复的工作也不降低效率。④信息处理。人的信息传递率一般为 6 比/秒左右,接受信息的速度约每秒 20 个,短时内能同时记住信息约 10 个,每次只能处理一个信息;机器能储存大量信息和迅速取出信息,能长期储存,也能一次废除,信息传递能力、记忆速度和保持能力都比人高得多。⑤可靠性。就人脑而言,可靠性和自动结合能力都远远超过机器。但工作过程中,人的技术高低、生理及心理状况等对可靠性都有影响。可处理意外的紧急事态;机器经可靠性设计后,其可靠性程度高,且质量保持不变。但自身的检查、维修能力非常薄弱,不能处理意外的紧急事态。⑥耐久性。人容易产生疲劳,不能长时间的连续工作,且受年龄、性别与健康情况等因素的影响;机器耐久性高,能长期连续工作,并大大超过人的能力。

(2) 人机功能分配

人机功能分配,应全面考虑下列因素:①人和机器的性能、特点、负荷能力、潜在能力以及各种限度;②人适应机器所需的选拔条件和培训时间;③人的个体差异和群体差异;④人和机器对突然事件应激反应能力的差异和对比;⑤用机器代替人的效果,以及可行性、可靠性、经济性等方面的对比分析。

上述将人与机器在感受能力、控制能力、工作效能、信息处理、作业可靠性和工作持久性等方面的特征比较。从特征比较可以看出,人机功能分配的一般规律是:凡是快速的、精密的、笨重的、有危险的、单调重复的、长期连续不停的、复杂的、高速运算的、流体的、环境恶劣的工作,适于由机器承担;凡是对机器系统工作程序的指令安排与程序设计、系统运行的监督控制、机器设备的维修与保养、情况多变的非简单重复工作和意外事件的应激处理等，则分配给人去承担较为合适。让人承担超过其能力所能承受的负荷和速度，容易造成人员伤亡事故，不能有效地分配人与机的工作，降低工作应有效率，使人机系统不能安全、高效持续而又协调的运转，不能根据人执行功能的特点而找出人机间最适宜的相互联系的途径和手段，造成很多安全人隐患，容易造成人机结合面失调，导致工伤事故。

第四节　安全环境系统原理

上述几节内容着重介绍了人—机—环境中人与人的关系、人与事故的关系以及人与机器的关系，本节内容着重介绍环境和人以及机器之间的关系，从而在人—机—环境之间构成一个完整的安全生产系统。

一、安全环境概述

环境（environment），是相对于某项中心事物而言的周围情况。安全环境系统所研究的是生产条件下工作者所处的生存环境，它为人类生存发展的物质基础提供安全保障，也是与人类健康密切相关的重要条件。与人类健康关系密切的安全环境包括安全自然环境与安全社会环境。

安全自然环境是指环绕于人类安全系统周围的一切客观物质条件，又可以分为原生环境和次生环境。原生环境是指天然形成的、未受或少受人为因素影响的环境；次生环境是指在人类活动影响下，其中的物质交换、迁移和转化以及能量、信息的传递等都发生了重大变化的环境。

安全社会环境是指人类在长期的生活和生产活动中所形成的安全生产关系、阶级关系和社会关系等。社会因素对人类健康有重要影响，尤其是通过影响人的情绪作用于机体的神经、内分泌和免疫系统，影响身体的健康，进而影响工作状态。

安全环境原理应该有很多，这里我们简要介绍目前已有深入研究的安全环境容量原理、安全环境和谐协同原理、安全环境周期原理。

二、安全环境容量原理

容量这个词最先运用在种群生态学中，指特定环境下所能容许的种群数量的最大值。容量的实质是有限环境中的有限增长。随着安全系统学的发展，安全环境在系统学中越来越受到重视。安全系统学所研究的环境主要指某项特定的生产活动中，工作者周围的生产生活随时间不再变化（或变化很小）的条件。有限的生产环境只能提供有限的工作空间，只有维持生产需要的有限资源等。所以安全环境容量的研究对充分利用生产环境资源、提高生产率有非常重要的作用。

在某一确定的系统中，允许各种人、物、环境及其组合作用下的各种非正常变化或活动引起的"扰动"，当这种"扰动"达到最大时系统仍然安全的最大允许值即安全环境容量。由此看出它是一个与风险相关的临界量，即在整体风险可承受的范围之内，由各个具体的生活和生产活动环境中的风险所综合确定的一个安全临界总量。

环境容量在宏观上主要通过自然环境极限、可变环境容量两个概念来表示。

1. 自然环境极限

在一个处于平衡状态的自然生态系统中，生产活动所造成的对环境的"侵害"在环境容纳量水平上下波动，这个平均水平就是所谓的合理的环境容纳量，而容纳的最大值就是自然容纳量的极限。

2. 可变化的环境容纳量

环境容纳量既是环境对人类生存制约的具体体现，也是环境对生产容忍的具体表现，人类生存和生产活动不是一个恒定不变的存在，对应环境容纳量也就会发生相应的变化。它是环境资源状况（数量、质量、分布和波动等）、人类对资源的利用状况（数量、形式、效率和波动等）以及环境调节机制（生产者、分解者、消费者之间关系等）等共同作用的结果。也就是说，环境容纳量是一个动态的变量。安全环境容量一般可以分为三个层次。

第一，生态的环境容量：生态环境在保持自身平衡下允许调节的范围。

第二，心理的环境容量：合理的、人类感觉舒适的环境容量。

第三，安全的环境容量：极限内的环境容量。

三、安全环境和谐原理

安全系统是复杂的巨系统，研究安全系统浩瀚的时空属性、综合属性，任何一种安全现象背后都隐藏着千丝万缕的复杂联系，研究作业环境，创造安全的条件。生产场所有各种各样的环境条件，例如高温、高湿、振动、噪声、空气中的有害物质、工作地的状况等。这些因素，都会影响人的健康。安全人机工程学研究的目标，是要将这些因素控制在规定的标准范围之内，使环境条件符合人的生理和心理要求，从而使操作者感到舒适和安全。

1. 和谐原理对系统的描述方法[①]

工业工程既然是一个大系统，则不论考虑该系统的正常运行，还是考虑该系统的相变状态，都需作整体研究，局部的修正或改良都难以收到最优效果，本书建议根据协同原理的观点和方法来研究工业工程系统。设定该系统的状态可用一组状态变量 qi（i = 人、机、环境）来描述，此外 q 应是子系统 i 的状态变量，而子系统 i 的特征由其运动方程来描述，于是工业工程系统最终将处理一个偏微分方程组，这时我们可以研究该系统的不稳定性问题、相变临界状态、自组织的形成等。为此，我们可以先写出子系统的运动方程。它必须是非线性的，且为含可控参数的随机微分方程。这是因为有耗散的系统，就必须伴随有涨落，必然使系统呈现随机数学表达，而开放系统偏离平衡态的"距离"，则由方程中的外参数来调节，至于方程包含的涨落系数则是随机性的数学反映。个状态变量写作如下形式，即：

$$q1\ (r,\ t),\ q2\ (r,\ t),\ q3\ (r,\ t) = q\ (r,\ t)$$

式中：$q1$，$q2$，$q3$ 分别表示人、物、环境的动态变量；

$q\ (r,\ t)$ 表示人、物、环境三者构成的整个系统。

和谐原理将处理下列形式的运动方程：

$$\partial(q)\ /\ \partial t = \mathrm{N}(a,\ q,\ \nabla,\ r,\ t)$$

式中：t-时间，a-控制参数，∇-Laplace 算符：$\nabla = i\dfrac{\partial}{\partial x} + j\dfrac{\partial}{\partial y} + k\dfrac{\partial}{\partial z}$。

具体地说，我们可以分三个步骤来进行分析：第一步，作线性稳定分析，确定稳定模态和不稳定模态，对应的稳定模态为安全系统中不变因素（机器），不稳态模态为安全系统中的变化因素（人）。第二步，设法消去（用支配原理）稳定模态，建立序参量方程。所谓序参量就是决定模态形式的有序程度的量，显然完全无规律的混沌状态的序参量为零，在临界区时，其序参量达到最大值。序参量突变意味着宏观结构上的质变，就是说，根据具体条件列出上述序参量方程。第三步，解序参量方程，可以得到从无序到有序的变化过程，并由此决定系统的新的宏观结构。

通过和谐原理，我们将安全系统用具体的数学表达式表示，通过表达式我们能一目了然地了解到三者之间的关系，以及随时间的变化形式。

3. 安全环境周期原理

所谓"周期"，是指事物在发展变化过程中，某些特征重复出现，其接续两次出现所经过的时间，称为周期。"规律"一词是指自然界和社会诸现象之间必然、本质、

---

① 杨桂通. 系统辩证论的协同和谐原理在工业工程中的应用 [J]. 系统辩证学学报，2000（1）.

稳定和反复出现的关系；也指事物之间的内在的必然联系，决定着事物发展的必然趋向；规律是客观存在的，因此也可以叫法则。周期规律也叫周期原理、周期节律、周期律、周期率等，但其内容是一致的。

安全生产中有许许多多的周期规律存在，比如对产品的设计制造再生产、对安全管理的再执行、安全制度规则的再制定等都是周期呈规律的进行，也正是因为这许许多多的周期规律才使我们的生产能持续、高效、安全的进行，这也是我们安全系统学为生产的最终服务所在。

第三章　安全社会学要义

社会学以研究社会现象、解决社会问题为己任，而安全生产（职业安全）是一种重要的社会现象，因而从社会学视角研究安全生产也就成为学术必然。安全生产不仅仅是一种工程技术行动，更是一种社会行动，回避不了社会对之影响和它对社会的影响，其背后必然涉及社会理性、社会结构和社会系统的因素，这正是本章需要研究的问题。

第一节　社会学与安全生产

从社会学角度研究安全、安全生产现象，就需要首先了解社会学研究的基本命题及脉络，即社会学这门学科研究对象是什么、核心命题是什么、基本理论流派有哪些等。

一、社会学的基本理论视角

每一门学科都有其基本概念和命题，如经济学的核心命题是成本—收益，法学的核心命题是权利—义务，政治学的核心命题是权力—权利，而社会学的核心命题则是行动—结构。

社会行动关联着社会变迁、社会进步，社会结构关联着社会秩序、社会稳定，所以孔德在创立社会学之初，就提出社会学关注着两大基石即"进步"和"秩序"；社会变迁属于历时态（历史性）社会学的重要范畴，社会结构属于共时态（现时性）社会学的重要范畴，两者通常合起来称为社会结构变迁，这就是社会学的核心总体。行动—结构的命题又可化约为个人（行动）—社会（结构）的命题，也就是说，社会学的基本问题（元问题）是个人—社会的关系问题。社会学研究如果从"个人"出发的，则被称为"唯名论"（以个人的名义）；如果从"社会"出发的，则被称为"唯实论"

（社会是实体）。以此为基点，从方法论角度看，社会学理论流派可分为整体主义（即社会整体分析的思想理念）、结构主义（宏观结构制约个体行动的思想理念）路径和个体主义（即着眼于个体行动分析的思想理念）、建构主义（人与人在互动中相互构建共识的思想理念）路径，以及对两方面的综合与超越。研究安全社会学，需要从综合的角度加以思考。安全作为一种社会现象，既表达着一种社会行动、社会进步和变迁，也表达着一种社会结构、社会秩序和稳定（图 3-1）。

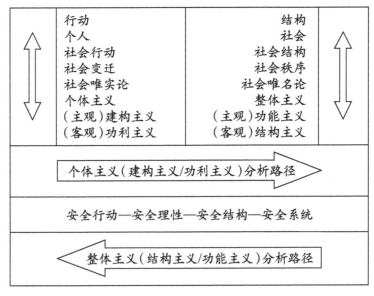

行动　　　　　　　　　　结构
个人　　　　　　　　　　社会
社会行动　　　　　　社会结构
社会变迁　　　　　　社会秩序
社会唯实论　　　　社会唯名论
个体主义　　　　　　整体主义
（主观）建构主义　　（主观）功能主义
（客观）功利主义　　（客观）结构主义

个体主义（建构主义/功利主义）分析路径

安全行动—安全理性—安全结构—安全系统

整体主义（结构主义/功能主义）分析路径

图 3-1　社会学研究的两大路径与安全的社会学分析逻辑

　　马尔科姆·沃特斯是澳大利亚当代的一位社会学家，在其《现代社会学理论》一书中，他把自孔德以来所有社会学家探讨有关行动—结构、个人—社会的关系问题，归为四个核心概念即行动（agency）、理性（ration）、结构（structure）、系统（system），来分析各位社会学大师和各家流派的思想理路[1]。笔者称之为"沃特斯社会学视角"[2]，并且认为这四个核心概念具有内在的逻辑性关联。因此，研究人的安全现象，同样脱离不了行动—理性—结构—系统的研究链条（图 3-1）。这里需要解释的是，行动与行为不同，行动是主体能动性的，行为则是被动的；理性包括经济理性、政治理性、社会理性、科技理性等很多类型，一方面理性是与神学相对的概念，是指人类战胜自然而成为大自然的主宰者，有意识地实施有组织、有计划、有步骤的行动，另一方面是指人们的行动具有合理性（分为工具合理性与价值合理性），即对每一次行动进行

　　① （澳）马尔科姆·沃特斯. 现代社会学理论［M］. 杨善华等，译. 北京：华夏出版社，2000：12-16.
　　② 颜烨. 沃特斯社会学视角与安全社会学［J］. 华北科技学院学报，2005（1）；颜烨. 安全社会学与社会学基本理论［J］. 中国安全科学学报，2005（8）.

利弊权衡、得失算计等的考量；"结构"在社会学上往往是人际互动的一种结果，如群体、组织等，是指占有不同社会资源和机会的社会成员的组成方式及其关系格局，反映着社会成员之间的平等性问题，是社会学研究的核心；"系统"是一种统领性秩序，内在地包含着各种结构性要素的有机构成，社会系统主要包含政府—市场—社会三大社会力量及其关系均衡性问题、经济—政治—社会（生活）—文化四大子系统及其关系均衡性问题。

二、安全社会学研究框架

沿着上述逻辑，社会学研究安全就会形成安全行动—安全理性—安全结构—安全系统的逻辑分析链条（图 3-1）：安全是一种行动、一种需要理性的行动，个体行动通过社会性的安全互动，就会形成安全结构（安全资源与安全规则的生产与再生产），安全结构要素的关联则会形成安全系统（如安全经济、安全政治、安全文化、安全行为等相互关联的子系统），这是个体主义（主观建构主义、客观功利主义）的分析路径。反过来，安全系统统领着整个安全领域、安全结构，安全结构制约和影响安全行动、安全理性，这是整体主义（主观功能主义、客观结构主义）的分析路径[①]。

关于安全社会学学科建设，国内外都有了一些探索。如 1990 年，新西兰学者卡文·克莱门兹（Kevin Clements）将安全看作一种社会过程，认为安全渗透在社会生活的方方面面，因而提出 sociology of security（也有的人译为治安社会学）的概念，并加以分析[②]。2006 年，美国学者哈特雷（Jeffery A. Hartle）和布莱恩特（Dianna H. Bryant）则着重从组织系统角度，将安全人（safe person）和安全点（safe place）作为事故分析的基点，分析安全人的因素、动机、态度和行为，以及安全空间的设计、工程技术和物理控制[③]。近年澳大利亚国立大学社会学学院与能源管道公司合作，开办安全社会学（sociology of safety）博士学位培养计划，着重研究企业高层管理者关注系统安全、组织安排和安全专家影响、安全设计的社会过程、职业培训和安全文化传承、管道有害气体的公共风险等问题[④]。上述 sociology of safety 仅局限于职业劳动领域或工业风险的安全，而 sociology of security 又局限于社会安全领域，两者的共性没

---

① 颜烨. 沃特斯社会学视角与安全社会学 [J]. 华北科技学院学报，2005（1）；颜烨. 安全社会学与社会学基本理论 [J]. 中国安全科学学报，2005（8）.

② Kevin Clements. Towards to Sociology of Security，http：//www.colorado.edu/conflict/full_text_search/AllCR CDocs/90-4.htm.

③ Jeffery A Hartle，Dianna H Bryant. The Sociology of Safety，AIHce，Chicago，IL.http：//www.aiha.org/aihce06/ handouts/cr318hartle.pdf.

④ PhD Research Opportunities in the Sociology of Safety，http：//sociology.cass.anu.edu.au or https：//www. epcrc.com.au.

有联结起来，社会学的规律性没有被发现。国内学者有人认为，安全社会学是研究人与人、物与物、人与物关系的表现形式的学科[①]；有的学者认为，安全文化的社会学系统即安全社会学系统，是指由人在社会活动中的人际关系构成，又以个人与集体的安全行为方式来体现[②]。这些研究有点类似于安全社会科学，与专业性的安全社会学学科有差距。2003 年以来，笔者也将安全社会学作为一门学科进行了初步探索和界定[③]。但显得很不成熟。

为力图使之成为一门完整而成熟的专门性学科，近些年又有了新的思考和探索，认为研究安全社会学，必然要围绕"安全"与"社会学"两个词汇，使之相互联系。从学科性质看，它应该是着眼于"安全"这一社会现象，主要运用社会学的理论视角和方法去研究。如果围绕"安全社会"与"学"两个词语发生联系，那么就可理解为"安全社会"的"研究"或"理论"，意指对整个大的安全社会系统的研究，而不仅仅针对具体安全现象进行研究。安全社会学也可以包含对整个社会安全问题开展社会学研究（即社会安全社会学）。笔者认为，安全社会学就应该始终以"人的安全"研究为着眼点，从社会学"行动—结构"的核心命题出发，逐步构建包括安全行动及其背后的理性（工具理性和价值理性统一）、安全互动所形成的安全结构和安全系统等在内的学科体系。

安全社会学即是把安全作为一种社会现象、一种社会过程、一种社会秩序，从安全学、主要是社会学角度研究"安全"与"社会"的关系，分析影响人的安全现象存在和发展的社会因素，以及安全现象尤其安全事故（事件）对社会发展变迁的影响、安全社会化即安全化的社会过程、安全—社会关系（核心命题是安全行动—安全结构，也即安全行动者—安全社会结构）变迁的本质规律。简而言之，安全社会学，是研究人的安全存在和发展的社会因素、社会过程、社会功能及其本质规律的一门应用性交叉学科。

当然，安全学研究者可能不太认同这样的定义，比如他们有的认为，"从安全的角度和社会学的着眼点研究客观世界的科学，叫作安全社会学；它是从安全的角度研究客观世界，从社会学的着眼点去研究解决安全问题，所以，安全社会学也是安全学的分支学科而不能作为社会学的分支学科。"[④]这种说法显然带有一定的学科偏见，而且也不好理解，不便于具体界定。

---

① 刘潜，徐德蜀. 安全科学技术也是第一生产力（第三部分）[J]. 中国安全科学学报，1992（3）.
② 国家安全生产监督管理局政策法规司. 安全文化新论 [M]. 北京：煤炭工业出版社，2002：22-23.
③ 颜烨. 安全社会学：安全问题的社会学初探 [M]. 北京：中国社会出版社，2007.
④ 安全人机工程学（大学课件），第一章概论的第四节"安全人机工程学的诞生与展望"，http://www.cn-safe.cn/ketang/renji/kcnr/part1/section4.htm.

这里，我们参照社会心理学学科的两种偏重[①]，认为安全社会学同样可分为两种取向：一是偏重于安全学的安全社会学，即用安全科学原理和观点去解释安全社会问题；二是偏重于社会学的安全社会学，即从社会学基本原理和观点来解释安全这一社会现象。鉴于目前国内外安全学作为学科本身没有单独完备的体系，我们只是借用其一些基本概念和原理，因而我们偏重于社会学的研究。

安全生产只是"大安全"中的一种，因此，从社会学、安全社会学角度研究安全生产，就需要研究"安全生产—社会"关系、"安全行为—生产环境"关系。具体的主要内容应该包括：①生产中人的安全化及其社会过程。安全生产意识强化（安全生产知识教育和培训）、安全风险认知、安全责任强化等。②安全生产的社会变迁与社会功能（影响）。不同社会发展阶段（农业社会、工业社会、后工业社会）的安全生产状况，安全生产对社会的影响。③影响安全生产的社会理性因素，安全生产的社会控制理性，如制度控制、监督管理控制、经济科技支撑、社会预测和社会保障等工具理性，以及社会诚信、社会责任、社会公正等。④影响安全生产的社会结构因素。如人口结构、就业结构、家庭及企业社区结构、组织结构、空间（城乡、区域）结构、社会分配消费和福利结构、社会阶层结构及其变迁对安全生产的影响。⑤影响安全生产的社会系统因素。政府、市场、社会的关系结构性变迁及其对安全生产的影响，经济、社会、政治、文化四大子系统的关系变迁及其对安全生产的影响，以及安全生产的系统性建设（安全建设）。⑥安全生产的社会调查研究方法和安全生产发展水平的社会测量（社会评价指标体系），其中，上述第①、③部分，在安全心理学和安全行为学、安全管理学、安全经济学、安全文化学、安全伦理学等章节将着重进行研究，因此本章不作重点阐述。

三、安全生产的社会变迁

在社会学上，社会变迁一般是指社会整体或局部社会现象发生变化的动态过程，也是一种历史性运动变化过程。安全生产作为一种特定的社会现象，必然随着整个社会变迁而发生变迁，即安全生产的社会变迁。从发达国家的社会实践看，安全生产变迁具有这样的规律性特征：前工业社会、工业化初期（工业社会可分为初期、中期、后期三个小阶段），工业领域事故较少，死亡人数不多；进入工业化社会，尤其到了工业化中期阶段，源于工业风险的安全生产事故日益增多；进入工业化后期、后工业社会，工业生产又趋于安全，各类风险、事故不断减少。工业社会中的工业理性、经济理性，经济利益关系成为维系社会的主导因素，因而一般地，工业风险的增加与工

---

① 沙莲香. 社会心理学（第二版）[M]. 北京：中国人民大学出版社，2006：15.

业生产、经济增长加速的关系极为紧密。

如图 3-2 所示，根据英美等发达国家煤矿安全事故死亡人数总量统计所呈现的倒 U 形曲线变迁规律；[1]如果从安全生产水平角度看，则是 U 形曲线变迁规律。这基本上反映了工业化内生性国家的安全生产变迁状况[2]。但是，由于各类国家的国情和历史不同，因而安全变迁一度表现出变异性特征，有的甚至呈现一种波浪形的周期变化律。如图 3-3 所示，根据新中国成立以来煤矿安全事故死亡人数统计的 M 形（波浪形）曲线，呈现出"双峰"状态（处于"大跃进"运动时期的 1960 年和学潮风波年的 1989 年，分别死亡 6036 人、7448 人，死亡人数最多）[3]；如果从安全生产水平变迁看，则是 W 形曲线变迁特征。一些发展中国家尤其东亚儒家文化圈，因受到人治型的中央集权制、城乡二元结构以及工业化外铄性等因素的影响，安全生产变迁未必呈现 U 形曲线变迁规律，可能是 W 形曲线。但从社会变迁总体特征看，一般来说，工业化中期阶段往往是经济"高增长"与安全"高风险"并存，是一个国家或地区安全水平最低的时期；进入工业化后期、后工业社会，通过人类理性的高度控制和社会结构优化调整，社会整体日趋安全，但要注意的是，人类理性本身也会诱发一些新的风险。

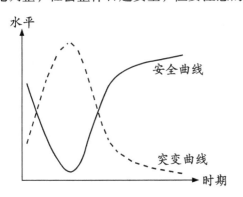

图 3-2　英美等内生性现代化国家
矿难死亡人数年度变化

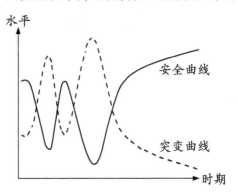

图 3-3　中国等外铄性现代化国家
矿难死亡人数年度变化

至于安全生产变迁的具体社会阶段性状况（即前工业社会、工业化社会、后工业社会的安全生产状况），在此不赘述。

---

①　王显政. 安全生产与经济社会发展报告 [M]. 北京：煤炭工业出版社，2006.

②　罗荣渠. 现代化新论：世界与中国的现代化进程 [M]. 北京：北京大学出版社，1993：123-124 页。现代化分为内生（Endogenous Modernization）与外铄（Exogenous Modernization），前者（或称内源性变迁）是由社会自身力量产生的内部创新，社会变革漫长，现代化是一个自发的、自下而上的、渐进的变革过程，多发生在基督文明的历史环境中；后者（或称外诱性变迁）则是在国际环境下，社会自身内部因素软弱或不足，受到外部冲击而引起内部思想和政治变革，并进而推动经济变革的道路，内部创新居于其次，因而现代化是集中的、急速的、大幅度的激烈过程，多发生在欠发达国家和地区。

③　颜烨. 煤殇：煤矿安全的社会学研究 [M]. 北京：社会科学文献出版社，2012：12-13.

此外，随着社会信息化、社会现代化、社会全球化的发展，安全生产作为一种社会现象，本身也在进行信息化、现代化、全球化的变迁和发展，体现为一种现代社会形态和发展趋势。生产领域同样推动了以下三种社会发展趋势：一是安全生产信息化趋势；二是安全生产现代化趋势；三是安全生产全球化趋势。

第二节　安全行动及安全理性

安全作为人的基本需求，促使人必须安全地行动和保障行动的安全性，即行动安全。安全生产是行动者（行动主体——人）的一种行为，在生产过程中不断化解风险、避免灾变、获得安全，即安全化（securitization）的过程。这种行动必是理性的，是人的外在理性与内在理性的结合，尤其外在的公共理性对于确保从业者和在场服务对象的安全是十分重要的。

一、社会行动及其理性理论概说

在一些社会学家那里，行动是社会学研究的起点。社会学研究人，必然要研究人的行动、行为及其心理，以及影响行动的外在因素和条件；安全生产是行动者进行安全地生产的理性行动。

1. 社会学关于社会行动理论概述

关于行动的理论，可以说贯穿于整个社会学研究的历程。沃特斯认为，行动（agency，有能动主体的意思）与行为（action）不同：行动是主动性的，行为是被动机械的；行动的外延要大于行为，或者说，行为是行动的重要部分，因为行动包含一定的权利维护意识。行动是社会安排中的意义和动机的外在表现，与一套意义、理由或意图（intention）相关联的行为过程被称为"行动"[①]。马克斯·韦伯开创性地把行动划分为四种：工具性行动（基于短期自利目标性）、价值理性行动（取决于真善美等的）、情感行动（基于心理感觉或情感需求）和传统行动（习惯性行为）[②]。

沃特斯归纳认为，行动理论的主要特征大体有：人类是具有理解力和创造力的主体；人类赋予行为以"意义"，行动是由"动机"推动的；人类通过互动最终组成"社会世界"（social world），且会产生出一些固定模式（或制度安排）；当然，行动未必总

[①] ［澳］马尔科姆·沃特斯. 现代社会学理论（第2版）［M］. 杨善华等，译. 北京：华夏出版社，2000：17.
[②] ［德］马克斯·韦伯. 经济与社会（上）［M］. 林荣远，译. 北京：商务印书馆，1997：56.

是在结构安排上给出解释，还会因个体的或特定的、日常的社会经验而给出说明①。这就是说，行动背后总是有着无形的理性力量在支配着。

2. 社会学关于社会理性理论概述

在生产领域中，人们既要借助科技理性去认知和预防安全风险，也要运用组织、制度、经济等理性去保障安全、控制和处置事故（事件）。在沃特斯看来，社会学考察的理性和经济学考察的理性大同小异即：个人利益的最大化。他把理性理论概括为以下几个特征：①人们致力于使他们从社会世界中得到最大化的满足；②每个社会成员都控制着社会有价物的一定供给；③人与他人之间的互动被看作是一系列具有竞争性质的贸易谈判或博弈；④个体总是持续计算着相对于参与成本的回报，因而人的行动是理性的；⑤人类行动中会出现常规性交换即稳定的互动模式；⑥理性理论总是关注小群体的互动，而不是突生的大型结构安排；⑦经济学与社会学关于理性理论研究有汇同的趋势②。关于理性理论研究的代表人物有经济学家马歇尔、帕累托，心理学家斯金纳，社会学交换论者霍曼斯、布劳和公共选择博弈论者奥尔森、科尔曼等人。

广义上的社会理性是指社会公共理性，包括科技理性、经济理性、政治理性、组织理性、制度理性、管理理性等；狭义上，社会理性仅指社会生活子系统的理性（包括自我控制理性），明显区别于科技、经济、政治、组织、制度、管理等理性。这里，我们主要采取前者，即社会公共理性。

二、生产安全行动的内在心理与外在社会文化

人是生产中"本质安全"的核心和能动主体。安全型的行动者，往往是安全需求较强（即"想安全"）、安全把握得好（即"会安全"）、安全实现较好（即"能安全"）、安全系数较高（即"有安全"）的人。

1. 安全行动、行动安全化、安全角色的界定

生产行动者的"安全行动"，即是从业者等保持行动或行为的安全性。它既是一种理性行动，具有较强的动机性、意义性等，也可以转化为一种习俗行动，即安全成为一种习惯。从社会学的社会化角度看，安全行动伴随着人的一生，是安全主体的社

---

① 文中未注明出处的理论文献，均转引自［澳］马尔科姆·沃特斯. 现代社会学理论（第 2 版）［M］.（杨善华等，译. 北京：华夏出版社，2000：17-61.
② ［澳］马尔科姆·沃特斯. 现代社会学理论（第 2 版）［M］. 杨善华等，译. 北京：华夏出版社，2000：62-64.

会化过程,即由对安全一无所知的生物人逐步接受安全理念、安全知识教育,以及外在的安全制度约束,不断地适应社会需要,社会化为"安全人"的行动过程。这就是"安全化"(securitization)。从社会互动论角度看,安全也是一种人与人(或人与人群、人群与人群)之间的一种社会互动,即"安全互动":社会主体通过安全信息传播,相互影响,避免危害因素,达成一些安全标准、规则,进而形成共同的安全行动组织、安全行动制度和机制。

总之,安全行动涉及安全主体的社会化过程即行动安全化过程,这一过程包含安全个体内在的心理条件和过程,以及外在的社会文化心理和氛围等,人的安全需求与安全化之间形成一种"闭环",相互影响(图3-4)。

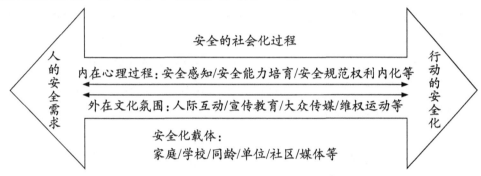

图3-4 主体行动的安全化过程(内在心理过程与外在文化氛围)

主体行动的安全化必定是主体承担一定社会角色。这就涉及人的"安全角色"问题,即人们要按照有关安全事务的社会设置,实现和承担与其身份地位相一致的安全权利义务及其安全规范的行为模式,体现一定的安全行动期望。在人的一生中,安全角色意识最强和践行得最好的时期是在青壮年以后,尤其是那些从事安全要求高的安全管理、生产操作人员。

从人的角色承担的心理状态看,可分为自觉与不自觉角色。一般而言,进入新的环境,担纲新的工作岗位或职务等,其安全角色意识比较强,比较自觉。如初学开车的司机一般对驾驶和路面情况比较注重安全;但一旦熟悉了环境或工作等,主体的安全角色意识逐渐淡薄,角色不自觉,产生"角色钝化"(角色意识逐渐销蚀),从业操作中思想容易麻痹,安全事故难免发生。因此,需要时刻对行动者持续开展"安全再社会化",目的在于唤醒行动者的安全自觉角色意识。

2. 生产安全行动的内在心理基础

生产行动者的安全化过程,在很大程度上是行动主体的自我安全心理认知和自我安全行为的把握和控制。这是一种微观社会学的探索,安全心理学、安全行为学对此研究较多,这里不再展开。

（1）影响安全生产行动的心理因素

与基于社会互动的群体心理学、社会心理学不同，个体心理学和行为科学主要关注个体人的生理机能、个性心理和认知心理活动及其规律。根据心理学的研究，安全行动的基础要素及其层次大体可归纳为（图3-5）：反应个体生物人的内在个性心理，包括精神和气质、人格和性格、情绪和情感等，以及反映人的社会性的认知心理（认知外部），包括感觉和知觉、兴趣和注意、意志和能力等；相对于内潜性的气质、人格等，外显性的意志、能力比较综合。人的行为、行动是否具有安全性，每一安全行动能否正常开展，都内在地受制于这些心理因素的影响。在一些职业从业环境尤其高危作业环境中，人的生理心理状态对于安全行为、行动的影响较为显著，一般要求行动者保持正常的心智水平，否则低于正常水平或者过高水平，则容易诱发操作性的安全事故。一些特殊作业和岗位，需要特殊的正向"安全性格"。

此外，生产者持有积极的心态对于安全生产的影响十分明显，如遇事不惊的冷静、平和、包容、稳重心态，有利于保障行动安全，是一种"安全心态"；而消极心态，如急躁冒进、遇事时情绪起伏，以及比较稳固的虚荣心理、自大心理、偏狭心理、报复心理等，都是安全行动的大敌，是"不安全心态"。最后，值得注意的是，任何生产劳动者都必须持有较高层面的"安全价值观"，如树立"安全第一""安全为天""安全公正""安全道德""安全责任""安全诚信"等价值观，这对安全生产具有很强的导向功能。

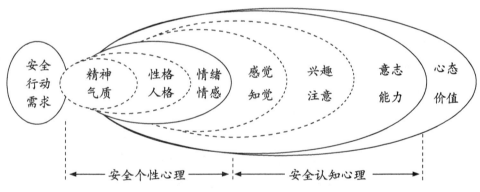

图3-5　安全行动的内在心理基础要素及其层次

（2）安全生产行动的微观心理过程

在一定意义上说，安全规范对应于安全行为及其意识，安全权利对应于安全维权行动及意识[①]。一般地，安全行为遵循着特定的安全规范、安全标准；而行动者作为

---

① "安全权利"（rights of safety/security），是指人的安全权，与健康权、劳动权、受教育权、居住权等一样，属于人的基本权利；"权利安全"（security of rights），是指人的各种权利切实得到有效维护和保障实现。

安全主体，还有着自身的安全权利诉求，其安全行动需要考量安全权利意识。在行动者安全化的社会过程中，安全行动也必须有着一套符合安全角色的安全规范和安全标准、安全权利和安全义务，而这些规范、权利意识需要行动者自身内化为行为或行动标准和信仰追求，因此需要一定的微观心理过程和机制。如图3-6所示，每一次安全行动都大体需要经历这几个心理环节：外界事故或事件刺激→反应（暗示或感染）→安全需要→安全动机（预设安全目标）→规范和权利意识认知强化内化（模仿/从众/学习/遵从）→通过安全行动实现安全目标，最后回环、反馈。

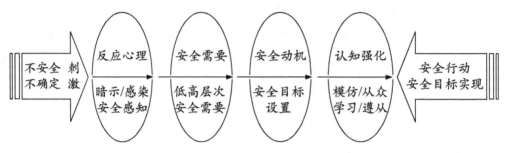

图3-6　安全行动的微观心理过程

3. 安全行动的外在社会文化氛围

行动主体的安全行动及安全化，不仅仅需要内在心理认知机制，更需一种外在的安全文化氛围，这实际上涉及人与人之间的社会互动、群体心理、教育培训、大众传媒、社会维权运动等外在的安全熏陶、安全感化、安全浸染机制。关于安全文化的研究，国内外有很多探索，此处不详细展开。这里，我们主要围绕安全生产，简要阐述文化对安全生产的影响、安全生产文化形成的社会机理。

（1）人际直接安全互动形成安全文化

在社会学上，社会互动一般是指个人与个人、个人与群体、群体与群体之间通过信息传播而发生的相互依赖性的社会交往活动；按层面，可分为微观、中观（如游行、集合行为）、宏观的互动；按场景，可分为直接和间接的互动；按方式，有符号、语言和非语言（身势暗示或动作）沟通交流，即乔治·H·米德所指的"符号互动"；按目的或内容，可分为情感性、工具性、混合性互动[①]。

在生产过程中，熟悉的或基本相识的生产者之间，通过正式的（如生产班组）或非正式的（亚安全文化形态）的安全互动，逐步形成某种安全信息传播和沟通模式，如可以通过美国管理心理学家莱维特的正式沟通网络（群体内部的"两两"双向沟通

---

① 郑杭生. 社会学概论新修［M］. 北京：中国人民大学出版社，1994：162-187.

模式）^①、美国心理学家戴维斯的非正式沟通网络（信息源于某一"意见领袖"或偶遇的模式，通常传播所谓"小道消息"）^②去实现安全生产。同一生产班组的成员，通过长期稳固的人际互动和联系可能形成一定的社会资本，这种关系资本对于形成安全文化氛围、促进安全生产具有不可替代的社会功能，是一种日常可见的方式。

在生产过程中，人们通过直接安全互动，就能逐步建构一套相互认同、共同遵守的安全规范，如劳动生产过程中形成的"安全第一，生产第二"的理念、"不安全，不生产"的规则；公共交通中形成所谓"一等，二看，三通过"的安全人行规则等。这种公共安全规范，内在地产生群体性"安全压力"，形成一种安全文化氛围，直接制约着群体内部成员的不安全行为和行动，使得人们各自履行安全角色，使得人们意识到"不伤害别人，不被别人伤害"的安全互保、自保的重要性，日益促成人们自觉安全行动的安全伦理、安全道德，最终构建安全生产秩序和文化氛围。群体安全规范产生一种"安全标准化行为"的作用，使得成员自觉遵守"什么可为，什么不可为"的安全惯习、思维定势乃至于行为定向，不仅维系了内部个体安全，也保障了群体安全。

（2）大众传媒和公众的安全生产传播推进单位内部安全文化建设

与直接的人际互动有所不同，大众传媒则是一种非直接的、宏观的、未必面对面的社会互动，信息传播和流动主要通过中间的媒介来完成，如传统的报纸、广播、电视，以及兴起的互联网及其伴生的所谓 QQ、MSN、Twitter 等非正式的虚拟社交群体。

从大众传媒对安全生产的社会正功能看：媒体对安全知识的传播，尤其是安全事故或事件真相的揭露和曝光，有利于整个社会的行动者学习借鉴、参与和介入，有利于群众、专家、政府、企业等多方互动，筹划事故事件处置对策和今后的预防措施，推进"安全民主"，实现"安全公正"，从而完善社会自我安全保护和修复机制，提升安全生产的抗逆水平。从大众传媒对安全生产的社会负功能看：虚假歪曲报道安全事故、突发事件必然带来一系列恶果，而正面真实报道也同样难以避免一些消极性后果。

（3）相关集合行为、社会运动对安全生产维权行动的影响

底层生产者主动采取和发起安全权利维护行动，针对自身安全权利遭遇某方或某种社会力量侵害时的一种积极性主体反应，具有社会正义性，体现一种安全生产权利文化。受害行动者的行动一般直接指向侵害主体。从行动者主体数量看，它可分为个体安全维权行动、集体安全维权行动（局部群体性的）和全面安全维权行动（全社会

① Leavitt H J. Some Effects of Certain Communication Patterns on Group Performance [J]. Journal of Abnormal and Social Psychology, 1951, 46: 38−50.

② Davis K E. Management Communication and the Grapevine [J]. Harvard Business Review, Sept. −Oct. 1953, 43−49.

的，或国家层面的社会运动）；个体安全维权行动可能引发集体性行动，局部集体性行动也可能引发全社会（全国）的安全维权行动。从安全维权行动的方式看，主要有合理索赔、非暴力抗议、上访（信访和走访）、质问、游说（寻求社会支持）、群聚群议、法律申诉、绝食静坐、游行示威、占道堵路、暴力抗争（打砸抢烧）、第三方仲裁等，还有国家层面的外交对话磋商、军事威胁（军事恫吓、军事演习）、宣示战争等。从安全维权行动的内容看，有很多，如自身生命和权利合法安全保护、家属意外死难维权等。从安全维权行动的依赖载体看，主要有自制书面文字（如索赔书、申诉状等）、组织（包括政府部门、企业、社会团体组织）、媒体、专家学者、律师、官员、企业主、公众等。从安全维权行动的社会功能看，主要有：保障行动者必要的合理的安全权益，营造安全权利文化氛围，培育行动者的安全维权意识，推动实现社会公平正义。

（4）宣传教育强化员工安全文化素质

宣传、教育一般是有组织、有目的、有计划的社会活动。与新闻传播着重于"受者晓其事"（强调客观）不同，宣传行为则偏重于"传者扬其理"（强调主观）。安全宣传、安全教育是指某些集合行动者有意识地向行动者受体传播安全信息、灌输安全文化的社会互动，是积极性的安全文化传播机制和熏陶机制。从安全宣传内容看，往往有安全思想观点、安全制度政策、安全法律法规、安全科技、安全规划方案、安全事故或事件案例等；从安全宣传方式和载体看，除了所有大众传媒介质外，还有系统内部的文件、会议、电报、电话等方式；从安全宣传受体看，有官员和普通公务员、企业家和普通员工、专家学者、社会管理者和社会公众等。

与直接安全互动、大众传媒的安全教育熏陶不同，安全生产教育培训一般是指政府、企业或者社会组织有意识地、有针对性地对安全生产管理者、操作者等开展安全科技文化知识的熏陶和训练的一种社会认知强化活动。其目的是提升行动者的安全文化素质，强化行动者的安全行动能力。从安全生产教育培训对象看，可分为特定行动者教育和普通行动者教育，前者一般是指某种专业性的安全人才教育，后者一般是普通劳动生产者人员的教育。从组织方式看，可分为系统的专业教育和非系统的专业训练，前者是各种安全专业的系统性学历学位教育，后者是短暂性的、有针对性的特定安全知识培训。

三、生产安全行动的社会公共理性

从理性理论角度考察，安全行动即是理性的行动。人类天生就有一种安全的理性需求，人类总是算计行动在什么条件下会求得最大安全、最安全可靠；同时，在安全的理性互动中，总要在安全成本与收益之间进行理性计算。所谓"安全理性"，即是个人或社会对自身某一行动，有足够的安全性把握和考量，很大程度是一种"安全能力"（包括个人安全能力与社会安全能力）。安全理性的根本目的是达到安全控制，获得最大或最佳安全效应。所谓"安全控制"，即是个人或社会通过理性行动包括各种手段和方式，控制风险的灾变及其扩大化趋势，从而获得一定的安全性，或者达到最佳安全状态（最大安全获益）。也可以说，安全控制的另外一种表述是化解风险、控制灾变。

安全理性可以分为很多种类。从人类理性的主体看，如前所述，安全理性可分为安全公共理性（政府、企业、社会组织理性）与安全个人理性（个我理性）；从理性的内容来看，安全理性可分为安全预防理性、安全保障理性、安全监控理性、安全管理理性、安全组织理性、安全制度（法律）理性、安全经济理性、安全专业（科技）理性、安全社会理性（民主监督）等。

安全个体（个我）理性，在这里主要是指个人对于自身的安全内在控制，主要是将安全知识、安全规范等内化为自身开展安全行动的安全标准，这在前面多有论述；安全集体（公共）理性，即公共集体组织或群体如政府组织、企业组织、社会组织等，发挥集体力量进行安全控制。

如图3-7所示，一般而言，实现或完成每一个社会行动，都需要这样的社会公共理性链条，按顺时针旋转、闭环轮回：个体和社会需求—理性预测和规划—保障理性与监控理性同步—反馈、反思和修正。在坐标中，安全预设理性、安全监控理性是一种"二律背反"的博弈，因而是正负得负；安全保障理性是一种正向之作，因而正正得正；安全行动反思是对已有行动的反向思考和修正，因而负负得正。所谓"安全第一，预防为主，综合治理"，其中，"安全第一"即指安全价值理念；"预防为主"即主要指安全预设理性；"综合治理"即包括安全保障、安全监控理性。

图3-7　安全行动(公共)理性的内在构成

1. 安全生产预设理性

安全生产预测即是指行动者依据一定理论、经验和方法，对人的安全生产进行有意识、有目的的理性预见和测度的一种社会行动。安全生产规划，则是在安全预测的基础上，行动者依据一定的理论、经验和方法，对人的安全生产进行有目的、有意识地理性筹划和设计安排的一种社会行动。

安全生产预设的最基本功能就是"保安避险""趋利避害"，即"安全预防功能"，可作如下分解：安全风险认知和把握功能、安全指导和决策咨询功能、安全指标规定功能、安全反思和修正功能、安全教化功能、稳定发展功能。

安全生产预测、安全生产规划针对不同领域，可以有不同的安全预防制度和规定。如煤矿安全生产战略规划、交通安全战略规划等；按照时间分类，有超长期战略安全预设、中长期安全预设、中短期安全预设、临时安全预设（如应急预案）等。安全生产预测和规划一般要遵循规律性原理、系统性原理、测不准原理、博弈性原理等。

2. 安全生产保障理性

所谓安全生产保障理性，主要是指社会主体通过一定的工具、手段和条件，有意识、有目的、有成效地保障从业者和在场服务对象安全的一种社会行动理性。广义上的安全生产保障，还包括安全生产预设、安全生产监控等理性社会行动；狭义上的安全生产保障，仅指通过一定的专业技术手段、经济物质投入理性（行动能力）、组织和制度理性、社会公众文化和心理等方式，去正面保护安全生产的理性社会行动，涉及政府—专家—民众—社会这样几种社会力量。

安全生产工程—技术保障是一种专业性较强的科技理性，种类很多，主要在本书安全工程学部分详细阐述。安全生产经济—物质保障涉及经济学上的"成本—收益"或"投入—产出"；安全的经济物质投入（物投），体现着"同一问题"（即最少投入获得最大产出）的"两个方面"（一方面是同等安全标准条件下，使得安全投入和消耗尽可能地小；一方面是在有限的安全条件物投下，使得安全效益尽可能地大）。具体内容将在本书安全经济学部分阐述。

安全生产组织—体制的制度保障，是安全社会学的一个重点内容，因为人类社会本身就是各种组织、制度及其体制所构成的"人造物"。任何组织—制度都具有一定的安全保障功能，这是组织—制度的安全弥散性特点。专门性的安全生产组织如政府的职业安全监管组织、工会的劳动保护与监察部门、安全生产培训组织，以及社会性组织如安全生产协会、安全科学学会等；法律法规等制度类比较多一些，如具体的安全生产法、矿山安全监察条例、职业健康法、交通安全法等，以及具体安全生产制度如职业安全（安全生产）责任制、安全办公会制度、安全目标管理制度、安全投入保

障制度、安全监督检查制度、安全教育培训制度等；更为具体的安全生产技术制度类如安全技术审批制度、安全质量标准化、事故应急救援制度、安全操作规程、瓦斯抽采办法、煤矿安全规程等。此外，政府提供的两大重要的安全生产保障理性制度和机制即社会保障制度与安全应急制度，这是为了应对个体遭遇社会风险和"社会脆弱性"等问题而设置的，为劳动者个人或者相关群体提供社会救助和经济补贴，具有屏蔽和抵御社会风险、保障社会成员持续生存发展、保证社会安定运行的作用，主要体现在事中救援、事后补偿当中。

安全生产的社会关系—文化保障理性，是安全社会学的又一个重要内容；狭义上，它主要是指人的安全存在和发展受到社会组织、社会关系、社会文化的影响，受益于社会理性的保障和监控。这里的"社会"显然是非政府、非企业的"小社会"，既是生活共同体，也包括社会成员个体，具有"社会支持"功能。真正意义的"社会理性"，即是共同体的公共性问题，大体上看有几种安全社会理性。一是社会群体性安全生产保障理性：如政府登记或注册的民间社会组织，非正式的如中国流行的老乡会、同学会等社会群体（组织），在生产中相互关照、安全维权方面具有重要作用。二是社会资本性安全生产保障理性：社会资本即通常是人们通过长期的社会交往或交换，而形成的具有相对稳定联系的历史文化和心理积淀，能够"搞定事情"（getting something done）的一种社会力量；其安全生产功能决定于其基本的四要素即信任、互惠、规范、合作。三是文化习俗性安全生产保障理性：即通过安全文化的形成和熏陶教育，使得行动者自身或群体成员形成安全个我理性，不断提升安全保障意识，杜绝和消除不安全行为或行动，达到安全互助互保的作用。

3. 安全生产监控理性

安全生产监控理性本质上也是一种安全生产保障理性，即通过监控方式来保障人的安全。从手段内容看，安全生产监控同样包括工程—技术监控、经济—物质监控、组织—制度监控、政治—社会监控等（具体的如社会监督和社会管理、行政监察和行政监管、社会控制等）。从其他不同角度看，安全生产监控包括：积极性监控（事前监控）与消极性控制（事中事后监控）、硬监控（强制性监控）与软监控（非强制性监控）、外在监控（他律监控）与内在监控（自律监控）、制度化监控（正式监控）与非制度化监控（非正式监控）、宏观监控与微观监控。

所谓正式的安全生产监控，一般是指国家权力机关、行政机关、司法机关、企事业单位组织等主体，通过法律法规、规章制度、政治或行政的、经济的等方式，对人或组织（及其自身）的安全行为和行动进行制裁或调节的理性活动。

所谓非正式安全生产监控，一般是指没有强制性干预、主要依靠自律（或者通过他律作用于自律）的一种安全软控制活动，或称"弱干预"或"软干预"。非正式安全监控多发生在日常生活中的人际关系领域，而混合式安全生产监控则是正式与非正式的交织。如现代社会对交通行为的电子（工程技术）监控。真正的混合式安全生产监控最好的表达还是吉登斯、贝克的"生活政治""亚政治"概念。他们从反思现代性后果出发，强调与传统民族国家代议制政治、"解放政治"不同，在吉登斯看来，"生活政治"以个人为基础，关注人的生活方式（不是机会），在于通过公开、公共的方式来详细考虑社会和环境补救，如何与追求积极的生活价值联系在一起，意即重建社会生活道德和公共伦理；摆脱"生产主义"就意味着要在自主、团结及追求幸福的主题引导下恢复积极的生活价值与自我认同[①]。贝克特别指出，"'亚政治'概念指的是民族国家政治系统的代表制度之外和超越这一制度形式的政治。……换言之，亚政治意味着自下而上型塑社会。"[②]

4. 安全理性的局限和反思

安全理性是用来保障人之安全的理性；但安全理性与科技理性、经济理性、制度理性一样，本身存在缺陷：理性不足、难以预防潜在的风险，以及理性过度、以致于诱发新的风险，或产生"安全麻木症"和"安全强迫症"的后果。这需要我们不断地反思人类的安全行动理性的实践，在反思中"监控"或修正自己的安全行动。

第三节　安全生产与社会结构

社会结构是社会学研究的核心议题，但安全生产同社会结构有着怎样的关系，社会结构变迁对安全生产有着什么样的影响，以及安全生产需要具备什么样的社会结构才是合理的等问题，是我们必须加以分析的重点内容。

一、社会结构理论简述

从社会学开山以来各位大师对"社会结构"的理解和解释就各有不同。社会结构作为社会学研究的核心问题，被认为是透析一切纷繁复杂社会现象、解释社会变迁深

---

① ［英］安东尼·吉登斯. 现代性与自我认同：现代晚期的自我与社会［M］. 赵旭东，方文，译. 北京：北京三联书店，1998：251-270；［英］安东尼·吉登斯：超越左与右——激进政治的未来［M］. 李惠斌，杨雪冬，译. 北京：社会科学文献出版社，2000：239-240；［英］安东尼·吉登斯. 失控的世界［M］. 周红云，译. 江西人民出版社，2001：115-116；［英］安东尼·吉登斯. 现代性的后果［M］. 田禾，译. 南京：译林出版社，2000：135-142.

② ［德］乌尔里希·贝克. 世界风险社会［M］. 吴英姿，孙淑敏，译. 南京：译林出版社，2004：15. "亚政治""生活政治"在国际关系学上有时候称为"低政治"，即关注国内民众民生方面的事务，对应的"高政治"领域则是涉及国防、国家国土安全战略等。

层动因的"钥匙",乃至很多社会学家认为社会学本身就是社会结构研究。社会阶层结构表达的是一个社会内部各阶层之间的比例关系(或者说对比力量),是社会结构的核心,而其中的中产阶级又是社会阶层结构的核心[①],即核心中的核心。一些社会学家直接认为,社会学实质是研究社会阶级阶层结构。

归纳起来,社会学关于社会结构的研究有几个视角:社会系统论、社会整体论、社会个体论、社会过程论、社会实体论、社会关系论、社会形态论等[②]。笔者从意义和形态特征两方面进行比较,将之分为:外在性具象和外在性抽象、内在性具象和内在性抽象,同时从宏观、中观、微观三个层面列表说明(表 3-1)。但无论哪种界定都始终摆脱不了分析社会结构的三个维度:要素构成的形式层面、规范体系层面、关系网络层面,也因此可以划分为实体性社会结构(现象层面)、规范性社会结构(功能层面)、关系性社会结构(本质层面)。值得注意的是,这不是三种社会结构类型,

表3-1 从不同层面和角度对社会结构类型的划分及梳理

层面	视角	类型	特征	构成要素
广义 (宏观)	整体论 系统论 实体论 形态论 关系论	国家(政府)—市场—社会	外在性具象	国家和政府、市场和企业、公民社会
		国家—民众 国家—精英—民众	外在性具象	国家和政府、普通民众、地方各类精英
		国家—家庭 国家—中间组织—家庭	外在性具象	国家和政府、家庭、社会中间组织
		政治—经济—文化—行为有机体	外在性抽象	政治(权力)、经济(资本)、文化(观念价值)、人的行为
中层 (中观)	实体论 关系论 整体论	人口结构,家庭结构,组织结构,就业结构,阶层结构,城乡结构,区域结构,消费结构,文化结构	外在性具象 内在性抽象	人口、家庭、组织、就业、群体阶层、城乡、区域、收入分配、消费、文化制度(意识)
狭义 (微观)	个体论 过程论 关系论 实体论	人际关系结构(横向分派)	内在性具象	个体交往、群体、关系资本、互惠、信任、规范
		社会阶层结构(纵向分层)	内在性抽象	权力、资本、劳动、知识、声望、权利、观念、角色、地位、身份、天资

① 陆学艺. 当代中国社会阶层分析报告 [M]. 北京:社会科学文献出版社,2002.
② 张乃和. 社会结构论纲 [J]. 社会科学战线,2004(1).

而是理解和认识社会结构的三重特性或层面①，或者说三个维度，只是从不同角度看偏重于某种不同的特性而已②。

在安全工程学上，安全结构通常是指人、机、环境、管理（人—物—环境）之间的现场关系，它们共同构成安全工程系统。在社会学上，一个国家或地区内（国际安全涉及主要国家力量）的安全结构即安全的宏观社会结构（图 3-8），是指政府、市场（企业）、社会（民众）的关系，权力、资本、劳动、技术（技术也是一种文化）的关系，以及与官员、企业主、从业者、公众，与组织、制度、资源、文化（有时候文化与社会合起来叫社会文化）的关系等。安全必然涉及这些社会结构关系的变迁和结构特性，安全结构最终会表现为占有不同资源、机会的社会成员之间的组成方式及其关系格局。安全生产，亦是一种关涉生产过程中的结构性资源或要素。

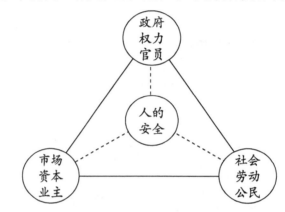

图 3-8　（社会结构视角）国家或地区的安全结构简图

二、不同社会结构的安全（生产）功能

社会结构具有相对的恒定性，涉及资源、机会在不同社会行动主体之间的配置。社会结构也具有不同的形态，因而对安全生产的影响和功能也有所不同。

1. 刚性社会结构与弹性社会结构的安全（生产）功能

这主要是从社会结构的风险性角度分类③。刚性社会结构主要是指社会成员在社会多元分层空间中，其地位分布的相关性很强，呈现集束状态。它往往是一种封闭式

---

①　陆学艺. 社会学 [M]. 北京：知识出版社，1991：284-289. 笔者更倾向于社会结构的实体性、社会结构的规范性、社会结构的关系性的说法。

②　颜烨. 煤殇：煤矿安全的社会学研究 [M]. 北京：社会科学文献出版社，2012：47-50.

③　郑杭生. 社会学概论新修 [M]. 北京：中国人民大学出版社，1994：302-305.

的、专制的，分层标准和要素高度重合，社会资源、机会高度集中于少数人，成员同质性很强，先赋性（先天性遗传继承）等级森严，群体内部互动频繁，但群际（群体之间）之间缺乏流动性；这种社会结构处于临时稳定状态，非常脆弱，或者说是一种风险性社会结构，一般多见于农业社会的奴隶制、封建制时期。很显然，安全生产状况好与否，在总体上受制于这种集权式和少数人控制的社会运行模式，比如中国计划时期的矿难高发就与这种刚性社会结构密切相关。

而弹性社会结构，则是指社会成员在社会分层空间中，呈现散射状态分布，地位相关性较弱，群体内部同质性低，群际之间善于互动沟通，成员后致性（后天性习得）努力造就社会流动性强，平等、民主、自由等这些普适性共同价值观念流行，资源、机会均衡配置，社会平等竞争。其中，社会冲突是制度化的，起到一种齐美尔或科塞意义上的社会"安全阀"作用，因而是一种开放式的、民主的社会结构，有助于安全生产领域实现上下左右的"安全民主"和协商制度；但社会流动过强，也同样会使高等技术熟练工人流失，因而同样会影响正常的安全生产。

2. 同质性社会结构与异质性社会结构的安全（生产）功能

这是从社会结构内部成员的质性构成而言的。社会同质性一般是指社会成员在资源禀赋、文化传统、生活方式、身份地位等方面具有很强的一致性；相反，则是社会异质性。同质性与异质性都是理念上相对而言的。同质性社会结构未必就是刚性社会结构，异质性社会结构也未必就是弹性社会结构。但刚性结构必是同质性的，因为地位高度相关；弹性结构必是异质性的，因为阶层地位差异明显。

同质性和异质性社会结构均具有正负安全功能（安全正负功能）。同质性社会结构的安全整合功能，比异质性结构要强很多，因为同质性结构内部成员凝聚力强，使得内部安全信息能在"熟人"之间自由、迅速流通，对事故（事件）反应灵敏，能够有效处置和预防控制风险。如煤矿巷道里的挖煤矿工们，如果来自同一乡土即"老乡"，往往能够依靠人际信息和力量保障安全。但是，从格兰诺维特、林南等的"强关系"角度看[1]，同质性社会结构对外来的多元风险信息的获取是有限的，而且获取不到巨大风险信息，因此难免面临着"全军覆灭"的危险。相反，异质性社会结构内部成员，由于具有格兰诺维特意义的"弱关系"特征，往往能够从四面八方获取风险信息，以便及时预防和应对，因而一定程度地显示了安全弹性；但异质性较强的社会结构，其内部成员有机团结过弱，因而安全信息及其传输在他们当中是断裂的，难以有效预防和应对内部风险威胁。

---

[1] Granovetter. "The Strength of Weak Ties". American Journal of Sociology, Mark, 1973; Lin, Nan, Dumin. Access to occupations through social ties, in Social Networks, Mary, 1986：p8.

此外，与同质性和异质性结构相关的是近年国内外学者对"交叉压力"（cross-pressure）假说的安全功能研究，其对安全生产的影响尚需开展实证研究。

3. 分立式社会结构与整合式社会结构的安全（生产）功能

这是从社会结构本身的整合度角度分类（图 3-9）。分立式社会结构又可以分为分散式和断裂式两种结构。分散式社会结构即是一种"原子式"的结构，完全是由社会成员个人或单个小家庭所组成的社会，非常分散，没有强大的党政组织、社会组织及其规章制度来吸纳。分散式社会结构是"碎片化"的，社会"一盘散沙"，风险也基本分散，安全的"社会整合"（公民社会自我整合）不强，系统的安全整合度也比较低（如政党、国家整合缺失），单个社会成员难以抵御外来自然或社会的风险和威胁，还容易发生小规模的社会冲突。而断裂式社会结构的内部是组织和个人并存。这些组织或为公司企业、政府机构，或为党派、集团、派别，或为阶层、群体，或某一地域社区居民，等等。但是这些组织或个人之间缺乏凝聚力，很难沟通合作，尤其在社会上等阶层与下等阶层之间，几乎完全处于对立或对抗状态，是一种断裂的社会结构[①]，有时也表现为上下直接对抗型社会结构，因而社会极度动荡，人的生命安全和身份安全权利常无保障，底层职业者的安全生产事故（事件）频繁（如恩格斯对英国工人阶级的考察和描述[②]）。

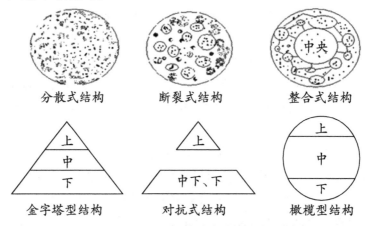

图 3-9　不同理念类型的社会结构形态

整合式社会结构是现代社会中一种理想的社会结构，是一种组织化的社会结构，组织按照内部规则，对人的安全生存发展进行"能量"（即物质生活条件）配置，具有"系统整合"（如政府主导性整合）与"社会整合"（如中产阶级主导性整合）的特

---

① 孙立平，李强，沈原. 中国社会结构转型的中近期趋势和隐患 [J]. 战略与管理，1998（5）.
② 恩格斯.《马克思恩格斯全集》（第二卷）[M] //英国工人阶级状况. 北京：人民出版社，1957.

征，因此在根本利益方面基本上一致（当然存在少数利益不一致的敌对破坏分子或势力），是一个涂尔干意义的"有机团结"的整合社会，而非"机械团结"社会，生产领域的安全事故相对较少。

4. 金字塔型社会结构与橄榄型社会结构的安全（生产）功能

从社会阶层结构看，社会结构可分为金字塔型、橄榄型、对抗型等（图3-9）。金字塔型的阶层结构一般存在于奴隶社会、封建社会等君主专制的统治秩序中以及工业化社会初期。位于塔尖的是皇帝、国君，位于中部的则是朝廷命官、地方乡绅势力、统治层和非统治层的社会精英，位于塔底部的则是贫苦的劳动人民大众，他们靠出卖自己的劳动养家糊口，大部分劳动成果用于供奉社会中上层乃至部分社会精英。在这种社会结构里，生产劳动领域不但缺乏基本的安全技术保障，也缺乏人的基本安全权。

橄榄型社会结构是一种理想型、高级化或者说现代化的社会结构，类似于一个"不倒翁"。从社会阶层结构看，目前世界范围内多数发达国家有这种类型，其主要特点就是中产阶级发育旺盛，中产阶级或曰社会中间阶层在人口规模、经济财富、文化程度占有绝对优势，一般超出50%的人口。成熟的中产阶级或中间阶层一般代表社会主导力量；中产阶级占主体的社会结构，在显示社会发展、民主和进步活力的过程中，必对传统管治模式造成冲击，因而会在一定程度上带来不安定，但最终会趋向于社会整体安全。无论如何，占人口50%以上的中产阶级，必定是社会稳定繁荣的基础，它代表社会向上的动力和进步势力，而不希望社会动荡不安。中间阶层的崛起消除了高层与底层的直接对抗，成为社会冲突的"缓冲带""稳定器""平衡轮"[1]。在工业生产领域，有着一个强大的以专业技术人员为主体的中产阶级队伍，意味着一方面在安全工程技术上广大底层工人的安全保障比较充足，一方面内部存在一个引导性的中间阶层，底层工人在安全维权方面有着强大的支撑力[2]。

此外，人口年龄结构也通常分为金字塔型、橄榄型、倒金字塔型。金字塔型的人口年龄结构中，14岁以下人口占绝大部分，一般超出总人口的40%，一般多见于前工业社会和工业化社会初期。对于大多数社会成员，无论普遍性的还是专业性的安全技术、安全理性和安全经验都相当缺乏，需要开展引导性安全教育和培训。与之相反的，则是倒金字塔型的老龄化社会（60岁或65岁及以上人口比重为30%以上），虽然社会成员安全经验丰富、安全理性较高，社会的安全整合功能较强，但这种社会往往缺乏创造活力，面临着整体性衰退的趋势。橄榄型年龄结构是15～59岁的社会成员占总人口50%以上，多见于漫长的工业化社会时期，社会充满创造性活力；到了

① ［美］C. 怀特·米尔斯. 白领：美国的中产阶级［M］. 杨小东等，译. 杭州：浙江人民出版社，1986：393-395.
② 颜烨. 煤殇：煤矿安全的社会学研究［M］. 北京：社会科学文献出版社，2012：216.

后工业社会初中期，一般存在类圆柱型的人口年龄结构，社会各个领域相对比较安全稳定。

5. 二元社会结构与三元社会结构的安全（生产）功能

这主要是从社会结构元素构成数量角度分类的，一般可以分为一元（单一）社会结构、二元社会结构、三元社会结构三类。从社会实践看，一元社会结构如历史上的金字塔型结构、国家全能主义，其同质性相对较强，当然也包括整合式结构如中央集权制、城乡一体化；二元社会结构如"国家—家庭""国家—民众""城市—乡村""体制内—体制外"以及国际领域的"中心—外围"等模式，是一种断裂式结构；三元社会结构如"国家—中间社会组织—家庭""国家—精英—民众""城市—农民工—乡村"以及国家领域的"中心—半边陲—边陲"等模式。

其中，"国家—家庭"结构如传统中国，是一个"国"与"家"的二元断裂结构[①]，中间没有发育完善的市场化中间组织或民间团体，一旦国家不能满足个体存在和发展的需求，则主要依靠家庭关系解决，因此除了国家利益就是家庭利益。历史地看，中国社会始终是一种"家本位"的社会，家庭成为人们避免社会不安全和无保障的"避风港湾"。照此看，德国、韩国的三元社会结构具有较强的安全稳定性功能，有着广泛的社会中间组织为底层生产从业者进行安全维权。又如，"国家—精英—民众"结构比起"国家—民众"的结构来，对于确保生产安全十分重要，如前所述，因为中间阶层的专业技术精英分子一方面有利于从技术上保障安全，另一方面可以带动底层从业者进行安全维权。再如，"城市—乡村"与"城市—农民工—乡村"具有不同的安全功能。像中国这样的城乡二元结构，是 1950 年代人为的制度分割造成的，是在资源稀缺条件下，力图保护城市社会成员的资源机会分享权，而剥夺了乡村居民的权益。近年中国学者提出"城市—农民工—乡村"的三元社会结构[②]，这显然是一个过渡性的结构模式。"农民工"本身就"身兼两职"——身份上的农民和业务上的工人，他们在城市或矿山从事"脏累苦险差"的劳动，人身安全很难得到保障，这是社会结构不平等、资源机会遭遇剥夺造成的。

此外，"体制内—体制外"的二元社会结构[③]，实际上是在一些发展中国家或地区

---

① ［美］弗兰西斯·福山. 信任：社会美德与创造经济繁荣［M］. 彭志华，译. 海口：海南出版社，2001：63—83 页、前言.

② 李强. 转型时期的中国社会分层结构［M］. 哈尔滨：黑龙江人民出版社，2002：26—28.

③ 时宪民. 北京市个体户的发展历程及类别分化——北京西城区个体户研究［J］. 中国社会科学，1992（5）；时宪民. 个体户发展的社会学思考［J］. 中国社会科学，1993（2）；时宪民. 体制的突破——北京市西城区个体户研究［M］. 北京：中国社会科学出版社，1993：4—6；阎肖锋，王汉生，时宪民，等. 现阶段我国社会结构的分化与整合［J］. 中国社会科学，1990（4）；北京大学"社会分化"课题组：从城乡分化的新格局看中国社会的结构性变迁［J］. 中国农村与经济，1990（4）.

（如处于改革转型期的中国），以政府（正式）体制为中心，将社会结构人为地劈分为内外两大部分：居于体制内的社会成员，往往是国家（政府）党政机关具有正式编制的公务人员、国有企事业单位的员工，通常依靠公共财政给养并享有稳定可靠的就业环境、有较好的晋职晋级前景以及工资福利待遇和社会保障，形成一种"体制内福利主义"；而体制外的单位组织即是非政府、非公共财政拨款给养（部分公益事业单位可能部分地接受"政府购买服务"方式的财力），包括民营企事业单位、外国资本投资经营企业、合资企业等，其成员的就业稳定性相对较低，工资福利水平高低不等且有较大浮动，社会福利和社会保障相对难以确定，安全感较体制内成员低。这种政府体制内外的二元结构，对人（尤其体制外成员）的安全心理、安全行动的影响是显著的；而且一度存在体制内成员剥夺、欺压体制外的劳动者（如居于中下层的所谓外部人员聘任制、劳务派遣工的说法和做法），使得体制外的成员经常处于不安全就业环境、不稳定的经济境遇中。这种结构通常是过渡性的，将随着制度的完善而逐步趋于一体化。

6. 横向式人际关系结构的安全（生产）功能

社会阶层结构往往是纵向分析，而人际关系结构则是静态横向分析，是一种既普遍又特殊的社会结构。人际关系即人与人之间相处的关系。马克思把人际关系归结为物质生产关系，认为生产关系本身就是反映人们在社会中的相互关系和地位。社会心理学者、人际关系学派和社会资本论者分别从非正式群体[①]、关系的资源性力量[②]、"伦理本位"[③]、"熟人社会"和"差序格局"[④]、"家文化"和帮派等关系结构角度研究社会冲突与安全。

在传统农业社会里，人际关系更为复杂，包括传统性的血缘姻亲关系（家人亲戚等）、地缘乡土关系（老乡等）、业缘事业关系（同学同事等）、趣缘交游关系（球友牌友等）、传统礼俗关系（上下左右礼尚往来）等。从社会资本功能的角度看，人际关系性社会资本同样具有安全正功能和负功能（正负安全功能），尤其在农业社会、前工业社会，人们需要通过传统性社会资本来抵御外来风险威胁，维系人身安全，增强安全感。比如在煤矿里，挖煤工人很多是依靠"老乡"关系来维系心理安心、生活安定和生产安全，同时与煤矿老板进行安全维权的博弈[⑤]。

---

① 陈莞，倪德玲. 最经典的管理思想 [M]. 北京：经济科学出版社，2003. 梅奥通过"霍桑工厂实验"分别于1933年和1945年出版了《工业文明的人类问题》和《工业文明的社会问题》两部名著.

② 张其仔. 社会资本论——社会资本与经济增长 [M]. 北京：社会科学文献出版社，1997；[美] 詹姆斯·科尔曼. 社会理论的基础 [M]. 邓方，译. 北京：社会科学文献出版社，1990.

③ 梁漱溟. 中国文化要义 [M]. 上海：学林出版社，1987.

④ 费孝通. 乡土中国生育制度 [M]. 北京：北京大学出版社，1998.

⑤ 颜烨. 煤殇：煤矿安全的社会学研究 [M]. 北京：社会科学文献出版社，2012：220-221.

三、社会结构变迁对安全生产的影响

社会结构发生变迁，必是资源、机会的变动，必然对安全生产及其重构带来巨大影响。人类进入 20 世纪以来，在科技革命和经济发展的促动下，社会呈现出多元的结构形态及其变迁，社会群体在多元发展态势中越来越显示利益的分化、冲突，这就构成了社会变迁的一个重要面相。下面主要从社会中观层面的具象性元素（如人口、组织、城市、乡村等）的构成及其变迁，阐述其对安全生产的影响。至于宏观层面的社会元素如政府、市场、社会三者的结构关系，以及经济、政治、社会、文化四大子系统的结构关系，主要放在"安全生产与社会系统"部分进行阐述。

这里，按照中国社会科学院"当代中国社会结构研究"课题组的思路，除了选择最基本的人口结构之外，还选择了表现为一定组织方式的家庭结构、组织结构，体现空间分布的城乡结构、区域结构，代表地位体系的就业结构、收入分配结构、阶层结构，以及体现一定符号意义（多元价值与规范尺度）的消费结构、文化结构等分支的社会结构进行研究①。这些结构的转型变迁对安全生产的影响是巨大的②。

1. 人口结构变迁对安全生产的影响

一定数量的人口构成社会的基础。人口结构是社会结构的基础性结构，包括自然性的性别结构、年龄结构以及社会性的空间结构、素质结构等。一个国家或地区的贫困阶层人口太多，则是社会混乱、安全生产事故高发频仍的人口结构性原因。比如近几年，中国农村因为 30 多年来计划生育政策的强力推行，控制了新生人口增长，农村人口结构发生变化，中小学人口逐步减少，近年很多地方政府从"整合资源，经济办学"的"唯 GDP 思维"出发，大量"撤点并校"，使得难以自我照顾的儿童远涉住校，或者每天搭乘农用车上下学。农用车驾驶员技术和责任心、农村路况和车况等都无法胜任这样的接送工作，结果导致校车安全事故频发。再从工业生产领域看，那些"脏累苦险差"尤其高危行业（矿山、建筑、危险化学品等）的从业者里，学历低、年龄偏大、来自农村的工人占绝大部分比例。这部分从业者的安全认知和风险感知能力较弱，因此对他们的安全技能培训至关重要。

2. 家庭、组织等维序性结构变迁对安全生产的影响

家庭是社会的细胞，尤其是住宅，更是人们出门在外奔波忙碌、遭遇伤害后归来

---

① 陆学艺. 当代中国社会结构研究 [M]. 北京：社会科学文献出版社，2010：总报告部分.
② 颜烨. 当代中国公共安全问题的社会结构分析 [J]. 华北科技学院学报，2008（1）.

的"安全岛"和"避风港"[①]；社会组织几乎可以视为延伸的社会之"家"。

这里的家庭结构，主要是指家庭内部成员的构成。随着计划生育的推行和现代人生育观念的变化，如当代中国的家庭逐渐小型化、主干化，即以夫妻加孩子组成主干的小型化家庭。小型家庭生产经营及其创收的重担就落在中年夫妻身上，尤其是大批农村外出务工劳动力，基本上就在"脏累苦险差"行业从事生产劳动，生命安全健康时刻面临着各种毒害、危险的袭击；"多孩"家庭的少儿抚养压力比较大，"一孩"家庭往后的养老压力较大，底层民众不断趋于从事高危行业劳动的几率就明显增多。

这里，组织之间的结构，主要是指政府组织、经济（企业）组织和社会组织之间的比例关系。在发达国家，政府、市场、社会"三驾马车"并驾齐驱，政府很多职能包括安全管理等，交由社会组织承担，因而那里的社会组织一般在每万人 50 个以上。但对于发展中国家来说，则由于经济资源匮乏和意识形态控制，社会组织往往不到每万人 10 个，因而安全监督管理职能主要由政府组织控制，企业组织部分地承担生产安全和流通安全；政府组织其实很大程度无力承担这些社会职能，有时候还受制于官员利益的影响，难以发挥正常的安全生产功能。因此说，在社会转型变迁，逐步形成"政府—社会组织—家庭"这样的三元社会结构是必然的，更有利于保障人的安全。

笔者在煤矿实地调查中发现，几乎 70% 的被调查矿工认为，他们维护自身合法的安全权益主要依靠自发形成的"老乡会"，其次才是同事关系。实际上从社会正功能来看，没有这样的"老乡会"非正式组织，矿工的生命安全更无保障。中国作为传统农业大国，文化中存在着"乡土社会"，"乡"几乎可以看作是"家"的外延，因此这种"乡土型社会资本"在市场化条件下维护底层安全权益、经济权益有时候比起正规组织更具有节约成本、提高效率的社会正功能。与此同时，近一半的被调查矿工认为，工会的作用都不很强，而认为最需要"新成立矿工联盟组织"和其他组织如"同乡会"等进行安全维权，仅有三分之一的职工寄希望于基层党组织、政府、工团妇等群众组织维权。发达国家往往建立一个由工会、企业、劳动者三方共同参与的职业安全维权和监督保障机制[②]。当然，社会组织包含一定的社会资本，本身同样存在正功能和负功能。比如，中国传统文化里的"同乡会"组织，对于社会底层，是一种安全维权"屏障"；而在上层则拉帮结派，垄断公共资源和机会，形成既得利益集团，容易引发社会冲突。几乎所有这样的组织都有可能与组织外的群体发生利益冲突，反而造成社会不安全。

---

① 王宁. 消费社会学（第二版）[M]. 北京：社会科学文献出版社，2011：206-207.
② 颜烨. 煤殇：煤矿安全的社会学研究 [M]. 北京：社会科学文献出版社，2012：220-221.

3. 城乡、区域等空间性结构变迁对安全生产的影响

社会公共资源机会因地域空间不同，会呈现出城乡分割、区域不平衡状况，对于不发达国家更是如此。发达国家往往是城市化人口高于工业化人口（约 1∶0.8）；而像中国这样的农业大国却相反，在工业化、城市化过程中，城市化率高于工业化率，表明城乡二元分割的社会政策阻隔农民进城，因而长期存在"离土不离乡""进厂不进城""务工不入户"的身份与职业分离状态，各种安全事故主要在 2 亿"农民工"当中发生。城市化水平在 30%～70% 的高速发展进程中[①]，也是事故事件高发的时期。大体测算，中国从 1978 年到 2010 年的城市化（从 19.92% 到 49.95%）上升了 31 个百分点，各类安全事故（主要是交通、矿山、建筑、消防事故，不含公共卫生事件和自然灾害，后同）估计增加了 200 多万人（按官方数据估测，改革初期约死亡 100 万人），也就是说，城市化人口每增加 1 个百分点，因生产事故死亡 7 万人左右。

区域结构不平衡的一个重要现象是诱发人口地理流迁。一般规律是，人口由经济落后地区向经济发达地区流动和集中。人口地理流迁（人口流动）改变了人口空间分布，导致传统的社会安全管理方式失效。对于经济正在加速发展的地区来说，生产安全事故一般都比不发达地区差。同时，人口流迁还挑战和考验跨地区的交通建设，中国有传统的回家过年和度春节的习俗，因而往往在年头岁首交通拥挤导致的安全事故比较多。如中国流动人口由改革开放初期的约 1000 万人增加到 2010 年的 2.2 亿人，同时生产安全事故死亡人数绝对量增加，估计流动人口每增加 1 万人，安全事故死亡人数约增加 95 人（总体平均数），但相对量中的流动人口万人死亡率在改革初期约为 1000，到 2010 年降到约 136。

4. 就业、收入分配、消费等生存活动结构变迁对安全生产的影响

"就业是民生之本"，衣食无着，何来安定？就业结构即是劳动力在不同产业、不同区域、不同阶层之间的分布与流转。从就业的行业结构看，如中国这类发展中国家，一些高危行业的工资远远高于农民在家务农的收入，因而对农民工具有较高的诱惑和吸引力。中国虽然改革以来城乡居民、煤矿等采掘业职工（在职）年均收入均在大幅度增长，但三者之间的差距日益扩大。煤矿等采掘业与农民年均收入差距 1980—2002 年这 22 年里一直在 3∶1 到 4.5∶1 之间浮动，2006 年接近 10∶1。这就是说，煤矿的职工工资在 2000 年后上涨很快，与煤价放开和市场需求张缩有很大关系，煤矿职工收入高于农民的农业劳动收入，因而这些高危行业对农村初端劳动力（高年龄、低学

[①] 按照世界上城市化发展的"S"型规律：城市化水平在 30% 以下发展较慢，30%～70% 发展很快，在 70% 以上又开始放慢（参见 Ray M. Northam，"Urban Geography"，John Wiley & Sons，New York，1979，P. 66）。

历）具有很大的"吸引力"（这些初端劳动力很难进入城镇正规职业领域即存在"就业挤压"现象）。

收入分配是一个国家或地区的社会经济生活中普遍受到关注的重要问题，收入分配结构合理与否对公共安全的影响同样至关重要。在国内生产总值高增长或者在社会急剧转型时期，社会最容易出现不公平现象，收入差距以及伴之而来的是人们的社会地位等级差距扩大，最容易导致社会动荡。多数测算认为，改革开放以来，中国的基尼系数在1993年前后就突破了0.4的警戒线，已经从改革初期1978年的0.2左右扩大到2010年的约0.5，扩大了160%，因此简单估算一下，基尼系数每扩大1个百分点，全国生产安全事故死亡人数增加约1.3万人。收入分配的行业结构（如金融、税收等行业的高收入、高福利）不均衡引发了很多社会怨恨和社会矛盾，其根本原因在于权力垄断部门对优势资源、发展机会和丰厚利益的占取，因此引发其他弱势部门、行业的抵制乃至强烈抗争。收入分配结构与地域结构、行业产业结构不合理交织在一起，使得社会冲突更加复杂，社会不安全更会呈现"复加效应"。

消费反映一定社会群体的生活水平和生活质量。居民消费始终与就业、收入获得密切相关。在社会学上，消费结构一般是指不同人群的消费水平差异而呈现的结构性特征。反映消费结构合理与否的指标一般是某群体的消费总量、消费品结构、恩格尔系数（一定时期内，食物消费支出占总消费支出的比重）等。就中国而言，改革开放以来，目前城乡居民消费水平总体处于小康状态，但上下阶层差距过大即消费阶层化，以至于一些来自农村的底层矿工甚至认为，"要是矿难发生了，拿个几十万元死亡赔偿，供孩子上大学也划得来"。

5. 社会阶层结构变迁对安全生产的影响

任何一个时空环境中，无论客观上还是主观上，社会成员都会在职业、地位、身份、财富上有差异和分层，因此说，社会阶层结构是居于社会结构的核心，贯穿于其他社会结构之中，反映着社会结构性不平等，反映着利益关系格局的变迁，因而也是社会学研究中核心的核心，因而阶层结构变迁、阶层关系变迁对安全发展的影响无疑是最深刻的。

目前，中国在诸如矿产资源、工程建筑和房地产等这样一些"暴利"领域，普遍存在着"官商勾结"的利益共同体，或者叫"权力与资本结盟"[①]，通过"设租"和"寻租"造成"权力资本化"[②]和"资本权力化"的共存局面。在高危行业，如中国煤矿系统自1990年代中期煤矿转体改制以来，内部阶层性结构基本上从"下大上小"的

---

① 孙立平，李强，沈原. 中国社会结构转型的中近期趋势和隐患 [J]. 战略与管理，1998（5）.
② 杨帆. 权力资本化：腐败的根源 [J]. 战略与管理，1996（4）.

"金字塔型"转向了"两头大、中间小"的"工字型"结构（尤其在民私营煤矿如此），这与具有社会安全稳定功能的"橄榄型"（两头小、中间大）的阶层结构恰恰相反，这也是中国 1980 年代中后期以来矿难高发频仍的重要社会结构性原因。具体说即煤矿系统底层依然是庞大的"真苦，真穷，真危险"的矿工阶层；而煤矿系统上层尤其民私营煤矿形成一个"官员—矿主（包工头）—打手"的结构性力量，左右着煤矿安全生产的秩序，左右着安全事故的发生和处置；但煤矿系统中间阶层却在减弱，专业技术人员尤其采矿类安全技术人员严重流失，缺乏强大的中间阶层，因而一方面无法从科学技术上保障安全科技、安全工程在煤矿普遍推广应用，另一方面无法在公民社会层面带动社会底层安全维权，底层工人在安全维权方面也只是为工钱而奋斗，在安全认知方面甚至很茫然，完全处于"安全无知"或"安全麻木"状态，显然不利于底层对抗漠视底层工人安全的强大上层。因此说，目前中国矿难高发频仍实际上是国家—市场—社会、权力—资本—劳动之间的"安全结构失衡"悲剧[①]。

6. 文化结构变迁对安全生产的影响

社会层面的文化结构一般包括公民文化素养、社会规范、民族文化心理、社会心态、核心价值理念等。企业员工文化素养、道德素养的普遍提高，对于安全生产规范的遵守、企业安全文化氛围的形成等，都是重要的条件。大而言之，企业文化先进、社会文明开发、法纪严明、安全理念深入人心，一般都对安全生产有着事半功倍的影响效果。

此外，微观社会结构一般存在于组织内部或小范围人际结构中，因而组织学、管理学等研究比社会学研究较多。组织内部的安全状况、安全管理同人员构成、人事安排、科层设置等有很大关系。比如，从人口规模与分布看，煤矿里一个工作面上挖煤人数过多，事故一旦发生，人员撤退就很困难，因而伤亡人数有可能偏多；在现代机械化时代，一般控制在 50 人以内比较合适。又如，单位组织内部的安全生产管理，或者个人安全的维续，与组织自身、个人自身的安全管理、制度、组织、科技、教育、心理等理性问题密切相关。当然，关于微观社会结构及其变迁对安全生产的影响，可以进行具体的社会学实证研究。

四、安全生产的社会结构特性

安全生产的社会结构特性，即是指安全生产具有不同的社会结构特征。比如，从安全生产问题的一年时间序列结构看，一般来说，年末岁首火灾、交通、煤矿等工业

---

① 颜烨. 煤殇：煤矿安全的社会学研究 [M]. 北京：社会科学文献出版社，2012：215.

安全事故突出，直接原因是冬天比较干燥、回家过年人口流动频繁、社会用煤量需求增加等。当然，这不是安全社会学研究的重点，下面我们主要就安全生产所具有的一般性人口特征、组织特征、空间特征、阶层特征等进行论述①。这与前述安全生产的社会属性大有不同，而与社会结构变迁对安全市场的影响有关联，但取向不同：社会结构变迁的影响是原因解释，安全市场的社会结构特性主要是状况描述。

1. 安全生产的人口结构特征

这里，主要是指安全市场具有不同的年龄、性别、素质等社会结构特征。从年龄结构看，一般来说，高危行业往往是中年以上劳动人口占主体，阳光服务行业的劳动人员以年轻人为主。如笔者在煤矿生产调查中得知，底层矿工中 31~50 岁的占 70%以上（民营煤矿里 40 岁以上占 80%），如果加上 51 岁以上的则是 80%以上，因而矿难死亡者多为年长者。又如，世界卫生组织的一份报告显示，道路交通安全伤害已成为全世界 15~19 岁年轻人最主要的死因，也是 10~14 岁青少年和 20~24 岁年轻人的第二大死因，即全球每天至少 1000 名 25 岁以下年轻人死于道路交通事故。中国公安部交通管理局和国家统计局数据显示，1995—2005 年全国道路交通安全事故死亡者中，16~45 岁年龄组人群占总死亡人数的 58.6%~62.4%；2005 年统计结果显示，道路交通事故 90%以上是由机动车驾驶员的错误行为所致，而 82.5%的事故责任人是 21~45 岁的中青年人②。从性别结构看，在安全市场事故死亡人数中，总体上以男性为主体（煤矿事故受害者 95%以上是男性，法律禁用女性采煤工），交通事故、火灾事故等死亡人数中男女性别无显著差异。从文化素质结构看，在安全市场事故总死亡人数中，高中及以下人口一般占 60%以上，其中煤矿死难矿工 50%以上在初中及以下，交通事故、火灾事故、大型文体活动踩踏事件等，遇难者文化学历可能偏高。这可以继续做具体实证研究。

2. 安全生产的家庭结构、组织结构特征

一般来说，贫困家庭的成员主要从事"脏累苦险差"的生产劳动，富裕家庭的成员多从事高端白领行业，都面临着潜在的生产风险，但前者更甚。从行业组织结构看，工业企业如矿山企业、建筑施工企业、交通运输企业等，员工工伤安全事故突出，非高危类服务行业的员工安全状况较好。从部门组织结构看，组织之间的安全事故率不一样。如对中国浙江省 1995 年的火灾资料（新中国成立至 2000 年，该省火灾最严重的一年）分析表明，火灾受灾的部门构成从重到轻排列依次为（按五等份）：最重的

----

① 颜烨. 当代中国公共安全问题的社会结构分析 [J]. 华北科技学院学报，2008（1）.
② 吕诺. 全球每天至少千名 25 岁以下年轻人死于道路交通事故，新华网，2007-04-23。

是乡镇企业组织、工业部门系统；较重的是机关团体组织、商贸财政系统；一般的是交通邮电部门、教科文卫组织、物资能源系统；较轻的是街道企业组织、农业林业部门、工程建设部门；最轻的是旅游部门。由此看出，中国改革开放以来，工商企业类经济组织的安全事故高发频仍，传统性的农业组织和现代性的服务业组织的安全事故相对较少[1]。

3. 安全生产的城乡结构、区域结构特征

一般来说，处于农业社会的国家或地区，如目前中国存在"城市像欧洲，农村像非洲"（某欧洲国家驻华外交官语）的城乡分割，因而从所有安全生产事故总量来看，农村安全事故死亡人数大大高于城市。如有一项统计认为，1990 年代中期以来，中国城市道路事故与郊县乡村道路事故的起数比为 1∶2，受伤人数比为 1∶3，死亡人数比为 1∶4[2]。从所有事故中死亡人数的城乡属性来看，中国遇难的农村户籍人口一般高于城镇户籍人口，如中国民营煤矿事故中 85% 以上的死难者为农民矿工；且一度存在的农村人和城里人"同命不同价"现状（安全事故赔偿问题）所反映的就是典型的城乡之间的不平等。但是对于发达社会来说，因为交通、消防等安全事故频发，死难者可能是城市大大多于乡村。

对于幅员辽阔的国家或地区来说，由于经济社会发展水平不平衡，安全生产状况也各不相同。如选取 2006 年中国东、中、西部各省（市区）的道路交通和火灾这样常见安全事故的发生起数、死亡人数以及各自的经济发展水平作为基础指标，分析各自的亿元 GDP 事故率、亿元 GDP 死亡率、万人事故率、万人死亡率，结果表明：一方面，改革开放以来，东部沿海经济发展较快的省份，其安全事故的绝对起数、死亡人数也在大幅度上升，与经济发展成正相关；另一方面，考察各省份的相对死亡率则情况不同，"富者未必就安全，穷者未必不安全"，如万人事故发生率与 GDP 死亡率差不多成反比，万人死亡率与 GDP 事故发生率差不多成反比。一般来说，矿产资源丰富的地区，矿山采掘业安全生产事故相对突出；发达地区的化工类安全生产事故较多；不发达地区的交通事故明显高于发达地区。

4. 安全生产的就业结构、收入分配结构、消费结构、阶层结构特征

从就业结构看，一般工业生产领域、体制外高危行业就业者的安全状况最差，即第一、三产业就业者有较好的人身安全。如中国社会转型期，乡镇个体煤矿死亡人数

---

① 基本数据源于许仁学. 1995 年全省火灾情况分析 [J]. 浙江消防，1996（2）. 此处的工业系统组织包括地矿、机电、化工、纺织、轻工、医药、冶金等部门；综合得分是按照受灾严重程度从重到轻排序的序数加总而得的和，分值越低越严重，以此综合考察各部门火灾受灾情况。

② 范维唐. 我国安全生产形势、差距与对策 [M]. 北京：煤炭工业出版社，2003：227.

居高不下，是中国矿难形势严峻最主要和最直接的行业组织，曾有计算认为，乡镇煤矿产量比重每增加 1 个百分点，全国矿难死亡人数即增加 68 人[①]，远远高于体制内国有煤矿的死亡率。当然这方面需要进一步实证研究。

安全生产本身也是分层的。所谓"同命不同价"、幸福家庭与不幸家庭的安全等，都一定程度地反映了安全生产的社会阶层结构特征，不同收入财富、消费水平的阶层，面临着不同的安全生产状况和安全感。在安全生产事故遇难者构成中，高危工业领域的受害者是底层劳动者占据绝大部分；在交通事故受害者当中，社会中上层的比例会有所增加，但仍是以社会底层牺牲者为主体。这些都需要针对具体人群开展实证研究。

第四节　安全生产与社会系统

与生产的现场系统不同，社会系统是宏观层面的。一般来说，在一个国家或地区内部，宏观社会系统包括政府（有时用国家替代）、市场、社会这三大社会力量，也包括政治、经济、社会、文化这四大子系统（领域），各自分别形成宏观层面的社会结构。这些系统性要素或因素对安全生产的影响也是巨大的。

一、社会系统理论与安全的社会系统简述

按照沃特斯的说法，系统表现为一种统领性的秩序功能，主要是指一个社会如何以一种凝聚的、内部整合的方式实现维存。他在概括系统的主要特征时认为：系统具有整体性的自我指导能力，且有能力整合或平衡各种要素的关系；系统作为一个整体，不能被还原为其各组成部分的总和，特别是不能还原为个体成员的行为，系统论关注的是公民社会、宗教、政治系统和复杂组织之类的大规模社会现象的结构，而不是人际互动和小群体行为（这一点与结构论大有不同）[②]。

突出的是，帕森斯最早在社会学领域引入系统的概念，始终关注行动系统，并用行动的概念把个体系统和社会系统融合到一个相互并联的单一模式中；并且认为一个行动系统最低条件是：行动者依循动机来适应情境；行动者之间存在一套稳定的相互期待；行动者之间就正在发生的事具有一套共享的意义[③]。从这个意义上说，安全主

① 王显政. 安全生产与经济社会发展报告 [M]. 北京：煤炭工业出版社，2006：191.
② ［澳］马尔科姆·沃特斯. 现代社会学理论（第 2 版）[M]. 杨善华等，译. 北京：华夏出版社，2000：140-143.
③ ［澳］马尔科姆·沃特斯. 现代社会学理论（第 2 版）[M]. 杨善华等，译. 北京：华夏出版社，2000：153-162.

体的行动总也需要考虑安全动机并要适应情景（安全需要），安全主体之间也存在一套固定的相互安全期待（安全角色承担），主体之间也有一套共享的意义和安全标准、规则（安全共识）。帕森斯晚期的结构—功能论重在于分析社会系统内部的经济、政治、信用（规范）、社会共同体各子系统的关系，认为四个子系统对应四项基本功能：经济系统执行适应（adapt）环境的功能，政治系统执行目标达成（goal）功能，社会系统（小社会概念，生活共同体，后同）执行整合（integrate）功能，文化系统执行模式维护（last）功能。他认为，这是一个整体的、均衡的、自我调解和相互支持的系统，结构内的各部分都对整体发挥作用；同时，通过不断的分化与整合，它们维持整体的动态的均衡秩序①。从此观点出发，安全系统其实就需要由内在的安全经济系统、安全政治系统、安全社会系统、安全文化系统四大子系统构成，而且分别执行不同的安全功能，才能形成一个协调、均衡、不断分化整合的安全系统整体，履行一定规则而达致良性的安全秩序。

后来，哈贝马斯则将自己的沟通论与帕森斯的系统论重新整合起来，认为经济（货币）、政治（权力、司法）起着制导作用，是一种"策略性行动"，属于系统整合（即集合体或部分之间的交换性的交互性）；而信用（承诺）、社会共同体（影响）分属于生活世界的私人领域和公共领域，起着沟通行动的作用，属于社会整合（即行动者之间理解上的交互性）；现代社会策略性行动凌驾于沟通行动之上、系统侵蚀和"殖民化"了生活世界，因而和平主义、绿色主义、种族主义等，总要抵抗系统的支配和殖民②。从这个意义上说，今天追求生产领域的安全经济系统、安全政治系统、安全社会系统、安全文化系统的协调平衡，是一个重要的研究主题。

在中国安全科学界，刘潜等人也先后提出"安全系统"的概念。他们认为，人类对安全的认识，先后经历自发安全认识、局部安全认识、系统安全认识、安全系统认识阶段。作为中国"安全系统学派"，他们认为，"安全系统"与"系统安全"不同：系统安全是关注某一个领域的"全面安全"（比局部个别部分的安全认识要进一步），其中的"安全"是安全的外延（有些甚至是隐喻意义的），而不是安全本身，且是一种静态的安全认识论；而安全系统则是将安全本身视为一个科学的独立系统，内在地包含着"人""物""事"（行动目的的实现方式：人与人、人与物、物与物的方法方式）这三种要素，同时加上第四个因素即"动态系统"（三要素形成彼此两两匹配的互补自组织系统：人—物、人—事、物—事），最终形成"人—物—事—系统"的"三要素四因素"系统原理。在他们看来，安全系统是安全科学的核心内容；安全科学包

---

① ［澳］马尔科姆·沃特斯.现代社会学理论（第2版）[M].杨善华等，译.北京：华夏出版社，2000：153-162.
② ［澳］马尔科姆·沃特斯.现代社会学理论（第2版）[M].杨善华等，译.北京：华夏出版社，2000：162-178.

括安全观（安全哲学）、安全科学、安全工程学、安全工程这四个层次①。

实际上，这是从哲学层面的宇宙世界观角度来界定安全系统的，涉及人与自然、人与社会、自然与社会的关系，内在地包含着安全物质（安全实践）—安全意识（安全认识）的辩证关系，如安全科技研发、安全价值文化观念即是一种安全意识或认识论层面的，安全工程实践、安全生产活动和物质投入等即是安全物质或实践层面的。这更多的是涉及安全工程科技领域，有其道理，但与人际互动的社会性安全系统尚有不同。

按照帕森斯的观点，社会大系统包含着经济、政治、社会、文化四种构成要素；它们相互联系、相互作用，形成有机整体；而且，这四大子系统又分别自组织为子系统，各自内部又分别内在地包含着这四种构成要素和 AGIL 四大功能，形成层层包含。安全生产系统即是社会大系统中的具体小系统，同样内在地包含着安全生产的经济要素、安全生产的政治要素、安全生产的社会要素、安全生产的文化要素四大部分；四种要素同样各自形成安全经济系统、安全政治系统、安全社会系统、安全文化系统；且它们相互作用、相互联系，形成安全社会大系统；同一安全系统本身也有一个平衡—不平衡—新平衡的过程。

这些子系统又具体地包含很多方面。从结构—功能主义角度看，任何系统内部都存在一定的结构；结构决定功能，功能反作用于结构。图 3-10 中的纵向部分标识经济、政治系统，主要涉及系统中三大主体之政府、市场（企业）的力量，执行安全策略行动和安全系统整合；横向部分则标识社会、文化系统，主要涉及系统中三大主体之社会力量（有时与文化合起来称为社会文化），执行安全沟通行动和安全社会整合：①安全经济系统执行安全适应（SA）功能，核心是安全成本—安全收益，物力财力投入和保障、设备设施等是其主要内容；②安全政治系统执行安全达鹄（SG）功能，核心是安全权力—安全权利，或者包括安全权利—安全义务，民主法治、监管及其体制机制等是其主要内容；③安全社会系统执行安全整合（SI）功能，核心是安全行动—安全结构，民生保障、社会结构优化合理、社区共同体保障、组织性安全维权等都是其内容；④安全文化系统执行安全维模（SL）功能，核心是安全规范—安全价值，有关安全的科技、素质、习俗制度、规范标准、理念价值等都是其内容。具体如图 3-10 所示。

---

① 刘潜，徐德蜀. 安全科学技术也是生产力（第三部分）[J]. 中国安全科学学报，1992（3）；袁化临、刘潜. 从系统安全到安全系统——安全工程专业技术人员应具备的知识结构和思维方法 [J].（台）《工业安全卫生月刊》，2000（136）（10 月号）；刘潜. 中国百名专家论安全 [M] //源头之水——论述安全系统思想的形成. 北京：煤炭工业出版社，2008；刘潜. 中国科协学会学术部编. 发展中的公共安全科技：问题与思考（新观点新学说沙龙文集）[M] //安全"三要素四因素"系统原理与综合科学的基本特征. 北京：中国科学技术出版社，2008.

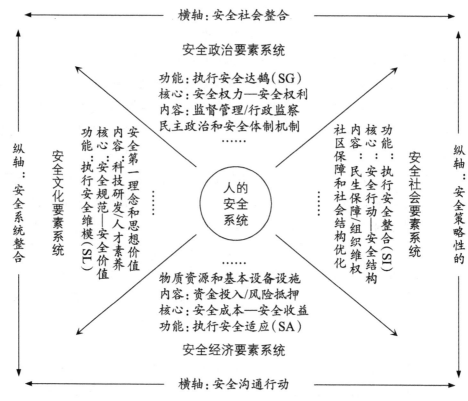

图 3-10　（人的）安全系统的内在构成（要素与子系统）

二、安全生产与三大社会力量

社会系统从"一维"到"二维""三维"力量转变，对安全生产的影响是巨大的。"一维"系统即政府全能主义的威权社会[①]，就是前述的金字塔型社会结构，政府控制一切，市场、社会（主要是指公民社会）基本被吞没于其中，呈现"一维"性社会结构（强政府—弱市场—弱社会，或资本主义社会系统中的强市场—弱政府—弱社会）。"一维"结构可以转型为"二维"（如强政府—强市场—弱社会，或强政府—强社会—弱市场）、"三维"结构（三者势均力敌）。一般来说，强政府—弱市场—弱社会的社会结构，是封建专制社会；强市场—弱政府—弱社会的结构，接近资本主义社会；"二维"结构是"一吞二"，是转型过渡社会，社会结构风险化；"三维"结构则是现代社会、民主社会（图 3-11）。像中国目前就是这样一个从"一维"向"强政府—强市场

---

① 邹谠. 二十世纪中国政治：从宏观历史与微观行动的角度看 [M]. 香港：（香港）牛津大学出版社，1994：3-6，69-70.

一弱社会"的"二维"结构或"三维"结构转变的时期。在此期间，政府与市场难免"合谋"，形成"市场政治化"与"政治市场化"共存的局面，一度钳制了"社会"本身的成长和发展，公民社会还强大不起来[1]，表现为一个转型、复调社会，安全生产事故等灾难、社会冲突此起彼伏。

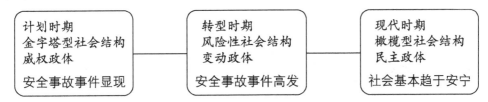

图 3-11　宏观社会结构变迁的阶段性及对安全的影响

结构规定着资源、机会的配置和流向。与宏观社会结构密切关联的是下位的公共财政体制问题。在这里，体制与结构略有差异：体制往往是一种直接人为的、合目的性的制度安排规划或体系化的规制，是一种"顶层设计"；结构往往是一种自然性的社会变迁结果，人为因素是间接的。当然两者也有联系：从广义上讲，体制本身也是一种结构，一种理性化了的结构；结构本身也是一种自然性的、隐性体制。调整结构有助于完善体制；完善体制也有助于优化结构。从政府积极作为看，体制改革难度小于结构调整，结构调整要首先扭转资源、机会的配置体制机制；但从消极怠慢看，体制改革比结构调整困难，因为体制有一种根深蒂固的观念或相关利益在背后起着支配性作用。

在"一维"结构里，公共财政由国家、政府直接控制和支配，因此安全生产受制于政府全能主义决策的正确与否。权力高度集中，财富高度集中，生产安全的风险也高度集聚，正所谓"牵一发而动全身"，所以"鸡蛋不能全放在一个篮子里"。在从"一维"到"二维""三维"结构转型中，政府通过向企业、社会放权，利益结构不断分化，公共财政资源也应该从政府转到市场、社会领域；但是，官员、商人等各大阶层群体同时成为市场化条件下的利益主体，有着自身的利益诉求，由于新的制度规则跟不上，因而财政的转移未必能够均等化配置，随着资源、机会的分化，阶层关系中的利益关系（物化利益）、支配关系（权力支配）、认同关系（社会理念和身份认同）不断层化[2]，强势阶层、强势领域或地区有可能先占优势垄断或左右财政的配置，社会底层的生活机会、生命安全遭遇"社会排斥"[3]，处于资源、机会被剥夺状态，只

---

① 颜烨. 中产主义：社会建设突围政经市场的核心议题 [J]. 战略与管理，2011（2）.
② 王春光. 当前中国社会阶级阶层关系的变化与特点 [J]. 河北学刊，2010（4）；颜烨. 国有企业劳动关系的阶层化转型 [J]. 战略与管理，2011（4）.
③ 李春玲. 社会分层研究与理论的新趋势 [J]. 社会学：理论与经验，2006（1）.

能依靠从事"脏累苦险差"劳动,而社会精英上层"内卷化"现象也更突出①,"里面的不想出来,外面的进不去",最终有可能造成社会统治上层的"自我窒息",乃至引发社会中下层的大规模社会运动,冲击现存统治秩序(市场化条件下,诸类安全走向风险化的社会结构转型逻辑和机制,具体如图3−12所示)。

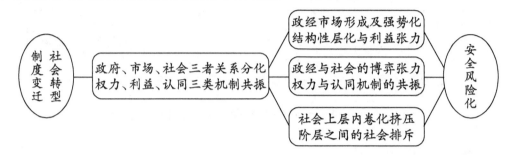

图3−12 市场化条件下安全风险化的社会结构转型逻辑

如从《中国统计年鉴》看,中央与地方在年度财政收支结构方面发生了重大变化:1994年分税制(国税与地税分开收缴)改革前的年度财政收入结构中,地方收入一直在60%~85%之间,中央仅占15%~40%;改革以来却倒了过来,即中央占50%以上,地方却在50%之下。而自改革以来的财政支出结构中,地方年度财政支出基本上在60%以上,近年一直高居80%左右;而中央财政支出从50%一直下滑到20%左右。众所周知,地方人口众多,承担大量基层社会事务,即地方政府要用不到五成的财力收入,来负担八成的财政支出,加上长期以来干部选拔是一种"压力型体制"②,以"GDP主义"考核机制为手段,因而地方政府不得不依靠"土地生财""矿产生财"等来弥补经费短缺,并以此提升官员的GDP政绩,由此诱发诸多强拆强建的群体冲突事件和生产安全事故。

"弱社会"还表现在社会组织诸如NGO(非政府组织)、NPO(非营利组织)、第三部门、公共媒体及其舆论等方面不足,它们不但在数量上缺失,而且在质量方面、安全生产保障维权方面也严重不足,常常遭到政府全能主义的钳制和政府的强力打压,难以抵抗强权势力对生产从业者和在场服务对象的安全权的侵蚀和剥夺。

政府、市场、社会三者结构性关系的变迁,涉及资源机会的重新配置,内在地包含着占有不同资源机会的社会成员之间的博弈。安全博弈的过程就是安全主体之间的

---

① "内卷化"(involution)一词最初源于美国人类学家吉尔茨的《农业内卷化》,后被学者广泛使用,是指一种社会或文化模式在某一发展阶段达到一种确定的形式后,便停滞不前或无法转化为另一种高级模式的现象,也称"过密化"。又见黄宗智. 长江三角洲小农家庭与乡村发展 [M]. 北京:中华书局,1992;杜赞奇. 文化、权力与国家:1900—1942年的华北农村 [M]. 王福明,译. 南京:江苏人民出版社,1994.

② 荣敬本等. 从压力型体制向民主合作体制的转变:县乡两级政治体制改革 [M]. 北京:中央编译出版社,1998:28.

关系处于"平衡—不平衡—新平衡"的动态过程。宏观社会结构在由专制政体迈向民主政体的过程，就是不平衡状态，必然会导致一定的乃至大规模的社会冲突或安全事故。社会结构失衡的另外一种后果，就是黑社会、邪教组织、恐怖主义势力盛行，以至于一些"黑煤矿""黑工队""黑商场"雇用打手和黑势力对付底层矿工和百姓等，使得从业者或服务对象的生命安全得不到保障或应有的赔付。

三、安全生产与四大社会子系统

从发达国家经历的四大子结构变迁看，一般来说，在工业化初期，往往注重经济增长和技术进步；到了工业化中期，经济高速发展，社会问题增多，因而经济与社会（社会概念，包括除经济以外的政治、社会、文化三大子系统）协调发展成为重要议题；到了工业化后期或后工业社会，则是经济与社会全面协调发展。

很多经济学家、政治学家、社会学家研究过经济发展与社会安定的关系。如 100 多年前，托克维尔观察注意到，社会大革命不是发生在专制高压时期，而是在之后管制忽然放松的时期，"革命的发生并非总因为人们的处境越来越坏。……对于一个坏政府来说，最危险的时刻通常就是它开始改革的时刻"[1]。对照列宁的观点，革命有时候也会发生在处境较好的时期。后来的美国政治学者戴维斯则认为，大革命往往发生在经济突然下滑或改革、人们的心理预期受挫之时（所谓"倒 J"曲线假设）[2]。美国学者库兹涅茨也于 1955 年首次提出了收入分配的"倒 U 形假设"，即在经济发展的过程中收入分配差异的变化轨迹是先上升后下降的，如此形成一条类似于倒"U"形的曲线，即所谓"库兹涅茨曲线"[3]，即指经济高速增长时期社会动荡不安。政治社会学者亨廷顿还在文明冲突研究的前期，系统论述了政治结构的差异与社会发展变迁的关系：社会动荡 =［（社会动员/经济）/社会流动机会］/政治制度化[4]。所有这些假说都是基于某一局部地区的统计规律得出的结论，具有统计学的解析意义，有其正确适用性的一面，尤其需要考虑社会革命与经济增长、人们心理预期的关系。

中国经过 30 多年的经济（子系统）建设和发展加速，经济系统的现代化逐步实现，而社会结构尚处于工业化初期阶段的水平。如从《中国统计年鉴》看，经济方面的一、二、三产业结构，已经从 1978 年的 28：48：24（二一三模式）转变到 2010 年

---

① ［法］托克维尔. 旧制度与大革命［M］. 冯棠，译. 北京：商务印书馆，1992：215.

② 王绍光，胡鞍钢，丁元竹. 最严重的警告：经济繁荣背后的社会不稳定［J］. 战略与管理，2003（2）.

③ Simon. Kuznets. Economic Growth and Income Inequality, AER, Vol. 45, Issue1, 1955, March, PP. 1～28.

④ ［美］塞缪尔·P. 亨廷顿. 变化社会中的政治秩序［M］. 王冠华等，译. 北京：三联书店，1989：51. 其实，他用了三个相互关联的公式来表达现代化过程中的政治不稳定：第一，社会动员÷经济发展=社会颓丧；第二，社会颓丧÷流动机会=政治参与；第三，政治参与÷政治制度化=政治动乱。

的 10∶47∶43（1985 年前后已经转换为二三一模式，目前正在转向三二一模式），量与质都发生了某种变化；但社会方面的劳动阶层结构从 1978 年的 84∶7∶9 变到 2010 年的 37∶29∶34，量发生了较大变化，但质没有变（仍然是一三二模式）。也就是说，大部分劳动力仍然在创造越来越低的第一产业产值，社会结构严重滞后于经济结构变迁，有的研究说，约滞后 15 年[①]。这里，如前所述，还可以作城乡结构、组织结构等方面的分析。总的看，中国目前正处于经济高速发展而社会矛盾、社会风险相当突出的工业化中期，已经进入社会（子系统）建设为重点的新阶段，社会结构优化调整应该得到重视[②]。

经济发展了，但安全生产基础匮乏、安全生产制度机制不健全，员工安全意识淡薄、预防和抵御灾害的能力和安全生产应急机制缺失等，存在着安全生产的社会结构性失衡，即"安全结构失衡"。这些都反映了经济结构、社会结构、政治结构、文化结构之间的变迁需要持续推进，不能相差太大。一般的规律是：经济是基础，经济结构先行转变，紧接着是社会、文化结构变迁（文化结构渗透于其他三大结构变迁之中），最后要进行政治体制全面改革，否则社会矛盾和问题突出，安全事故、群体事件频发。据中国社会科学院 2008 年"社会蓝皮书"指出，1978—2006 年的 29 年里，社会稳定指数（由警力、刑事、治安、贪污、生产安全五项指标组成）增减相抵后，接逆指标计算年均递减 0.5%，社会秩序和社会稳定指数呈现负增长，直接影响社会的和谐发展[③]。

一般认为，转型社会是一种急剧变迁的社会，关键是现存社会结构发生深刻变化，旧有制度和规范失去效力，新的制度和规范又尚未确立，人们处于无所适从的状态，因而很多方面表现得"非常态化"，社会变得更加不安全，反而使得突发性的安全生产事故频繁发生，一度成为人们心中的"常态"。对于"转型社会"的界定，一般是指从一种经济社会体制转向更为高级现代的体制，经济社会结构同时转向现代结构的社会过程，是一种特殊的过渡性社会形态。社会转型因国情历史不同，而时间长短不一。社会学者将中国改革开放以来的社会转型概括为：从计划经济到市场经济、从传统农业社会到现代工业社会、从乡村为主到城市为主、从礼俗社会到法理社会、从封闭半封闭社会到开放社会、从同质性强到异质性强的社会转变[④]。

在这一社会转型期间，传统因素与现代因素、农业生产与工业生产等相互交织，因而类似于音乐学上的复调性变奏。社会学者的解释认为，"复调社会"是指特定时

---

① 陆学艺. 当代中国社会结构 [M]. 北京：社会科学文献出版社，2010：3.
② 陆学艺. 当代中国社会结构 [M]. 北京：社会科学文献出版社，2010：31.
③ 汝信，陆学艺，李培林. 2008 年中国社会形势分析与预测 [M]. 北京：社会科学文献出版社，2007：341.
④ 李培林. "另一只看不见的手"：中国社会结构的转型 [J]. 中国社会科学，1992（5）. 似乎应该加上社会阶层结构转型如中产阶级不断壮大。

空内同时存有多种不同的社会力量和社会领域，它们具有平等的地位和价值，既对立又对话，既协调又冲突，使该社会处于未完成（未定型）状态[①]。"复调"一词比起"复式""复合"来说，比较准确，因为它强调了动态性和互动特点，如转型期中国社会的"农民工"身上承载着传统与现代的元素，就像一个跳动的音符穿梭于城乡二元之间。

在复调社会里，风险结构处于一种多因素复合叠加状态，风险既来自于自然，也来自于人的社会行为。生产领域的安全事故（事件）发生率非常高，比前工业社会、工业社会等阶段更多更复杂，因而原有的常规破解方式和处置方式已经难以适应，需要复合式的、动态性的预防和处置方式方法。比如按照官方统计资料，中国大陆1978年改革开放以来的30多年里，各类安全生产事故（交通、工矿、建筑、消防等）死亡约300多万人，年均死亡约10万人，差不多是改革前的2倍多（除去三年自然灾害死亡人数）。这些都反映了转型时期、复调社会里，因为社会性原因诱致安全事故（事件）高发频仍，高出正常水平的状况。

四、安全建设：安全生产的社会建设

所谓安全生产，只能是相对地存在、最大化地追求生产过程的"最佳安全状态""最大安全社会"，绝对安全几乎没有。维续和保障安全的艰难，与风险易于产生之间，形成鲜明对比，其原因除了社会结构、社会理性等因素外，也有着难以回避的社会系统因素。从社会系统论角度看，大体涉及人与自然世界变迁之间、人与社会世界变迁之间的悖论：一是人类理性局限与世界变化的不确定性之间存在张力［德国物理学家海森堡1927年提出的不确定性原理（uncertainty principle），也叫测不准原理］；二是人的欲望无限与社会结构钳制之间存在张力；三是人类理性极端僵化与社会系统丰富发展之间存在张力。安全生产领域风险形成和发生的社会系统原因，必然要求从社会系统角度化解其中存在的问题。就事论事式地解决安全生产风险或灾变问题，而不是从社会结构、社会系统等大的政策和文化制度查找原因，其结果可能是"东一榔头西一棒子""按下葫芦浮起瓢"，不但于事无补，而且诱发新的风险和灾难性后果。因此，我们需要从系统论角度探索风险社会时代里安全建设的实践指向（战略谋划）[②]。

①　肖瑛. 复调社会及其生产——Civil Society 的三种汉译法为基础［J］. 社会学研究，2010（3）.
②　颜烨. 当代中国公共安全问题的社会结构分析［J］. 华北科技学院学报，2008（4）；颜烨. 转型期煤矿安全事故高发频仍的社会结构分析［J］. 华北科技学院学报，2010（2）；颜烨. 煤殇：煤矿安全的社会学研究［J］. 社会科学文献出版社，2012：243-250.

1. 安全建设的内涵及与安全发展、安全现代化的关系

在全球化、现代化加速推进的今天，新的安全风险出现，新的安全制度、安全理念、安全管理需要重构，即安全发展的基础性工作—安全建设—任重道远。当然，广义地说，"建设"本身也是发展，"发展"本身也是建设；但狭义地讲，"建设"是"发展"的初步基础和基本框架，"发展"是"建设"的高级跃进和不断重构。对应于社会大系统里的各种结构——大社会系统建设及大社会系统发展，我们将安全结构—安全建设—安全发展三者的递进和互促关系及其内部构成绘制成图（图3-13）。因为社会学更像中医，要求全面系统把握安全领域的"脉络"和"神经"。安全建设，即是整个"安全社会"系统的建设，本质上是安全结构的调整，是政府、市场、公民社会共同主动建构的过程，是安全经济系统、安全社会系统、安全政治系统、安全文化系统的结构性协调，主要是安全体制体系、制度机制建设，是基础（硬件设施设备等）、基本（体制和制度机制等）、基层（组织队伍等）即"三基"的社会行动工作，即通过完善安全系统建设，调整安全系统内的结构，进而促进安全系统的全面现代化发展。也就是说，无论安全建设还是安全发展，其内在要求和基本内容就是安全现代化，安全建设的实质和目的就是建设安全现代化；安全发展就是安全日益走向现代化的过程，是全社会"安全能力"的趋高级化发展。可以说，安全结构调整、安全建设、安全发展的最终目标是安全现代化[①]。相对而言，"安全能力"是安全建设的结构性内涵，"安全现代化"可以说是安全建设的一种外在功能体现。

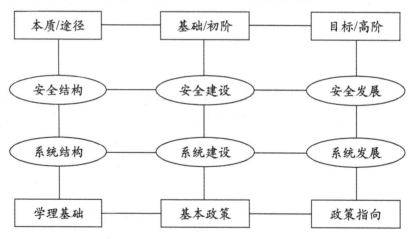

图3-13 安全结构—安全建设—安全发展的关系

---

① 颜烨. 中国安全生产现代化问题思考［J］. 华北科技学院学报，2012（1）；颜烨. 煤殇：煤矿安全的社会学研究［M］. 北京：社会科学文献出版社，2012：250-256.

安全建设（安全现代化）的基本内容大体如图3-14所示。具体是指在政府、市场、（公民）社会三大主体力量互动建构下，推动安全经济体系、安全政治体系、安全社会体系、安全文化体系四大建设。在此基础上，进一步推进十大制度或机制建设，即全社会"安全能力"建设。其中安全理念强化、行为自律、科技研发、伦理反思均属于安全文化体系建设，起着安全潜在模式维持的功能（SL）；安全物质投入、科技保障属于安全经济体系建设，起着安全适应的功能（SA）；安全管理和组织、安全法治、安全民主、安全反思修复属于安全政治体系建设，起着安全目标实现的功能（SG）；安全合作、安全整合协调、安全公正等属于安全社会体系建设，起着安全整合的功能（SI）①。下面我们着重强调几方面的主题。

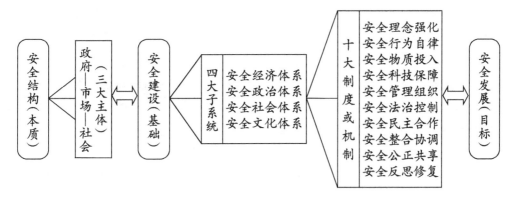

图3-14 安全建设(安全现代化建设)体系

2. 以社会理性和系统均衡协调促进生产安全能力建设

以往对风险的研究和解决办法往往建立在专家科学测量及精确计算这一理性主义基础之上，而对于现代复合型的风险却无法应对，造成经济理性、政府理性、科技理性、法治理性等遭遇"失灵"，因而需要建立一种有效的"新理性行动范式"来应对系统风险的复杂性和多变性。这就是必须以社会理性为知识基础的"社会知识行动者"的普遍联合，以削弱以科技经济等工具理性为知识基础的"科学知识行动者"力量，从而实现对风险社会的真正知识应对②。这种社会理性应对"安全—风险"的关系，必然是"理性—反思—理性—再反思"的循环链条，"社会的安全机制注定要始终尾随在新的巨大风险和灾难及随着发表的新的安全声明之后亦步亦趋地不断修正和完善。"③

① 近10年来，中国安全生产领域提出"五要素"和"六支撑"建设内容。安全生产"五要素"即：安全文化、安全法制、安全责任、安全科技、安全投入；安全生产"六支撑"即：安全法律法规体系、安全信息工程体系、安全技术保障体系、安全宣传教育体系、安全培训体系、安全应急救援体系。

② ［德］乌尔里希·贝克. 世界风险社会［M］. 吴英姿，孙淑敏，译. 南京：南京大学出版社，2004：50.

③ ［德］乌尔里希·贝克. 从工业社会到风险社会（上）［J］. 王武龙，译. 马克思主义与现实，2002（3）.

更主要的是，全社会要有一种社会系统论思维，即从经济、政治、社会、文化这四大子系统的整合协调、结构均衡角度，处理好"安全理性"与"经济理性""政府理性""发展理性""生产理性""生活理性"等的关系。这种社会理性必是公共性的，是激发社会主体能动性、主动性和积极参与安全治理的公共理性，促进全社会"安全能力"建设。它必然要通过哈贝马斯意义的"生活世界"对"系统"的"安全沟通"和"安全反思"，达成"安全民主"，实现"安全公正"。

加强公民社会建设和全社会的安全文化建设，目的就是要"跳出政府安监系统抓安全"。"群众十双眼睛比政府一双眼睛更能发现问题"，培育公民应对突发安全事件（事故）的成熟国民安全心理，促使安全的"权力文化"向安全的"权利文化"过渡；支持、放开和推进相关的安全技术、安全咨询、安全评估、安全教育培训等社会中介组织的建设，以中介组织矫正、替代和弥补政府安全监管的失灵和企事业单位安全保障的不足；允许社会成员成立各类安全维权的合法组织，发挥其社会正功能，以推进"政府—企业—工人"三方代表组成的安全监察和安全维权组织建设；强化公共安全信息公开职能，发挥各类新闻媒体（尤其是互联网）、社会公众关注安全的作用；发动群众依法维权，以法维权，力促"安全民主"，走全民的安全监督之路。同时，确保城乡之间、区域之间、阶层之间分配公平，合理补偿，逐步实现基本公共服务的均等化。安全公正、安全法治，最终都要通过民主的制度来保证、民主的机制来实现。所谓"安全民主"，核心要素就是指相关的社会成员有充分的安全知情权、参与权、表达权、监督权，需要加强安全的民主组织、民主制度、民主机制（安全条件谈判等）建设等；"安全民主"同时也是一种"后监管主义"（post-regulatorism），即不仅仅是政府主导监管而应该是全社会的共同监控（surveillance），是外在监控与内在监控的结合、强制性硬监控与非强制性软监控的结合等，是全社会的自我监控，是全社会的共同治理[①]。

3. 构建多元主体参与的安全生产复合治理体系

目前一些国家或地区内部，安全治理存在"政府独大"的局面。1970 年代西方流行的新公共管理理论、1990 年代西方流行的社会治理理论，则强调政府与社会、政府与企业、企业与社会之间的合作共治。这是一种现代化的安全体制。现代风险具有高度复杂性、多元性，单一（政府）主体已经无能为力应对一切，需要企业、社会组织、公民的广泛参与。随着风险个体化的深入，安全治理的责任主体打破"少数人决定多数人命运"的旧模式，实现"多数人决定多数人命运"的新模式。新的风险跨越公私

---

① 颜烨. 安全社会学：安全问题的社会学初探 [M]. 中国社会出版社，2007：215–217；颜烨. 煤殇：煤矿安全的社会学研究 [M]. 社会科学文献出版社，2012：144–146.

边界，跨越时空环境；新的安全保障和治理机制就必须既要建立起适合风险多元性特点的复合治理结构，更要加强各个治理主体，尤其是作为核心主体的政府能力，使整个治理结构运转起来，减少和避免"有组织的不负责任"。风险社会的复合治理，有学者归纳为几个基本特征：由跨越民族国家边界、跨越组织边界、跨越组织与家庭或个人边界的多个治理主体组成；跨越解放政治与生活政治、亚政治领域，多维度、多层次的纵横结合治理；政府、市场以及（公民）社会这三大现代治理机制及其作用互补；个人是复合治理最基本的单位，其风险感知、安全意识、自觉性能动性是化解风险的关键；为避免风险的扩散，复合治理的目标是就地及时解决问题[①]。此外，安全生产应急救援还需要加强国际合作，加强跨国支持。

4. 中产阶级：应对安全生产风险的重要能动主体

按照"波兰尼转型论"，市场与社会的关系在历史变迁发展中，如同"钟摆式"轮回，当市场运行到过度侵蚀"社会"的时候，"能动社会"会反过来抵御市场，壮大自身[②]；而今天的中国不但需要与"强政府"相拗的"公民社会"，更需要抵御市场过度侵蚀的"能动社会"，即社会建设本身。在现代社会，中产阶级是一支重要的社会力量，在安全社会建设中的作用举足轻重，是一种能动性的社会主体或行动者。社会结构中最内核的就是社会阶层结构的优化和调整，本质上就是中产阶层的发展壮大。在葛兰西、波兰尼那里，所谓"阶级"与"社会"的共生，主要是指社会底层阶级与"社会"自身建设的互构推进[③]；但在今天的中国，"社会"自强决不是社会底层工人农民所能完成，必是社会中产阶级的崛起而带动的[④]。

关于中产阶级的社会功能在于它是社会主流价值的引导者、社会稳定的维护者、现代社会规范的倡导者和遵守者。中产阶级的身份和地位决定它在应对现代风险、构建安全社会的实践中是一个能动主体，而不是被动的。首先，成熟的中产阶级本身是社会现代化建设的"安全阀""稳定器"或"平衡轮"，能够担当安全责任；其次，中产阶级的专业文化水平足以能够胜任发现、控制和处置安全隐患，是安全理性建设的中坚社会力量；再次，中产阶级的安全维权意识和主体精神强大到能够足以带动社会中下层开展安全民主，推进安全公正的实现；最后，中产阶级作为构建安全社会的重要能动主体，还有一个外在条件即：在整个社会中，中产阶级的人数规模足够壮大，足以型塑"橄榄型"社会结构（两头小中间大），形成一个有话语权的阶级。

① 杨雪冬. 全球风险社会呼唤复合治理 [N]. 文汇报，2005-1-10.
② Karl Polanyi. The Great Transformation: the political and economic origins of our time [M]. New York: Rinehart, 1944.
③ Georg Lukacs. History & Class Consciousness [M]. Merlin Press, 1967; Antonio Gramsci. Selections from the Prison Notebook: 1910−1920 [M]. New York: International Publishers, 1971.
④ 颜烨. 中产主义：社会建设突围政经市场的核心议题 [J]. 战略与管理，2011（2）.

5. 在理性的安全建设中秉持安全伦理精神

如前面章节所述，安全理性建设只是安全建设的一个方面，重要的是安全伦理、安全价值观的形成，这是安全建设的基质，即始终将"人的安全"置于行动的最高纲领。对于国家、政府来讲，保障和维护国民安全是第一要义，即民本安全高于一切，而不仅仅是安全任务或职责的正当论，更不是功利论，而是安全美善论；对于企业、社会组织来讲，保障本组织范围内员工的安全和外部相关利益者的安全，是其应担的安全责任和义务，尤其不能负义取利；对于公民个人来讲，在维护和保障自身安全的同时，要担当维护他人安全和社会公共安全的道义责任。

第四章 安全伦理学观照

冷战结束后，全面军事对抗和整体毁灭的可能性大大降低，但是，由于全球化的负面影响，人类为了眼前的经济利益而对自然的掠夺性开发，以及技术发展过程中的"异化"，使得各种非传统安全问题迅速兴起，涵盖衣食住行等日常生活，从各个层面危害着人类社会。通常认为，"安全"是"没有危险；不受威胁；不出事故"的状态。基于"安全"是人类基本需求的判断，笔者提出的问题是：作为人类基本需求的"安全"，为何得不到合理保障？是什么让我们置他人生命甚至自身安全于不顾？面对如此严重的安全问题，应该重构何样的伦理秩序？又如何保证这些伦理秩序是有效的？笔者欲透过"安全"问题，审视社会伦理的错位和缺失，目的在于探讨如何建构一套行之有效的维护"安全"的伦理秩序。因此，笔者无意从学科范式进行纯理论性质的探讨①，主要是对于"安全"的伦理学研究，换句话说，从伦理学的角度来观照"安全"。

本章的基本观点是：第一，伦理学经由德性伦理学、规范伦理学到元伦理学的发展历程，结合后现代社会思潮尤其是当今中国伦理价值的缺失现状，所谓"底线"伦理是更有效的社会秩序建构方式。第二，"安全"是人类的基本需求，维护自身安全和不伤害他人是人与人的基本关系，因此，安全伦理是各种伦理秩序的基本要求和首要原则，"安全"是伦理秩序的最基本含义。第三，风险社会的特点和中国社会的经济决定论，出现了尴尬、滑稽而又令人无奈的场景，安全——人类的基本需求——竟然成了奢侈品，我们已有的伦理秩序不适合当今社会的需求，因此，将"安全"作为构建伦理秩序的起点具有现实性和合理性。第四，"物质决定精神"的错位和泛化，导致"人"成为谋取物质利益的手段和工具，传统社会伦理原则的相对性致使投机取巧

---

① 颜烨. 安全社会学（第二版）[M]. 北京：中国政法大学出版社，2013：2. 颜烨教授在构建安全社会学学科研究时，对"安全"与"社会学"的界分。在此，笔者也指出"安全—伦理学""安全伦理—学"两者的区别：研究安全伦理学，必然要围绕"安全"与"伦理学"两个词汇发生联系。从学科研究看，它应该是着眼于"安全"这一现象，从伦理学的理论方法视角去研究；如果围绕"安全伦理"与"学"两个词语发生联系，那么就可理解为"安全伦理"的"研究"或"理论"，意对安全伦理系统的研究，而不仅仅针对具体安全现象的研究。安全伦理学也可以包含对整个社会伦理问题开展伦理学研究（即"伦理安全伦理学"）。

的机会主义盛行和规则意识淡漠，是目前围绕"安全"构建伦理秩序的两大难题，安全伦理必须坚持"真善美"的伦理追求。第五，针对传统文化的内向型而他律性不足，以及传统制度设计以人性"善"为逻辑起点的不合理性，提出伦理制度设计的基本逻辑，认为伦理制度设计的评价标准是以"善"引导下的有效性。第六，从伦理监控和伦理教育制度化探索有效的安全伦理制度设计。

第一节 "安全"的伦理含义

在探讨"安全"的伦理含义之前，需要对"安全"以及"伦理"进行界定，如此方能避免各说各话的窘境。

一、"安全"的界定

《现代汉语词典》对"安全"的解释是："没有危险；不受威胁；不出事故"。"无危则安，无缺则全"，即安全意味着没有危险且尽善尽美。

联合国发展署 1994 年发布的《人类发展报告》认为："人类安全有两大方面的内容，其一是免于诸如饥饿、疾病和压迫等长期性威胁的安全；其二是在家庭、工作或社区等日常生活中对突如其来的、伤害性的骚扰的保护。"[1]这包含两个不同层次的含义：一是安全的客观存在状态，是一种免于威胁的真实状态；二是人对安全的主观感受不存在基本需求会受到攻击的恐惧[2]。所谓安全的状态是不被威胁和不必担心受到威胁。安全是个人的基本需求，是国家政权提供给公民的基本权利，是社会良好有序发展的首要条件。

《人类发展报告》界定的七类安全分别是：经济安全（基本收入有保障）、粮食安全（确保粮食供应充足）、健康安全（相对免于疾病和传染）、环境安全（能够获得清洁水源、清新空气和未退化的耕地）、人身安全（免遭人身暴力和威胁）、共同体安全（文化特性的安全）和政治安全（基本人权和自由得到保护）[3]。安全作为个人的基本需求，即生命得以维持，人格得以尊重，包括四个层面：第一，免遭突如其来的暴力和威胁，不必颠沛流离，担心肉体的不正常消亡；第二，粮食供应充足，基本收入有保障，生存获得保障；第三，能够获得安全的自然环境，不必过度担心环境污染对健

---

① 潘一禾."人的安全"是国家安全之本 [J]. 杭州师范学院学报（社会科学版），2006（4）.

② Arnold Wolfers，Discord，Collaboration，（Baltimore：Johns Hopkins University Press，1962. 转引自李少军. 论安全理论的基本概念 [J]. 欧洲，1997（1）.

③ United Nations. Human Development Report1994 [R]. NewYork：United NationsDevelopmentProgramme，1994.

康的威胁；第四，人格平等并被尊重，享有基本人权和自由，个人价值和精神信仰不被侵犯，例如，维护个人尊严不会导致财产损失、生活困扰和精神折磨，争取公民权利不会遭致个人危险和利益损害，见义勇为帮助他人不遭诬陷。

"以人为本"意义上的"安全"是个人的一项基本人权，1789 年法国的《人权和公民权利宣言》第 2 条规定：任何政治结合的目的都在于保存人的自然和不可动摇的权利，这些权利就是自由、财产、安全和反抗压迫[①]。德国政治学者洪堡在论述国家的安全责任时认为，"如果一个国家的公民在实施赋予他们的权利中不受外来的干预，我才称他们是安全的，权利可能涉及他们的人身或者他们的财产；因此，安全——如果说这种表述听起来不太过于简单、因而也许是含混不清的话——就是合法自由的可靠性。"[②]主张自身权利或者为他人伸张权利，带来对自身的生命、财产、精神等的威胁，即是不安全。因此获取安全的途径必须由军备方式转变为人类发展的方式，即强调人的生命以及人的尊严，让所有的人都摆脱恐惧和摆脱贫困；必须由保卫领土、主权的安全观念转向保证食品、就业和环境等方面的综合安全观[③]。

在中国，目前主要威胁人的安全的因素可以归纳成为经济、社会和价值三大方面。经济不安全主要体现在，由于国际经济以及政治动荡造成国家经济与社会的混乱问题、资源匮乏问题。社会不安全则主要体现在，公共健康问题、跨国犯罪问题和环境生态问题[④]。价值不安全主要体现在人格不被尊重，追求自由和争取权利带来危险。对于个体来说，安全不能只限于生命安全和生存安全，更应该包括人格独立，不被奴役和压迫。人格体现人之为人而不同于动物的属性，不论地位高低，财产多寡，生命不分高低，每个公民人格平等，享有平等的权利和做人的尊严，不论贫富贵贱，任何人都不能践踏他人的尊严，任何人都不能被他人所奴役。所谓"士可杀不可辱"，没有人格尊严也是一种不安全的状态。若争取合法权利会将自身带入不安全的危险境地，现代意义上的公民社会将永远无法实现，社会的平等与公正终将是痴人说梦。

本章所立足探讨的"安全生产"是以上安全问题在企业生产中的体现，涉及企业的人+机器+环境以及与利益相关者的"平安""稳定""不受威胁""不受伤害"的和谐状态。物的不安全状态和人的不安全行为是导致事故的主要因素。在事故的致因中，人的不安全行为占有很大的比重，即使是来自物的方面的原因，在物的不安全状态背后也隐藏着人的行为的失误。在目前条件下，还不可能运用工程技术手段完全消除物的危险状态，实现本质安全，因此，在事故的发生和预防中，人的因素占有特殊的作

---

① 法国国民议会. 人权和公民权利宣言 [Z]. 1789.

② [德] 威廉·冯·洪堡. 论国家的作用 [M]. 林荣远，冯兴元，译. 北京：中国社会科学出版社，1998：112.

③ United Nations Development Programme（UNDP），Human Development Report，1993（New York：United Nations，1993），http://www.undp.org/hdro/e93over.htm.

④ 胡薇薇. 冷战后"人的安全"理论形成与发展 [D]. 北京：清华大学，2004：6.

用。如何控制人的不安全行为是一个非常重要的问题。从根本上说，主要指人的健康和生命不受威胁和伤害，即无危为安、无缺为全！

二、"伦理"的含义

"伦"本义是辈、类，"理"是条理、道理的意思。"伦理"的本义为"人伦之理"，即血缘亲属之间的礼仪关系和行为规范。这种"人伦之理"在古代文献中表征为"五伦"之说：君臣、父子、夫妇、长幼、朋友五种人际关系。其中的"父子""长幼"之"伦"被视为"天伦"，而破坏这种血亲之"伦"则为"乱伦"。两千多年前的《论语》集中论述了身处不同辈分和不同地位的人群之间的伦常关系，中国文化的"伦理"主要指"人际关系"和维持私人生活中尤其是血缘亲属之间人际和谐的宗法秩序。时过境迁，传统的家族—氏族结构转变为个人—家庭结构，"伦"的含义不再局限于家族的辈类关系，而是具备独立人格的个人与个人、个人与群体、个人与社会、人类与自然之间的关系。一般说来，伦理涉及人和人之间的关系，是一个人对待自己和别人关系的基本态度，伦理是一个社会存续的基础性条件。

在诸多理论定义中，人们常常概括说，伦理学是一门关于善的学问。"善"表达人类世界的"应然"价值取向，关乎社会是否公正、合理以及人类向何处去等问题，它给人类世界"善"和"美"的价值引导，提供处理人类世界各种关系的行为准则。人类既是一种物质存在，更是一种道德存在。先验的解释认为，人类先天的道德情感（如孟子的四端说）或者人类绝对理性（如康德）保证道德是人类不可或缺的内容；经验的解释则从事实或者功用的角度来说明，如人类生存必须遵守一定的伦理准则，才能结合成为集体，超越单个个体的有限能力，发挥组织集体的力量和智慧迎接挑战、战胜困难。就历史的结果而言，人类对伦理准则的长期遵守已经成为人类自身的一部分，这就是德性。

判断社会伦理秩序的标准是伦理学意义上的"善"，能够被称之为"善"的行为即是"德"，东汉刘熙对"德"的解释是："德者，得也，得事宜也"，意思是说，把人和人之间的关系，处理得合适，使自己和他人都有所得。许慎更明确地说："德，外得于人，内得于己也。"也就是说，"德"就是一个人在处理人和人的关系时，一方面能够"以善念存诸心中，使身心互得其益"，这就是"内得于己"；另一方面，又能够"以善德施之他人，使众人各得其益"，这就是"外得于人"[1]。于己于人都有所"得"才是"善"的行为，依据"于己于人都有所得"构建而成的伦理秩序，才是真实有效的，能够被"一般人"遵守和践行。明清之际有三种人性论——以李贽、顾炎武为代

---

① 罗国杰. 伦理学［M］. 北京：人民出版社，1989：13.

表的基于自然人性论基础上的"人必有私"论，以王夫之为代表的"继善成性""习与性成"与"性日生日成"的发展人性论，以颜元、戴震等为代表的"气质之性一元"论。这三种人性论为中国传统伦理学的现代转向莫定了理论基础。这种新伦理学的基本精神是：一切伦理原则必须奠墓在人的感性生活基础之上，只有通过符合人性的伦理的规范与引导，人性的完满与光辉才能展示出来。

人性不仅有善的一面，也有恶的一面，即自利的层面。过度强调人性"善"——奉献与牺牲精神，却不顾及人性"恶"——自私自利，甚至提倡牺牲自我来成就他人的伦理秩序，只能为一部分具有德性，所谓道德上的先知先觉者所遵循，对于"一般人"，在道德上称之为后知后觉者，往往因为不符合人性的过高要求，使伦理规范流于形式，甚至带来虚伪与伪善，将这种伦理秩序退化为沽名钓誉的工具，最终导致伦理秩序名存实亡，不能起到调节社会关系的作用。伦理规范具有实践性与规范性，如果一种规范不能被行动者接受并依其行动，那就不成为"规范"。因此"于己于人都有所得"之伦理秩序才符合伦理学意义上的"真"——有效。

"于己于人都有所得"之伦理秩序直接的表现就是伦理道德规范本身。规范意味着放弃一部分自由，不可能完全随心所欲，做利己损人之事，如果不是规范能够给我们带来好处，我们决不可能需要规范。只有对规范提问"是否正当"或者说对规范采取怀疑态度时才产生伦理学问题[①]。在人类思想史上，作为这种基础的选项曾有本性、理性、历史、精神、权力、生产、欲望等。但是在思想发展与哲学批判的历史过程中，所有这些选项似乎都经不起严肃的反思检验和质疑。

长期以来，柏拉图—康德式的传统形而上的伦理学一直占据着西方伦理学的主流地位。这种以知识论为基础的先验伦理学认为，在我们具体的道德生活背后，存在着作为本质的、普遍的外在的之为标准的善，它独立于我们的文化、语言、历史之外，超越人类的经验，作为人类全部道德生活的基础，具有普遍绝对的约束力，先知先觉者能够发现和认识善恶的本质。我们可以把德性伦理视之为至善伦理，中国传统伦理就是一种典型的至善伦理。在中国，"天"以及与"天"同一或与"道"同一的境界是一种至善的境界，人的生活的最终目的在于达到这种状态与境界，"体道""悟道"，以及体悟"理"，是基于这种目的而发生的实践原理和实践上的工夫[②]。

与传统形而上的德性伦理学不同，当代哲学语用学转向所带来的用"论辩"和"奠基"取代传统理性观念的"基础"和"根据"概念的后哲学文化中，实用主义成为一种普适原则，依照这一原则，人们不再执着于无法企及的"真理""存在""大写的历史"等，不再寻找终极的至善和绝对的正义，也不再迷信科学的万能，而是小心

---

① 赵汀阳. 论可能生活 [M]. 北京：三联书店，1994：29.
② 廖申白. 对伦理学历史演变轨迹的一种概述（上）[J]. 道德与文明，2007（1）.

翼翼地直面偶然的世界①。美国实用主义哲学之集大成者约翰·杜威（John Dewey），认为以往的道德哲学或者是倾向于寻找某种不可改变的终极事物或者是试图发现和澄清无条件的道德原则和规范，以此来指导和规范人们的行为。杜威认为这两种倾向都是以往哲学对确定性的追求所导致的，这种追求致使道德哲学越来越远离人们的现实生活，无法提供实用的行为准则来指导现实的道德生活。这样的道德观念只会让人类的道德陷入呆板、僵死的境地，无法适应新的历史形势，所以他力求在不断变化发展的现实生活之中寻找道德学说的生长点②。他希望将哲学还原回生活，使哲学真正地面对现实的社会生活问题，改造人类自身的生存环境，解决和处理人们在生活中遇到的诸如社会经济、政治、文化和道德等方面的各种问题③。

理查德·罗蒂是当代美国新实用主义哲学颇具影响力的主要代表之一。罗蒂继承了实用主义的希望，即追求提高解决实际问题的能力，减少侮辱、残酷和苦难，增加人类幸福。他建议人们应该重新审视现实的道德生活，应该将客观性转变为协同性，将追求真理、探索实在的"求真"品德转变为追求幸福、追求团结和崇尚和谐的"求善"品德④。罗蒂将伦理学看作是开放的、多元的实践话题系列，认为伦理学的目的不是告诉人们什么是符合大写"善"的生活，而是寻求在具体语境下，当人们面对众多复杂的具体道德实践问题时，应该如何寻求更多的解决方式，做出更好的选择，而不是一味的追求普世的最终或唯一的答案⑤。

就伦理学的形态而言，有所谓规范伦理学、应用伦理学、元伦理学等；从伦理学研究的内容来看，有"善"或"至善"，"义务"和"责任"，幸福，人生价值，道德行为或道德品质，道德评价等。笔者无意对这些内容进行学理分析，只是基于问题意识探讨如何建构一种合理的安全伦理秩序。中国社会百年间的主题是民族的生存，国家的强大和人民的富裕，曾经的救亡图存和现行的经济富裕成为了压倒一切的正当理由，百余年前舶来的社会达尔文主义大行其道，成为中国社会的生存法则，以至于人类社会变成了动物世界，弱肉强食，适者生存。在如此艰难的环境下，传统的伦理秩序被打破，新的伦理秩序久未树立起来，这是当前的最大问题——伦理秩序的缺失。以至于在网络上形成共识：中国最大的敌人不是美国，不是台湾，更不是恐怖分子，而是公民道德的沦丧！中国人的道德底线已荡然无存，造成现在的种种社会生活的混乱无序。

---

① 李晔. 伦理规范的"基础"问题——后形而上学时代伦理规范的合理性与合法性［D］. 广州：中山大学，2010：21.
② 郐胜利. 无原则的伦理学——罗蒂伦理学研究［D］. 长春：吉林大学，2011：10.
③ 郐胜利. 无原则的伦理学——罗蒂伦理学研究［D］. 长春：吉林大学，2011：10.
④ 郐胜利. 无原则的伦理学——罗蒂伦理学研究［D］. 长春：吉林大学，2011：2.
⑤ 郐胜利. 无原则的伦理学——罗蒂伦理学研究［D］. 长春：吉林大学，2011：18.

简言之，"伦理"是一种基于现实社会状况和综合考虑人性善恶的行之有效且于己于人都有所得的秩序，它没有自己特有的独立活动领域，而是作为一种基本价值，渗透于社会生活诸多领域之中。构建伦理秩序需要伦理觉醒或内心信念的力量，也依赖教育、社会舆论、监督等伦理制度的建构。

三、"安全"符合"于己于人都有所得"之伦理要求

"伦理"是基于现实社会状况和综合考虑人性善恶的行之有效的于己于人都有所得的秩序，"善"的第一个层次是确保社会成员没有危险、不受威胁、不出事故，即处在安全的状态和免于危险威胁的不安与恐惧。因此，人的安全应该是人类行动的指引，安全是人类社会有序存在的前提条件，是伦理秩序的首要目的。马克思在引述1793 年法国宪法所谓"安全是社会为了维护自己每个成员的人身、权利和财产而给予他的保障"时说，"安全是市民社会的最高社会概念，是警察的概念；按照这个概念，整个社会的存在都只为了保证它的每个成员人身、权利和财产不受侵犯。"①

以人伦纲常为研究对象的伦理学提供了很多伦理原则和道德规范，诸如尊重、责任、诚信等。在这些原则中，确保个人安全和他人安全是更为基本的伦理要求，也就是说，与其他价值比起来，保证个人和他人的安全是基本的伦理原则或者说是一种基本价值。从安全的角度解析伦理学问题，可以结束伦理学的封闭性和圆满性，建立开放性和包容性。

1. "安全"本质上是伦理道德问题

霍布斯曾言："人的安全乃是至高无上的法律。""安全第一"是最基本的道德情感关怀，追求安全是人类永恒的伦理命题。

基于一个经验事实——人依附肉身作为生命体而存在，可以推出这样一个结论——生存欲望是每一个生命个体的原始欲望，即个人的身体免遭危害，处于安全的状态中。一个良好社会伦理的首要内容就是充分尊重人的生存欲望和生命权，珍惜和爱护人的生命。基于一个经验判断——肉体极易受到危害和消灭，最基本的生命安全时刻遭受着威胁。因此绝对安全是不可能实现的，追求安全便成为人类永恒的伦理命题。即便是在最基本的生命安全上，人类也面临两难的伦理选择，诸如少数人与多数人、个人与集体的生命抉择，对于这些问题的处理，人类永远无法拿出一个完美的方案，却又孜孜不倦地在寻求着答案。安全是人类追求的目标，如同正义公正一样，是永远无法达到的，正所谓"高山仰止，景行行止，虽不能至，吾向往之"。

① ［德］卡尔·马克思. 马克思恩格斯全集第 3 卷 ［M］//论犹太人的问题. 北京：人民出版社，2002：185.

人类有对无限的好奇和通达无限的诉求,悖论又在于人有肉体,因而必将是有限地存在,人的情感和欲望会使人做出不安全的举动,即便是人类理性也是有限的,有发挥不到位或者发挥不当的时候,人类社会结构性张力使得人们无法满足基本欲求而诱发社会不安现象①。纵观当前诸多频发的各类安全问题,除了那些由于自然因素或"上帝的意旨"等不可抗拒力导致的以外,几乎都有一个共同特征,即"人为性"和"缺德性",随着技术水平的提高,由于技术问题导致一系列安全防御措施失效的可能性已经非常低,安全问题更多地表现为安全责任问题和如何对待自我与他人利益关系的问题,当安全成为人们普遍追求的利益和价值进入社会生活,与人的目的和需要联系在一起,成为人们相互竞争的一种特殊利益时,安全便成为人与人之间的一种特殊利益关系。那么,人们对待安全的态度和行为就体现着他们的道德意识和伦理追求,因而就具有了道德意义与伦理价值。因此,安全行为因其具有道德含义而成为道德行为,成为道德评判的对象。很显然,有利于增进和维护安全的行为就是维护和增进他人利益的行为,就是合乎道德的行为,就是善的行为;反之,不利于安全的,甚至是破坏安全的,使他人陷于不安全境遇之中的行为便是不道德的,就是恶的。于是,安全自然成为具有普遍意义的善,同时也成为人们在处理涉及相互之间安全利益关系时应该遵守的伦理原则和道德规范,也是人们可以用来评价和判断安全行为是否道德的标准②。

2. 风险社会促使安全成为伦理学的显性话题

安全问题源于风险。古今中外,风险带来的焦虑伴随着人类。当一个人入世之后,便展开了一个向死而生的过程,由于死亡带来的终结性,对于有限人生的思考便构成了人之本性,现时选择带来的不可把握和无法确定的未来构成了人的焦虑。这种焦虑在"风险社会"中扩大到了极致,人的理性在不可控的庞大风险面前显得更加的无力,面对如此不可预测的未来,人们既定的伦理观念遭遇了挑战,确定的为人做事的准则不再让我们那么心安理得,我们变得更加患得患失。

风险概念在中国真正流行,还是在 1990 年代中期以后,也就是在 1994 年全面经济改革之后。到今天,中国已然从一个对风险没有概念的社会,变成现在这样一个很多人存有危机四伏感觉的风险社会③。德国风险社会理论大师贝克认为,今天的现代风险是不可见的,来源于工业理性的过度增长,尤其人类技术能力的发展及其后果难

---

① 颜烨. 安全社会学(第二版)[M]. 北京:中国政法大学出版社,2013:291.
② 冯昊青. 安全伦理观念是安全文化的灵魂——以核安全文化为例[J]. 武汉理工大学学报(社会科学版),2010(2).
③ 郑永年,黄彦杰. 风险时代的中国社会[J]. 文化纵横,2012(5).

以测算和不可控，且逐渐演变为人类社会历史的主宰力量；现代风险不只是自然科学或环境问题，而且根本上是人的问题、社会问题；因而风险管理成为处置现代社会不安全和偶变性的重要手段①。就规模和范围以及后果程度来看，风险社会与传统社会有很大的区别，尤其是就风险成因或根源来看，以前社会中传统风险主要是"来自外部的，因为传统或者自然的不变性和固定性带来的风险"；而风险社会中的风险则主要是"被制造出来的风险"，"是由我们不断发展的知识对这个世界的影响所产生的风险，是指我们没有多少历史经验的情况下所产生的风险。"②

吉登斯认为，风险社会的时代特征在于：原有的发展确定性、方向性及其科技专家的信任受到质疑，甚至于出现贝克意义的"有组织的不负责任"，新型风险穿越时空，具有普遍扩散性，传统的阶级、民族、国家等集合性社会概念让位于风险个体化、全球化，与过去决定未来不同，风险社会里是未来决定现在及其选择；风险社会需要重新界定和发展道德，使得个体需要反思生活方式，社会需要反思环境运动和社会运动等社会性事务③。因此，贝克将"安全"视为当今"风险社会"的动力基础和价值追求④，规避风险，免除焦虑，寻求心安理得成为了当今伦理秩序建构的难题。

3. 经济决定论令生产安全问题更加突出

进入近代社会以后，淡化价值问题，摆脱伦理学束缚的社会科学逐渐盛行。政治学领域内的马基雅维利和经济学领域内的曼德维尔成为了"价值中立"原则的最早倡导者。后来，他们的思想被不断整理和发展，最终成为实证主义的主导思想之一。"'价值中立'原则要求研究者在分析某一社会现象时，把价值评价和道德情感放在一边，只是从实证的角度分析什么样的手段将导致什么样的目的，而不问这个目的是合乎道德的还是不合乎道德的。"⑤经济学领域内，追求利益最大化成为核心目标，在中国，经济决定论将对伦理的轻视达到登峰造极的地步。

随着经济的发展，我们在享受经济繁荣带给我们的便利和物质享受的同时，也在遭受着经济繁荣带给我们的弊害。经济活动本着"竞争、效率"的原则建立硬性的经济管理约束机制，以应对市场的残酷竞争，追求自身最大经济利益。利润最大化成为企业发展的主要目标，市场竞争的成败直接关系到企业的生存和发展，关系到所有者

①　Ulrich Beck. Risk Society：Towards a New Modernity，Translated by Mark Ritter. London：Sage Publications Ltd，1992：21-23.

②　[英]安东尼·吉登斯. 失控的世界 [M]. 南昌：江西人民出版社，2001：22.

③　Giddens A. Modernity and Self-identity：Self and Society in the Late Modern Age [M]. Cambridge：Policy Press，1991：124.

④　Ulrich Beck. Risk Society：Towards a New Modernity [M]. Translated by Mark Ritter. London：SAGE Publication Ltd. 1992：49-50.

⑤　王小锡，李志祥. 五论道德资本 [J]. 江苏社会科学，2006（5）.

和经营者的利益。因此，经济效益自然成为企业优先考虑的问题，把更多的精力放在效益的最大化和稳定发展上，这便给安全生产带来影响，为了降低成本，安全投入减少，很少考虑到工人的生命安全，片面追求利益的最大化；安全生产机构设置和安全人员配备数量减少，安全投入不足，安全措施和装备严重欠账。为求短期利益最大化，降低产品质量，假冒伪劣产品充斥市场，危害消费者生命安全和健康安全。追求经济增长速度，采取粗犷增长模式，大肆挖掘资源，破坏生态环境，生态安全陷入积重难返的困境，损害社会成员的健康安全。

中国商业生态环境更加糟糕，虽然就企业伦理规范的重要性基本达成共识，但是在经济决定论占主导，社会伦理规范缺失的大环境下，一直处于知而不立、论而不建的困境。"物质决定精神"的泛化和滥用在当今中国达到了极致，本是局限于经济结构的话题，泛滥到各个社会领域，本是事实世界的内容，无情地吞噬了意义世界，完全破坏了伦理秩序，伦理价值被"先有物质才有精神"踢到了九霄云外。以"人"为工具，甚至不惜牺牲"人"的生命安全和人格尊严来获得经济效益的发展模式，以丧失人格来获得物质利益的生存状态带来的精神焦虑和麻木危害着社会成员的心理安全和精神健康。

然而随着东南亚经济的迅猛发展，以《论语》为核心讲求道德的儒家思想和近现代资本主义经济结合起来，通过对《论语》的内在精神的再度挖掘和诠释，探索出经济道德合一说，认为抛弃利益的道德，不是真正的道德；而完全的财富、正当的殖利必须伴随道德。进而借由"仁"这一内在媒介，将儒家传统思想所提倡诚实信义、禁欲节俭、辛勤劳作等道德要素外化为商业行为的指导原则，从而确立了资本主义经济的道德秩序。日本学者涩泽援用了儒家经济思想并积极结合西方思想培植了颇具日本特色的资本主义经济伦理，为日本近代资本主义的形成与发展奠定了道德基础。

企业伦理的研究兴起于 20 世纪七八十年代的美国，主要是探讨企业的社会责任、道德责任、伦理规范等内容。其产生的根源在于 20 世纪五六十年代美国相当数量的大公司存在着各种各样的造假、商业欺诈等违法和不道德行为，造成企业的信誉损害和整个商业社会的群体生态环境恶化。在法律规范不足以解决问题的情况下，美国工商界和理论界开始求诸于伦理道德规范"企业伦理"，挽救并维持着美国工商社会的某种商业道德和企业社会责任，建立了一个运行良好的商业生态系统[①]。

4. 安全美善论

安全是社会实践的首要价值，是人们普遍追求的基本利益。现代风险社会所倡导的伦理美德不仅在于倡导和实践一种更高的善，而且在于防止和避免更大的恶，那么

---

① 秦麟麟. 企业安全伦理的现实审视和建设［D］. 北京：北京交通大学，2007.

安全便是社会实践的首要原则和第一美德[①]。

用罗尔斯的表述方式来说，安全作为社会实践的第一美德和最高的善是不能用其他价值来替换的，所有社会实践，无论其宣称为了如何高尚的目的，只要不安全就应该予以修正或否弃，如果有一种价值非要放弃安全去追求，那么只能为了实现更大的安全这一唯一的目的，即当且仅当我们需要避免一种更大的不安全时，一种不安全才是可以被容忍的[②]。

对于国家、政府来讲，保障和维护国民安全是第一要义，即民本安全高于一切，而不仅仅是安全任务或职责的正当论，更不是功利论，而是安全美善论。对于企业、社会组织来讲，保障本组织范围内员工的安全和外部相关利益者的安全，是其应担的安全责任和义务，尤其不能负义取利；对于公民个人来讲，在维护和保障自身安全的同时，要担当维护他人安全和社会公共安全的道义责任。

安全伦理主要表现为："安全第一"的哲学观念，"预防为主、安全为天"的意识；安全维护劳动者的生命、健康与幸福的伦理观念；安全既有经济效益，又有社会效益的价值观念；安全系统是控制系统，生产系统是被控制系统的辩证观念。由此我们应该建立："安全人人有责"的意识；"遵章光荣、违章可耻"的意识；"珍惜生命，修养自我，享受人生"的意识，自律、自爱、自护、自救的意识；保护自己，守护他人的意识；消除隐患，事事警觉的意识。实践证明，要使人从被动（要我安全）到主动（我要安全）地执行安全第一、预防为主的方针，最终达到自觉（我会安全），不但从科技、管理、人的生理及心理方面来认识安全的内涵，更重要的是不断提高劳动者安全素质，使企业和每个人从价值观、人生观、行为准则等方面，从群体到社会建立起对安全的理念和响应。因此，广施仁爱，尊重人权，保护人的安全和健康的宗旨是安全的出发点，也是安全的归宿，更是安全伦理的体现[③]。

第二节　安全伦理觉醒

当前中国社会广泛存在的安全问题，从个人层面到社会层面，从人伦关系到生态伦理，都在遭遇着前所未有的挑战，近年来不绝于耳的海啸、飓风、山体滑坡、恐怖袭击、禽流感、矿难、化工厂爆炸、饮用河水污染、儿童伤害、女性侵犯、价值紊

---

① 冯昊青. 安全伦理观念是安全文化的灵魂——以核安全文化为例 [J]. 武汉理工大学学报（社会科学版），2010（2）.

② 冯昊青. 安全伦理观念是安全文化的灵魂——以核安全文化为例 [J]. 武汉理工大学学报（社会科学版），2010（2）.

③ 郑贤斌. 安全的内涵与外延 [J]. 中国安全科学学报，2003（2）.

乱……让我们无法免于恐惧和匮乏。人人自危，感受到来自自然、社会、他人的恐惧和威胁，我们不禁自问，本是符合人类本能、人类基本要求的"安全"，每个人都需要的远离伤害的感觉，时时刻刻与每个生存者同在的安全感，为什么在堪称文明社会的当下，变得如此稀缺，成为普遍的社会现象和严重的社会问题。

威胁安全的原因有哪些？当我们从伦理学的角度来分析安全问题时，得出的结论是有效的"善"的伦理价值的缺失是根本原因。我们要追问为什么伦理价值不起作用，应该建构起什么样的价值观和伦理秩序，便成为亟待着手的理论工作。重建适合现代中国社会结构的伦理观，需要借助马克思主义和一切有益的伦理思考，基于当下的伦理困境，对中国传统伦理进行反思，构建一套行之有效的伦理体系。

我们渴望社会公平正义，人人遵纪守法，遵循伦理道德，然而"人"的有趣恰恰在于人性既有善的一面也有恶的一面，既有理性也有情感，既有光明也有黑暗，既有利他也有利己。因此有效恰当的伦理秩序既要促进人性之"善"，又要防范人性之"恶"。每个人能够真正成为有尊严的存在，既尊重他人，又被他人尊重，需要伦理的觉醒。

就个人而言，从道德心理学的角度，一个人能否实施道德行为是由一个道德判断影响的，而一个道德判断必然是以行为主体自身的道德感知为前提的。对于同样的一个场景，具有不同道德感知的人可能作出不同的判断，一旦缺失了一种道德敏感度，合宜的道德判断就无法被作出，一个有道德价值的行为也就不可能发生。换句话说，对于处在弱势地位或者急需帮助和照顾的特殊情境中的他人的同情感即道德敏感度或者叫做痛点，每个人的程度存在不同，道德的进步不是理性能力逐渐增强的过程，不是我们更加认清道德义务的事情，而是应该被看作一个增进敏感性的过程，即增进对越来越多的人和事情的反应能力的事情，也就是行动主体有能力感知道德情境。恰如罗蒂所言，并不是以形成普遍抽象的道德原则为目标，而是提倡以"对痛苦具有更多的敏感性""对人类共同体之协同的更多需要的更大满足"作为人们努力奋斗的方向[①]。

一、重新解读"物质决定精神"

进入 21 世纪，中国的社会问题层出不穷。毒奶粉、瘦肉精猪肉、毒姜毒蒜、地沟油，如同电脑病毒程序，老是删除不了，民众惊呼我们还能吃什么？我们引以为傲的祖国变成了无处安身无处可逃的危险地带，分析造成无解现状的源头，需要政府官员以及老百姓共同正视，我们应该有勇气面对邓小平先生提出的"猫论"。

---

① 邬胜利. 无原则的伦理学——罗蒂伦理学研究［D］. 长春：吉林大学，2011：17.

源自蒲松龄的《聊斋志异》手稿本卷三《驱怪》篇末中的"异史氏曰：黄狸黑狸，得鼠者雄！"之语，翻译成白话就是："不管黄猫黑猫，只要抓住老鼠就是好猫！"邓小平的"猫论"家喻户晓，"猫论"出炉远在改革开放之前，最早见于1962年7月他的两次讲话中，一次是7月2日他在接见共青团三届七中全会全体同志时讲的，另一次是他在中央书记处会议讨论农业如何恢复问题的讲话中讲的：不管黄猫黑猫，哪一种方法有利于恢复生产，就用哪一种方法。我赞成认真研究一下包产到户（《怎样恢复农业生产》，见《邓小平文选》第一卷）。由于当时处于经济异常困难时期，为了度过难关，某些地区出现了包产到户等形式，这些形式尽管受到农民欢迎，生产也有所恢复，但在当时都是不合法的。邓小平用"黄猫黑猫"这个比喻，主要是为了形象地阐明"在生产关系上不能完全采取一种固定不变的形式"，而应当哪种形式在哪个地方能够容易比较快地恢复和发展生产，就采取哪种形式。

在那个以阶级斗争为纲，宁要社会主义的草不要资本主义的苗的年代，"猫论"具有扭转乾坤拨乱反正振聋发聩的力量，一句通俗易懂的话语，瞬间传遍神州大地，家喻户晓，立刻打消了人们的顾虑，极大地激发了人们发展经济的热情，创造了辉煌的经济成果。突破"一大二公"生产关系成为改革开放的关键，采取任何适合生产力状况的生产关系来推动生产力的发展都无可厚非，然而改革开放之后，"猫论"突破生产力和生产关系的范围，滥用至社会各个层面，成为未达目的不择手段的同义句。在官方，经济上以GDP为考核标准，只要GDP，环境污染没关系，重复建设不要紧，各地大建大拆无所谓，对于地方政府侵占老百姓利益的行为睁一只眼闭一只眼。上行下效，民间对官方有样学样，"猫论"成为中国官方和民间共同信奉的红宝书。为获得利益，背信弃义，不择手段成为这个时代最深刻的烙印。

中国社会充斥着极端经济理性的单级现代性思维，对于伦理秩序的漠视已经成为了社会的常态，长期以来我们将"物质决定精神"等同于"为了物质，可以牺牲精神"，我们的社会观念包括现在学校的教育只是告诉我们，要先生存，才能谈得上其他，要先活着，才能谈精神，要先有了物质，才能有文化。这句话没有错，人是首先要活着才能谈得上其他，这是时间的先后顺序，这是一个事实世界的话题。但是物质和精神更重要的是在谈意义，即对于人来讲，意义在于精神还是在于物质。我认为这个地方是不证自明的，如果人类的意义就在于物质，那么人和动物是无异的。

一直以来，我们都认为没有满足物质，侈谈精神类似站着说话不腰疼，但凡论及精神，就是要我们做出牺牲，放弃个人利益，精神并不排斥物质，相反，只有在精神的指引下，我们才能创造更好的物质生活。如果工作仅仅意味着赚钱，工作的过程充满着痛苦、劳累和疲于奔命，无法做到出色，仅仅是养家糊口而已。如果工作的意义在于实现个人价值，不仅过程充满着激情、愉快和心甘情愿，而且能够做到极致，做到完美，并且会带来更多的物质奖励。精神并不是在物质之后的，而是如同天上的太阳，照耀着我们从事的物质生活。也就是说，这是个意义关系，是可以并存的，而不是事实关系，非要争个先后不可。这并不是道德决定论，没有人可以离开物质只谈论道德，出家的佛教徒也是要生活的，物质和精神不是一个层面的话题，没有时间上的先后关系。

在经济决定一切，为了利益可以牺牲一切的社会大环境下，讨论伦理的觉醒具有根本作用。伦理觉醒指使人们深刻认识并切实懂得在处理各种伦常关系时不可随心所欲、恣意而为，"人"不是无所不能，而是要有所不能，怀着敬畏之心不去碰触伦理底线。现在重要的不是提倡应该做什么，而是觉醒不应该做什么，即不能恣意而为，必须有敬畏精神，这就需要践行伦理。

保证"安全"是做人的底线，是政府对公民的底线，是企业对员工和消费者的底线。保障产品安全是企业对消费者的底线，违规添加剂，重金属超标，假冒伪劣产品横行天下，在物质利益面前没有底线已经成为中国企业生态环境。保障劳动者生命安全和健康安全是企业对员工的底线，频发的安全生产事故，数不胜数的过劳死，为获得一己之私视他人生命为草芥。保障公民人身安全、财产安全和权利安全是社会管理阶层对公民的底线，为获得土地出让金肆意推高房价，将财产损失转嫁到普通公民；为求政绩，妨碍司法公正和社会公平，任意剥夺公民权利。个人为获得物质利益，无视他人甚至自身安全，放弃人格尊严，毫无底线。在极其不安全的社会环境下，围绕"安全"探索伦理秩序切中时代要害，安全伦理秩序才能发挥作用，有效地解决时代弊病。

二、以人为目的的安全伦理

个人相对于外部世界是渺小的，人们为了获得安全必然选择集体交往的生活，并且用一定的道德规范来约束彼此的交往行为，故中国古代荀子强调人类优于动物在于"能群""有义"（《荀子·王制》）。因此必然要面对如何处理个人与他人、个人与集体关系的问题，伦理学应运而生。关于人是目的还是手段，构成伦理学两类基本派别的思想，即个人主义还是集体主义，利己主义还是利他主义，动机论还是效果论，康德还是边沁，这是人类永远争论又永远无法解答的问题，本书无力从学理上进行探讨。有人说：中国最大的敌人不是美国，不是台湾，更不是恐怖分子，而是公民道德的沦丧！中国人的道德底线已荡然无存，造成现在的种种社会生活的混乱无序。就当下中国伦理状况来看，"人"是赚钱的工具，个人完全成为了他人和自己获得利益的手段，甚至孩子成为父母满足虚荣心的手段，独特地诗意地栖息在大地上的人变成了千篇一律的工具，"人是目的"全然没有进入我们的视野，尤其是在面对这样一种观念：共产主义是为了人的全面而自由的发展，但在没有进入共产主义社会以前，人还是被当成了向着这个目标迈进的手段。或者生产力还不发达，为了发展生产力，其他层面的内容可以暂时搁置。因此，在伦理觉醒的层面上来看，应该主张"人是目的"。借用佛教一句话：放下屠刀，立地成佛。

如前所述，人是目的还是手段这个问题无意进行讨论，下文从当前存在的生产安全问题观察现在缺失的是人的目的存在还是手段维度。

现代企业安全生产中往往忽视对人的尊重，造成一种对人道主义的蔑视，以物为中心，把人看成只是带来利润的"工具人"，大工业机器上的一个零部件，员工的自身发展不能得到保证，员工自身的安全得不到保障，势必导致企业安全伦理道德的缺失。这种管理理念导致只见物不见人，只见经济利益不见人文社会利益和人的精神利益。

以煤矿为例，矿难频频发生，安全事故不断，每一个有良知的人都在思考矿难为什么如此触目惊心、接二连三、愈演愈烈。于是我们会看到一边是某煤矿老板一次团购美国悍马车辆、大量购买京城豪宅，一边却是矿难不断，不可计数的生命为这些豪奢生活奠基。

据统计，我国安全项目投入仅占国民生产总值的 1%左右，较联合国统计的预防事故和应急措施费用占国民生产总值的 3.5%的标准有很大差距。以煤矿为例，据统计到 2005 年，我国国有重点煤矿必须安排的安全生产设施费用，由于种种原因而长期没有投入，累计安全欠账约数十亿元，与国有煤矿相比，小型煤矿企业在职工劳保、安全设备、可持续发展上，几乎没有投入。企业忽视安全伦理，靠着极低的成本，要钱不要命，忽视矿工的人身安全，以矿工的生命为代价谋取高额利润[①]。

再举一例：2007 年 3 月 28 日，位于北京市海淀南路的地铁 10 号线工程苏州街车站东南出入口发生一起塌方事故，6 名施工者被埋。我们不讨论施工的技术问题，究其深层的原因可发现，施工中存在着层层转包的现象，而且赶工现象严重，层层转包带来的直接问题就是由于层层的克扣，每个单位都想分摊利益的蛋糕，个人的生命却成为了可以牺牲的内容。为了追求高额的利润而置消费者和社会的安全于不顾，把人的生命安全当成了他们赚钱的工具，根本看不到人格尊严、生命的神圣性，违背了社会的利益。

目前的情况是一部分人将另一部分人作为谋取一己之利的工具，即便是个人，也将自己的生命安全作为谋取物质利益的工具，而丧失了人之为人的目的和意义。实际上，在中国传统文化中有着很好的对人本身作为目的的思想，如古人读书为己，今人读书为人；两千多年前，孔子就为人类树立了人格之典范，将人的德性发挥到极致，但是在伦理秩序层面上，无可讳言，置于家族关系中的个人丧失了其目的性和独立性。

---

① 秦麟麟. 企业安全伦理的现实审视和建设［D］. 北京：北京交通大学，2007：20–21.

这一点随着社会结构的变化，已经不再适合当今中国。

西方社会在抗争黑暗的中世纪过程中孕育而出的人道主义，提倡个性解放，个体幸福，反对封建束缚与禁欲主义；肯定人的尊严，人的伟大，肯定能充分发展其智慧、知识和力量，为人类谋福利。我们所说的人道主义更强调的是后者，即对人的尊重。尊重人是人道主义精神的首要品质，也是对待人的基本态度，对人的生命和人格的尊重是安全伦理的精髓。马克思和恩格斯使人道主义从抽象的、理念的、空洞的形态发展成历史的、具体的和现实的科学形态，把一切人的自由发展作为人类解放的最终目标，从而真正保障了人的价值和尊严。20世纪初的新文化运动对个人的尊严和价值进行了可贵的启蒙，但是救亡图存的现实要求使其夭折，因此一个大写的"人"，独立于他人和国家的"人"从未被树立起来。

如果说传统的家族—氏族社会结构，放在家族背景和伦常关系中的个人有其土壤和合理性，是一种适合当时时代的伦理秩序，但是当代中国社会结构不再是传统的家族结构，而是个人—家庭的结构，不再是超稳定的熟悉人社会，而是流动性强的陌生人社会。因此社会的基本单元由家族转为个人，伦理秩序也由传统的家族转为以个人为中心。个人不再是维护家族的工具，却以工具的形式为掌握权势的陌生人所利用。传统社会恰当的伦常秩序被严重扭曲，原本是个人面对家庭的伦理环境变成了个人面对陌生人的社会，在这样的境遇下，仍然强调集体主义的道德导向，对人道主义的蔑视必然导致安全伦理道德的缺失，必然导致个体的牺牲，以及道德的空泛无效性。

当我们以个人为终极目的来观察伦理时，个人的生命和尊严成为伦理秩序的核心，也是伦理重建的逻辑起点。安全伦理体现了对人的尊重。前国家主席胡锦涛在党的第十六届三中全会《决定》中提出，坚持以人为本，树立全面、协调、可持续的发展观，促进经济社会和人的全面发展，体现人道主义原则对制度和规范的重要作用。"以人为本"的含义是"把人当人看"和"使其成其为人"。一方面，社会的任何强制都需要符合法律和道德基础，在法律面前人人平等；另一方面，一切制度规范和政策措施都需要尊重人，即充分保障和尊重人权。重视人的自由是社会成员自我实现和社会进步的根本条件[①]。

个人的存在包括生命和尊严，即人不仅要活着，而且要有尊严的活着。甚至，人的尊严高于人的活着。从事实层面上，人当然首先要活着，但是人之为人，不是因为人有肉体，人仅仅活着，那样人与动物无异，人之为人恰恰是人和动物的不同之处，即人的存在是有尊严的存在。在逻辑上，人的尊严不应该是在活着之后的，这仍然是一个意义世界的话题，而不是事实世界的话题。因此，安全在伦理学等义为个人能够有尊严地不受外在威胁地存在。

---

① 胡薇薇. 冷战后"人的安全"理论形成与发展 [D]. 北京：清华大学，2004：6.

以尊重个人来思考伦理时，那么每个人作为一个独特的存在者便成为题中应有之义，这也意味着任何集体、任何他人都不能以种种理由——即便看起来是利他的高尚的——威胁个体的安全。因此，在当前的多元性社会中，伦理构建的思路应该是在多元的价值体系中，寻求最基本的不可破的底线来保证个体安全。因此构建的过程不是从积极的角度——己欲立而立人，而应该从"消极"的——避免受到侵害的角度——己所不欲勿施于人，在这个过程中寻找适合于每个人的共通之处，保证个人的存在不受侵犯。

任何个人不能将他人作为手段来使用，在处理人与人之间的关系问题上，反对按出身和门弟的高低，把人划分等级观念，否定按金钱、财富的多少，来确定人的社会地位的价值观念。

国家也不能将个人作为达成某个目的的手段，在国家对个人的伦理责任时应该强调国家、社会应尊重个人意愿，关心他们的疾苦，维护其合法权利和人格尊严，为其才能的发挥和自由全面发展逐步创造必要的条件。

企业员工最首先的是作为"人"，而不是企业发展的工具，他们有着自身的利益和自身发展目标。企业安全伦理包括对员工的尊重，如员工的人身安全、适当的工作条件和环境、获得合理的工资与福利等，也包括对消费者的尊重，如合格的产品质量保证、优良的服务等[①]。

三、规则意识淡漠是对生产安全的最大威胁

人类社会发展至今，为保障社会安全，已经建立了系统完备的法律条款和规章制度，这些规章制度是否合理暂且不论，现在对安全最大的威胁不是没有制度和规则，生产过程中，"违章指挥""违章操作""违反劳动纪律"（简称为"三违"），是人的不安全行为所导致的各类事故的罪魁祸首，有法不遵、有章不循，法外有情、章外有则，规则意识淡漠是对安全的最大威胁。

我们将中国古代典籍《周易》的精神概括为"三易"：变易、不易、简易，其中对不易的解释颇具智慧，不变的只有变化。因此我们奉行"穷则变，变则通，通则达，达则久"，通达和圆融被树立为我们崇尚的智慧。我们的文化过于早熟，我们对人性的设定几近于神的标准，虽然孔子极力倡导"礼"的约束能力，但是我们过分相信人性之"善"却疏于对人性之"恶"的防范，过度依赖人的自我约束能力，而将规则视为外在的迫不得已的约束，从未建立起对规则的崇敬。传统文化自身的乐和性、世俗

---

① 秦麟麟. 企业安全伦理的现实审视和建设 [D]. 北京：北京交通大学，2007：9.

性阻碍了痛苦中重生，传统文化的实用性功利性，阻碍了神圣性规则的确立，以性善为理念的制度设计，丢掉了对于"底线"的强制要求。尤其是近代中国对儒家礼义制度的破坏，令中国人更加无所畏惧，无所忌惮。在传统中国乡土社会，有着根深蒂固敬畏神灵的信仰，革命肇兴后，对传统信仰和秩序构成暴力性破坏。伦理秩序缺乏神圣性也导致没有不可以改变的规则，带来规则意识的淡薄。规则意识就是一种敬畏之心，对于安全规则的遵守，要求行为主体能时时对生命怀有敬畏之心，有所不为，不仅要追求和满足自己的安全需要，还要追求和满足他人的安全需要。

中国文化将政治权力场中的玩弄权术，明争暗斗，不按常理出牌等破坏规则的行为发挥到极致，由现在受到追捧的《甄嬛传》等可见一斑。更加糟糕的是，中国的家国天下结构，民国之后社会空间的缺失，将官场中的这一套泛化到民间，导致极其恶劣的结果：遵守规则被视为愚笨，在规则外如鱼得水者受到追捧。

伦理规则具有普适性、绝对性，不受地域、人际关系等限制，公平地适合于每一个人。传统中国社会是一种家族—氏族结构，在家族内和家族外，对待熟人和对待陌生人是不一致的，因此处理人与人关系的伦理准则是相对的，传统伦理有着非常详细的伦理要求，一旦背井离乡，到陌生人社会，这些伦理规则便不再起约束作用，也就是说，这些伦理秩序具有相对性，不具有放之四海而皆准的确定性和绝对性，但是在传统社会结构中是自洽的，因为那时社会流动性极差，人的一生基本上就是在家乡度过的，所以现在看起来相对的伦理准则在传统社会结构中是绝对的。

人类社会从古代向近现代的转变实际上包含三个方面：一是熟人社会向陌生人社会的转变；二是有着统一生活实践基础的"同质的"价值共同体向一个由政治共同体在表面上维系着的多样性、碎片化的"异质"社会转变；第三是共同体—德性本位社会向个体—能力本位社会的转变①。按照吉登斯等人的说法，在现代社会，人的"本体性安全"缺失或下降，原因在于现代社会处于"时空抽离化"状态，货币、专家的理性系统打破了传统日常例行化的地方关系信任（即亲缘、地缘、宗教和传统习俗这四类信任）和稳定的生活预期，人们心理上的安定和信心逐渐衰退，安全感持续走低②。福山特别指出，只有当社会的"信任半径"突破家族和熟人信任的圈子，扩展到普遍信任时，社会才会有更好的经济发展；也就是说，从熟人间的伦理信任（低信任社会）扩展到社会整体层面的契约法理信任时，社会信任水平才能得到普遍提高（高信任社会）③。当我们已经进入陌生人社会，却仍然在沿用传统的适合于熟人间的

---

① 刘美玲. 德性伦理还是规范伦理——对当代道德文明建构之路的思考 [J]. 社会科学，2009（7）.

② 参见 [英] 安东尼·吉登斯. 现代性与自我认同 [M]. 赵旭东，方文，译. 上海：上海三联书店，1999：17~23，39~76；[英] 安东尼·吉登斯. 现代性的后果 [M]. 田禾，译. 南京：译林出版社，2000：6~31，80~97，115~118.

③ [美] 弗兰西斯·福山. 信任：社会美德与创造经济繁荣 [M]. 彭志华，译. 海口：海南出版社，2001. 转引自颜烨. 安全社会学（第二版）[M]. 北京：中国政法大学出版社，2013：242.

伦理准则，导致对待家人对待熟人是一套伦理规则，对待陌生人却没有任何的伦理原则。伦理准则的确立必须是绝对的，适合于公平地对待每一个人。其中生产伦理属于社群伦理，不同于家庭伦理或者生活伦理，需要跨越亲情伦理到普世伦理，更加强调和需要规则意识。

如何建构具有确定性绝对性普适性的伦理价值是伦理学当前要做的事情。安全——确保自身安全和他人安全，免遭侵害显然符合这一伦理价值的建构要求。而伦理秩序的确立是一个漫长的过程，不可能等到合理的规则确立了，大家再去遵守，规则意识具有优先性，在遵守规则的前提下通过合适的程序不断探索适合的伦理秩序。

第三节　安全伦理制度

构建安全伦理的前提是伦理觉醒，伦理是否觉醒最终体现在能否建构一套行之有效的安全伦理规范和安全伦理制度。现实社会，人们往往慑于社会舆论、法律制裁、利益机制等强大力量，自觉遵循既有的伦理道德。

构建安全社会需要制度的伦理关怀。通过制度的合理安排使各种复杂的社会利益关系得到正当解决，如果没有制度调节来奠定和保持社会公平、正义的伦理基础，那么道德自律在利益冲突面前是很难维持和巩固的。显然，制度安排如何，从根本上决定着道德建设的成败。"制度伦理"是 20 世纪 90 年代中后期在中国学界出现并很快得到广泛注意的概念。经过近 20 年的改革开放实践，中国思想界提出了"制度伦理"概念。当代中国社会转型期的制度创新，如果不能提供一种基本秩序，那么，社会就有可能陷入失范无序乃至无政府状态，其成员就不可能在日常生活中陶冶出美德，这种制度也就不能称之为"善"的制度。在社会变迁过程中，一个"善"的制度是一种能够引导社会有序性变迁，进而能够引领社会成员在日常生活中塑造美德的制度。

安全伦理制度以安全美善论为指导思想，将这些理念转化为具体的规章制度。制度是否有效即能否被执行是评价标准。就人性而言，有善有恶，有理性有情感，有清轻向上的力量，也有重浊向下的惰性，既利己也利人，当个人利益和他人利益发生冲突，当利己性和惰性占据上风时，即便有伦理觉醒，道理上明白的伦理要求也会无法落实。中国佛教华严宗提到四种无碍的境界：理无碍、事无碍、理事无碍、事事无碍，以善为引导的伦理要求必将高于不理想的现实状况，能够主动做到事事践行伦理要求，对于大多数人几乎是不可能的，因此需要切实有效并被严格遵守的伦理制度，以保证伦理觉醒转化为行为。

有效的伦理制度能够被确立并且能够被执行，归根到底依靠伦理觉醒的人，这就需要先知先觉者带动后知后觉者，并且通过伦理要求不断地强化其伦理意识，最终内化为其伦理觉醒。安全伦理觉醒与安全伦理制度是相生相长、互伴互随的过程，不能希冀出现一劳永逸的情况。

一、安全伦理秩序的有效性

安全问题上，法律也好，制度也好，规章也罢，若仅仅停留在原则的层面上，可操作性差，执行力大打折扣。如何将道德在保障安全中的作用彰显出来，不能停留在抽象的、理念的、空洞的形态，需要伦理的制度化和可操作化。例如在长期的安全生产实践中，我们深刻地认识到：安全工作是一项需要长抓不懈的系统工程，要实现安全生产，搞好现场安全管理，必须建立一系列行之有效的安全管理规章制度，做到有法可依、有章可循。理念转化为可操作性的制度和规则，为此，我们将企业的安全理念变成一系列的安全规则、安全机制，进而指导人的行为，时刻保障安全。安全伦理体现出以"善"为引导下对"真"的追求。

在现实生活中，人们信仰着具有不同内涵的伦理体系，遵循着形成于特定历史文化下的道德规范，过着不同的道德生活。这些不同的伦理体系甚至本身在内容上就已经存在着分歧与矛盾，我们在实践中既要按照自己信仰的道德学说来行事，又要同具有与我们不同道德信仰的人交往。我们需要诉诸不同类型的道德学说、通过不同的手段、创造不同的规则，来规范和解决我们与其他道德共同体的分歧与争端。完全依靠理性论证，或者承认普遍的人性来制定普世的伦理体系，使其成为唯一正确的、标准的、世俗的伦理学，一劳永逸地解决所有道德问题这似乎是不可能的[①]。真理与有用之间没有本质的区别，真理不再是对大写实在的符合，而是对有用描述的赞美。

各个主体的功能角色不同，代表的利益也不同，承担的道德义务也不同，因此各种社会利益矛盾是客观存在的，它们必然会反映到监控个体的道德意识中来，造成思想冲突，当这种冲突一遇到特殊的道德情境，就会从潜在的思想冲突转变为公开的道德行为选择的冲突[②]。面对真实的利益博弈，安全伦理建构必须围绕如何保证个人不必总是面临巨大的风险考验的压力，如何让人们不必总是面临着物质利益与伦理坚持的两难选择，在这种压力面前，坚持伦理规范成了一件很难做到的事情，毕竟不能要求所有的人富贵不能淫，威武不能屈。目前，学界对安全的定义是"不受侵犯，免遭于损害，没有内在和外在隐患……"，恰恰是从否定的角度来界定，应该说，"安全"符合当今社会构建伦理秩序的逻辑要求，即坚守伦理底线。对伦理秩序进行重建，将"不应当"作为建构的核心，这样才能保证它是有效的，符合真善美的要求。伦理道

---

① 邬胜利. 无原则的伦理学——罗蒂伦理学研究 [D]. 长春：吉林大学，2011：3.
② 骆叶. 中国药品安全的伦理监控 [D]. 天津：天津医科大学，2009：18.

德不应是凌驾于现实之上或游离于实然之外的抽象原则，当前最重要的是应将游离于安全防范措施之外的伦理道德建设纳入其中，必须将伦理道德渗入安全实践的各个环节，并将安全实践纳入伦理的视阈①。

在伦理制度设计的过程中，遵循的不是人性能够张扬到如此高尚的地步，即不能将有德者作为标准来要求一般人，相反应该考虑人性之恶能够达到如何地步，然后对这些"恶"——不应当，会带来自身和他人不安全——进行防范。针对中国传统伦理秩序，需要制度设计逻辑的颠倒。传统中国伦理秩序致力于积极建构以便给人类行动提供指导，但是现在越来越严重的安全问题，使得我们不得不换一个思路，思考伦理学应该提醒人们哪些行为是绝对不可以做的，即底线的问题。这给了伦理学研究一个更加关乎人性之恶的视角，也可以避免伦理学的研究限于空泛和虚无。传统伦理的逻辑是将价值判断的"应该"等同于实然状态的"是"，将理想等同于现实，结果是人们无法做到却又必须如此践行，最终使伦理秩序名存实亡。或许换一种思维，由"是"走向"应该"，那么在制度设计中就会防范"恶"，从而达到对于"善"的坚守。也就是，因为你能够，所以你应该。安全，是理性可控的，而有意不控制，是不道德的②。伦理秩序的目的不是把不能的变成能够，而是将能够变成行为。如同孟子所言，为老人折枝，是每个人都能够做到的，伦理觉醒的作用是我们认识到我能够，伦理秩序的作用是从能够到付诸行为。

由于安全是个人的第一要求和基本需要，尤其在现代社会，最重要的是社会交往中的便宜和安全，那么围绕如何保障安全进行制度设计是最基本也是最有效并且能够为人们接受和愿意遵守的。也就是，围绕安全构建的伦理制度是符合伦理学中对"真"的要求的。伦理制度设计的有效性就是求真，即伦理原则是符合人性的，是对人性的真实观照，不是拔高或者降低人性，这就要求伦理原则的设定必须放在一般人能够做到的层面上，这样才是真实有效的，而非泛泛而论空空而谈。与"善"相比，"真"可能更多地是观照到人性"恶"的维度，诸如人的利己性，规避风险性，懦弱性，以普通人现实的角度来进行制度设计，才符合伦理"真"的原则。

二、安全伦理制度的基本原则

每个行业由于其从事实践活动的不同性，都有若干特殊的行为规范，需要着重强调和严格遵守。为构筑安全的生产环境，不论安全行为主体是政府、企业、专家、劳动者，都必须遵循安全伦理的基本原则，需要确定和维持不可变易的伦理关系。

---

① 冯昊青. 核伦理学论纲［J］. 江西社会科学，2006（4）.
② 颜烨. 安全社会学［M］. 北京：中国政法大学出版社，2013：249.

1. 三不伤害原则

"不伤害别人，不伤害自己，不被别人伤害"，这是安全中的"三不伤害"，这应该是安全伦理制度遵循的基本原则之一。以企业为例，企业的不伤害责任是企业在安全生产中的底线，这是对社会利益的负责任的态度，是每一个厂家必须遵循的首要责任，不但直接的伤害要避免，间接的伤害也是要避免的[①]。就企业和社会的关系来说，企业安全伦理道德强调，企业不管怎样弱小，绝对不能靠损害社会求发展，不这样考虑的企业是不道德的。

就企业与企业的关系来说，企业安全伦理道德提倡公平的文明竞争，不仅陷害中伤其他企业是不道德的，而且凭借本企业资金雄厚，把产品价格压到价值以下抛售，借以挤垮竞争对手也是不道德的。一个遵守文明道德行为准则的企业，就可以说具备了良好的企业安全伦理道德。为了自身利益的最大化，不惜损害他人利益和社会利益，这是一种社会病害，是一种道德的"恶"。要通过法律建设和道德建设，有效地遏制非法利益的扩展，使企业在合法合理的轨道上运行[②]。

"不伤害"是企业安全伦理体系中普遍性的道德原则。这是因为任何一个行为主体在任何行为中，如果放弃对这一原则的持守，包括对可能造成伤害的行为的姑息、纵容，都将意味着对这一普遍性原则的侵害，进而将对该原则的权威性构成威胁。这一原则权威性丧失的后果，就是所有行为主体对这一原则的漠视，从而势必威胁到人的生命安全，最终，违反原则者也将自食其果。"三不伤害"既是最低的道德要求，又是最普遍的道德要求，是安全伦理主体处理自身与其他安全利益相关者的安全利益关系最起码的行为准则，因而它具有作为伦理底线的绝对优先权。我们不可能要求所有人都去行善，也不可能要求所有人都能奋不顾身地抢救他人的生命，但我们可以要求所有人不能故意伤害他人。任何人，任何条件下，不能以任何借口逾越这道安全伦理底线。

2. 道德责任机制

"责任"的概念在政治学、法学、伦理学等学术领域中被广泛使用，此处将"责任"限定为"道德责任"，即"人们对自己行为的过失及其不良后果在道义上应承担的责任，在社会生活中，人们对自己的行为具有一定的选择自由，因此必须承担相应的道德责任"[③]。照韦伯的解释，所谓责任伦理，实际上是一种以"尽己之责"作为

---

① 秦麟麟. 企业安全伦理的现实审视和建设 [D]. 北京：北京交通大学，2007：25.
② 秦麟麟. 企业安全伦理的现实审视和建设 [D]. 北京：北京交通大学，2007：30.
③ [德] 马克思·韦伯. 学术与政治 [M]. 冯克利，译. 北京：三联书店，1998，代译序，107-108.

基本道德准则的伦理，其判定道德主体之道德善恶的根本标准，在于看道德主体在一定的道德情境中是否尽了自己应尽的责任：是则善，否则恶。而判断道德主体"是否尽了自己应尽的责任"的最重要依据，则在于看其行为的后果是否是其所肩负的责任所要求的应然后果——是，就是尽了应尽之责；否，就是未尽应尽之责。

道德责任机制实质是构建一个庞大的安全职责系统，依法明确各级政府、各企事业法人、各自然人在保障安全方面的具体措施和应履行的职责和义务。保证时时、处处、事事有人对安全问题负责。安全责任的落实等于每一个员工平时工作中的具体行动，而行动的正确与否是靠员工的知识和技能所支撑的。因此，培养和确认员工能力的培训和授权管理即成为安全责任制的基础。企业安全生产责任制是企业岗位责任制的一个组成部分，它根据"管生产必须管安全"的原则，综合各种安全生产管理、安全操作制度，对企业各级领导、各职能部门、有关工程技术人员和生产工人在生产中应负的安全责任做出明确的规定。

对于个人行为导致的不安全结果，现阶段企业安全生产的管理还是沿用传统的安全生产管理的奖惩制度，即以罚代管、重罚不重教，一切都用罚钱来解决安全生产的问题。从重奖、重罚到重赔，这种"惟经济论"的最大弊端在于，用一个倾向掩盖了另一个倾向，很容易产生某种副作用。单纯的经济手段只会加重整个行业的投机性，增加的不是责任意识，而是冒险成本[1]。这种不合理、缺乏人文关怀的奖惩制度和激励机制制约着企业安全伦理道德的建设。

3. 相互信任的伦理关系

传统中国是一个"熟人社会"，然而随着城市化的急剧进行，中国迅速地迈入"陌生人社会"，然而与西方以契约制度为基础的信任社会不同，许多研究者如马克斯·韦伯这样的大家，认为中国人的信任是建立在"亲戚关系或亲戚式的纯粹个人关系上面"的，对于他人，实际上普遍地不信任。在"陌生人社会"，这种信任就更难建立起来。中国社会科学院最新的《社会心态蓝皮书》指出：社会的总体信任进一步下降。人际之间的不信任进一步扩大，只有不到一半的人认为社会上大多数人可信，只有两到三成信任陌生人。

"信用"是陌生人社会良好秩序的前提。举例而言，在道路交通中，人们都应能够信赖，其他的交通参与人也已掌握了交通规则。拿到驾照第一天的司机，也不能因为其没有经验而免责。这就是为了保障社会交往中的信赖和安全。

市场经济也是信用经济，诚信是对企业和个人的基本要求，经济转型引发的新的社会结构需要关于诚信的新的制约机制。于是，诚信制度化应运而生。近年来，各种

---

① 遏制旷难要防止落入"惟经济论"的陷阱［N］. 中国青年报，2005-2-22.

诚信体系的建立保障了企业与社会之间的协调发展。外部制度对于企业而言，既是约束，也是内部制度的补充和保障。在这个过程中，制度使企业明确了社会的价值取向和需求，企业也认识到遵守和违背制度的不同后果，从而调整自己向社会鼓励的方向发展，企业安全伦理也就得到了提升。

三、伦理监控

为了确保行为主体遵守道德，践行伦理，伦理秩序建构的逻辑起点是行为主体具备完成的能力却未能遵循伦理准则，那么只有依靠"监控"最大程度保障伦理秩序的有效性。诚然，依靠行为主体的内在伦理自觉是最理想的也是一劳永逸的方法，却未必是符合实际并且有效的方法，伦理监控虽然会带来越来越多的漏洞，就像《老子》所言"法令滋彰，盗贼多有"，但是目前行之有效的方法。在企业安全伦理制度化的进程中，仅有伦理标准，不一定能有效制约企业的行为。可能是企业的安全道德标准与社会环境的行事规则有偏差，造成企业为了追求成功，必须在一定程度上偏离自身的道德标准，但更重要的原因可能还在于企业自身的监督机制。企业如果不具备相应的监督机制或监督机制未被激活，企业的安全伦理准则将无法发挥约束作用而流于形式。

伦理监控是指一定的社会、阶级或群体通过一定的社会力量，采取各种措施，使特定的道德原则和规范、道德价值观念和目标在大众层面上被接受并转化为人们的道德认识、情感、意志和信念，以适应社会、阶级或群体的价值目标的活动和过程，它包括整个社会、社会群体和社会组织有意识地对其成员的行为进行指导、约束或制裁；社会成员之间自发的互相影响、互相监督和互相批评；社会成员自觉地按社会规范选择、约束和检点自身的行为等方面[①]。韦伯认为，监控关系是发生在各级官僚之间的监控，其中包含了监控的基本要素，规则的存在是监控的前提和基础，而监控是围绕着权力展开的，被监控者的权力是否按照既定的规则行使是监控的核心问题。这一点也适合安全伦理监控。

权力具有强大的异化作用，尤其中国社会千余年来的家国天下结构带来的官本位思想，官员是人民的父母官，在强调人民对官员的顺从与"孝敬"面前，父母对子女的"养"和"教"却始终处于弱势和被忽略的地位。再加之"学而优则仕"带来的精英政治模式，我们认为官员必将是德才兼备之人，因此不加怀疑地将官员视为有德者，即便官员有所失德，也是由任命他的上级给予惩戒，人民始终未有监督权利。因此在中国文化中，独立于权力之外的伦理监控体系从未建立。因此在权力场内，人性的利

---

① 骆叶. 中国药品安全的伦理监控［D］. 天津：天津医科大学，2009：13.

己性发挥到极致，而且带着道德楷模的面具行蝇营狗苟之事，不仅牺牲弱势群体的物质利益，甚至是生命安全，这是对他人安全的严重威胁。更加糟糕的是，民国之后，民间的社会力量从未彰显，权力的魔爪延伸到每一个角落，任何个人的安全都存在着隐患，这种不安全感带来的人人自危，人人自保，更加不利于社会力量的壮大，也加速了伦理道德的滑坡，破坏了正常合理的伦理秩序。因此安全伦理监控并不仅仅就从事安全生产和安全活动的个人而言，更根本的是对权力的监督和控制。安全伦理监控就不只是围绕和关注具体的安全事故，整体的社会秩序更为根本。

我国在经济体制转型的过程中同时面临着社会文化和价值观念的转型，现在安全的问题不在集体主义下对个人的漠视，反而是个人打着集体的名号侵害多数人的利益，现在防范的不是集体主义，而是少数人的利己主义。因此，监督的作用和地位凸显出来。通过伦理秩序和行为规范的确立和完善，逐渐引导社会文化价值观趋于统一，正向发展，能够促进不同行为主体安全伦理道德的建设①。

在西方，近现代以前，人们主要依靠行业自律和社区规则来保障安全。以药品安全为例，中世纪的英国由同业公会（craftguilds）设定药品标准，皇家医学会有权对药店进行监督检查（Abraham, 1995）；英属北美殖民地法院在 17 世纪就有因药品掺假行为（adulteration）而课以处罚的判例。在中国，近现代以前，人们主要依靠熟悉人社会中的诚信—商家信誉和行会来保障安全。

在加拿大等国，政府不仅有完善的法规在某种程度上强制企业遵守一定的伦理规范，还设有专门负责监督的伦理官员。另外，调查研究结果通过出版刊物将企业的安全管理与经营活动现状公之于众，也是一种很好的监督和奖惩方式②。

伦理监控还包括反馈与激励。以企业安全伦理为例，其反馈表现在两个方面。第一，企业领导者或决策者要获知企业安全伦理的实践情况，需要来自实践一线的反馈信息。这种反馈有利于企业领导层更好地进行安全伦理道德的管理和决策。第二，企业中的个人或集体对自身安全伦理道德行为的感知与评价有赖于企业内外部的反馈与评价。对市场经济条件下强调自主管理的企业而言，安全伦理道德首先应该在内部设立这样的反馈机制。

激励机制是通过一套理性化的制度来反映激励主体与激励客体相互作用的方式，是指激发员工的工作动机，也就是说用各种有效的方法去调动员工的积极性和创造性，使员工努力去完成组织的任务，实现组织的目标。美国哈佛大学詹姆斯教授认为，如果没有激励，一个人的能力发挥只不过 20% ~ 30%，如果施以激励，一个人的能力则可发挥 80% ~ 90%。那么安全激励是指安全管理中的激励，从微观上讲，是对人的安

---

① 骆叶. 中国药品安全的伦理监控 [D]. 天津：天津医科大学，2009：14.
② 秦麟麟. 企业安全伦理的现实审视和建设 [D]. 北京：北京交通大学，2007：33.

全行为的激励，主要形式有：经济物质激励、精神激励、刑律激励、环境激励、自我激励[①]。

四、伦理教育制度化

从安全理念转化为安全行为，需要持之以恒的教育与熏陶。安全伦理教育成功的标准是行为主体能够发自内心地认同伦理规范，内外合一，知行合一，认识到伦理规范的必要性和在任何境遇下的确定性及绝对性，自觉地践行伦理要求。安全是人类的永恒追求，安全是目的，伴随着人类永远处在进行状态中，从未能有一个时刻我们得以宣称人类完成了"安全"，伦理教育必将永远伴随着安全行为主体和安全实践。伦理教育形成制度，合宜的能够被接受的伦理教育至关重要。安全伦理教育以匡扶正气修正安全道德观念，加强安全道德修养为目的，主要功能是帮助安全行为主体建立正确的安全理念和安全思维，增强安全自律性，养成自觉遵守安全准则的习惯。建立安全伦理教育培训机制，不断为人们创造学习和培训的机会，创造宜人的教育和学习环境，不断提高其安全伦理素质，将个体的安全行为规范化，逐渐形成习惯。

制度的出台最原始也是最终的动力是社会力量的推动，但是制度的制定者是具体行使权力的管理者，伦理教育能否制度化并且被有效执行首先需要管理者的伦理觉醒，领导者的安全伦理理念，势必影响下属对环境的认知，对问题的看法，对解决问题的态度，对决策的方式，对他人或团体的关系，对纪律和安全伦理的反应，以及对安全目标的达成，也就是会影响到整体的安全伦理理念。以企业道德为例，它具有四个方面，即企业的社会道德、生态道德、人际道德和行业道德，其主体是整个企业或法人，当前在市场秩序的不健全和失范的条件下，一些企业的道德人格缺位。一些企业对待企业员工独断专制，随意解雇，轻视职工人格情感，忽视企业的安全投入和安全培训，漠视员工的生命健康安全。安全管理要注重"人本观"，真正突出人在安全工作中的地位，尊重人的生命，关心人的心理，促进人的全面发展，实现以人为中心的管理。

不可认定领导者或者管理者是伦理意义上的先知先觉者，如何培养领导者的安全伦理理念便成为首要的问题。以安全行为与不安全行为带来的利益比较使管理者认识到安全工作的重要性，未必是上策，既然利益计算是标准，当为保障安全投入成本大于不安全带来的损失时，管理者未必会关注"安全"。恰恰相反，正因为管理者更关注利益，所以依靠其自身的伦理觉醒更加困难和不具现实性。不排除掌握知识和更具

[①] 秦麟麟. 企业安全伦理的现实审视和建设 [D]. 北京：北京交通大学，2007：37-38.

能力的管理者具备较强的伦理意识，但是不能完全寄希望于管理者自身，对管理者的伦理教育和伦理监督非常重要。

哪些行为主体能够使管理者认识到安全伦理的必要性呢？只能是具体的安全行为主体即第一线的工作人员，他们对于个人生命的珍重，能够合理有效表达安全诉求，在推选管理者的时候，安全伦理意识成为一项重要的考核标准，并且具有相应的伦理监控机制。伦理教育能否制度化需要安全行为主体的伦理觉醒，根据目前中国的安全伦理状况来看，这必将是一个漫长的过程。

由哪些行为主体来进行安全伦理教育的具体活动，需要一批高素质的安全伦理教育者，这些人或者从一线员工中选拔，或者从事过一线工作，切实了解安全的重要性，能够将安全伦理理论转化为具体的伦理实践，具有说服力。

从逻辑上讲，从事实践活动的安全主体应当能够深刻体会到安全的重要性，意识到威胁安全的因素，但是目前由于操作不当、不遵守安全章程导致的安全事故常有发生，总有个别的企业员工，以侥幸的心态去对待安全生产，以漠然的态度去对待规章制度，总以为各条各款的规程是束缚他的绳索，是限制他们的羁绊，把企业的利益放在一边，把自己的安危置之不理。这说明被管理者的安全意识不强。

因此，安全教育需要通过艰苦细致的工作向员工传达安全理念，帮助员工完成从意识到必须安全，到自觉做到遵守安全规定的飞跃。"意识到"只是"认识到"的开端，从"意识到"到"认识到"，需要思考、辨别、判断、吸收、提高的加入，有了这些才能转变成更高一级的意识，即"认识一旦建立短时间不会消失"。完成员工"意识到"到"认识到"的转换，是安全教育努力实现的第二步目标，这是一个极其重要的阶段，它直接关系到安全伦理秩序构建的成败，对安全而言，仅仅"认识到"还不够，还要将认识转变为行动。

要使安全伦理规范、制度落实到主体的自觉实践和履行上，就必须使主体实现安全规范、安全制度的自觉体认和内化。要实现安全规范的自觉体认和内化，则必须将伦理规范制度从外在的、异己的、他律的阶段过渡到主体、内在的、自我认同的、自律的阶段，即从"要我安全"变为"我要安全"的过程。只有进入"自律"阶段，才能标本兼治，企业才能得以处于长久的、稳定的安全和谐状态。这就要求安全规范和制度的设计应充分体现伦理化和人性化。

只有不断地唤起和激发职工自律的自觉性，才能充分发挥职工的主观能动性，才能实现职工在思想意识上由"要我安全"变成"我要安全"，在行为准则上由外在约束变成内在约束，变他律为自律。只有这样，才能促进安全生产，才能实现安全工作长治久安的局面。传统的安全教育侧重于解决人的安全意识、知识和技能，而安全素质不仅指知识、技能、意识素质，还应包括理论、情感、认知、态度、价值观、道德水平以及行为准则等人文素质，因此必须对原有的安全教育工作的内容和方式方法进行深化，并大胆创新①。

目前，安全教育的形式化、间断性、纯技术性使得安全教育不仅没有起到应有的作用，沦为形式，反而令教育者和被教育者反感和厌恶，对于安全伦理秩序的构建有百害而无一利。这就要求将教育活动的有效性放在首位，尊重和重视员工的创造性，对员工进行充分的授权，营造民主参与的氛围，鼓励他们发挥主动性和独创性，充分释放其智慧与才能。要对员工放手，信任他们，人人参与到企业安全管理之中。采取多种形式，通过奖励、表扬、情感交流、群体活动、参与管理等多种形式和手段创造良好的文化氛围，为员工的全面发展和价值实现创造条件。

---

① 秦麟麟. 企业安全伦理的现实审视和建设 [D]. 北京：北京交通大学，2007：34.

第五章　安全文化学新探

安全科学揭示，绝大多数事故都是可以预防的。如果仅从技术层面去预防事故，成本特别高甚至无法承受；但如果结合管理方法或员工文化自觉则会收到非常好的效果。在安全管理的五个对象（人、机、料、法、环）中，人是最难管理的；统计资料表明，80%以上的事故都是由人的因素引发的[①]。而其他20%也与人有间接的关系。因此，人是安全生产工作的重点。

传统的安全管理模式是被动的，是通过严密的组织机构自上而下的贯彻落实过程，企业安全生产工作主要由少数的几个安全管理人员去做，其他从业人员处于一种被动的服从状态，尽管绝大多数企业都会通过奖惩措施来强化这种控制效果，但往往实际很难达到预期目标。这是因为：首先，时时刻刻监视企业内的每个员工既不可能也不实际；其次，各种违章行为的处罚往往会导致更深的管理层和普通员工之间的矛盾，使安全管理工作失去群众基础；再次，安全生产工作是一个动态发展的过程，很难想象仅仅通过几个安全生产管理人员的努力能把企业的安全生产工作搞好。

第一节　安全文化研究的兴盛

1986年4月26日1点30分，苏联切尔诺贝利核电站四号反应堆因有关人员玩忽职守、粗暴违反工艺规程而发生核泄露事故。该核电站在当时被誉为世界上最安全的核电站，核安全技术及有关安全管理已经相当成熟。经过这起事故后，1987年，切尔诺贝利核泄露事故调查报告正式完成并提交，在该调查报告中强调了人是安全生产最重要的因素，再完美的安全技术，再完善的安全设施，如果人的因素不能消除也很难确保事故不发生。该报告认为核安全文化在消除人的因素方面能发挥作用。由此，核

---

① FLEMMING M，LARDNER R. Safety culture-The way forward [J]. The Chemical Engineering, 1999（11）: 16−18.

安全文化正式被确立，并发展为后来的企业安全文化，它第一次将安全文化作为安全生产工作的一项重要内容。

安全文化一经提出，便引起国内外学者的广泛关注，经过20多年的研究和发展，安全文化对企业安全生产的影响已经得到学术界的普遍认可。在我国政府的积极推动下，各生产企业对安全文化的认识也随之不断提高，全国大中型企业，特别是高危行业企业积极开展安全文化建设工作。一系列措施的实行不仅使我国的安全生产形势明显好转[①]，还为企业安全文化建设创造了良好的外部环境。

企业的安全生产工作离不开基层员工的参与，离不开企业全体人员的共同努力，虽然人们已经认识到企业安全文化对企业安全生产工作的促进作用，但是，如何建设好企业的安全文化却困惑着越来越多的人，根据笔者的了解，很多高危行业企业都在积极地建设安全文化，但收效甚微，因此，企业安全文化建设迫切需要一个好的理论进行指导，特别是首先要搞清楚什么是安全文化。

国内外关于安全文化研究现状

安全文化并非是什么新鲜事物，从有了人类社会开始，安全文化就应运而生，并随着社会的发展而发展。但直到近三十年，人们才有意识地提出并发展安全文化。有人根据不同时期思想观念不同，将安全文化分为四个阶段，如表5-1所示。这种安全文化实际上是社会安全文化，是宏观总体上的一种安全文化，从该表可以看出人的观念是与社会的发展进步相联系的，同时人的观念影响着人的行为。

表5-1 人类安全文化的发展脉络

各时代的安全文化	观念特征	行为特征
古代安全文化（17世纪前）	宿命论	被动承受型
近代安全文化（17世纪末至20世纪初）	经验论	事后型，亡羊补牢
现代安全文化（20世纪50年代）	系统论	综合型，人、机、环境对策
发展的安全文化（20世纪50年代后）	本质论	超前、预防型

1. 国内外研究现状

从1986年安全文化的提出到现在的近30年间，国内外学者对安全文化的研究方向概括起来不外乎三个方面，即：安全文化的概念、范畴；安全文化的维度、评价及

---

① 安全监管总局印发安全文化建设"十二五"规划，中华人民共和国中央人民政府网 http://www.gov.cn/gzdt/2011-11/12/content_1991554.htm（2011/11/12）.

定量测量；安全文化建设。

（1）安全文化的概念、范畴

为了有意识地使安全文化为企业安全生产服务，首先必须要搞清楚的问题就是什么是安全文化。安全文化的定义一直是学术界争论的焦点，也是安全文化研究的核心。到目前为止，学术界并没有出现一个让众人信服的定义，不同的学者从不同角度来理解安全文化，从而也给出了不同的定义，犹如"盲人摸象"。

安全文化的定义目前有"广义"和"狭义"之分。"广义"的安全文化是把"狭义"的安全文化进行扩大化，是将核心的安全文化向外扩张，将与核心安全文化有关的事物也包罗了进来，例如英国健康安全委员会核设施安全咨询委员会（HSCASNI）组织认为安全文化是个人和集体的价值观、态度、能力和行为方式的综合产物。良好的安全文化单位应有充分的信息交流、安全共享、有力的预防措施，而这些都是建立在信任的基础上的，这为建设安全文化提供了思路；另外，美国学者道格拉斯·韦格曼（Douglas Wegman）等人，认为安全文化是由一个组织的各层次、各群体中的每一个人所长期保持的，对职工安全和公众安全的价值及优先性的认识。还有国内的很多学者也都给出了自己的定义。

要对安全文化下一个准确的定义还比较困难，很多学者从文化的概念入手，但这样又陷入两难的局面，因为对于文化的定义也形形色色，达100多种。例如有学者就认为：文化是明显的或隐含的处理问题的方式和机制；在一种不断满足需要的试图中，观念、习惯、习俗和传说在一个群体中被确立并在一定程度上规范化；文化是一种生活方式，它产生于人类群体，并被有意识或无意识地传给下一代。

为了更加充分地认识安全文化，将安全文化与和它有关的概念如安全管理、安全氛围进行比较，通过比较发现差别，从而勾勒出安全文化的轮廓。同时，也有学者指出好的安全文化的特征，如 Lee[1]（1996）指出好的安全文化的特点是：沟通是建立在相互信任基础上的，对事故预防措施的有效性也相互信任。Lee 与 Harrison[2]认为，对安全文化来说有两点是关键的：一是每个人都能担当起避免事故或伤害发生的职责；二是通过有效的社会规范在组织的每个个体中产生共同的期望或生活方式，并通过有效的方式传递给每一个组织成员。

文化具有实践性、人本性、民族性、开放性、时代性、稳定性和继承性。但是安全文化是如何对人进而对整个安全生产系统发挥作用的，主要有哪些作用等问题还需要进一步研究。有人粗略的认为，文化力主要表现为影响力、激励力、约束力和导向

---

① LEE R T. Perceptions, attitudes and behavior: the vital elements of a safety culture [J]. Health and Safety, 1996（7）：1~15.

② Lee T, Harrison K Assessing Safety Culture in Nuclear Power Stations [J]. Safety Science, 2000（34）：61~97.

力。这四种"力"也可称为是安全文化的四种力、四种功能。

从安全生产科技的演化过程来看，早期的工业安全主要依靠技术装备及个体的熟练操作和注意，随着生产的社会化，企业内会有多人合作完成一项工作，工作的环节也增多，这时必须通过有效的管理才能使生产系统中的各个要素有效运行，不发生事故，但随着生产规模的进一步扩大，光靠管理人员的管理已经显得力不从心，这时需要依靠企业内每个人都来发挥作用，需要每个人都要积极参与到管理中来，而每个人的参与显然需要共同的动力、共同的协调和指向、共同的约束和规范，正是这种需要呼唤一种新的手段，人们也期望安全文化能发挥这样的作用。

很多学者认为，广义的安全文化是一个大的模糊概念，包含的具体内容是广泛的。因此根据安全文化的形态不同，将安全文化细分为安全观念文化、安全行为文化、安全管理文化和安全物态文化。其中，安全观念文化是根本，是核心，在其影响下产生安全行为文化和安全管理文化，最终形成安全物态文化。安全文化的层次结构如图5-1所示。四个层次由内而外，是一种递进的关系。

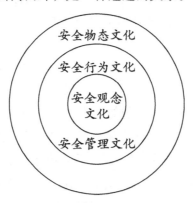

图5-1　安全文化层次结构图

另外，也有学者认为，针对的对象不同，文化所展现的具体内容也不同。因此，不同的安全文化对象会表现出不同的安全文化内涵、层次。以企业安全文化为例，其对象一般有：企业决策层领导，如企业负责人、安全生产主管领导、企业其他分管领导；企业管理层，如安全生产部门领导、其他主管部门领导；企业执行层，如企业安全管理人员、其他管理人员和普通工人、班组长等。对于不同的对象，安全文化的表现和要求也是不一样的。例如，企业安全生产主要责任人主要强调其事故可以预防的观念、安全生产适当投入的观念、以人为本的观念等；而对于一般的普通工人主要强调个人积极参与的观念。

行业不同、地区不同，企业的生产方式、作业特点、人员素质不同，相应的安全文化内涵不同，譬如化工企业安全文化、煤矿企业安全文化、核安全文化等。因此从安全文化建设的空间角度讲，国内外学者很多都是针对某一行业，甚至是某一企业研究安全文化的一些具体问题。

（2）安全文化的维度、评价及定量测量

安全文化是一个抽象概念，是一个看不见摸不着的事物，这样，人们只能对安全文化进行感性认识，确定一个企业安全文化的好坏。但具体好多少却无法知道和衡量，因此，人们希望对安全文化进行量化研究，包括研究安全文化的维度、定量测量及评价等相关问题。

所谓"维度"，就是人们为建模需要而把属性相同的概念归纳在一起的元素。人们将概念相同的元素称"同维"元素，其集合就是该类概念之"维度"。因此，研究安全文化的维度就需要先搞清楚安全文化有哪些要素。

目前，对安全观念文化的关键要素的研究有很多，Zohar（1980）是最早研究安全观念文化关键要素的人之一，至今 30 多年的研究历史中，国内外的很多学者都做了这方面的研究，例如西方的 Brown（1986）、Williamson（1997）、Rundmo 和 Stewart（2000）、Glendon（2001）、Cheyne 和 Gillen（2002）、Cooper（2004）、Asa（2006）、Lu 等（2007），中国研究的要稍晚一些，如傅贵、方东平、张吉广等于 2006 至 2008 年开始研究安全文化关键要素。田水承在《安全管理学》中提出了不同层次人员所应具有的观念体系。

研究者往往通过人们的感觉和认识，在安全文化的四个层次上确定不同的测量量表，采用调查问卷的方式采集大量的样本，并运用统计分析软件，进行项目分析，建立结构方程模型（Structural Equation Modeling，SEM）运用统计分析软件进行主成分分析和结构因子分析，最后得到影响安全文化有关的维度和因子。Cooper、Philips、Berends 等人通过对不同行业的员工进行问卷调查，建立结构方程，都发现了与安全文化建设有关的维度。其他关于这方面的研究还很多，这种研究在国外的期刊上见得较多，近几年国内也有不少学者从事这方面的研究，如中国矿业大学傅贵的研究团队及管理学院的曹庆仁。

上述研究促进了人们对安全文化核心的了解，为如何定量评价和测量安全文化奠定了基础。但是，对关键要素的研究还需要进一步加深，需要进一步研究关键元素集中各元素之间的相互关系，以及元素集的内部结构。并且要与心理学等相关学科结合起来更进一步探究这些关键元素与其他外界因素之间的相互关系。

安全文化的评价一般首先是要建立评价指标体系，指标体系的确定取决于对安全文化的基本理解认识，目前也存在各种安全评价体系，有些是政府和机构主导的，例如，我国政府制定了《企业安全文化建设评价准则》（AQT 9005—2008）。国际核安全咨询组也建立一套系统性较全面的安全文化评估体系。美国能源部制定了"安全规则测量系统"。

也有学者在辨析安全文化和安全氛围后，认为安全文化通过安全氛围表现出来，而安全文化比较抽象，是无法测量和评价的，必须要通过安全氛围来测量评价。如方东平等人通过对施工企业安全氛围的辨析，归纳了十个安全氛围评价指标。

傅贵[1]等将国外的安全文化量表进行修正，编制了符合中国国情的安全文化量表，在提出安全文化核心元素的基础上，运用 Likert 量表方式探讨了安全文化的定量测量，并把测量结果与企业安全业绩之间进行对比，表现出较好的吻合。

安全文化的测量和评价其目的非常清楚，就是要通过测量和评价找出安全文化建设方面的不足之处。但是就目前的文献来看，很难找到两个完全一样的测量量表，或者说很难有人对另一人的量表表示完全的认同。这是因为，大多数量表都希望能全面反映企业的安全文化，所以量表的题项一般都较大，而由于每个人的观念、知识水平、认识不同，每个人都会有自己对安全文化应包含内容的理解。

（3）安全文化建设研究

安全文化建设是一个更大的课题，上述关于安全文化的定义、范畴、特征，安全文化的维度和测量等的研究，最终目的都是为了更好地认识安全文化，都是为建设好安全文化服务的。在查阅的有关文献中，国外学者开展纯粹的安全文化建设的文献非常少，国内关于安全文化建设方面的学术性研究也不多，大多数都是从事企业一线安全生产工作的人员对安全文化建设提出的一些见解。中国安全文化建设的研究主要集中在高风险行业企业，如核工业企业、航空企业、化工企业、矿山企业、电力行业企业等等。如祁光发就行业企业安全文化建设问题提出了"12345"安全文化系统建设工程。但是，中国企业特别是在高危行业企业的安全文化建设还存在很多问题，主要表现如下。

第一，在思想认识上不够充分和统一，安全文化建设浮于形式。没有很好地统一基层管理人员及一线职工思想认识，很多人认为安全文化只不过是"搞形式"和"走过场"，对安全生产没有多大作用[2]，有些知道有作用，但到底有什么作用、有多大作用比较模糊，因此，很多高危行业企业安全文化建设工作不主动、不积极，工作盲目、"跟着感觉走"。

第二，对安全文化的概念比较模糊，建设的方向和目标不明确。什么是安全文化，安全文化的定义是什么，这些在学术界依然还处于争辩的阶段，好的安全文化到底是一个什么样子，有哪些标准等还不够明确。基于此，中国矿业大学（北京）傅贵教授等[3]对安全文化的定义进行了认真的辨析，并根据美国、加拿大和以色列等国学者的研究成果，提出中国安全文化测量的关键变量和方法[4]。

---

① 傅贵,李长修,邢国军,等.企业安全文化的作用及其定量测量探讨[J].中国安全科学学报,2009(1):86-92.

② 马金山.煤矿企业安全文化建设方法探析[J].技术与创新管理,2012(1):41-44.

③ 傅贵,李长修,邢国军,等.企业安全文化的作用及其定量测量探讨[J].中国安全科学学报,2009(1):86-92.

④ NEAL A, GRIFFIN A M, HART M P. The impact of organizational climate on safety [J]. Safety Science, 2000 (34): 99-109.

第三，安全文化建设的方法和手段缺失。由于对安全文化的概念模糊，对安全文化的好坏缺少评判标准，因此，对于如何建设安全文化，如何提高安全文化建设的效率等问题就更难把握，大多对安全文化建设都是泛泛而谈[①]，缺少系统性和科学的方法。相关学者对煤矿企业安全文化的研究还大多停留在理论层面，许多论著内容相近，有的论述仅限于表面，理性的多，可操作性不强，不能适应社会发展和生产实践的需要。企业安全文化建设的研究绝大多数是企业一线工作人员，研究缺少一定的理论基础，大多是经验式的，研究过程不够科学，研究分析不够严谨，研究结果也缺少验证。

2. 国内外研究现状评述

安全文化理论与实践的认识和研究是一项长期的任务，通过对安全文化的研究，国内外学者在很多方面已经逐渐达成一致，如：安全文化是"人本文化"，注重调动企业职工安全生产工作的积极性、主动性和创新性，注重员工的积极参与；安全文化的核心是观念文化，只有积极的安全观念才能产生积极的安全文化等。随着研究的深入，安全文化的概念会越来越清晰。

上述研究对于本课题研究的主要意义在于：

第一，更加深刻认识安全文化的内涵。尽管各种定义还不统一，但都从某一个侧面反映了安全文化的特征或特点，笔者将认真分析各个定义所处的视角，找出各个定义的异同点，并结合自己的研究和思考，提出新的观点。

第二，为安全文化建设提供一定的理论依据。各种安全文化的维度和测量的研究，不同程度地反映了安全文化的具体内容，这将使安全文化建设更加具体，更具有可操作性。

第二节　安全文化界定及功能新认识

安全文化是一个相对比较抽象的概念，安全文化从提出到现在一直没有得到一个让所有人都比较信服的定义，这对安全文化建设起到了阻碍作用。安全文化对安全生产工作有促进作用，安全文化的建设最终也是为安全生产服务的，因此，本章在对安全文化的定义有一个深入分析的基础上，并不纠缠于具体的定义，而是从实用的角度将安全文化置于企业的安全生产系统中进行考察、认识。

---

① 卫向荣. 煤炭企业安全文化建设浅探 [J]. 当代矿工，2011 (4)：20-21；王灵芝. 煤炭企业安全文化建设途径 [J]. 科技资讯，2011 (8)：174；崔永鸿，易俊，李海霞. 民营中小企业安全文化建设探讨 [J]. 中国安全生产科学技术，2012 (5)：217-220.

一、关于安全文化界定的新认识

目前，查阅有关文献发现，从最初 1986 年国际原子能机构（IAEA）提出的安全文化的定义开始，至今几十种，大家都是在原有的安全文化定义的基础上，不断进行改进和修正。可以说，不同的人对安全文化进行研究都有其各自的认识和看法，但无论其从事哪方面的研究，都要面对什么是安全文化的问题。

1. 各类机构关于安全文化的定义

1991 年，IAEA 首次定义了"安全文化"的概念，即安全文化是存在于单位和个人中的种种素质和态度的总和[①]。从这个定义来看，首先，安全文化是一种观念，是重视安全生产工作的一种观念，而且这种观念具有优先性，这种优先性的观念对单位和个人的素质和态度都会产生影响。也就是说，安全文化是一种很抽象的观念的东西，说不清道不明，但是这种观念的东西在现实世界是有表现的，那就是通过单位和个人的素质和态度来表现。

接着，英国工业联盟（CBI）将安全文化定义为：组织全体成员对待风险、事故和疾病的共同的观点和信仰[②]。

1993 年，英国健康安全委员会核设施安全咨询委员会（HSCASNI）认为，安全文化是个人和集体的价值观、态度、能力和行为方式的综合产物。良好的安全文化单位应有充分的信息交流、安全共享、有力的预防措施，而这些都是建立在信任的基础上的[③]。

1999 年，澳大利亚矿产局（Minerals Council of Australia）将安全文化定义为：公司对涉及管理、监督、制度以及组织等安全问题的处理方式。

中国核工业总公司及时将核安全理念运用到我国的核安全生产领域。1993 年，我国劳动部提出将安全工作提高到安全文化的高度来认识。安全文化成为安全科学界研究的热点，安全文化的运用从核工业向其他行业领域发展。安全文化从核安全文化等高科技、高风险行业发展到化工、煤矿等高危行业，再到一般企业安全文化，最后拓宽到全民安全文化。

---

① International Nuclear Safety Advisory Group. Safety culture, Safety Series, NO. 75-INSAG-4［R］. IAEA, Vienna, 1991.

② Anon. Developing a safety culture-business for safety, ed. 1［R］. London：Confederation of British Industry, 1990.

③ LEE R T. Perceptions, attitudes and behavior：the vital elements of a safety culture［J］. Health and Safety, 1996（7）：1-15.

在经过十多年的安全文化建设探索和实践的基础上，2008年，中国国家安全生产监督管理总局发布了《企业安全文化建设导则》（AQ/T 9004—2008）和《企业安全文化建设评价准则》（AQ/T 9005—2008），并明确了企业安全文化的定义是：被企业组织的员工群体所共享的安全价值观、态度、道德和行为规范组成的统一体。

2. 主要专家学者关于安全文化的定义

与机构安全文化定义相比，学者的安全文化定义要相对更加注重理论性、科学性，而机构的定义更加偏向于实际应用，具有明显的实践性特点。表5-2给出了近20年内较有代表性的学者的定义。

从表中的定义可以看出，大多数人认为安全文化的作用是使企业内每位员工对安全给予持续的关注，是一种态度、观念和信念等。安全文化能够影响企业的危险程度，能够影响企业的安全绩效。但是，这种影响的作用机理是什么样的，如何作用的，并没有太多的分析，认真分析这种作用机理，会更好地认识和解决什么是安全文化及安全文化是什么的问题。

上述关于安全文化的定义只是其中具有代表性的一部分，其他的安全文化的定义还有很多，在此不一一列举。随着时代的发展和对安全文化认识的不断深入，安全文化肯定还会有新的定义不断产生。虽然目前安全文化的定义没有统一，某些方面还存在很大的争议，但在这些不同分歧当中同样存在着很多的共识：一是安全文化是相对于社会或组织而言的，是存在于社会和组织之中的；二是安全文化的研究目的和出发点是考虑安全文化对置于组织中的人的安全行为的影响；三是安全文化的核心是信念、价值、观念、态度和认知等心理层面的内容。

二、危险源理论与安全文化在事故控制系统中的作用机理

事故是安全科学技术研究的主要对象，安全科学研究的目的就是为了有效预防事故。因此，包括安全文化在内的所有安全科学技术研究，都应该看对预防事故起着什么样的作用。本着上述思路，本节应用系统的方法来认识企业事故发生的机理，并建立事故控制模型，然后从安全生产系统整体考虑安全文化问题。

危险源概念自提出以来，危险源理论为事故的预防和控制起到了很好的理论指导作用。危险源的存在和新的危险源的不断产生是事故发生的根源[1]，而未得到及时辨识和控制是事故发生的原因。研究表明，某一起事故的发生往往是多种危险源相互作用的结果，各种危险源在事故中的地位是不同的，发挥的作用也不一样。

---

① 田水承，李红霞，王莉. 3类危险源与煤矿事故防治 [J]. 煤炭学报，2006，131 (6)：706-710.

表 5-2　安全文化定义

学者	年份	定　义
Cox & Coxs	1991	员工对安全问题的共同态度、信念、知觉与价值①。
Pidgeon	1991	安全文化为信念、规范、态度、角色及社会性与技术性实务的组成，能使员工、管理人员、顾客与公众成员的危险或伤害降到最小②。
Cooper	2000	引导组织所有成员的注意力与行动朝向改善安全的显著努力程度③。
Ostrom et al	1993	组织的信念与态度反应在组织的运作、政策及程序上进而影响安全绩效④。
Geller	1994	在全面安全文化的组织内，每位成员视安全为自身的责任，并通过每日的工作与生活实践表现出来⑤。
Flin R.	1998	组织安全文化是个体与团体价值、态度、知觉、能力与行为模式的产出物，这些决定了组织安全卫生与安全管理的承诺、风格与熟练度⑥。
Douglas A.	2002	安全文化指企业的所有员工都高度重视个人和集体的安全，员工能用实际行动维护和促进安全，对安全尽自己的责任⑦。
徐德蜀	1994，1997	安全文化是指在人类活动的一切领域内，为保障人们健康、避免意外事故和灾害、使人类社会更加安康和谐而创造的安全物质财富和精神财富的总和⑧。
罗云	2002	安全文化是人类安全活动所创造的安全生产、安全生活的精神、观念、行为与物态的总和⑨。
傅贵	2009	安全文化等于安全管理所需要的核心理念⑩。

①　Cox，Cox s T. The structure of employee attitudes to safety：an European example [J]. Work and Stress，1991，5（2）：93-106.

②　Pidgeon，F N. Safety culture and risk management in organizations [J]. Joumal of Cross-Cultural Psychology，1991，22（1）：129-140.

③　Cooper M D. Towards a Model of Safety Culture. Safety science，2000.

④　Ostrom L，Wilhelmsen C，Kaplan B. Assessing safety culture. Nuclear Safety. 1993，34（2）：163-172.

⑤　Geller E S. Ten Principles for achieving a total safety culture. Professional Safety. September 1994：18-24.

⑥　Flin R，Mearns K，Gordon R，et al. Measuring safety climate on UK offshore oil and Gas installations. In：SPE International conference on health：Caracas：Safety and Environment in Oil and Gas Exploration and Production，1998.

⑦　Douglas A，Wiegmann，Hui Zhang，et al. A Synthesis of Safety Culture and Safety Climate Research. Technical Report ARL-02-3/FAA-02-2. Prepared for Federal Aviation Administration Atlantic City International Airport，NJ. 2002.

⑧　徐德蜀，金磊. 中国安全义化建设——研完与探索 [M]. 成都：四川科技出版社，1994；徐德蜀. 关于中国安全文化研究及安全文化建设进展 [J]. 劳动安全与健康，1997（5）：18-22.

⑨　罗云. "安全文化"系列讲座之一安全文化的起源、发展及概念 [J]. 建筑安全，2002（9）：26-27.

⑩　傅贵，李长修，邢国军，等.企业安全文化的作用及其定量测量探讨[J].中国安全科学学报，2009(1)：86-92.

目前对危险源概念的理解并未统一。同时，对危险源的外延也不清晰，往往把危险源与事故隐患（或安全隐患）、事故致因因素等相混淆。我们认为，可能导致事故发生的能量或能量载体（危险物质）就是危险的根源，即危险源。这种定义与系统安全理论是一致的，系统安全理论认为，如果系统中没有危险源就不会发生事故（实际上如果系统中没有导致事故发生的能量或能量载体也就不会发生事故）；防止事故的发生就是要消除或控制各种危险源，那么也就是要消除或控制各种能量或能量载体。

危险源控制是安全生产工作的重点和中心，是生产中所必须要重点研究、评价、防范、控制、约束和保护的。基于各类危险源在事故发生中不同地位和作用，笔者将危险源分为初始触发危险源、触发危险源和直接危险源。事故的发生是初始触发危险源、触发危险源和直接危险源的能量相继触发、连锁反应的结果。直接危险源是针对某类事故而言的，是造成某类事故损失的主要能量或能量载体，对于同一类事故其直接危险源往往是明确、具体的，而触发危险源往往有多种（如煤矿井下瓦斯爆炸事故，其触发危险源——火源有很多种），因此控制某类事故重点是控制其直接危险源。

对直接危险源的控制就是使直接危险源的能量按照正常的渠道流动，它与一级触发危险源往往是两个作用方向相反的能量，一级触发危险源的能量是使直接危险源的能量向事故方向流动，而控制系统是使直接危险源能量不向发生事故的方向发展，前者是负效应，后者是正效应。一般来说，直接危险源能量向事故方向发展都有一个标志性参数（如压力容器罐的温度、压力或罐体强度，高速行驶车辆的车速，瓦斯浓度等），当此参数达到某值时，则需要采取相应的控制措施，典型的控制模型是由自动控制系统和控制人员组成，通过检测机构（如安全检查和监测系统）测量关键参数，再通过控制系统的执行机构，控制关键变量。当检测到的关键参数超限后，说明直接危险源的稳定性较差，则控制系统发出警告信号，提醒有关人员直接危险源处于危险状态（图 5-2）[1]。

图 5-2 显示，事故控制模型中围绕直接危险源存在两大系统，一是事故触发系统，一是事故控制系统，前者是使直接危险源向事故方向转化，后者是使直接危险源向本质安全方向发展。但由于控制系统自身不可靠，也会产生一些误动作，从而使控制系统功能失效，甚至产生负效应，使直接危险源的能量向事故方向发展，此时，控制系统就转变为事故触发系统。

除了自然能量（风、雨、雷电、地震等）外，初始触发危险源一般都是人或者动物，事故统计发现，85%以上的事故的初始触发危险源都是人。对初始触发危险源（监控人）的信息作用主要有安全文化（如安全教育培训、强制等）和各种环境刺激（安全标志、警告等）的作用，初始触发危险源也有可能是一级触发危险源。

---

[1] Nancy Leveson. A New Accident Model for Engineering Safer Systems [J]. Safety Science , 2004（42）: 237-270.

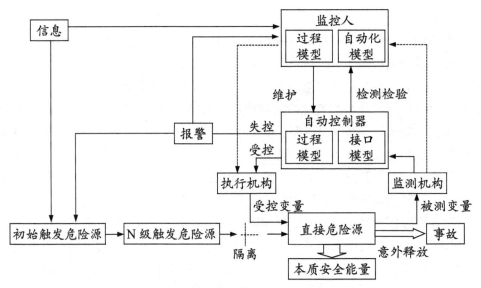

图 5-2　基于危险源理论的典型事故控制模型

安全管理的作用就是要建立一个较为可靠的事故控制系统，并设法消除或减少外界环境对系统正常运行的干扰（如对高速公路和铁路进行封闭式管理），这就要形成对安全行为的管理控制文化。

在安全生产中，因为角度不同，人的行为往往分为很多种类（具体分类另撰文细谈）。人的行为无外乎受三方面因素的影响：一是人的自身条件和状态，二是人的外部环境和特征，三是人机之间的交互作用。相应地，在安全行为方面产生三个研究方向：一是主要从心理学、生理学等方面来研究，二是从管理学、社会学和人类学方面进行研究，三是从工效学和人机工程的角度来研究[①]。这些有关行为研究的科学是从不同角度和不同的研究对象来研究人的行为规律，对安全生产特别是人的行为控制具有重要的理论指导意义。其中，基于工效学和人机工程学的人的行为失误控制研究考虑得是最为全面的，该方法研究的对象也从最初的人的失误向包括人的失误、疏忽等在内的不安全行为扩展。同时，上述三种研究又有着千丝万缕的联系，组织的人文环境和物理环境对置于其中的人的心理会产生影响，这种心理影响进而会影响到人的行为，因此人的行为控制可以系统的来研究。

三、事故控制系统中安全文化的作用

从上述事故控制模型来看，危险源的有效控制是预防各种事故发生，降低事故损

---

① 高佳，黄祥瑞. 人的可靠性分析研究的进展 [J]. 人类工效学，1996（4）：52-57.

失的有效手段，而危险源控制中又以人的行为控制成为降低事故发生概率的重点，企业安全文化在事故控制中的作用主要就是通过对企业内人员行为的影响而表现出来的。

通过大量的事故分析，中国《企业职工伤亡事故分类标准》（GB 6441—86）中将人的不安全行为分为 13 大类，每一大类下又分为很多小类型。《企业职工伤亡事故分类标准》是根据大量的事故案例总结出来的人的不安全行为分类，基本罗列了各种可能的人的不安全行为类型，但是分类的方法系统性不强。通过对该表中各种行为原因分析，可以发现人的不安全行为发生的原因有如下几种情况：一是由于注意力不集中、个体生理功能缺陷等生理原因造成的行为失误；二是由于行为人对行为的后果缺少科学的认识，不知道后果的严重性，不知道行为后果的不可控性，或行为控制超出自己的承受能力，这种情况有的是掌握的环境信息不够，有的是知识和经验缺乏，也有的是未经过认真的判断，即麻痹思想；三是知道可能出现什么样的后果，但在肯定的收益与可能损失之间有偏好倾向，即为了省力、省时或逞能等而产生侥幸心理、冒险心理；四是对制度的不认同主要是由于制度制定者与制度遵从者之间的信息不对等造成的。

从理论上来说，上述四种不安全行为都是完全可以预防的。

第一种情况：由于生理原因造成的不安全行为主要通过管理的方式，如根据不同岗位对人能力的要求，设置相应的聘用人员标准，如年龄、性别、身高等，并通过适当的培训或演练提高人的能力，同时，研究和尊重人的生物节律，如人在上午 4 点左右困意最浓，成人的注意力集中时间一般为 45 分钟左右等，从而减少行为失误，这部分主要是安全心理学研究的内容。或者通过技术手段，改善安全生产条件，降低岗位对人的生理功能的要求。

第二种情况：一是可以通过管理手段中的培训让学员了解企业可能出现哪些事故，造成事故的原因及具体情况是什么，以及通过一些具体的案例来加深认识，特别是聘用精明能干的安全顾问，将各种可能的结果考虑周全。同时要加强职工的基本理论素质培养，使职工具有相应的知识和技能，在遇到新问题和新情况时也能正确判断、及时识别危险和正确响应。二是从人的感觉器官的感知范围来研究，提高信息的感知能力，如采取显眼的色彩、灯光、音效等，减少行为人对周围环境的感知失误。三是提高企业职工对安全的重视程度，提高职工安全需要水平，增强安全动机，使职工在各种行动之前首先要认真考虑安全问题。

第三种情况：提高安全的重要性。从需要理论上来说，省力、省时是人的生理需求，逞能是希望被尊重的心理需求，如果不提高安全的重要性，这些生理需求和心理需求就会占据主导地位，影响人的行为。

第四种情况：增强企业员工的归属感，增强企业的凝聚力，加强制度制定者和制度遵从者之间的信息交流。

可以看到，上述控制人的不安全行为的措施中，有些是通过管理手段能达到的，有些可以通过技术来解决，还有些是管理和技术都不能奏效的。

安全文化除了影响和控制人的不安全行为，还影响人的安全行为，促使组织中的行为人采取主动积极的措施预防事故。

Besanko[①]认为，企业文化对员工行为产生三个方面的影响作用：一是企业文化能促进企业内员工之间进行有效的信息交流与沟通，提高员工的工作效率；二是企业文化能够产生一定的凝聚力，使员工更好地理解和认同企业的精神和目标，明确自身的工作职责，从而使员工群体产生更大的合力；三是企业文化能够弥补管理制度制定及实施的不足，有助于全体员工在工作中形成自我约束的氛围。企业安全文化是企业文化的重要组成部分，毫无疑问安全文化在安全生产方面对员工的行为也会产生上述影响作用。

对人的行为产生影响的因素多种多样，包括人的生理因素、心理因素、环境因素、组织因素、任务因素、系统因素等。应该看到，这些因素之间是彼此联系相互影响的，环境、组织、任务和系统等因素会激发或诱导人的需要，从而产生相应的动机，也会影响人的情绪、情感和态度等，进而影响人的行为，而人的心理过程和个性心理以及人的需要的产生都是以生理因素为物质基础的。

通过上述分析可以看出，预防人的不安全行为，激励人的安全行为的最主要措施就是企业要真正地高度重视安全，使安全需要处于较高的水平，并通过各种有效的途径将这种重视传递给相关方，包括企业内部每位员工、有关供货商和分包商等，从而使相关方的安全需要也始终处于主导地位，这样相关方才会真正重视安全。只有真正重视安全了，企业职工才会人人研究安全，注意安全，这样很多问题都会得到解决。企业内每位员工对安全生产工作的重视非管理和技术能达到的，而这正是安全文化的作用。企业甚至整个社会要形成一个重视安全生产工作的安全文化氛围。

可以确定，企业安全文化是通过影响人的行为来预防和控制事故的，可以认为，安全文化是企业安全管理和技术之外的另一种人的安全行为控制手段；对人的安全行为产生影响的因素多种多样，包括人的生理因素、心理因素、环境因素、组织因素、任务因素、系统因素等，各种因素最终都是通过影响人的心理过程和个性心理来影响人的行为。安全文化即是使企业内每位员工的安全需要处于较高水平的上述各种因素集合。

---

① Besanko D, Dranove D, Shanley M. Economics of Strategy [M]. America: Libeary of Congross Gauloging, 2009.

第三节　在比较中重新认识安全文化

要想更进一步认识安全文化，还需要将安全文化与其相关事物或因素进行对比分析，与安全文化非常接近的两个事物是企业文化和安全管理。安全文化的提出首先就是受企业文化研究的影响，并且企业文化在 20 世纪 80 年代成为研究的热点，各国学者在该领域做了大量的研究，取得了丰硕的成果。其次，安全文化和安全管理关系也比较接近，有人认为安全文化包括安全管理，也有人认为安全管理包括安全文化。借此，为了进一步认清安全文化的本质和规律，本章将安全文化与安全氛围、安全文化与安全管理、企业安全文化与企业文化等进行对比。

一、安全文化与安全氛围

氛围是指围绕或归属于一特定根源的有特色的高度个体化的气氛。与企业文化和企业氛围一样，安全文化和安全氛围也是两个非常相近、容易混淆的概念。

1. 安全氛围的定义

在劳动生产领域，安全氛围的提出要先于安全文化，最先是由 Keenan，Kerr 和 Sherman（1951）提出的。他们认为，"心理氛围和地理环境的某些因子可能对事故产生重要的影响作用"[1]。这表明对安全氛围的一些不确定的认识，即存在着一些人们心理上感知到的，存在于环境之中的说不清道不明的东西，而这些东西对事故的发生产生重要的影响。Schneider（1975）认为，氛围在一般条件下，"是指由于个人或组织的行为而导致的一些环境功能或特征。"[2]

Zohar 是对安全氛围研究较早的人之一，1980 年他就认为："安全氛围是生产工人对组织安全生产方面的一致认知"。"这些认知与安全管理态度有很大的关系，也与一般的生产工序有关"。2003 年，Zohar 进一步明确安全氛围是"对安全政策、程序、操作的共同看法。"[3]2005 年，Zohar 进一步将定义细分为"社会迹象表明，角色行为和

---

① Keenan V，Kerr W，Sherman W. Psychological climate and accidents in an automotive plant [J]. Journal of Applied Psychology，1951，35（2）：108-111.

② Schneider B.organizational climates：An essay [J]. Personnel Psychology，1975，28：447-479.

③ Zohar D. Safety climate：Conceptual and measurement issues [M].（Cited in J. C. Quiek & L. E. Tetrick（Eds.）），Handbook of occupational Health Psychology，Washington，DC：American Psychological Association，2003：123-142.

源自政策、高层管理人员的程序行为以及车间一线主管的监管行为"①。

1996 年，Hofmann 和 Stetzer 将安全氛围定义为"个人对他们工作环境意义的理解。这些意义通过他们的态度、规范，导致意外结果行为的看法以及观念进而影响个人在组织内采取的行为"②。

Griffin 和 Neal 定义为"安全氛围反映了与安全相关的政策、程序和激励等观念"，"安全氛围反映了组织中员工对组织重视安全的信任程度"③。

2. 安全氛围的结构

目前，国外学者对安全氛围的结构做了大量的研究，运用统计软件的主成分分析确定安全氛围因子（Safety Climate Factors），用于测量企业安全氛围的尺度，并确定各因子之间的相互关系，以及各因子与安全行为、安全绩效的关联度。Zohar 最早于 1980 年用包含 40 个问题的调查问卷来统计分析，问卷调查了以色列的金属制造业、化工业、纺织业和食品加工业等，经过因子分析，最后得到一个 8 维度的模型：工人对安全培训重要度的认知、管理层对安全的态度、安全行为在晋升方面的影响、工作场所的风险水平、工作进度对安全的影响、安全领导的地位、安全行为对社会地位的影响以及安全委员会的地位④等。

Brown 和 Holmes 根据美国抽样结果采用验证性因素分析验证，发现这一结构并不成立，并提出新的三因子：雇员对管理者关心其福利的认知、管理活动有关其福利问题的回应以及雇员自身的物理风险⑤。

Dedobbeleer 和 Beland 在加拿大建筑行业验证了上述三因子的有效性，但是，认为两个因子会更好些，即管理者对安全的承诺及工人的安全参与⑥。

针对建筑企业安全问题，Susan 等认为，其安全氛围应该由管理中安全的优先性、安全管理、安全沟通、安全激励、工作组安全参与、安全知识 6 个因子构成⑦。

而针对化工企业安全问题，Vinodkumar 等认为，其安全氛围应该由安全管理承诺

① Zohar D. A multilevel model of safety climate：Cross-level relationships between organization and group level climates ［J］. Journal of Applied Psychology, 2005, 90（4）: 616−628.

② Hofmann D A, Stetzer A. A cross-level investigation of factors influencing unsafe behaviors and accidents ［J］. Personnel Psychology, 1996, 49（2）: 307−339.

③ Griffin M A, Neal A. Safety climate and safety behavior ［J］. Journal of Management, Australian, 2002, 27: 67−76.

④ Zohar D. Safety climate in industrial organization: theoretical and applied implications ［J］. Journal of Applied Psychology 65（1980）, 96−102.

⑤ Brown R L, Holmes H. The use of factor analytic procedure for assessing the validity of an employee safety climate model ［J］. Accident Analysis & Prevention 1986, 18（6）: 445−470.

⑥ Dedobbeleer N, Beland F. A safety climate measure for construction sites ［J］. Journal of Safety Research, 1991, 22: 97−103.

⑦ Susan E H, Lawrence R M. A short scale for measuring safety climate ［J］. Safety Science, 2008, 46（7）: 1047−1066.

与安全活动、员工参与及安全承诺、员工安全知识与规章遵守、员工安全态度、组织应急准备、安全工作环境、安全相对于生产的优先性、风险辨识 8 个因子构成[①]。

李爽、曹庆仁等根据以往研究结果，按照内部影响因素和外部影响因素两类，选取了管理者安全意识、员工安全意识、员工安全需要、奖惩系统、组织承诺、员工授权、安全事故、教育培训系统、沟通系统、管理参与、国家安全法规、社会安全需要、社会安全价值观、生产力发展水平、行业特点、社会经济文化 15 个煤矿安全文化（氛围）的主要影响因子进行分析，并得到四层次的安全文化（氛围）结构[②]，如图 5-3 所示。

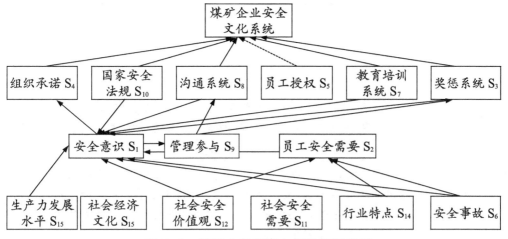

图 5-3　模型中各因素之间的相互关系

在此基础上，曹庆仁将安全文化（氛围）的构成缩小到包括：安全目标、安全承诺、安全规程、安全激励、安全培训和安全沟通 6 个因子[③]。Hale 注意到不同的人研究的安全氛围因子很少有相同的[④]。类似的研究文献很多。表 5-3 给出了不同专家学者提出的安全氛围因子对比。

傅贵教授等在总结国外研究成果的基础上，根据中国的实际情况和文化背景，制定了安全文化的 32 个关键元素，通过题项的信度和效度分析后，最后保留为 31 个要素。然后，运用 SPSS18.0 软件进行因子分析，抽取了 5 个特征根大于 1 的主要因子，即领导责任、安全理念、安全认知、员工参与和安全业绩[⑤]。32 个关键要素如表 5-4 所示。

① Vinodkumar M N, Bhasi M. Safety climate factors and its relationship with accidents and personal attributes in the chemical industry [J]. Safety Science, 2009, 47 (5): 659-667.

② 李爽, 曹庆仁. 煤矿企业安全文化影响因素的实证研究 [J]. 中国安全科学学报, 2009 (11): 37-45.

③ 曹庆仁, 李凯, 刘丽娜. 煤矿安全文化对员工行为安全影响作用的实证研究 [J]. 中国安全科学学报, 2011 (4): 143-149.

④ Hale A (Ed.). Special issue on safety culture and climate [J]. Safety Science, 2000, 34, 1-3.

⑤ 傅贵, 王祥尧, 吉洪文, 等. 基于结构方程模型的安全文化影响因子分析 [J]. 中国安全科学学报, 2011 (2): 9-15.

表 5-3　不同学者提出的安全氛围因子对比

作者/年代/国家/行业	安全氛围因子
Zohar,1980,以色列,制造业	工人对安全培训重要度的认知、管理层对安全的态度、安全行为在晋升方面的影响、工作场所的风险水平、工作进度对安全的影响、安全领导的地位、安全行为对社会地位的影响以及安全委员会的地位
Brown 和 Holmes,美国	雇员对管理者关心其福利的认知、管理活动有关其福利问题的回应以及雇员自身的物理风险
Dedobbeleer 和 Beland,加拿大,建筑业	管理者对安全的承诺及工人的安全参与
Susan 等,建筑业	管理中安全的优先性、安全管理、安全沟通、工作组安全参与、安全激励、安全知识等
Vinodkumar 等,化工企业	安全管理承诺与安全活动、员工安全知识与规章遵守、员工安全态度、员工参与及安全承诺、安全工作环境、组织应急准备、安全相对于生产的优先性、风险辨识等
李爽、曹庆仁等,煤矿行业	管理者安全意识、员工安全意识、员工安全需要、奖惩系统、组织承诺、员工授权、安全事故、教育培训系统、沟通系统、管理参与、国家安全法规、社会安全需要、社会安全价值观、生产力发展水平、行业特点、社会经济文化等
曹庆仁	安全目标、安全承诺、安全规程、安全激励、安全培训和安全沟通等

表 5-4　安全文化关键元素

序号	关键元素	序号	关键元素	序号	关键元素
1	安全重要性	12	员工参与	23	业余安全管理
2	事故可预防性	13	安全培训需求	24	安全业绩对待
3	创造经济效益	14	部门安全负责程度	25	设施满意度
4	融入企业管理的程度	15	社区安全	26	安全业绩掌握
5	安全决定于安全意识	16	管理体系	27	安全业绩与人力资源
6	安全生产主体责任	17	安全会议	28	子公司与合同单位安全管理
7	安全投入	18	安全制度的形成	29	安全组织的作用
8	安全法规	19	安全制度的执行	30	安全部门的工作
9	安全价值观形成	20	事故调查类型	31	总体安全期望值
10	领导负责程度	21	安全检查类型	32	应急能力
11	安全部门作用	22	受伤职工关爱		

安全氛围维度研究的重要意义在于其能预测安全行为及安全绩效（如事故和伤亡等），这种相关性已经在东西方文化的不同场景通过大量的抽样得到证明[①]。

3. 安全氛围与安全文化的对比分析

安全文化与安全氛围提出的时间不同、背景不同，但是两者又有着很多联系，甚至很多学者干脆不将两者加以区分[②]。当然，绝大多数学者认为两者是有明显区别的。Dennison 认为，氛围指的是一种状态，这种状态会影响到组织员工的想法、感受与行为。而这种状态又是不断变化的，带有主观性，有权利和影响力的人能直接操纵这种状态。相反地，文化具有稳定性和客观性，文化扎根于历史，经过长期的演化而来，是为群体所共享的，能够足够有效地抵抗操纵[③]。Theodore Vandevis 认为安全文化是一个群体的共同信念或一个群体对事物真伪的内在判断，而安全氛围则是一个群体对安全重要性的外在看法。这是安全文化和安全氛围之间的根本区别。信仰与看法是不能混为一谈的[④]。Guldenmund 认为，安全氛围是指安全态度，而安全文化则是指安全信仰和教条[⑤]。Cox 等学者认为安全氛围是安全文化的一个产物，是安全文化作用于员工所表现出来的安全行为和态度[⑥]。国内学者陆柏等[⑦]在认真对比了安全氛围和安全文化这两个概念后认为：安全氛围是某一特定时刻对企业安全状态的认知，是一种心理表象；而安全文化则是企业内全体员工所共有的价值观，这种价值观具有稳定性和持久性，促使人们重视安全，关注安全行为、安全交流，积极主动学习安全生产知识，吸取各种事故教训。

现在，国内学者更加关注安全文化的理论研究及建设和实施。国外学者更加侧重于安全氛围的测评和实证研究[⑧]，运用统计学方法和软件，确定安全氛围结构、安全氛围因子，并找到安全氛围因子与安全行为之间的相关性[⑨]。

---

① VINODKUMAR M N，BHASI M. Safety climate factors and its relationship with accidents and personal attributes in the chemical industry [J]. Safety Science 2009（47）：659−667.

② 王祥尧. 安全文化定量测量的理论与实证研究 [D]. 北京：中国矿业大学（北京），2011.

③ Dennison. D. What is the difference between organizational culture and organizational climate? A native S point of view on a decade of paradigm wars [J]. The Academy of Management Review，1996，21：619−654.

④ Theodore Vandevis. Safety climate of Canadian electrical contractors [J]. Capella University，2008.

⑤ Guldenmund，F. The nature of safety culture：A review of theory and research [J]. Safety Seience，2000，34：215−257.

⑥ Cox S，Flin R. Safety culture：Philosopher stone or man of straw [J]. Work and stress，1998，12：189−121.

⑦ 陆柏，傅贵，付亮. 安全文化与安全氛围的理论比较 [J]. 煤矿安全，2006（5）：66−70.

⑧ HAHN E S，MURPHY R L. A short scale for measuring safety climate [J]. Safety Science 46（2008）1047−1066；WILLS R A，WATSON B，BIGGS C H. Comparing safety climate factors as predictors of work-related driving behaviour [J]. Journal of Safety Research，2006：375−383；COOPER M D，PHILLIPS R A. Exploratory analysis of the safety climate and safety behavior relationship [J]. Journal of Safety Research，35（2004）：497−512；王超逸，高洪深. 当代企业文化与知识管理教程 [M]. 北京：企业管理出版社，2007：25.

⑨ 王祥尧. 安全文化定量测量的理论与实证研究 [D]. 北京：中国矿业大学（北京），2011.

通过上述比较可以看出，尽管安全氛围与安全文化有相似之处，但来自对不同行业内的安全氛围的调查表明，它们之间还是存在差别的，表现在：安全氛围是个人和组织在某个时间内对安全状态的认知，它与安全状态和工作环境紧密相关，有变化性和不稳定性[①]，是一种心理表象。具体说来，至少有以下一些区别和联系：其一，安全文化更加隐含，是根植于组织中的观念性的东西，而安全氛围相对具有显在的特点，与人们的认知、看法、行为等有关，是安全文化的外在表现；其二，安全文化具有相对稳定的特点，进化缓慢，具有一定的继承性，而安全氛围是某一时间段内安全文化的外在表象，具有一定的波动性；其三，安全文化无法直接测量，只能间接地通过测量人们的认知来了解安全氛围，因此，这种意义上来说安全氛围是安全文化的"快照"；其四，安全文化是客观存在的，同时又比较抽象，而安全氛围具有主观性、具体性，容易受被测人员当时的主观情绪所影响。

安全氛围是安全文化的表象，那么，通过深入研究安全氛围也会对安全文化有一个间接的反映，而且与安全文化相比，安全氛围更加确定、可测量，因此，研究安全氛围能由表及里地研究安全文化。

综合上述资料，可以得出如下结论：首先，由于各研究人员所研究对象的地理位置、组织不同，研究人员的思想观念和学识水平不同，考虑问题的角度不同，每人提出的安全氛围的维度和因子也不一样，得到的维度可以说是多种多样，很少找到两个研究人员对安全文化维度认识是相同的，但是，这并不会影响或误导人们对安全文化维度的认识，相反，正是由于这些越来越多的研究，对安全文化维度的认知也越来越清晰，最终会得到一个普遍认可的、具有较高信度的安全文化关键因子；其次，综合各人的研究成果可以看到，管理者承诺和员工参与是影响安全文化的两个关键因子；再次，笔者认为，安全文化就是管理层对安全的信念和价值观，以及将这种信念和价值观有效传递给员工的各种方式的总和。也就是说管理层是否相信能做好安全生产工作、是否愿意做好以及付出多大的努力去做好安全生产工作，同时，这种信念和价值观必须要有效传递给所有员工；安全氛围正是这种重视和关注的侧面写照，如管理者承诺和行为，员工参与，工人的安全知识和服从，安全在晋升方面的影响等，都能从侧面反映出企业管理层对安全的重视程度，以及员工对这种重视程度的认知情况，可以说一切能反映管理层的信念和价值观的因子都是安全氛围因子，但重要的是找到一组相关性较弱的独立因子。

---

① 李爽. 煤矿企业安全文化系统研究 [D]. 徐州：中国矿业大学，2009.

二、企业安全文化与企业文化

一般认为，企业安全文化是企业文化的一部分，是企业文化在安全生产领域的体现。因此，企业文化的有关研究对企业安全文化的研究必然有借鉴作用。

1. 企业文化的内涵和建设

企业文化也是一种组织文化（corporate culture 或 organizational culture），于 20 世纪 80 年代初由美国哈佛大学教授泰伦斯·迪尔和科莱斯国际咨询公司顾问艾伦·肯尼迪共同提出，他们所著的《企业文化——企业生存的习俗和礼仪》被评为 20 世纪 80 年代最有影响的 10 本管理学专著之一，也成为论述企业文化的经典作品。实践表明企业文化对企业经营业绩具有很大的促进作用，因此引起国内外学者的广泛关注。美国学者认为没有良好的企业文化和价值观的支持，再优秀的经营战略也无法成功实施。日本企业界认为：一旦优秀的企业文化同高明的企业家、科学化的管理相结合，就会在企业内形成强有力的精神支柱，成为企业内凝聚力和活力的源泉，并产生无法估计的物质力量，促进企业的生产经营，创造经济和社会效益[①]。

与企业安全文化一样，企业文化的内涵至今也是没有定论，据不完全统计，目前关于企业文化的定义有 180 多种。这些定义也可以分为广义和狭义两类，广义的企业文化即包括物质文化、行为文化、制度文化和精神文化等在内，而狭义的企业文化，只包括企业精神[②]。

（1）国外关于企业文化的定义

企业文化是由美国学者最先提出的，具有代表性的企业文化定义主要来自美国和日本。归纳起来有：一是认为企业文化意味着企业的价值观。很多国外学者认同这个观点。例如美国加州大学管理学教授威廉·大内认为企业文化是由公司的传统和风气构成的，体现在公司如何进取和如何运营上，并逐渐形成公司员工的行为规范，使之代代相传[③]。他引证了日本企业的成功模式，认为日本企业的成功离不开企业文化的支持，而其文化的核心是重视人，并围绕人制定相关政策，如实行长期雇佣制等。来自麦肯锡公司的阿伦·肯尼迪也认为，企业文化是以神话、英雄人物为标志的凝聚，是一种含义深远的价值观[④]。并提出了企业文化组成的五个要素即企业环境、英雄人物、价值观、礼节和仪式、文化网络。二是认为企业文化是企业价值体系的表现。企

---

① 王超逸，高洪深. 当代企业文化与知识管理教程［M］. 北京：企业管理出版社，2007：25.
② 罗争玉. 企业的文化管理［M］. 广州：广州经济出版社，2004：4.
③ 威廉·大内［美］. Z 理论——美国企业界如何迎接日本的挑战［M］. 北京：中国社会科学出版社，1984：169.
④ 阿伦·肯尼迪，特雷斯·迪尔［美］. 企业文化［M］. 北京：生活·读书·新知三联书店，1989：2.

业价值体系是以企业的指导思想为根本，以企业的共同理想为主题的具有延续性的共同的认知系统，这个认知使每个员工知道企业提倡什么，反对什么，进而逐渐形成企业文化。不论是安东尼·阿索斯对企业文化的观点[①]还是今西伸的企业文化构成体系[②]，都反映出企业文化是在企业价值体系的基础上，通过人员、制度、管理等形成的。三是认为企业文化是被全体成员遵循的行为道德规范总和。德加·沙因认为，企业文化是企业成员相互作用的过程中形成的，为大多数成员所认同，并用来教育新员工的价值体系。它包括职业道德、行为规范等方面[③]。当企业的领导者创造一个组织时，同时也创造了企业文化。Schein认为，组织文化就是由组织成员共享的认识和价值观组成的认知结构[④]。

综合上述观点，可以总结出对文化的基本看法：首先，文化的核心是价值观体系，例如重视人的价值观。其次，这种价值观需要有相应的行动来证明和表现，例如，管理者要身体力行，做好榜样，有反映该价值观的英雄人物，这种证明和表现使价值观得以巩固和传播。再次，要有一些制度、仪式、礼节等来规范人们的行为。最后，还应有相应的传播载体来使文化在企业内传播，例如各种网络媒体。

（2）国内关于企业文化的定义

国内很多的管理专家和经济学家都对企业文化产生浓厚的兴趣，并都给出了相应的定义，其中具有代表性的有：一是认为企业文化是企业经营过程中的积淀。企业文化是一个企业在长期的生产经营的过程中，逐渐积淀下来的。那些能凝聚企业员工、激发员工积极性和创造性的理念被不断传承下来，形成企业的灵魂。王超逸教授和王吉鹏认为企业文化的形成有一个长期的过程，企业文化的作用是凝聚、激发企业员工的创造性、积极性等[⑤]。二是认为企业文化不是口号。企业文化被企业所信奉，并用于实践中。某些企业常高举形形色色的口号，如团结、拼搏等，但这些口号是否反映了企业的价值取向？是否被企业员工认同？能否起到企业凝聚力的作用？恐怕连企业的领导者也不知道。这是很多企业对企业文化的误解。企业文化是企业信奉并付诸于实践的价值理念[⑥]。该定义进一步阐明企业文化必须要在日常工作中践行，必须要表里如一，那种口号式的、只有肤浅认识的观念，没有内化于心，就不会在行动上表现出来，就不属于企业文化的内容。三是认为企业文化是一种心理契约。心理契约是个体与组织之间隐含的没有明文规定的双方各自的责任以及对对方的期望，是无形的。

---

① 理查德·帕斯卡尔，安东尼·阿索斯［美］. 日本企业管理艺术［M］. 广西：广西民族出版社，1984：3-18.
② 刘光明. 企业文化（第五版）［M］. 北京：经济管理出版社，2006：20.
③ 转引自张要一，张志峰. 国外企业文化研究成果的启示. 载《中外企业文化》2003（10）.
④ Schein E H. The corporate culture survival guide. San Francisco，CA：Jossey-Bass.
⑤ 王超逸，高洪深. 当代企业文化与知识管理教程［M］. 北京：企业管理出版社，2007：27；王吉鹏. 企业文化热点问题［M］. 北京：中国发展出版社，2006：8.
⑥ 魏杰. 中国企业文化创新［M］. 北京：中国发展出版社，2006：7.

企业文化是企业从事生产经营过程中形成的文化，它蕴含的价值观念、行为准则等意识形态方面的内容被企业的成员共同认可[①]，企业成员也期望通过对企业文化的认可达到与企业共进退的目的。从这点上来说，企业文化是一种心理契约。四是认为企业文化需要载体来实现。企业文化是无形的，是企业的核心，是企业员工的行为规范，它需要以规章制度和物质现象为载体去约束企业员工，激发员工的积极性和归属感[②]。

综合上述诸种说法，对企业文化的内涵至少可以有以下理解：第一，企业文化的核心是在企业内长期积淀形成并广为流传，为企业内成员所共享和认同的观念。例如，国内很多企事业单位有集体活动迟到的文化，主要是很多人认为集体活动说是几点出发，但肯定会因为一两个人迟到而推迟几分钟，大多数人觉得这是一个正常现象；第二，企业文化的形成和传播需要依靠一些物质的东西作为载体，如英雄人物及其事迹、故事、仪式、标志性建筑物、行话等，甚至是通过企业经历的各种事件，如通过举办集体活动时人们的表现，出现了迟到文化；第三，企业文化的作用是增强企业的凝聚力和企业职工对企业的认同感，同时，企业文化是多元的。

关于如何建设好企业文化，不同的人也有不同的观点。但企业文化建设的最终目标是通过调动企业员工的积极性，提升企业管理等手段，从多个环节促进企业的全面发展，实现企业的战略目标，达到企业两个文明的双丰收。因此，企业文化建设可以从以下几个方面着手：一是制定企业的价值观，明确企业精神。价值观是企业的核心，确定了企业的价值观也就明确了企业和员工的共同理想。二是制定以人为本的生产经营管理制度。通过制度的建立规范企业的经营，调动员工的积极性，提升员工的技术素质和精神素质，增强企业的凝聚力。三是改善企业内部环境。通过改善企业员工的工作环境和生活福利，开展文艺体育活动，形成企业的文化氛围，营造健康和谐的人际关系[③]。

2. 企业安全文化与企业文化之间的关系

企业文化是多元的，企业中的工作领域众多，企业文化可以根据企业中的不同工作领域分为营销文化、质量文化、安全文化、广告文化等[④]。企业安全文化是企业文化的一部分，是企业文化中对提高安全生产绩效发挥作用的部分，因此，对企业文化的研究能有助于认识企业安全文化，企业文化的有关理论可以引用到企业安全文化当中。通过上述企业文化的研究及企业安全文化与企业文化之间的关系，可以得出关于企业安全文化的如下结论。

---

① 刘光明. 企业文化（第五版）[M]. 北京：经济管理出版社，2006：6.
② 黎群，于显洋. 工商企业改良基础 [M]. 北京：经济管理出版社，1997：128-149.
③ 何载福. 企业文化建设实践与绩效研究 [D]. 武汉：华中科技大学，2005.
④ 张永林. 论企业安全文化与企业文化的关系 [J]. 科技资讯，2006（8）：228.

第一，企业安全文化的核心是在企业安全生产过程中逐渐沉淀下来的，对企业安全生产活动和绩效产生影响的，通过各种有效方式在企业内广泛传播的，为企业内成员所共享和认同的观念的总和。

第二，企业安全文化是"以人文本"的文化，人是企业安全生产工作的主体和核心，绝大部分事故都是由人造成的，而所有的安全生产活动的事故预防工作都必须由人来完成，因此，要想取得好的安全生产绩效，必须要使人的行为有所改变，而人的行为又主要受思想观念的影响，因此，企业安全文化的核心是观念文化。

第三，由于企业制度、企业物态环境、企业其他员工的各种行为等对企业员工的行为都会产生一定的影响，甚至有些对企业员工的观念也产生一定影响，因此，有些学者认为企业安全文化包括企业安全物态文化、安全管理（制度）文化、安全行为文化和安全观念文化四个层次。也有学者认为安全文化是安全物质财富和精神财富的总和。笔者认为这些说法欠妥。即使是广义的安全文化也不能是无边际的，广义的企业安全文化是企业中对人的安全观念，进而对人的安全行为产生深刻影响的，具有明显意义的事迹、制度、礼仪、人物、建筑、行为等。例如，1802 年成立的杜邦公司是从火药生产的高风险行业开始的，至今已有 200 多年的历史，在第一个 100 年中公司发生很多起生产安全事故，1818 年的一起炸药爆炸事故最为严重，夺取了 40 条生命，杜邦公司从血的经历中吸取了深刻的教训，于是做出以下决定：第一，杜邦家族搬入厂区入住；第二，公司内禁酒，因为第二起爆炸就是由于工头醉酒后误操作引起的；第三，实行严格的安全生产作业规程。杜邦的这些历史故事已经对所有的杜邦人产生深刻的影响，而且有明显意义，并在公司内广为流传，这才是安全文化。再如，某一驾校考试中心门口停放一辆车祸后的轿车，时刻提醒来参加考试的学员，开车是一项危险的工作，如果不注意安全会有多么严重的后果，遗憾的是这辆破损的轿车没有赋予更多的意义，这辆轿车也是广义的安全文化一部分。但是，其他的轿车就不是广义的安全文化，因为，它对人的安全生产观念和安全生产行为并未产生任何影响。

第四，企业安全文化的传播需要依靠一些物质的东西作为载体，如英雄人物及其事迹、故事、仪式、标志性建筑物、行话等。严格来说，这些本身并非企业的安全文化，而是对企业的安全文化产生影响，真正的安全文化就是各种物质的东西所代表的意义在人们大脑中产生的观念影响。

第五，企业安全文化建设应该有一个明确的目标，并进行系统的研究，期望人们的思想观念发生什么样的改变，对人的行为会产生怎样的影响等，都要提前做好计划，然后通过各种事迹、故事、行为、文艺作品、仪式、标志性建筑、行话等表现出来，从而对人的思想观念产生影响，再通过评估和测量，找到企业安全文化建设的不足并有针对性的建设，如此不断执行 PDCA 循环。

三、安全文化与安全管理

与安全生产技术不同，安全文化和安全管理都是安全生产中的软手段，两者既有一定的联系，又有明显的区别，不可相互替代。企业安全生产的目的是预防事故的发生，而对人的不安全行为有效控制是预防事故的有效手段和主要工作，安全管理和安全文化都会对人的行为产生影响，但两者的作用并不相同。本小节将从系统地研究如何有效控制人的行为入手，找出行为控制的各种手段和措施，然后，确定其中哪些是安全管理手段，除此之外的所有手段和措施就属于安全文化方面的。因此，本章是从实用的角度来考察安全文化对安全行为的影响作用。安全管理是通过计划、组织、指挥、协调和控制等手段对生产系统中的人和物发生作用，以达到系统中各个要素的协调运作，提高系统运行效率。安全管理的内涵和主要内容是比较明确的。而安全文化能有效弥补管理的不足和遗漏，安全文化的主要内涵和具体内容还不清楚，但通过上述方法应能区别开来。

1. 安全管理与安全文化对安全行为的作用机理

安全管理和安全文化都会对安全行为产生影响，而且企业改善职工安全行为的途径主要就是从安全管理和安全文化两个方面进行研究，两者应该是相互补充，不可替代的。

Kirwan（1998）认为安全管理系统是组织中设置的完整的一套机制，来控制影响雇员健康和安全的风险，包括政策、策略和程序[1]。之前的不少研究针对安全管理系统的成分进行争论[2]，并认为这一点非常重要，但是，关于安全管理系统概念的心理测量工作很少。Beatriz Fernández-Muñiz、José Manuel Montes-Peón 和 Camilo José Vázquez-Ordás 综合了国际安全管理标准、规则（如 BSI，1996，1999；HSE，1997；ILO，2001）中的特性及 Bentley 和 Haslam（2001）、Mearns 等（2003）、Tam 等（2004）和 Vredenburgh（2002）等人[3]的研究成果，认为安全管理系统必须包含六个尺度：安

① Kirwan, B. Safety Management Assessment and Task Analysis: a Missing Link. [M] // Hale A, Baram M (Eds.), Safety Management: The Challenge of Change. Oxford: Elsevier, 1998: 67-92.

② Grote G, Künzler C. Diagnosis of safety culture in safety management audits [J]. Safety Science, 2000（34）: 131-150; Hale A R, Heming B H J, Carthey J, et al, B. Modeling of Safety Management Systems [J]. Safety Science, 1997（26）: 121-140.

③ Bentley T A, Haslam R A. A comparison of safety practices used by managers of high and low accident rate postal delivery offices [J]. Safety Science, 2001（37）: 19-37; Mearns K, Whitaker S M, Flin R. Safety climate, safety management practice and safety performance in offshore environments [J]. Safety Science, 2003（41）: 641-680; Tam C M, Zeng, S X, Deng Z M. Identifying elements of poor construction safety management in China [J]. Safety Science, 2004（42）: 569-586; Vredenburgh, A. Organizational safety: Which management practices are most effective in reducing employee injury rates [J]. Journal of Safety Research, 2002（33）: 259-276.

全政策、员工参与的激励、培训、交流、计划和控制[①]。

在安全文化方面，Campbell 等[②]认为，安全文化能直接或间接地影响员工行为。安全文化有无形的力量，通过各种渠道如"知识、技能和动机"等影响每个员工的行为。

综合前文分析，以隐性直接危险源为例，绘制的不安全行为与事故之间的作用机理模型如图 5-4 所示。

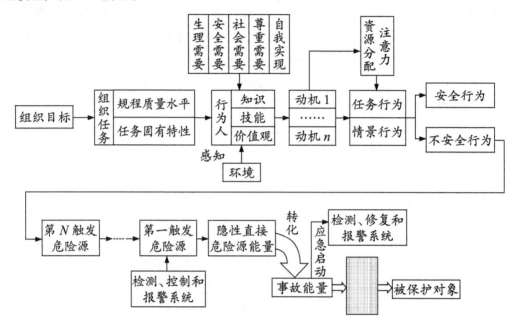

图 5-4 不安全行为在隐性直接危险源发生事故中的作用机理

（1）组织任务

组织目标需要由一个个组织任务来完成，同时，行为人还会完成一些情景任务。组织任务是强制性任务，是与行为人的报酬挂钩的，而情景任务不与报酬挂钩，是行为人主动完成的公民行为。组织任务具有两个属性：任务固有特性和规程质量水平。

所谓任务的固有特性，这里是指任务的一些特性与行为人之间的关系：一方面是任务满足需求的特性。这是任务的最基本特性，任务的执行结果必须能满足行为人的某种需求，或者与行为人的某种需求建立稳固的联系，否则行为人不会对任务产生动机。而且满足需要的程度能达到行为人的预期，如果达不到行为人的需要预期，行为

① Beatriz Fernández-Muñiz, José Manuel Montes-Peón, Camilo José Vázquez-Ordás. Safety culture, Analysis of the causal relationships between its key dimensions [J]. 2007: 627-641.

② Campbell J P, McCloy R A, Oppler S H, et al. A theory of performance [C] //Schmitt J, Borman W C Associates. Personnel Selection in Organizations. Jossey-Bass, SanFrancisco, CA, 1993: 35-69.

人的动机水平会较低，产生抵触情绪。一般来说，行为人的预期受多种因素影响，如与周围同事的比较，与社会上其他人之间的比较等，同时满足需求的预期还与任务难易程度成正比。组织任务主要满足行为人的生理需要（任务与工资直接联系），还能满足行为人的社会需要（行为人通过完成任务能获得归属感和满意感）。

另一方面是任务难度。任务难度是相对于行为人而言的，是一个综合性的指标。任务的难度主要是指任务对行为人在生理、心理、知识、技能和经验等方面的要求与实际行为人本身的条件之间的差值，差值越大表明任务越难，可以用公式表示如下：

$$D = f_{\text{mission}}(ph, ps, kn, sk, ex) - f_{\text{actor}}(ph, ps, kn, sk, ex)$$

式中：D——任务难度；

f_{mission}，f_{actor}——分别表示任务的要求和行为人具备的条件函数，它们是自变量 ph，ps，kn，sk，ex 的函数；

ph，ps，kn，sk，ex——分别表示生理（physiology）、心理（psychology）、知识（knowledge）、技能（skill）和经验（experience）。

任务对行为人条件的要求主要表现在以下几个方面：一是任务的劳动强度对人的体力、耐力等生理条件提出要求。二是任务复杂度是以操作步骤的多少而判定的，两者之间成正比关系。任务复杂度对行为人的细心和耐心等性格心理条件提出较高要求。三是任务新颖度是从任务出现次数的角度来评估的，在此之前，任务出现次数越少，任务也就越新，任务新颖度对行为人的经验和技能提出要求。四是任务具有随时间变化的特性，即任务动态性。任务动态性越强，其状态随时间变化越频繁，同时增加任务的可理解难度，对行为人的生理和心理条件如人应对能力等提出要求。五是任务的数量和各任务之间的相关性。人的注意力资源是有限的，如果同时执行的任务目标超过一定数量后，会分散行为人的注意力，另外同时执行相互冲突的任务也会提高任务的难度，这些都对行为人的技能和协调能力提出要求。六是任务可用时间对行为人的反应速度提出要求。

行为人实际具备的条件受以下因素影响：先天条件及后天的锻炼；行为人自身的生物节律。任务的难度影响着行为人完成任务后需求得到满足程度的预期，任务难度越大，行为人对完成任务后需求得到满足的预期越高。但实际上，很多时候行为人的预期都高于实际结果，如果这种不平衡长期存在就会影响到行为人的工作热情。

所谓规程质量水平方面：组织任务具有固定性、预见性和计划性，因此，可以编制相应的操作规程或指令程序，特别是一些复杂的任务和风险较高的任务。规程是将任务的知识性和经验性用科学的方法传递给操作者的一种方式，规程编制需要对任务的运行原理、各种步骤的可能结果及以往的相关经验充分熟悉，编制方法和形式要科学、合理等。而情景任务是没有规程的，有些是从未预料到的紧急情况，有些是组织未计划的工作等，这时行为人需要依靠自身的知识、经验来判断，决定采取相应的行动。

规程是对任务信息的有机组织和整合，会降低任务对行为人各方面条件的要求，降低任务的难度。同时，规程质量不高也会增加情景任务出现的概率，增加人为差错的概率，甚至导致事故的发生。规程质量主要表现在以下两方面：一方面是规程的科学性。规程是否充分了解任务的结构和运行机理，了解各种行为可能造成的所有后果，预料环境对任务可能产生的影响，并将这些可能性充分考虑，制定相应的应对措施，对应对措施的有效性和可靠性是否经过充分论证等，都反映了规程的科学性。另一方面是规程的可接受性。规程是将任务的复杂原理转化为简单的操作步骤和外在的要求，并以文字信息的方式传递给操作者。这就要求：规程文字表述清楚、无歧义，术语规范；规程内容层次分明，结构完整，语言简洁，便于理解，如规程中包含较多的判断结构或者较多的逻辑门会造成混乱；规程要充分考虑操作者的认知水平、价值观等，这能增加操作者对规程的认可程度，增强遵从的自觉性。

（2）行为人

行为人是企业安全生产工作的主体，这里的行为人主要是指操作者，企业一般的雇员。在任务执行过程中，人的行为受多种因素的影响，影响最大的是行为人的需要及需要得以满足的可能性，别的因素也会产生影响，如行为人的士气、价值观等。行为人的属性也包括两个方面：职位胜任能力和任务动力。

所谓职位胜任能力，是相对于行为人在组织中所具有的职位而言的，表明行为人是否具有从事该职位的能力，是否具备处理该职位在生产中遇到的各种可能情况的能力。职位胜任能力包括：一是行为人的生理条件，如年龄、性别、身高、体重、力量、速度等；二是行为人的心理素质，如性格、气质、感觉、知觉、记忆、思维、想象、意志、信念和世界观等；三是行为人所具有的知识，即基本知识素养或基本理论知识，以及任务相关知识或专业知识；四是行为人技能，即通过练习获得的能够完成一定任务的动作系统，对技能高低的衡量主要通过动作速度和精准度等。这其中，有些胜任能力是先天具备的，无法改变的，如年龄、性别、身高等；有些是可以改变，但改变的难度非常大，如性格、力量、速度、知识、信念、世界观、思维、意志、知觉、感觉、记忆等；还有一些相对来说通过训练就能明显改变的，如专业知识、技能等。几乎所有的岗位在选用操作人员时都会对不能或很难改变的胜任能力提出一定的基本要求，再对录用者进行职业培训，提高其容易改变的专业知识和技能。

所谓任务动力，在心理学上又叫行为动机。任务动力是环境信息作用于行为人后的结果，因此任务动力与个体需要、环境信息和行为人有关。任务动力又分为组织任务动力和情景任务动力：一方面，组织任务动力来源于组织任务及与任务完成好坏相联系的奖惩，组织任务是明确的、具体的，与之相联系的奖惩也是明确、具体的。行为人一般会对任务的难易、奖惩的高低及兑现情况进行综合判断，决定是否放弃、完成或部分完成任务。完成任务是严格按照任务的规程一步一步实现任务的目标，部分完成是不完全遵守规程或实现任务的部分目标。另一方面，情境任务动力主要来源于行为人的安全需要、社会需要、尊重需要和自我实现需要，例如行为人在遇到险情时，会本能的逃生，即安全需要占据主导地位，也会施救于别人，这是自我实现需要占据主导地位，即使自己的心理居中守正；行为人会与周围人的行为相协调，会接受群体压力，有从众行为等，这是社会需要占据主导地位；行为人克己奉公，这是尊重需要占据主导地位。行为人的世界观、道德准则和行为规范等将这些需要具体化，例如行为人需要受到周围人的尊重，他就会按照自己的世界观、道德准则和行为规范中好的方面去作出某种行为。

（3）环境

环境是行为人各种信息的来源，对行为人的行为产生直接的影响。这里的环境包括物理环境和组织环境两个方面。

所谓物理环境，包括自然环境和人机界面。自然环境中的主要物理参数有：温度、湿度、声音信号和强度、风力、振动、周围气体成分和浓度、粉尘成分和浓度、光线强度、空间大小和形状、地面光滑度、色彩和线条等。这些自然环境物理参数中，有些会对人的心理产生影响，如温度、湿度高的环境会让人感觉烦躁不安，空间狭小会使行为人感觉压抑，噪音也会使人注意力无法集中等；有些会对人的生理和行为产生影响，如风力和振动会使行为的精准性降低，狭小空间会限制某些动作，光线亮度及线条和颜色等会使行为人产生感知错觉，粉尘会影响人的健康等；有些会对行为人的安全造成直接影响，如地面光滑、周围有易燃易爆性气体（粉尘）等。人机界面在人机工程领域已经得到广泛研究，是人机交互的纽带和桥梁，人通过感觉器官接受机器显示系统显示的信息，然后将这些信息传递给大脑进行分析判断，发出行为指令操控机器的控制系统。因此，要求人机界面符合人的感官、操作习惯及人体的各项参数。

所谓组织环境。企业的生产都是社会化生产，企业中行为人的任务是不能离开组织而独立存在的，因此，其行为必然会受到组织环境的影响，影响行为人的组织环境因素很多，也非常复杂，有些是有形的，比如：第一，组织成员之间的交流协作。行为人会接受领导的指令、同伴的信息以及组织的监督和纠正，同时，行为人的语言、手势或动作也作为信息传递给别的同事。信息是行为人进行决策行为的参考依据。信息的接受过程会受到各种因素的干扰而产生错误，从而引起行为人的错误行为决策，同时，信息传递给同伴的错误会导致行为人对同伴的行为预期与实际行为之间产生差距。第二，组织的各项管理制度。主要有组织内成员的权责划分制度、奖惩和利益分配制度、检查监督和纠正制度，这三项制度可以说是组织运行的基本制度，构成组织运行的基本机制。这三项制度对行为人的行为也产生根本的影响，权责划分制度明确了行为人应该做哪些事，可动用的资源有哪些；奖惩和利益分配制度明确了组织希望行为人完成分配的工作的动机，奖惩的公平性对行为人的动机也会产生很大影响，这正是美国心理学家约翰·斯塔希·亚当斯（John Stacey Adams）提出的"公平理论"；检查监督和纠正制度，能够及时发现行为人的行为偏差并予以纠正，以防偏离组织目标越来越远。组织内其他一些制度是为了使组织成员之间的合作更加高效，如：会议制度、培训制度、交接班制度、报告制度等。第三，领导平时的言行。领导作为组织中的特殊成员，其言行一直受到组织成员的关注，也对组织成员的行为产生无形的影响，领导言行对推动组织价值观的形成、树立组织成员的信念、鼓舞组织成员的士气、规范组织的道德标准和行为规范都有着举足轻重的作用。这就要求领导的言行首先必须具有一定的稳定性，如果领导的言行前后不一致，甚至产生矛盾，就会影响领导的威望，使组织成员产生混乱。其次，领导的言行要严格遵从组织的理想、信念、价值观、道德标准和行为规范，做好带头表率作用，并采取各种方式将这些信息传递给组织内的所用员工。第四，组织的理想、信念、价值观、道德标准和行为规范。组织的理想、信念、观念、道德标准和行为规范的形成是有一个过程的，并非通过书面的形式由组织领导签署发布就形成了，也并非通过宣传让职工了解就能形成，而是需要有一个确立、宣传和巩固的过程，巩固的过程就是固化于心的过程。组织理想是组织的长远目标和努力方向，明确的组织理想会使行为人的行为方向与组织的方向保持一致，一致性的强弱与组织的凝聚力有关；组织信念是对组织理想的坚持程度；组织价值观是组织对周围事物（人、物和事）的重要性、意义的总评和总看法；组织的道德规范是对各种行为好坏、善恶的判断标准；组织的行为准则就是哪些可以做、哪些应该做、哪些禁止做、哪些不应该做、哪些必须做，组织的行为准则服从于人类的行为准则，人类的行为准则就是追求真、善、美。

（4）需要

在行为动机理论中，马斯洛的需要层次理论是最具代表性的，马斯洛认为，人的需要是分层次的，由低到高分别是生理需要、安全需要、社会需要、尊重需要和自我实现需要，人只有在较低层次的需要得到满足后，紧张情绪解除后，才会产生较高层次的需要。各层次的需要彼此重叠，相互依赖。各种层次的需要只是所处的水平不同，对人行为的影响力比重不同而已，但它们都是同时存在的。马斯洛认为，需要是由低级向高级波浪式发展和推进的，人的心理在不同的发展阶段，各层次的需要所处的水平不同，随着人的心理由低级向高级发展，人的需要也由低级向高级发展，高级需要不断占据主导地位，低级需要不断处于次要位置。而人的心理发展阶段是受需要满足程度影响的，当低级需要不断得到满足时，也推动了人的心理向高级发展，人的行为动机主要受处于较高水平的需要的影响。马斯洛的需要层次发展模式如图5-5所示。

马斯洛的需要层次理论解释了很多的社会现象，同时，也具有一定的局限性，对有些现象无法解释，如革命烈士英勇就义，"廉者不受嗟来之食""不为五斗米折腰"等。笔者认为，人的需要主要有两个方面：一是机体不受到损害（包括生理和安全），二是心理达到平衡或不受伤害（包括社交、尊重和自我实现）。两种需要同时存在，相互依存，当两种需要相互冲突时，人的世界观、理想、信念等起到很大的调节作用。例如，浙江永康是我国的五金加工基地，每年该地区发生大量的断指事故，就业与安全是生理需要与安全需要之间的冲突，有些人可能会认为再穷我也不能冒这样的风险，有些人会认为挣钱是主要的，我去工作不一定会断指。在多重需要的作用下，行为人产生多重动机，不同的动机水平决定行为人注意力资源的分配。

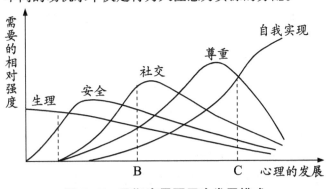

图 5-5　马斯洛需要层次发展模式

2. 安全管理和安全文化在人的行为控制机理中的作用

通过上述分析可以发现，在人的行为控制机制中安全管理和安全文化都发挥着各自的作用。但是两者应该各有侧重点，各有分工，并相互配合，最终达到有效控制人的不安全行为，引导人的行为向安全行为转化的目的。

一方面，重视安全管理与安全文化针对不同行为进行控制的区别。

（1）安全管理对不同行为的控制表现

一是对任务行为进行控制。Motow 和 Scotter[①]于 1994 年认为个体行为可以分为任务行为和情景行为，其中任务行为是组织安排或规定的行为，是被动的、必须要遵从的个体行为，任务行为的安排方式一般是由组织根据总体目标的需要设定相应的部门和岗位，制定岗位职责、目标及其他有关规定如操作规程，同时，还可以看到，任务行为很多具有计划性，即在行为执行的前期是经过一定的组织考虑的；而情景行为则是行为者个人根据周围的情境和状况，自觉自愿的完成某项工作和行为，这种行为强调行为人是主动，自觉参与的，这种行为也是没有计划的，只是个体经过一定的考虑

---

① Motow S J，Scotter J T. Evidence that task performance should be distinguished from contextual performance [J]. Journal of Applied Psychology，1994，79（4）：475-480.

后采取相应的行为，因此往往考虑并不周全。包括：首先，认真分析和系统考虑任务的难易程度、可能的风险和事故发生的机理，通过任务分解或转变降低任务难度，通过有效措施切断事故链条或隔离、报警等措施降低事故的可能性和严重性。其次，在前项工作的基础上，根据任务的具体要求，提出岗位人员聘用基本条件，使人的生理和心理条件满足任务的要求。再次，根据任务需求确定胜任能力模型，岗位人员的现有能力与胜任能力的差即是安全培训和岗位技能培训需要弥补的缺口，制定培训方案进行培训。然后，编制高质量的应急规程和操作规程，使规程的使用符合行为人的要求。最后，发现系统中经常发生且具有一定风险的行为，制定相应的行为标准，并让大家养成安全行为习惯，尽可能节约注意力资源，让更多的安全注意力集中在其他的行为中。

二是对情景行为进行控制。企业安全生产中的绝大多数不安全行为都是情境行为，因为企业的任务行为是可以预见的、经过安排的，而不安全行为不可能由企业安排，因此对情境行为的控制安全管理主要做好以下工作：首先，分析企业中可能存在的不安全行为，编制不安全行为列表；其次，对各种不安全行为发生的条件和原因进行分析，消除不安全行为发生的条件和原因；再次，制定有关监督管理制度，发现不安全行为及时制止和纠正；最后，制定奖惩措施，禁止各种不安全行为，发现后予以处理。

三是对决策行为和执行行为进行控制。人的行为是由决策产生，行为的影响和后果是通过具体执行实现的，因此，决策时要具备一定的知识和智慧，执行时行为人要有一定的技能和精准度，那么，安全管理从决策行为和执行行为方面的控制措施主要有：首先，安全生产知识培训；其次，安全生产技能的训练；再次，减少各种环境因素的不利影响，如光照、温度、风力等因素的影响。

四是对意识行为进行控制。意识行为是指人对行为的可能后果经过深入分析后所采取的行动，这种行为发生事故的原因主要是行为人知识不足、经验不足造成的，所以安全管理上采取的预防控制措施主要有：首先，分析企业内不同岗位的行为，编制安全生产培训大纲，对行为人进行安全教育培训，让其熟悉安全生产技术知识，熟悉岗位操作规程；其次，进行事故案例培训，了解企业可能发生的各种事故，分析事故原因，了解事故的危害等。

五是对浅意识或无意识行为进行控制，优化环境对行为人的影响。第一，使物理环境符合行为人的感知能力和习惯，不产生错觉。第二，减少物理环境对行为人情绪的影响。第三，优化物理环境使其适应人的行为习惯及降低其对行为人动作的影响。第四，完善各项规章制度，使其既能约束人的行为，又能"以人为本"，尽可能的解放人。第五，对各项制度进行宣传和培训，争取制度针对的对象的理解和认同。第六，建立有效的监督、检查和纠错制度，使人的错误行为及时得到纠正。

（2）安全文化对不同行为的控制

安全文化对上述各种行为的控制与安全管理不同，安全文化在组织行为学中属于组织行为的范畴，它对各种行为的控制主要表现在以下方面：一是促进组织公民行为的产生。企业安全生产管理中可以要求行为人不能做什么，必须做什么，但是有些行为是无法通过安全管理来要求的，例如，企业无法要求职工发现安全生产事故隐患时必须及时报告，因为，不报告的原因有可能是没有发现，或者是发现了没有报告，具体是哪种情况无法考证。二是安全管理中意愿性的强弱只有通过安全文化才能提高。例如，企业可以要求职工参与各种安全生产活动，但无法要求职工积极参与安全生产活动，因为是否积极参与无法测量，这就导致职工参加了安全生产活动，但是并没有投入太多的精力。同样，你无法要求企业职工重视安全生产工作。

另一方面，重视安全管理与安全文化在提高行为人的安全动机水平上的区别。

人的安全动机水平不足，正是很多不安全行为发生的主要原因，如人的麻痹心理、冒险心理、图省事的心理及人的侥幸心理等都是安全动机不足造成的。传统安全管理工作中的提高人的安全动机水平的主要方法是：建立安全生产奖惩制度。这类制度存在很多明显的缺陷：一是主要采用负激励的手段，违章给予处罚，有隐患或隐患未整改给予处罚，而不违章、无隐患一般不会受到奖励，这会降低企业职工安全生产工作的积极性；二是惩处的不公平性降低制度的效率，违章或隐患不可能100%被发现，特别是违章行为，行为人完全可以想办法躲避惩罚；三是违章与事故之间并非等号关系，事故发生的偶然性和复杂性导致惩处制度公信力的缺失，甚至很多人认为这些制度是愚蠢的；四是禁止违章、违规的行为过多、过细、不分轻重缓急进一步混淆了职工的分辨力；五是违章范围的确定得不到广大职工的理解，不能和管理者达到共识，为人服务的管理变成了被管理者的"累赘"。

安全文化正是为了弥补安全管理在行为人动机方面的激励作用不足的缺点。提高企业安全文化水平可以有效提高企业职工的安全行为动机水平。

通过将企业安全文化同安全氛围、企业安全文化同企业文化、企业安全文化同安全管理等事物的对比，更加深刻地认识企业安全文化的概念和内涵，通过比较得出以下结论：第一，企业安全文化是人们观念方面的事物，比较抽象，难以理解，但它会通过企业安全氛围表现出来，企业安全文化是无法直接测量的，但可以通过安全氛围间接测量企业安全文化。第二，企业安全文化是企业文化的一部分，企业安全文化的传播和形成需要依靠一些物质的东西作为载体，如英雄人物及其事迹、故事、仪式、标志性建筑物、行话等。严格来说，这些本身并非企业的安全文化，而是对企业的安全文化产生影响，真正的安全文化就是各种物质的东西所代表的意义在人们大脑中产生的观念影响；企业安全文化建设应该有一个明确的目标，并进行系统的研究，期望人们的思想观念发生什么样的改变，对人的行为会产生怎样的影响等，都要提前做好计划，然后通过各种事迹、故事、行为、文艺作品、仪式、标志性建筑、行话等表现出来，从而对人的思想观念产生影响，再通过评估和测量，找到企业安全文化建设的不足并有针对性的建设。第三，在人的不安全行为控制上，企业安全文化是企业安全管理很好的补充，能有效促进组织公民行为的产生和发展，各种无法衡量其意愿性强弱的行为都必须由安全文化来产生自觉自愿的激励和约束作用，同时安全文化还能促进企业内部产生共同的价值观，有利于组织内部交流，提高安全生产效率。第四，企业安全文化水平比较抽象，一般是由安全氛围因子进行测量的，由于国内外学者所研究的国家、行业及人的思想意识形态不同，因此不同的人提出的安全氛围因子是不同的。研究发现，安全氛围因子是无穷无尽的，但是所有的安全氛围因子都反映了国家和社会、企业和企业决策层、企业管理层以及企业执行层对安全的重视程度。因此，可以先从安全生产系统工程的完备性提出企业安全氛围因子，然后通过因子分析的方法找出各种安全氛围因子的相关性，最后得到保留的主要的安全氛围因子。

第四节　安全文化新界定及研究结论

通过前面的分析，我们可以对安全文化有一个更加深入的认识，同时对安全文化在企业安全生产工作中的地位和作用有一个系统的认识。新的认识启迪我们重构安全文化定义、安全氛围测量因子分析。

一、企业安全文化再认识

首先，从逻辑上来说，在企业整个安全生产系统中，人的行为对企业的安全生产工作起着决定性影响，它不但能减少初始触发危险源的触发概率，而且还能改变作业现场环境状况，切断触发链条；而对人的行为产生影响的主要有知识、技能，还有信心和动机水平，即行为人不但要"会安全"，而且还要"能安全""要安全"，更重要的是"要安全"的迫切程度要高，企业安全文化的作用正是为了提高企业各类行为人的"要安全"的迫切程度；有了信心和高水平的安全动机，行为人就会将更多的注意力资源分配到安全行为上，无数事故案例表明，事故的发生绝大多数都是由于行为人分配到安全行为上的注意力资源不足造成的。

其次，企业安全文化水平的高低是通过企业的安全氛围来测量的，企业安全文化水平的高低实际就是企业各类人员对安全生产工作的整体重视程度（或者说安全需要水平），这种整体重视程度是由每个个人的重视组成的，每个个人对安全生产工作的重视会同时影响到其他人员对安全生产工作的重视，特别是企业负责人对企业安全生产工作的重视会产生决定性的影响；企业各类人员对安全生产工作的重视会通过一些行为或现象表现出来，并对周围人产生影响；这些行为表现或现象有很多方面，无法一一列举，概括起来会得到一些关键要素，即是企业的安全氛围的一部分。

再次，综合国内外各种关于安全氛围的文献资料，每个人提出的安全氛围因子都不一样，认真分析和辨别后不难发现，国内外学者主要从国家和社会层面、企业决策层面、企业管理层面和企业执行层面四个层面测量其对安全生产工作的关注度（表5-5）。

二、安全文化的再定义

通过前面的分析和研究，我们可以将企业安全文化分为广义定义和狭义定义。笔者认为，狭义的企业安全文化是指在企业安全生产过程中逐渐沉淀下来的，对企业内各层次人员的安全行为产生深刻影响的，通过各种有效方式在企业内广泛传播的，为企业内成员所共享和认同的观念的总和。这种影响主要是使企业内部各层次人员对安全生产工作产生一种稳定的、总体的倾向性，这种倾向性是安全行为的内在驱动力，能将安全动机始终置于较高的水平。

上述狭义的企业安全文化定义也可以认为是安全观念文化的定义，那么，广义的企业安全文化定义是指除了上述狭义的定义以外，还包括对人的安全观念文化产生影响的安全行为文化、安全管理（制度）文化和安全物态文化。例如，企业内形成的各种行为习惯，企业内有些安全管理制度已经被人们接受和认可，企业内的一些安全生产故事已经对人产生深远影响，企业内一些建筑已经被赋予一定的意义并影响人的安全行为等。

从上述定义来看有几点：一是企业安全观念文化并非所有观念的总和，而是那些对人的安全行为产生影响的观念总和，企业的安全行为文化、安全管理（制度）文化和安全物态文化也是指那些对人的安全观念文化产生深刻影响的行为习惯、管理制度、故事和建筑的总和；二是企业安全文化的核心是安全观念文化，这些观念文化必须是整个企业内所有员工所共同认可与分享的（对于企业内某个部门的安全文化就是整个部门内所有员工所共同认可与分享的），某一个人的观念不属于企业安全文化，除非将这种观念有效传播并固化于每个人的内心；三是企业安全观念文化必须要经过一个长期的过程，必须要经过传播并固化于内心的过程，这只有在各种日常行为中才能反映出来，应试型的记忆的观念不属于企业安全观念文化。例如，通过回答调查问卷某人可能会认为安全生产会产生效益，但在实际工作中又不舍得安全投入，这说明企业的安全观念文化还是没有改变。

企业安全文化是企业在长期的生产实践中形成的，安全文化水平的高低可以通过安全氛围来测量，即安全氛围是安全文化的外在表象。

表5-5 安全氛围因子的分类及解释

层次分类	安全氛围因子	相应解释
国家和社会环境层面	社会经济文化###、生产力发展水平###、社会安全需要###、国家安全法规###、社会安全价值观###、行业特点###	社会经济发展了，生产力水平提高了，社会对安全的需要就会增强，国家就会重视安全生产工作，整个社会的安全价值观也会发生改变，国家的安全法律法规就会更加完善，某个行业效益好，对安全的需要也会增强
企业及企业决策层面	企业安全领导的地位*、安全委员会的地位*、安全的优先性#、安全相对于生产的优先性##、组织承诺###、安全知识#、安全工作环境##、组织应急准备##、风险辨识##、安全事故###、安全沟通#、沟通系统###	企业置于国家、社会及行业环境之中，必然会受到影响，但不同的企业又具有鲜明的个性，企业决策层对安全生产工作重视就会提高企业安全领导的地位，提高安全委员会的地位，安全就会在企业发展中更加优先考虑，为了表明重视企业可以通过向社会及企业内部作出安全承诺并践行承诺，企业就会改善安全工作环境，提倡学习安全知识，加强风险辨识，组织应急准备，注重安全事故的调查分析和预防，企业内部安全沟通就会畅通无阻
企业管理层面	管理层对安全的态度*、管理活动有关其福利问题的回应**、管理者安全意识###、管理者对安全的承诺***、安全管理#、安全激励#、奖惩系统###、安全行为在晋升方面的影响*、教育培训系统###、管理参与###	企业管理层对安全生产持认同的态度，尊重生命，尊重职工，关心企业职工的生活及福利，注重安全生产工作（安全意识），并对企业决策层和企业执行层作出安全承诺，加强安全管理，建立有效的安全激励和奖惩系统，甚至安全行为在晋升上也有所体现，建立职工安全教育培训系统，积极鼓励职工参与安全生产管理工作
企业执行层面	雇员对管理者关心其福利的认知**、员工授权###、员工安全需要###、员工安全态度##、安全行为对社会地位的影响*、工作进度对安全的影响*、员工参与及安全承诺##、工人的安全参与***、工作组安全参与#、工人对安全培训重要度的认知*、员工安全知识与规章遵守##	员工感受到自己的福利被管理者关心，员工在安全上得到授权，其安全需要水平得到提高，员工对安全的态度发生转变，认为安全是非常重要的事，安全行为会受到社会的尊重和认可，工作进度并不会降低安全要求，并积极参与到安全事务中，工作班组也参与到安全事务中，向组织作出安全承诺，积极参加安全培训工作，学习安全知识，并自觉遵守企业安全规章制度

注：右上标为"*"的安全氛围因子是由Zohar提出，其他安全氛围因子提出学者对应的是"**"——Brown和Holmes；"***"——Dedobbeleer和Beland；"#"——Susan；"##"——Vinodkumar；"###"——李爽、曹庆仁等。

三、主要研究结论

本研究通过文献梳理、理论推演、案例分析等方法，运用安全系统工程的原理对企业安全文化的定义、作用等进行了系统的研究，结论如下。

第一，对国内外各种安全文化的定义进行总结归纳发现，尽管各个专家学者由于观察问题的角度不同，对企业安全文化的理解上存在很大差异，但也存在一些共同的观点，即企业安全文化的核心是信念、价值、观念、态度和认知等心理层面的内容；安全文化是相对于社会或组织而言的，是存在于社会和组织之中的；安全文化研究的出发点和落脚点是考虑安全文化对置于组织中的人的安全行为的影响。

第二，企业安全生产工作是一个复杂的系统工程，系统内各元素之间相互影响，企业安全文化是企业安全生产系统工程的一部分，因此，应将安全文化置于该系统中进行考察研究。在企业安全生产工作系统中，危险源是事故发生的根源，是安全生产工作的中心，因此，应以危险源理论为基础建立企业事故控制模型。在该事故控制模型中，事故的发生是由初始触发危险源到第 N 触发危险源……到第一触发危险源到直接危险源等相继触发的结果，预防各类事故的发生就是要有效控制各类危险源，从而切断事故发生的触发链条；在事故发生的系统控制模型中，直接危险源意外释放能量的多少及意外释放的速度决定了事故发生的严重性，而初始触发危险源触发的有效性和相应的事故链条的完整性决定了事故发生的可能性。人是最重要的初始触发危险源之一，占所有事故初始触发危险源的80%以上，对人的行为进行有效控制能有效预防各种事故的发生；可以认为，安全文化是企业已知的其他各种危险源控制方式的补集，因此，要想知道安全文化的边界，可以从弄清已知的各种控制手段入手。

安全文化通过人的观念调整人的需要，从而激励正情景行为，抑制负情景行为，同时，使安全需要始终处于较高的需要水平。

第三，企业安全文化有狭义和广义之分，狭义的企业安全文化是指在企业安全生产过程中逐渐沉淀下来的，对企业内各层次人员的安全行为产生深刻影响的，通过各种有效方式在企业内广泛传播的，为企业内成员所共享和认同的观念的总和。这种影响主要是使企业内部各层次人员对安全生产工作产生一种稳定的、总体的倾向性，这种倾向性是安全行为的内在驱动力，能将安全动机始终置于较高的水平。

广义的企业安全文化定义是指除了上述狭义的定义以外，还包括对人的安全观念文化产生影响的安全行为文化、安全管理（制度）文化和安全物态文化。例如，企业内形成的各种行为习惯，企业内有些安全管理制度已经被人们接受和认可，企业内的一些安全生产故事已经对人产生深远影响，企业内一些建筑已经被赋予一定的意义并影响人的行为等。安全行为文化、安全管理（制度）文化和安全物态文化既是广义企业安全文化的一部分，也是狭义企业安全文化建设的有效途径，对企业安全观念文化产生深远的影响。

在人的不安全行为控制上，企业安全文化是企业安全管理很好的补充，能有效促进组织公民行为的产生和发展，各种无法衡量其意愿性强弱的行为都必须由安全文化来产生自觉自愿的激励作用。

第四，西蒙认为："随着信息的发展，有价值的不是信息，而是注意力"。在安全生产和生产经营这二元世界里，得到更多的注意力资源是最有价值的。因此，企业安全文化的建设实际上就是更好地将注意力资源吸引到安全生产上来。

第五，企业安全文化受社会安全文化、区域地方的人文环境、传统观念、行业特点等多种因素的影响，因此企业安全文化建设应结合现状，因地制宜。

第六章 安全管理学实探

安全管理（safety management）是劳动生产领域或所有领域的重要活动，是一种重要的管理方式和管理分域，关系到劳动者的生命安全健康能否得到有效保障，关系到国民经济能否良性运行发展，关系到整个社会能否和谐发展，因此从管理学或者管理实践环节的角度研究劳动生产的安全管理，必然是重中之重。

从国内外关于安全管理学的界定看，通常认为，它是研究安全管理活动及其规律的科学，是一门特殊的管理学，是安全科学的重要分支。这里，我们主要从政府安全监管与安全管理的区别、安全管理基本原理和体系、企业安全管理实践等方面进行分析。

第一节 安全管理与安全监管辨识

管理（management）与监管（supervise & administration）的含义明显不同，因而在研究劳动生产的安全管理之前，我们需要对此作一辨识和区分。

一、安全管理

通常认为，劳动生产领域的安全管理是以安全生产为目的，进行有关决策、计划、组织、领导和控制方面的活动。安全管理和人力资源管理、财务管理、物流管理、生产运作管理、市场营销管理、研发管理、信息管理等一样，是企业管理的职能之一，也是企业的主要活动之一。法国著名的管理学家亨利·法约尔（Henri Fayol）早在100年前就把安全活动作为企业管理的6大活动之一，这些活动分别是：技术活动、销售活动、财务活动、安全活动、会计活动、经营活动。这也许是因为法约尔先生做过20多年的煤矿矿长的缘故，但安全活动的确已经成为企业管理活动的重要组成部分。

由于企业系统和生产过程的日趋复杂，安全管理在事故控制中起到愈来愈重要的作用，主要体现在以下三个方面：第一，切实加强安全管理，可以大幅度减少事故的发生。据对事故的分析可知，绝大多数事故的发生都是由各种原因引起的，而这些原因中的85%左右都与管理紧密相关。也就是说，如果我们改进安全管理，就可以有效地控制85%左右的事故原因。举个简单的例子，一个建筑工人在登梯作业时，因梯子折断而跌伤。经分析我们可以看出，这个事故的原因可能是没有要求对梯子进行常规检查（管理缺陷）、工人不知道检查规则的存在（管理失误）、采购部门购买时未充分考虑梯子的用途和质量（管理失误）或者财务部门没有提供足够的资金购买合适的梯子（管理失误）等。以上分析的任何一个原因都与管理的疏忽、失误或缺陷紧密相关。第二，切实加强安全管理，才能减少事故的发生，保证良好的工作效率和经济效益。虽然"安全第一"的口号得到了广泛的传播，但是由于安全管理的效益只有在事故出现以后才显露出来，这和环保投入类似，因此企业对于这个口号重视程度普遍都不够。实际上对于企业来说，经济效益永远是第一位的，安全管理并不是也不可能是第一位的，否则就违背了经济学的基本假设。但安全管理作为一种"负负得正"的管理，关系着企业的经济效益和长远发展。第三，安全管理对于控制事故的效果也是举足轻重的。一方面，控制事故所采取的手段，包括技术手段和管理手段，是由管理部门选择并确定的；另一方面，在有限的资金投入和有限的技术水平下，通过管理手段控制事故无疑是最有效、最经济的一种方式。

二、安全监管

监管是监督（supervision）和管理（administration）的合称和简称（注意，此处的管理作administration解，而非management，以示与安全管理相区分）。监为监视、观察，"监者，临下也，领也，察也，视也"；督为责成、催促，"察者，察责催促也"。现代管理学中的监管，是指管理主体为获得较好的管理效果，对管理运行过程中的各项具体活动所实行的检查、审核、监督督导和防患促进的一种管理活动。从公共管理和政府管理的角度看，"监管"带有强制性色彩，有规范和管制的意思，可以视为与"规制（regulations）"同义。因此，我们认为，安全监管与安全规制、安全管制同义。

安全监管（safety administration）是指为了维护人民群众的生命财产安全，政府运用政治的、经济的、法律的手段和力量，对各行业、部门和领域企事业单位的安全生产活动进行监督与管制的一种特殊的管理活动。

三、安全管理与安全监管的联系和区别

安全监管与安全管理既有联系，又不尽相同。一方面，安全监管与安全管理的内涵是不同的。安全监管的主体是政府，客体是企业等生产经营组织；安全管理的主体

是企业，客体是与安全生产工作相关的人、事、物。换句话说，安全监管是政府职能之一，是宏观层面的规制；安全管理是企业的职能之一，是微观层面的操作。长期以来，这种界定在中国并不明确，根源无非是计划经济时代政企不分遗留下来的结果。另一方面，虽然内涵有别，但安全监管与安全管理二者之间也有着深刻的联系。了解企业具体的安全管理活动，能够为政府安全监管奠定坚实的基础，使安全监管更有针对性。

安全管理与安全监管的区别实际上是所谓 B（business）途径和 P（public）途径在安全生产问题上的划分，即企业管理和公共管理的划分。

第二节　政府安全监管理论与实践

既然监管主要是政府行政事务，我们就应该考察劳动生产领域的政府安全监管诸多问题。谈政府监管，必然涉及市场失灵和政府失灵的问题。

一、市场失灵与政府安全监管

市场失灵究竟对政府安全监管有何影响？这是我们首先要回答的问题。

1. 市场失灵与政府失灵

伴随着社会分工和商品生产的发展而出现的市场在市场经济体制及其运行中起着基础性、中枢性的作用。没有市场的发育和正常运转也就谈不上真正的、规范的市场机制，更谈不上规范的市场经济体制。市场是人们买卖的场所，通过供求关系和价格机制对全社会各类资源起着基础性作用。但是随着现代市场经济的发展，市场失灵的现象时有发生，严重影响着社会资源的配置和经济社会的发展。因此，市场失灵是世界经济学家们关注的焦点之一，也是各国政府进行政策干预的理论依据。而安全生产领域存在的市场失灵现象则是安全监管的一个重要的逻辑起点。

市场失灵（market failure）是指市场无法有效率地生产、交换、分配和消费商品和劳务，或市场机制出现紊乱、不能发挥完全作用的情况。一方面，这个词汇通常用于市场无效率状况特别重大时，或非市场机构较有效率且创造财富、降低成本或消弭危机的能力较私人选择为佳时。另一方面，市场失灵也通常被用于描述市场力量无法满足公共利益的状况，比如维系安全生产、环境保护等。

安全生产领域存在市场失灵现象，单纯靠市场机制无法解决多发的事故和严峻的安全生产形势，甚至市场的逐利性和某些主体的贪婪性及不诚信会恶化企业的安全状况，因此，政府安全监管适当其时。这是市场机制和行政机制相互博弈的结果，是边际市场成本与边际行政成本相互碰撞并寻求均衡的结果。

相对于市场失灵，也存在政府失灵现象。政府失灵是指政府的活动或干预措施缺乏效率，或者说政府做出了降低经济效率的决策或不能实施改善经济效率的决策。目前中国所存在的安全监管问题主要是市场失灵引起的，而不是政府失灵引起的；但在实际工作和监管过程中可能存在的监管越位、缺位或不到位的情况是政府失灵的结果。需要明确的是，加强和完善安全监管制度、建立安全生产长效机制的一个着眼点就在于通过经济性的、社会性的和法律性的政策提供安全公共品，使外部性内在化，主要是减少和消除市场失灵，同时注意克服、避免或减弱政府失灵，从而实现安全监管目标和全社会安全生产形势的根本性好转。

2. 安全生产领域的市场失灵

市场经济靠供求规律、价格机制和"看不见的手"调控经济行为，促使人们解放思想、更新观念、打破金饭碗、提高竞争和效率意识，促使企业建立现代企业制度、追求经济效益、创造财富、承担社会责任。这毋庸置疑给企业加强安全生产带来了新机遇，对安全生产有积极作用，至少可供投放于安全生产的资金较以前充裕多了。然而，也应看到，从计划经济向市场经济过渡，不仅影响着人们的经济生活，同时也影响着人们的价值观念和思维方式，不可避免地给企业安全生产和政府安全监管带来新问题和新挑战，甚至出现较为严重的市场失灵现象，比如不少企业看重短期利益而没有动力对安全生产进行一定的投入，以及诸多安全不诚信现象，甚至是所谓"官煤勾结""封口费"等腐败现象。换言之，市场手段不能完全调控安全生产，对安全生产只起有限的积极作用，有时甚至是负面作用，即在各行业尤其是高危行业的安全生产领域存在市场失灵现象，主要表现在以下几个方面。

（1）企业内部从业者对安全生产工作不够重视

第一，领导者重生产、轻安全。从企业活动行为的自主性来看，企业领导者易产生重生产"一边倒"的错误意识，忽视安全生产。在市场经济条件下，企业是生产经营的主体，自主经营、自负盈亏、自我约束、自我发展，自主开展生产经营活动。这就要求企业领导者以最低的成本去谋求最大的效益。他们考虑得较多的是生产、经营、效益、利润等，这些"硬"性指标迫使他们去拼搏、去奋斗、去竞争，从而使企业的自身活动符合市场经济的要求，尽最大的努力去占领市场。在生产任务、经济效益和市场竞争的重荷面前，领导者容易忽视安全生产工作。实际上这里有个重要原因就是安全投入效益的滞后性，安全对效益的影响是"负负得正"。安全投入往往需要不菲的费用，占用一定成本，但是取得的效益却并不一定立竿见影。只有到了发生事故的时候，企业领导者才会大呼后悔，才能体会出安全投入和安全效益的重要性。

第二，管理者重眼前、轻长远。从企业生存发展的竞争性来看，管理者易于重眼前的影响，忽略具有长远效益的安全生产。竞争是市场经济的基本属性和特征，要使企业在竞争中求生存和发展，占领市场和立于不败之地，企业必须广开门路，向生产的深度和广度进军。但是，当原有设备达不到现行的生产规模，现有的职业环境跟不上实际生产能力，已有的事故隐患未发现或已发现未整改仍带"病"操作，超能力生产导致安全装备和设施跟不上产能，或操作新工艺已付诸实施而有关安全规程尚未及时配套、无章可循时，不少管理者急功近利，把保障职工在生产劳动中的安全与健康置之度外，有关劳动保护政策、法规和安全管理制度等成了一纸空文。当然，他们的主观愿望和出发动机是为了企业的生存和发展，在诸多压力面前，侥幸心理代替了科学管理，潜在的事故隐患也会随之而来。更要紧的是，长时间靠侥幸心理支撑，就会放弃思想上的安全弦。在市场经济条件下，如果市场竞争是由血的教训和昂贵的事故费用为代价的，那么这个企业竞争的后劲必然会被事故的损失所抵消，其结果必然是在竞争中被淘汰。实际上，安全生产能力和市场营销能力、产品研发能力、物流能力、品牌或名牌等有可能被打造为企业的核心竞争能力，这是具有战略性、长远性和可持续性的。"不谋全局者，不足谋一地；不谋万世者，不足谋一时"，如果认识不到这一点，企业就不能实现安全发展、科学发展、可持续发展，正常的生产秩序很有可能被随时可能发生的事故打断。这时，何谈效率，何谈效果，何谈效益？

第三，操作者重经验、轻科学。从经济利益的功利性来看，操作者对安全生产易重经验而忽视科学。在市场经济运行的过程中，企业的经济效益是与职工的工作效率密切相关的。处在安全生产第一线的操作者，在多种利益的驱动下，在一定程度上会按经验行事。这些人虽非有章不循，但就其实际行为而言，或是因与经济利益挂钩的考核，或是为了某项任务、指标的完成兑现而违背了安全操作规程，把事故的火苗留在自己的身边。靠经验行事迟早必然要受到惩罚，隐患潜伏在操作者身边随时会诱发事故。在英文中，经验管理是"rule of thumb"，即用大拇指规范、管理的意思，类似于我们开玩笑时说的"用脚趾头想想"的意思。这样的管理显然不科学、不合理、不符合安全规程、易于引发"人的不安全行为"和"物的不安全状态"，最终导致事故的发生。

总之，市场经济的激励机制尚不能完全使企业内部的领导者、管理者和劳动者这些从业人员的安全生产工作转化为自觉的行动，从而产生了安全生产领域的市场失灵现象，需要政府履行相应监管职责，发挥重要作用。

（2）企业安全投入存在突出问题

第一，企业安全投入不足、安全装备水平低。由于历史原因，企业尤其是高危行业企业安全投入差别很大。国有大型企业安全欠账严重，地方国有企业安全欠账问题更为突出，企业技术和安全保障水平较低，抵御事故灾害的能力较差。

第二，企业安全科技投入少、水平低，重大灾害预防与治理关键技术亟待解决。

中国企业安全科研基础设施不健全，安全科技力量分散、流失严重，安全科技投入严重不足，至今尚未建立起较完善的企业安全生产科技支撑体系；企业安全技术落后，安全科技成果推广转化率低，企业安全科技自主创新能力较弱；企业安全生产技术标准规范不能满足安全生产发展的需求。企业安全基础理论研究滞后于安全生产实践，重点事故及灾害防治如煤矿瓦斯水害等亟待攻关。

第三，企业安全法规标准体系不健全，企业安全生产技术标准、规范、规程不能完全适应企业现代化安全生产的要求，亟需全面系统修改。

总之，企业对于安全投入缺乏主动性和积极性，同时安全历史遗留问题和安全欠账也不容易消化。

（3）企业安全诚信存在突出问题

安全生产诚信要求企业在生产经营活动中，为实现安全生产的目的，保障人员安全健康和财产不受损害，在安全制度、安全管理、安全文化、安全投入、事故处理和应急救援等方面，对企业内部人员、政府监管监察部门、新闻媒体和社会公众公开透明、诚实守信。

企业安全诚信缺失，主要表现为：一些企业违法违规生产经营行为屡禁不止，安全思想意识淡薄，安全生产责任不落实，安全生产机制不健全，安全管理制度不完善，安全教育培训不到位，从业人员安全知识和技能薄弱，"三违"现象严重，安全投入不足，安全设施装备更新迟滞，安全科学技术落后，安全承诺不兑现，偷生产和超生产能力现象严重，弄虚作假严重，谎报、瞒报事故的现象时有发生等。凡此种种，归结为一点，即没有按照正确的要求去做正确的事，也就是企业安全失信，已成为事故尤其是重特大事故频发的主要原因之一。

（4）企业安全的外部性问题

安全投资是指企业在生产过程中对安全设备设施的购置与建造、人员的安全教育培训等方面的投资。在企业生产经营活动中，如果缺乏必要的安全投资，则会导致事故发生。事故发生后，一方面会造成诸如生产设施损毁、生产停工等损失，另一方面会导致人员的伤亡，这也是一种巨大的损失。安全损失有私人损失和社会损失之分。私人损失是企业所有者在事故发生后所需承担的各种损失，主要由企业生产设施设备损毁引发的资产损失与停工损失、人员伤亡引发的赔偿损失构成。社会损失是事故给社会所造成的损失，主要由两部分构成，一部分是企业生产设施设备损毁引发的资产损失与停工损失，这部分损失由企业所有者承担，构成私人损失的一个内容；另一部分是人员伤亡给其家庭成员造成的经济损失及精神损失，对于这部分社会损失，其中的一定比例会以企业所有者向人员家属支付赔偿金的形式由企业所有者承担，成为私人损失的一个构成内容，但在完全的市场机制条件下，由于家属与企业所有者相比处于相对弱势的地位，事故发生后企业所有者所支付的赔偿金往往不能完全补偿人员伤亡给其家庭成员造成的经济损失及精神损失，也就是说，企业所有者不会完全承担这部分社会损失，这就导致了事故的社会损失大于私人损失的情况出现。或者还有一种情况，如一危险化学品企业有害物质泄露到厂区以外，给当地人们的安全和健康造成了不良影响，对人们心理也造成了一定的恐慌，但企业却没有支付这部分损失，像有些环境问题一样，形成了社会损失大于私人损失的情况。也就是企业事故和不安全行为存在负的外部性，即外部不经济。

当然也会出现安全的正外部性即外部经济现象。由于在企业生产中增加安全投资可以在一种程度上避免事故的发生或减少事故发生的概率，进而避免或减少损失的发生，因而安全投资就是一种能够带来收益的经济活动，这一收益就是所能避免的损失。与损失相对应，安全投资的收益可以分为私人收益和社会收益。私人收益即企业所有者收益，是企业所有者进行安全投资所带来的私人损失的减少。社会收益则是企业所有者进行安全投资带来的社会损失的减少。由于事故发生后导致的私人损失小于社会损失，因而企业安全投资的边际私人收益小于边际社会收益，这就意味着煤矿安全投资存在外部经济性。又比如，某企业对职工的安全培训教育十分到位，不仅使企业自身安全程度高，具有高安全素质和能力的职工也会对其家属和朋友进行一定的安全教育，提高他人的安全素质和能力，对社会产生了正的外部性，即外部经济。

可见，企业的安全生产会导致外部性问题，主要是负的外部性即外部不经济现象。这实质上是市场失灵的重要体现，需要通过政府安全监管使安全外部性内在化，减少外部不经济现象。

3. 安全的准公共品属性

从公共经济学角度看，安全人人需要，人人可享，但需适度付费，因而属于准公共产品，有如下几点特性。

（1）生产安全本身具有公共性

我们所研究的"安全"指的是行业或企业的生产安全，属于狭义的安全范畴。由于"安全"这个概念本身就具有公共性，具有人们共享和共同承担的内涵，对于每个人而言安全和健康也是最大的人生关切，因此生产安全具有一定的公共性。

（2）企业安全和社会安全相辅相成

良好的安全生产形势不仅能够使企业保持顺畅和渐进的生产秩序、工艺流程、产品销售、人员和财产不受损失，也能对人员家属、企业所在地区、整个行业甚至全社会形成正面的、积极的安全"辐射"，推进和谐社会的进程。反之，如果全社会的大环境处于一种不顾安全生产的病态，许多企业为了逐利罔顾安全状况，不进行安全投入，不进行安全培训，超能力生产，事故频发，人员伤亡和财产损失严重，那么不仅企业内部生产经营过程会因为事故而中断，生产厂区毁损、设备设施破坏、企业领导面临检控和官司、巨额赔偿，甚至导致企业破产、消亡，一些危险化学品、建筑施工、烟花爆竹、瓦斯、溃坝等事故还会殃及池鱼，对企业外的人员和财产造成毁坏，产生负的外部性，而且骇人听闻的事故多发高发，公众陷入安全恐慌，全社会将会弥漫安全失信、不信任政府等消极气氛。可见，安全生产具有较强的公共属性。由于微观的安全生产是和行业或企业的具体生产行为结合在一起的，不可能由政府完全提供，但是政府可以通过制定安全经济、行政和法律政策引导、激励和约束行业和企业在生产中重视安全，比如制定合理的安全费用政策、安全税收政策、"真金白银"的安全补贴等，使生产企业加大安全投入、重视安全培训、引进安全科技和管理人才等，提高生产单位、行业乃至全社会的安全水平。

（3）高危行业的特点具有公共性

一般认为，煤矿、非煤矿山、危险化学品、建筑施工、烟花爆竹、交通运输和核工业是高危行业，尤其是煤矿、非煤矿山、交通运输和核工业其行业特点具有公共性，前二者是能源、资源类行业，基本上是不可再生的，具有不可持续的属性，有的还属于中国重点控制的战略资源、军用资源，而且在中国其资源所有权归国家所有，具有极强的公共性。交通运输行业的安全问题更是和他人的生命财产关系极大，具有较强的公共性。核工业是战略行业，一方面是煤炭、石油、天然气等不可再生化石能源的替代品，将来的核电能源将是主旋律；另一方面核武器和核战争能力是保障中国的国防安全、中华民族屹立于世界民族之林的重要基石，具有极强的公共性。而煤矿、非煤矿山和交通运输这几个高危行业恰恰是事故多发的重点领域。因此，几大高危行业的自身特点和属性对于全社会的安全形势、经济发展、社会进步和人民生活水平提高都具有重要意义，因而与此紧密相关的"安全生产"问题就更加具有了突出的公共性。

（4）煤矿、非煤矿山等高危行业的资源分布状况使安全具有公共性

中国煤炭和其他各种资源储量丰富，品种齐全，但是分布极不平衡，资源赋存条件更是千差万别。比如山西、陕西、内蒙古等地区煤炭资源储量丰富、资源赋存条件较好；但是同样存在储量低、资源赋存条件不良的地区，如云南、贵州、四川等省份，煤矿开采条件差、难度大、产量低、成本高，安全生产压力大。实际上，这些劣质和不安全资源是不应进行开采作业的，然而煤炭作为主要能源，为支持和保障当地经济建设和人们生活需要，很多南方省份仍然不得不开采，冒着较大的安全风险为社会就近提供资源。其他资源也是如此，比如铁矿、稀土矿、黄金等。这种地域间的资源不平衡性使得安全更具公共性和社会性。

（5）安全具有非竞争性、外部性、有限的排他性和一定的公益性

从公共品的特性去考量"安全"的属性，有几点：第一，任何人对安全的消费不会减少其他人的消费，即对安全生产所提供的安全环境的受益不会因其他人的受益而减少，这表明安全具有非竞争性。第二，安全会对企业的生产经营活动和企业外产生正的外部性。比如，煤矿安装一个好的通风设备系统可以大大降低瓦斯爆炸的可能性，降低粉尘进而减少矿工尘肺病的发生，而且员工病假、休假的时间将会减少。再如，一个危险化学品企业安全系数提高，不仅能够保障企业本身正常的生产经营秩序，提高经济效益和利润水平，同时也能够使厂区所及范围的百姓人际和谐、安居乐业。因为工作场所危险程度的降低会使得企业各类费用减少，降低人员流失率，保证企业和社会稳定，进而能够提升企业、行业形象乃至国家形象。第三，安全产品一般是在某个特定范围内拥有，形成一个相对独立的区域性生产环境。这使得安全具有地域性，不具有完全的非排他性，而是有限的排他性。即其收益和消费对象不是社会公众全体，而是一定范围的公众。例如，某企业给工人配备现代化的安全性能高的机器设备，将会减少事故发生的可能性或严重性，这样所提供的安全环境，只是在其所能涉及到的范围内的个人、企业受益。第四，安全能够在一定范围内改善职工的生产生活质量，促进企业安全生产，带来负负得正的安全经济效益，进而对人民生活、经济发展和社会稳定具有一定的作用，因而它具有一定的公益性。

综上所述，"安全"属于准公共品范畴，即既有公共品的属性，又并非纯公共品，需要由政府和企业实施多元化供给。

4. 安全准公共产品的提供

作为公共产品或准公共产品，均有提供主体。下面我们着重分析提供安全这一准公共产品的基本责任主体。

（1）政府是安全产品提供的最重要主体

由于安全生产领域存在市场失灵现象，安全又具有准公共品属性，单靠市场和企业无法提供优质的安全产品；因此，政府对安全产品的提供有义不容辞的责任。政府主要是通过安全监管和公共财政支持来提供安全产品的。

在安全监管工作中，政府可以直接对企业进行财政投入和补贴，也可通过制定优惠的财税政策鼓励企业进行安全投入，同时对安全经济政策的落实情况进行监督管理，这体现了政府是安全生产的监管主体和公共财政支持主体，更是安全产品的提供主体。另外，在中国安全产品提供的具体实践中，还需要注意"安全产品提供责任两重性"的问题。即现在有很多国有企业是在计划经济时代建成的，安全历史欠账也是在那个时代由于政府的投入不足形成的，这些老企业的安全投入问题理应由政府继续承担；而新建企业虽然与老企业在这方面不同，但随着政府安全技术标准的不断提高，会给企业带来新的安全欠账，对于这个问题，政府的主要责任一方面是是严格执行行业技术标准和安全技术标准的要求，另一方面是出台财税政策或拿出专项资金进行补贴，支持和引导新老企业加大安全投入。从这个意义上来说，政府也是通过安全监管和公共财政支持提供安全产品的主体。

作为安全投入的监管主体和公共财政支持主体，政府应加快安全投入立法进度，完善安全生产投入的法律体系；增加监察监管的人力和机构投入，建立健全安全生产监督管理体系；加大对安全生产的财政投入，发挥财政支撑作用；加大安全科技投入力度，重点完善和提高事故预警、防控、分析鉴定、检测检验等能力；采用多种手段支持和引导企业加大安全生产投入，加强安全生产薄弱领域的国有企业资产重组，积极发展跨区域、跨行业经营的大集团，以规模经济提高国民经济整体安全投入能力，调整煤炭行业成本核算框架，保持价格与成本的联动，真正推动煤电联动，降低煤炭行业税负水平，以提高煤炭行业的可持续的安全投入能力；深入贯彻落实安全费用的计提和使用工作，确保安全费用用于提高安全水平的生产、技术、研发和管理活动；积极发展安全生产保险体系；调整国家税收政策，对煤炭企业的所得税和增值税、煤炭从业人员的个人所得税进行深入研究，给煤炭行业实实在在的优惠政策，提高煤炭行业整体经济效益，使安全投入来源得到保障。

（2）企业是履行安全责任、提供安全产品的主体之一

安全生产法明确规定：生产经营单位应履行保证本单位安全投入有效实施的法定义务，同时应承担由于安全投入不足导致的法律责任。企业是安全生产的主要组织单位和责任实体，安全生产所有工作最终都要落实到企业，因此，企业也是提供安全产品的一个主体。

企业安全投入不足是造成事故发生的重要原因。20 世纪 80 年代中国年均安全投入占 GDP 的 1.1%，90 年代则占 GDP 的 0.7%。90 年代后期，煤炭企业遭遇特殊困难，连续 5 年的经济困难导致安全投入不足。世纪之交煤矿事故频发，2002 年鸡西矿业（集团）公司连续发生"4·8"东海矿和"6·20"城子河矿两起特大瓦斯爆炸事故，共造成 148 人死亡。其深层次原因是：公司安全欠账达 1.46 亿元。可见，企业必须保障安全生产投入水平，包括确保安全教育和培训投入，提高员工安全意识；确保对陈旧工艺和设备的改造；确保新项目安全设施投入一次到位，做到新账不欠；增加安全生产管理活动的投入，提高安全生产投入的产出效率；提高对专业技术人员的投入，解决企业专业技术人才匮乏问题；提高企业科技投入水平，提高防灾、抗灾和救灾能力等。总之，在市场经济条件下，企业是提供安全产品的重要主体。

（3）相关社会组织在安全产品提供上负有重要责任

在安全生产和安全监管领域，除了政府和企业以外，也涉及到了相关的社会组织，如科研院所、教育培训机构、设备供应商、咨询服务组织、行业协会等，这些组织对安全产品的提供也负有重要的责任。比如，设备供应商必须向企业提供安全合格的设备，如果因为设备不合格引起安全问题，设备供应商也要承担责任。科研院所应提高科研水平，为企业提供安全生产领域的生产技术指导，并将研发成果尽快转化为生产力，为企业安全生产起到保障作用；同时应对安全科学的基础理论和社会科学方面的内涵进行深入研究，提高人们对安全科学的认识，以及为政府安全监管提供决策咨询、参考和依据。咨询服务机构应深入研究企业安全方面存在的问题，学习借鉴国外的先进做法，为政府制定政策和企业安全管理提供决策支持。行业协会在提供安全产品上的主要任务是在企业和政府间起桥梁和纽带作用，发挥服务和自律功能，协助政府推行安全监管政策和相关法令，参与实施行业管理，并维护企业的合法权益，为生产经营单位及其管理者服务，从而推动行业技术与管理进步和可持续发展，实现企业安全生产和工业现代化。

二、政府安全监管的体系框架

这里，我们着重谈谈政府对安全生产进行监管的总体框架和体系，大体包括监管理念（指导思想）、战略目标、各大子系统。

1. 指导思想

安全生产关系人民群众生命财产安全，关系改革开放、经济发展和社会稳定的大局。高度重视和切实抓好安全监管工作，是贯彻落实科学发展观的必然要求，是实现好、维护好、发展好最广大人民群众根本利益的必然要求，也是构建社会主义和谐社会的必然要求。安全监管的宗旨是切实保障人民群众的生命财产安全以及促进经济社会安全发展、科学发展和可持续发展。安全健康利益是广大人民群众的根本利益之一，安全生产是先进生产力的发展要求之一，科学的安全文化是先进文化的重要内涵之一。做好安全监管工作，是统筹经济社会全面发展的重要内容，是深入贯彻落实科学发展观、实施可持续发展战略的重要组成部分，是政府履行社会管理、市场监督和宏观调控职能的基本任务，是企业生存与发展的基本要求。

安全生产监管的指导思想是：以科学理论为指导，坚持"安全发展"指导原则和全面落实"安全第一、预防为主、综合治理"的安全生产方针，根据安全的准公共品属性，明确政府、企业和社会组织的角色和责任，以保障人民群众生命安全和职业健康为核心，以完善安全监管制度和机制为主线，以科学制定经济性、社会性和法律性的安全监管政策为载体，以安全文化、安全法制、安全责任、安全科技、安全投入建设为要素，以组织管理、政策法规、执法监察、科技创新、宣教培训、应急救援、中介服务和工伤保险为抓手，建立同市场经济发展相适应、同建设法治政府目标要求相符合的统一、高效、执法权威的安全监管体系，健全安全监管的激励和约束机制，创新安全监管方式，提高安全监管效能，构建安全生产长效机制，督促企业自觉落实安全生产主体责任和社会责任，有效防范和遏制重特大事故发生，实现中国安全生产形势的根本性好转。

2. 战略目标

安全生产监管的总目标是：建立和完善适应经济社会发展的统一高效、执法权威、权责明确、行为规范、监督有效、保障有力的安全监管体系，严格履行安全生产和职业健康执法主体责任，从根本上提高政府的安全监管水平，大力推进安全生产长效机制建设，从而实现中国安全生产形势的根本性好转。具体包括：保障中央和地方各级安全监管机构行政执法的权威性和有效性；理顺安全监管体制，整合安全监管要素，完善安全监管网络，形成科学合理的安全监管体制框架结构；明确政府的安全监管主体、企业的安全生产主体和安全监管客体（对象）地位，以及社会中介组织的安全服务作用；建立完善的包括经济性政策、社会性政策和法律法规在内的安全监管政策体系；切实加强安全文化、安全法制、安全责任、安全科技和安全投入等安全监管要素建设，支撑安全监管体系建设。大力推进组织管理、政策法规、执法监察、科技创新、宣教培训、应急救援、中介服务和工伤保险等安全监管子体系建设。

3. 体系构建

综合国内外研究（如职业安全卫生管理体系，OHSAS），安全监管体系大体包括组织管理、政策法规、执法监察、科技创新、宣教培训、应急救援、中介服务和工伤保险等子体系（图 6-1）。安全监管体系是各子体系的有机协同集成，并不等于各子体系的简单相加；同时各子体系具有相对独立性，有其自身的内涵和外延。

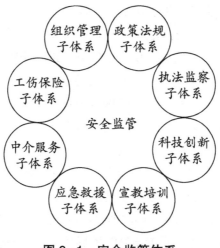

图 6-1 安全监管体系

（1）组织管理子体系

组织管理子体系是安全监管工作的组织保障和行政命令的实施渠道，具有十分重要的基础性作用。

首先，建立中央和地方政府直属的权威高效的安全监管监察机构，形成分级垂直、属地为主的安全监管组织管理框架。

其次，在安全监管组织管理体制内设立行政管理、现场监察、事故调查和应急救援等履行不同安全职能的组织机构。

行政管理部门：以国家安全生产监督管理总局，各省、市、县安全生产监督管理局为主体的安全监管机构对全国和地方的安全生产工作实施行政管理。

现场监察部门：在地方安监部门设立安全监察大队，充实监察员队伍，加强监察队伍专业化、智能化建设，直接对企业实施现场监督检查，保证安全生产法治监督的权威性和有效性。

事故调查部门：建立国家和地方各级事故调查专业部门和技术队伍，客观、公正、科学地开展事故原因调查工作。

应急救援部门：针对事故应急救援的专业特点和需求，按照"统一指挥、分级响应和属地为主"的原则，建立有效的全国安全生产应急救援体系，组织协调全国和地区的安全生产事故和重大事故灾难的应急救援工作。

（2）政策法规子体系

政策法规子体系是安全监管体系的行政和法律保障部分。目的是完善法律法规和政策标准体系，提高依法依规安全生产能力。

第一，健全安全生产立法机制。完善《安全生产法》《矿山安全法》《安全生产监督管理条例》《煤矿安全监察条例》《危险化学品安全管理条例》《安全生产应急管理条例》等安全生产法律法规，建立法规运行评估机制。重点制定淘汰落后工艺设备、从业人员资格准入、重大危险源安全管理、职业危害监督检查等规章制度。建立与国务院行政法规相配套的地方安全生产立法制度，推动地方开展安全生产法制薄弱领域先行试点。

第二，完善安全生产技术标准。制定安全生产标准中长期规划。完善公众参与、专家论证和政府审定相结合的标准制定机制，建立及时公开、适时修订、定期清理和跟踪评价制度。建立全国统一的标准制定体系，鼓励工业相对集中的地区先行制定地方性安全技术标准。鼓励大型企业根据科技进步和经济发展率先制定新产品、新材料、新工艺企业安全技术标准。推动企业制定落实危险性作业专项安全技术规程和岗位安全操作规程。

第三，提高安全生产执法效力。建立监管监察执法公告公示制度，推行安全监管监察执法政务公开，定期发布安全生产政策法规、项目审批、监察执法、安全检查、案件处理等政务信息。建立对执法效果的跟踪反馈和评估制度。健全安全生产行政执法责任制度。落实"分级负责、属地监管"的安全生产综合监管职责，建立完善"覆盖全面、监管到位、监督有力"的政府监管和社会监督体系，形成依法治安、齐抓共管的合力。

（3）执法监察子体系

执法监察子体系是安全监管体系的重要组成部分。目标是完善政府安全监管和社会监督体系，提高监察执法和群防群治能力。

第一，加强基层监管监察机构建设。积极推动市、县有关部门安全生产监督管理队伍建设，完善安全执法装备配置。县级以上地方政府要根据本行政区域内人口数量、企业数量、地区生产总值、产业和行业状况等因素，建立健全适应当地安全生产和职业卫生需要的监管机构和监察执法队伍。进一步完善煤矿安全监察机构布局。着力推动乡镇、街道安全监管机构建设。推动经济技术开发区、工业园区、大型矿产资源基地设立安全监管执法机构，纳入地方政府安全监管体系。

第二，建设专业化的安全监管监察队伍。建立完善安全监管监察执法人员培训、执法资格考核等制度，分级分类建立以岗位职责为基础的能力评价体系。严格新增执法人员专业背景选拔条件，建立完善安全监管监察实训体系，实施安全监管监察执法人员培训工程。鼓励监管监察人员考取注册安全工程师资格。各级安全监管监察执法人员的执法资格培训及持证上岗率达到100%，专题业务培训覆盖率达到100%。

第三，改善安全监管监察执法工作条件。推进安全监管部门和煤矿安全监察机构工作条件标准化建设。东部、中西部省市县三级安全监管部门工作条件建设分别达到标准配置和基本配置要求。省级和区域煤矿安全监察机构工作条件建设达标率达到100%。改善一线交警执勤条件，将高速公路交警队营房建设纳入高速公路建设。实施农机安全管理机构基础设施及装备建设工程，完善各级农机管理机构专用执法及检测装备配置。

第四，推进安全生产信息化建设。如中国实施国家安全生产信息系统（"金安"）二期工程，完善覆盖各级安全监管、煤矿安全监察和应急救援机构的信息网络与基础数据库。通过物联网技术，实现安全监管监察机构与重点行业（领域）企业内部安全生产监控信息交换，强化源头管理。建立民爆器材行业生产经营动态信息系统。加强特种设备安全监管信息化网络建设。加快推进交通运输安全生产和应急综合信息系统建设。加强航空安全信息分析中心建设，建立民航安全信息综合分析系统。完善农机安全生产综合监管信息系统。推进海洋渔业安全通信网、渔船自动识别与安全监控系统建设。构建各级安全监管、煤矿安全监察、安全生产应急管理机构和安全培训管理信息化共用共享系统支撑平台及保障体系。

第五，创新安全监管监察方式。建立重大隐患逐级挂牌督办、公告、整改评估制度，推行重大隐患登记、销号和查询管理。建立国家、省、市、县四级重大危险源动态数据库，推进高危行业（领域）企业完善重大危险源安全监控系统，构建重大危险源动态监管及监控预警机制。实施中小企业安全生产技术援助与服务示范工程。强化安全生产属地监管，建立基于企业风险的分级监管监察机制。把符合安全生产条件作为高危行业（领域）建设项目立项审批的前置条件。将安全设施、设备安全标志等制度拓展至危险化学品、烟花爆竹等高危行业（领域）。建立完善煤矿、非煤矿山、危险化学品、烟花爆竹等高危行业（领域）从业人员安全准入资格制度。完善安全生产执法计划机制。建立健全安全生产行政执法责任制，完善安全生产联合执法制度。完善安全生产非法违法企业"黑名单"制度，定期公告发生重特大事故、对重大事故隐患整改不力的企业名单，建立与项目核准、用地审批、证券融资、银行贷款等方面挂钩的制约制度。推进企业安全生产诚信建设和信息公开。

第六，加强社会舆论监督。发挥工会、共青团、妇联等组织的监督作用，依法维护和落实企业职工对安全生产的参与权与监督权，保障职工安全健康合法权益。拓宽和畅通安全生产社会监督渠道，设立举报信箱，统一和规范"12350"举报电话，接受社会公众的监督。积极做好安全生产新闻宣传和重大安全生产事故舆论引导工作。充分发挥新闻媒体的舆论监督，对舆论反映的热点问题进行跟踪调查，及时整改。鼓励单位和个人监督举报安全隐患和各种安全生产非法违法行为，对有效举报予以奖励。

（4）科技创新子体系

完善安全科技创新子体系，提高技术装备的安全保障能力，是安全监管体系的重要组成部分。

第一，加强安全生产科学研究。实施科技兴安、促安、保安工程。整合安全生产优势科技资源，健全安全生产科技政策和投入机制，建立企业为主体、产学研结合的技术创新体系，开展重大事故风险防控和应急救援科技攻关，实施安全生产科技示范工程，力争在重大事故致灾机理和关键技术研究方面取得突破。安全科技产学研重点领域包括：①安全基础理论研究：典型工业事故灾难防治基础理论，安全生产应急管理基础理论，安全生产经济政策。②关键技术及装备研发：煤矿重大事故预测、预警、防治关键技术及装备，非煤矿山典型灾害预测控制关键技术及装备，高含硫油品加工安全技术，重大工程与公共基础设施安全保障技术，化工园区定量风险评价和安全容量分析，化工园区安全生产管控一体化关键技术，大型油品储罐区安全控制技术，烟花爆竹自动化制装药生产线，高危职业危害预防关键技术，安全生产物联网关键技术，事故快速抢险及应急处置技术与装备，个体防护装备关键技术，事故调查关键技术及装备。③安全管理技术研究：安全生产法规政策体系运行反馈系统，安全生产监管监察、企业安全生产管理模式与决策运行系统等。

第二，强化安全专业人才队伍建设。建立完善国家、省、市、县四级安全生产与职业卫生专家队伍，加强高层次职业安全卫生专业人才队伍建设，提高对安全生产的智力支持。积极推进安全科学与工程学科建设，加大专业人才培养力度，实施卓越安全工程师教育培养计划。进一步推进和完善注册安全工程师制度，建立完善注册安全工程师使用管理的配套政策。大力发展安全生产职业技术教育，鼓励和支持企业办好技工学校，加快培养高危行业（领域）专业人才和生产一线急需技能型人才。

第三，完善安全生产技术支撑平台。建立完善国家级安全生产监管监察技术支撑机构，搭建科技研发、安全评价、检测检验、职业危害检测、安全培训、安标认证与咨询服务技术支撑平台。建立完善安全技术研究、应急救援指挥、调度统计信息、考试考核、危险化学品登记、职业危害监测、宣传教育和执法检测等省、市两级安全监管监察技术支撑机构。推进省级安全监管监察技术支撑机构工作条件标准化建设，实施省级安全监管技术支撑综合基地示范工程。大力提升安全生产新装备、新材料、新工艺和关键技术准入的测试分析能力。

第四，推广应用先进适用工艺技术与装备。完善安全生产科技成果评估、鉴定、筛选和推广机制，发布先进适用的安全生产工艺、技术和装备推广目录。完善安全生产共性技术转化平台，建立国家、地方和企业等多层次的安全科技基础条件共享与科研成果转化推广机制。定期将不符合安全标准、安全性能低下、职业危害严重、危及安全生产的落后工艺、技术和装备列入国家产业结构调整指导目录。

第五，促进安全产业发展。制定安全产业发展规划。发展安全装备制造业，重点研制检测监控、安全避险、安全防护、个人防护、灾害监控、特种安全设施及应急救援等安全设备，将其纳入国家振兴装备制造业的政策支持范围。优先发展工程项目风险管理、安全评估认证等咨询服务业，建成若干国家安全产业培育基地（园区）、一批技术能力强的安全装备制造企业和技术领先的安全技术服务机构。安全产业发展重点包括：①安全技术与装备。矿山监测监控、井下人员定位、紧急避险、压风自救、供水施救、通信联络等系统，大型危险化学品生产与存储装置、尾矿库等重大危险源安全监控预警技术与装备，煤矿瓦斯治理、危险化学品爆炸抑制、城市轨道交通风险控制等重大事故防治技术与装备，烟花爆竹生产机械与专用运输车辆，井下快速抢险掘进、矿井灭火与排水救灾、事故应急指挥与辅助决策、井下无线视频救灾系统、矿用潜水救生舱、防爆移动复合气体探测和防爆移动视频监控等事故应急救援技术与设备。②安全咨询与服务。面向各级政府、各类工程项目和中小企业的安全规划、安全评价、安全培训、安全技术与管理咨询等安全技术服务。

第六，推动安全生产专业服务机构规范发展。制定安全生产专业服务机构发展规划。建立安全生产专业服务机构分类监管制度，完善技术服务质量综合评估制度。推动安全生产专业服务机构诚信体系建设。培育发展注册安全工程师事务所，充分发挥注册安全工程师在安全评价、检测检验、咨询等方面的作用。

（5）宣教培训子体系

完善安全生产宣传教育培训体系，提高从业人员安全素质和社会公众自救互救能力。

第一，提高从业人员安全生产素质。建立健全从业人员安全生产长效教育培训机制，强化安全生产法律法规知识的培训。推行安全生产考培分离制度，建立安全培训质量考核与效果评价制度。强化高危行业和中小企业一线操作人员安全培训。加强企业班组建设，建立完善班组管理体系。实施农民工向产业工人转化工程，严格实行企业职工必须经过安全培训合格后上岗制度。鼓励企业先招生后招工。高危行业企业主要负责人、安全生产管理人员和特种作业人员持证上岗率达到 100%。将安全生产纳入领导干部素质教育的范畴。实施地方政府安全生产分管领导干部安全培训工程。

第二，提升全民安全防范意识。将安全防范知识纳入国民教育范畴。加强安全文化建设，开展安全文化示范企业和安全发展示范城市创建活动，深入开展安全知识进企业、进社区、进农村、进学校、进家庭行动。持续开展"安全生产月""安全生产万里行""《安全生产法》宣传周""《职业危害防治法》宣传周""保护生命、安全出行""安康杯""青年安全示范岗"等安全生产宣传教育活动，大力培育发展安全文化产业，打造安全文艺精品工程，促进安全市场繁荣。

第三，创建安全发展社会环境。建设安全文化主题公园和主题街道。加强城市安全社区建设，大力推进企业主导型、工业园区和经济技术开发区的安全社区建设。推进"安全发展城市""平安畅通县区""平安渔业示范县""平安农机示范县""平安村镇""平安校园"等建设。

（6）应急救援子体系

应急救援是指针对突发、具有破坏力的紧急事件采取预防、预备、响应和恢复的活动与计划。其工作目标是对紧急事件做出的预警，控制紧急事件发生与扩大；开展有效救援，减少损失和迅速组织恢复正常状态。应急救援的对象是突发性和后果与影响严重的公共安全事故、灾害与事件。这些事故、灾害或事件主要来源于工业事故、自然灾害、城市生命线、重大工程、公共活动场所、公共交通等突发事件。

安全生产应急救援子体系是安全监管体系的重要组成部分。一是推进应急协调机构与机制建设。完成省、市、重点县及中央企业应急管理机构建设。健全国务院有关部门间、国家与各省级应急管理机构间、国家级救援队伍间的应急救援协调联动工作机制，完善自然灾害预报预警联合处置机制，严防自然灾害引发事故灾难。建立各地安全生产应急预警机制，及时发布地区安全生产预警信息。二是加快应急救援队伍建设。加快矿山、公路交通、铁路运输、水上搜救、医疗卫生救援、船舶溢油、油气田、危险化学品等行业（领域）、国家、区域救援基地和队伍建设。鼓励和支持化工企业聚集区、矿产资源聚集区开展安全生产应急救援队伍一体化示范建设。依托公安消防队伍建立县级政府综合性应急救援队伍。建立救援队伍社会性服务补偿机制，推动没有建立专职救援队伍的高危行业企业与有资质的专业救援队伍签订协议，鼓励和引导各类社会力量参与应急救援。三是完善应急救援基础条件。强化应急救援实训演练。

建立完善企业安全生产动态监控及预警预报体系,定期开展安全生产风险分析与评估。完善企业与政府应急预案衔接机制,建立省、市、县三级安全生产预案报备制度。推进安全生产应急平台体系建设,国家、省、市、高危行业中央企业和重点县都应建立应急平台。

（7）中介服务子体系

安全生产中介机构是安全监管体系和安全生产创新体系的重要组成部分。随着建立社会主义市场经济体制和安全监管体制以来,中国的安全生产中介机构得到快速发展,各类专业性安全服务组织覆盖了煤矿、非煤矿山、危险化学品、道路交通等重点行业。

大力发展直接为安全生产技术和管理服务的社会中介服务组织,依靠社会力量拓宽安全监管工作的深度和广度,依法规范各类中介组织的市场行为,保证安全生产中介服务的专业化、标准化和规范化。积极培育具有职业资格的注册安全工程师和注册安全评价师队伍,以及安全培训和安全评价机构,为安全监管工作服务。安全生产中介服务包括安全评价评估,职业安全健康管理体系（OSHMS）认证,安全技术、工艺、管理和工程咨询,安全检测检验,安全培训,注册安全工程师管理,行业自律管理与服务等。总之,安全生产中介服务机构和人员应当作为政府和企业的桥梁和纽带。一方面,在有些场合下在被授权的情况下代表政府实施安全监管的若干职能,比如安全评价认定、安全检查检测、协助政府推行安全监管政策和相关法令,参与实施行业管理等；另一方面,维护企业的合法权益,为生产经营单位及其管理者服务,代表企业向政府提出相关建议,制定、修订和废止不尽合理的政策和措施。从而充分发挥安全服务功能,推动安全技术与管理进步和全社会安全发展。

（8）工伤保险子体系

工伤保险是国家为生产、工作中遭受事故伤害和患职业性疾病的劳动者及家属提供医疗救治、生活保障、经济补偿、医疗和职业康复等物质帮助的一种社会保障制度。

建立保险与事故预防相结合的机制,利用保险的功能促进事故预防,对企业安全生产形成制约机制,既是深化改革工伤保险制度的重要内容,也是促进企业安全生产工作的重要手段。因此,必须采取多种举措,尽快完善保险与事故预防相结合的机制。尤其是对矿山、建筑、危险化学品、烟花爆竹等高危险作业行业,建立保险与事故预防相结合的机制更为重要。

三、政府安全监管的过程、功能、原则和总体要求

政府安全监管是一个社会过程,具有一定的经济社会功能,应该有其本身的基本原则和总体要求。

1. 安全监管的过程

从新制度经济学和规制经济学的角度看，加强安全监管和构建安全生产长效机制是一个强制性制度变迁过程，是一个全社会范围内安全生产状况和安全效益的帕累托改进过程。因此，安全监管的过程是先近后远、先易后难、先上后下、先总后分。

（1）立足现在、着眼未来

中国正处于并将长期处于社会主义初级阶段，安全生产也处在初步发展阶段。受到生产力发展水平的制约，安全生产形势仍然严峻。要实现安全生产状况的根本性好转，必须将安全监管工作作为一项长期而艰巨的任务，警钟长鸣，常抓不懈，动员全社会力量，共同监督，全力推进。一方面，要着眼于中长期安全生产的发展目标，具有前瞻性和预见性；另一方面，还要着重解决一些矛盾尖锐、反应强烈和压力显著的关键性瓶颈问题。换言之，先重点解决几个矛盾突出、群众反应强烈的安全生产问题，比如煤矿矿难、车辆超载超限引发事故等；同时谋划安全生产长效机制的构建，以及安全监管的战略引领与未来发展。

（2）先易后难、自上而下

解放思想，实事求是，与时俱进，以求真务实的精神抓好安全生产的基础性工作。继续加强协调，进一步理顺安全监管体制，形成统一、高效的工作机制。优先解决各方面容易达成共识的安全监管问题，对争论较大的问题可采取先试点、后推广的办法，在尝试和发展中逐步解决。一些重大的政策性、体制性的问题先从中央一级启动，逐级向省、市、县推进和扩展。

（3）整体设计、分步实施

逐步建立较为完善的安全监管体系，并努力构建安全生产长效机制。从整体上系统设计全国安全监管体制；从经济性政策、社会性政策和法律法规等角度全面设计相关政策，形成政策合力；从政府、企业、社会中介组织、劳动者等出发，激励和规范各个主体的安全意识和安全行为；从安全文化、安全法制、安全责任、安全科技、安全投入等要素出发，完善和优化安全监管系统，提升系统安全能力和全社会的安全水平。对于安全监管政策和措施，有计划、有组织的完善实施，从而做到目标明确、决策科学、政策合理、措施得当、保障有力、稳步推进、安全发展。

2. 安全监管的功能

政府安全监管必然产生一定的功能作用，大体包括如下几方面。

（1）强制功能

为了保证全社会安全生产目标的顺利实现，对生产经营单位涉及安全生产和职业健康的各个要素、各个环节、各个阶段进行检查，主要是通过即时纠偏，强制安全活动主体沿着正确的安全轨道运行，保证安全生产目标的顺利实现。

（2）参与功能

为了保证安全监管活动的有效性，使监管者熟知行业或领域的专业知识，并在一定程度上参与安全生产活动，并在参与中实施监管。安全监管活动要渗透于生产经营的决策、计划、实施、监督、评价等每一环节之中。如对企业安全生产目标，既要检查目标的先进性、科学性，还要检查计划的严密性、可行性。这表明，安全监管的重点就是抓源头、抓实际工作。

（3）预防功能

除了检查纠偏以外，安全监管还应善于发现和寻找各种对未来工作产生不利影响的现实因素或潜在因素，以预防、阻止各种错误和偏差的产生和出现，保证安全生产目标的顺利实现和最佳安全效益的获得。安全监管就其实质而言，是政府管理的一项职能，是众多政府公共管理活动的一部分，这就决定了监管与被监管的根本目的的一致性，即促进安全生产、保障经济发展。这一点往往被错误地理解。

（4）反馈功能

安全监管也是一种反馈，而且是一种及时的反馈，对安全生产起着重要的促进作用。安全监管首要是检查，通过审核检查，能及时发现存在的各种问题、偏差和隐患，从决策的目标是否先进、计划的安排是否合理、指挥是否得力、协调是否有效以及组织机构是否健全完备等各方面都能反馈和安全生产相关的信息。

（5）保障功能

安全监管也是最为有效的一种保障，即使国家、企业与广大人民群众的安全健康权益以及经济利益得到实现，进而保障社会福利最大化和社会公平。为了实现这一功能，对某些利益集团的对抗行为，如安全失信、逃避监管、官商勾结、违法生产、超能生产、封口私了等，作为监管主体的政府，有时不得不运用国家行政的手段予以强制性纠正。

总之，制约功能确定了安全监管的范围，参与功能指出了安全监管的过程，预防功能突出了安全监管的重点，反馈功能则为安全监管提供了依据，保障功能则是安全监管的出发点和落脚点。这些功能之间相互联系，相互配合，形成安全监管活动的功能体系。

3. 安全监管的原则

政府施行安全监管，有其基本原则。

（1）独立原则

独立原则包括安全监管组织机构独立，人、财、物独立，以及监察职权独立。组织机构和人财物的独立，是安全监管职权独立的制度保障和前提。但是，仅有组织机构和人财物的独立，并不等于安全监管职权在其行使过程中的真正独立。实现安全监管权独立，还要有科学的程序和制度安排，并形成程序与制度的保障机制。独立原则，是安全监管体制改革应当遵循的首要原则，具有统揽性、决定性意义。只有实行独立原则，安全监管才有公正性可言。公正促发展、公正促进步、公正出效益，是已为社会发展史、经济发展史所反复验证的铁律。缺乏公正的监管，是低效甚至无效的监管。

（2）公开原则

公开原则包括事故公开、事故调查程序公开、事故原因公开、整改措施公开、处理结果公开（即"五公开"）。实施这一原则，意义是多方面的。一是把安全监管工作置于社会监督之下，增加了监管工作的透明度，有利于提高监管人员执法的公正性、公平性。二是有利于提高安全监管工作的效率与准确度。安全监管工作实施公开原则，为广大民众提供了广阔的参与空间，使广大民众的知情权得以发挥积极作用，这样必将减少漏洞和失误，提高事故调查的效率，降低监察成本。三是使安全与经济效益真正结合在一起，有利于安全在生产中"第一"的地位的真正确立。实行公开原则，及时向社会公布事故发生情况，等于把各生产经营单位的安全业绩昭告于天下，使安全与企业的形象和声誉紧密联系在一起。而随着市场竞争机制的形成和不断发育，企业的形象、声誉对其经济效益的影响，将更为直接。"安全第一"将因赋予了巨大的实实在在的经济内涵而真正成为各企业自觉的理念和行为。四是公开事故原因和整改措施，有利于加强社会对企业的安全监督。此外，实行公开原则，有利于提高社会与公民的安全意识。实行公开原则，需要解放思想，转变观念，走出认识误区，做到既有"正面宣传"，又有"反面典型"。安全监管实行"五公开"，表明国家对安全高度重视和解决安全问题的坚强决心，不仅对国家形象丝毫无损，而且有利于树立国家求真务实、民主开放和对人民、对社会高度负责的形象，是最好的正面宣传。

（3）超前原则

安全生产是一个综合性很强的指标，也是一个涉及面很广的领域。它直接涉及到管理人员的职能和素质、企业管理水平、基础设施设备质量、技术和管理规章、用人用工制度、劳动纪律、劳动组织形式、产业和经济技术政策、人机工程、社会治安等因素和领域。这些因素和领域的任何变化、变革，都会直接影响安全生产。而这种变化、变革，是经常发生的。这就决定了安全监管不能只是"出事论事"和"就事论事"，要超前研究、超前监管。因此，在进行安全监管体制安排时，在机构的设置上，要充分考虑安全对安全研究机构、宣传教育机构和咨询机构的需求。这是由监管的预防性所决定的，坚持这一原则，要做好以下工作：一是在全国范围内公开监管制度、监管内容及其监管标准；二是对监管运行中所产生的重大失误、问题进行纠偏及对有关纠偏措施进行通报；三是提高监管主体的监管能力；四是按照法律、法规和相关政策规章提出科学、对症的整改措施。

（4）专业原则

由于安全监管具有横断性，即跨专业、跨行业、跨领域，各行各业都有安全生产问题；然而，我们强调，安全监管必须与专业知识和技能相结合，才能取得良好的额效果。专业监管的重要性，是由各生产专业"隔行如隔山所决定的"，不懂专业的人去抓安全，搞安全检查，只能是热热闹闹地走过场，"外行管内行"，即使是问题在眼皮底下大行其道也不能发现。因此，我们必须重视和强调专业原则。专业原则主要体现在三个方面：第一，使权利与责任真正统一起来，要使企业承担具有其所属行业特点的安全责任，如煤矿必须承担防瓦斯突出与爆炸、防井下水害、防井下火灾、防冲击地压、防顶板脱落、防矿山机电事故等安全责任。第二，制定的安全生产规章制度一定要符合现场运行实际。安全规章难以落到实处，大致有三条原因：一是出台的规章制度专业性不强，与生产现场的实际情况不一致；二是有些规章制度较为超前，这是必要的，企业一时理解不了，接受不了，是可以理解的，这就需要做工作，工作做到家了，规章制度就落实了，安全就有了保障；三是对新出台的规章制度和行为标准，要及时组织企业学习、宣讲，开展各种形式安全生产宣教活动。第三，安全监管要深入到规章制度与机制的形成过程中。规章制度既是血泪教训的总结，也是集体的智慧，更是安全生产的强有力保障。因此，安全监管要特别注意规章制度是否与安全生产需要相匹配，并对安全生产起到保障作用。

（5）日常原则

日常原则是"木桶原理"运用于安全监管的结论。因为，最高的安全水平是日常水平，最真实的安全状态是日常状态，最好的安全管理是日常管理。因此，安全监管要把监管力量放在生产第一线，放在重点行业，放在重点企业。要把安全监管的重点放在日常，不要搞形式化的、声势浩大的、大检查式的管理，也不要把安全监管的重点放在看报表、看材料上，而是放在加强日常安全监管上。

（6）异体原则

这不仅是从利害关系来考虑安全监管的有效性，更主要是从认识论角度考虑安全监管的有效性。遵循这一原则，要注意处理好以下权力关系问题：一是安全监管主体必须具有较强的行政权力。否则，没有权力或权力薄弱的安全监管主体总是难以有效地监管"手眼通天"的监管客体。二是必须是大权力对小权力、公权力对私权力，这样才能保证安全监管的高效性。三是运用大权力监管小权力、公权力监管私权力必须特别注意监管的公正性。

（7）客观原则

安全监管是一种及时反馈。有效反馈的本质则要求真实、准确、全面、及时。因此，安全监管主体思想、认识要端正；安全监管的标准必须是客观的；对问题要进行客观周密的调查研究和分析，弄清因果关系，为纠正错误和偏差提供科学依据；实事求是做出安全评价、安全结论和整改措施。

（8）经济原则

如果按照中共中央提出的构建节约型社会、发展集约型经济的基本要求，任何行为和活动，都必须遵循这一原则，安全监管工作也不例外。这是因为，安全监管要服务于经济建设，也就是服务于经济发展，离开了对经济的服务，安全监管也就成了失去皮的"毛"。安全监管也要讲节约，也要讲适度，风险不可能完全为零，安全监管效果也不可能最优，讲边际安全监管成本等于边际安全效益即可。

4. 安全监管的总体要求

除了指导思想和基本原则，政府施行安全监管有其内在规律性的总体要求。

（1）树立安全发展和长效机制理念

中国政府历来高度重视安全生产工作，把"安全发展"作为一个重要理念纳入科学发展观和社会主义现代化建设的总体战略之中，并提出建立包括安全文化、安全法制、安全责任、安全科技、安全投入五要素在内的安全生产长效机制。因此，安全监管必须树立安全科学发展观，结合各行业企业生产经营的实际情况制定相应的政策和措施，从经济上激励企业重视安全，促进安全生产长效机制的建立，保障经济社会的安全发展和可持续发展。

（2）遵循相关行业特点和产业政策

在安全监管的原则中，本书也提到了"专业原则"，安全监管必须讲专业、讲行业、讲领域、讲实际，必须结合相关行业的特点和实际情况制定相应政策和措施，结合所在行业的产业政策，如此方能有的放矢、突出监管重点、取得实实在在的效果。比如煤炭行业的安全监管必须结合煤炭行业特点和煤炭产业政策。煤炭是中国最重要的一次能源，煤炭产业具有较强的特殊性，即煤炭资源地位的战略性和特殊性、煤炭资源开采的高风险性、煤炭资源开采和加工利用对环境的损坏性及煤炭资源开采加工业的基础性。在制定和实施煤矿安全监管政策和措施时必须考虑煤炭产业特点，并遵循煤炭产业政策。国家发改委 2007 年发布了《煤炭产业政策》，指出："第一，完善有利于提高煤矿安全生产水平和煤炭资源利用率、促进煤炭工业健康发展的税费政策，完善资源勘查、开发和综合利用的税收优惠政策。第二，支持煤炭企业建立技术开发中心，增强自主创新能力。煤矿企业可以从煤炭产品销售收入中提取一定比例资金，用于技术创新和技术改造。推进煤炭生产完全成本化改革，严格煤矿维简费、煤炭生产安全费用提取使用和安全风险抵押金制度。按照企业所有、专款专用、专户储存、政府监督的原则，煤矿企业应按规定提取环境治理恢复保证金。鼓励社会资金投入矿区环境治理。第三，规范煤矿从业人员职业资格管理，鼓励企业开展全方位、多层次的职工安全、技术教育培训。第四，支持煤炭企业分离办社会职能，加快企业主辅分离。支持煤矿企业提取煤矿转产发展资金,专项用于发展接续产业和替代产业。"这是制定煤矿安全监管政策和措施的重要依据和原则。

(3)遵循安全准公共品和公共管理规律

安全是一种特殊的准公共品,安全生产关乎企业的经济效益,还关系到人际和谐、社会稳定,以及行业形象、政府的执政能力和中国的国际形象等。因此,政府的安全监管工作应具有公共管理的性质和职能,即从政府安全预算、安全投资、安全税收、安全补贴、安全监察、安全法制、安全执法等方面,体现公共性、非赢利性、调控性和法治性,起到较强的资源配置、调控经济和监督管理职能。

(4)遵循世界贸易组织规定和国际惯例

中国加入世界贸易组织(WTO)后,在各种贸易和经济政策的制定上要遵循 WTO规则,与国际准则和惯例接轨。WTO 允许世界各国对安全生产采取特殊的经济政策,即税收优惠和财政补贴措施等。中国正处在经济转型发展时期,从国情和安全生产的实际出发,制定提升安全生产水平、促进各行业健康发展的安全监管的政治、经济和法律政策,是符合 WTO 原则的。另外,企业社会责任体系 SA8000 等标准也对中国安全生产和安全监管提出了更高的要求。同时,借鉴世界各国经验,进一步充实和完善安全监管政策,是符合国际惯例的。

第三节　企业安全管理理论与实践

如前所述,与政府安全行政监管不同,企业安全管理有其自身的内在结构、基本原则、功能作用和基本理论。

一、企业是安全生产主体

市场化条件下,企业作为市场竞争的基本单位,需要独立进行生产、经营、管理决策并对自己的决策承担相应的责任。在安全生产工作中,企业无疑是重要主体。企业在安全生产中的主体地位主要体现在企业是安全生产的责任主体和安全生产的投入主体。从安全监管的角度看,企业是安全监管的客体即对象,是安全生产长效机制构建的重要组成部分。

1. 作为市场竞争的独立微观单位,企业是安全生产工作的组织谋划者

一是企业需要在企业层面建立安全生产统筹与谋划的领导与组织系统,对安全生产工作实施全面统筹、正确领导、合理规划、科学安排、及时实施及有效控制,使安

全生产工作"有人管，有人抓"。二是企业根据自身特点和经营需要，研究制定安全生产工作目标。从最低要求看，企业的安全生产工作应以保障自身正常生产经营活动所需的基本安全生产条件为基本目标；从长远的发展要求看，企业的安全生产工作应以适应国际市场竞争需要并实现安全生产与生产经营良性互动、建立完善的职业安全健康管理体系为目标。

2. 作为生产过程的组织与控制主体，企业是安全生产工作的主要实施者

企业的安全事故发生在生产过程中，事故原因涉及到企业、从业人员、生产设施、设备、原材料以及作业环境这些与生产过程有关的各方面。因为企业相对于其他主体来说，对生产过程各方面了解得更为清楚，对有关生产过程的信息掌握得更为全面、系统，因而最有能力规避安全事故，所以，按照"最低成本规避者"原理，由最有能力规避事故的企业来承担安全生产的主体责任，对于社会整体来说是最合理的。企业与政府、从业人员及消费者相比，可以用较低的成本，制定相关规章制度，并保证其实施。并且，由于雇佣关系的存在，企业可以对从业人员进行安全生产的教育培训，这就能有效地增强从业人员的安全生产意识和事故防范能力。在生产活动中，企业对从业人员有指挥命令权和监督权并直接影响着从业人员的行为。如果企业的安全意识高，严格按照安全生产规章制度、操作规程等来指挥命令和实施监督，就能够减少从业人员违规作业的可能性，把安全事故的发生概率控制在最低水平。相反，如果企业本身的安全意识不高，它所做的指挥命令有悖于安全生产规章制度、操作规程等，那么，就不可能保证从业人员不违规作业。因此，保障安全生产的关键就在于企业，规定企业承担安全生产的主体责任是十分必要的。

3. 从有关法律法规规定看，企业是安全生产保障制度的全面执行者

一是执行保障企业安全生产的各项基本规定，主要有：安全生产基本条件规定，安全生产投入保障制度、安全生产管理机构或安全生产管理人员配备规定，职工安全培训及特种作业人员持证上岗制度，有关建设项目安全评价规定、设备管理规定、现场检查规定、设备场所租赁承包中的安全管理规定、重大危险源的管理规定、不得与从业人员订立"生死合同"的规定及对从业人员的工伤社会保险等方面的规定。二是企业负责人的安全责任制度，主要有：企业及其主要负责人依法建立和完善安全生产责任制，明确并落实企业内部各有关负责人、各部门、各岗位的安全生产职责；主要负责人依法履行安全生产六项法定职责；主要负责人及有关安全生产管理人员的安全资格要求，真正具备与所从事的行业相适应的安全生产管理知识和能力。三是从业人员的权利义务制度。企业必须依法保障与落实从业人员在安全生产上的各种法定权利，包括知情权、建议权、批评权、检举权控告权、拒绝权、紧急避险权、要求获得

赔偿的权利，获得劳动防护用品的权利及获得安全生产培训和教育的权利等。四是安全生产许可证制度。煤矿、非煤矿山、危险化学品、烟花爆竹、建筑施工企业、民用爆破器材等行业的生产企业必须依法取得安全生产许可证，方可从事生产。

4. 从安全生产的基础来看，企业是安全生产投入的主体

一是保障必要的安全生产投入是企业及其主要负责人必须履行的法定职责之一，企业维持自身安全生产所需要的投入由企业决策机构、主要负责人和个人经营的投资人负责筹措和保证。二是安全生产资金投入必须满足企业具备基本安全生产条件的需要，通常是指维持企业具备动态的基本安全生产条件和直接投入，以及为保持这一条件所必须进行的相关管理活动的间接投入。在实际工作中，由企业依据有关规定和自身行业特点及工作需要提取并自主支配使用。三是企业及其主要负责人必须保证"本单位安全生产投入的有效实施"，安全生产投入的有效实施是指企业的安全生产资金必须及时、足额、持续地用于维持和改善安全生产条件及其管理中，不能挪作他用。四是企业及主要负责人必须对安全生产投入不足承担相应的后果，包括企业被责令停产停业整顿，主要负责人的处分及相应的经济处罚，构成犯罪的还要承担刑事责任等。

5. 从安全生产的功能作用看，企业是安全生产的最大受益者

一是企业通过认真抓好安全生产各项工作，有效地降低事故发生的概率，甚至可以避免事故的发生，减少事故损失，从而有效防止事故对于企业整体经济实力的冲击与破坏。二是通过安全生产工作的全面落实，有效地改善企业的安全生产条件和环境，使企业生产经营活动得以稳健、持续地开展，避免因生产安全事故造成正常生产经营链条的中断甚至企业的破产，为企业进一步发展壮大、增强实力提供了可能。三是通过安全生产工作的持续推进与改进，在企业内部营造出安全、舒适、体面的生产作业环境，并在此基础上逐步建立起先进、科学、符合人性要求的安全文化，充分体现对人的生命与健康价值的关怀和保护，并将"以人为本""安全第一""预防为主"等理念有机地融入企业的总体经营理念和发展战略之中，真正从战略层次牢固确立安全生产应有的地位。四是将安全生产各项工作融入企业每个从业人员的自觉行动之中，全面提高企业的安全素质、改善企业的形象，使安全生产成为企业核心竞争力的重要构成要素之一，成为企业在竞争中取胜的重要"法宝"。

从经营管理的角度看，规定企业对安全生产承担主体责任，还有利于企业的长远发展。有些人认为，企业追求经济利益与安全管理之间存在着矛盾。但是，这只看到问题的一个方面。而另一方面，如果企业忽视了安全管理，致使生产事故发生，不仅会给从业人员、消费者等带来身心健康上的损失，同样会给企业带来损失，还会造成

生产经营活动的中断、使企业无法继续生产经营活动。并且，企业还要根据生产事故的法律责任，对受到伤害的从业人员、消费者等承担民事赔偿责任，如果构成犯罪，还要接受刑事处罚。生产事故的发生还会影响到企业的声誉，在企业外部导致交易企业、消费者对企业的不信任，企业的交易量、销售量下降，在企业内部则造成从业人员对企业忠诚度的下降和积极性低下。随着企业社会责任约束不断强化。如 SAI（社会责任国际）制定的企业社会责任标准即 SA8000，对童工、强制雇佣、联合的自由和集体谈判权、差别待遇、惩罚措施、工时与工资、健康与安全、管理系统等方面作了规定，将对企业的发展产生重大影响，一个企业的安全生产保障能力及安全生产情况越来越成为国际市场上目标客户选择合作对象的重要考虑因素，成为企业进入国际市场的"门槛"之一。一个没有良好安全生产环境和安全生产记录的企业，将很难跻身国际市场，最终也难以成为永续经营和有核心竞争力的企业。所以，忽视安全生产最终必定会给企业带来巨大的损失。

6. 从责权利对等的角度看，企业是安全生产违法行为责任及后果的基本承担者

根据《安全生产法》等法律法规的规定，企业作为承担安全生产违法行为责任及后果的重要主体，实际上又包含三个层次：一是以整个企业为单位承担责任；二是以企业主要负责人为主体承担责任；三是以从业人员为主体承担责任。从实际工作情况看，企业对自己的安全生产违法行为承担的后果及责任主要有以下几个方面：一是承担事故发生所遭受的各种损失，包括直接损失和间接损失，直接损失主要是指人身伤亡后必须支出的费用，事故抢救及善后费用和财产损失等。间接损失则包括停产、减产损失，工作损失价值及资源损失，补充新从业人员必须支付的培训费及其他费用等。二是有些人员可能由于违章指挥、冒险作业成为事故的死亡或受伤者，或使自身的健康受到伤害，或从此部分丧失甚至全部丧失劳动能力。三是依法必须承担的法律责任，主要有三个方面，第一是行政责任。行政责任又包括两类：一类是行政处分，是指企业的主要负责人及其他有关负责人、管理人员及从业人员因违反《安全生产法》等有关法律法规规定，但尚未构成犯罪的行为而受到的制裁性处理；另一类是行政处罚，是企业或有关人员因违反安全生产法律法规规定依法应承担的后果。第二是民事责任。主要是企业因违反安全生产法律法规规定导致事故发生而给他人造成的人身伤害及财产损失必须承担的赔偿责任及连带赔偿责任。第三是刑事责任，是指企业主要负责人及其他负责人、管理人员、从业人员违反安全生产有关法律法规规定导致事故发生，并构成犯罪的，依照《刑法》的有关规定必须承担的刑事责任。

因此，企业是安全生产的责任主体，其主体责任包括：①具备安全生产条件；②建立健全安全生产责任制；③建立健全安全生产规章制度和操作规程；④保障安全生产

投入到位；⑤制定事故应急救援预案；⑥进行安全教育和培训；⑦实施并坚持安全"三同时"；⑧设立安全机构和人员；⑨进行事故报告和实施救援；⑩进行职业病防治与缴纳工伤保险等。

二、企业安全管理的组织与实施

从管理实践角度看，企业安全管理必有其组织机构、规章制度、管理过程、功能作用、企业文化和氛围等，具体包括如下几方面。

1. 企业安全生产管理机构

企业一般都成立安全生产管理组织机构，明确各管理机构的安全生产职责，原则上是：谁主管谁负责。企业安全生产应实施分级管理。分级管理就是把企业从上至下分为若干个安全生产管理层次，明确各自在安全生产方面的责任，有效地实现全面安全管理。安全管理层次与企业规模有关。一般企业的管理层次可分为三层：总公司（公司）、车间（建设工程施工项目）、班组。无论何种规模企业，安全管理层次都可归纳为决策层、管理层、操作层。决策层主要起决策、指挥作用，贯彻落实国家有关安全生产法律法规及方针政策；根据法律法规制定本企业安全生产规章制度；落实制定安全生产规划、计划；建立健全安全机构、配备人员；保证安全资金和物资投入；为职工提供安全卫生的工作场所。管理层主要对安全生产进行日常管理，贯彻落实企业生产规章制度，并负责检查落实。操作层应严格执行安全生产规章制度，遵守操作规程，杜绝违章，防止事故发生。操作层是安全生产的基础环节。

2. 企业安全生产规章制度

为贯彻"安全第一，预防为主"的方针，企业必须根据国家有关安全生产的法律法规和行业管理标准及上级安全生产管理部门制定的规章制度，结合企业实际，建立健全的各类安全生产规章制度，并根据生产实际及时进行修编和完善。安全生产规章制度是安全生产法律法规的延伸，也是企业能够贯彻执行的具体体现，是保证安全生产方面的标准和规范，企业安全生产规章制度是保障人身安全与健康以及财产安全的最基础的规定，每一个职工都必须严格遵守。

企业制定的安全生产规章制度必须以上级有关精神为基础，并具有可行性和实效性。许多企业制定的规章制度在执行中出现打折扣的现象，究其原因是制度的条款或细节不切合实际或操作难度大，难以落实，造成有章不循，使安全监察工作的严肃性受到挑战，对企业非常有害。

根据公司特点，一般都应建立以下几类规章制度：①综合类管理方面。安全生产总则、安全生产责任制、安全技术措施管理制度、安全教育制度、安全检查制度、安全奖惩制度、"三同时"审批制度、设备安全检修制度、事故隐患管理与监控制度、事故管理制度、安全用火制度、爆破物品管理制度、承包合同安全管理制度和安全值班制度等。②安全技术方面。特种作业管理制度、危险作业审批制度、危险场所管理制度、工地交通运输管理制度、防火制度、各工种的安全操作规程。③职业卫生方面。职业卫生管理制度、职业病管理、尘毒监测制度。④其他方面。女工保护制度、劳动保护用品、职工身体检查制度等。

3. 落实安全生产责任制，建立逐级负责的工作模式

安全生产责任制是对各级领导、各个部门、各类人员所规定的在他们各自职责范围对安全生产应负责任的制度。

完善企业的安全生产责任制，将安全生产目标和安全责任分解到班组，落实到个人。建立安全生产一级对一级负责的工作模式，确保每个员工、每个部门需要监控的部位，上级清楚、别人知道、自己明白。并根据生产实际情况及时修正、完善和补充员工的岗位职责，确保安全生产横向到边，纵向到底，全面覆盖，形成一个完整的制度体系，不留安全隐患和监控死角，在开展检查、评估、评价工作时，就能客观地评价各岗位安全生产工作和措施的到位程度。发现问题就能追究到具体的岗位和人员，整改计划和方案的制定就更有针对性。安全生产责任制的内容应根据各部门和人员职责来确定。要充分体现责权利相统一的原则。同时要落实措施，建立完善的制约机制和激励机制，奖罚分明，防止只奖不罚的现象。

4. 施行安全生产检查，消除安全生产隐患

安全检查是一项综合性的安全生产管理措施，是建立良好的安全生产环境、做好安全生产工作的重要手段之一，也是企业防止事故、减少职业病的有效方法。安全检查可分为日常性检查、专业性检查、季节性检查、节假日前后的检查和不定期检查。

安全检查表的类型有：第一，公司级安全检查表。供公司安全检查时用。其主要内容包括车间管理人员的安全管理情况；现场作业人员的遵章守纪情况；各重点危险部位；主要设备装置的灵敏性可靠性，危险性仓库的贮存、使用和操作管理。第二，车间工地安全检查表。供工地定期安全检查或预防性检查时使用。其主要内容包括现场工人的个人防护用品的正确使用，机电设备安全装置的灵敏性可靠性，电器装置和电缆电线安全性，作业条件环境的危险部位，事故隐患的监控可靠性，通风设备与粉尘的控制，爆破物品的贮存、使用和操作管理，工人的安全操作行为，特种作业人员是否到位等。第三，专业安全检查表。指对特种设备的安全检验检测，危险场所、危险作业分析等。

5. 加大员工安全培训力度，构建企业安全文化

企业安全文化建设是把提倡和崇尚的思想意识、员工该做与不该做的行动准则，通过规范和引导，逐渐形成共同信守的安全基本准则、信念和安全价值观以及安全行为规范、安全意识、安全态度、职业道德。在此基础上制定企业各种规章制度和管理办法，用于规范人员在生产经营活动中的行为。从而使企业安全生产的思想、安全管理哲学、工作作风和安全意识等，通过生产场所和设备的选用、设备的维护，以及员工工作态度等呈现出来。良好的安全文化氛围，将使得员工对安全生产每个环节以及生产环境的每个角落都会更加关注，如大楼的消防门是否保持关闭、消防器材设施是否被遮挡等，都自然而然地形成一种良好的习惯，在思想上、行动上真正做到警钟长鸣，企业的安全生产就多一重保障。

先进的安全文化建设，非一朝一夕可成，需要不断地完善。对员工进行多方面的教育培训必不可少，引导和教育员工遵章守纪，增强防范生产事故的信心，树立所有事故都可以预防、任何安全隐患都可以控制的信念，培养良好的职业道德，提高安全意识和工作责任心，提高安全工作技能和识别风险的能力。

6. 建立并完善事故应急预案，制定事故处理预案

为确保发生人身或设备事故时能快速、有效地进行处理，企业应当建立并完善事故应急预案，制定事故处理预案。事故应急预案是企业的应急响应机制，用于发生事故时指导各级人员按照事故应急预案的要求开展相关工作，事故处理预案是针对每个具体的事故指导相关人员如何处理的具体方案和处理步骤。

预案是发生事故时控制事态、防止或降低事故损失的重要保证，企业应当定期组织员工进行预案的培训和演练。安全监察部门应当根据实际情况的变化，及时督促企业修订相关预案。

第七章 安全经济学新论

目前，国内外安全经济学研究的主要内容大体不外乎以下几方面：第一，安全经济学概述。如安全经济学的研究对象、任务及内容，安全经济学的基础概念和术语，安全经济学的特点及研究方法，安全经济的基本规律，安全经济的基本原理等。第二，事故经济损失估算。如事故经济损失概述，伤亡事故经济估算方法，职业病经济损失估算方法，企业承担的事故经济损失，事故受害者及其家庭承担的事故非经济损失和经济损失，社会承担的事故经济损失等。第三，事故非价值因素的损失评价技术。如事故非经济价值对象损失的价值化理论，人命与健康的价值评估，企业工效损失价值计算，企业商誉的损失价值的评估分析，环境损失价值测算。第四，安全投资分析与安全投资经济决策。如安全投资概述，影响安全投资的因素分析，安全卫生费用模型的分析，安全生产投入的经济激励，利益—成本分析决策方法，安全投资的风险决策，安全投资的综合评价决策法。第五，安全经济效益分析。包括安全效益概述、安全经济效益的计量方法、提高安全经济效益的基本途径和领域、安全生产投入产出理论分析。

这里，我们根据安全经济学的基本理论，将持续对安全经济的相关理论进行新探索，主要内容有五部分。

第一节 三种事故损失计算方法的比较

目前，中国学者对事故经济损失计算的比较有代表性的三种方法：事故经济损失的理论计算方法、事故经济损失构成计算方法述评和事故损失性安全成本的计算方法，通过对三种计算方法的比较分析，认为直接损失和间接损失都包含着可确认、可计算的准确的损失，又包括不好计算的隐含损失，所以计算直间比不科学、意义不大。而事故损失性安全成本法把事故损失分为可确认经济损失和隐含经济损失，可确认经济损失包括那些可确认、可计算的准确的损失，隐含经济损失包括不好计算的隐含损失，因此确认—隐含系数比，比直间比系数更有意义。提出事故损失性安全成本法的计算更容易、可控、科学和实用。因而认为中国应该统一采用事故损失性安全成本法计算事故损失。

中国学者对事故损失进行了长期、深入地研究[1]，对事故损失的研究也日益成熟和科学。比较有代表性的方法有如下三种。

一、事故经济损失的理论计算方法

第一类观点是根据"理论计算法"，事故经济损失应该按下式计算[2]：

$$事故经济损失 = 事故直接经济损失 A + 事故间接经济损失 B \qquad (7-1)$$

1. 事故直接经济损失 A 的计算

事故直接经济损失 A 的计算主要包括：①设备、设施、工具等固定资产的损失 $L_设$；②材料、产品等流动资产的物质损失 $L_物$，原材料损失按账面值减残值 L_1，成品、半成品、在制品按本期成本减残值计算 L_2，$(L_物 = L_1 + L_2)$；③资源遭受破坏的价值损失 $L_资$，$L_资 = 损失量 \times 资源的市场价格$。

2. 事故间接经济损失 B 的计算

事故间接经济损失 B 的计算主要包括：①事故现场抢救与处理费用，根据实际开支统计。②事故事务性开支，根据实际开支统计。③人员伤亡的丧葬、抚恤、医疗及护理、补助及救济费用，根据实际开支统计。④事故已结案，但未能结算的医疗费 $M = M_b + M_b D_b / P$，其中，M：被伤害职工的医疗费；M_b：事故结案前的医疗费；P：事故发生之日至结案之日的天数；D_b：延续医疗天数，多人受伤应累计计算。⑤休工的劳动损失价值 $L_日$，劳动损失价值是指受伤害人由于劳动能力一定程度的丧失而少为企业创造的价值。计算方法有如下三种：按工资总额计算、按净产值计算和按企业利税：工作损失价值 $L_{日i} = D_L P_{Ei} / (NH)$，其中，$i = 1, 2, 3$，$D_L$：企业总损失工作日，$N$：上年度职工人数，$H$：企业全年法定工作日；$P_{E1}$：企业全年工资总额；$P_{E2}$ 企业全年净产值；P_{E3} 企业全年利税。⑥事故罚款、诉讼费及赔偿损失，根据实际开支统计。⑦减产及停产的损失，可按减少的实际产量价值核算。⑧补充新职工的培训费。

① 罗云，等. 安全经济学 [M]. 北京：化学工业出版社，2004：4；陶树人. 技术经济与管理文集 [M]. 北京：石油工业出版社，2002：213—214；王立杰，韩小乾. 事故经济损失评估理论与方法研究 [J]. 中国安全科学学报，2002 (1)；韩小乾. 事故灾难应急管理理论及应用研究 [D]. 徐州：中国矿业大学，2005：4；梅强. 事故损失预估方法的探讨 [J]. 中国安全科学学报，2001 (11)；沈裴敏. 安全系统工程理论与应用 [M]. 北京：煤炭工业出版社，2001：1.

② 罗云，等. 安全经济学 [M]. 北京：化学工业出版社，2004：4.

二、事故经济损失构成计算方法述评

中国第二种大类的观点构成计算方法，也是把事故分为直接经济损失和间接经济损失[1]。但子项存在差异。直接经济损失分为人身伤亡费用、善后处理费用和财产损失价值三大类，又细分为 10 小类。间接经济损失分为停产、减产损失价值、工作损失价值、资源损失价值、处理环境污染的费用。发生事故的经济损失之统计范围见图 7-1。总损失可按下式计算：

$$C_{总损失} = C_D + C_I = (C_1 + C_2 + C_3 + C_4 + C_5 + C_6 + C_7 + C_8 + C_9 + C_{10}) + (C_{11} + C_{12} + C_{13} + C_{14} + C_{15})$$

$$(7-2)$$

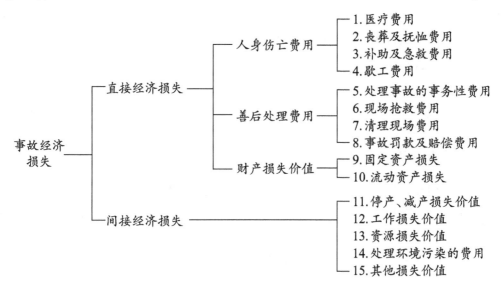

图 7-1　中国事故直接经济损失和间接经济损失的统计范围

三、事故损失性安全成本的计算方法

中国学者王立杰教授和韩小乾博士持第三种观点[2]：即事故损失性安全成本由可确认经济损失（L_k）和隐含经济损失（L_y）两部分组成。即：

事故损失性安全成本 = 可确认经济损失（L_k）+ 隐含经济损失（L_y）　　　(7-3)

---

① 罗云，等. 安全经济学 [M]. 北京：化学工业出版社，2004：4.
② 王立杰，韩小乾. 事故经济损失评估理论与方法研究 [J]. 中国安全科学学报，2002 (1)；韩小乾. 事故灾难应急管理理论及应用研究 [D]. 徐州：中国矿业大学，2005：4.

1. 可确认经济损失（L_k）

这主要包括：A 事故现场抢救与处理费用（L_1），企业为抢救处理事故租用外单位设备、雇用外单位人员、聘用外单位专家等对外支出的费用，企业支出的伤亡人员家属的交通、食宿费用。B 恢复生产费用（L_2）。企业为恢复生产外购或修理设备、外购材料、重建或修复生产系统等对外支出的费用，以及恢复生产的工程与措施费和恢复生产期间的停产及减产损失。C 环境损失（L_3）。因环境破坏、生产系统外部资源和设施而对外支出的赔偿、恢复等费用。D 伤亡损失费用（L_4）。企业因人员伤亡支出的丧葬费用、抚恤、补贴、医疗费用，家属安置、迁移费，歇工工资。E 各种诉讼费用及罚金（L_5）。F 事故已结案，但未能结算的医疗费（L_6）。G 休工的劳动损失价值（L_7）。用 $L_j(t)$ 表示第 t 期发生的第 j 项可确认经济损失，$t = 0，1，2，\cdots，m，j = 0，1，2，\cdots，7$，则第 t 期发生的可确认损失为：$L(t) = L_1(t) + L_2(t) + L_3(t) + L_4(t) + L_5(t) + L_6(t) + L_7(t)$。

则可确认损失 $L_k(t)$：

$$L_k = \sum_{t=0}^{m} L(t)(1+i)^{-t} \tag{7-4}$$

2. 隐含经济损失（L_y）

这主要包括：A 生产设施、设备、材料、产成品、半成品等固定资产和流动资产的毁灭损失；B 资源损失，生产系统内资源毁灭、无法恢复或不值得恢复而弃采给企业造成的经济损失；C 抢救、处理事故及恢复生产、资源、环境使用本企业的人力、物力给企业造成的经济损失；D 补充新职工的招聘、培训、安置等费用；E 事故抢救、处理及恢复生产期间停工、停产、减产造成的经济损失，正常生产后生产能力的降低、开采方案的变化、服务年限的缩短、工效降低、声誉降低、定单减少等给企业造成的经济损失。对事故企业来说，隐含损失综合表现为系统净现金流量的减少（经营成本增加或营业收入减少）。

四、对中国事故损失三种计算方法的比较

中国学者前两种事故经济损失的计算方法存在着一个共同的特点，比如在直接损失中既存在着可确认、可计算的准确损失，又包括不好计算的隐含损失，在间接损失中也存在着可确认、可计算的准确的损失，又包括不好计算的隐含损失，这样不便于统计、管理和计算。现将事故损失性安全成本法与传统的事故总损失理论计算法进行比较。如表 7-1 所示。

表7-1　事故损失性安全成本法与事故总损失理论计算法的比较

各种事故损失	事故损失性安全成本		事故总损失理论计算法	
	可确认经济损失(L_k)	隐含经济损失(L_y)	直接经济损失($L_直$)	间接经济损失($L_间$)
事故现场抢救与处理费用（事故事务性开支）(L_1)	√			√
恢复生产费用(L_2)（包括恢复生产的工程与措施费，以及恢复生产期间的停产和减产损失）	√			√
环境损失(L_3)	√		√	
人员伤亡的丧葬、抚恤、医疗及护理、补助及救济损失费用(L_4)	√			√
事故罚款、诉讼费及赔偿损失(L_5)	√		√	
事故已结案，但未能结算的医疗费(L_6)	√			√
休工的劳动损失价值(L_7)	√			√
生产设施、设备、材料、产成品、半成品等固定资产和流动资产的毁灭损失		√	√	
资源损失,生产系统内资源毁灭、无法恢复或不值得恢复而弃采给企业造成的经济损失		√	√	
抢救、处理事故及恢复生产、资源、环境使用本企业的人力、物力给企业造成的经济损失		√		√
补充新职工的招聘、培训、安置等费用		√		√
减产及停产的损失。正常生产后生产能力的降低、开采方案的变化、服务年限的缩短、工效降低、声誉降低、定单减少等给企业造成的经济损失		√		√

对事故损失性安全成本法、事故经济损失的理论计算方法和事故经济损失构成计算方法的比较，从各种损失的比较中可以看出事故损失性安全成本法的计算更容易、可控，因此，更科学和实用。由于直接损失和间接损失都包含着可确认、可计算的准确的损失，又包括不好计算的隐含损失，所以计算直间比意义就不太大了。而事故损失性安全成本法把事故损失分为可确认经济损失和隐含经济损失，可确认经济损失包括那些可确认、可计算的准确的损失，隐含经济损失包括不好计算的隐含损失，因此确认—隐含系数比，比直间比系数更有意义。可见中国应统一采用事故损失性安全成本法计算事故损失。

第二节 安全—效益型经济发展模式研究

本部分从经济发展中重视安全因素的必要性入手，在分析传统的经济发展的类型及比较其优缺点的基础上，提出并深入了新的经济发展的模式：安全效益型经济。分析了安全效益型经济的本质及实行安全效益型经济发展的主要困难等基本规律，并以煤炭产业为例对影响安全效益型经济模式的安全成本高低的主要因素进行了探讨。

目前，中国正处在全面建设小康社会的新时期，驶入了经济发展和社会进步的快车道。然而，各种大量频发的事故不仅使众多企业面临窘境甚至顷刻破产，使中国的国民经济遭受重大创伤，而且严重影响了中国的国际形象和国际地位。一方面，随着国民经济的持续快速增长和人民生活水平的日益提高，国家、社会、企业和公众对安全的需求越来越强烈，安全水平要求越来越高；另一方面，随着世界经济的一体化、全球化，世界各国对企业安全生产所需达到的安全指标也趋于一致。客观形势要求中国企业要形成"珍视生命"的安全生产新的浓厚氛围，大力提倡"以人为本"的安全生产理念，唤起全社会、企业、个人对中国安全生产的高度关注，提高个人、企业、全民安全意识和安全文化素质，共同努力提高企业安全生产水平和职业健康水平，为人类营造一个安全、少害、无害、和谐的生产、工作和生活环境。因此，有必要从根本上研究适合经济社会发展的新的经济发展类型及模式。

一、经济发展重视安全因素的客观必要性

在经济高速发展进程中，忽视安全生产的危害主要体现在以下几点。

1. 制约经济发展

据国际劳工组织公布的统计结果显示，因工伤及职业病所造成的损失相当于本国国民生产总值的4%左右[1]。另外，还有许多间接引起的损失无法估量。而且还有另外一种机会损失也不能熟视无睹：经济全球化使国际贸易竞争日趋激烈，发达国家为了保护本国市场，调整对外贸易政策，不断强化各种非关税壁垒措施，限制别国商品进口，并力求以国际劳工标准、安全健康问题、工业事故以及保护资源与环境（绿色壁垒）等为名来实现其贸易保护的目的[2]。国际贸易中绿色壁垒的兴起和发展，必将影

---

[1] 罗云，樊运晓，黄盛仁. 安全经济学 [M]. 北京：化学工业出版社，2004：4.
[2] 王桂红.《卡塔赫纳生物安全议定书》及其与WTO的冲突问题浅析 [J]. 社会科学家，2005（5）.

响中国的外贸出口的发展，从而给中国造成巨大经济损失[①]。

2. 严重威胁人的生命安全

据统计，自 20 世纪 90 年代初以来，中国每年由于各类事故大约造成 10 万余人死亡。中国事故伤亡绝对数和死亡率与世界发达国家相比都是很高的。

3. 造成环境污染与破坏

事故对环境的影响不仅是严重的，而且是长期的。尤其是火灾、化学事故、燃气管道泄漏及煤气排出的甲烷废气、核工业事故等，使空气、水等环境质量严重恶化。其对生态环境造成的严重破坏，需要很多年才能恢复。

4. 影响社会发展稳定

工业化使社会、经济、科学技术高速发展，人类与安全的关系更加密切。当今活跃在各个领域的从业人员，其中独生子女所占比例逐渐增大，事故对人员及其家庭所造成的影响也就越大。在全面建设小康社会的目标下，如果事故日益严重的趋势长期得不到缓解和控制，当人民群众的基本工作条件与生活条件得不到安全保证，甚至出现尖锐的矛盾时也会直接影响稳定发展大局，严重时可能使人民群众对社会产生质疑，对党为人民服务的宗旨和对改革的目标产生疑虑和动摇。当这些问题累积到一定程度和突然发生震动性事件的时候，有可能成为影响社会安全、稳定的因素之一。

5. 影响国家形象和国际竞争力

工业事故导致人员伤亡，职业病危害严重，早已引起国际社会关注。工伤事故与职业病问题是世界人权大会和其他一些国际组织攻击中国"忽视人权"的借口之一[②]。所有这一切都使中国在相关的国际活动中处于不利和尴尬的境地，也严重破坏了社会主义中国的形象。

6. 影响社会和经济可持续发展

可持续发展是中国政府提出的一项长期发展战略。当前因工作环境引起的重大伤亡事故和因生产引起的环境污染事故及自然灾害已影响到了社会、经济的可持续发

---

① 沈木珠. 国际贸易与国家环境安全立法思考 [J].《国际贸易问题》，2004（7）；刘铁民. WTO 与中国安全生产 [J]. 林业劳动安全，2000（11）.

② 刘铁民. WTO 与中国安全生产 [J]. 林业劳动安全，2000（11）.

展，更重要的是严重危害可持续发展的最基本要素——人力资源。如果仅是培养人们具有适应发展经济所需的态度、素质与技能，但最终却使他们因事故和职业病而永久或暂时丧失生活、工作能力，这不符合基本人权观，而且经济损失也很大，而且是难以挽回的损失。终将损害人民群众的利益，阻碍经济的发展，影响全面建设小康社会目标的实现，影响国家的可持续性发展战略的实施[1]。

二、传统经济发展类型及其优缺点比较

通常情况，经济发展可分为粗放型的经济和集约型的经济，也即速度型的经济和效益型的经济[2]。速度型的经济发展是指经济发展过程中以经济发展速度作为目标，经济发展速度越高，表明经济发展越有成效，这往往带有一定的片面性。效益型的经济发展是指经济发展过程中以经济效益作为经济发展的目标，而经济效益主要反映在投入—产出比例上，资金利润率、成本利润率、产值利润率、销售利润率等都是投入—产出比例的某种货币表现。效益型的经济认为：在经济发展过程中，如果资金利润率、成本利润率、产值利润率、销售利润率等越高，就表明经济发展越有成效。相比较而言，效益型的经济发展优于速度型的经济发展。

但是，效益型的经济发展观依然有不足之处。因为，尽管经济发展以一定时期内人均总产值的总量或增量来衡量，并且要求在等量投入的条件下有更高的产出或在等量产出的条件下有较少的投入，但经济发展的含义不限于此。主要以一定时期内人均总产值的总量或增量来衡量，是速度型经济发展的主要特征；主要以投入—产出比例的变动或投入—产出比例的货币表现形式（资金利润率、产值利润率等）的变动来衡量，是效益型经济发展的主要特征。两者都不能反映经济发展过程中安全水平程度的变化及其影响。即使是效益型的经济发展，也是把效益局限于经济效益方面，而忽略了与经济发展和人们生活状况密切相关的安全效益。

安全和生产是人类生存和发展的两大根本性问题。实现安全是人类最大的也是永恒的哲学命题。伴随着世界安全运动的兴起，人人渴望安全，国家治理安全，人类呼唤安全，世界共需安全。在经济发展中，既有可能出现总量增长而经济效益下降的情形，也有可能出现经济效益上升而安全效益下降的情形，还有可能出现总量增长而经济效益、安全效益同时下降这种更不理想的情形。这是我们研究社会主义经济发展时不能不注意和忽视的问题。

① 王显政. 中国煤炭工业和煤矿安全生产 [J]. 中国煤炭，2003（8）.
② 余永定，张宇燕，郑秉文. 西方经济学 [M]. 北京：经济科学出版社，2002：4.

三、安全效益型经济发展模式提出

随着和谐社会的提出与发展，我们必须采用不同于速度型经济和效益型经济的新型经济类型：安全效益型经济。

1. 安全效益与经济效益的区别

安全效益与经济效益是不同的。经济效益与安全效益虽然都以投入—产出比例来衡量，但经济效益的产出主要以利润的总量或增量来表示，反映经济效益状况的货币形式都以利润率的变动作为投入—产出比例变动的标志。安全效益的产出则主要以安全水平的提高、事故率的下降、事故损失的减少来表示。在经济发展过程中，如果投入为既定，那么安全水平越是朝好的方向变动，说明安全效益越好；反之，如果投入为既定，安全水平越是下降、事故率提高，说明安全效益越差。由于安全水平的变好变坏同利润的增减不完全一致，甚至很不一致，因此经济效益不等于安全效益，更不能替代安全效益。

2. 区分安全效益型与经济效益型的经济发展模式的必要性

把安全效益型的经济发展同经济效益型的经济发展区分开来的目的，在于强调安全水平的提高、事故率的下降、事故损失的减少的重要性，强调在经济发展中不仅要重视经济效益的变动，还应当重视安全效益的变动，以便经济发展目标与安全目标同时实现。从一定的意义上说，安全经济效益与经济效益相比，安全经济效益的范围更广一些。安全经济效益不仅直接与经济效益有关，而且也把一部分社会效益包含在内了。社会效益是同社会经济发展目标相联系的。在已经明确什么是社会经济发展目标的前提下，如果生产成果有助于社会经济发展目标的实现，那就表明该种生产有社会效益；越是有利于实现社会经济发展目标，其社会效益就越大。反之，有碍于实现社会经济发展目标的，其社会效益就是负的。由于社会经济发展目标是多元的，其中既包括满足居民在物质生活方面不断增长的需要，也包括满足居民在精神文化生活方面不断增长的需要；既包括促进社会成员收入分配的协调，也包括改善社会的生存环境、生活质量等。因此，社会效益的范围比安全经济效益还要广泛，社会的生存环境的改善、安全水平的提高都属于社会效益，它们包含在社会效益之中。至于事故率的下降、安全水平的提高、事故损失的减少等，把这些直接称作安全效益。这就是安全效益与社会效益的关系。

在明确了安全经济效益与经济效益的不同以及安全经济效益与社会效益的关系后，可以认为，安全效益型经济是经济效益与一部分社会效益的综合。走安全效益型经济发展道路，意味着走一条既重视经济效益，也重视社会效益的经济发展道路。显然安全效益型经济发展道路明显地优于那种单纯重视经济效益的发展道路，更优于那种忽视效益的速度型经济发展道路。

四、安全效益型经济发展模式的本质

由于中国经济已有了一定的实力，所以在每一企业创建的初期阶段，严格遵守"三同时原则"，边发展经济，边提高安全水平，宁肯经济发展缓慢一些，使发展经济与提高安全保护水平从一开始就并重。尽可能把安全水平的提高纳入经济发展的轨道内，探寻一条以安全效益和经济效益共同为主导的经济发展道路。安全效益型经济发展的发展模式就是："在经济发展的过程中，边发展经济，边提高安全保护水平。"既然"先发展，后提高安全保护水平"或"先事故频发，再降低事故率"的发展模式所付的代价沉重，而在经济发展开始阶段"边发展经济，边提高安全保护水平"的发展模式应该是探寻一条可以兼顾经济发展与提高安全保护水平的发展道路。这里"并重"含有重点投资的意义，即在经济发展过程中，尤其是在经济发展的开始阶段，不要忽视提高安全保护水平，不要忽视经济发展与提高安全保护水平的兼顾，而应当把安全视为重点投资的领域之一，以促进企业经济效益和安全效益的共同发展。

安全效益型经济的发展模式的本质是强调并保证本质安全，本质安全不仅指使用本质安全型设备，而更重要的是必须将人、作业环境的安全上升到本质安全的高度，从而形成了全新的本质安全理念[①]。本质安全也指运用组织架构设计、技术、管理、规范及文化等手段保障人、物及环境的可靠前提下，通过理顺系统在运行过程中的基本交互关系、规范交互关系及文化交互关系，从源头上预防系统在运行中出现的反效交互及有效交互所引起的系统不和谐，以保证实现系统安全、设备可靠、管理全面及安全文化深入人心，最终达到对事故的长效预防[②]。在此基础上来实现企业的经济效益。

安全效益型经济的发展模式认为"本质安全"是一种"不断追求系统安全极限"的管理理念，即在相对可靠的技术、设备及环境下，通过有效的管理机制与方法，消除导致生产系统不安全的主要因素即人的不安全行为，从而使影响安全的各因素处于被约束与控制状态，最大化提升生产系统的可靠性，使企业灾害与事故发生率降至极低的、可接受的限度[③]。人的行为安全是本质安全的主要特征，提高一线生产人员素

---

① 倪文耀. 对构建以本质安全为主体的煤矿安全文化体系的探讨——兼论徐州矿务集团创建本质安全型企业的实践 [J]. 中国安全科学学报，2003（9）.

② 许正权，宋学峰，李敏莉. 本质安全化管理思想及实证研究框架 [J]. 中国安全科学学报，2006（12）.

③ 许正权，宋学峰，李敏莉. 本质安全化管理思想及实证研究框架 [J]. 中国安全科学学报，2006（12）；谢化文. 论创建本质安全型企业 [J]. 煤矿安全，2005（6）.

质，提升安全管理基础，形成有效的管理机能，从源头上消除和控制人的不安全行为，是本质安全管理的关键。深入研究本质安全的理论，加强国家安全立法建设，建立以风险预控为核心的本质安全管理体系，构建本质安全管理信息系统，建立有效组织激励机制，培育良好的组织安全文化。但要使中国经济顺利地走上这样一条发展道路并取得成效，却是相当困难的。

五、安全效益型经济发展存在的主要困难

安全效益型经济发展的主要困难在于以下几点。

1. 最主要的困难是安全型经济发展所需资金限制

任何经济发展都需要有充足的投资。没有可以用于经济发展的资金，经济难以发展；同理，没有可以用于提高安全保护水平的资金，安全水平的提高工作也难以开展。但问题是，在经济发展的相当长的时间内，资金供给总是不足的，有限的资金究竟是用于发展经济呢？还是用于安全水平的提高？尤其是在经济发展的开始阶段，安全水平提高的重要性不容易被人们所认识到，而经济发展的迫切性却是人所共知的。这样，有限的资金很可能被投入经济的发展，而提高安全保护水平的工作和投资则被暂时搁置在一旁。

2. 安全保障事业对投资者缺乏吸引力

假定通过经济内部的积累和外部资金的引入而使得客观上有可能形成一定数额的再投入资金，那么这些资金究竟投入哪些领域，在很大程度上与经济效益高低有关，从很多投资者的角度来看，提高安全水平的资金投入在一定时间内无利润可言。对投资者缺乏吸引力使得安全水平的提高不可能依靠市场的自发调节来发展。

3. 安全水平提高对经济增长具有阻抑功能

经济发展与安全水平的提高对于其他宏观政策目标的实现状况具有不同的影响，从而在宏观经济决策中不得不权衡利弊得失。这里宏观政策目标包括就业、财政收入、外汇收入等。比如说，假定经济发展过程中，需要解决就业问题，需要增加各级财政收入，需要扩大出口，增加外汇收入。从一定时期来看，把资金投入安全水平的提高也许不如投入经济发展那样可以增加较多的人就业，可以增加较多的财政收入和外汇收入，所以在资金投入的部门顺序上，安全方面的投资可能往后排，而那些能容纳较多的人就业，或能够使财政收入和外汇收入有较大幅度增长的部门则被列入优先发展的位置。

4. 安全工作开展需要提升更新技术的成本

安全工作的开展不仅需要有资金，而且更需要有新的技术。技术水平的提高和技术力量的充实都不可能脱离本国经济发展水平，只有随着经济的不断发展，才能够使安全的技术水平提高，使安全的技术力量越来越充实。这意味着，由于受到经济发展水平的制约，安全事业通常是随着经济发展而发展的，安全事业即使从技术上考虑，也难以超前发展。

从以上四方面可以看到，与重视提高安全保护水平联系在一起的安全效益型的发展道路，并不是一条可以通过市场的自发调节而能够顺利实现的道路（市场失灵）。在市场经济条件下，企业以追求自身利益最大化为动力，如果放弃政府的干预和行政命令，较低的安全水平和较高的事故率，最终会影响经济的可持续发展。从经济效益、安全效益和社会效益相统一来讲，提高安全保护水平工作最终要靠政府的强有力的政策指导、监督和督促，要靠政府的行政干预和制定有关法律法规，要靠政府通过制定各项政策来规范企业的行为，实现对企业安全保护水平提高和改善，使经济发展能实现可持续性。唯有通过政府的各种制度安排与指导，并在政府的相应措施起作用的情况下，才能逐步实现这样一条既不同于速度型的，又不同于单纯注意经济效益的经济发展道路。

这里对安全效益型经济的基本理论及发展规律的探讨尚不成熟，需要各位同仁进一步进行深入研究，以适应中国经济和社会快速发展和人民对安全的需要。

第三节　安全保护成本与国际贸易竞争力关系分析

目前，职业安全卫生标准一体化、劳工标准与国际贸易竞争力平衡与协调上升成为国际贸易中的主要矛盾之一；如何正确处理好国内安全保护成本与国际贸易竞争力关系是摆在国家、政府、企业乃至每一国民面前的一项重要议题。本节综合分析了职业安全卫生标准一体化和劳工标准对国际贸易产生的现实影响，并运用经济学的基本理论，对安全保护成本与国际贸易竞争力关系进行了深入分析，推理出国际贸易中小国的安全保护成本对其国际贸易竞争力影响较大，而国际贸易中大国的安全保护成本对其国际贸易竞争力影响则较小的结论；并根据经济学的理论分析得出如果大国某一出口产品需求价格弹性小于1，出口国的总收入反而增加，因此，大国有增加安全投资的积极性。最后提出发展中国家应从自身经济、政治利益客观实际出发，坚决反对不切实际的提高劳工标准，反对把劳工标准列入国际多边国际贸易规则之中。同时，认为中国的出口企业应该适应目标市场绿色安全生产的发展趋势，实现本质安全生产。

一、问题的研究背景

冷战结束后，世界的政治、经济格局发生了巨大变化，和平与发展成为世界的主题，经济与贸易开始成为国际活动的头等大事和重要的战略武器，甚至环境保护、人权、劳工状况也被涂上浓重的政治色彩和商业色彩[①]。在全球经济一体化的大背景下，从 20 世纪 80 年代末开始，国际上已出现安全卫生标准协调一体化（Harmonization of Safety and Health Standards，HSHS）的倾向。近十几年，发达国家一直在努力使社会条款纳入世界经济贸易体系之中，在"关注发展中国家人权状况"的旗号下，反复提出"劳工标准"问题，即把本国安全、生产问题与国际贸易挂钩，本质上这是"涂上绿色"的贸易保护主义。长期以来，由于中国经济基础薄弱，生产力水平低，缺乏资金，工业技术水平低，管理体制落后和法制监察力度不够等原因，中国工矿企业中事故频发，工伤死亡事故和职业病危害的情况都比较严重，安全生产工作中存在的问题很多，安全形势十分严峻，与发达国家相比较存在很大差距，在短时间内很难达到"公认国际劳工标准"的要求[②]。

美、欧等工业化国家提出：由于国家贸易的飞速发展和发展中国家对世界经济活动越来越大的参与，各国职业安全卫生的差异使发达国家在成本价格和贸易竞争中处于不利的地位。这些国家认为，这种主要是由于发展中国家在改善劳动条件方面投入不够，使其生产成本降低所造成的"不公平"是不能接受的。并开始采取协调一致的行动对发展中国家施加压力和采取限制行为。在许多经济贸易和劳工安全卫生的国际会议上，美国、德国等西方国家的政府代表和专家都一再提出这个问题。早在 1993 在新德里召开的第 13 届世界职业安全卫生大会上，当时的美国劳工部副部长 Svanson 代表西方国家公开宣布了这一主张。在其后东盟与欧盟外长会议上，当时德国外长金克尔代表欧盟国家明确提出要把人权、环境保护和劳动条件纳入国际贸易范畴，将劳动者权益和安全卫生状况与经济问题挂钩，即轰动一时的所谓"社会条款"[③]。在以后发达国家与发展中国家的经济贸易谈判中又屡次提出社会条款问题。

北美和欧洲都已在自由贸易区协议中作出规定，只有采用同一职业安全卫生标准的国家与地区才能参与贸易区的国际贸易活动，以期共同对抗以降低劳动保护投入（低标准）作为贸易竞争手段的地区和国家，共同对那些职业安全卫生条件较差而又

① 刘铁民. WTO 与中国安全生产 [J]. 林业劳动安全，2000（11）；王桂红.《卡塔赫纳生物安全议定书》及其与 WTO 的冲突问题浅析 [J]. 社会科学家，2005（5）；沈木珠. 国际贸易与国家环境安全立法思考 [J]. 国际贸易问题，2004（7）.

② 刘铁民. WTO 与中国安全生产 [J]. 林业劳动安全，2000（11）.

③ 王桂红.《卡塔赫纳生物安全议定书》及其与 WTO 的冲突问题浅析 [J]. 社会科学家，2005（5）.

不采取措施改进的国家和地区在国际贸易中进行制裁和谴责。发达国家正在努力采取协调一致的行动，并尽力争取得到国际劳工组织（ILO）等国际组织的合作以推行这一战略。

20 世纪 90 年代后期，在国际职业安全卫生标准一体化的影响之下，国际标准化组织（ISO）一直在努力使职业安全卫生标准化管理体系（Occupational Safety & Health Standard Management System，OSHSMS）发展成为与 ISO9000 和 ISO14000 类似的规模。1999 年在巴西召开的第 15 届世界职业安全卫生大会上，国际劳工组织（ILO）的一位负责人提出：国际劳工组织将像贯彻 ISO9000 和 ISO14000 一样，依照 ILO 的 155 号公约和 161 号公约等推行企业安全卫生评价和推行规范化的管理体系，按照制定的质询表，逐一评估企业安全卫生状况[1]。从 1999 年下半年开始，ILO 已经开始制定国际化的职业安全卫生管理体系文件，在 2001 年前颁布了 ILO 的 OSHSMS 规范和指南。当前 HSHS 不仅仅是会议上的口号，而且已经逐渐成为国际一致的行动。并由此而逐渐演化出劳工标准问题，开始成为 WTO 等国际组织活动中的焦点之一，更加引起世界各贸易国的关注。

1999 年 12 月，在美国西雅图召开的 WTO 部长级会议上，劳工标准问题再次成为会议争论的主要议题。美国总统克林顿提出，"也许最终将采用贸易制裁来对付那些对劳工标准置之不理的发展中国家"，并声称要将不符合劳工标准国家生产的产品排除在美国市场之外。围绕劳工标准问题在会议有关工作组展开了激烈辩论，发达国家坚持将劳工标准与贸易相联系，声称这关系到 WTO 的信誉问题，立场十分强硬。而发展中国家普遍面对发达国家可能以此作为贸易保护主义的工具而担忧，强烈反对将劳工标准列入贸易谈判中。西雅图会议期间，美国劳工、环保、人权等组织组织了有几万人参加的大规模示威游行，号称保护工人权利，反对不公平竞争[2]。

因此，安全生产工作将对中国的经济与社会发展产生重要影响。如何理解发达国家把职业安全卫生标准、劳工标准一体化与国际贸易相联系起的做法？发达国家与发展中国家在安全投入方面与产品竞争力方面到底存在怎样的不同？中国又如何面对及采取怎样的对策？这是我们应当加以研究的重要课题。

二、安全保护成本与国际竞争力的关系

针对发达国家把职业安全卫生标准一体化、劳工标准与国际贸易相联系起的做法，有必要进行深入分析，揭示其中的利弊，寻找我们应对的措施及实现安全生产与经济

---

① 刘铁民. WTO 与中国安全生产［J］. 林业劳动安全，2000（11）.

② 沈木珠. 国际贸易与国家环境安全立法思考［J］. 国际贸易问题，2004（7）.

发展的双赢。以下对安全保护成本与国际竞争力的关系进行经济学分析。并且是短期内经济学分析。

对一个出口企业来说，与安全保护有关的成本高低，会影响到其产品的价格，进而会影响到出口产品的价格，影响到一国的比较优势。客观上说，确实有一些国家在安全保护上措施不力，担心的也就是怕严格的安全保护措施会影响本国产品的国际竞争力。

1. 安全投入对出口产品的总成本的影响

针对事故、职业病采取增加安全投入、预防费用或采取治理措施，对一国出口产品的总成本，可能产生下列影响。

第一，如果采取事后治理方法处理事故、职业病，则需要增加被动安全投入，因而将增加出口产品的总成本。

第二，如果通过安全生产，减少生产过程中事故、职业病的发生，则有可能增加，也有可能减少安全投入，因而不一定增加出口产品的总成本。但它本身要求安全技术起点高、一次性投入大、安全培训投入高、较高的管理水平等条件，在以下的分析中，暂不考虑这种有可能实现发展经济与保护安全双赢的情况。

第三，如果安全投入不足，预防或治理事故、职业病不够，则又有两种可能：一种是，生产过程中事故、职业病频发，事故损失巨大，影响正常生产，从而威胁到本国产品的出口，迫使有关企业最终不得不进行预防治理，因而增加产品的总成本[①]；另一种是，生产过程中事故、职业病发生，有事故损失，但没有威胁到本国产品的出口，因而不采取措施可以降低出口产品的总成本。

另外，安全保护是否会影响本国产品的竞争力，不仅要看产品的成本，而且要看产品的价格。更重要的是要看本国在某一产品的国际市场上，是"小国"还是"大国"。

2. 小国增加安全投资对出口产品的总成本变化的影响

国际贸易中的小国，是指那些在某一产品的国际贸易中所占份额不大，因而不能影响该产品的国际价格的国家。如果小国（发展中国家）因预防—治理事故、职业病，必须增加安全投资，使总成本有所提高，则因为小国是产品的既定国际价格的接受者，无法通过产品国际价格的上涨来弥补成本的上升，因而确实会影响到出口产品的竞争力。

针对小国的上述情况，可以用图 7-2 来表示和分析。在图 7-2 中，横轴代表小国某一产品的出口量，纵轴代表出口产品的价格 P 与成本 C。D 是小国所面对的外国

---

① 国家煤矿安全监察局.《关于开展煤矿安全程度评估工作的指导意见》的通知》[J]. 煤矿安全，2003（5）.

对某一小国出口产品的进口需求曲线。由于小国出口量不大，无论出口多少都不足以影响该产品的国际市场价格 P_0，因而 D 是一条水平线[1]。

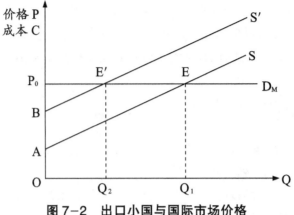

图 7-2 出口小国与国际市场价格

S 是安全投资较少，或不主动预防—治理事故和职业病时小国该产品的出口供给曲线。它表明，小国将按照国际市场价格，出口 Q_1 数量的产品。此时，小国企业从出口该产品中得到的生产者剩余[2]是三角形 P_0EA。

如果小国采取主动增加安全投入等措施，预防或治理事故、职业病，则包括生产成本和事故、职业病预防—治理成本在内的总成本会上升。由于小国无法左右国际市场价格，因而其总成本的上升将影响到本国产品的出口竞争力。在图 7-2 上，安全保护对小国产品出口竞争力的不利影响表现为小国产品出口供给曲线的左移（从 S 移动到 S'）和出口量的下降（从 Q_1 下降到 Q_2）。同时，小国的生产者剩余也减少为三角形 $P_0E'B$。

应该指出的是，如果生产过程中事故、职业病发生造成的本国安全恶化，会直接危及出口产品的质量，则小国不预防或治理安全事故、职业病，其出口产品的竞争力同样会受到影响。

3. 大国增加安全投资对出口产品的总成本变化的影响

国际贸易中的大国，是指那些在某一产品的国际贸易中所占份额比较大，因而其进出口量的变化足以影响该产品的国际价格的国家。如果大国因预防或治理事故、职业病，总成本有所提高，则因为大国出口量减少会导致国际市场上产品供不应求，从而使得产品的国际市场价格发生变动，因而大国有可能通过产品国际价格的上涨来部

---

[1] 余永定，张宇燕，郑秉文. 西方经济学 [M]. 北京：经济科学出版社，2002：4.
[2] 生产者剩余是指企业销售总收入（这里是 P_0EQ_1O）减去生产成本（这里是 AEQ_1O）之后的余额。生产者剩余越多，企业的利润就越高。

分弥补成本的上升，从而减少预防或治理事故、职业病对出口产品竞争力的影响。大国的情况，可以用图7-3来表示和分析。

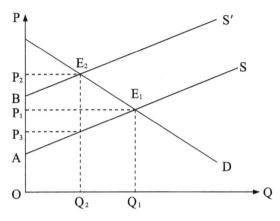

图7-3 出口大国与国际市场价格

在图7-3中，横轴、纵轴所代表的变量与图7-2相同。D是大国所面对的外国对其出口产品的进口需求曲线。由于大国出口量大，其出口量的多少足以影响该产品的国际市场价格，因而D是一条向右下方倾斜的曲线。

S是不预防或治理事故、职业病时大国该产品的出口供给曲线。此时的国际市场价格为P_1，出口量为Q_1，大国企业从出口该产品中得到的生产者剩余是P_1E_1A。

如果大国采取措施预防或治理事故、职业病，包括生产成本和事故、职业病预防—治理成本在内的总成本也会上升。但由于大国在该产品的国际贸易中处于举足轻重的地位，因而其出口量的减少将导致国际市场上该产品价格的上升。在图7-3中，大国产品的国际市场价格就从P_1，上升到P_2。换句话说，尽管大国出口产品的单位成本上升了P_3P_2，但由于大国生产者负担的事故损失、职业病预防或治理成本仅为P_3P_1，其余的部分（P_1P_2）转嫁给了进口国的消费者。因此，尽管预防—治理事故、职业病同样也使得大国的产品出口供给曲线左移（从S移动到S'）和出口量下降（从Q_1下降到Q_2），但大国的生产者剩余仅仅从P_1E_1A减少到P_2E_2B，而P_2E_2B要比国际市场价格不变时的生产者剩余P_1P_3大得多。

图7-3表明，如果大国采取措施预防或治理事故、职业病，则其总成本的上升造成的损失将由出口该产品的大国的生产者与进口该产品的国家的消费者分摊。双方分摊的多少取决于需求曲线与供给曲线的形状。如果需求曲线斜率的绝对值大于供给曲线的斜率，则进口国消费者将分摊总成本中较多的份额；反之，则出口大国的生产者将分摊总成本中较多的份额。

在图7-3中，大国某一产品出口总收入，在安全投入比较低、不主动采取措施预防或治理事故、职业病的情况下为$P_1E_1Q_1O$，在采取措施预防或治理事故、职业病的

情况下为 $P_2E_2Q_2O$。$P_1E_1Q_1O$ 与 $P_2E_2Q_2O$ 哪一个代表更多的总收入，取决于产品的需求价格弹性[①]。如果产品的需求价格弹性小于 1，即当价格上升 1% 时，需求量下降的百分比小于 1%。在这种情况下，产品价格上升，出口国的总收入反而增加。

采取措施预防或治理事故、职业病，是否会影响出口行业的就业？供给曲线的形状取决于生产成本。而图 7-3 表明，如果大国不采取措施预防或治理事故、职业病，则其总成本为 AE_1Q_1O；如果大国采取措施预防或治理事故、职业病，则其总成本为 BE_2Q_2O，假定就业量与出口产品的总成本成正比，那么，大国采取措施预防或治理事故、职业病造成总成本上升，对就业可能是有利的。

三、基本结论

通过上述，我们得出如下几点结论。

第一，小国所面对的外国对其出口产品的进口需求曲线是一条水平线。如果小国采取主动增加安全投入等措施，则包括生产成本和事故、职业病预防治理成本在内的总成本会上升，其总成本的上升造成的损失将全部由出口该产品小国的生产者承担。而大国所面对的外国对其出口产品的进口需求曲线是一条向右下方倾斜的曲线。如果大国采取措施预防或治理事故、职业病，则其总成本上升造成的损失将由出口该产品大国的生产者与进口该产品的国家的消费者分摊。

第二，国际贸易中的小国如果增加安全投资，必然使总成本有所提高，则因小国是产品的既定国际价格的接受者，无法通过产品国际价格的上涨来弥补成本的上升，因而确实会影响到出口产品的竞争力。而大国采取措施预防或治理事故、职业病造成总成本上升而造成的损失部分转化为进口该产品的国家的消费者分摊。而且对本国就业影响不大，甚至可能是有利的。因而对出口产品的竞争力影响较小，甚至无影响。

第三，如果大国某一出口产品需求价格弹性小于 1，在这种情况下，产品价格上升，出口国的总收入反而增加。因此，主动采取措施增加安全投资和预防费用的情况下，虽能造成成本、价格上升，但总收入反而增加，因此，有增加安全投资的积极性。

第四，发达国家拥有技术、资金、人才等竞争优势，而发展中国家的劳工密集型产品出口价格低，正是其国际竞争优势之一，劳工标准的统一，必将增加成本和负担，而又不能像发达国家那样把成本转嫁给消费者，这样会削弱发展中国家的优势，导致发展中国家对外贸易的萎缩与停滞。

第五，如果发展中国家的某个行业或企业在某一产品的国际贸易中所占份额比较

---

① 需求价格弹性是指：当价格变动 1% 时，需求量（反向）变动的百分比。

大，其进出口量的变化足以影响该产品的国际价格，这类行业或企业可以率先在职业安全卫生标准一体化、劳工标准方面逐步按国际标准进行生产。

第六，从上述分析得出，发展中国家应从自身经济、政治利益客观实际出发，坚决反对不切实际的提高劳工标准，因此，应反对把劳工标准列入 WTO 多边国际贸易规则之中。

值得说明的是，以上分析是短期分析。

四、研究启示

在绿色安全壁垒方面，我们应该既反对一些国家为了保护本国落后产业而对国内外企业实行安全问题上的双重标准，又反对一些国家以安全保护为借口、以贸易保护为手段干涉他国内政。至于那些适应本国公众的需要而制定，并对国内外企业一视同仁、一律要求实行的安全标准，我们应该承认这是一种挑战，更是一种机遇。中国的出口企业应该适应目标市场包括绿色安全生产在内的发展趋势，大力推广安全生产技术，实现本质安全生产，大力开发有益于保护安全和公众身体健康的绿色安全产品，提高我们的国际贸易竞争力。

目前，中国还不发达，而且又是一个发展十分迅速的国家，在安全保护的许多方面还达不到发达国家的标准。我们相信，在安全保护方面，随着中国生产力的大发展，今天有些标准还做不到，在不久的将来就可以做到。而且在国内某些比较发达的地区和城市，出口产品能影响国际市场价格的企业现在就要努力做到。因此，在确定对安全与国际贸易问题的立场时，应该统筹兼顾。

另外，我们应通过加强企业安全文化的宣传普及，使企业决策者、安全生产管理负责人和安全管理人员认识到国际贸易中所面临的国际职业安全卫生标准一体化、劳工标准问题的挑战，增加搞好安全生产、进入国际经济贸易大循环的责任感和紧迫感。强化中国职业安全卫生立法和执法力度，理顺安全生产管理监察的机制与体制，尽快实现安全生产的法治化。

第四节　安全投资与安全投资经济效益模型

本部分从企业是否有安全投资及事故损失分析生产系统的三种状态。通过对生产系统中现金流量的变化分析投入、产出和安全投资效益的内在变化关系。通过"有无对比法"对生产系统"有安全投资"与"无安全投资"进行对比，分析生产系统在极端状态和现实状态两种状态下安全投资效益与事故损失之间的相互作用和变化规律，推导出通常情况下安全投资效益与事故损失的相互变化的四种关系，及其每种关系下的安全投资效益。推导结论为企业进行安全投资效益评估提供了理论依据，从企业角度建立起了评估安全投资效益的基本理论。

生产事故往往造成企业人员伤亡、财产损失、资源损失、停工停产，因此，影响到企业的经济效益，重特大事故还会影响到企业安全生产和生产系统使用寿命期限，给员工、企业、社会和国家造成巨大经济损失。中国学者很早就研究事故的损失，并且从理论上取得了重大的突破，认为真实的事故损失是非常巨大的。但是，由于目前对安全生产系统中，安全投资与事故造成的经济损失的内在规律尚不清楚，莫衷一是，直接导致了人们对事故危害及对事故损失严重程度的认识不足，扭曲了人们对安全投资和经济效益的关系的认识，影响了国家和企业的安全生产投资决策，因此，迫切需要研究生产系统中安全投资与生产事故的内在关系规律，制定科学、实用的安全投资效益评估方法。本节是在前人对事故损失科学认识的基础上[①]，主要研究生产系统中安全投资对生产事故损失的影响及其相互之间的内在变化规律。

一、生产系统中事故损失和安全投资效益问题

生产系统本质上是投入产出系统。企业往往追求的是在给定数量的人力、物力和财力等资源下，如何运用这些资源去完成最大的任务，从而获得最大的经济效益，或者是在给定任务的情况下，如何使用最小量的资源去完成这项任务，以便获得最大的经济效益。为了保证企业的正常生产，企业必须进行一定的安全投资。因此，企业面临如何把有限资源在生产投资和安全投资间进行合理分配的问题。理想情况下，企业不进行安全投资，把有限资源都用到生产投资上，生产系统持续地进行生产投入产出，不断地发生现金流入流出，其货币表现形式是现金流入流出，如图7-4所示。这种理想状态不符合实际情况，一旦发生事故，系统的投入产出关系随即发生变化，表现为现金流出的增加和流入的减少，这种变化因事故不同可能是临时的、短期的，也可能是长期的甚至涉及生产系统整个寿命周期，这是极端状态，如图7-5所示。现实情况，企业会进行安全投资，其作用在于保证安全生产的正常进行，减少事故频率及降

---

① 王立杰，韩小乾. 事故经济损失评估理论与方法研究 [J]. 中国安全科学学报，2002（1）；梅强. 事故损失预估方法的探讨 [J]. 中国安全科学学报，2001（11）；封雨，凌生弼等. 企业安全效益的量化 [J]. 中国安全科学学报，2000（10）；陈萌. 谈安全评价及其方法. 工业安全与防尘 [J]. 1999（6）；罗云等. 安全经济学 [M]. 北京：化学工业出版社，2004：4；陶树人. 技术经济与管理文集 [M]. 北京：石油工业出版社，2002：213-214；Kroger W，Fischer P U. Balancing Safety and Economics [J]. Nuclear Engineering and Design. 2000，195（1）；Mosleh A，Bari R A. Probabilistic Safety Assessment and Managenment [J]. Springer-Verlag London and Limited 1998 Printed in Great Britain，1998：212-226.

低事故损失程度，同时提高生产效率，这样生产系统持续不断地投入产出，不断地发生现金流入流出，如图 7-6 所示。

图 7-6 中，CO_t：不发生事故情况下系统在第 t 期全部现金流出，即生产投入；CI_t：不发生事故情况下系统在第 t 期全部现金流入，即生产产出；$C(t)$：没有安全投入发生事故情况下，系统在第 t 期现金流出的增加，即直接经济损失；$P(t)$：发生事故情况下系统在第 t 期全部现金流入的减少，即间接经济损失；$S(t)$：第 t 期的安全投入；$C'(t)$：有安全投入（可能发生或不发生事故情况下），系统在第 t 期现金流出的增加，一般情况 $C'(t) < CO_t$，则 $C(t) - C'(t) - S(t)$ 为安全投资的直接经济效益；$P'(t)$：有安全投入，系统在第 t 期全部现金流入的减少（产出的减少），一般情况 $P'(t) < P(t)$，则 $P(t) - P'(t)$ 也是安全投入的直接经济效益；ΔCI_t：有安全投入，系统在第 t 期现金流入的增加，一般情况 $\Delta CI_t > 0$，即安全投入的间接经济效益，如生产效率提高而增加的产出。

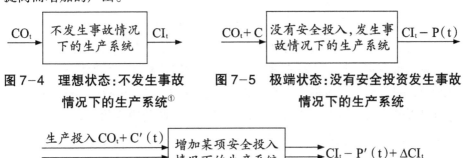

图 7-4　理想状态:不发生事故情况下的生产系统[1]　　图 7-5　极端状态:没有安全投资发生事故情况下的生产系统

图 7-6　现实状态:有安全投资情况下的生产系统

根据图 7-6，在极端状态没有安全投入的情况下，第 t 期事故的总经济损失是[2]：

$$L(t) = C(t) + P(t) \tag{7-5}$$

根据图 7-6，在有安全投入的情况下，第 t 期安全效益 π_t 为：

$$\pi_t = \{[CI_t - P'(t) + \Delta CI_t] - [CO_t + C'(t)] - S(t)\} - \{[CI_t - P(t)] - [CO_t + C(t)]\}$$

即
$$\pi_t = [\Delta CI_t + P(t) - P'(t)] + [C(t) - C'(t)] - S(t) \tag{7-6}$$

或
$$\pi_t = \Delta CI_t + \{[P(t) - P'(t)] + [C(t) - C'(t) - S(t)] \tag{7-7}$$

其中：$\Delta CI_t + P(t) - P'(t)$ 表示有安全投入与无安全投入相比，产出的增加量；$C(t) - C'(t)$ 表示有安全投入与无安全投入相比，生产系统在第 t 期现金流出的减少量。传统理论认为：ΔCI_t 为间接经济效益，$\{[P(t) - P'(t)] + [C(t) - C'(t) - S(t)]\}$

---

① 王立杰，韩小乾. 事故经济损失评估理论与方法研究 [J]. 中国安全科学学报，2002（1）.

② 王立杰，韩小乾. 事故经济损失评估理论与方法研究 [J]. 中国安全科学学报，2002（1）；梅强. 事故损失预估方法的探讨 [J]. 中国安全科学学报，2001（11）.

为直接经济效益。

式（7-7）中，当 $P'(t)=0$，$C'(t)=0$ 时，表示有安全投入后不发生生产事故。此时，（7-7）式变为：

$$\pi_t = \Delta CI_t + [P(t) + C(t) - S(t)] \tag{7-8}$$

可以通过计算有、无安全投入情况下，系统净现值的增加量计算安全效益的总估计，即：

$$\pi = \sum_{t=0}^{n} \pi_t (i+i)^{-t} = \Delta NPV = NPV_2 - PNV_1 \tag{7-9}$$

式中：π——安全投入收益；

NPV_2——有安全投入情况下生产系统从开始到寿命结束时点的净现值；

NPV_1——无安全投入情况下系统从发生事故时点到寿命结束时点的净现值。

判断标准：（1）当 $\pi = \Delta NPV \geqslant 0$，此项安全投资是可行的；

（2）当 $\pi = \Delta NPV < 0$，不可行。

需要注意的几点：第一，不能采用投资前后对比法。因为即使无安全投入，系统的现金流量也是变化的，因此不能根据安全投入前后系统净现金流量的变化来确定安全投入效益，而是通过对比"有安全投资"与"无安全投资"两种情况下系统净现金的变化来确定安全损失减少额或安全投入效益；第二，有安全投资不会影响安全投资前系统的现金流，因此不需要考虑安全投资发生前系统的净现值；第三，有安全投资后系统的净现值应将系统寿命结束后发生的、由事故引发的费用支付考虑在内。

二、安全投资效益评估模型

假定有安全投资情况下系统的剩余服务年限为 n_1，没有安全投资的情况下系统的剩余服务年限（含系统寿命结束后的费用支付期限）为 n_2，资金成本为 i，则：

如有安全投资，系统在剩余服务年内的净现值为：

$$NPV_1 = \sum_{t=0}^{n_1} \{[CI_t - P'(t) + \Delta CI_t] - [CO_t + C'(t) + S(t)]\}(1+i)^{-t} \tag{7-10}$$

没有此项安全投资，发生事故后，系统在剩余服务年内的净现值为：

$$NPV_2 = \sum_{t=0}^{n_2} \{[CI_t - P(t)] - [CO_t + C(t)]\}(1+i)^{-t} \tag{7-11}$$

此项安全投资效益为：

$$\pi = \sum_{t=0}^{n_1} \{[CI_t + \Delta CI_t - P'(t)] - [CO_t + C'(t) + S(t)]\}(1+i)^{-t} - \sum_{t=0}^{n_2} \{[CI_t - P(t)] - [CO_t + C(t)]\}(1+i)^{-t} \tag{7-12}$$

没有此项安全投资的情况下，发生事故后系统各期现金流出的增加 $C(t)$ 可以分为两部分：一是事故发生所增加的开支项目的现金流出 $L(t)$；二是事故导致系统内部要素改变引起的正常运营总成本的增加 $\Delta C(t)$，即：

$$C(t) = L(t) + \Delta C(t) \tag{7-13}$$

有安全投资，即使发生事故（事故发生概率和严重程度小于没有此项安全投资的情况下的事故发生概率和严重程度）系统各期现金流出的增加 $C'(t)$ 也可以分为两部分：一是事故发生所增加的开支项目的现金流出 $L'(t)$；二是事故导致系统内部要素改变引起的正常运营总成本的增加 $\Delta' C(t)$（一般有 $C'(t) < C(t)$，$\Delta C'(t) < \Delta C(t)$；如不发生事故有 $C'(t) = 0$，$\Delta C'(t) = 0$），即：

$$C'(t) = L'(t) + \Delta C'(t) \tag{7-14}$$

将式（7-13）、式（7-14）代入式（7-12）整理得：

$$\pi = \sum_{t=0}^{n_1} \left[CI_t + \Delta CI_t - P'(t) - CO_t - L'(t) - \Delta C'(t) - S(t) \right] (1+i)^{-t} - \sum_{t=0}^{n_1} \{ [CI_t - P(t)] - [CO_t + C(t)] \} (1+i)^{-t} + \sum_{t=0}^{n_2} L(t)(1+i)^{-t}$$

即：

$$\pi = \sum_{t=0}^{n_1} (CI_t - CO_t)(1+i)^{-t} + \sum_{t=0}^{n_1} \left[\Delta CI_t - P'(t) - \Delta C'(t) - S(t) \right] (1+i)^{-t} - \sum_{t=0}^{n_1} \left[(CI_t - CO_t)(1+i)^{-t} + \sum_{t=0}^{n_2} \left[P(t) + \Delta C(t) \right] (1+i)^{-t} + \sum_{t=0}^{n_1} L(t)(1+i)^{-t} - \sum_{t=0}^{n_1} L'(t)(1+i)^{-t} \right] \tag{11-1}$$

$$\pi = \sum_{t=0}^{n_1} \left[CI_t + \Delta CI_t - P'(t) - CO_t - L'(t) - \Delta C'(t) - S(t) \right] (1+i)^{-t} - \sum_{t=0}^{n_2} \{ [CI_t - P(t)] - [CO_t + \Delta C(t)] \} (1+i)^{-t} + \sum_{t=0}^{n_1} L(t)(1+i)^{-t} \quad i.e.,$$

$$\pi = \sum_{t=0}^{n_1} (CI_t - CO_t)(1+i)^{-t} + \sum_{t=0}^{n_1} \left[\Delta CI_t - P'(t) - \Delta C'(t) - S(t) \right] (1+i)^{-t} - \sum_{t=0}^{n_1} \left[(CI_t - CO_t)(1+i)^{-t} + \sum_{t=0}^{n_2} \left[P(t) + \Delta C(t) \right] (1+i)^{-t} + \sum_{t=0}^{n_2} L(t)(1+i)^{-t} - \sum_{t=0}^{n_1} L'(t)(1+i)^{-t} \right] \tag{7-15}$$

令：π_y 为由于有安全投资改变了系统内部要素而引发的正常运营总成本的降低（直接隐含经济效益）和总收入的增加造成的效益（间接隐含经济效益），即隐含经济效益；π_k 为由于事故减少而降低的费用，事故损失下降额（直接显性经济效益），即直接可确认经济效益。则有：

$$\pi = \sum_{t=0}^{n_1} (CI_t - CO_t)(1+i)^{-t} + \sum_{t=0}^{n_1} \left[\Delta CI_t - P'(t) - \Delta C'(t) - S(t) \right] (1+i)^{-t} - \sum_{t=0}^{n_1} \left[(CI_t - CO_t)(1+i)^{-t} + \sum_{t=0}^{n_2} \left[P(t) + \Delta C(t) \right] (1+i)^{-t} \right] \tag{7-16}$$

$$\pi_k = \sum_{t=0}^{n_2} L(t)(1+i)^{-t} - \sum_{t=0}^{n_1} L'(t)(1+i)^{-t} \tag{7-17}$$

$$\pi = \pi_y + \pi_k \tag{7-18}$$

没有此项安全投资的情况下，用 $\Delta L(t)$ 表示事故造成的系统正常运营第 t 期净现金流量的减少，则有：

$$\Delta L(t) = \Delta C(t) + P(t) \tag{7-19}$$

有此项安全投资的情况下，用 $\Delta L'(t)$ 表示事故造成的系统正常运营第 t 期净现金流量的减少，则有：

$$\Delta L'(t) = \Delta C'(t) + P'(t) \tag{7-20}$$

式（7-15）、式（7-16）、式（7-17）分别变为：

$$\pi = \sum_{t=0}^{n_1}(CI_t - CO_t)(1+i)^{-t} + \sum_{t=0}^{n_1}\left[\Delta CI_t - \Delta L'(t) - S(t)\right](1+i)^{-t} - \sum_{t=0}^{n_2}(CI_t - CO_t)$$
$$(1+i)^{-t} + \sum_{t=0}^{n_2}\Delta L(t)(1+i)^{-t} + \sum_{t=0}^{n_2}L(t)(1+i)^{-t} - \sum_{t=0}^{n_1}L'(t)(1+i)^{-t} \tag{7-21}$$

$$\pi_y = \sum_{t=0}^{n_1}(CI_t - CO_t)(1+i)^{-t} + \sum_{t=0}^{n_1}\left[\Delta CI_t - \Delta L'(t) - S(t)\right](1+i)^{-t} - \sum_{t=0}^{n_2}(CI_t - CO_t)$$
$$(1+i)^{-t} + \sum_{t=0}^{n_2}\Delta L(t)(1+i)^{-t} \tag{7-22}$$

$$\pi_k = \sum_{t=0}^{n_2}L(t)(1+i)^{-t} - \sum_{t=0}^{n_1}L'(t)(1+i)^{-t} \tag{7-23}$$

三、评估模型的具体应用

1. 情形一

没有此项安全投资与有此项安全投资的两种情况下，若有无安全投资不影响系统的剩余服务年限，即 $n_1 = n_2$，则（7-22）式简化为：

$$\pi_y = \sum_{t=0}^{n_1}\left[\Delta CI_t - \Delta L'(t) - S(t)\right](1+i)^{-t} - \sum_{t=0}^{n_1}L(t)(1+i)^{-t} \tag{7-24}$$

则：$\pi = \sum_{t=0}^{n_1}\left[\Delta CI_t - \Delta L'(t) - S(t)\right](1+i)^{-t} - \sum_{t=0}^{n_1}\Delta L(t)(1+i)^{-t} + \sum_{t=0}^{n_1}L(t)(1+i)^{-t} -$

$\sum_{t=0}^{n_1}L'(t)(1+i)^{-t}$ (7-25)

①若没有此项安全投资的情况下与有此项安全投资的情况下的剩余服务年限相同，即 $n_1 = n_2 = n$，假定若不改变生产系统内部要素及其关系，此时，（7-25）式变为：

$$\pi = -\sum_{t=0}^{n}S(t)(1+i)^{-t} + \sum_{t=0}^{n}\Delta L(t)(1+i)^{-t} - \sum_{t=0}^{n}L'(t)(1+i)^{-t} \tag{7-26}$$

②若事故直接可列出经济损失全部发生在事故当期，则 $L_k = L(0) - L'(0)$。此时，（7-26）式变为：

$$\pi = -\sum_{t=0}^{n}S(t)(1+i)^{-t} + \sum_{t=0}^{n}\Delta L(t)(1+i)^{-t} + L(0) - L'(0) \tag{7-27}$$

该评估模型适用于安全投资前后事故发生严重程度都较小情况下安全投资效益评估。

2. 情形二

若事故发生后系统的剩余服务期限由 n_1 缩短为 n_2，即 $n_2 < n_1$，在剩余服务期限 n_2 内系统正常运营各期的总成本和总收入较之不发生事故的情况下没有变化 $[\Delta C(t) = 0, P(t) = 0; \Delta C'(t) = 0, P'(t) = 0]$，则（7-15）式可变为：

$$\pi = \sum_{t=0}^{n_1}(CI_t - CO_t)(1+i)^{-t} + \sum_{t=0}^{n_1}\left[\Delta CI_t - S(t)\right](1+i)^{-t} - \sum_{t=0}^{n_1}L(t)(1+i)^{-t} - \sum_{t=0}^{n_1}L'(t)$$
$$(1+i)^{-t} \tag{7-28}$$

其中：$\pi_y = \sum_{t=0}^{n_1}(CI_t - CO_t)(1+i)^{-t} + \sum_{t=0}^{n_1}[\Delta CI_t - S(t)](1+i)^{-t}$;

$\pi_k = \sum_{t=0}^{n_2}L(t)(1+i)^{-t} - \sum_{t=0}^{n_1}L'(t)(1+i)^{-t}$

用 $I(t)$ 表示没有此项安全投资的情况下与有此项安全投资的情况下，系统在第 n_2 期到 n_1 期内各期净现金流量，则：$I(t) = CI_t - CO_t$，则（7-28）式变为：

$$\pi = \sum_{t=0}^{n_1}I(t)(1+i)^{-t} + \sum_{t=0}^{n_1}[\Delta CI_t - S(t)](1+i)^{-t} + \sum_{t=0}^{n_2}L(t)(1+i)^{-t} - \sum_{t=0}^{n_1}L'(t)(1+i)^{-t} \quad (7-29)$$

其中：$\pi_y = \sum_{t=0}^{n_1}I(t)(1+i)^{-t} + \sum_{t=0}^{n_1}[\Delta CI_t - S(t)](1+i)^{-t}$;

$\pi_k = \sum_{t=0}^{n_2}L(t)(1+i)^{-t} - \sum_{t=0}^{n_1}L'(t)(1+i)^{-t}$

该评估模型适用于安全投资后使原本可能发生重特大事故的企业变为不发生重特大事故情况下的安全投资效益评估。

3. 情形三

若与有此项安全投资的情况下相比，没有此项安全投资的情况下，系统的剩余服务年限由 n_1 缩短为 n_2，即 $n_2 < n_1$，在剩余服务期限 n_2 内系统正常运营各期的总成本和总收入较之有此项安全投资的情况下有变化 $[\Delta C(t) = 0, \Delta C'(t) = 0]$，则（7-21）式可变为：

$$\pi = \sum_{t=0}^{n_1}I(t)(1+i)^{-t} + \sum_{t=0}^{n_1}[\Delta CI_t - P'(t) - S(t)](1+i)^{-t} + \sum_{t=0}^{n_2}P(t)(1+i)^{-t} + \sum_{t=0}^{n_2}L(t)(1+i)^{-t} - \sum_{t=0}^{n_1}L'(t)(1+i)^{-t} \quad (7-30)$$

其中：$\pi_y = \sum_{t=0}^{n_1}I(t)(1+i)^{-t} + \sum_{t=0}^{n_1}[\Delta CI_t - P'(t) - S(t)](1+i)^{-t} + \sum_{t=0}^{n_2}P(t)(1+i)^{-t}$;

$\pi_k = \sum_{t=0}^{n_2}L(t)(1+i)^{-t} - \sum_{t=0}^{n_1}L'(t)(1+i)^{-t}$

该评估模型适用于安全投资后原本重大事故发生概率和严重程度变小的情况下安全投资效益评估。

4. 情形四

若事故发生不影响系统的剩余服务期限，即 $n_2 = n_1 = n$，事故不改变系统内部要素，且事故直接可确认损失全部发生在事故当期，则有：

$$\pi_k = L(0) - L'(0); \quad \pi_y = \sum_{t=0}^{n}[-S(t)](1+i)^{-t}$$

此时，则（7-21）式变为：

$$\pi = \sum_{t=0}^{n_1}[-S(t)](1+i)^{-t} + L(0) - L'(0) \quad (7-31)$$

该评估模型是通常所理解的安全经济效益的情况，适用于安全投资后原本轻微事故发生概率和严重程度变更小的情况下安全投资效益评估。

四、研究结论

通过安全投资与事故损失内在相互变化的研究及安全投资效益的深入分析,为企业进行安全投资决策前所进行的安全投资效益评估提供了基础理论依据。具体的实例分析表明,这种评估方法比较全面分析了安全投资效益的各种可能情况。从企业角度建立起了评估安全投资效益的基本理论模型,有利于提高企业管理决策者对事故损失及安全投资效益的科学认识,提高安全管理决策者加强安全投资、科学投资的积极性和主动性。

第五节　安全政策的经济性评估

本部分首先分析安全政策评估的内涵和主要内容,简要阐述完全理性并能长期有效使用的安全政策几乎是不存在的,以及在安全政策执行中出现的种种新问题新情况,造成原有安全政策一定程度的失灵,分析安全政策评估的必要性;其次,对安全政策评估的类型进行阐述,着重对安全政策评估系统构成的五个要素,即评估者、评估对象、评估目的、评估标准和评估方法分别进行分析和研究;最后,对安全政策评估的一般步骤和基本方法进行初步的探讨。

随着改革开放的不断,中国各项事业取得了举世瞩目的伟大成绩,综合国力增强,国际地位不断提高,人民生活水平正在向小康迈进,物质文明和精神文明水平迅速提高。但是数年来接连不断地发生重大恶性事故,伤亡严重,影响极大。为什么中国重大事故会屡屡发生,问题出在哪里?这不能不引起我们的深思和反省。安全生产是个永恒的话题,它关系到千家万户的生命财产和家庭幸福,只有科学的安全政策评估,才能不断完善中国的安全生产管理制度,把事故降低到最低点,以适应中国经济快速发展的需要,符合人类社会的进步与发展。

一个完整的政策制定执行过程,除了科学合理的规划和有效的执行外,还需要科学评估政策执行以后的效果,以确定政策的现实意义及价值。通过政策评估不仅能够判定政策本身的价值,决定政策的延续、革新或终结,而且还能够对政策过程的各个阶段进行考察和分析,总结经验,吸取教训,为以后的政策实践提供良好的基础①。

---

① [美]詹姆斯·E·安德森. 公共决策[M]. 唐亮, 译. 北京: 华夏出版社, 1988.

一、安全政策评估的内涵及内容

所谓安全政策评估是指依据一定的安全标准和安全程序，评判安全政策的效益、效率、效果及价值的一种行为，目的在于取得有关信息，作为决定安全政策变化、安全政策改进和制定新的安全政策的依据。安全政策评估要回答的基本问题包括：安全政策执行以后，是否达到了安全政策制定者预期的目标？该项安全政策给国家、企业及社会生活带来了什么样的影响？安全政策的去向如何，是继续执行改革，还是修改或终止？

安全政策评估的基本内容主要由四方面所组成：一是政策规范，即确定安全政策评估的标准；二是政策测度，即收集有关评估对象实施效果等的各种信息；三是政策分析，即评估者运用搜集到的各种信息和定性定量分析方法，对安全政策的价值作出判断，得出结论；四是政策建议，即提出下一步的政策及行动方案。建议的内容可以是针对某项安全政策本身的，也可以是面向安全政策过程或政府机构的。总之，安全政策评估的本质就是围绕着安全政策效果而进行的规范、测度、分析、建议等一系列活动的总称。

二、实施安全政策评估的必要性

安全政策评估是安全政策运行过程的一个重要环节。但长期以来，人们只重视制定、颁布安全政策，而对安全政策的效果如何缺乏关心。安全政策评估对于改进安全政策制定系统，克服安全政策运行中的弊端和障碍，增强安全政策的活力和效益，提高安全政策水平具有重要作用。概括地讲主要表现于以下几个方面。

1. 决定安全政策延续使用与否的重要依据

由于社会生产情况的复杂性，完全理性、科学并能长期有效使用的安全政策几乎是不存在的，再加上安全政策执行中出现的种种新问题，新情况就更为复杂，造成原有安全政策一定程度的失灵。为让安全政策收到预期的效果，安全政策执行一段时间后，安全政策决策者必须根据安全政策执行的实际情况来决定一项安全政策的延续、改进和中止，而安全政策评估正是作出这种决定的主要依据。安全政策的目标虽然尚未达到，但是实践证明安全政策本身是卓有成效的，那么，原定的安全政策就可以继续执行下去。实际情况往往会与预定安全目标发生偏差，因而，必须针对执行过程中遇到的新情况，或是通过对安全政策问题认识的深化，对安全政策做出相应的调整、修正和完善，或是决策的失误，或是安全发生的某些突变，导致安全政策的继续执行无助于某些安全问题的解决，甚至使安全问题变得更为严重，安全政策革新已无可能，只有停止原安全政策的执行并制定出新的安全政策来代替原有的安全政策。无论选择哪种去向，都必须对原有安全政策的实际效果进行全面、系统的分析、研究和论证，作出科学、合理的评估，以确定安全政策的价值。这种评估同时也为重新确定安全政策目标、制定新安全政策提供了必要前提。如对矿井生产中，发生事故造成的死亡人员赔付 20 万元的政策已经成为某些发达地区扭曲安全投入的一项政策。这是因为由于企业主要领导人认为只要一定时间内事故赔偿额低于安全投资，安全投资就不合算，安全生产管理就会放松，就有忽视安全生产管理的倾向。企业决策者就会削减企业安全机构，减少企业安全生产管理和检查人员，减少、节流或挪用安全经费，放松安全培训。为扩大企业经济效益而以生产挤安全，片面追求产量。甚至隐瞒事故，欺上瞒下，无视党纪国法。一些私营小矿主无视工人安全，一张生死合同可以包揽一切，达到无法无天的地步[①]。

2. 合理配置安全政策资源的基础

安全政策资源总是有限的，如何把这些有限的资源进行合理的配置，以获取最大的效益，这是安全政策决策者和执行者都必须认真考虑的问题。安全政策评估正是合理配置资源的基础。只有通过评估，才能确认每项安全政策的价值，并决定投入各项安全政策的资源的优先顺序和比例，以寻求最佳的整体效果，有效地推动安全政策各个方面的活动。

3. 决策科学化、民主化的需要

在现代社会中，利用安全政策来调整、组织社会生产和社会生活，已成为国家管理活动的一个重要方面[②]。实践证明由于信息急剧膨胀，政府或其他社会组织活动日益复杂化，影响日益深广，传统的经验决策已不能满足对国家和社会事物实施有效管理的实际需要，客观上要求进行科学的决策。安全政策评估正是实现传统经验型决策向现代科学化决策转变的重要一环，通过安全政策评估，不仅可以判明每项安全政策的价值、效益、效率，决定投入各项安全政策的资源的优先顺序和比例，也可以了解安全政策问题，提出改进意见。有效的评估，是提高安全政策科学性和扩大安全政策效果不可或缺的。

① 周安生，周小华."上有政策、下有对策"现象之研究——以煤矿安全生产政策执行受阻为例 [J]. 山东行政学院山东省经济管理干部学院学报，2007 (3)；刘过兵，顾秀根. 煤矿安全生产管理机制研究 [J]. 华北科技学院学报，2004 (4)；安建华. 浅谈煤矿企业安全生产长效体系的建立 [J]. 河北煤炭，2005 (1).

② 张娟. 法律监督在煤矿安全中的作用 [J]. 法制与社会，2007 (5).

三、安全政策评估的类型

这里从不同角度进行如下分类。

1. 事前政策评估、执行政策评估和事后政策评估

（1）事前政策评估

事前政策评估是在安全政策实施之前进行的一种带有预测性质的评估。这种从单纯的事后检测变成事前控制的工具是安全政策评估的一次重大突破。事前评估的内容大致包含以下三方面：首先，是对安全政策实施对象发展趋势的预测。安全政策是面向未来的，对未来趋势、发展规律把握得如何，决定着安全政策的成败。其次，是对安全政策可行性的评估。通过分析主客观条件、有利和不利因素，对安全政策的可行性做出评估。一项安全政策的实施具有多种可能性，有的安全政策虽一时可行，但从长远来看，随着经济的发展弊害丛生；有的则是局部可行，而在全局则不可行。通过事前评估就可以使得决策者在选择或实施安全政策时，对它做严格的时空限制和规定。最后，是对安全政策效果进行评估。即通过对安全政策内容和外在安全的综合分析，对安全政策实施可能产生的效果做出评估。

（2）执行政策评估

执行政策评估就是对在执行过程中的安全政策实施情况的评估。由于安全政策问题的复杂性、安全政策执行过程中会遇到许多的问题，是安全政策制定者所料想不到的，只有通过执行，在执行中才能暴露出来。所谓执行评估就是具体分析安全政策在实际执行过程中的情况，以确认安全政策是否得到严格地贯彻执行，是否作用于特定的对象，是否按照原有安全政策设计执行，人、财、物是否到位，安全政策与安全政策对象和安全政策安全是否有冲突，安全政策实施机构是否高效合理，实施人员的原则性、灵活性、创造性和效果如何。从这个意义上说，安全政策执行评估伴随着安全政策执行一起进行。它不仅要积累有关资源投入、具体措施、相关事件、实际运行的资料，还要分析、寻找或预测安全政策设计和执行中的缺陷和失误。并反馈给安全政策执行人员和决策者作为进一步修订安全政策、完善执行政策活动的参考。

（3）事后政策评估

它是在安全政策执行一段时间以后发生，而且是目前最主要的一种评估方式。事后评估是安全政策执行完成后对安全政策效果的评估，旨在鉴定人们所执行的安全政策对所确认问题达到的解决程度、效果程度和影响程度，辨识安全政策效果成因，以求通过优化安全政策运行机制的方式，强化和扩大安全政策效果的一种行为。安全政策评估的主要任务也就是依据一定的安全标准和方法，具体考察一项安全政策的执行

在客观上对社会、政治系统、自然安全、企业生产、某些团体和个人等相关利益群体产生了什么样的影响，综合分析一项安全政策的效果。作为安全政策过程的总结，效果评估对安全政策所做的价值判断最具有权威性和影响力。根据效果评估可以基本上决定一项安全政策的延续、改进或中止，以及长期性的安全政策资源的获取和分配问题。在进行效果评估时，评估者必须注意分清预期效果和意外效果、实际效果和象征性效果、短期效果和长期效果，在此基础上加以综合分析，以便对安全政策的价值做尽可能全面而客观的判断。

2. 内部评估和外部评估

内部评估是由政府行政机构内部的评估者所完成的评估。它可分为由制定者或执行者自己实施的评估和由专职评估人员实施的评估。由安全政策制定者或执行者所进行的评估是内部评估的一部分，这类评估由于评估的主体本身就是安全政策的制定者和执行者，因而对整个过程具有全面了解、掌握了第一手材料的优势，有利于评估活动的展开。评估者能根据评估结论，对自己的安全政策目标和安全政策措施迅速地做出调整，使评估活动真正地发生作用。但是要求安全政策部门对自己的行为做出客观公正的评价，实非易事。首先，对安全政策评估就意味着批评，安全政策制定者和执行人员会尽力避免这样做，这样做无异是对他们本身能力的质疑，影响到自己的声誉，因而评估中往往夸大成绩，掩盖失误；其次，评估往往代表着某一机构的局部利益，这使得安全政策评估容易走向片面性并带有浓厚的主观色彩；最后，安全政策评估是一项复杂而细致的工作，需要评估者系统地掌握有关的理论知识，熟悉某些专门的方法和技术，对于安全政策制定或执行人员来说，往往缺乏这方面的系统训练。

外部评估是由行政机构以外的中介评估者及其他评估者所完成的评估。它可以是由行政机构委托营利性或非营利性的研究机构、学术团体、专业性的咨询公司，乃至大专院校的专家学者进行，也可以是由投资或立法机构组织进行。外部评估同内部评估相比，常常能够比较客观、不带偏见，但是获取相关评估资料比较困难，评估缺乏权威性，结论也不易受到重视。

3. 正式评估和非正式评估

正式评估是指事先制定出完整的安全政策评估方案，严格按照规定的程序和内容执行，并由确定的评估者进行的评估。正式评估是在安全政策评估中占据主导地位的评估方式，其结论是政府安全监管部门考察安全政策的主要依据。安全政策正式评估的优点是安全政策评估过程标准化，评估方法科学化，评估结论比较客观全面。通过正式评估，能够有效地排除评估中的随意性，消除某些主观因素的影响，全面反映出安全政策效果，提出科学的安全政策建议。正式评估的缺点是评估的条件较为苛刻，不仅要求有充足的评估资金和系统的评估资料和信息，而且对于评估者自身的素质也有很高的要求。

非正式评估是指对评估者、评估形式、评估内容没有严格规定，对评估的最后结论也不作严格的要求，社会各阶层的人士，如企业员工或社会人员根据自己掌握的情况对安全政策做出评估。平时大量进行的评估都属于此类。它具有方式灵活、简便易行的优点。通过非正式评估，不但可以全面了解安全政策的实际效果，还能够吸引社会各阶层的人士参与评估活动，增强公众的参与意识，非正式评估的缺点是往往由于评估者掌握的信息有限，又加上缺乏科学的程序和方式，因而得出的结果难免容易犯以偏概全的错误，同时它具有随意性，结论也难以收集和整理。

四、安全政策评估系统的构成要素

一个完整的安全政策评估系统的构成包含五个要素，即评估者、评估对象、评估目的、评估标准和评估方法。

1. 评估者

评估者是安全政策评估的主体，对于评估活动具有举足轻重的影响，在进行一项安全政策评估以前，首要的工作就是选择适当的评估者。从评估者是否来自行政机构来划分，可以分为内部评估者和外部评估者。在内部评估者当中，从评估者所属机构在安全政策活动中所处的位置来划分，可以分为安全政策制定部门的评估者、安全政策执行部门和监督部门的评估者等；外部评估者又可具体分为立法部门的评估者、司法部门的评估者、投资部门的评估者、研究机构的评估者，以及舆论界和其他社会团体与公民。

2. 评估对象

评估对象是安全政策评估的客体，在这专指各种安全政策。虽然在具体一项安全政策评估活动中评估对象是既定的，但这并不是说任何一项安全政策在任何时候都可以并有必要进行评估。在确定评估对象时，必须坚持有效性和可行性相结合的原则。一方面，选择的评估对象必须确有价值，能够通过评估，达到一定的目的；另一方面，所选的评估对象又必须是可以进行评估的，即从时机、人力、物力、财力上看均能满足评估所需的基本条件。

3. 评估目的

从某种程度上说，评估目的决定了安全政策评估的基本方向和内容，以及安全政策标准的选择。它是评估的出发点，它回答"为什么要进行评估"的问题。评估目的必须是明确的，只有清楚了为什么要进行评估，评估者才有可能很好地推动评估工作。实践证明，许多失败的安全政策评估根源就在于评估目的不明确。从评估活动的侧重点来划分，评估目的可以分为以下三种：①政治评估，即评估安全政策的执行是否有利于社会的安定，是否会破坏原有的政治格局，是否会影响现有的分配状态，是否能得到舆论界和公众的支持；②机构评估，即评估某个（或某些）政府机构能否从安全政策执行过程中获益，机构本身是否存在组织管理方面的问题；③个体评估，即评估安全政策产出是否大于安全政策投入，安全政策本身能否达到预定的目标，对于安全政策安全会产生什么影响等。需要指出的是，在实际的安全政策评估活动中，评估目的往往不是单一的，而是多种评估目的的有机组合。

4. 评估标准

安全政策评估本质上是一种价值判断，而要进行价值判断，就必须建立价值准则即评估标准。因此，评估标准是安全政策评估系统的要素之一。对同一项安全政策进行评估，如果评估标准不同，可能会导致截然相反的评估结论。建立安全政策评估标准是一项十分复杂而细致的工作，选择什么样的评估标准，不仅决定于评估目的，而且与评估者和评估方法密切相关。一般情况，评估标准应包括以下七个方面的内容：①工作量。工作量是指在安全政策执行过程中资源投入的质量以及分配的状况，实际上是从资源投入的角度衡量政府所做的工作。②绩效。绩效是在安全政策期望值的基础上探讨安全政策的实际产生是否达到了预期的结果。运用这一标准的先决条件是安全政策本身必须具有明确的目标。③效率。效率是工作量与绩效之间的比率，它衡量一项安全政策要达到某种水平的产出所必须投入的工作量。效率的高低既反映出某一安全政策本身的优劣，也反映出组织的管理能力和水平。④充分性。充分性指的是绩效的有效性，即当安全政策目标实现后所能消除安全政策问题的程度。因为制定和执行安全政策的最终目的在于解决问题，因此充分性可认为是安全政策评估的最终标准之一。⑤公平性。公平性衡量的是在安全政策执行中安全政策的成本与利益在不同集团（社会阶层）中分配的公平程度、客观程度。公平性的标准十分重要，它不仅是安全政策活动所追求的目标，也是当代各国安全政策贯穿其所有行政活动的重要准则。⑥适合性。适合性指的是安全政策的各项目标在现实社会生活中的重要性，以及确定目标的各项假设的可靠性。适合性实际上是衡量安全政策目标本身价值的一项标准。⑦社会发展总体指标。社会发展总体指标旨在通过对安全政策执行前后社会发展总体状况的变动的描述和分析，衡量由于安全政策的执行给社会政治经济带来了什么影响，造成了什么后果。

5. 评估方法

所谓评估方法指评估者在安全政策评估中所采用的具体方法及措施。评估方法对于安全政策评估具有十分重要的意义。现代生产实践活动和安全政策日益复杂，对安全政策评估提出了新的、更高的要求，而评估方法的改进，正是安全政策评估迈向科学化的关键。评估方法多种多样，从方法论角度划分，可以是经验分析的方法，也可以是演绎推理的方法；从事物质和量的角度划分，可以是定性分析，也可以是定量分析；从评估所涉及到的工具来划分，可以是传统的方法，也可以是现代方法。评估方法在目前是安全政策评估领域中最富于创新性和生命力的一个方面。

五、安全政策评估的一般步骤

安全政策评估活动包括三个相互关联的阶段，即评估的组织准备，实施评估，以及撰写评估报告。

1. 安全政策评估的组织准备

安全政策评估组织准备的主要任务包括：①根据研究以及工作的需要，选择、确定评估对象；②针对所要评估的安全政策，根据实际需要或有关部门的要求，明确评估的目的、意义和要求；③提出评估的基本设想，根据评估目标确定评估的内容或范围；④确定安全政策评估标准，决定评估的类型，并选择评估的具体方法；⑤制订安全政策评估方案；⑥挑选和培训评估人员。

2. 实施安全政策评估

实施评估的主要任务是利用各种调查手段全面收集有关安全政策制定、执行的第一手材料，并在此基础上进行系统的整理、分类、统计和分析，运用相应的评估方法，对安全政策进行评估，做出评估的结论。实施评估阶段的内容，主要是一些具体调查方法和评估方法的运用。

3. 撰写安全政策评估报告

撰写评估报告包括两方面的内容，一是撰写评估报告，二是总结。评估报告的内容除了对安全政策本身进行价值判断以外，还包括安全政策建议的提出以及对评估过程、评估方法和评估中的一些重要问题的必要说明；总结是通过对本次评估活动的全面回顾，评价工作中的优缺点，总结经验，吸取教训，为今后的安全政策评估活动打下基础。

六、安全政策评估的基本方法

安全政策评估方法是安全政策评估者在进行安全政策评估过程中所采用的方法的总称。常见的安全政策评估方法有前后对比法、有无对比法、对象评定法、专家判断法、自我评定法五种。

1. 前后对比法

前后对比法是安全政策评估的基本方法，是评估活动的基本思维框架，其他的一切方法都以这种方法为指导。前后对比法是将安全政策执行前后的有关情况进行对比，从而测度出安全政策效果及价值的一种定量分析法。它通过大量的参数对比，使人们对安全政策执行前后的情况变化一目了然。它不仅可以帮助人们了解安全政策的准确效果，还可以帮助人们认识安全政策的本质和误差，因此是安全政策评估常用的基本方法。这种方法可分为三种具体方式。

（1）简单的"前后"对比分析

这种方式是将安全政策对象在接受安全政策作用后可以衡量出的变化值减去之前可以衡量出的值。这种方式的长处是简单明了；缺陷是不够精确，无法将安全政策执行所产生的效果和其他因素所产生的效果加以明确区分。

（2）"投射实施"对比分析

这种方式是将安全政策执行前的倾向线投射到安全政策执行后的某一时间点上，并将这一点与安全政策执行后的实际情况进行对比，以确定安全政策的效果。这种方式由于考虑了非安全政策因素的影响，所以结果更为精确。困难则在于如何详尽地收集安全政策执行前内外安全的数据、资料以确定在某一点上会发生的情况。

（3）"控制对象实验对象"对比分析

这种方式是社会实验法在安全政策评估中的具体运用。在运用这种设计进行评估时，评估者将安全政策执行前同一评估对象分为两组，一组为实验组，即对其施加安全政策影响的组；另一组为控制组，即不对其施加安全政策影响的组，然后比较这两组在安全政策执行后的情况以确定安全政策效果。

2. 有无对比法

"有无"安全政策对比分析是分别就有安全政策和无安全政策两种情况进行对比，然后再比较两次对比的结果，以确定安全政策的效果。这种方式的优点是可以在评估中对不同的安全政策目标或其他安全政策要素的情况进行比较，从而大大拓宽了安全政策评估的思路。

3. 对象评定法

对象评定法是由于安全政策对象通过亲身感受和了解对安全政策及其效果予以评定的方法。评估组织和评估工作者要做好评估工作，必不可少的环节和方法之一就是争取安全政策对象对评估工作的充分了解和积极支持，认真倾听、研究他们对安全政策效果的评价。当然，使用这个方法也有不足之处，那就是安全政策对象可能不完全了解安全政策对自己的影响。相反，当他们从安全政策中得到积极的利益时，其满足感也可能超出客观实际水平。

4. 专家判断法

组织专家审定各项关于安全政策的记录，观察安全政策的进行，对安全政策对象和以前的安全政策参与者进行调查，与执行人员以及工作人员交换意见，最后写评估报告，鉴定安全政策的成效，这也是安全政策评估的有效方法之一。

5. 自我评定法

安全政策评估的第五种方法是安全政策执行人员自行对安全政策的影响和实现预期目标的进展情况进行评估。

第八章　安全生产法漫谈

安全生产领域的法律法规和相关规章制度是安全生产治理的重要手段和方式。安全生产法学的研究对象是什么，包括哪些内容和原则要求，如何推进安全法治，当前安全法治存在哪些问题等，都需要深入研究和探讨。目前国内外都对安全法学、安全生产法进行过研究，这里我们在对之进行概述的同时，着重阐述我们的主张和看法。

第一节　安全生产法的基本内涵和社会功能

每一种法律都有其特定的调整对象，法律规定的制定有其基本原则要求，具备自身的性质特征和一定的社会功能，同时也有自身赖以存在的物质基础。这是需要首先弄清楚的基本问题。

一、安全生产法的界定

从规范角度看，安全生产法是国家制定的调整人们在生产生活过程中财产安全生产关系、人身安全生产关系及其行政监督管理关系、司法裁判关系的法律规范之和。安全生产法是由安全生产法律规范构成的。安全生产法律规范是安全生产法的基本单元，符合一般法律规范的构成要件。

在中国，它主要是指国家制定的法律，此外还有经司法审判实践认可、采用的风俗习惯。在外延上，它包括安全生产法、矿山安全生产法、航空安全生产法、道路交通安全生产法、海上交通安全生产法，以及煤炭法、铁路法、消防法、民用航空法、放射性污染防治法、建筑法、电力法等行业专业法中的安全规范。目前它的重点是矿山、危险化学品、烟花爆竹等行业专业的安全生产法律法规规章。它还包括宪法、劳动法、工会法、地方各级人大和政府组织法、标准化法、刑法、合同法、行政处罚法、审计法、职业教育法、行政诉讼法、行政监察法等法律法规中的安全生产法规范。

与此相应，我们还要注意安全生产法学的概念。它是指研究安全生产法的学问或学科，它以人们生产过程中的财产安全、人身安全为研究对象，探讨如何规范财产安全生产关系、人身安全生产关系，以更好地保护财产、人身，使之处于安全状态。人们通过学习安全生产法学，能够比较深入地学习、领会安全生产法律规范，认识安全规律，提高安全守法、执法、司法水平。

二、安全生产法的调整对象

安全生产关系是安全生产法的调整对象，是指各行各业的生产经营单位、公民（从领导者个人）、法人和社会组织之间，在从事生产经营和监督管理的活动中所发生的财产安全生产关系、人身安全生产关系及其他相关关系。

财产安全生产关系是指人们在保护财产安全活动中发生的社会关系。包括财产保存安全生产关系、财产价值安全生产关系、财产供给安全生产关系。本安全生产法学所称的财产安全，是指财产价值安全。

人身安全生产关系是指人们在保护人身安全活动中发生的社会关系。包括生命安全生产关系、身体安全生产关系、身体健康安全生产关系。财产安全生产关系、人身安全生产关系经法律调整后成为财产安全生产法律关系、人身安全生产法律关系。

按照社会关系的门类划分，安全生产关系可以分为安全行政关系、安全民事关系、安全经济关系、安全劳动关系、安全刑事关系、安全诉讼关系等。安全生产关系的特征即主体的多元性、内容的广泛性、财产客体的复杂性、关系的关联性、专业技术性强。

安全生产法调整的主要安全生产关系有安全监督管理关系，综合监督管理与专项监督管理的协调、指导和监督关系，生产经营单位内部管理者与从业人员的安全生产关系，生产经营单位之间、生产经营单位与社会组织、公民之间的安全生产关系等。

三、安全生产法的特征

与其他法相比，安全生产法主要具有如下特征。

1. 安全生产法调整的对象是安全生产关系

安全生产关系包括生产生活过程中的财产安全生产关系、人身安全生产关系。调整对象决定了该法与其他法的区别和联系。

一般意义（广义）上，财产安全生产关系是指人们在保护财产安全活动中发生的社会关系。人身安全生产关系是指人们在保护人身安全活动中发生的社会关系。人身安全包括生命安全、身体安全（体外安全）、身体健康安全（体内安全），相应地人身安全生产关系包括生命安全生产关系、身体安全生产关系、身体健康安全生产关系。财产安全包括财产保存安全（不丢失）、财产价值安全（不损坏）、财产供给安全、相应地，财产安全生产关系包括财产保存安全生产关系、财产价值安全生产关系、财产供给安全生产关系。这些关系均发生在生产过程中或生活过程中，生产生活过程中均存在财产安全、人身安全问题。

财产安全生产关系、人身安全生产关系在法律上变成了财产安全生产法律关系、人身安全生产法律关系。法律要在调整这些社会关系中为各方当事人设定安全前提（假定）、安全权利义务（内容）和安全责任（后果）。

在特定意义（狭义）上，即安全生产法上所指的财产安全是财产价值安全，人身安全主要是生产过程中的人身安全。生产是工作上的活动，不专指制造产品的活动，而且是带有群体性或群体关联性的工作活动。

除此特定意义之外，财产保存安全归民法讨论，财产供给安全归经济法（商法）讨论。生活中带有个体性的人身安全归民法讨论，生活中治疗性的人身安全归卫生法讨论，财产安全、人身安全的环境保护因素归环境法讨论，相应地，财产保存安全生产关系、财产供给安全生产关系、个体生活过程中的人身安全生产关系、生活中治疗性人身安全生产关系、影响财产、人身安全的环境保护关系分别归财产法、经济法、人身法、卫生法、环境法调整。本安全生产法不讨论国家安全。

2. 安全生产关系及安全生产法是综合性概念

安全生产关系下分安全行政关系、安全民事关系、安全经济关系、安全劳动关系、安全刑事关系、安全诉讼关系等。相应地，安全生产法下分安全行政法、安全民法、安全经济法、安全劳动法、安全刑法、安全诉讼法等。

安全生产法是个事关行政法、民法、经济法、劳动法、刑法、诉讼法等法律的综合性法律，具有交叉性，是这些法律所交叉的共同区域。在这个共同区域内，存在着诸多安全生产关系，包括安全行政关系、安全民事关系、安全经济关系、安全劳动关系、安全刑事关系、安全诉讼关系等，它们又分别属于行政法、民法、经济法、劳动法、刑法、诉讼法等。安全生产法学是要从安全的角度或在安全的视野内研究这些关系或法中共同的问题、基本的问题和各自的问题、具体的问题。相应地，安全生产法则是从安全的角度或在安全的视野内把调整这些安全生产关系的共同规范、基本规范和各自不同的规范、具体规范总和起来的法。

安全生产法还可以从不同的专业领域进行划分。比如，劳动安全生产法、非劳动安全生产法，或称作职业安全生产法、非职业安全生产法。还可以从不同的行业进行分割，比如采矿安全生产法、工业安全生产法、交通安全生产法、旅游安全生产法、工程安全生产法、教育安全生产法、经营安全生产法、公共活动安全生产法等。还可以从不同的安全客体进行分割，比如财产安全生产法、生命安全生产法、身体安全生产法、健康（体内）安全生产法等。

在安全生产法形式（文本）中，一个具体的安全生产法形式可能含有各个不同的安全生产法条文。比如《安全生产法》文本会有劳动安全生产法条文、非劳动安全生产法条文、安全民法条文、安全行政法条文、安全刑法条文等，采矿安全生产法条文、工业安全生产法条文、经营安全生产法条文等，财产安全生产法条文、身体安全生产法条文等。还比如《道路交通安全生产法》文本，含有非劳动安全生产法条文、安全民法条文、安全诉讼法条文、财产安全生产法条文、身体安全生产法条文等。各具体的安全生产法文本还可能含有相同的安全条文，比如它们一般都含有"保护人民群众的生命财产"这类相同的条文。

在安全生产法内容中，一个具体的安全生产法规范可能分别存在于不同的安全生产法中。比如，"生产单位发生严重的安全责任事故，要追究单位及其责任人员的赔偿责任、行政责任、刑事责任"这一完整的安全生产法规范，可能被分割存在于安全生产法、民法、经济法、行政法、刑法、诉讼法中。可见，安全生产法具有关联性。相应地，安全生产关系也具有关联性，一个安全生产关系可能关联到行政关系、民事关系、经济关系、劳动关系、刑事关系、诉讼关系等。

3. 安全生产法及安全生产关系内容广泛

安全生产法包括安全行政体制、安全行政监管、安全行政执法、行业安全管理、地区安全管理、基层安全管理、企业安全管理、从业人员安全教育培训、安全标准化建设、安全科学技术开发与应用、安全性评价、安全设备设施检测检验技术服务、安全事故应急救援、安全事故调查处理、职业健康与职业病防治、安全损害救治赔偿与纠纷解决、安全刑罚等内容。这些内容都是不同阶段、不同方面的安全生产关系在法律上的存在，是由安全假定、安全权利义务、安全责任构成，又以法律的形式出现的。

相应地，按照内容不同，安全生产法可以分为安全行政体制法、安全行政监管法、安全行政执法（处罚）法、行业安全管理法、地区安全管理法、基层安全管理法、企业安全管理法、从业人员安全教育培训法、安全标准化建设法、安全科学技术开发与应用法、安全性评价法、安全设备设施检测检验技术服务法、安全事故应急救援法、安全事故调查处理法、职业健康与职业病防治法、安全损害救治法、安全保险法、安全赔偿法、安全刑法等。这些法可以看作安全生产法体系的构成部分，或称安全生产法分支体系的不同法律部门。组成这些法律部门的各法律规范可能存在于某一个法律文本（文件）中，或一些不同的法律文本中。比如，安全行政体制规范可能存在于《安全生产法》文本中，也可能存在于《劳动法》《矿山安全生产法》《建筑法》等文本中。一个法律部门并不一定以一个单独的法律文本或文件出现，可能以不同的法律规范分散于不同的法律文件中。比如，从业人员安全教育培训法作为安全生产法的一个分支，就没有一个单独的法律文本，而是分散于许多安全教育培训法律文本及其他有关法律文本中。

四、安全生产法的性质

我们要通过现象认识法的性质或本质（物对物的关系叫性质，物对人的关系叫本质）。一般法通常只有规范性、国家意志性、强制性、普通有效性、程序性等性质（也叫属性），安全生产法具有如下性质（不同性质也是不同分类）。

1. 安全生产法具有一般法和特别法的性质

由于安全生产法是综合性法律，那么，它对各安全生产关系的共同问题或事情做规定时就是一般法，即适用于一般人、一般事情、一般时间、一般空间。比如，宪法中有关保护人民群众生命财产安全的法律原则规定，就具有一般法的性质。但当它对一些安全生产关系的个别问题或事情做规定时就具有特别法的性质，即适用于特别人、特别事情，或特别时间、特别空间。比如，航空安全生产法是安全生产法的组成部分，具有特别性，只适用于与航空事情有关的人，或适用于航空时间、航空专业行业领域。安全生产法具有一般性、特别性混合性质。

2. 安全生产法具有实体法和程序法的性质

安全生产法不仅做实体性规定，还做程序性规定。比如，安全生产法规定劳动合同应当有保障从业人员劳动安全、防止职业危害、办理工伤社会保险的事项，从业人员有了解危险因素、防范措施、应急措施的权利等，都是实体性规定。安全生产法还规定生产安全事故报告和调查处理的程序，比如规定事故单位负责人接到报告后应当于 1 小时内报告政府部门，事故调查组应当自事故发生之日起 60 日内提交调查报告等，都是指程序性规定，它们旨在保障生产从业人员实体权利得以实现。安全生产法具有实体性、程序性混合性质。

3. 安全生产法具有公法和私法的性质

公法是规定公共利益、公权力、公共关系的法，私法是规定私人利益、私人权利、私人关系的法，许多法都具有公性、私性的混合性质。安全生产法规定国家行政权力干预企业的安全管理，要求它保护从业人员生命、健康等，都是公法性规定；还规定从业人员有拒绝违章指挥、强令冒险作业的权利，有紧急撤离、避险的权利，有获得损害赔偿和工伤保险赔偿的权利等，都是私法性规定。安全生产法具有公私混合性质，我们不能简单地说它是公法或私法，也不能简单地说它是行政法或其他什么法。

4. 安全生产法具有全国法和地方法的性质

安全生产法是由全国法和地方法构成的体系，因此整体具有全国性和地方性的混合性质（但就某一个具体的法律文件而言，它可能是纯粹全国性或地方性的）。比如，《安全生产法》具有全国性，各省的《安全生产条例》具有地方性，它们是安全生产法的构成部分而使安全生产法具有全国性、地方性。安全生产法的混合性质要求我们不仅重视全国法（中央法），还要重视地方法，以及它们的衔接关系。

5. 安全生产法具有行业法和专业法的性质

安全生产涉及到各行各业，或者各行各业都有安全问题和安全生产法问题。各行各业具有共性的安全问题和安全生产法问题，由一般安全生产法（或称安全基本法）加以解决，相应的社会关系由一般安全生产法调整。比如，《安全生产法》《安全生产许可证条例》就是调整具有安全共性问题的社会关系的，是一般安全生产法。特别安全生产法是解决个别行业问题，或个别专业问题，或一些特别问题的，比如，《矿山安全生产法》《煤矿安全监察条例》《建设工程安全生产管理条例》《危险化学品安全管理条例》《工伤保险条例》《煤矿安全生产基本条件规定》等，都是特别安全生产法（文件、形式）。

解决安全问题需要进行科学化管理、人性化管理和相应的安全科学技术，不同生产环节、不同行业可能会有不同的管理方式、方法和科学技术手段、措施等。它们是安全生产法的科学基础、人文学基础，专业性较强，而且不同行业可能会有不同专业知识。安全生产法所涉及的安全领域是与生产领域相关的相对独立的专业领域，不具有绝对独立性，但有自己的问题和关系。前述一般安全生产法文件、特别安全生产法文件均具有行业性、专业性，分别解决共性问题、个性问题。

五、安全生产法的基本原则

法律原则是建立法律的基本原则、原理、思想起源，内含方针、指导思想，从中可看到理念或价值观以及法律目的、任务，反映法律性质。它可看作法律规范的根源，也可看作对法律规范的概括或抽象。其作用：一是指导法律规范的制定；二是指导人们的实际行动；三是用于法律解释、法律推理、法律论证。其特点：一是方向性；二是框架性；三是思想性；四是本质性；五是抽象性（笼统、不具体）。其种类：一是公理性原则；二是功利性原则；三是一般原则；四是具体原则；五是实体法原则；六是程序法原则。

安全生产法的交叉性质决定了它要遵守宪法、民法、行政法、刑法、程序法的法律原则，当交叉到其他行业专业法时还要遵守它们有关安全方面的法律原则。这里，我们主要讲安全生产法在相对独立的领域内所应该具有的法律原则。

1. 安全第一、保护人权的原则

安全第一要表达的是安全与生产生活的关系。当生产生活与安全矛盾或冲突时，安全生产法要求人们停止相应的生产生活行为，或采取措施消除危险情况以使生产生活达到安全状态。这是保护人权的宪法原则在安全生产法中的贯彻和体现。安全权利是人权的重要组成部分。安全生产法要贯彻这一思想或原则。

《安全生产法》的下列规定反应或体现了安全第一、保护人权的原则：生产单位应当具备安全生产条件所必需的资金投入；矿山建设项目、生产储存危险物品的建设项目应当进行安全条件保证和安全评价；从业人员有权拒绝违章指挥和强令冒险作业；从业人员发现直接危及人身安全的紧急情况时，有权停止作业或者在采取可能的应急措施后撤离作业场所；政府部门应当责令排除检查中所发现的事故隐患，对于重大事故隐患情形，或者责令从危险区域内撤出作业人员，或者责令暂时停产停业或者停止使用；其他。

《大型群众性活动安全管理条例》规定：公安机关对大型群众性活动实行安全许可制度；举办者应当保障临时搭建的设施、建筑物的安全，活动场所具备消防安全措施，消除安全隐患，配备必要的安全检查设备；公安机关应当组织警力，维持活动现场周边治安、交通秩序，预防和控制突发事件。

不符合安全条件就不能组织生产或作业，即贯彻安全第一和保护人权的法律原则。但实际生产生活中，有些生产单位或个人往往违反安全第一、保护人权的原则，把经济效益或个人逐利性放在第一位，轻视安全，致使安全事故发生。

2. 预防为主、综合治理的原则

这是一条安全管理法原则，被广泛贯彻到安全管理法律规范和安全行政管理活动及企业安全工作中。

预防为主与安全第一一起被《安全生产法》《建设工程安全生产管理条例》等安全生产法律法规引为安全生产工作方针或管理方针。有些政策性文件（比如国家安监总局、中国保监会《关于大力推进安全生产领域责任保险健全安全生产保障体系的意见》等）又把综合治理与安全第一、预防为主放在一起引为安全生产工作方针或管理方针。从法律原则角度看，预防为主、综合治理也是安全生产法的法律原则。它旨在加强安全设备设施、安全科技、安全管理、人员安全素质等方面的全面建设或提高，排查、治理隐患，控制危险源，避免事故发生，避免造成人员伤亡、健康损害和财产损失。这是安全工作和人们生产生活的最佳选择，安全生产法要肯定这种选择并确立为基本原则之一。一些安全管理方面的法律规范或制度在整体上贯彻和体现了这一法律原则。

《安全生产法》《职业病防治法》《矿山安全生产法》《消防法》及其他行业专业安全生产法从企业安全管理、从业人员及其工会安全工作参与、政府安全监管、社会服务和监督、安全责任追究等方面设立了安全资金投入制度、安全管理机构及安全管理人员建设制度、项目安全建设"三同时"制度、工会安全监督制度、政府部门安全监督检查制度、安全违法处罚制度、安全经济制度、安全设备设施检测检验制度、群众报告举报制度，等等，都体现了预防为主、综合治理原则。

3. 加强救援、减少损害的原则

《安全生产法》规定：县级以上地方政府应当组织制定生产安全事故应急救援预案，建立应急救援体系；高危行业企业应当建立应急救援组织或指定兼职应急救援人员，配备必要的应急救援器材、设备；发生安全事故后，现场人员应当立即报告，单位负责人应当迅速组织抢救，防止事故扩大，减少伤亡和财产损失；政府负责人应当立即赶到事故现场，组织抢救。《消防法》规定：城市政府应当建立公安消防队、专职消防队；各级政府应当加强消防组织建设，增强扑救火灾的能力；消防队接到火警后必须立即赶赴火场，救助遇险人员，排除险情，扑灭火灾。《铁路交通事故应急救援和调查处理条例》规定：事故发生后，有关单位应当及时报告，积极开展救援，减少人员伤亡和财产损失，尽快恢复正常行车；事故造成重大人员伤亡或者需要紧急转移、安置的，事故发生地县级以上地方政府应当组织开展救治和转移、安置工作，可以请求当地驻军、武警部队参与救援。《突发事件应对法》在规定预防为主原则的同时也强调救援原则，预防与应急救援相结合也可看作是加强救援、减少损害。

以上这些规定都说明加强救援、减少损害是安全生产法的法律原则之一。它是一项公理性原则、一般法原则、实体法原则。实际救援工作也要遵守这项法律原则。

4. 政府主导、单位负责的原则

这项原则用于解决政府与生产单位的职责或责任关系。这是中国目前的生产力水平和物质精神文明程度决定的。它与欧美等发达国家实行的企业主导、政府协助、工会帮助的安全生产法原则不同。

《安全生产法》规定：县级以上地方政府应当对易发重大安全事故的生产单位进行检查，发现隐患及时处理；严格依照安全条件审查批准或验收安全事项（包括核准、许可、注册、认证、发证等）；取缔并处理未经安全条件审批或验收而擅自生产的单位，撤销不再具备安全条件的原审批；监督检查生产单位执行安全生产法律、安全标准情况；建立举报制度，受理举报，调查处理，督促落实整改措施；接到安全事故报告应当立即赶赴现场，组织抢救；查明事故原因、性质、责任，总结教训，提出整改措施，处理事故责任人。

这些规定体现了政府主导或引领、督促生产单位的安全工作。政府主导原则是基于中国生产单位的安全意识、权利意识、安全能力等因素而形成或建立的。

《安全生产法》还规定：生产单位应当完善安全生产条件，确保安全生产；对安全资金投入不足导致的后果应承担责任；必须对安全设备进行维护、保养、检测；对安全设施的工程质量负责；对法定的建设项目进行安全条件论证和安全评价；安全设施必须与主体工程同时设计、同时施工、同时投入生产或使用；对从业人员进行安全教育培训；定期检测、评估、监控重大危险源并建立安全措施、应急措施；发生安全事故应当立即组织抢救；为从业人员缴纳工伤保险费；赔偿有权利获得赔偿的受害者；承担违法行为的法律责任和事故责任。《职业病防治法》规定：用人单位应提高职业病防治水平，对职业病危害承担责任。

单位负责原则是一种无条件责任原则，在赔偿上表现为无过错责任原则，它是基于生产必须安全的安全理念和现实要求而建立的。单位负责原则是世界各国安全生产法普遍遵循的法律原则。

5. 属地监管、分级负责、分部门监管的原则

这是一项处理政府行政区划关系、上下级关系、各部门关系的法律原则。《安全生产法》《突发事件应对法》《职业病防治法》等法律文件贯彻了这一法律原则。

《安全生产法》规定：国务院负责安全生产监督管理的部门对全国安全生产工作实施综合监管，县级以上地方政府负责安全生产监督管理的部门对本行政区域内安全生产工作实施综合监管，其他有关部门在各自的职责范围内对有关的安全生产工作实施监督管理。

《突发事件应对法》规定：国家建立统一领导、综合协调、分类管理、分级负责、属地管理为主的应急管理体制；县级政府对本行政区域内突发事件应对工作负责，涉及两个以上行政区域的，由它们共同的上一级政府负责或者各自的上一级政府共同负责；上级政府主管部门在各自职责范围内指导、协助下级政府及其相应部门做好有关突发事件应对工作。

《职业病防治法》规定：国务院卫生行政部门统一负责全国职业病防治监督管理工作，县级以上政府卫生行政部门负责本行政区域内职业病防治监督管理工作；其他有关部门在各自职责范围内负责职业病防治监督管理工作。国家有关机构编制文件规定：国家安全生产监督管理部门承担作业场所职业卫生监督检查职责，组织查处职业

危害事故和有关违法行为；国家卫生行政部门负责拟订职业卫生法律法规和标准，规定职业病预防保健检查救治，负责职业卫生技术服务机构资格认定和职业卫生评价及化学品毒性鉴定工作。

6. 教育为主、奖罚赔并重的原则

《安全生产法》规定：政府采取多种形式宣传安全生产法和安全生产知识，提高职工安全意识；对防止安全事故、参加抢险救护等方面取得显著成绩的单位、个人给予奖励；对各类负责人及从业人员进行安全教育培训；媒体单位有进行安全宣传教育的义务；对各类较轻的安全违法行为一般是实施先行给予责令改正、责令限期改正、责令停止违法行为等教育性、警示性、先前性行政管理措施，对不改正者才予以行政处罚。《安全生产法》还规定了各种行政处罚措施，规定了事故赔偿责任，《刑法》及其修正案规定了各种刑罚措施，各种民事性法律规定了事故赔偿原则。这都说明安全生产法是教育为主，其次才是处罚，而且注意到对先进者的鼓励、奖励。

法律责任是权利义务得以履行的最后保证，但也应注意教育、奖励等手段或措施的积极作用。安全生产法应该更加突出运用这种手段。

7. 全面建设、整体提高的原则

这是一项政府安全建设和企业安全建设方面的法律原则，属正面性原则。它旨在全面发展安全能力，提高整体安全水平。这是对政府、生产单位和个人的要求，也是对全社会的要求。安全能力发展、安全水平提高是随着社会经济发展水平、社会文明程度的提高同步进行的，安全生产法也要从正面推动其发展和提高，并把各项任务或措施落实给各法律主体去做。在政府主导安全工作阶段，政府承担更多的任务和职责，以更有力的措施推动企业生产单位发展自己的安全能力，提高自己的安全水平。安全生产法要为政府履行相关职责提供依据和保障。

《安全生产法》规定：鼓励和支持安全科学技术研究，推广应用先进的安全技术，提高安全水平；根据科技进步和经济发展适时修订国家安全标准和行业安全标准；安全设施投资应当纳入建设项目概算，保证安全资金投入；对严重危及生产安全的工艺、设备实行淘汰制度，生产单位不得使用明令淘汰、禁用的危及安全的工艺、设备；从业人员应当接受安全教育和培训，提高安全技能，增强事故预防和应急处理能力。

《突发事件应对法》规定：建立健全突发事件应急预案体系；基层各级政府及群众组织应当及时调解处理可能引发社会安全事件的矛盾纠纷；各类生产单位和公共场所经营管理单位应当制定具体应急预案，配备应急救援设备设施，开展隐患排查，消除隐患；县级以上政府定期培训负有处置突发事件职责的工作人员，建立或确定综合性应急救援队伍，还可以设立专业救援队伍，可以建立应急救援队伍，应当加强专业

与非专业队伍合作，联合培训、演练，提高应急合成、协同能力；单位应当建立专兼职职工应急救援队伍；有关政府、部门、单位应当为专业应急救援人员配备必要的防护装备、器材，购买人身意外伤害保险；军队、武警、民兵组织应当开应急救援专门训练；基层各级政府及群众组织应当组织开展应急知识普及宣传活动和必要的应急演练；各媒体应当无偿开展安全及应急知识公益宣传；各类学校应当把应急知识教育纳入教学内容，培养学生安全意识和自救互救能力；各级政府应当保障突发事件应对工作所需经费，建立健全应急物资储备保障制度，完善物资监管、生产、储备、调拨和紧急配送体系，与有关企业签订保障物资、装备和生活必需品的生产供给协议；国家建立健全应急通信保障体系，完善公用通信网，建立有线无线结合、基础机动配套的应急通信系统，确保通信畅通；国家建立财政支持的巨灾风险保险体系，并鼓励单位和公民参加保险；鼓励、扶持教学科研机构培养应急管理专门人才，研究开发新技术、新设备、新工具。

上列七项安全生产法律原则构成了一个完整的安全生产法原则体系，是一套具有安全理念和安全行为、体现着安全规律的原理。

六、安全生产法制定的目的

法的目的即立法者制定法律的目的，是立法者通过法律欲达到的目的，或欲实现的目标。所以，法的目的即立法者的目的。结合中国各类安全生产法律法规制定的目的具体归纳如下。

1. 加强安全生产监督管理

加强安全监督管理应该包括加强国家行政权力对安全的监督管理和加强企业内部的安全科学管理。安全生产法首先要明确这个目的，它意味着国家行政权力对安全生产关系的干预和对人身、财产安全的直接保护，也意味着国家行政机关有安全保护的积极义务、职责、责任。各安全生产法在制定原则、规范时要把这个目的或宗旨贯彻进去。安全监督管理权力的建立和行使意味着在国家行政机关与各有关社会组织、个人之间形成了安全行政法律关系，各安全生产法要通过为行政机关设定安全权利、义务、责任以实现这个目的。

加强安全监督管理是第一层次的目的，也是间接的目的，最终还是要实现保护人身、财产安全这一终极目的和直接目的。

2. 防止或预防和减少安全事故、突发事件的发生

安全事故、突发事件都是不好的事情，前者范围较小，可能只发生在单位内部，

后者范围较大，可能发生在单位外或社会上，影响较大。《突发事件应对法》把突发事件定义为：突然发生，造成或者可能造成严重社会危害，需要采取应急处置措施予以应对的事件，包括自然灾害、事故灾难、公共卫生事件、社会安全事件。这里把非严重、不带有社会性危害的安全事故排除在外，但把安全生产法学不研究的社会冲突事件、国家安全事件也包括进去了。预防、减少事故、事件发生是安全生产法的第二层次目的，安全条件、安全权利、义务、责任的设定要有利于这一目的的实现。

3. 控制、减轻和消除安全事故、突发事件引起的危害或损害

这是第三层次目的。发生安全事故，有关安全生产关系主体（当事人）就要采取措施控制危害扩大，减轻、消除损害。为实现这个目的，安全生产法设立了一些安全义务及责任。比如，生产单位主要负责人应当立即组织抢救，不得擅离职守，防止事故扩大，减少人员伤亡和财产损失。它与保护人身、财产安全终极目的是一致的。

4. 预防、控制和消除职业病及其危害

这是安全生产法的终极目的之一。职业病是对人体内安全的危害，往往是破坏人体内部组织或外部组织。职业病是对人身体健康的危害，严重时会危及生命或剥夺生命。安全生产法要把预防、控制、消除职业病及其危害作为一项终极目的。《职业病防治法》所规定的企业卫生条件、劳动防护措施、监督检查措施、治病办法等都是要实现这个目的。

5. 规范事故事件预防和应对活动，建立和维护安全秩序

这是安全生产法的第四层次目的。法律是由各规范组成的，这些规范代表了一种理想秩序，反映了各方当事人之间的理想关系。安全生产法要把规范制定好，就是把制度制定好，其目的就是规范各种与安全有关的活动，包括设定安全生产条件，规范安全行政活动，规范安全生产活动，规范事故、事件预防活动、救援活动、调查处理活动和损害赔偿活动，追究事故责任等。法律的规范活动既可看作目的，也可看作实现终极目的的手段。

6. 保护从业人员的生命安全及其他合法权益

这是安全生产法的终极目的和直接目的，其他各层次的目的都是为此目的服务而成为手段、环节。比如，规范活动，建立安全秩序，加强监管，科学管理，预防事故，减消危害，防消职业病等，都是服务于保护人民群众或职业人员身体安全、财产安全这一目的的，它们都是手段。要注意手段与目的的关系，不同层次目的的关系。如果把其他各层次的目的实现了，终极目的也就实现了，否则就难以实现。立法者制定一

个完备或质量较高的法律文件，必须注意各规范或条文与法目的的关系，手段目的关系，不同层次目的的关系。法律原则、法的价值等都与法的目的、宗旨有关系，要保持一致，也可能有着相同或相近的语言表达，但地位、作用不同。安全即是安全生产法的目的，也是安全生产法的原则和价值观。

7. 提高生产和工作效率，促进经济建设和发展

这是安全生产法的伴生目的或关联目的。人类所有的生产或工作活动都需要有一个安全的环境或外部条件，包括自然环境、人工环境或物质条件、精神条件，社会环境、政治环境等。人们有了安全保障，才能很好地进行生产或工作，所以，安全是生产或工作的一个必要条件。有了安全条件，生产、工作才能有效率；有了较高水平、较大程度的安全条件，生产、工作效率会得到提高。这是安全与生产、工作的关系。安全是条件，生产、工作是内容，效率、效益也都是人们所追求的。安全条件需要投入建设，在有限或一定的总投入范围内，它与直接的生产、工作投入是矛盾的。安全条件投入大，必会使直接的生产、工作投入减少，所以，安全经济学要研究确定两种投入的适当平衡点。安全生产法要对安全投入与生产投入的平衡关系进行调整，以最大限度地提高效率。宏观上看是促进经济建设和发展。但安全生产法并不直接规定经济建设和发展的事情，只是间接地内含。要注意，安全生产法规范内容不能妨碍生产、工作效率提高或经济建设发展。

七、安全生产法的任务

法的目的与法的任务有密切联系，但又不能互相取代。目的是法所追求或实现的结果，任务是法行为的过程，重点是提出建立和贯彻解决问题的措施或办法。任务完成即目的实现。安全生产法的任务即安全生产法要解决的安全问题。有哪些安全问题需要安全生产法解决呢？各国安全生产法均分类或分部门、分专业解决各自相应的安全问题，但也有一些共性或基本相同的问题。

1. 建立安全监管体制、机制

建立高效、高能的安全监管体制、机制是安全生产法的重要任务。它是在为安全监督管理定框架、定行为方式，所有与安全有关的行为或活动都将在这个体制内进行。相应的活动机制会产生一定的功能。体制、机制必须符合社会时代要求，否则就要淘汰或更新。中国通常是在机构编制方案、安全生产法、各专业行业法中确定政府的安全监管体制、机制，在安全生产法、各专业行业法中确定生产单位的安全管理体制、机制。

2. 确立和贯彻安全理念或安全价值观

比如，"安全第一"就是一种安全至上的理念或价值观，贯彻在行为或工作中就是工作方针，它与效益第一或生产第一的理念是相对立的。这种理念的确立和贯彻是安全生产法在意识形态中的重要任务。由于法律还具有宣传、教育的功能，所以，安全生产法还会宣传安全理念并教育、提高人们的安全观念。安全生产法上的隐患排查制度、紧急避险、撤离制度等都内含或体现着安全理念。一定的理念与一定的社会物质生活条件有关，在工业化、现代化背景下，安全发展理念必然要形成。

3. 公平合理地配置权利义务责任，调动各法律主体的积极性

立法者在安全生产法中设定、配置安全权利、安全义务、安全责任时，要注意增强各方的安全责任感，调动各方积极性、主动性、创造性，其前提是权利义务责任配置的公平、合理，否则人心不平，不利于工作。《安全生产法》及其他有关安全生产法为生产单位、从业人员、各政府部门、各专业技术服务机构等均设定、配置了相应的权利义务责任，但要按照公平、合理的原则和实际的安全工作效果检验其合法性、正当性。

4. 提出并建立事故和职业危害预防、救援和处理措施，且使之法制化

法律应当含有做事情的措施或办法，法律可称为办法。立法者要加强解决安全问题的措施或办法研究。安全问题可以集中归类为事故预防、事故救援、事故处理，包括职业危害、职业病预防、康复、赔偿措施或办法。目前，事故预防办法有制定预案、应急演练、本质安全建设、安全管理机构建设、人员队伍建设、从业人员教育培训、科技创新、设备设施检验检测、安全性评价、标准化建设、日常检查、专项检查、隐患排查等；事故救援办法有救援队伍建设、救援设施设备配置、救援技术手段开发与掌握、救援快速反应机制建立、救援协作与联合指挥机构建立等；事故处理办法有组成调查组、设定调查手段、调查期限、调查程序、技术勘查鉴定方法、调查报告生效办法、事故损害赔偿、保险补偿、医疗康复办法、纠纷解决程序等。它们都是法律化、制度化的办法或措施，但随着社会变化，它们也会改进。

八、中国安全生产法的形式渊源

安全生产法的渊源包括思想渊源、实质渊源、历史渊源、形式渊源等。这里，我们着重讨论其形式渊源，即安全生产法律文件的出处。不同的国家机关会制定不同的安全生产法文件，也有不同的规范名称。各法律文件有机构成的整体称为法律文件体系。

1. 宪法

宪法是指全国人民代表大会制定的国家根本法，具有最高的法律效力，主要规定国家根本制度、根本任务、公民基本权利义务等，以国家主席令形式发布。立法根据是社会物质生产生活条件和人民意志、国家需要。

宪法关于安全方面的规定，比如《宪法》第三十三条第三款规定"国家尊重和保障人权"。生命安全权、健康安全权、财产安全权属于人权，是安全生产法的基本内容。还比如《宪法》第四十二条第二款规定"国家通过各种途径，创造劳动就业条件，加强劳动保护，改善劳动条件，并在发展生产的基础上，提高劳动报酬和福利待遇。"其中，"加强劳动保护，改善劳动条件"是安全生产法的目的、任务和内容。所以，宪法文件是安全生产法的首要形式渊源。

2. 基本法律

基本法律是指全国人民代表大会制定的基本法律，以国家主席令形式发布。立法根据是宪法。

（1）民商法中安全方面的法律规定

民商法文件对生产经营单位、安全违法行为侵害民事权利、同业生产安全合同签订、安全生产紧急避险权、生产安全事故损害赔偿过错责任、无过错责任和公平责任、超层越界开采侵权赔偿、安全设备器材质量问题造成损失赔偿、免减安全责任条款无效等进行了规定，都说明了民商法文件是安全生产法的形式渊源之一。

（2）行政法中安全方面的法律规定

行政法对行政许可、行政处罚、行政监察进行了规定。其中关于行政许可立法设定权限的规定，行政处罚的种类、设定及适用的规定、行政处分的种类、设定规则、程序和基本原则的规定等都适用于安全行政行为。这些行政法规定与安全生产法的关系说明了行政法文件是安全生产法的形式渊源之一。

（3）刑法中安全方面的法律规定

现行安全生产犯罪罪名共十一个，可见刑法文件是安全生产法的形式渊源之一。

3. 行业专业法律

行业专业法律是指全国人大常委会制定的带有行业性或专业性的法律（《立法法》上称之为基本法律以外的其他法律）。以国家主席令形式发布，立法根据是宪法、基本法律。比如，《安全生产法》，以及《劳动法》中安全方面的法律规定、《环境保护法》中安全方面的法律规定、《建筑法》中安全方面的法律规定、《工会法》中安全方面的法律规定等，都是安全生产法的形式渊源。

4.　行政法规

行政法规即国务院制定的行政管理法，法名冠以条例或规定、办法等，以国务院令的形式发布。立法根据是宪法、法律。安全行政法规比如《安全生产许可证条例》等。

5.　部门规章

部门法律即国务院各部委和具有行政管理职能的直属机构制定的行政管理法，旨在贯彻执行法律、行政法规等上位法及国务院决定、命令等，以部门令的形式发布。立法根据是法律、行政法规和国务院决定、命令。

安全生产法方面的部门规章诸如：国家安全生产监督管理总局《安全生产事故隐患排查治理暂行规定》《安全生产违法行为行政处罚办法》等，原国家经贸委《危险化学品登记管理办法》等，原建设部《建筑施工企业安全生产许可证管理规定》《游乐园管理规定》等，原国防科工委《民用爆炸物品安全生产许可实施办法》，原国家质量技术监督局《特种设备质量监督与安全监察规定》，国家质量监督检验检疫总局《气瓶安全监察规定》，公安部《公共娱乐场所消防安全管理规定》《机关团体企业事业单位消防安全管理规定》等，原交通部《公路水运工程安全生产监督管理办法》，国家电力监管委员会《电力安全生产监管办法》等。

6.　地方性法规、政府规章

前者指省、自治区、直辖市和较大的市人民代表大会及其常委会制定的适用于本行政区域内的地方法，后者指省、自治区、直辖市和较大的市人民政府制定的适用于本行政区域内的地方行政管理法。前者由人大主席团或常委会以公告形式发布，立法根据是本地具体情况和实际需要，旨在执行法律、行政法规，不得同宪法、行政法规等上位法相抵触；后者以政府命令形式发布，立法根据是法律、行政法规、地方性法规等。

安全生产法方面的地方性法规、政府规章诸如各省、自治区、直辖市人民代表大会制定发布的《安全生产条例》等。

7.　民族自治条例、单行条例

民族自治条例、单行条例即民族自治区、州、县人民代表大会制定或批准制定的地方法，以地方人大常委会公告形式发布。立法根据是本地民族政治经济文化特点，但不得违背法律、行政法规的基本原则及其他上位法的民族专项规定。民族自治条例、单行条例中有关安全方面的规定可以看作是安全生产法的一种形式渊源。

8. 军事法规、军事规章

前者是中央军事委员会的最高法，后者是军委各总部、军兵种、军区制定的军事行政管理法。军事法规、军事规章中有关安全方面的规定可以看作是安全生产法的一种形式渊源。这里只讲军事生产建设安全，不包括军事行动安全。

9. 法律解释、司法解释、行政法规解释、规章解释

法律解释即全国人民代表大会常委会对法律具体含义或适用依据所做的明确性回答或进一步规定。

司法解释即最高人民法院对法院审判工作中具体应用法律问题所做的明确性回答或进一步规定。比如，最高人民法院《关于审理非法采矿、破坏性采矿刑事案件具体应用法律若干问题的解释》，最高人民法院、最高人民检察院《关于办理危害矿山生产安全刑事案件具体应用法律若干问题的解释》。

行政法规解释即国务院对行政法规规定的界限所做的明确性回答或补充规定。国务院法制机构也可以对属于行政工作中具体应用行政法规的问题做出明确性回答。

国务院部委、直属机构和地方人民政府可以对自己制定的规章做出解释，叫规章解释。

10. 国际条例、公约

国际条例、公约指中国参加或批准加入的国家间条约或国际组织公约，当属中国法律文件体系的组成部分或形式渊源之一，但它属国际法渊源与国内法渊源相连。安全生产法方面的国际条约、公约诸如国际劳工公约、《残疾人职业康复和就业公约》《对男女工人同等价值的工作付予同等报酬公约》《三方协商促进履行国际劳工标准公约》《作业场所安全使用化学品公约》等。

九、安全生产法的效力

安全生产法的效力即安全生产法的约束力或强制力，包括时间效力、空间效力、对人的效力等。

1. 安全生产法的时间效力

时间效力指安全生产法的有效期间，即何时生效、何时终效，以及对安全生产法生效前所发生的事情有否溯及力。安全生产法生效时间分为法律公布日生效、法律中确定生效（施行）日等情况。比如，《安全生产法》自（公布日之后的）2002 年 11 月 1 日起生效。安全生产法对本法生效前所发生的事情通常没有溯及力；如果安全生产

法有时间溯及力，则须有法律明确规定。

2. 安全生产法的空间效力

空间效力指安全生产法有效的三维领域，包括主权所及的领土、领海、领空以及法定的延伸领域。安全生产法生效空间按行政管辖范围分为全国范围有效、局部行政区域有效、域外有效。中央法在没有特别指明时即在全国范围有效，地方法即在本行政区域内有效，安全刑事法可能会适用于驻外使领馆、航行或停泊的本国籍船舶、飞机内。中央法在特别指明时只在特定区域内有效，比如《渔港水域交通安全管理条例》只在渔港水域有效，《矿山安全生产法》只在矿山开采领域有效。

3. 安全生产法的对人效力及行业专业效力

对人效力即安全生产法对哪些人有效，通常是指对具有什么身份的人有效或做什么事情的人有效。一般安全生产法通常适用于所有的中国籍公民和在中国境内的外国自然人，特别安全生产法适用于特定的中国公民和中国境内的外国自然人。比如，对于在中国境外的中国公民，刑事法对于安全方面的犯罪行为采取通常的属地主义为主、属人主义为补充的综合办法处理。

对法人及其他非法人组织的效力可分如下几种情况：①一般安全生产法对所有的中国法人、非法人组织都有效。②行业专业法对从事行业专业活动或具有行业专业身份的中国法人、非法人组织有效。③中国法人在外国领域被所在外国法律认可时，适用中国安全生产法；中国法人身份不被认可时，当事人自愿选择适用哪国法，中国安全生产法或者有效或者无效。④外国法人及其他非法人组织在中国境内适用中国安全生产法。⑤外国法人与中国法人、非法人组织、自然人发生涉外安全生产法律关系时，如果冲突规范指向中国法或当事人选择中国法或强制性法律规范指明适用中国法，则中国安全生产法有效。

第二节　安全生产法律体系的构成

这里，我们主要从安全生产法自身内部独立构成与外在相关分支法律法规进行分析，以期察看当前中国安全生产法内容体系的优缺点。

一、安全生产法律体系的独立性

这里主要包括安全生产法调整对象在社会空间中的位置、部门法律文件体系及其相互之间的内在关系。

1. 安全生产法调整对象所占据的社会空间

如前所述，安全生产法调整对象是社会的安全生产关系，即生产生活过程中的财产安全生产关系、人身安全生产关系，本研究中限定（狭义化）为与财产、人身直接相关的安全生产关系，而把间接相关的安全生产关系基本排除出去。那么，这些狭义的安全生产关系在社会中占有多大的空间呢？如图 8-1 所示，分别分为 17 个空间，且内在交叉。

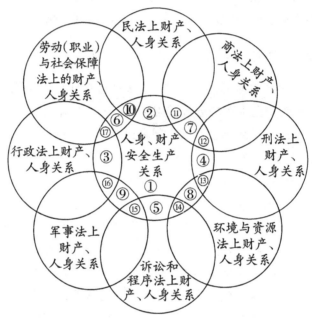

图 8-1　社会安全生产关系空间分区图

空间 1：是独立于其他各部门法的财产、人身安全生产关系。在这个关系中有安全生产法自己独立的事情或问题，比如安全设备设施建设、安全技术开发运用、安全教育培训、安全隐患排查治理、安全事故救援等。在这个关系中也因此有自己独立的安全前提（假定）、安全权利、安全义务、安全生产法概念（术语）等，比如生产单位从业人员的安全生产法资格条件、生产或建设项目的安全条件、生产或建设项目的安全条件论证和安全性评价义务、从业人员紧急撤离权利等，以及安全、危险品、重大安全隐患、重大危险源、本质安全等术语，都是安全生产法独立的部分。这里的调整对象是独立的，相应的安全生产法律规范（或其要素）也是独立的（可总称为安全工程建设法）。它们是安全生产法调整对象和安全生产法的重要部分、基本部分，而且基于此才可能连接、延伸或交叉到其他法的社会领域和其他法的规范。要注意这里的安全生产关系是与财产、人身直接相关的安全生产关系，不包括间接的安全生产关系。

空间 2：是安全生产法调整对象与民法调整对象互相交叉的部分。这部分交叉的财产、人身安全生产关系可称为安全民事关系，调整此关系的规范叫安全民事法律规范或总称为安全民法。它所涉及的事情比如生产单位的民法解释、安全生产合同的签订、安全紧急避险、安全事故的无过错责任、安全事故损害的民事赔偿等，都属于安全民事关系，需要安全民法调整。安全民法具有民法的性质兼具安全生产法的性质。

空间 3：属于安全行政关系，其法律规范叫安全行政法，所涉事情叫安全行政。这在安全生产法中占较大的比例。比如，安全行政许可、安全行政监督管理体制、安全行政检查、安全违法处罚、安全事故调查处理等都是这个领域的事情，行政部门的安全行政权利义务和安全行政相对人的权利义务也都在这里得到表现。它们既有行政法的性质，也有安全生产法的性质。

空间 4：安全刑事责任法，属于安全生产法律规范的责任阶段或构成要素，是财产、人身安全生产关系经安全生产法调整时所得到的刑事责任保证。这是一个阶段性关系空间，不具有完整的独立性。安全民事关系、安全行政关系、安全商事关系、环境资源安全生产关系等都可能进入刑事责任阶段；一旦进入这个阶段，它们就变性为安全刑事责任关系，刑事责任就支配着相应的关系了。刑事责任对一定的安全秩序的建立必不可少。安全刑法是专门规定安全犯罪和安全刑罚的法律。目前，中国刑法规定了重大责任事故罪、重大劳动安全事故罪、工程重大安全事故罪、教育设施重大安全事故罪、消防责任事故罪等十几种安全犯罪行为和相应的刑罚措施。

空间 5：此空间中的法律规范总称为安全诉讼法和安全程序法。这类诉讼法、程序法没有特殊性时，就与一般法、程序法重合了。

空间 6：此空间中的法律规范总称为劳动安全生产法和安全社会保障法。劳动安全生产法或称为职业安全生产法，或职业安全卫生法，或职业灾害防治法，有着不同的名称。安全社会保障法可分为安全事故责任保障法和安全事故损害社会救济救助法，安全事故责任保障法或称为工伤保险法，或安全责任保险法，或雇主（业主）安全责任保险法，名称不同，可以设立一些不同的险种。

空间 7：近现代商法是从传统民法中独立出来了，有的书称为经济法，也有的书把它与民法合称为民商法，本研究认可商法称呼。商法中事关财产人身安全生产关系的规范叫安全商事法律规范。比如，公司法中的公司主体、合伙企业法中的合伙主体，在安全生产法中表现为安全生产主体，所涉关系叫安全生产关系。有关此类主体的资格认定或许可，既要符合安全生产法的规定，也要符合公司法的规定。我们把相关的法律规范总称为安全商法。又如，公司、合伙企业中的安全管理关系既受公司法、合伙企业法调整，也受安全生产法调整。

空间 8：即环境安全和资源安全生产法。但本研究把与财产、人身非直接相关的安全问题排除出去。比如，把直接侵害环境、直接侵害资源的问题，归类于环境和资源保护法解决。只有当环境危害因素、资源危害因素直接侵害到人的财产、身体（生命健康）时，我们才把它纳入到安全生产法范畴。在这种情况下，环境安全和资源安全生产法便兼具安全生产法性质和环境资源法性质。由于它的互相兼容性，有时候它难以分清归属，或被分别归属于两个法中。比如，放射性物质辐射人体、固体废物熏害人的心肺、超贝噪声侵害人的听觉、有毒有害水源侵害人的健康等，都是直接危害人的身体健康甚或生命。所以，它们是安全生产法的问题。但它们又侵害环境、资源，或者通过侵害环境资源侵害人的身体及财产，所以又是环境资源问题。这些问题归于环境安全生产关系和资源安全生产关系。

空间 9：军事法上的财产、人身安全生产关系归安全生产法调整，也可归军事法调整，相应的法律规范具有安全生产法性质和军事法性质。比如，军事设施（大概念叫国防设施）建设，军工品储存、使用，军事性质的交通、通讯等，都涉及到财产、人身安全生产关系，它们既是安全的事情，也是军队或国防上的事情，安全生产法、军事法都要解决它们的问题。兼容两个领域的法律规范叫军事安全生产法（但并不涵盖全部的军事法律规范）。

空间 10、11、12、13、14、15、16、17：这些空间分别是三类调整对象的交叉空间，它们兼具三类法的性质。空间 10 是劳动安全与安全事故损害社会保障民事关系，空间 11 是安全民事商事关系，空间 12 是安全商事刑事责任关系，空间 13 是环境安全、资源安全刑事责任关系，空间 14 是环境安全、资源安全诉讼关系、程序关系，空间 15 是军事安全诉讼关系、程序关系，空间 16 是军事安全行政关系，空间 17 是劳动安全行政关系、安全事故损害社会保障行政关系。各类关系空间都有相应的法律规范。

要指出的是，我们可以分别以其他各类关系空间为中心，建立各自的交叉关系空间，由此所形成的关系空间及其相应的法律领域（法律分支）是众多的。它们分别由各自的部门法学——研究，在此不予叙述。上列空间 1–9 具有共同性，都处于一个安全生产关系领域内，即具有共同的独立性，为此可另作分支性分类。

2. 安全生产法律部门的文件体系构成

以生产（work）为分类线标准，本研究所涉及的现行安全生产法文件分为生产安全生产法、非生产安全生产法（注：法律体系与法律文件体系有区别，但它们名称的简称往往是相同的，致使混同）。生产安全生产法的基本法律文件是《安全生产法》，非生产安全生产法有众多的法律文件，其中有些也与生产安全生产法或《安全生产法》相关。现行安全生产法文件如下。

（1）相关安全生产法律文件

宪法、矿山安全生产法、航空安全生产法、道路交通安全生产法、海上交通安全生产法、铁路法、消防法、民用航空法、放射性污染防治法、劳动法、煤炭法、工会法、地方各级人大和政府组织法、标准化法、刑法、合同法、行政处罚法、审计法、职业教育法、建筑法、电力法、行政诉讼法、行政监察法等。

（2）相关行业专业安全行政法规文件

矿山安全条例、矿山安全监察条例、危险化学品安全管理条例、危险化学品包装物、容器定点生产管理办法、铁路运输安全保护条例、小型露天采石场安全生产暂行规定、民用航空安全保卫条例、内河交通安全管理条例、渔港水域交通安全管理条例、道路交通安全生产法实施条例、煤矿安全监察条例、矿山安全生产法实施条例、关于加强企业生产中安全工作的几项规定、医药行业安全生产管理暂行办法、建设工程安全生产管理条例、建筑安全生产监督管理规定、国务院关于特大安全事故行政责任追究的规定、安全生产许可证条例、特种设备安全监察条例、民用爆炸物品管理条例、核电厂核事故应急管理条例等。

（3）相关行业专业安全规章文件

重点地区高危行业专业（比如矿山、危险化学品、烟花爆竹等行业专业）地方性安全生产法规、规章文件。

3. 各安全生产法律文件之间的衔接关系

各安全生产法律文件会随着法律规范的归类而划分到各不同的安全生产法分支中。现行安全生产法文件的几个衔接关系如下。

第一，以《安全生产法》为一般法，以《矿山安全生产法》《煤炭法》等行业专业法为特别法；各一般安全生产法律制度与各特别安全生产法律制度存在着衔接关系（相通、依赖、具体化）。

第二，以宪法、劳动法、工会法、地方各级人大和政府组织法、标准化法、刑法、合同法、行政处罚法、审计法、职业教育法、行政诉讼法、行政监察法等为一般法，以《安全生产法》为特别法；各安全生产法律制度与各相关的一般法律制度存在着衔接关系。

第三，以《安全生产法》为一般法，以航空安全生产法、道路交通安全生产法、海上交通安全生产法、铁路法、消防法、民用航空法、放射性污染防治法、建筑法、电力法等为特别法；各安全生产法律制度与各特别安全生产法律制度存在着衔接关系。

第四，以《安全生产法》为上位法，以相关各行业专业安全行政法规为下位法；各安全生产法律制度与各下位安全生产法律制度存在着衔接关系。

第五，以《安全生产法》为上位法，以相关各行业专业安全规章为下位法；各安全生产法律制度与各下位安全规章存在着衔接关系。

第六，以《安全生产法》《矿山安全生产法》《煤炭法》为上位法，以重点地区地方性矿山、危险化学品、烟花爆竹安全生产法规、规章为下位法；各矿山、危险化学品、烟花爆竹安全生产法律制度与各下位安全生产法规、规章存在着衔接关系。

第七，以《安全生产法》《危险化学品安全管理条例》《危险化学品包装物、容器定点生产管理办法》《烟花爆竹管理条例》为上位法，以重点地区地方性危险化学品、烟花爆竹安全生产法规、规章为下位法；各危险化学品、烟花爆竹安全生产法律制度与各相关的下位安全生产法规、规章存在着衔接关系。

二、安全生产法律体系的分支划分

这里需要分清法律部门的划分依据与分支法划分的依据。

1. 安全生产法分支划分的依据

安全生产法在这里称为安全生产法律体系。法律部门的划分依据是调整社会关系的归类，即凡是调整同一种类社会关系的法律规范都可归入一个独立的法律部门。此部门是一个相对独立、完整的法律体系。安全生产法是一个相对独立的且与其他法律部门相交叉的法律部门，但它内部又可划分不同的分支，其划分依据仍是同一种类的社会关系。但同时还要有另一个划分依据，即法律的调整方法或制裁方法。比如，行政方法、民事方法、刑事方法，诉讼方法、仲裁方法、调解方法，温和方法、严厉方法，奖励方法、制裁方法，鼓励（激励）方法、批评方法，强制方法、非强制方法（建议、协商等），命令方法、指导方法，惩罚方法、教育方法（学习、提示等），自主方法、帮助方法，预防方法、救治方法，财产处罚方法、人身处罚方法（限制自由、体罚、剥夺生命等），等等，都会以不同方式施用于社会关系的调整。调整的社会关系+调整的方法=法律规范的分类=法律部门或法律的分支。一个或一类社会关系往往存在于不同的法律部门，原因是其调整方法不同；一个或一类调整方法往往运用于不同的法律部门，原因是其社会关系不同。单纯的调整方法不同，也可能使同类社会关系的法律调整形成一类独立的法律规范或法律部门。

法律体系中法律部门之间有地位、层次之分，一个法律部门体系中法律分支之间也有地位、层次之分。通常，原则性法律属于较高地位、较高层次，相对应的法律文件也由权力较高地位的国家机关制定；具体性法律特别是具体适用性法律居于较低地位、较低层次，相对应的法律文件便由权力较低地位的国家机关制定，但它们更为实用。法律部门、法律分支是可以变化或发展的，新的社会关系出现或旧的社会关系消失，会引起新的法律产生或旧的法律废除。近现代安全生产关系是随着近现代工业、采掘业出现、变化以及人民物质生活水平、思想观念（精神生活）变化而出现、变化的，相应地，近现代安全生产法律部门及其分支也出现或变化了。新法律部门、法律分支的形成可能是因为同类中的社会关系数量增多或性质发生变化；也可能因为新社会关系（新事情、新问题）产生并足够重要时，因而新法律产生。前种情况如商法部门从民法中独立（形成），后种情况如环境资源法部门、安全生产法部门形成，以及安全事故救援法（或安全事件应对）作为分支在安全生产法部门中形成与成熟。法学研究者只能是适应这种形势变化并促进相应的法律部门或分支的形成或变动，尽量使其合理。

2. 安全生产法分支划分

（1）按安全生产法与其他法的关系划分

根据前述安全生产法律调整关系空间范围划分，可知安全生产法分支划分为以下几种。

①安全工程建设法：这是一个相对独立的部分。但它与其他部分是连接的、相通的，不具有绝对独立的意义。当谈到其他部分（交叉分支）时，自然与这一部分相通或连接在一起谈。比如，我们在讲安全行政许可（属安全行政法）时，必然要与安全工程建设法中的安全设备设施等安全条件、安全性连接或相通到一起。在这种情况下，它们就是同一个领域或空间，我们所作的关系空间划分及图示不能认为是截然分开的。

②安全民法：由财产、人身安全性民事法律规范组成，可看作特殊民法。但它与民法的一般原理和规范相通，或是民法在安全领域里的具体化、特别化。比如，生产安全主体、资格、生产安全事故赔偿等方面的规范即是安全民法规范。

③安全行政法：这个分支在安全生产法中占有较大比重，比如安全行政监管体制、安全行政许可、安全行政管理、安全行政检查、安全执法、政府的安全事故救援和调查处理等，都需要安全行政法规范或调整其关系。安全行政法是特殊的行政法，运用一般行政法的原理。

④其他类似的分支法还有：安全刑事责任法（把故意侵害性犯罪除外）、安全诉讼法（适用一般诉讼法规定）、安全商法、环境安全生产法、资源安全生产法、军事安全生产法，等等。

（2）按安全生产法调整的社会关系及相应的调整方法划分

①安全行政监管体制法。它规定政府、生产单位、个人及其他社会组织，在生产及相关的生活过程中，财产、人身方面的基本关系。所以它也可叫安全的基本关系法。体制关系体现着政府公权力对安全生产关系的渗透和干涉，包括政府与生产单位的关系，政府与个人的关系，政府与其他有关社会组织的关系，政府各部门的关系，以及在行政权力干预下各生产单位、个人、其他社会组织互相之间的关系。这些基本关系中包含着各主体的权力、职责、责任。基本关系的建立意味着事关各方之间形成了一个稳定的框架或结构，各项安全活动或行为都要在这个关系（谓之为体制）内进行。

②安全行政许可法。它规定安全活动进入社会（准入）的条件，以及政府对这个条件认可或确认的规则，旨在调整政府与生产单位、个人及其他社会组织在安全准入或许可方面的关系。国家为此所制定的法律规范总称为安全行政许可法。

③安全生产标准建设法。它规定生产单位的安全生产标准制定、执行以及达标评定等工作活动规则，旨在调整有关各方当事人在标准建设活动中的关系。注意安全生产标准建设与标准化建设的区别。

④生产从业人员安全权益保障法。它调整生产单位与从业人员的安全生产关系，主要是强调生产单位保障从业人员安全的义务或职责，维护从业人员的安全权益，并为此规定从业人员的安全权利及工会的安全监督权利，同时也规定从业人员应承担的安全义务。

⑤生产单位安全管理法。这是调整生产单位内部资产者、劳动者、企业及管理者、被管理者互相之间安全管理关系的法。它表明国家权力以法律的形式干预生产单位的安全管理活动，表明生产单位的安全管理不仅仅是单位内部自己的事情，还要符合国家法律的要求或者国家法律的规范。但行政机关对生产单位的安全监管关系不在此法规范之内。由于安全管理是生产单位的管理活动之一，所以在企业则属企业管理，在公司则归公司管理，在事业单位、机关则归事业单位管理、机关管理等。生产单位安全管理法与企业管理法、公司法等商法相通，与事业单位管理法、机关管理法相通或兼容。生产单位安全管理法包括安全工程建设、安全职责制、职业卫生保障、安全事故救援、安全责任、安全资金投入、安全教育培训、安全设备设施检测检验、安全隐患排查治理、危险源监控等方面，内容主要是安全义务以及如何履行安全义务的措施或办法。

⑥安全生产社会服务法。它调整生产单位或其从业人员与安全技术服务组织的安全技术服务关系，以及政府对这种关系的监管关系。其内容包括：安全技术服务组织的资格、资质和业务范围，安全条件和安全信誉认证，安全评价，安全教育培训，安全设备设施检验（从服务角度看）等。要注意，安全技术服务的法律责任可按类分割。与安全生产社会服务法相对的，还有非生产安全社会服务法。

⑦生产卫生或职业卫生（职工身体健康）法。它旨在保护人的身体健康，为此要规定或建立生产卫生条件和卫生管理措施。由于它在安全生产法中的特殊性，人们通常把它单独列出来，自成一体。其内容是：职业卫生监管体制（与安全行政监管体制相连、相兼容）、职业卫生教育、职业卫生条件和管理措施、单位职责、政府监管（与安全行政法相通）、职业病诊断、治疗和康复、职业卫生灾害治理等。与职业卫生法相对的，还有社会公共卫生法。

⑧安全事故预防和救援法。它调整政府、生产单位、个人、其他社会组织在安全事故预防、救援方面的关系（简称为安全事故预防、救援关系），为他们设定相应的

预防、救援权利义务（职责）及责任。其内容是：安全事故应急预案编制、安全隐患评估、监测和排查治理（与生产单位安全管理法相兼容）、安全事故施救、安全救援能力建设（设备设施、队伍、技术等）、事故恢复与重建（改进）等。

⑨安全事故调查处理法。它调整安全事故调查处理关系，主体涉及政府（或其有关部门）、生产单位、个人、有关社会组织，事情（内容）涉及事故报告、事故调查、事故处理、事故统计分析等。事故包括人员伤亡事故、财产损坏或毁灭事故、职业卫生灾害事故、公共卫生灾害事故等。调整方法主要是行政方法、强制方法等。

⑩安全事故责任保险法。它调整安全事故责任保险关系，主体涉及政府（保险管理部门、安全监管部门、行业管理部门）、保险公司、生产单位、个人、其他社会中介组织。内容包括：安全责任保险种类、安全事故赔偿方式、标准、工伤认定、劳动能力鉴定、民事赔偿与保险补偿的关系、安全事故救济救助、安全事业捐赠等。

⑪行业专业安全生产法。它针对行业专业的特点，调整各行业专业具有特殊性的安全生产关系，重点是高危行业专业或自然风险较高的行业专业的安全生产关系。行业专业包括：采掘业、工业、服务业和工程（建设）专业、危险物质（物体）专业等。其内容为：行业事业建设工程设施的特殊要求或措施、行业专业生产行为安全保障措施（安全行为特殊规范）、生产单位的行业专业性安全管理要求及责任、从业人员的行业专业安全素质要求及权利义务、政府部门的行业专业性安全监管措施权利义务、安全事故的行业专业性应急救援措施（技术培训法律化）等。此内容即安全生产关系内容（事情或问题），要贯彻或运用一般安全生产法（总则）中的原理或原则，切忌照抄其细目（规范、细则）。

⑫社会公共安全生产法（或公共安全生产法）。这是调整社会公共安全生产关系的法。公共安全具有广泛的社会性，故称社会公共安全。在公共安全领域发生的事故或灾害事件，其肇事主体不特定、损害对象不特定、发生场所或地点不特定、损害范围不特定。因此，公共安全事故或灾害的影响范围可能是广泛的，损失数量也可能是较大的。公共安全往往与特定的安全（如职业安全、矿山安全等）又是有联系的。本研究把消防安全、交通安全、环境安全与资源安全（特定部分）、产品安全、公共场所安全、公共卫生等，列为公共安全，相应的法律规范也组成各自的公共安全生产法。

⑬自然灾害防治法。是调整人们在防治自然灾害活动中事关人身安全、财产安全各项关系的法。自然灾害有地震、海啸、台风、泥石流、洪水、干旱等种类，人类也有防治它们的科学技术方法和研究课题。法律要组织防治活动，为活动中的各方主体设定防治前提、防治权利、防治义务、防治责任等，以利于防治或更好地防治。自然灾害与人为灾害往往是相连的。中国目前规定自然灾害防治的法律文件有《防震减灾法》《气象法》《防灾法》《突发事件应对法》等。

⑭安全生产法律责任法。法律责任法是专门规定违法行为和处理的法，涉及各类

社会关系和各类调整方法，因此，它没有一个特定的社会关系。任何社会关系的法律调整或任何法律对社会关系的调整，都有相应的法律责任。为学习、研究、适用的便利，把各项法律责任总或综合在一起，或归为某一类，便产生了法律责任法。刑法、行政责任法、民事责任法、国家赔偿法等，都是法律责任法或其类别。不同的法律责任法内含着一定的法律调整方法，或不同的调整方法对同类社会关系进行调整，可形成不同的法律种类或不同的法律责任法。安全生产法律责任法是专门规定安全违法行为和相应责任处理的法，涉及各类人身安全、财产安全社会关系，也包括刑事、行政、民事、国家赔偿等各类法律责任。对安全生产法律责任法专门归类学习、研究，有利于安全生产法的适用。

⑮安全责任纠纷解决程序法。安全生产法律责任法与安全责任纠纷解决程序法是实体与程序的关系。安全责任纠纷解决程序排除了无纠纷处理程序（比如行政处罚程序、行政工作程序等）。安全责任纠纷解决程序包括仲裁程序、行政复议程序、行政诉讼程序、刑事诉讼程序以及各类调解程序等。安全责任纠纷解决程序法要注意与一般程序法的关系，或一般程序法对特别程序法的指导意义。安全责任纠纷解决程序法调整安全责任纠纷解决关系，设定解决程序上的权利义务责任，其中包含着纠纷解决办法。

（3）按安全生产关系主体划分

一个安全生产关系往往涉及或事关多个、多种主体，主要是四类即政府、生产单位、个人、其他社会组织等。

①政府安全监管法。是调整政府在安全监督管理活动中各项安全生产关系的法。它包括安全行政监管公有制法、安全行政许可法、安全行政检查法、安全行政处罚法、职业卫生行政监管法、安全事故行政救援法和行政调查处理法、安全事故责任保险行政管理法、各行业专业安全行政管理法、公共安全行政监管法、自然灾害防治行政监管法、政府安全监管责任法、安全责任纠纷政府解决程序法等。政府安全监管主体可以是中央政府、地方政府，专职安监部门、行业主管部门等。政府安全监管关系中政府的相对方是单位、个人（劳动者、资产者）等。

②生产单位安全管理法（在非生产领域便有非生产单位安全管理法）。在生产单位内部安全管理关系中，生产单位以关系主体一方出现，以此为标准所组成的法律规范即生产单位安全管理法。它包括安全工程建设法、安全资金法、单位安全教育培训法、单位安全管理体制法、单位安全设备设施检测检验法、单位安全隐患排查治理法、单位危险源监控法、单位安全责任制法、单位职业卫生保障法、单位安全事故救援法、单位安全责任法等。单位安全管理关系中单位的相对方是从业人员、资产者，以及政府、其他社会服务组织等。

③从业人员安全权益保障法（在非生产领域便有非从业人员安全权益保障法）。

在生产安全生产法中，从业人员是法律主体（管理者或被管理者或劳动者、职工），其生命、身体健康、财产是保护对象（客体）。保护从业人员安全权益是生产安全生产法的目的和任务。各类非生产安全生产法也是保护各类人员（非从业人员）安全权益的。以从业人员主体为标准，各相关的安全生产法律规范组成从业人员安全权益保障法。其构成部分是：从业人员安全管理权利、安全管理义务、安全责任、安全利益范围、安全责任保险、安全事故损害赔偿、安全权益诉讼等方面的法律规范。从业人员的相对人是单位、资产者，以及政府、其他社会服务组织等。

④社会组织安全服务法。以从事安全服务工作的社会组织为安全生产法的构成标准，相关的法律规范形成为社会组织安全服务法。目前这方面法律文件较多，比如《安全评价机构管理规定》《安全生产检测检验机构管理规定》等。各类法律文件中的安全服务性法律规范均属社会组织安全服务法范畴。

（4）其他分类法

①按经济运行过程（系统）的阶段性划分，可分为生产安全生产法、运输安全生产法、储存安全生产法、使用或消费安全生产法、非经济活动安全生产法等。这里的安全是指经济运行过程中的人身安全、财产安全。

②以安全事故为核心按事故发生、消亡规律划分，可分为安全事故预防法，安全事故救援法，安全事故调查处理法，安全事故后整改、重建法等。

第三节　安全生产法律关系及其他相关关系

这里，我们需要探索安全生产法律关系、安全生产法律或法治与政治领导的关系、安全生产立法与执法的关系。

一、安全生产法律关系内涵及构成

我们需要对安全生产法律关系的基本内涵、特征、种类、主客体、主体法律资格、客观法律事实等进行分析。

1. 安全生产法律关系内涵、特征和种类

（1）内涵

按一般的法律关系理论，安全生产法律关系是基于安全生产法的规定在特定安全主体之间因为安全生产法律事实的存在所形成的关系。安全生产法律规范中内存着一定的安全生产法律关系，实际中的人们由于安全生产法律事实的发生便形成一个基于

法律规范中关系的关系。安全生产法律规范中的关系叫抽象安全生产法律关系，实际中发生的关系叫具体安全生产法律关系。后者要符合前者，否则要被前者纠正。法律关系理论是分析、处理各方主体关系和法律问题的基本方法。

（2）特征

安全生产法律关系具有安全生产法律规定的前提性、特定主体的意志性、法律事实存在的前提性、特定主体的权利义务性、法律责任的保障性或纠正性等特征。

（3）种类

按照不同角度，安全生产法律关系可以分不同的种类：①民事安全生产法律关系、安全行政法律关系、安全刑事法律关系、安全诉讼法律关系等；②纯粹的安全工程建设法律关系；③调整性安全生产法律关系、保护性安全生产法律关系；④纵向安全生产法律关系、横向安全生产法律关系；⑤单向安全生产法律关系、双向安全生产法律关系、多向安全生产法律关系；⑥主安全生产法律关系、从安全生产法律关系；⑦另有前述抽象安全生产法律关系、具体安全生产法律关系。

2. 安全生产法律关系主体、主体资格、主体行为能力

安全生产法律关系主体是安全生产法律关系的参加者，享有一定权利，履行一定义务。主体需要符合法律规定的法律资格。主体具有权利人、义务人、权利义务人、责任人、当事人等不同名称。

（1）主体

一是中国公民。即具有中华人民共和国国籍的自然人。个体户、农户（家庭）、个人合伙等公民集合体也以公民主体资格参加安全生产法律关系。中国公民在生产安全生产法律关系中表现为从业人员，或资产者、劳动者、管理者、被管理者，工人、职工等。二是外国公民、无国籍人。即具有外国国籍或无国籍的自然人。他们居住在中华人民共和国境内或在境内活动可以根据中国法律或中国参加的有关国际条约、公约，参加安全生产法律关系。具有涉外人员、涉外领地、涉外事务等涉外因素的安全生产法律关系，叫涉外安全生产法律关系。三是经济社会组织或法人。即由一定数量的自然人、资金（资产）等因素按照一定方式依据法律建立或形成的社会性单元体。社会性是指它在社会关系中存在，不具有公权力；单元体是指它单独存在或连带存在，而且是实体。可能是经济组织、科技组织、教育组织、联合性组织、权益性组织等。在生产安全生产法律关系中，它称作生产单位（生产经营单位）。它可以是法人，或非法人。四是政治组织。即国家权力组织，包括政府、政府部门，以及立法机关、司法机关。政党、其他政治协商性组织也是政治组织。在安全行政法律关系中，政治组织居主导地位。五是国家。在民事、商事安全生产法律关系中，国家是社会组织或经济组织，比如国家借贷、国家赔偿等。在安全行政法律关系中，国家是政治组织，比

如国家向公民、社会组织等发布安全生产法律、政策等。在国际公法关系中，国家对外签订公约、条约等，也是以政治组织出现。国家法律资格出现时，通常是由政府或政府部门代表行使权力，履行义务，享有权利。

（2）**安全生产法律关系主体法律资格**

这也即是权利能力，或权利资格、义务资格。它是法律设定的、参加安全生产法律关系、取得安全权利、履行安全义务的主体条件。比如，生产单位从事生产的安全条件即是其参加安全生产法律关系的主体资格条件。

不同的主体具有不同的法律资格，一个主体在不同的安全生产法律关系中也表现为不同的法律资格。任何人都具有一般的或基本的安全生产法律资格，即任何人都应成为一般安全生产法的保护对象（被保护主体法律资格），但有些人则具有特殊的或特定的安全生产法律资格（条件）。比如，安全行政机关具有自己特殊的安全生产法律资格，煤矿企业、石油天然气企业等也有各自特殊的安全生产法律资格，不同行业企业的从业人员也都有其特殊的安全生产法律资格。这些主体在安全民事、安全商事、安全行政、安全劳动、安全刑事、安全诉讼等法律关系中分别具有安全民事法律资格、安全商事法律资格、安全行政法律资格、安全劳动法律资格、安全刑事法律资格、安全诉讼法律资格等。

安全生产法律应妥善设定各主体的法律资格条件，不应过宽或过严。它通常处于法律规范的假定或前提部分。凡是违反安全生产法律资格设定条件的主体，都是违法的主体，应按照相应的法律责任设定予以纠正。比如，《安全生产法》规定：生产经营单位应当具备有关法律、行政法规和国家标准或者行业标准规定的安全生产条件；不具备安全生产条件的，不得从事生产经营活动。安全生产条件构成生产经营单位的安全生产法律资格条件。安全生产许可证、营业执照是安全生产法律资格的形式证明，证明了单位主体具备一定的安全生产条件。从业人员的资格证或培训合格证也表明其具备相应的安全生产法律资格。

（3）**安全生产法律关系主体行为能力**

即具备安全生产法律资格的主体以自己的行为参加具体安全生产法律关系的能力。具备安全行为能力的主体才能亲自行使安全权利、履行安全义务、承担安全责任，据此，安全行为能力可分为安全权利行为能力、安全义务行为能力、安全责任行为能力。

安全行为能力与安全代理、安全责任问题相关。不具备完全安全行为能力、不完全具备安全行为能力的人需要由代理人完成一定的安全行为，只承担一定的安全责任，或完全不承担安全责任。公民的安全生产法律资格与安全行为能力不完全一致，生产单位的安全生产法律资格与安全行为能力通常是完全一致的，一般是记录在安全生产许可证、营业执照的业务范围中。

当主体有安全违法行为时，其安全生产法律资格、安全行为能力的限制或剥夺是由行政机关或司法机关依据安全生产法律责任做出的法律制裁。比如,《安全生产法》规定了近十处责令停产停业整顿的行政处罚措施,直至关闭制裁。

3. 安全生产法律关系内容与安全生产法律事实

(1) 安全生产法律关系内容

安全生产法规定的安全权利、安全义务即安全生产法律关系内容。安全生产法律关系是理想的关系、应有的关系、标准的合法的关系,实际中发生的具有法律意义的法律主体之间的安全生产关系并不一定都是合法的。这就要以法律规定的安全生产法律关系内容去衡量实际的安全生产关系内容。安全生产法律关系都是合法律的,实际的具有法律意义的安全生产关系则不一定都是合法律的。比如,生产单位的一个安全违法行为致使安全行政机关与生产单位之间产生了安全行政处罚法律关系。在这里,行为是违法的,但安全生产法律关系则是合法律的。又如,非法交易行为在买卖双方之间产生了非法买卖关系(社会关系),但又引起行政处罚关系或司法处罚关系产生了。在这里,一个行为产生了非法的社会关系和合法的法律关系,后者要纠正前者。我们只讲安全生产法律关系,而不谈非法的社会关系。

安全生产法律权利、安全生产法律义务是安全生产法为安全生产法主体所规定的行为模式或所做的指示、命令。这是安全生产法学应阐释和研究的主要安全生产法内容。

(2) 安全生产法律事实

安全生产法律事实,即引起安全生产法律关系产生、变更、消灭的行为或事件。法律事实是法律规定或预设的;法律无规定的事实不是法律事实,与安全生产法律关系无关。

安全生产法律行为。人的行为即人以意志决定、以肢体或语言表达出来、产生一定外在效果或作用的活动。安全生产法律行为即引起安全生产法律关系产生、变更、消灭的个人行为或组织行为。它包括善意行为、恶意行为,合法行为、违法行为等。

安全生产法律事件。即引起安全生产法律关系产生、变更、消灭的社会事件或自然事件。它不由法律关系主体的意志决定或支配,所以主体不承担责任,但可能随着安全生产法律关系的产生、变更、消灭而产生、变更、消灭一定的安全权利、安全义务。

社会事件是安全生产法律关系以外的人制造的群体性事件,对安全生产法律关系主体而言具有不可预见、不可避免、不可克服的意外性质。比如,社会骚乱、恐怖袭击、战争等社会事件可能使一些安全生产法律关系产生、变更、消灭。

自然事件是不由安全生产法律关系主体意志决定的、自生的事件。比如,地震、海啸、人的出生或死亡等。自然事件构成免责理由,必须具有不可避免、不可克服的性质，但并非任何自然事件都构成安全生产法律关系主体免责。

应注意，一个法律事实可以引起多个安全生产法律关系产生、变更、消灭，多个法律事实可能引起一个安全生产法律关系产生、变更、消灭。

4. 安全生产法律关系客体

（1）概念

安全生产法律关系客体是主体安全权利义务所指向的对象，是主体的利益或利益载体，是权利义务的目的，是法律关系的中介物或连接物，是主体期待、追求或保护的物质实体或精神实体或物质精神混合实体。各方主体都在关系中期待、追求或保护着自己的利益客体，舍此便无关系，亦无法律。安全生产法对客体有着严格的要求或规定。安全生产法律关系主体权利义务主要是保护人身、财产客体处于完好无损的状态或保持正常的功能运转状态，其客体则是人身、财产。

（2）种类

安全生产法律关系客体有如下种类：

一是人身。即人的生理载体，由生理肌骨、器官天然组成的有机体（或整体、系统、体系）。该有机体依天然法则运转、发挥功能；其中所具有的意识功能（感觉、思想等）即有机体运转所产生的意识能力，就是我们所理解的人。人通常被理解为以生理载体运转为基础的意识，或意识体（精神实体）。保护人就是保护生理人身。完整的、正常的生理人身活动或运转被定义为生命；为生命提供条件的生理肌骨、器官的物质完整性、精神正常性被定义为健康或身体健康性。保护生理人身就是保护生命和身体健康，此为安全生产法律关系身体客体的两个下属客体分类。生理人身失去生命、健康性时即变成非活动物体。生理人身在社会关系中具有了社会性，人在社会关系中也具有了社会性，由于法律的规定而具有了法律性。人支配人身或其肌骨、器官，需符合法律规定，在一定的安全生产法律关系中要行使一定的权利，履行一定的义务。

二是财产。即法律确认对人生产生活有意义或有价值且为人所支配或分割占有的物。财产具有物质属性、法律属性。

财产可以作如下不同分类：天然财产、生产财产、自然财产、人造财产，或自然、人造混合财产；公共财产、私有财产；单位财产、个人财产；政府财产、公民财产；国家财产、集体财产、家庭财产、个人财产；城市财产、乡村（农村）财产；市政财产、居民财产、单位财产；营业财产、居住财产；生产财产、生活财产；合法财产、非法财产；有益财产、有害财产；历史财产、当代财产；物质财产、精神财产；有载体作品（财产）、无载体作品（行为作品），或物质作品、非物质作品；一般作品（财产）、特定作品（财产），或普通财产、特种财产；感情财产、无感情财产；动物财产、非动物财产；有机财产、无机财产；生长财产、非生长财产；生产财产、非生产财产；

艺术财产、非艺术财产；劳务性财产（劳动行为）、物体性财产；物质文化作品、非物质文化作品；货币财产、非货币财产；资本性财产、非资本性财产；固定性财产、非固定性（流动性）财产；生命财产、无生命财产；财产性物体、非财产性物体；生产财产、消费财产；健康财产、缺陷财产；可见财产、不可见财产；显性财产、隐蔽财产；有价值财产、无价值财产；共同财产、可分割财产；种类物财产、特定物财产；其他等。

一般地，安全生产法保护合法财产，不保护非法财产。

二、安全生产法治及其政治的平衡关系

法治即法的统治，核心是具体的人要在法律中活动；政治即政府、政党及官员等政治主体对社会群体及个人等社会客体的统治，核心是具体的人要在政策指令中活动。这里的问题是法治主体与政治主体存在着矛盾，法治与政治存在着矛盾，法律与政策指令存在着矛盾，抽象的人与具体的人存在着矛盾。为此，我们的任务是统筹兼顾，妥当地处理他们的关系，使他们为安全生产服务，更有效地发挥他们各自的能力和长处。

政治领导法治，法治限定政治，政治中有法治，法治中有政治，这是它们的基本关系或原理。中国政治具有优势，法治显得薄弱，这也是中国的政治文化传统、法治文化传统。这一传统起源于部落统治、家族统治、家长统治、血缘统治，其核心是征伐、压制，以及随之而来的抚慰、关爱。法治与民主相连，政治与专制相连，法治的前提是多数人说了算，政治的前提是少数人甚至一人说了算，多数人要服从，可称为贤人治或人治。法治 = 多数人治 = 多数人的权力 + 少数人的事情 = 少数人的利益对抗多数人的利益；政治 = 少数人治 = 少数人的权力 + 多数人的事情 = 多数人的利益压倒少数人的利益。近代以来，西方政治文化、法治文化传入中国，中国传统的统治理念、统治模式、统治方法都发生了变化，但自身传统文化总是或多或少地并存于我们的思想意识中、现代体制机制中、现实行为中。这两种东西都要有，都是必需的、客观的存在，其存在都符合或者本身就是事物生成、发展的原理。各国都有这两种东西，问题是要使它们保持一种适度的平衡关系，既要有适度的法治，也要有适度的政治。

安全生产领域也要有适度的法治和适度的政治。安全政治要在安全生产法治范围内活动，安全生产法治要接受安全政治的指导。安全生产法治、安全政治是在国家大的法治、政治环境中存在的，是国家法治、政治的组成部分，只具有相对的独存性，而不能绝对地独存。

在国家推行法治化进程中，我们的安全生产也在不断地法治化，法治化程度有了较大的提高；立法民主、依法执法、自觉守法、司法公正、有效监督等都有了较大的

进步。现在国家要颁布一部法律法规，通常要经过八九道程序，历经数年甚至十年左右时间，所涉部门、行业、地区及有关社会群众都要被征求意见，以平衡他们的意见和利益关系。国家安监总局制定一项总局令也必上下左右征求意见，反复推敲，慎重出台，充分发扬民主，体现各界群众意志。大多数人说了算在我们的法律法规规章中得到了体现。依法执法也不是空话，行政系统近些年大力推行行政法治战略很有成效，行政官员、执法人员胡来作风基本失去了存在条件，怕问责、怕起诉如同要在政治上求进步一样产生效果，安监部门的同志对此有切身感受。守法自觉性体现了社会诚信度，这种自觉性来自于良心约束和外部条件约束。各类企业、事业单位及个人在安全生产领域里的守法自觉性还是比较强的，怕出事故、怕被追究、怕坐牢、怕对不起人（受害者及其家属）等因素使他们提高了安全守法自觉性。安全生产法的守法实效性也因此得到提高。

实效性是法律事实上有效性的证明。比如中国《煤炭法》自从煤炭部撤销后，尽管在法律上是有效的，但事实上如今它的整体有效性极低，因为它事实上的实效性很差；但它在煤矿开采方面的安全规范因为安全生产法的贯彻加强而局部地提高了有效性、实效性。安全生产司法也随法院系统近些年推行司法公正改革战略而不断提高了公正性和效率。安全生产法律监督渠道也基本上是畅通的。这些都说明我们的安全生产法治水平基本上是与国家发展、社会进步同步提高的。

安全生产领域的政治性很强，近些年中央政府及其部门推行不具备安全条件的小煤矿关停并转政策，推行安全生产领域腐败惩治措施，推行严厉的安全行政问责战略，等等，其政治化倾向较重，很有成效，但却不断受人指责。从整体或大局上看，安全政治化也是必要的，它有利于达到中央的政策目标，在政策与法律方向一致的情况下有利于提高法律的实效性或者是有利于帮助法律的贯彻落实。安全政治性强，主要是党的领导和中央集权等因素的作用；若没有这些因素，安全政治性就降低了，但在中国可能会出现更严重的问题。美国法律、法案、政策就没有那么强的政治性。我们的安全政治化也难免使有些人因此产生极端情绪、极端行为，政府部门因此失去了一些诚信度、公信力。不仅如此，司法公正也受到损害，因为有的被损害的私人利益在有的法院得不到保护，有的法院在贯彻上级政策精神的要求下不得不放弃对一些私人利益的保护。尽管属于少数，但也说明中国的法律监督机制还是存在问题的。诸如此类的情形都说明我们的安全生产法治机制不能独立发挥正常功能。这种现象被人指责为安全妨碍了生产的例证，尽管这种指责并不恰当。

如果法治机制正常而完善，它会自动运行；政治行为也只能在法治轨道内起作用而且是正面作用，负面功效会被过滤掉。中国的政治性行为要被限定在法治轨道内发挥正面作用，是一个历史性课题；政治轨道与法治轨道要并轨，前者要进入后者，合二为一，但不是取消政治，否则法治也搞不好。

正确处理安全政治与安全生产法治的关系，要注意以下两个关系的平衡：

一方面，注意安全政策与安全生产法律的关系。政策是政治行为的主要方式或手段之一。2002 年以来出台了不少安全生产政策性文件，比如《国务院关于进一步加强安全生产工作的决定》《关于印发安全生产"十一五"规划的通知》《关于加强企业应急管理工作意见的通知》《关于建立安全生产控制指标体系的意见》《关于加强中央企业安全生产工作的通知》《关于推行行政执法责任制的若干意见》《关于煤矿负责人和生产经营管理人员下井带班指导意见的通知》《关于加强煤矿安全生产工作规范煤炭资源整合的若干意见》《关于加强小煤矿安全基础管理的指导意见》等。这些文件内容都是政策，有法内的，有法外的，可能还有与法律法规规章不一致的；有贯彻法律、推动法律实施的，有纠正法律偏差的，也有为制定新法律提供政策根据的，等等。除国家政策外，还有各省、各地市县的政策，说政策性文件成堆成山也不为过。这里的关键问题是政策与法律相冲突，其次的问题是没有法律根据的政策由于制定得不详细、周密、缺少责任保障条款而不被遵守，或不遵守而不被追究责任。

解决政策与法律相冲突的办法是建立司法审查机制，由专门机构对政策的合法性进行专门审查；解决政策粗疏问题的办法是立法要跟上，及时将政策转化为法律规范（即政策法律化），使之操作性增强，步入法制系统。政策的司法审查和政策法律化问题其实就是法律控制政策和法律依据政策、保障政策的问题。二者要保持很好的平衡关系才能符合我们安全生产工作和事业的要求。切忌政策大、法律小，但也不能说法律大、政策小就是好事情，二者在不同场合应有不同的大小比。在安全生产形势深刻变革的时代，安全政策起着至关重要的作用，总的看，目前的政策份量较大。但政策最终是要归于法律的，我们要下功夫把目前好的政策整理出来，使之进入法律领域，比如要把安全生产控制指标政策法律化。此外，安全司法政策也要法律化。

另一方面，注意领导的讲话与安全生产法律的关系。领导讲话主要是在开会场所进行的，许多政治举措都是靠领导讲话发起、贯彻、落实的。领导讲话具有较强的政治性，通常是以整体利益限制小部分利益。比如中央领导关于安全生产工作的讲话或指示，中央部门领导的讲话，还有各省、市、县领导的讲话，有些讲话是以文件的形式下发的。近些年安全生产电视电话会议比较时兴，会后往往发个讲话文件。综观这些文件内容，比较有价值的是政策新动向，处理事故、人员的意见，贯彻法律的松紧态度（力度），以及具体的事项安排、要求等。它们都带有政治性，其突出特点是少数人领导或指导多数人，时代性强，动态性、临时性也较强，较具新闻价值，但它们都被打上客观事物发展变化的印迹。领导的安全生产讲话体现了他的安全生产领导能力、政策水平及法律水平。

法治的精神要求领导的讲话要符合既有的法律精神，所以其讲话能力、水平要受法律限制。但法治往往限制人的能力、水平的发挥、发展，能力强、水平高的人在既有的法治体制内往往被束缚住，施展不开，所以，刻板的法治要给人留有余地，这就是说人治有其存在的必要。领导同志也需要一个高天阔海，其讲话也要体现出贤人治或人治的精神或风格，以发挥自己的能力、水平。但这样的空间是有限的，要有适度的法律范围或限界，并非无限的海阔天空。领导讲话与法治是一张一弛的矛盾关系。

如何设定或把握法治与政治或人治的限度，需要我们好好地认识安全生产的形势和规律。这是正确认识和处理安全生产必然性（规律、界限、法则、最低需要等）与自由性（行为、较高需要等）的关系的问题。对安全生产必然性认识不清，就不能认清安全生产的自由性；如果没有安全生产的自由性，安全生产的必然性也把握不住，安全生产立法、执法工作都无从谈起。我们在必然性面前只是个被动的客体，受其支配；我们在自由性面前是个主动的主体，能够掌握、设定、运用必然性，事物及其规律、法则则成了客体。我们在法治、法律面前是客体，被动，不自由，被支配，但有些人在政治、人治面前是自由的主体。我们中的一些人会作为两种角色身处两个领域（有人称为两个王国），不断地改造自己、改造世界。我们安全生产领域的领导讲话在法治、法律面前就应是被动的、被支配的客体，但又要充分运用人的自由能力、自由行为、自由需要作为主动的、能够支配安全生产的主体。二者的关系是矛盾的，需要平衡，但平衡也是动态的、相对的、有差量的，有时候可能政治、人治成分大一些，有时候可能法治、群治成分大一些，但切忌由于领导人的能力过强，威信过高，而把法律、法治消灭了，这种情况在中国的历史上数次出现，在中央政府部门、地方各级党委、政府中也出现过不少这样的事情。安全生产领域也有这种情况。

此外，还要处理好安全政策部门与安全生产法律部门的关系。我们的政府通常设有政策研究室和法制局（法制办），各政府部门设有政策法规司或处、科等，但内有政策与法规两个部分。它们两者之间的关系要处理好，对处理好领导讲话与法律的关系，以及政策与法律的关系较为重要。政策部门（包括安全政策部门）通常是给领导写讲话稿的，也做政策调研和新政策建议工作，或者为领导的政策主张、行政主张提供现实根据、政策依据和论述理由，所以是个重要部门。领导讲话、政策文件违不违法，是否在法治轨道上运行，政策部门应该能够把握，但不好控制，因为它受领导同志的领导。古代有个臣劝君、下劝上的规劝制度，我们的政策部门也应该规劝领导哪些事情是违法的，所以不要讲、不要做；政策部门知道领导违法而不规劝，则有失其职。我们的法规部门当然是重要的工作机构，要注意与政策部门的工作协调、融合，最好是设定一个制度，即领导讲话、政策性文件下发要经过法治审查，由法规部门负责，领导违法之事要由法规部门承担一些责任。这样的话，政治与法治的关系才可能平衡好或便于平衡。

三、安全生产法律制定与实施的平衡关系

立法学告诉我们要做好立法工作，使法律不断完善起来，以跟上社会发展步伐，满足社会需要，使一些社会关系得到法律妥当的、必要的调整；法社会学告诉我们法律只有得到执行或遵守才为法，非国法但被遵守的规则、习惯、习俗也是法，法与行为同在，所以要注重法律实施效果。我们既要遵照立法学的原则，也要遵照法社会学的原则，把我们的安全生产法律制定工作和实施工作做好、做细、做实。我们要处理好安全生产法制系统各部分或各环节的关系。

法制系统由立法、执法、守法、司法、法律监督诸部分或环节组成，前一部分叫法律制定环节，后四部分叫法律实施环节。我们要统筹兼顾，各部分、各环节都要重视，既要制定好法律，也要实施好法律，不能顾此失彼，以致彼此关系失去平衡。它们的关系失衡，说明我们的安全生产法制工作没有做好。若没有好的安全立法，便不能有好的法律成效，但若只有好的立法，而没有得到较好地遵守或执行，好法也无用；若没有法律监督或有效地监督，立法、执法、守法、司法都可能会失去正确和正常的轨道。对照检查安全生产法制系统或运行机制，可以发现是否有问题或障碍。

我们经常听到一些人指责安全生产立法工作，说安全生产法没有把安全体制解决好，可操作性差，概念没有解释清楚，从业人员不承担责任，法律、法规、规章之间有冲突的地方，法律责任设定较轻，有的又较重，等等。这些指责有些有理，有些无理，有客观的，有主观的。立场不同，观点也不同。

立法是个逐步完善的过程，而且经常变动，永远都在变动之中，因为社会现实关系在经常地变动着，而且会永远地变动。从变动的观点看，立法永远不会完善，所以，我们只能求其相对不变、相对完善的状态。

中国现行的立法体制特点是多轨多级，部门、行业色彩较重，地区、地方色彩较轻，立法运行机制不堪重负，而且立法监督机制薄弱；我们的安全生产立法也同样带有这些特点和色彩。立法体制、机制上的优点、弊端会被安全生产立法接受下来，选择或逃避的余地较小。国家大的立法体制、机制上所存在的弊病不是安全生产立法所能解决的，因此不是本研究所讨论的范围。

所谓安全生产体制或模式没有解决好的问题，立法工作者要想办法或提建议，但根本上起决定作用的还是政治上层以及现实中诸多因素的影响。现行安监体制有其自然而然的演变史，有其存在的合理性、时代性，安全生产立法是按照这个演变逻辑和领导层的意志对它做出肯定，所以从逻辑上说是先有体制、后有立法，但从立法肯定体制上说，二者又是同时发生的，同时存在。把安全体制建设得更加顺畅，又使各部分保持有效制约，符合现代安全生产的规律和法律实施的需要，是领导层和立法工作

者的任务。有些法律概念没有解释清楚，需要立法工作者去解释，但有些概念是随着安全生产形势变化而变化的，有些解释是需要法律适用工作者在执法、司法中进行的，不能互相责怪。比如"生产经营单位"概念、"紧急撤离避险权"概念等，都可以做适用解释，执法工作者、司法工作者的主观能动性和能力在这里显得很重要。法律责任设定较轻或轻重的问题，这需要对安全生产法律责任与其他法律责任的比较才能知道轻重，而且法律规定的幅度在全国东南西北中不同的地区有不同的适用选择，比如10万元的罚款在上海、广州和甘肃、青海肯定有不同的轻重认识，所以我们在做立法检讨的同时，还要给人们做纠正性认识解释。

所谓安全生产法可操作性差、从业人员不承担责任的问题，多是一些人对法律的错误理解和对自身知识、能力不足进行掩饰的借口，所以我们说要对安全生产监察队伍、管理队伍进行专业化革命是非常必要的。一个县里有八十多人的安监队伍，居然没有一个安全专业、法律专业出身的行家，它无论如何也不能适应现代安全生产的需要。混日子在一些地县乡依然存在，还声称安全生产法没有可操作性。如果有一天能把安全生产法编出个计算机执行程序，那你就可以去按键盘执法了。但当然不能说立法没有问题，比如法律、法规、规章之间存在一些冲突，安全事故保险补偿与事故赔偿关系没有处理好，等等，都需要抓紧解决。立法工作不能耽误、妨碍执法、司法工作，要提高水平，加快速度，紧跟时代步伐，这是平衡关系的基本方面。一部《矿山安全生产法》、一部《煤炭法》已远远跟不上时代步伐了，居然还在法律上生着效，但在事实上生效甚微，而我们的实际工作部门、企业事业单位以及立法起草工作者迫切需要修订、颁布、执行的愿望多年来总也不能实现。责任在哪里呢？表面上看是立法排队的人太多，实质上是立法体制、立法机制有问题。

安全生产立法要注意民事、行政、刑事各类法律责任之间的平衡关系。我们的《安全生产法》《矿山生产法》《煤炭法》《国务院关于预防煤矿生产安全事故的特别规定》《关于特大安全事故行政责任追究的规定》《安全生产违法行为行政处罚办法》《生产安全事故报告和调查处理条例》《煤矿安全监察条例》《煤矿安全监察行政处罚办法》以及国家安监总局的27个令，都规定了安全生产法律责任；《刑法》《民法通则》《劳动法》《职业病防治法》以及《建筑法》《铁路法》《道路交通法》《电力法》《水法》等行业专业法，还有最高人民法院的司法解释等，也都从不同角度、不同方面设立了安全生产法律责任。这些法律责任在整体上应该是一个相对独立的体系，它们基本上由民事、行政、刑事三类责任组成，其次还有党纪政纪处分、国家赔偿等类责任作补充。三项基本的法律责任要进行恰当的配置和配合，以维持安全生产权利义务的落实和安全生产工作任务的完成、国家安全生产战略目标的实现。

2004年，中国国家安监总局的成立，标志着中国安全生产领域行政管理、行政执法力度增强，安监机构及安监人员也自我感觉地位提高了，但责任也增强了，危机感加重了。在这种形势下，各类法律法规规章都提高了行政责任的上限，以 2007 年国务院《生产安全事故报告和调查处理条例》为标志，把事故处罚标准最高限提高到 500 万元单位罚和 100% 年收入个人罚。这反映了国家行政权力对社会安全生产领域的深刻介入。同时，安全刑事责任的上限也提高了，以《刑法修正案（六）》为标志，设立不报、谎报事故罪，把刑罚上限提高到七年，而且扩大了重大责任事故罪、劳动安全事故罪的主体范围。这说明国家司法权力加强了对社会生产安全的保护力度和对违法责任人员的惩治力度。安全事故民事责任的承担也加大了，现在安全事故伤亡一人将得到 20 万元赔偿金，如果加上保险补偿，数额可达 30 万元~40 万元，再加上抚恤、赡养、抚养、丧葬等费用，可达 50 万元~60 万元；此外，政府的救援、医疗救治等费用还要向企业追偿，各项加在一起所发生的大额费用都要由企业承担，企业付出的安全事故成本之大是企业心寒的事情。小企业出不起事故，大企业也要心疼。安全事故成本之大让企业资产者和管理者不能不对企业的安全问题重视再重视。

企业承担的生产安全事故赔偿责任和行政责任、刑事责任要比普通民事损害承担的责任大得多，也比交通安全事故赔偿及刑事责任大得多（统计上把交安事故归入生产事故）。三责齐下，企业及其资产者、劳动者不能不重视安全生产，这当然是好事情。从整体上，我们看不出三责设定比例有什么失衡的问题。但诚如前述，数百万元乃至 500 万元的罚款，甚者上亿元的累加罚款，都由我们的安监局去决定、施行，则有失公允、平衡，因为行政权力有时所带有的偏私性会战胜自己的公正性。这里我们倒是赞成把最严厉的处罚权力交给司法部门，把重大责任事故罪、劳动安全事故罪的主体范围扩大到企业事业单位，设定罚金、撤销主体资格之刑罚，取消行政部门高额罚款权和政府关闭企业权、吊销企业主体资格权，以使安全行政权力与安全司法权力平衡，互相配合，互相制约。这就是要把安全行政处罚权力消减一些，移交给司法机关。但安监局的一些同志可能不会同意这个观点。

关于民事责任中的 20 万元死亡赔偿金问题。这个问题充分体现了行政权力在深刻干预安全事故赔偿。尽管它法理不通，但它能有效地维护被害者及其家属的利益。要从长远看问题，我们应该把民事赔偿责任纠纷的裁判权交给法院，或者设立安全生产责任纠纷仲裁机构行使安全民事赔偿和保险补偿的仲裁权力，或者赋予安监局民事赔偿的调解权力，按自愿原则以民法的精神处理民事责任问题。总之，我们要减轻行政权力、行政责任、民事责任，增加司法权力、刑事责任，以求得法律责任体系内部各个责任之间的平衡。

安全生产立法还要注意安全权利、安全义务、安全责任互相之间的平衡关系：某一类主体自身的安全权利、义务、责任要平衡，各个不同类的主体之间的安全权利、义务、责任也要平衡。安全生产法与其他相关法比如劳动法、工会法、建筑法、铁路法等设定的法律责任之间也要平衡，不能畸轻畸重。平衡就是量的比例适当。

关于安全生产法律实施问题。安全生产法律实施效果是近几年备受关注的问题，我们为此做了一个煤矿安全生产法律制度的实施效果评价细目表、分值和数学计算模型。这个东西有待于实践中运用、考验和纠正，也有待于向其他行业推广；如果可行，也可以向国际上推行。安全生产法律实施的四部分（执法、守法、司法、监督）都要把法律落到实处，提高实效，与立法同步提高，这叫法制的整体发展和进步。我们要重视法律实施效果的评估工作。

首先，看安全生产行政部门的行政执法。安全生产行政执法部门是各级安监局、行业专业主管局及各级地方政府。近几年推行安全生产联合执法，安全执法部门又加上了公安局，有的还邀请法院、检察院、工会、共青团、妇联等单位联合执法，声势比较大。前面讲到了政策贯彻法律的问题，那是以抽象的行政行为（政策）贯彻抽象的法律的事情，我们这里讲的是具体行政行为贯彻法律的问题和事情。安全行政部门两大任务：一是安全管理，二是安全执法及处罚。在立法100%正确和100%清楚的情况下，这两项任务执行、完成的好坏可以决定60%的整体法律实效，其余的40%实效决定于司法、守法、监督诸部分。

目前，全国各地、各级政府的安全生产行政机构还是比较健全的，尽管设备、人员配备不能完全到位，但那是一个积累的过程问题，不可能短时间内都齐备。传统的、底子很厚的公安局、教育局、卫生局等也都有自己的问题。以安监局为首的安全行政执法部门不知道怎么管安全和执法业务不熟悉则是两个突出问题，相比较而言，执法业务不熟悉比不知道怎么管要严重一些。政府的安全监管方式、办法、范围也在探索中，经验有限，但下级按照上级的法律文件、政策文件去办，让怎么管就怎么管，无非是办证、评价、培训、检查、调查、救援等，不知道怎么管的问题不是很严重。比起执法业务来，管理业务弹性比较大些。执法业务不懂，技术不懂，不会裁判，不会写行政处罚书和整改建议书，则是大问题。只要求工作条件和工作待遇，不要求提高自己的安全管理水平和执法水平，是不公正的。有些安监局本科大学生比较少，研究生更少。

安全行政执法的影响因素较多，比如国家的政治因素、社会的经济因素、法制环境因素、地方的人情（民风民俗）因素等，但执法人员的个人意识、业务素质因素至关重要，它决定每一项具体的安全行政行为适用安全生产法律的水平（准确性、正确性、适当性），所以要提高安全执法人员的专业素质等因素。

立法给各地、各执法部门、各执法人员留有自由裁量的余地，这也是必要的。法律的幅度就是各地的差别、各个具体事情的差别、各个执法人员的差别，其中各人的差别表现为自由裁量，人对此所具有的法律默认的权利，叫自由裁量权利，从权力的角度看也叫自由裁量权力。自由裁量权的运用也有个适当的问题，并不是胡来、乱定，它也在考验着一个行政执法人员的能力、水平和道德心（良心）。恰当地自由裁量叫法律适用的适当性，这种适当性要求在一个省或一个地市能被广泛接受，不必在全国都一致，因为经济发达地区与落后地区差别较大，经济因素决定法律适用的适当性。行政执法标准或法律适用标准允许各地有所不同。自由裁量权也在要求着提高安全执法人员的素质。

所谓法大于权或权大于法的问题的提出可能是针对具体法律行为而来的，安全生产行政执法也遇到这个问题。不把这个问题解决掉，我们的安全执法工作就会偏离安全生产法制轨道，即不能与安全立法工作保持一致，这是违背平衡论原则的。安全行政部门在做具体行政行为时要使自己的权力小于法，使行为符合法律的规定。但具体到某个地方的事情就很难说了，一个案子出来了，只要不是贪污受贿的案子，马上就会有一些部门、单位上上下下的人来打招呼，执法人员要想保持纯洁性、独立性是很困难的。在这种情况下，一个案件的裁判结果往往是各方面妥协下来的。中央的法律、地方的法规多数是以妥协的方式在地方的事情中得到贯彻落实的，这是我们的国情。

这方面遵循的办法是：严格贯彻执法责任制，提高执法人员素质，加强政治思想教育和道德教育，不断提高安全管理和安全执法水平。

其次，看司法部门的安全生产司法。最高人民法院 2007 年做了一个《关于办理危害矿山生产安全刑事案件具体应用法律若干问题的解释》，2003 年还有一个《关于审理非法采矿、破坏性采矿刑事案件具体应用法律若干问题的解释》，再加上刑法修正案的出台实施，近些年安全生产司法工作加强了。最高人民检察院近年也加强了对安全生产领域失职、渎职案件的查处力度，涉案的国家工作人员似乎闻安色变。纪检监察部门也在从党纪政纪的角度关注着安全生产领域的党员和国家干部；党纪政纪与司法之间不到半步的距离却令一些党员、非党员干部踮起了脚跟，不敢迈前，可知司法的威力足以令人惧怕。安全生产司法是保障安全生产法律实施的最后一个武器，它本身也在实施安全生产法。近几年查处了不少安全生产领域违法违纪和犯罪案件，这些案件的查处有力地维护了安全生产秩序，因此是必要的。应该说司法队伍的素质相对比较高，因为它经过了自 1984 年以来 25 年的锤炼和更新换代。

但据不少地方反映，有些检察机关在法律界限不明的情况下对安监干部滥批滥抓，致使安监队伍人人自危，迫切希望调离工作岗位或者是希望在立法上想一些办法制止或限制有些检察机关。2008 年上半年南方某省有个县安监局，三位局级干部中有一个局长被抓了，一个副局长吓跑了，剩下一个副局长来开会诉说他们所遇到的不公正待遇。这种情况能利于我们安全生产事业和安全生产监管工作吗？法律要执行，但不能过了头。历史上武则天好杀，培养了一批酷吏，也因此滥杀、错杀，但在消灭了反对派之后也开始收敛自己的行为。我们的检察机关、裁判机关不是武则天，而是党领导下的人权保卫机关，在安全生产形势好转之后也该收敛一些，以利于安全生产监管队伍的稳定和工作。我们的安全生产立法部门要把政府部门与企业的职责界限弄清楚，刑事立法部门要把失职、渎职与工作失误、错误的界限弄清楚，要把安全生产监管失职、渎职的定罪量刑标准放宽一些，不能一个劲地穷追不舍而且猛打。司法要适度，这是法制的要求，不是办案指标的要求。

安全生产行政诉讼和民事诉讼也是安全生产司法的组成部分。据调查，西南地区有的省份安全生产行政诉讼案件比较多。这说明这个省的安全行政相对人不服安全管理决定和安全处罚决定的事情较多，而且这个省的一些人火气大、胆子大。有的省份则较少有安全生产行政诉讼案件。另据调查，安全民事诉讼案件较少，因为大部分赔偿的事情都在行政领域解决了。以后要注意扩大行政、民事两个领域的诉讼范围和数量，方显司法领域内部的平衡，以及它与安全执法、守法领域的平衡。

第九章 安全人机工程学概观

安全人机工程学是人机工程学的一个重要分支，这门学科是随着社会的进步而进步，随着科学技术的发展而不断完善的。现在已经进入工业经济向知识经济过渡的时期，随着机械化、自动化、电子化、数字化的高速发展，人的因素在生产中增效的作用和人免受危害的需求越来越大，人机协调问题显得越来越重要，人们越来越重视安全，对劳动条件和环境要求越来越高，从而促进了安全人机工程学科的迅速发展。

第一节 研究意义与应用发展

在现代社会，研究人机工程学、安全人机工程学对于促进经济社会又好又快发展，保障人的生命安全健康的意义是巨大的；同时，需要进一步观照当前安全人机工程学研究现状和应用状况。

一、研究人机工程学的重要意义

人机工程学要研究人的训练、人机系统设计和开发以及同人机系统有关的生物学或医学问题。对于这些研究，在美国有人称之为人类工程学 "HUMAN ENGINEERING"，人因（素）工程学 "HUMAN FACTORS（ENGINEERING）"，在欧洲有人称之为 "ERGO-NOMICS"，生物工艺学，工程心理学，应用实验心理学以及人体状态学等。日本称之为 "人间工学"，我国目前除使用上述名称外，还有译成工效学、宜人学、人体工程学、人机学、运行工程学、机构设备利用学、人机控制学等。人体工程不同的命名已经充分体现了该学科是 "人体科学" 与 "工程技术" 的结合，实际上，这一学科就是人体科学、环境科学不断向工程科学渗透和交叉的产物，它是以人体科学中的人类学、生物学、心理学、卫生学、解剖学、生物力学、人体测量学等为 "一肢"，以环境科学中的环境保护学、环境医学、环境卫生学、环境心理学、环境监测技术等学科为

"另一肢"，而以技术科学中的工业设计、工业经济、系统工程、交通工程、企业管理等学科为"躯干"，形象地构成了本学科的体系。

人机工程学和安全人机学的研究离不开人机系统。人机系统实际上是指由人、机器和环境所组成的人—机—环境系统。

国际人类工效学会认为：人机工程学是研究人在某种工作环境中的解剖学、生理学和心理学等方面的因素，研究人、机器及环境的相互作用，研究在工作、生活和休假时怎样统一考虑工作效率、健康、安全和舒适等问题的学科。

《中国企业管理百科全书》中对人机工程学所下的定义为：人机工程学是研究人和机器、环境的相互作用及其合理结合，使设计的机器和环境系统适合人的生理、心理特点，达到在生产中提高效率、安全、健康和舒适的目的。

由定义中可看出：人机工程学的研究对象是人、机、环境的相互关系，研究的目的是如何达到安全、健康、舒适，以达到工作效率的最优化[①]。

安全人机工程学延展了人机工程学的理念，是运用人机工程学的原理及工程技术理论来研究和揭示人机系统中的安全问题，立足于在作业过程中对人的保护，确保安全生产和生活的一门学科。是以系统论、控制论和信息论为理论基础，从人的生理、心理、生物力学等方面研究在发挥机器、设备高效率的同时，如何使其与人达到和谐匹配，确保人的安全和健康的问题。

人类社会不断迁延进展的过程中，发展较快的领域有机械、电气、化工、交通运输和信息传递设备及控制装置。人类活动接触到的环境变化也很迅速。然而依据遗传法则，相比于机械变化过程，人类自身进步是缓慢的。虽然通过教育会使人类进步，但是，人类的生理、生物力学特性等却无多大变化。例如：形态特性——人体尺寸、肢体活动范围、肌肉力量大小、心血管系统、消化系统、神经系统以及接受信息和处理信息的能力等。相反，可能还会出现随着文明进步，人类出现某些生理退化现象。现代化生产中"机"向着高速化、精密化、复杂化方向发展，这对操纵这些"机"的人的判断力、注意力和熟练程度提出了更高的要求。例如，自动化生产线仅由仪表监控"机"的工作状况，大大降低了工人的体力劳动强度，同时加重了仪表监控者的视力及大脑注意力、判断力的强度，也加大了对人的躯体和颈部活动的限制。可是，与几十年前相比，人类的生理、人体尺寸、生物力学等几乎没有什么变化，就是说："机"由手工劳动工具变为了半机械化—机械化—半自动化—全自动化的生产作业，只要几十年，甚至几年便可完成，但是人的视力、体力、大脑注意力与判断力却无明显变化。这就使得"人"与"机"之间的不匹配、不协调、不平衡加大了。其结果是：一方面是"人"始终影响和决定着"机"的性能发挥；另一方面"机"给"人"的负担增加

---

① 姚建，田冬梅. [M]. 北京：安全人机工程学煤炭工业出版社，2012.

了，使"人"受到了很大的影响甚至给其造成危害。因此所设计的"机"（含环境）若是忽略了"人"（包括各种活动者）的身心特性、生物力学特征，则"机"的功能既不可能充分发挥，又会损害人体健康甚至诱发事故。因此需要全面考虑人机系统，使"人""机"功能匹配。

二、安全人机工程学研究现状及应用

安全人机工程学是在人机工程学基础上发展起来的，也是安全科学的延伸和深入发展，其研究和应用趋势正在进一步加强。

1. 研究现状

安全人机工程学研究在设计人机系统时如何考虑人的特性和能力，以及人受机器、作业和环境条件的限制，使之符合安全的需求。从学科构成体系来看，它就是一门综合性的边缘学科，其研究的领域是多方面的，大致包括电话、电传、计算机控制台、数据处理系统、高速公路信号、汽车、航空、航海、现代化医院、环境保护、教育、互联网等，安全人机工程学甚至可用于大规模社会系统，因此可以说与国民经济的各个部门都有密切的关系。国内外各行各业多有涉足该方面的研究。

人机工程技术是21世纪信息领域需要解决的重大课题。美国21世纪信息技术计划中的基础研究内容为四项：软件、人机交互、网络、高性能计算机。其中，人机建模研究在信息技术中被列为与软件技术和计算机技术等并列的六项国家关键技术之一，并被认为"对于计算机工业有着突出的重要性，对其他工业也很重要"。美国国防关键技术计划不仅把人机交互列为软件技术发展的重要内容之一，而且还专门增加了与软件技术并列的人机界面这项内容。日本也提出了FPIEND21计划（Future Personalized Information Environment Development），其目标就是要开发21世纪个性化的信息环境。

中国973计划、S-863计划、"十五"到"十二五"规划等均将人机交互列为主要内容。在中国，人机工程学的研究在20世纪30年代开始即有少量和零星的开展，但系统和深入的开展则在"文革"以后。1980年4月，国家标准局成立了全国人类工效学标准化技术委员会，统一规划、研究和审议全国有关人类工效学的基础标准的制定。1984年，国防科工委成立了国家军用人—机—环境系统工程标准化技术委员会。这两个技术委员会的建立，有力地推动了我国人机工程学研究的发展。此后在1989年又成立了中国人类工效学学会，又在1995年9月创刊了学会会刊《人类工效学》季刊。20世纪90年代初，北京航空航天大学首先成立了我国该专业的第一个博士学科点，随后南京航空航天大学、西北工业大学、北京理工大学、北京大学医学部等大学也先后成立了相应的专业。当前，随着我国科技和经济的发展，人们对工作条件、生活品质的要求正逐步提高，对产品的人机工程特性也会日益重视。一些厂商把"以人为本""人体工学"的设计作为产品的卖点，也正是出于对这种新的需求取向的意识。

2. 应用领域

随着科学技术的飞速发展，工业生产设备的自动化、复杂化程度越来越高，作业过程中的危险、有害因素也越来越多，人们对本质安全化的追求越发迫切。为了生活、生存、安全生产，必须要把"人"与"机"结合起来考虑，要求对"机"的设计、制造、安装、运行、管理等环节充分考虑人的生理、心理及生物力学特性，把人—机作为一个整体加以考虑，不仅要高效率的工作，还应随着物质、精神生活的提高，更加要求"机"始终使"人"处在安全、舒适、高效的状态。目前安全人机工程主要应用领域如下。

（1）事故、健康与安全。包括事故与安全、事故调查、事故改造、健康与安全、健康人机工程、危险分析、健康与安全课题、健康与安全规则的应用、工业工作压力、机器防护、安全文化与安全管理、安全文化评价与改进、警示与提醒技术、安全概率分析。

（2）人体工作行为解剖学和人体测量。解剖学、人体测量、人体测量和工作空间设计、生物力学、残疾人设计、姿势和生物力学负荷研究、工作中的滑倒、差错研究、背部疼痛、听觉障碍研究。

（3）认知工效学和复杂任务。认知技能和决策研究、法律人机工程、团队工作、过程研究。

（4）计算机软件人机工程。软件设计、软件发展、软件人机工程、执行和可用性。

（5）计算机终端。设计与布局：计算机产品和外设的设计与布局、计算机终端工作站、显示屏设备与规则、显示屏健康与安全、办公环境人机工程研究。

（6）显示与控制布局设计。显示与控制信息的选择与设计。

（7）控制室设计。控制台和控制室的布局设计、控制室人机工程。

（8）环境人机工程。环境状况和因素分析、噪音测量、工作中的听力损失、热环境、可视性与照明、工作环境人机工程、振动；

（9）专家论证。多工作环境：专家论证调查研究、法律人机工程、工作赔偿申诉、伤害诉讼、伤害原因、诉讼支持。

（10）人机界面设计与评价。人机界面的设计与发展、知识系统、人机界面形式、HCI/MMI 原型、GUI 原型。

（11）人的可靠性[①]。人的失误和可靠性研究、人的失误分析、人因审查、人因整

---

① 郎丰永，李晓钢. 人的可靠性定量预测方法 [J]. 四川兵工学报，2010（2）.

合、人的可靠性评价。

（12）工业设计应用。信息设计、市场/用户研究、医疗设备、座椅的设计与舒适性研究、座椅设计与分类、家具分类与选择。

（13）工业/商业工作空间设计。工业工作空间设计、工业人机工程、工作设计与组织、人体测量学与工作空间设计、工作空间设计与工作站设计、警告、标签与说明、工作负荷分析。

（14）管理与人机工程①。变化管理、成本—利益分析、突发事故应变研究、人机战略实施、操作效能、操作负荷分析、标准化研究、人力资源管理、工作程序、人机规则和实践。

（15）手工操作负荷，安全与培训。手工操作评价与培训、手工操作与举力、手工操作负荷。

（16）办公室人机工程与设计。办公自动化、办公室和办公设备设计、办公室设计人机工程。

（17）生理学方面和医学人机工程②。生理学、生理能力、医学人机工程、医学设备、心理生理学、行为期望、行为标准。

（18）产品设计与顾客③。人机工程销售与市场、产品设计与测试、产品中人机工程、产品发展、产品可靠性与安全性、产品缺陷、产品材质、服装人机工程。

（19）风险评估。多种工作状况：风险与成本—利益分析、风险评估与风险管理、风险预测、总体骨骼、肌肉风险研究。

（20）社会技术系统与人机工程。组织行为、组织变化、组织心理学、人机工程战略、社会技术系统、暴力评估与动机。

（21）系统分析。系统分析与设计、系统整合、系统需求、电信系统与产品、人机系统、人员配备研究、三维人体模型、实验设计、系统设计标准与类别、通信分析。

（22）任务分析。任务分析与工作设计、任务分析与综合、团队协作。

（23）管理培训与人员培训。人机工程培训、整体培训、认知技能/决策分析、工程师培训、STUDIO中的训练、训练模型、培训需求分析。

（24）可用性评估。可用性评估与测试、可用性审核、可用性评估、可用性培训、试验与验证、仿真与试验、仿真研究、仿真与原型。

（25）用户需求与用户指导。用户文档、用户指导、用户手册与说明、用户界面设计与原型、用户需求分析与类别、用户实验管理。

① 毛海峰. 安全管理心理学 [M]. 北京：化学工业出版社，2004.
② 刘兆祺. 道路交通安全应用心理学 [M]. 北京：北京警官教育出版社，1998.
③ 李世成. 基于人机工程的数控机床外防护设计研究 [D]. 哈尔滨：东北林业大学，2008.

（26）车辆与交通人机工程①。航空人机工程、头盔显示、乘客环境、铁路车辆与系统、交通设计、车辆设计、车辆人机工程、车辆安全性。

（27）其他特殊的人机工程应用。原子能、军队人机工程、过程控制、文化调查、调查与研究方法、自动语音识别。

第二节　研究内容和研究方法

这里，我们着重概述安全人机工程学的研究目的、主要内容及研究方法。

一、研究安全人机工程学的目的

人的活动效率和人的安全是同一事物运动变化过程中两个不同侧面的要求，人们共同的心愿是既要求活动时有必要的收获，又力求耗费最少的能量，获取最大的成果，同时又要求在安全、舒适、健康（包括身体和精神两方面的内容及其综合）、愉快的环境下进行生产劳动或其他活动。

人类原始时期人的体力是唯一的动力，后来以风力、水力、牲畜作动力，发展到利用热能、机械能、电能、光能、化学能、核能、太阳能、生物能等作动力。现代机器有的起着动力作用，有的担负着一系列过去只有人才能完成的工作，如复杂的运算、自动控制、逻辑推理和图像识别、信息存储、故障诊断等。它把人从简单的劳动中解放出来，去执行更多更复杂的任务。尽管人类采用了种种新的、高效能的机器或设备，但如果它的结构不适应人的生理和心理特征及人体生物力学要求时，则既不能保证安全，也得不到应有的效益。可见，机的效能不但取决于它本身的有效系数、生产率和可靠性等。而且还取决于是否适应人的操作要求。而适应人的操作要求，又要取决机的信息传递方式和操纵装置的布局等。因此，通过信息显示器、操纵器和控制装置把"人"和"机"连接成一个系统、一个整体。他们都是人机系统中不可缺少的环节，是人与机连通的桥梁。

综上可知，在任何一个人类活动的场所，总是包含着"人"和"机"以及围绕人和机器的关系及其环境条件，是一个综合体。安全人机工程学研究的主要目的是：对上述综合体合理的方案，更好地在人机之间合理地分配功能，使"人"和"机"有机结合，有效发挥人的作用。最大限度地为人提供安全卫生和舒适的环境，达到保障人

---

① 王昆元. 道路交通运输安全管理［M］. 北京机械工业出版社，2004；苑红伟，肖贵平，聂磊，等. 色彩与交通安全关系探析［J］. 安全与环保，2006（5）.

的健康、舒适、愉快的活动目的，同时提高活动效率[①]。

二、安全人机工程学的研究内容

安全人机工程学的主要任务是建立合理而又可行的人机系统，更好地实施人机的功能分配，使"人"和"机"有机的结合、相互协调，以更有效地发挥人的主体作用，并为操作者创造安全、舒适和卫生的环境，实现人机系统"安全、高效、经济"的综合效能。因此需要进行人机系统安全性设计，为工程技术设计者提供人体合理的理论参数和要求，研究确保人员安全的理论、方法、准则和数据。如：人体作业的舒适范围（最佳状态），人体的允许范围（保证工作效率），人体的安全范围（不致伤害的最低限度和环境要求），一切安全防护设施如何适应人的各种使用要求等，并以此为依据，充分考虑人体与机器的最佳匹配。

1. 安全人机工程常需进行三方面的设计

（1）机器系统中直接由人操作或使用的部件的设计

机器系统中直接由人操作或使用的部件，主要指的是各种显示器、操纵器和照明器件等，它们都必须适合于人的使用。值得提出的是，安全人机工程所要解决的不是这些设备的工程技术的具体设计问题，而是从适合于人的角度出发，向设计人员提出具体的要求，如怎样设计仪表才能保证操作人员看得清楚、读数准确、迅速，怎样设计操纵器才能使人操作起来快捷省时、得心应手、方便省力等。

（2）环境控制和安全装置的设计

生产现场有各种各样的环境条件，例如冶炼炉的高温、机器的振动和噪声、粉尘的污染，以及各种辐射等特殊条件。为了克服这些不利的环境因素，保证生产的顺利进行，就需要设计一系列的环境控制设备和保障人身安全的装置。

（3）人机系统的整体设计

为了提高整个人机系统的效能，除了必须使机器系统的各个部分（包括它的环境系统）都适合人的要求外，还必须解决整个人机系统中人和机器的职能如何，合理分工和相互配合的问题。即根据机器和人的各自特点，哪些操作适合于机器进行，哪些操作适合于人完成，两者又如何相互配合，人和机器之间又如何交换信息等。

作为人机工程学的一个分支，安全人机工程学除了研究人机工程学的内容之外，还要考虑劳动者在劳动过程中是否安全，劳动者安全工作的安全条件、安全状态和安全行为等因素。现代化生产中的"机"向着高速化、精密化、复杂化方向发展，对操

[①] 姚建，田冬梅. 安全人机工程学［M］. 北京：煤炭工业出版社，2012.

纵"机"的人的判断力、注意力和熟练程度提出更高的要求，而人类的生理、生物能力学特性等却没有多大变化，相反，可能会随文明进步而出现退化现象，必然出现了人与"机"之间的不协调、不平衡。因此，所设计的"机"必有符合操作者的身心特征、生物力学特征，把人机作为一个整体、作为一个系统加以考虑，使"机"与"人"始终处于安全、舒适、高效、经济的状态。在任何一个人类活动场所，总是包括人和机（此处的机是广义的，即物）两大部分。这两种性质截然不同的要素——人与机，彼此之间存在着物质、能量和信息的不停交换（及输入、输出）和生理上的本质差异。而人机结合面起着人机之间沟通的作用，各自发挥功能，提高系统的效率，保证系统的安全。因此，人机系统是一个有机的整体，如图9-1所示，这个整体包括人、机、人机结合面。

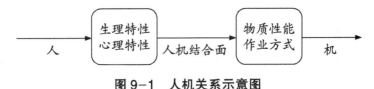

图9-1 人机关系示意图

这里所谓的"人"，是指活动的人体，即安全主体，人应该始终是有意识有目的地操纵物（机器、物质）和控制环境的，同时又接受其反作用。不管机械化和自动化的成就有多大，不管人使用的能源是多么新颖和充裕，也不管使用什么信息传递系统，不管过去、现在，还是将来，人总该是人与复杂的外界之间相互作用链条上起决定性作用的一环；人也应该是他所创造的并为他自己服务的任何系统的安全主导；其自身依靠的科学基础都需要借用生理学、心理学、人体生物力学、解剖学、卫生学、人类逻辑学、社会学等人体科学的研究成果。

这里所谓的"机"，是广义的，它包括劳动工具、机器（设备）、劳动手段和环境条件、原材料、工艺流程等所有与人相关的物质因素。机应是执行人的安全意志，服从于人，其基础需要由安全设备工程学的安全机电工程学、卫生设备工程学和环境工程学等学科去研究。

所谓"人机结合面"，就是"人"和"机"在信息交换和功能上接触或相互影响的领域（或称"界面"），此处所说的人机结合面、信息交换、功能接触或相互影响，不仅指人与机器的硬接触（即一般意义上的人机界面或人机接口），而且包括人与机的软接触。此结合面不仅包括点、线、面的直接接触，甚至还包括远距离的信息传递与控制的作用空间。人机结合面是人机系统中的中心环节，主要由安全工程学的分支学科即安全人机工程学去研究和提出解决的依据，并通过安全设备工程学、安全管理工程学以及安全系统工程学去研究具体的解决方法、手段、措施。

由以上分析可知，安全人机工程学所研究的人、机、人机结合面及其他所涉及的诸多因素中中心环节是研究人与机器的关系。使涉及的机器既能完成机器的既定的功能，且安全可靠，又能适应人的生理和心理特性，还能适应所处环境的影响。

2. 安全人机工程学研究的主要内容

第一，通过介绍安全人机参数的有关内容、测量等，系统地了解人的体能特点、生物力学因素、人的反应时间、人体的测量数据。

第二，研究人机系统中人的特性。包括人的生理和心理特性。作业区域的基本要求，作业姿势的记录与评估，为手的设计，实例分析与研究，计算机显示高度对人颈部姿势的影响。同时研究工作人员的选拔问题。根据人机的匹配给出最佳的人员分配。还有研究各种安全装置和研究各种人机结合面。研究系统的可靠性，保证系统的安全。

第三，研究人机结合面，比如显示与显示器、可视信息设计、控制与控制器以及安全人机系统中的作业环境等。

第四，研究安全人机工程设计的原则，即通过以人为中心设计过程的意义、设计原则、确定设计计划等的问题，深刻认识到它的重要性，为安全人机工程设计提供有力保障，从而设计出不同类型的最佳的人机系统。

第五，研究设计理念和方法。

第六，针对具体不同的产品提出了产品形态的安全人机工程学设计，包括它的设计参数、设计指导以及某些产品的设计数据、设计原则。

安全人机系统实质是一个复杂的人—机—环系统，在这个系统中人的生理与心理因素对过程的安全有着重要作用。人—机—环系统的模型是安全人机系统学的重要基础，如果把人作为系统中的一个"环节"研究，人体与安全相关的、和外界直接发生联系的主要三个系统，即感觉系统、神经系统和运动系统，而人体的其他系统是人体为完成各种功能活动的辅助系统。人—机—环系统模型如图9-2所示。人在操作过程中，机器通过显示器将信息传递给人的感觉器官（如眼睛、耳朵等），经中枢神经系统对信息进行处理后，再指挥运动系统（如手、脚等）操纵机器的控制器，改变机器所处的状态。由此可见，从机器传来的信息，通过人这个"环节"又返回到机器，从而形成一个闭环系统。人机所处的外部环境因素（如温度、照明、噪声、振动等）也将不断影响和干扰此系统的效率。显然，要使上述的闭环系统有效地运行，就要求人体结构中许多部位协同发挥作用。首先是感觉器官，它是操作者感受人—机—环系统信息的特殊区域，也是系统中最早可能产生误差的部位；其次，传入神经将信息由感觉器官传到大脑的理解和决策中心，决策指令再由大脑传出神经传到肌肉；最后一步，是身体的运动器官执行各种操作动作，即所谓作用过程。对于人—机—环系统中人的这个"环节"，除了感知能力、决策能力对系统操作效率有很大影响之外，最终的作用过程可能是对操作者效率的最大限制。

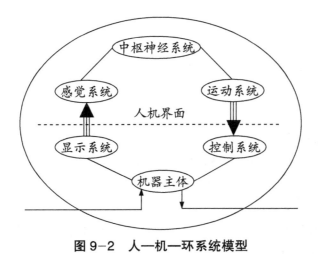

图 9-2 人一机一环系统模型

三、安全人机工程学研究方法

安全人机工程学的研究方法与人机工程学的研究方法基本相同，但是研究问题的角度和着眼点不同，也就形成同一研究领域的两个不同的研究侧面，即不同侧重点。安全人机工程的立足点是"安全"，主要研究"人"与"机"保持什么样的关系，才能保证人的安全与健康，乃至舒适愉快，同时提高劳动生产效率。着重研究如何从劳动者的生理、心理、生物力学等方面研究机械化、自动化、电气化等生产过程中提高生产效率，同时由此带来的伤亡病害等不利因素的作用和机理及预防和消除的方法等。其主要研究方法有如下几种。

1. 一般研究方法

（1）测量法

借助器具、设备而进行实际测量的方法，如对人的生理特征方面（人体尺度与体型、人体活动范围、作业空间等）的测量。也可进行人体知觉反应、疲劳程度、出力大小等的测量。

（2）测试法

个体或小组测试法：依据特定的研究内容，设计好调查表，对典型生产环境中的作业个体或小组进行书面或问询调查，以及必要的客观测试（生理、心理指标等），收集作业者的反应和表现。

（3）试验法

试验法是在人为设计的环境中，测试试验对象的行为或反应。根据试验时可控变量的多少，试验可分为单变量和多变量实验，各种试验数据要经数学手段或计算机进行处理。

（4）观察分析法

观察分析法是通过观察、记录被观察者的行为表现、活动规律等，然后进行分析的方法。

（5）系统分析评价法

对人机系统的分析评价应包括作业者的能力、生理素质及心理状态，机械设备的结构、性能以及作业环境等诸多方面因素。

2. 享利威尔法

美国人机工程学专家享利威尔对人机系统的测定提出了下述方法。

（1）瞬时操作分析

一般的生产过程是连续的，人机信息的传递也是连续的，分析这种连续传递信息是困难的。为此，可采用间歇性分析测定法。对操作过程某一瞬间的随机参数进行测定，然后用统计分析的方法得到连续传递的信息。

（2）知觉与运动信息分析

外界传递给人的信息，首先由感知器官传到中枢神经，由大脑处理后，指挥肢体操作机器，机器工作状态的信息又回送到人体。这种人机信息关系，称为反馈系统。对反馈系统进行测定和分析。

（3）连续操作的负荷分析

这种方法是采用强制抽样，由计算机技术来分析操作人员连续操作的情况。用这种方法时应规定操作所必需的最短时间，以计算工作的负荷程度。

（4）全工作负荷分析

此法是对操作者在单位时间内工作负荷的分析，一般用单位时间的负荷率（%）表示。

（5）使用频率分析

这一方法是对人机系统中的装置、设备等机械系统的使用频率进行测定和分析。

（6）设备互相关联分析

这种方法是对机器的使用方法和人机状态变化等进行观测分析。如同时操作数台机器的操纵者，以一台转向另一台时，眼睛移动的次数以及操作频数等。通过分析可以获得机器和控制装置的适应比例及人机适当比例关系。

从安全人机工程的研究方法来看，这并不是多么高深的安全生产保证手段，只要在工作中本着安全人机工程的基本理念，一定会不断地发现和消除隐患，在生产中会得到基本层次的实施，诸如：站在合适高度的凳子上操作，灵巧的凳子适合流水作业；方便的零件箱，站立而不是蹲坐进行装配。

实施安全人机工程管理，不仅可以降低生产事故率，保障操作者身心健康，而且还可以提高生产效率。符合人机工程的环境，可以避免复杂操作的捷径反应，减少视觉、听觉疲劳，减少肌肉损伤，从生理和心理两个角度改善操作者劳动状态，最大限度地保障安全和提高生产率。

第三节　与其他相关学科的关系

安全人机工程学是安全工程学科的重要分支学科和人机工程学的一个应用学科，其性质是一个跨门类、多学科的交叉学科，它处于许多学科和专业技术的接合部位上，除了是安全工程学科的重要组成部分外，还与人体的生理学、心理学、生物力学、解剖学、测量学、管理学、色彩学、信息论、控制论、系统论、耗散结构理论、协同论、突变论以及其他科学等都有密切关系。因此，它属于自然科学与社会科学共同研究的综合课题。

一、与人机工效学的关系

安全人机工程学是从安全的角度和以人机工程学中的安全为着眼点，侧重于人体的安全卫生，它要求人适宜于机，机适宜与人，人机功能分配合理，相互协调，相互配合，它讲究人机系统的安全、高效、舒适；而人机工效学则是从工作效率的角度和着眼点侧重于用人保证机的作用。二者均属人机工程学不同方向上的应用学科。人机工效学是一门关于人、对象及环境间的相互关系的应用研究。在工作环境中，对象包括椅子、桌子、机器和车间。不过，人机工效学所观察的不仅是椅子的设计。它的目标是对工作环境的全面的解决方案，包括形成一个更容易获得有关机器的信息，并且正确地理解这些信息的环境。

通常，人机工效学设计侧重在对工具、设备及工作场所进行设计，使得作业更能够与人相适应，而不是要求人适应这些因素。安全人机工程学则要求人机相互适应，相互配合，相互协调。

二、与安全管理心理学的关系

安全人机工程学是从人机工程学中产生和发展起来的一门学科。一般认为，安全人机工程学是"从安全目标出发，应用人机工程学的基本理论、观点和方法，对人的心理与行为、设备、环境和事故进行分析研究，从人机关系中找到预防事故的方法"

的一门学科。

虽然安全人机工程学也涉及人的心理与行为问题，但它的侧重点是通过使设施设备的设计、制造、使用适合人的生理、心理因素，以便让人的操作行为更加安全和高效。

可以这么说，安全人机工程学是以人为出发点，改变机器设备的设计、作业环境的条件以适应于人的心理和生理，从而创造安全和谐的工作系统；安全管理心理学则是以工作要求为出发点，通过符合心理规律的管理手段，改变人的不安全心理与不安全行为，追求人的安全化。二者有不同的分工，安全管理心理学可以被看作是安全人机工程学的重要基础之一。

安全心理学是心理学的应用学科之一，是安全人机工程学的重要理论基础。从一定意义上说，安全人机工程学是安全心理学的延伸和扩展，两者有着不可分割的联系。安全人机工程学则是在综合各门学科知识的基础上全面考虑"人的因素"，从而为人机系统的安全设计、使用、监督、分析、评定和提供全面的宜人依据。因此，安全心理学研究的所有内容，均对安全人机工程学产生影响。

三、与人体测量学及生物力学的关系

人体测量学是根据人体静态和动态尺寸的测量资料，为人机系统的设备设计和工作空间布置提供科学依据，同样是安全人机系统设计的科学依据之一。

人体生物力学是侧重研究人体这个生物系统运动规律的学科。它研究人体各部分的力量、活动范围和速度，人体组织对不同力量的阻力，人体各部分的重量、重心变化及做动作时的惯性等问题；对人体的作用，保持在人的承受范围之内既不可超出安全阈值，同时尽量避免做无用功，提高劳动效率，减少疲劳，保障人类活动的安全。如对使用操纵机构时用力大小、动作轨迹、动作平稳程度以及人体各部分运动的方向等进行研究；对确定结构上允许用力程度进行研究，从而决定对操纵结构的类型等方面的要求，给人机系统的安全带来保证。

四、与安全工程学的关系

1985 年 5 月，中国劳动保护科学技术学会召开全国劳动保护科学体系第二次学术研讨会（简称青岛会议），会上发表刘潜、欧阳文昭的两篇论文，在中国首次阐述了安全科学学科理论、安全科学技术体系结构和安全人机工程学学科属性与安全工程学的关系。

刘潜在《从劳动保护工作到安全科学》一文中明确指出：安全工程学体系主要由

四个部分组成，安全管理工程学、安全设备工程学、安全人机工程学、安全系统工程学。若将安全工程性视为一个集合，则上述四部分便可分别看作四个子集。它们之间的相互关系是：安全人机工程学是实现安全工程学的科学依据和最活跃的人的作用因素；安全设备工程学是实现安全工程学的物质条件；安全管理工程学是实现安全工程学的"人与物关系"的组织手段；安全系统工程学是实现整个安全工程学内在联系的方法论。四者之间存在着相互交叉、渗透、影响、制约和互补的关系。

安全工程技术的理论是安全工程学，属于综合科学学科的范畴。其中的安全管理工程学属于社会科学的范畴，代表着安全法规（含安全法律、安全法规、安全条例、安全规程等）、安全经济、安全教育、安全管理等技术理论。而安全设备工程学属于自然科学的范畴，如安全装置、安全设备、安全信息显示与处理装置等技术理论。前者还有"人"的因素，后者是"物"（即机）的因素，从解决"人"与"物"之间结合面，即从人机界面关系的角度来研究导致活动伤亡病害等不利因素作用机理和预防与消除方法的依据等来研究，这就是安全人机工程学的研究内容，即安全人机工程学的任务是为工程技术设计者提供可靠、准确的人体数据和要求，包括：人体的安全阈值（不影响伤害的高低限度和环境要求）；人体工作允许的范围（不影响正常工作的效率），即各种人体承受能力；人体的舒适范围（动作最佳状态或最优状态）；各种安全防护设施必须适合人使用的各种要求，以这些依据和要求指导工程技术人员进行具体工程设计，从而在实现生产效率的同时确保劳动者的安全。也就是说，安全人机工程学是直接为工程技术服务的理论依据。因此，安全人机工程学在安全科学体系中属于安全科学的技术科学层次即安全工程学中的分支科学；它的研究内容基本上属于人体科学的应用科学范畴，而安全系统工程学则属于系统科学中系统工程学的应用科学范畴。

五、与人体生理学及环境科学的关系

生理学、卫生学、医学及环境科学研究人体各方面的机理、机能和效率，以及各种环境对人体的实际影响。这些均是安全人机工程学的基础依据。另外安全人机工程学常常需要从人体生理过程、引起职业病原因和人体解剖学原理等方面进行分析。

1. 与人体生理学的关系

许多安全人机工程学的问题，若要进行深入的研究，探究其原理与机制，就需要从人体解剖特点和人体生理过程进行分析，如研究人的工作负荷、作业方法和动作姿势，就需要对人体机体结构、肌肉疲劳、能量消耗等方面进行研究分析[1]。在职业病

---

① 刘兆祺. 道路交通安全应用心理学 [M]. 北京：北京警官教育出版社, 1998.

研究中，就涉及到劳动强度、工作制度、机器设计及工作环境等方面的问题，而这些问题的深入研讨都会从生理学、医学等方面研究。因此，生理学、卫生学、医学等研究人体各方面的机理、机能和方法、效率，以及各种环境对人体的实际影响，这些均是安全人机工程学的基础与机制的理论依据。安全人机工程学还经常运用它们的研究成果来提高人机结合面的质量，以便创造安全、舒适、良好的工作环境并保证人体正常的生理、心理活动，从而达到保障人的身心安全和保证人机系统正常工作效率的目的。

2. 与环境科学的关系

环境科学主要研究环境指标的测量、分析和评价，环境对人的生理及心理影响，恶劣环境条件中职业危害、职业病的形成机理及防控措施，环境的设计与改善等①。环境科学所研究的这些内容为安全人机工程学进行环境设计与改善，创造适宜的作业环境和条件提供了方法和标准。

六、与其他工程技术科学的关系

工程技术科学史研究工程技术设计的具体内容和方法，而安全人机工程学所要研究的不是这些设计中的技术问题，而是工程设计应满足何种条件方能适合于人的使用和避免危害的问题。并从这个角度出发，向设计人员提供必要的安全参数和要求，从而制定安全卫生标准，使工程设计更加合理，更适合人的生理和心理以及其他特性的要求。所以，安全人机工程作为一门新兴学科，与许多邻近学科既有密切的相互联系，又有它独特的理论体系、研究方法和具体内容。如图9-3所示。

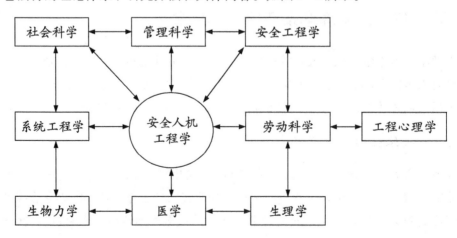

图9-3　安全人机工程学与相关学科

第四节　安全人机工程学发展新趋势

安全人机工程学是一门应用性很强的学科，其应用领域也非常的广泛，无论是在农业、林业、制造业、建筑业、交通业、服务业等产业部门，还是在无线通讯、网络媒体、数字出版物等信息领域中，都要求人与机的和谐自然交互。当今，安全人机工程学顺应着互联网和通信技术的飞速发展，不断地与时俱进，与传统工业化状态下的人机设计有很多不同，主要表现为绿色人机、虚拟人机、信息化人机、数字化人机、智能化人机等，其发展具有以下三个特点。

第一，不同于传统人机工程学研究中着眼于选择和训练特定的人，使之适应工作要求，现代人机工程学着眼于机械装备的设计，使机器的操作不越出人类能力界限之外。

第二，密切与实际应用相结合，通过严密计划设定的广泛实验性研究，尽可能利用所掌握的基本原理，进行具体的机械装备设计。

第三，力求使实验心理学、生理学、功能解剖学等学科的专家与物理学、数学、工程学方面的研究人员并同努力、密切合作。

一、绿色人机

安全人机工程学的根本研究方向是揭示人、机、环境之间相互关系的规律，使人、机和环境相互协调统一，形成高效、经济、安全的有机系统，以达到确保人—机—环境系统总体性能的最优化。绿色人机强调的是对"人—机—环境"系统绿色设计的过程。

20 世纪 70 年代以来，工业污染所导致的全球性环境恶化迫使人们不得不重视环境保护的问题，为了确保人类的生活质量和经济的可持续性健康发展，全球性产业结构调整出现了新的绿色趋势，"生态设计""绿色设计""可持续（产品）设计"等新的设计观油然而生。

绿色产品设计，是从能源消耗、使用安全性以及对环境的影响等方面对产品的绿色性进行分析，并对产品生命周期各阶段对环境的影响进行周期评估。

绿色产品的特征：低能耗，使用安全，用最少的资源，零部件易于拆卸、可回收和再利用，有较长的生命周期。

绿色设计克服传统设计中的不足，优点如下：

第一，绿色设计可以防止地球上矿物资源的枯竭。它减少了对材料资源及能源的需求，保护了地球的矿物资源，使其可合理持续的使用。

第二，绿色设计减少了垃圾数量及垃圾处理问题。工业化国家每天要制造大量的垃圾，通常采用填埋法不仅要占用大量的土地，而且还会造成二次污染。绿色设计将废弃物的产生扼杀在萌芽状态；

第三，绿色设计有利于保护环境，维护生态系统的平衡和可持续发展。

二、虚拟人机

虚拟人机是借助虚拟样机（virtual prototype）系统来进行的，也有人称其为虚拟人机工程学环境。设计人员和不同技术背景的人可以直观地看到各种虚拟人体三维数字模型使用产品的情况，精确研究产品的人机工程学参数，直接与设计的产品进行交互，并评价产品的性能。虚拟人机应用前景非常广阔，最早出现在电视、游戏及娱乐业，目前的应用重点正转向工业和商业方面。

1. 产品设计

在产品设计和制造业，人体工程技术已得到广泛应用，尤其是在产品设计领域中，人机标准数据库、三维人体模型及一些简单的人机软件系统，已被广泛应用于设计过程，并作为检验和分析产品设计方案人机关系的工具。

2. 汽车设计

在汽车设计中，虚拟人作为人体碰撞检测模型，可以模拟各种交通事故对人体的意外创伤的实验研究，以及防护措施的改进，而汽车制造商也可以利用虚拟人来测试气囊的安全程度、座椅的舒适程度、驾驶过程模拟等[1]。图9-4为虚拟人在事故发生中测试汽车安全气囊的试验。

图9-4　汽车安全气囊虚拟模拟试验

---

① 王昆元. 道路交通运输安全管理 [M]. 北京：机械工业出版社，2004.

3. 军事领域

当今战争的发展趋势和主流是以信息技术为核心的现代高科技战争。新武器的技术展示、新战术的模拟训练、新装备的制造与使用都离不开虚拟人机技术。尤其在新型制导武器的实物仿真方面更要依赖于虚拟作战实验环境，这样不仅可以减少人力物力的损伤浪费，达到武器使用与训练的目的，同时还可大大提升士兵在不同特殊环境下的应变能力。

4. 航天航空

美国国家航空航天局 NASA 和宾夕法尼亚大学计算机与信息科学系联合开发的 jack 系统，经历了十多年的时间，收集了上万人的人体测量数据。波音公司也曾利用虚拟现实技术进行虚拟座舱的布局，实现了高水平的实际座舱布局设计。

5. 舞蹈编排

舞蹈编排是指以舞蹈、动作及空间调度传达编舞家的概念，表达的可以是一个故事，一种情感，或一种意向，配合音乐、布景、灯光、服饰等做综合创作，以达到理想的效果。

6. 体育系统仿真

体育系统仿真是综合计算机科学、图形学、运动训练学、决策学、管理学、心理学等众多学科的交叉学科。体育系统仿真以计算机仿真为手段，以真实的运动数据和科学的体育理论将体育运动用计算机以生动直观的形式表现出来。

7. 数字娱乐与传媒

数字娱乐与传媒的本质是虚拟现实，是科技发展到相当高度诞生的新的娱乐形式。数字娱乐的核心在于通过一定的软硬件实现人与电脑程序的互动，在这个虚拟过程中体会到精神上的快感。虚拟人机在数字娱乐与传媒中的研究主要集中在人体建模和电脑特技制作。

三、信息化人机

200 多年前蒸汽机的发明，使人类进入了机械时代，100 多年前电的发明，带动了人类社会的电气化进程，如今，人与人之间的联系不再被巨大的时间、空间所限制，而是变得更加自由，在由光纤及电磁波组成的网络中，即 Internet 环境及多媒体和虚拟现实技术支撑下，人类更多面对的是非物质的东西——信息。由此看出，信息时代是从物质的转向了非物质的飞跃，表现为虚拟的、互动的。

新的时代对于设计师形成了新的挑战，与传统工业化状态下的人机学内容相比较，信息化社会的形成和发展形成了信息化的人机特点。首先，传统设计本身就成为被改造的对象，计算机作为一种方便而理想的设计工具，导致了人机设计的手段、方法、过程等一系列的变化。另一方面，设计从范畴、定义、本质、功能等方面也开始发生重要的变革。不再局限于对象的物理设计而是越来越强调对非物质，诸如系统、组织结构、交互活动、信息、娱乐、服务以及数字艺术的设计。

四、数字化人机

数字化人机，包含传统的数字化产品和如今的产品数字化这两个截然不同的概念。

数字化是信息社会的技术基础，数字化技术引发了一场范围广泛的产品革命，如各种数字化家用电器产品（电话、电脑、电视、音响、数码相机、摄像机、录像机、空调、冰箱、洗衣机、微波炉等）。这里的数字是相对于模拟而言的，文字、图像、声音，包括虚拟现实及可视化人机交互系统等，实际上通过采样定理都可以用0和1来表示，这样数字化以后的0和1就是各种信息与多媒体形象最基本、最简单的体现，所以计算机不仅可以计算，还可以发出声音、打电话、发传真、看电影等。

如今，计算机技术在企业的产品设计及生产过程中的应用，出现了产品数字化的概念。与传统的数字化产品相比，产品数字化是指采用计算机软、硬件技术，以网络为基础，以数据库为平台，在产品从采办—研制—设计—制造—交付—培训—维护—报废的全生命周期中，以三维CAD设计为核心，将CAE/CAT/CAPP/CAM/CALS/PDM等计算机技术全面应用到产品的设计、制造、管理、售后服务等环节，形成用户需要的产品。通过对产品数字化人机系统的研究，将在很大程度上改善和提高产品设计、生产以及使用过程的人性化因素。

五、智能化人机

随着机器智能技术的发展，人与计算机之间建立起了一种新的人机关系。由于计算机具有智能性，将其与"智能化"的人类组成新型的人机智能系统，使人机系统技术进入了一个新的境界。所谓智能化人机系统，就是采取以人—机器系统（这里不仅仅是指计算机）为一体的技术路线，人与机器处于平等合作的地位，人与机器共同组成一个系统，各自执行自己最擅长的工作，人与机器共同认知、共同感知、共同决策、共同工作，从而突破传统的"人工智能系统"的概念，形成达到甚至超过人的能力乃至智力的"超智能"系统。其核心内容是强调人在系统中的重要性，重新安排人与机器系统的位置，突破现有系统将人排除在外的旧格局，研究新型的人与机器的关系，实现新一代的智能化人机系统。

智能化人机系统，可分成以下几种类型。

（1）人类本身的人体系统，特别是人脑系统。

（2）人类以其智能直接参与活动的系统，如金融系统、保险系统等。

（3）人与机器共同工作的人机系统。

（4）模拟（部分模拟）人类智能的机器系统。

前两类智能系统是"人本系统"，也就是人本身的系统；后两类智能系统是"人为系统"，也就是人类改造自然，为人类谋求利益而创造的系统。比如说，在智能化人机系统中，虚拟人的智能化行为表现在能够根据用户的要求，智能化地做出相应的反应，按照相应的策略，给予用户以提示和帮助。

表9-1罗列了人类与机器在智能活动上的互补性，在日前的科学技术水平下，机器智能完全替代人类智能存在很大困难。特别对于"人"来讲，在认识、表示、操作各层次上的机理还不够清晰，还有待于科学的进一步研究与揭示。那么人与机器可以进行分工与合作，对机器来讲，不是一味地追求机器智能的高水平，而是在一种经济指标的衡量下，强调机器对人类智能的适应，追求机器对人类智能的支撑，创造人类充分发挥智能的条件，从而在人类与机器的共同协作下，达到一种比任何一方面单独作用时的智能化水平都要高的综合智能。

表9-1　人与机器在智能方面的互补性

层次	不精确处理	精确处理
体系层次	人	机器
认识层次	感受及其他	知识
表示层次	联结机制及其他	物理符号机制
操作层次	反馈、自组织及其他	搜索、推理

第五节　安全人机工程学前景展望

现代安全人机系统中，作业人员是在特定环境中操作和管理复杂系统和各种数字化设备，当人在这种环境中工作时，既要靠眼睛来观察环境，又要靠细致的注视来完成精确的控制动作，通过人机工程技术分析，就可知道人在操作时如何分配注意力、体力，同时了解仪表、屏幕以及外视景如何设计和合理分配才能获得最好的人机交互，既减轻操作人员的工作负荷又避免出错，切实提高人机工效。这对于计算机系统、自动化控制、交通运输、工业设计、军事领域以及社会系统中重大事变（战争、自然灾害、金融危机等）的应急指挥和组织系统、复杂工业系统中的故障快速处理、系统重构与修复、复杂坏境中仿人机器人的设计与制造等问题的解决都有着重要的参考价值。

一、研究领域不断扩大

随着科学技术的快速发展，社会的进步，经济的繁荣，人们对自身的安全健康要求日益强烈，因此，促使安全人机工程学的研究对象领域已不能局限于人机结合面的匹配问题，而要求研究广泛的应用领域，如人与生产工艺、人与操作技能、人与工程施工、人与生活服务、人与组织管理、人（享受者）与游艺设备、人（乘客）与运输设备（如汽车、火车、飞机、轮船、宇宙、载人飞船）等要素的相互协调适应问题，这些研究以各自有关要素构成的系统为基础，在系统中从人的角度，以解决人机系统的安全问题为着眼点，优化人与各相关要素的关系，使"机"适应于"人"，从而使系统达到安全目标和保障工效的目的。由于人的生活领域、生产领域、生存领域涉及到方方面面，其领域非常广泛，因此可以说，安全人机工程学具有广阔的应用前景。

二、研究范围日益广泛

安全人机工程学涉及到社会的各行各业，几乎渗透到每个人的每时每刻和各个方面，包括人的工作、学习、体育（包括使用健身器）、休闲、旅游、娱乐（包括使用游艺机、娱乐器等）以及衣、食、住、行等各种器具、设施都存在一个安全卫生问题，都要求科学化、宜人化，随着人类生活水平的不断提高，安全人机工程学的应用领域将会不断扩大和深刻发展。如在人机界面技术研究方面。

在人机工程学中人机界面是最重要的一个研究分支，它是指人机间相互施加影响的区域，凡参与人机信息交流的一切领域都属于人机界面。可将设计界面定义为设计中所面对、所分析的一切信息交互的总和，它反映着人物之间的关系。随着软件工程学的迅速发展和新一代计算机技术研究的推动，人机界面设计和开发已成为国际计算机界最为活跃的研究方向。随着计算机技术、网络技术的发展，人机界面学会朝着以下几个方向发展。

1. 高科技化

信息技术的革命，带来了计算机业的巨大变革。计算机越来越趋向平面化、超薄型化；便捷式、袖珍型电脑的应用，大大改变了办公模式；输入方式已经由单一的键盘、鼠标输入，朝着多通道输入化发展。追踪球、触摸屏、光笔、语音输入等竞相登场；多媒体技术、虚拟现实及强有力的视觉工作站提供真实、动态的影像和刺激灵感的用户界面，在计算机系统中，各显其能，使产品的造型设计更加丰富多彩，变化纷呈。

2. 自然化

早期的人机界面很简单，人机对话都是机器语言。由于硬件技术的发展以及计算机图形学、软件工程、人工智能、窗口系统等软件技术的进步，图形用户界面（graphic user interface）、直观操作（direct manipulation）、"所见即所得"（what you see is what you get）等交互原理和方法相继产生并得到了广泛应用，取代了旧有"键入命令"式的操作方式，推动人机界面自然化向前迈进了一大步。然而，人们不仅仅满足于通过屏幕显示或打印输出信息，进一步要求能够通过视觉、听觉、嗅觉、触觉以及形体、手势或口令，更自然地"进入"到环境空间中去，形成人机"直接对话"，从而取得"身临其境"的体验。

3. 人性化

现代设计的风格已经从功能主义逐步走向了多元化和人性化。今天的消费者纷纷要求表现自我意识、个人风格和审美情趣，反映在设计上亦使产品越来越丰富、细化，体现一种人情味和个性。一方面要求产品功能齐全、高效，适于人的操作使用；另一方面又要满足人们的审美和认知精神需要。现代电脑设计，已经摆脱了旧有的"四方壳"纯机器味的淡漠。坚锐的棱角被圆滑、单一的米色不再一统天下；机器更加紧凑、完美，被赋予了人的感情。软界面中颜色、图标的使用，屏幕布局的条理性，软件操作间的连贯性和共通性，都充分考虑了人的因素，使之操作更简单、友好。目前，人机交互正朝着从精确向模糊，从单通道向多通道以及从"二维交互"向"三维交互"的转变，发展用户与计算机之间快捷、低耗的多通道界面。

4. 和谐的人机环境

今后计算机应能听、能看、能说，而且应能"善解人意"，即理解和适应人的情绪或心情。未来计算机的发展是以人为中心，必须使计算机易用好用，使人以语言、文字、图像、手势、表情等自然方式与计算机打交道。

国外一些大公司如 IBM、微软等在中国国内建立的研究院大多以人机接口为主要研究任务，尤其是在汉语语音、汉字识别等方面，如汉语识别与自然语言理解，虚拟现实技术，文字识别，手势识别，表情识别等。我们应该在人机交互方式技术竞争中，特别是在人机界面的优化设计、视觉—目标拾取认知技术等方面取得主动权。

三、在高科技领域的作用将更为突出

随着微电子技术、纳米技术、机器人技术及计算机技术迅速发展以及遥感、遥测、遥控技术等自动化程度的提高，将使人在工作中由操作者变为监控者或监督者，即由体力劳动者变为脑体结合或脑力劳动者。今后将有越来越多的智能化机器代替人的一部分功能，那时人类社会生活将会发生根本的变化。然而高科技的发展也会像机械化一样，在给人们带来"福"的同时也带来了"祸害"，需要有安全人机工程学为高科技的发展"保驾护航"。回顾人类社会的科技发展史，可以看出，当一个新的科技产品被开发利用给人们带来利益的同时，随之带来一些危害，要求人们去解决。这要求产品从内容上讲是高科技及智能型的，但在操作上是简单化即"傻瓜式"的。当这些危害因素被解除或缓解之后，就促使这一新科技的快速发展，相应地推动了社会的前进。当今高科技与人类社会往往产生不相协调的问题，可以应用安全人机工程学的理论和技术，在高科技产品投入市场之前将其负面效应即不安全因素予以解决。安全人机工程学在参与解决这些新问题中将会发挥更加突出的作用，同时也促进自身的发展。

四、人体特性的界面有待深入研究

目前有关人体特性方面的研究就亟待深入进行，其人体测量仅限于人的肢体测量，而缺乏手掌和手指、脚掌和脚趾的测量数据，疲劳的测试，生理测量，生物力学测量及制定各类安全、卫生标准的生理和心理依据，对人的潜在危险均待深入研究。同时心理学界已重视人的社会因素的研究，认识到单纯研究人的思维、记忆力、气质、性格、意志、需要、动机、能力等是不够的，还应当重视人的高级心理活动与人类活动安全的研究，如人的性格特征及人与人的关系与人类活动安全、人与社会的关系与人类活动安全等研究。有一位美国心理学家为了改变对提高生产率有影响的因素，进行了一项实验，此实验进行了几个月之后，他发现不论改变什么条件，这几位工人的劳动生产率一直在提高，可靠性系数高，几乎不发生事故，这是为什么呢？原因是在进行实验本身就是一种强有力的社会性诱因，促使工人提高生产效率，而把这些改变生产效率诱发事故的影响因素掩盖了。这个实例说明社会性因素的作用是强劲的，同时告诉人们在人的高级心理活动中受影响的因素是多方面的。因此，从高级心理活动的角度，如何保持正常情绪，以便真实反映心理状态，保障活动安全，是当前和今后需要解决的重要问题。生物工程、基因工程、人体科学的深入发展将会促进对人体特性的研究更加深入。那么将来人机系统中的人将会与机融合为一体，让机器成为人类身体的延伸，那时人机结合面将会是一个全新的概念。

五、视觉—目标拾取认知技术研究新走向

眼睛是心灵的窗户，透过这个窗口我们可了解人的许多心理活动。人类的信息加工在很大程度上依赖于视觉，来自外界的信息有 80%～90% 是通过人的眼睛获得的。眼动的各种模式一直与人的心理变化相关，对于眼球运动即眼动的研究被认为是视觉信息加工研究中最有效的手段，吸引了神经科学、心理学、工效学、计算机科学、临床医学、运动学等领域专家的普遍兴趣，其研究成果在工业、军事、商业等领域得到了广泛应用。

在视觉—目标拾取认知技术科学研究中最为重要的问题就是人对信息流的获取（输入）和信息流的控制（输出）这两个问题。据研究人对外部信息流的获取有 80% 是通过视觉获得的，由于视觉的重要性，有关视觉—眼动系统的研究始终是科学界关注的问题之一，其中有关人眼的搜索机制早就引起了神经病学家、眼科学家、生理学家、解剖学家以及工程师们的极大兴趣，特别是近年来，世界各国对视觉—眼动系统的研究越来越多：NASA、哈佛、麻省、剑桥、牛津等著名科研机构或大学都设有专门的视觉—眼动系统研究部门。而人对外部信息流的控制主要是通过手、脚、口等效应器官进行的，其中研究人的目标拾取运动这一基本、重要的作业运动形式，可以为人机界面系统的设计、评估、操作提供量化的理论依据和理论指导，因此，该研究具有很好的工程应用价值，并一直是工效学、心理学、生理学等学科的研究热点。近年来，随着计算机及人机界面技术的发展，眼动仪在人机界面设计上受到高度重视。美国空军最早在新的人机交互设计中运用视觉追踪技术，最初的主要目的是要把视觉追踪用于战斗机座舱的设计。这一领域的深入研究表明，视觉追踪技术不但可以用于战斗机座舱的设计，而且还可以运用视觉追踪技术，把人眼作为计算机的一种输入工具，形成视觉输入人机界面。另外，日本的 ATR 通讯系统研究实验室和东京工业大学已将眼动测量用于对虚拟现实的研究，有效地解决了大的视场和高精度的图像显示之间的矛盾。随着高性能摄像机的出现和图像处理技术的发展，眼动仪将朝着高精度、高实用性和低成本的方向发展。

国内对视觉测量的研究起步始于 20 世纪 70 年代末、80 年代初。一般都是引进了国外设备作实验研究，西安电子科技大学在自主开发研制眼动仪样机方面做了很多工作。北京航空航天大学人机环境工程研究所 20 世纪 90 年代末开展了飞机座舱人机界面评价实验台的研制，利用视觉与眼动系统分析控制面板仪表布局是研究内容之一。

由于人是人—机—环境系统的主体，只有深刻认识人在系统中的作业特性，才能研制出最大程度地发挥人及人机系统的整体能力的优质高效系统。人的目标拾取运动作为人的一种输出形式，具有速度—精确度的折中关系，即目标拾取运动的完成时间与命中目标的精确度成反比。这种特性广泛存在于人的各种输出和其他控制系统中。所以如何建立人的目标拾取运动过程中实用、精确的速度—精确度折中关系理论模型就成了研究的主要任务。

第十章　安全行为学新论

　　事故的发生离不开人的不安全行为、物的不安全状态、环境的不安全条件，其中人又是生产活动的主体，控制生产活动的自由度极大，绝大多数事故的发生都与人的不安全行为有关，因此，减少人的不安全行为，是安全生产关键所在。美国著名的安全工程师海因里希曾经调查了美国的 75，000 起工业伤害事故发现：占总数98%的事故是可以预防的，只有2%的事故超出人的能力所能预防的范围，在可预防的工业事故中，以人的不安全行为为主要原因的事故占88%，以物的不安全状态为主要原因的占10%。

　　那么哪些因素能够影响员工的不安全行为？以煤矿行业为例，我国 2006 年至 2012 年发生的煤矿事故 200 个，其中 2006 年至 2008 年选取 10 人以上死亡人数的事故，2008 年至 2012 年选取 3 人以上死亡人数的事故，经过事故原因统计得出：员工违规对不安全行为的影响比例因子最高为 0.61，而员工安全意识影响比例因子为 0.50，其他的影响因素还包括行业利润、管理机制、工作环境、员工生理素质、安全技术、安全评价体系、政府监管等[①]。员工是否违规以及安全意识程度是与企业的安全文化密不可分的，因此，在安全管理中，培育人的安全行为文化至关重要。

第一节　安全行为学概述

一、行为科学概述

1. 行为的含义

　　行为是指人们一切有目的的活动，它是由一系列简单动作构成的，在日常生活中

---

① 曹华亮. 煤炭企业员工安全行为水平评价及仿真研究［D］. 淮南：安徽理工大学，2013.

所表现出来的一切动作的统称。

影响人类行为的因素是多种多样的，概括起来可以分为两个方面：即外在因素和内在因素。外在因素主要是指客观存在的社会环境和自然环境的影响，内在因素主要是指人的各种心理因素和生理因素的影响，心理因素诸如人们的认识、情感、兴趣、愿望、需要、动机、理想、信念和价值观等，其中，对人类行为具有直接支配意义的是人的需要和动机。管理心理学所研究的人类行为，即是在心理活动影响下，由人的内在动机所支配的行为。

2. 行为科学的内涵

行为科学（behavioral sciences）是指使用科学的手段和方法研究自然和社会科学中的人和动物的行为（主要研究人的行为）的科学。它涉及人的需要、动机、个性、情绪、思想、内驱力，特别是人群之间的相互关系等。行为科学采用的研究方法为统计法、测量法、实验法和问卷法等。行为科学理论是通过研究人的行为产生、发展和相互转化的规律，来预测和控制人的行为。

3. 行为科学理论及其流派

行为科学的研究，基本上可以分为两个时期。前期以人际关系学说（或人群关系学说）为主要内容，从 20 世纪 30 年代梅奥的霍桑试验开始，到 1949 年在美国芝加哥讨论会上第一次提出行为科学的概念止[1]。在 1953 年美国福特基金会召开的会议上，科学家将此研究正式定名为行为科学。

行为科学理论产生于 20 世纪 20 年代以后，资本主义经济危机加剧了劳资双方的矛盾，古典管理理论时期所确立的"胡萝卜加大棒"的管理方法日益显示出局限性，行为科学理论应运而生。从比较宽泛的意义上来界定行为科学理论，主要包括确立和大规模发展两个时期。确立时期主要包括"梅奥的人际关系理论""巴纳德的社会系统理论"和"西蒙的决策理论"；在大规模发展时期主要包括以"马斯洛的需要层次理论"和"麦格雷戈的理论"为代表的个体行为理论，"库尔特卢因的团体动力理论"和"布莱克与穆顿为代表的组织行为理论"。此外，行为科学理论还包括各种各样的激励理论，主要有"赫兹伯格的激励因素""阿特金森的成就需要激励理论""麦克利兰的成就需要理论""弗鲁姆的期望机率模式理论""波特·劳勒的期望机率理论""亚当斯的公平理论""凯利的归因理论""斯金纳等人的强化理论"等[2]。其理论的前提假设是社会人，理论核心是组织中人的问题。从动态的角度，在社会心理方面研究人

---

① 百度百科：行为科学 [EB/OL]. [2015.3.21] http：//baike.baidu.com/link? url=ol7V17YBeR0k85G8X9sca-iMfRH7znbPwEkSlxEYaq9c6LriQ28UXncLzyhAbGlS44VqaYPbqfbZNV6XFDdniyq.

② 沙靖宇. 古典管理理论与行为科学理论的比较分析 [J]. 学理论，2012（13）.

的因素对行为组织的影响及其相互关系，尤其特别注重从心理学角度对人际关系、工作满意、工作生活质量和组织的激励措施等相关问题的研究，行为科学理论弥补了古典管理理论的一些不足，凸显了管理的人本色彩。

行为科学理论着眼于组织中人的行为研究，主张重视人际关系中人的需求和人的价值，提出了以人为中心的观点来研究组织中出现的管理问题，肯定了人的社会性和复杂性。该理论表明：影响组织绩效的决定性因素是组织中的人及其行为，而不是组织中硬性的法规和规章制度。组织中的人除了有经济方面的需求之外还有社会方面的需求，单纯的经济激励因素不再是唯一的手段，行为科学理论对于组织问题的研究引发了管理哲学的深刻变革。组织管理方式由独裁式、监督式、控制式的管理方式向参与式的激励性的人性化管理方式转变。奠定了现代管理理论的基础和研究方向。行为科学理论探讨组织中人活动的一般规律，即人的行为由动机支配，并由需求所引发，人的行为都是有一定的目的，都是在某种动机的支配下来达成某个目标，当目标实现后人的需求就达到了满足，同时在需求满足后又会产生新的需求，再次引发新的动机而产生新的行为科学理论，对于现代企业的组织管理具有很现实的指导作用[1]。行为科学理论提出关心人和尊重人的管理原则，对人力资源的合理开发和利用、激发企业下属参与工作的积极性、改善和协调企业员工之间的关系、提高企业员工对于公司文化的认同度、增强组织成员的凝聚力和向心力、提高企业劳动生产率、组织绩效和缓解组织内部冲突等均起到了积极的推动作用。

行为主义理论的产生和发展有两个阶段，第一阶段是以美国心理学家华生为代表，在巴甫洛夫条件反射学说的基础上，他主张心理学应该摒弃意识、意象等太多主观的东西，只研究所观察到的并能客观地加以测量的刺激和反应。第二阶段为新行为主义理论时期，以托尔曼为代表的新行为主义者修正了华生的极端观点，他们指出在个体所受刺激与行为反应之间存在着中间变量，这个中间变量是指个体当时的生理和心理状态。在行为主义理论的基础上，管理学的研究者们运用此理论结合管理学的内容，拓展了管理学的范畴，经过一段时间的发展，形成了著名的行为科学学派，学派的代表人物有梅奥、马斯洛、麦格雷戈、卢因以及穆顿等，他们的研究包括人际关系、人的需求与行为关系、人的本性及相应管理问题、正式组织中非正式组织问题、双因素模式等管理方式方法，以珍妮·穆顿为例，她在管理学中的行为科学理论的发展上起了重要的作用。穆顿和布雷克一起成立了名为管理方格的组织，并提出了著名的管理方格理论[2]。该理论主要集中于解决企业组织中的问题，而不是简单地分析问题，根据企业管理者对员工和生产的关注程度的不同，可以划分出五种不同的领导方式：贫

① 高阔. 行为科学理论与现代企业管理 [J]. 改革与开发，2011（2）.
② 唐慧，欧光安. 浅探行为科学学派理论及其在科技管理中的运用 [J]. 科技信息，2009（6）.

乏型领导（对生产与员工都缺乏关注）；乡村俱乐部型领导（对员工的关注较生产多）；生产或破坏型领导（对生产的关注较员工多）；中间路线型领导（对生产和员工都适当关注）；团队型领导（对生产与员工都高度关注）。从领导方式的角度，管理方格也可称为领导力方格。

行为科学学派着重于研究组织内外的思考模式、感知方式、行动等问题。行为科学学派的一个重要观点是："在很大程度上，正是通过自己的行动，人们引发了环境条件，这些条件又以交互的方式影响人的行为，由行为产生的经验也部分决定了一个人成为什么样的人、做什么事，而这一切又反过来影响后续的行为。"[①]行为科学学派提出，对组织中的人类行为的理解、预测和管理，必须了解微观的人的行为模式与宏观的组织内外部环境之间的关联，因为对于组织中人的行为的认知必须是有目的的，受组织目标所指引的，而且可观察到的人的行为是与组织的环境相对应的。组织内部需要创造相互信任，使交流更加开放，从而使个人和组织更加灵活，因此，必须将旧的行为模式运用到已经建构好的新的行为框架中来，但是这种运用在实际中是比较难于进行的[②]。当管理者与员工之间由于改革原有模式而产生了紧张和疏远关系时，员工极有可能要寻找出路，阿吉里斯提出了 6 种可能的结果：①他可能选择离开这个组织。②他可能会努力工作，一直得到提升。③他可能坚持自己的自我概念，使用防卫机制来适应环境。④面临冲突时，他可能会自己施加压力，迫使自己留下来，同时尽可能降低工作标准，使自己变得冷漠和失去兴趣。⑤这种冷漠和失去兴趣会致使雇员更加重视物质奖励，而轻视人性奖励或者非物质奖励。⑥教育他们的孩子相信，工作的回报总是有限的，希望通过工作获得个人发展的想法是不会实现的[③]。

21 世纪行为科学的发展趋势：①对行为的研究向着社会宏观和生物微观两个方向深入，行为所包含的范围越来越广。在宏观水平上，向上扩展到组织、国家以及社会水平的行为；在微观水平上，向下扩展到行为的基因、分子水平。②更注重研究为本国的公共政策提供科学建议和技术支持。③更多学科对行为的研究，尤其是边缘学科的加入。

行为科学还面临着两类前沿问题：①信息化条件下个体与组织行为的适应问题；②经济全球化带来的文化冲突与融合问题[④]。

---

①　[美]弗雷德·鲁森斯. 组织行为学 [M]. 王垒，译. 北京：人民邮电出版社，2003.

②　[美]罗伯特·丹哈特. 公共组织理论 [M]. 项龙，刘俊生，译. 北京：华夏出版社，2002.

③　[美]克里斯·阿吉里斯. 个性与组织 [M]. 郭旭力，鲜红霞，译. 北京：中国人民大学出版社，2007.

④　中国科学院心理研究所战略发展研究小组. 行为科学的现状和发展趋势 [J]. 中国科学院院刊，2001（6）.

二、安全行为学的兴起与发展

安全行为学是行为科学的应用分支，最早出现在欧美的研究和应用当中，由英国 Gene Earnest 和 Jim Palmer 在 1979 年第一次以 BBS（Behavior Based Safety）的名称提出。安全行为学建立在社会学、文化学、心理学、生理学、人类学、经济学、语言学、法学等学科的基础上，是分析、认识、研究影响人的安全行为因素及模式，掌握人的安全行为和不安全行为的规律，实现激励安全行为、防止行为失误和抑制不安全行为的应用性学科[①]。

1. 国外相关研究

研究伊始，学者将不安全行为看作是人的性格倾向，Greenwood 和 Woods（1919）在对军需工厂发生的伤亡事故次数进行统计分析时发现，有些工人与其他工人相比更容易引发事故，提出了"事故倾向性格理论"[②]。Newbold（1927）对工厂大量伤亡事故次数的数学统计分析，对这种理论进行了补充和完善，证明存在事故频发倾向者[③]。Farmer 和 Chamber（1939）明确提出了"事故频发倾向理论"，认为工业事故发生的主要原因是事故频发倾向者的存在，并总结了事故频发倾向者的性格特征[④]。海因里希（Heinric，1934）提出伤亡事故过程的"因果连锁理论（又称多米诺骨牌理论）"，该理论指出：一连串意想不到的事故遵循一定关系和规律就会导致伤亡事故的发生，包括五种因素：遗传及社会环境、人的缺点、人的不安全行为与物的不安全状态、事故、伤害[⑤]。海因里希还认为，由于人的错误也会导致物的不安全状态，这些由物的不安全状态引起的事故归根结底还是人的原因[⑥]。因此，人的不安全行为是导致工业事故发生的最主要原因。

在构建行为安全科学体系的过程中，形成了诸多有关人的安全行为科学的基本研究原理。Maslow（1962）提出的"马斯洛需求层次理论（Maslows hierarchy of needs）"，

---

① 罗云，程五一. 现代安全管理 [M]. 北京：化学工业出版社，2004：147.

② Greenwood M，Woods H/M. The incidence of industrial accidents upon individuals with specific reference to multiple accidents（report no. 4）[M]. London：Industrial Fatigue ResearchBoard，1919.

③ Newbold E M. Practical applications of the statistics of repeated events' particularly toindustrial accidents [J]. Journal of the Royal Statistical Society，1927，90（3），pp487−547.

④ Farmer E，Chambers E G. A Study of Accident Proneness among Motor Drivers [M]. London. Industry. Health Research Board Rep，1939.

⑤ Heinrich H W. The accident sequence [M]. Presentation given to the Detroit Industrial SafetyCouncil，1934.

⑥ Heinrich W H，Peterson D. Roos N. Indurtrial Accident Prevention [M]. New York：McGraw-Hill Book Company，1980.

亦称"基本需求层次理论"[①]，是行为科学的理论之一，能够提供给现代企业对于员工激励的方法。Herzberg 等（1959）通过对 11 个商业机构 200 多位工作人员进行调查征询，提出了"保健—激励理论"，简称"双因素理论"，该理论将人的行为动机分为保健因素和激励因素两类[②]。Vroom（1966）在其《工作与激发》一书中提出了"期望理论（Expectancy Theory）"，该理论认为人的积极性被激发的程度取决于他对目标价值估计的大小和判断实现此目标概率大小的乘积，即期望公式，它直接影响一个人的行为动机和实现目标的信心[③]。Goodman 和 Friedman（1965）提出了"公平理论"，该理论是研究人的动机和知觉关系的激励理论，认为员工的激励程度来源于对自己和参照对象的报酬和投入的比例的主观比较感觉[④]。Lawler 和 Porter（1968）把内部激励和外部激励综合起来形成了新的激励模式即"波特—劳勒激励模型"，该模型说明工作绩效是一个多维变量，包含五个因素：个人努力程度、个人能力和素质、外在的工作条件和环境、个人对组织期望、对薪酬公平性的感知[⑤]。

安全行为学将社会学、心理学、生理学、文化学等学科的精髓相融合，开拓了行为科学新的应用领域。主要研究是何种因素影响了人的安全行为和行为模式，并对影响因素进行分析研究，通过有效措施和方法使人们实施正确的安全行为，避免不安全行为的发生[⑥]。英国 Gene，Earnest 和 Jim Palmer（1979）第一次提出了基于行为安全的管理（Behavior Based Safety）的概念，也就是后来逐渐发展起来的行为安全管理方法[⑦]。Laitinen（1999）对 305 栋大楼的建筑工地进行安全行为监督观察，并将此作为每周内部安全检查和反馈的工具方法[⑧]。Ryan · Olson 等（2001）对 4 名驾龄平均超过 20 年的司机进行 ABC 行为分析研究，得出通过此方法随着时间的推移，可以增加安全过程的有效性和保持性[⑨]。Chandler 等（2003）对美国的纺织企业实施行为安全管

---

① Maslow A H．Toward a Psychology of Being［J］．D Van Nostrand Company，1962，pp19－41.

② Herzberg F，Mausner B，Snyderman B B．The Motivation to Work［M］．John Wiley．New York，1959.

③ Vroom V H．Organizational choice：A study of pre-and post decisionprocesses［J］．Organizational behavior and human performance，1966，1（2）：212－225.

④ Goodman P S，Friedman A．An examination of Adams' theory of inequity［M］．AdministrativeScience Quarterly，1971：271－288.

⑤ Lawler E E，Porter L W，Tennenbaum A：Managers'attitudes toward interaction episodes［J］．Journal of Applied Psychology，1968，52（6p1）：432.

⑥ 栗继祖. 安全行为学［M］. 北京：机械工业出版社，2009.

⑦ Kaila H L．Behaviour based safety in organizations［J］．Indian Journal of Occupational & Environmental Medicine，2006，10（3）：102－106.

⑧ Laitinen H，Marjamäki M，Päivärinta K．The validity of the TR safety observation method onbuilding construction［J］．Accident Analysis & Prevention，1999，31（5）：463－472.

⑨ Ryan Olson，John Austin．ABCs for lone wokers：A behavior-based safety study of busdrivers［J］．Professional Safety，2001，46（11）：20－25.

理（BBS）前后进行调查，得出事故率下降幅度超过 50%[①]。Zohar 等（2003）对炼油厂中 12 名一线工人和 13 个车间进行监督观察，得出车间管理层和工厂管理层的监管相互作用影响员工的安全行为，提出将安全行为的观察纳入角色的监督责任[②]。Hickman 等（2003）对 15 名矿工进行安全行为监督，通过对矿工行为管理前后的安全行为进行对比，发现行为安全管理可以有效提高矿工的安全行为[③]。

2. 国内相关研究

20 世纪 70 年代末，随着我国改革开放，行为科学引入我国，关于行为科学和企业安全管理关系的论述及其应用的报道日益增多。1985 年，在探讨"劳动保护工程学基础学科体系"时，有专家将"行为科学"列为其中内容之一；1987 年，在安全管理的学术讨论会后，有关专家在《安全科学及其发展方向》一文中，把"安全行为科学"列为安全科学技术体系科学层次的一个学科内容[④]，之后我国研究人员开始对安全行为学的组织、人员各要素以及行为学深层次理论进行研究和发展应用。李元秀、等（2009）对冶金企业的运输部门实施了行为安全管理，对实施流程进行了说明，并定义了八种关键的不安全行为[⑤]。杨雷等（2010）认为刺激、观念、行为和反馈是行为安全管理中的四个主要工作要素，并在石油化工行业中实施行为安全观察与沟通流程[⑥]。陈大伟等（2010）在某建筑工程项目中，根据行为安全管理的原理对建筑工人行为进行监督，并引入了安全行为指数，通过试验发现工人作业过程中的安全行为指数提高了 15%[⑦]。李乃文等（2011）在煤矿中实施了行为安全管理（BBS）方法，并详细说明了该方法的实施流程，提出了流程实施的保障措施[⑧]。孙建华等（2013）对煤矿打眼爆破工实行 STOP 行为安全观察，并制定了相应的观察卡对其进行定期观察，得出工人的不安全行为比例明显下降[⑨]。

① Chandler Byron, Thomas A. Huntebrinker. Multisite Success with Systematic BBS A Casestudy [J]. Professional Safety, 2003, 48（6）: 35-41.

② Zohar D, Luria G. The use of supervisory practices as leverage to improve safety behavior: Across-level intervention model [J]. Journal of Safety Research, 2003, 34（5）: 567-577.

③ Hickman J S, Geller E S. A safety self-management intervention for mining operations [J]. Journal of Safety Research, 2003, 34（3）: 299-308.

④ 范广进. 行为分析方法及其在铁路运输安全管理中的应用研究 [D]. 北京: 北京交通大学, 2008.

⑤ 李元秀, 田伟, 王者堂, 等. 基于行为安全分析法的冶金企业铁路运输安全管理研究 [J]. 铁道货运, 2009（10）.

⑥ 杨雷, 张爽, 粟玉华, 等. 行为安全观察与沟通在石油化工企业 HSE 管理中的应用 [J]. 安全·健康和环境, 2010（10）.

⑦ 陈大伟, 田翰之, 张江石. 基于行为安全的建筑事故预防量化方法与实证研究 [J]. 中国安全科学学报, 2010（7）.

⑧ 李乃文, 季大奖. 行为安全管理在煤矿行为管理中的应用研究 [J]. 中国安全科学学报, 2011（12）.

⑨ 孙建华, 黄东辉, 孙登林, 等. 基于 STOP 行为观察的井下打眼爆破工行为安全管理 [J]. 湖南科技大学学报（自然科学版）, 2013（3）.

近年来，我国学者也开始着重安全行为深层次理论方面的研究：孙伟、黄培伦（2004）对国内外公平理论的研究进行了分析，并总结其对我国企业管理的影响，要重视员工对组织公平感的感知①。陈光潮、邵红梅（2004）改进了传统的内部激励和外部激励相结合的激励模型，重点强调了要在激励要素、要素状态、要素互动三方面实现统一②。张黎莉、温德新（2009）以马斯洛需求层次理论为基础，研究出了新的"二八理论"，可以依照这一理论区分不同需求的生产人群，并对不同强势需求的生产人群提出特定的安全行为激励方法，以期提高企业的安全管理效率和水平③。丁雷（2011）在国有改制企业中应用"波特—劳勒激励模型"，调控企业员工的期望，引导企业员工角色感知，使企业员工感受到企业环境的公平与善待，以提高工作努力的程度④。赵鹏飞、聂百胜（2012）基于马斯洛需求层次理论，建立了煤矿企业从业人员的安全激励模式，从而为规范不安全行为，实现煤矿企业的安全生产，提供了方法⑤。

3. 相关研究评述

近十年国内安全行为学的研究可大致分为两类：一类是从理论上研究安全行为学，前期研究主要注重建设良好的安全文化及加强安全管理以规范安全行为，基于安全行为的安全文化或安全管理模式；后期研究主要注重探讨人的方面如何预防不安全行为，降低事故的发生，主要研究不安全行为的基本特征、形成机理、分类、识别、控制对策等；安全心理对不安全行为的直接影响，对发生不安全行为的人员进行心理分析；设计心理测量表等安全心理与安全行为的相关性；安全态度、安全认知、安全意识、安全氛围等对安全行为的影响；安全行为的模式干预、评价、激励、模拟技术等。另一类是实证研究，大多是将安全行为学理论应用于煤矿、建筑、石油化工、电力、交通运输等领域，揭示这些行业内不安全行为表现以及如何在这些行业内通过安全行为学降低事故风险⑥。

我国在该领域的研究处于世界前列，且研究范围越来越广泛，但是理论居多，在实证研究中更侧重于煤矿。而安全行为学的应用范围还应推广至核工业、军工业、冶金等领域。根据统计分析结果，结合安全科学和行为科学的知识，对目前我国安全行为学研究指出了三个问题：第一，我国现有的安全行为学的基本原理、行为安全管理方法及安全行为评价法，大都是从国外引进，而不同文化背景的国家乃至企业，其工

---

① 孙伟，黄培伦. 公平理论研究评述 [J]. 科技管理研究，2004（12）.
② 陈光潮，邵红梅. 波特—劳勒综合激励模型及其改进 [J]. 学术研究，2004（12）.
③ 张黎莉，温德新. 基于马斯洛需求层次理论的安全行为激励 [J]. 西部探矿工程，2009（7）.
④ 丁雷. 试论波特—劳勒"综合激励模型"在国有改制企业中的应用 [J]. 中小企业管理与科技，2011（16）.
⑤ 赵鹏飞，聂百胜. 煤矿企业从业人员安全激励模式研究 [J]. 煤矿开采，2012（6）.
⑥ 谭波，吴超. 2000—2010 年安全行为学研究进展及其分析 [J]. 中国安全科学学报，2011（12）.

作环境及人员素质都存在很大差异，因而有待进一步完善安全行为学研究的内容和方法，并使之适合我国国情和各行业。第二，国内的定性研究大都没有原始资料作为基础，更多的是研究者个人观点和感受的阐发，定量研究的操作存在缺陷，主要表现为部分安全心理与安全行为的研究所采用的问卷调查量表未经实地考察编制或直接采用国外编制的，未考虑到国内外的特殊性，导致研究结果不可避免地出现一定的偏差。第三，部分研究仍缺乏系统创造性，重复性研究居多[①]。总体来说，安全行为学研究在国内已迅速发展，且日益成熟并逐步涉及到国内的各行各业。

三、安全行为学的基本内容

1. 安全行为学的研究对象

安全行为学是将社会学、心理学、人类学等多门理论学结合在一起的学科，以保障人的生命安全和身心健康为目的。其研究对象是社会、企业或组织中的人和人之间的相互关系以及与此相联系的安全行为现象对控制、避免不安全行为以及事故预防，主要研究对象为：个体安全行为、群体安全行为、领导安全行为。

（1）个体安全行为

个体安全行为主要研究人的个体行为以及影响个体行为的要素，包括各种主观要素和客观要素。主观要素包括影响个体心理活动过程要素和影响个性心理特征要素。个体的心理活动过程包括认识过程、情感过程和意志过程；个性心理特征表现为个体的兴趣、爱好、需要、动机、信念、理想、气质、能力、性格等方面的倾向性和差异性[②]。客观要素即物的状态要素和社会环境要素。

（2）群体安全行为

在组织机构中，是由若干个人组成的为实现组织目标利益而相互信赖、相互影响、相互作用，并规定其成员行为规范所构成的人群结合体[③]。主要研究群体安全行为的共同特征，包括外在影响因素和群体内部的心理状态因素，以及群体之间的心理行为、群体中的人际关系、交流信息与传递方式、群体对个体的影响，个人与组织的相互作用等。任何一个群体在取得共同目标和利益的过程中所表现出来的共同性，包括共同的作业对象、作业内容、行为模式、环境及条件等群体外在要素；也包括共同的心理期望、心理活动等群体内部要素。实现组织的安全可以通过改善群体外在要素以及提

---

① 谭波，吴超. 2000—2010 年安全行为学研究进展及其分析 [J]. 中国安全科学学报，2011（12）.
② 罗云，程五一. 现代安全管理 [M]. 北京：化学工业出版社，2004：149.
③ 罗云，程五一. 现代安全管理 [M]. 北京：化学工业出版社，2004：150.

高群体凝聚力、群体士气以及协调人际关系和信息沟通等手段。

（3）领导安全行为

领导具有榜样和带动作用，由领导的心理状态与行为模式造成的企业氛围直接影响着员工对企业的贡献度和积极性，领导行为是组织中的关键因素之一，分析和研究领导安全行为，是安全管理的重要内容，成功的领导必然能使组织取得长足发展。在安全行为科学中，主要研究领导行为的内容是：领导的安全素质、领导安全行为、领导安全工作方式以及领导安全管理适应能力等。组织领导者的一言一行都将对组织产生影响，领导者应当不断学习科学的管理方式、法律法规、安全技能等来提高自身素质、开拓眼界、完善领导模式；还需要敏锐的洞察力、判断力以及不求个人私利等。领导者能够综合全面考察成员的能力水平、理论层次、专业素质、兴趣特长和性格气质等特征，并能根据成员的综合因素来合理安排工作、开展专业培训、制定合理的经济报酬和工资分配，能够了解成员需求、倾听成员意见、充分尊重成员、增进与成员的感情等。

2. 安全行为学的研究内容

第一，人的安全行为规律。认识人的自然生理行为和社会行为，分析影响人的安全行为的心理因素，分析影响人的安全行为的社会心理因素，分析群众安全行为的因素。

第二，安全需要的作用。人们的行动都是通过"需要"作为动力的，因此从需要安全方面作为突破口，给以员工动力去调整和控制安全行为。

第三，安全意识。有良好的安全意识，对于人的安全大大的提高有帮助。

第四，个体差异的安全行为。分析不同的职位、职责对于人心理的影响，通过一系列的方式协调消除因为个体差异带来的不安全行为。

第五，发生事故的人的心理。人的行为大部分是由于人的心理因素决定的，而大部分事故的发生又是人的失误造成的，因此研究发生事故时的人的心理是必须的。

第六，挫折、态度、群体与领导行为。研究挫折特殊条件下的人的安全行为规律，态度心理对安全行为的影响，群体与领导行为在安全管理中的作用和应用。

第七，注意力的作用。研究人的注意力的规律，即注意的分类、功能、表现形式、属性，及其在生产活动、安全教育、安全监督的作用。

第八，激励作用。应用科学的激励理论，激励个体、群体和领导的安全行为。

第九，安全行为科学在实际管理中的应用。即将安全行为科学理论转化成安全管理的实用方法，可以用于提高作业人员安全素养，打造人机适宜的作业环境、安全氛围、作业人员的休息时间和轮班次数等。

3. 影响安全行为的要素

影响安全行为的要素可以分为三个层面：社会宏观层面、企业中观层面、员工微观层面。

社会宏观层面包含的要素有：政府监察要素、行业政策规范要素、经济状况要素；企业中观层面包含的要素有：作业环境要素、设备技术要素、企业文化要素、企业管理体制要素；员工微观层面包含的要素有：文化程度要素、心理素质要素、安全意识要素、生理健康要素、技能经验要素。影响安全行为的要素层次图如图 10-1 所示。

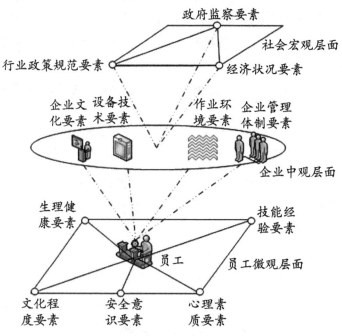

图 10-1 影响安全行为的要素层次图

第二节 基于安全管理的安全行为学分析

在劳动生产过程和各种操作活动中，人们为了理性地确保行为安全化和安全行为，往往受到各种因素的影响，同样需要借助必要的组织管理要素来实现安全行为，达到安全生产的目的。

安全管理研究和实践经历了工作、设计、工程系统技术分析等阶段，随着对事故致因和伤害认识的深入，发现即使工人意识到工作环境中存在风险，仍然会违反安全规程，选择不安全的工作方式来完成工作。通过对类似情景的分析，研究者在大部分安全事故的致因追溯中都发现了人的不安全行为的作用。

Heinrich 的多米诺事故致因理论、Bird 和 Loftus 提出的事故致因链，都认为人的不安全行为是是事故链条上的重要一环，并且可以归属为直接原因。Borman 和 Motowidlo 对高危组织中应当重点关注和强化的安全行为进行了分析，识别出"安全遵守"和"安全参与"两大类行为，前者指为了维护工作场地的安全，要求个人履行的核心行为；后者则用来描述那些并不能够直接确保个人安全但有助于构建一个支持安全的环境的行为。Neal 和 Griffin 以工人的安全行为作为媒介，与安全氛围一起组成事故的预测变量，即在积极的安全氛围下，工人则越不容易做出不安全行为，事故或伤害的发生概率就越低。

这些研究都明确地揭示出安全行为在预防事故和伤害方面的作用。因此，从安全管理研究和实践的角度看，将安全行为作为安全管理的对象和突破口，深入分析作业人员不安全行为产生的原因，减少不安全行为，强化安全行为，开发出真正有效的安全管理工具，对于提高安全管理效率至关重要。

一、政府宏观政策与安全行为

1. 政府最新规定与企业安全行为分析

2015 年 3 月 16 日，国家安全监管总局印发《企业安全生产责任体系五落实五到位规定》（安监总办〔2015〕27 号，以下简称《五落实五到位规定》）。

（1）《五落实五到位规定》内容解读[①]

第一落实：必须落实"党政同责"要求，董事长、党组织书记、总经理对本企业安全生产工作共同承担领导责任。

解读：企业的安全生产工作能不能做好，关键在于主要负责人。实践也表明，凡是企业主要负责人高度重视的、亲自动手抓的，安全生产工作就能够得到切实有效的加强和改进，反之就不可能搞好。因此，必须明确企业主要负责人的安全生产责任，促使其高度重视安全生产工作，保证企业安全生产工作有人统一部署、指挥、推动、督促。企业中的基层党组织是党在企业中的战斗堡垒，承担着引导和监督企业遵守国家法律法规，参与企业重大问题决策、团结凝聚职工群众、维护各方合法权益、促进企业健康发展的重要职责。习近平总书记强调要落实安全生产"党政同责"；党委要管大事，发展是大事，安全生产也是大事；党政一把手必须亲力亲为、亲自动手抓。

① 国家安全生产监督管理总局.企业安全生产责任体系五落实五到位规定解读, http://www.chinasafety.gov.cn/newpage/Contents/Channel_21356/2015/0402/248323/content_248323.htm.

因此，各类企业必须要落实"党政同责"的要求，党组织书记要和董事长、总经理共同对本企业的安全生产工作承担领导责任，也要抓安全、管安全，发生事故要依法依规一并追责。

第二落实：必须落实安全生产"一岗双责"，所有领导班子成员对分管范围内安全生产工作承担相应职责。

解读：安全生产工作是企业管理工作的重要内容，涉及企业生产经营活动的各个方面、各个环节、各个岗位。安全生产人人有责、各负其责，这是做好企业安全生产工作的重要基础。抓好安全生产工作，企业必须要按照"一岗双责""管业务必须管安全、管生产经营必须管安全"的原则，建立健全覆盖所有管理和操作岗位的安全生产责任制，明确企业所有人员在安全生产方面所应承担的职责，并建立配套的考核机制，确保责任制落实到位。

第三落实：必须落实安全生产组织领导机构，成立安全生产委员会，由董事长或总经理担任主任。

解读：企业安全生产工作涉及各个部门，协调任务重，难以由一个部门单独承担。因此，企业要成立安全生产委员会来加强对安全生产工作的统一领导和组织协调。企业安全生产委员会一般由企业主要负责人、分管负责人和各职能部门负责人组成，主要职责是定期分析企业安全生产形势，统筹、指导、督促企业安全生产工作，研究、协调、解决安全生产重大问题。安全生产委员会主任必须要由企业主要负责人（董事长或总经理）来担任，这有助于提高安全生产工作的执行力，有助于促进安全生产与企业其他各项工作的同步协调进行，有助于提高安全生产工作的决策效率。另外，主要负责人担任安全生产委员会主任，也体现了对安全生产工作的重视，体现了对企业职工的感情，体现了勇于担当、敢于负责的精神。

第四落实：必须落实安全管理力量，依法设置安全生产管理机构，配齐配强注册安全工程师等专业安全管理人员。

解读：落实企业安全生产主体责任，需要企业内部组织架构和人员配备上对安全生产工作予以保障。安全生产管理机构和安全生产管理人员，是企业开展安全生产管理工作的具体执行者，在企业安全生产中发挥着不可或缺的作用。分析近年来发生的事故，企业没有设置相应的安全生产管理机构或者配备必要的安全生产管理人员，是重要原因之一。因此，对一些危险性较大行业的企业或者从业人员较多的企业，必须设置专门从事安全生产管理的机构或配置专职安全生产管理人员，确保企业日常安全生产工作时时有人抓、事事有人管。

第五落实：必须落实安全生产报告制度，定期向董事会、业绩考核部门报告安全生产情况，并向社会公示。

企业安全生产责任制建立后，还必须建立相应的监督考核机制，强化安全生产目标管理,细化绩效考核标准,并严格履职考核和责任追究,来确保责任制的有效落实。安全生产报告制度,是监督考核机制的重要内容。安全生产管理机构或专职安全生产管理人员要定期对企业安全生产情况进行监督考核,定期向董事会、业绩考核部门报告考核结果,并与业绩考核和奖惩、晋升制度挂钩。报告主要包括企业安全生产总体状况、安全生产责任制落实情况、隐患排查治理情况等内容。

五个到位:必须做到安全责任到位、安全投入到位、安全培训到位、安全管理到位、应急救援到位。

解读:企业要保障生产经营建设活动安全进行,必须在安全生产责任制度和管理制度、生产经营设施设备、人员素质、采用的工艺技术等方面达到相应的要求,具备必要的安全生产条件。从实际情况看,许多事故发生的重要原因就是企业不具备基本的安全生产条件,为追求经济利益,冒险蛮干、违规违章,甚至非法违法生产经营建设。"五个到位"的要求在相关法律法规、规章标准中都有具体规定,是企业保障安全生产的前提和基础,是企业安全生产基层、基础、基本功"三基"建设的本质要求,必须认真落实到位。

(2)《五落实五到位规定》与安全行为分析

第一落实与企业安全行为分析:主要是针对"党政同责"要求的落实,企业主要负责人、党委书记、总经理等人对企业共同承担责任,从第一负责人的安全行为开始入手,要求主要领导负责人对整个企业的安全行为进行指挥、督促和监察;党委组织更是需要参与到企业安全生产重大问题的决策、企业安全行为政策的制定中来。

第二落实与企业安全行为分析:主要针对领导班子成员分管范围内的安全行为工作进行负责,建立健全的安全生产责任制来制约员工的安全操作行为,并定期对员工的行为进行考核,确保每个部分的作业员工能按照正确安全的操作行为进行工作。

第三落实与企业安全行为分析:主要落实安全生产组织领导机构,成立安全生产委员会能够极大地促进整个企业的安全生产发展,对企业安全生产形势、安全生产工作、安全生产问题进行研究和解决,促进整个企业建立安全行为运行机制,能够对安全行为体系的建立和运作提供有效的监督管理机构。

第四落实与企业安全行为分析:主要增强安全管理人员的力量,进而对作业员工的安全行为培训、安全行为制度体系的建立、运行和评价等工作的完成质量进行保证。

第五落实与企业安全行为分析:安全生产报告制度能够体现企业安全行为体系的运行效果,通过对上级领导的汇报、面向社会公示的手段,总结分析一段时间以来,企业安全行为体系的运行效果,及时根据现有情况将企业安全行为体系进行持续改进。

"五个到位"与企业安全行为分析:安全责任到位,要求企业各个职能机关保证各项职能落实到位,各负其职,保证各个部门运行正常,员工认真执行作业规范,约束自我的安全行为;安全投入到位,能够保证企业安全生产条件符合要求,能够创建较好的企业工作环境和安全氛围，促进安全行为体系的外部条件的优化；安全培训到位，主要给作业员工提供学习、认知安全行为的机会，提高员工的安全意识和安全文化，主动提高自我的安全行为修养和素质；安全管理到位，能够加强企业安全行为的监管力度，及时修正员工的不安全行为，促进整个企业安全行为体系的良性运行的内部条件；应急救援到位，在当企业受到事故的冲击时，提供及时到位的应急救援力量，能够尽可能减少企业的损失，缩短企业重新恢复到正常安全行为体系运行的时间。

2. 新安全生产法解读与企业安全行为分析

（1）新安全生产法解读①

全国人大常委会 2014 年 8 月 31 日表决通过关于修改安全生产法的决定。新安全生产法（简称新法），认真贯彻落实习近平总书记关于安全生产工作一系列重要指示精神，从强化安全生产工作的地位、进一步落实生产经营单位主体责任、政府安全监管定位和加强基层执法力量、强化安全生产责任追究四个方面入手，着眼于安全生产现实问题和发展要求，补充完善了相关法律制度规定。

第一，坚持以人为本，推进安全发展。

新法提出安全生产工作应当以人为本，充分体现了习近平总书记等中央领导同志关于安全生产工作一系列重要指示精神，在坚守发展决不能以牺牲人的生命为代价这条红线，牢固树立以人为本、生命至上的理念，正确处理重大险情和事故应急救援中"保财产"还是"保人命"问题等方面，具有重大现实意义。为强化安全生产工作的重要地位，明确安全生产在国民经济和社会发展中的重要地位，推进安全生产形势持续稳定好转，新法将坚持安全发展写入了总则。

第二，建立完善安全生产方针和工作机制。

新法确立了"安全第一、预防为主、综合治理"的安全生产工作"十二字方针"，明确了安全生产的重要地位、主体任务和实现安全生产的根本途径。"安全第一"要求从事生产经营活动必须把安全放在首位，不能以牺牲人的生命、健康为代价换取发展和效益。"预防为主"要求把安全生产工作的重心放在预防上，强化隐患排查治理，"打非治违"，从源头上控制、预防和减少生产安全事故。"综合治理"要求运用行政、经济、法治、科技等多种手段，充分发挥社会、职工、舆论监督各个方面的作用，抓好安全生产工作。坚持"十二字方针"，总结实践经验，新法明确要求建立生产经营单位负责、职工参与、政府监管、行业自律、社会监督的机制，进一步明确各方安全生产职责。做好安全生产工作，落实生产经营单位主体责任是根本，职工参与是基础，

---

① 国家安全生产监督管理总局. 新安全生产法的十大亮点. http://www.chinasafety.gov.cn/newpage/Contents/Channel_21356/2014/0902/239842/content_239842.htm.

政府监管是关键，行业自律是发展方向，社会监督是实现预防和减少生产安全事故目标的保障。

第三，强化"三个必须"，明确安全监管部门执法地位。

按照"三个必须"（管行业必须管安全、管业务必须管安全、管生产经营必须管安全）的要求，一是新法规定国务院和县级以上地方人民政府应当建立健全安全生产工作协调机制，及时协调、解决安全生产监督管理中存在的重大问题。二是新法明确国务院和县级以上地方人民政府安全生产监督管理部门实施综合监督管理，有关部门在各自职责范围内对有关行业、领域的安全生产工作实施监督管理，并将其统称为负有安全生产监督管理职责的部门。三是新法明确各级安全生产监督管理部门和其他负有安全生产监督管理职责的部门作为执法部门，依法开展安全生产行政执法工作，对生产经营单位执行法律、法规、国家标准或者行业标准的情况进行监督检查。

第四，明确乡镇人民政府以及街道办事处、开发区管理机构安全生产职责。

乡镇街道是安全生产工作的重要基础，有必要在立法层面明确其安全生产职责，同时，针对各地经济技术开发区、工业园区的安全监管体制不顺、监管人员配备不足、事故隐患集中、事故多发等突出问题，新法明确指出：乡、镇人民政府以及街道办事处、开发区管理机构等地方人民政府的派出机关应当按照职责，加强对本行政区域内生产经营单位安全生产状况的监督检查，协助上级人民政府有关部门依法履行安全生产监督管理职责。

第五，进一步明确生产经营单位的安全生产主体责任。

做好安全生产工作，落实生产经营单位主体责任是根本。新法把明确安全责任、发挥生产经营单位安全生产管理机构和安全生产管理人员作用作为一项重要内容，做出三个方面的重要规定：一是明确委托规定的机构提供安全生产技术、管理服务的，保证安全生产的责任仍然由本单位负责；二是明确生产经营单位的安全生产责任制的内容，规定生产经营单位应当建立相应的机制，加强对安全生产责任制落实情况的监督考核；三是明确生产经营单位的安全生产管理机构以及安全生产管理人员履行的七项职责。

第六，建立预防安全生产事故的制度。

新法把加强事前预防、强化隐患排查治理作为一项重要内容：一是生产经营单位必须建立生产安全事故隐患排查治理制度，采取技术、管理措施及时发现并消除事故隐患，并向从业人员通报隐患排查治理情况的制度。二是政府有关部门要建立健全重大事故隐患治理督办制度，督促生产经营单位消除重大事故隐患。三是对未建立隐患排查治理制度、未采取有效措施消除事故隐患的行为，设定了严格的行政处罚。四是赋予负有安全监管职责的部门对拒不执行执法决定、有发生生产安全事故现实危险的生产经营单位依法采取停电、停供民用爆炸物品等措施，强制生产经营单位履行决定的权力。

第七，建立安全生产标准化制度。

安全生产标准化是在传统的安全质量标准化基础上，根据当前安全生产工作的要求、企业生产工艺特点，借鉴国外现代先进安全管理思想，形成的一套系统的、规范的、科学的安全管理体系。2010 年《国务院关于进一步加强企业安全生产工作的通知》（国发〔2010〕23 号）、2011 年《国务院关于坚持科学发展安全发展促进安全生产形势持续稳定好转的意见》（国发〔2011〕40 号）均对安全生产标准化工作提出了明确的要求。近年来，矿山、危险化学品等高危行业企业安全生产标准化取得了显著成效，工贸行业领域的标准化工作正在全面推进，企业本质安全生产水平明显提高。结合多年的实践经验，新法在总则部分明确提出推进安全生产标准化工作，这必将对强化安全生产基础建设，促进企业安全生产水平持续提升产生重大而深远的影响。

第八，推行注册安全工程师制度。

为解决中小企业安全生产"无人管、不会管"问题，促进安全生产管理队伍朝着专业化、职业化方向发展，国家自 2004 年以来连续 10 年实施了全国注册安全工程师执业资格统一考试，21.8 万人取得了资格证书。截至 2013 年 12 月，已有近 15 万人注册并在生产经营单位和安全生产中介服务机构执业。新法确立了注册安全工程师制度，并从两个方面加以推进：一是危险物品的生产、储存单位以及矿山、金属冶炼单位应当有注册安全工程师从事安全生产管理工作，鼓励其他生产经营单位聘用注册安全工程师从事安全生产管理工作。二是建立注册安全工程师按专业分类管理制度，授权国务院有关部门制定具体实施办法。

第九，推进安全生产责任保险制度。

新法总结近年来的试点经验，通过引入保险机制，促进安全生产，规定国家鼓励生产经营单位投保安全生产责任保险。安全生产责任保险具有其他保险所不具备的特殊功能和优势，一是增加事故救援费用和第三人（事故单位从业人员以外的事故受害人）赔付的资金来源，有助于减轻政府负担，维护社会稳定。目前有的地区还提供了一部分资金用于对事故死亡人员家属的补偿。二是有利于现行安全生产经济政策的完善和发展。2005 年起实施的高危行业风险抵押金制度存在缴存标准高、占用资金量大、缺乏激励作用等不足。目前，湖南、上海等省（直辖市）已经通过地方立法允许企业自愿选择责任保险或者风险抵押金，受到企业的广泛欢迎。三是通过保险费率浮动、引进保险公司参与企业安全管理，有效促进企业加强安全生产工作。

第十，加大对安全生产违法行为的责任追究力度。

规定了事故行政处罚和终身行业禁入。首先，将行政法规的规定上升为法律条文，按照两个责任主体、四个事故等级，设立了对生产经营单位及其主要负责人的八项罚款处罚规定。其次，大幅提高对事故责任单位的罚款金额：一般事故罚款二十万元至五十万元，较大事故五十万元至一百万元，重大事故一百万元至五百万元，特别重大事故五百万元至一千万元；特别重大事故的情节特别严重的，罚款一千万元至二千万元。再次，进一步明确主要负责人对重大、特别重大事故负有责任的，终身不得担任本行业生产经营单位的主要负责人。

加大罚款处罚力度。结合各地区经济发展水平、企业规模等实际，新法维持罚款下限基本不变、将罚款上限提高了2倍至5倍，并且大多数罚则不再将限期整改作为前置条件，反映了"打非治违""重典治乱"的现实需要，强化了对安全生产违法行为的震慑力，也有利于降低执法成本、提高执法效能。

建立了严重违法行为公告和通报制度。要求负有安全生产监督管理职责的部门建立安全生产违法行为信息库，如实记录生产经营单位的安全生产违法行为信息；对违法行为情节严重的生产经营单位，应当向社会公告，并通报行业主管部门、投资主管部门、国土资源主管部门、证券监督管理部门和有关金融机构。

（2）新安全生产法与企业安全行为的分析

第一，新法将"坚持安全发展"写入了总则，会促进各个企业的安全发展规模，使之逐渐扩大，并越来越重视一线员工的生理心理需求以及职业病防护的要求，切实推进员工的安全行为的基础保障工作。

第二，新法确立了安全生产工作的"十二字方针"，强调职工参与的重要性，政府监管的关键性和单位责任主体负责的合理性。确定行业自律的发展方向，社会监督将极大促进整个企业组织的安全行为的可靠性。

第三，新法的"三个必须"：管行业必须管安全、管业务必须管安全、管生产经营必须管安全，将安全提到第一位，极大促进企业的安全行为体系的建立。

第四，明确乡镇街道的重要性，发挥基层组织对安全生产工作的重要职能，从基础上解决组织安全行为达到标准。

第五，生产经营单位安全生产主体责任，能够将领导的安全责任明确，更好发挥企业管理人员的重要作用，强固对一线员工安全行为的监察力度，同时提高了领导者和管理人员安全行为的自律性。

第六，建立预防安全生产事故的制度，将预防为先的理念应用到企业组织的实践工作中来，强调预防措施的重要性，将可能出现的不安全行为提前控制到最低程度。

第七，建立安全生产标准化制度，将各个岗位的作业更加细化，明确告知作业人员正确的操作和安全的作业行为，将极大程度避免作业过程中的不安全行为产生。

第八，建立注册安全工程师按专业分类的管理制度，更加细化不同专业的安全管理程序和流程，尤其是特种作业和高危行业，针对专业分类管理，能及时处理作业过程中可能出现的专业问题，及时进行有效的解决，在日常监管中也更能发挥专业管理的优势，促进和强化本专业领域作业的安全行为标准。

第九，引入保险机制，促进安全生产，国家通过鼓励生产经营单位投保安全生产责任保险，有利于减轻政府负担，维护社会稳定。另外，引进保险公司参与企业安全管理，更有利于优化企业安全行为体系。

第十，加大对安全生产违法行为的责任追究力度，加大罚款力度和惩治程度，强化对企业发生不安全行为、违法行为的震慑力，提升企业自身的安全修养，是促进组织安全行为管理的长效机制。

二、组织内部管理与安全行为

1. 企业安全管理制度与安全行为

(1) 企业安全管理制度概述

根据我国安全生产方针及有关政策和法规制定安全生产管理制度，即安全行为规范和准则，我国各行各业及其所有员工在生产活动中必须贯彻执行和认真遵守。企业规章制度的重要组成部分之一是安全生产管理制度，通过安全生产管理制度，可以把所有作业人员组织起来，围绕安全目标进行生产建设。同时，安全生产管理制度将国家的法律法规和相关政策充分体现于实际工作中。

企业安全管理制度是以国家制度为基础并结合自己的实际情况而制定的。我国在总结了建国初期企业安全管理经验的基础上，于 1963 年国务院发布的《关于加强企业生产中安全工作的几项规定》中就正式明确关于企业安全生产责任制的具体规定。2002 年 11 月 1 日起实施的《中华人民共和国安全生产法》中对于企业单位主要负责人的职责第一条就是建立健全本单位安全生产责任制。因此，我国宏观政策对于企业安全管理制度有严格的要求且高度重视。

企业安全管理制度是企业安全生产管理的依据和标准规范，是国家安全生产法律、法规的延伸和进一步细化。企业应根据国家安全生产法律法规，结合本单位的生产实际，建立、健全各类安全生产规章制度，使安全生产的各项工作有章可循。

(2) 企业安全管理制度与安全行为

第一，明确安全生产职责，各司其职，企业安全行为有所保障。企业所有作业人员明确本单位的安全生产责任制，行使本单位各岗位从业人员的安全生产职责，督促每个人履行自己责任范围的职责，同时互相监督彼此行为，形成一个安全行为责任环，持续改进，保障企业从业人员的安全行为。

第二，规范安全生产的操作行为。企业的安全生产规章和操作规程，将各个部门各项生产任务的流程细化、操作规范化，通过前期对就业人员的培训和教育，作业人员明确操作规范，依据安全流程进行工作，更有利于作业行为的安全化，从而降低因操作失误而导致的事故。

第三，建立和维护安全生产秩序。根据国家相关安全生产法律法规和安全制度，以及企业自身实际情况制定出符合国家政策和生产要求的各部门具体规范制度，将整个企业内部的安全生产秩序建立起来，例如：制定违章处理制度、事故处理制度、追究不履行安全生产职责责任的制度和安全生产奖惩制度，建全安全生产制约机制，并有效制止违章和违纪行为，激励从业人员自觉、严格地遵守各项制度，有利于企业完善安全生产条件，维护安全生产秩序，促进企业各部门协调发展，安全运行。

（3）其他制度与安全行为

第一，安全生产教育培训制度与安全行为。安全生产教育培训制度主要为切实提高公司员工安全知识水平、实际操作技能以及安全意识，积极贯彻安全生产工作应当"以人为本，坚持安全发展，坚持安全第一、预防为主、综合治理"的方针[①]。安全生产教育培训对象为所有从业人员、企业主要负责人、安全生产管理人员，必须取得相应资格证方可上岗；培训范围包括企业级和岗位级，其内容主要涵盖安全基本知识、规章制度、事故案例、应急救援、职业伤害、操作技能等方面；特种作业人员，如：电工、电焊工、金属切割工、起重机械操作工等需接受专门的安全教育培训，取得资格证书后方可上岗作业。

安全生产教育培训制度的实施提升企业全体人员的安全素质，规范领导者的安全管理行为以及从业人员的安全操作行为，增强从业人员的防范意识，降低生产风险，提高安全生产工作管理水平，切实保障劳动者的安全和健康，促进企业稳定持速发展。

第二，安全生产奖惩制度与安全行为。安全生产奖惩制度工作程序为惩罚和奖励两个部分。惩罚依据"谁主管，谁负责；谁出问题，谁承担责任"的原则，对相关责任人进行处罚，主要包括经济处罚和行政处罚两类；奖励实行精神奖励和物质奖励相结合的原则，物质奖励可发给一次性奖金、奖品或晋级，精神奖励包括记功、授予荣誉称号等。企业应设安全专业奖金（不包括月、季、年度安全考核奖金），违章与事故罚款应纳入安全奖金专用账户，不得挪为他用。

安全生产奖惩制度的实施更有利于调动企业各级人员遵守安全规范的积极性，增强管理人员的安全责任感，极大地促进了企业安全生产行为的贯彻与发展。

2. 企业安全审核模式与安全行为

（1）综合管理标准体系审核法与安全行为

综合管理标准体系审核法的侧重点在于符合性审查、抽样性审查、过程方法的审

---

① 中华人民共和国中央人民政府. 全国人民代表大会常务委员会关于修改《中华人民共和国安全生产法》的决定（主席令第十三号），http://www.gov.cn/zhengce/2014-09/01/content_2743207.htm.

查：①符合性审查是根据已经执行的标准进行审核，对于实施的标准进行检查，更加促进职工按照标准而培养成正规的安全行为习惯，但是无法审核标准以外的不安全行为；②抽样性审查是抽取部分职工，并对其进行一段时间的观察和记录，只能够反映出某些人的安全或不安全行为，无法有效地反应全部职工行为是否符合安全标准，审查结论无法覆盖整个企业组织成员；③过程方法的审查能够反应职工工作中的操作行为，但是无法审查到员工的职业安全健康问题（由于具有偶然性、动态性、不确定性），因此对组织管理水平的审查判断不够全面。

（2）考核评估打分法与安全行为

企业可依据自身情况自行建立该管理模式，从而达到约束每个员工的个体安全行为，可以有效地提高职工的安全意识，能够达到提高事故预防水平、降低事故发生率的目的。但是其弊端为侧重组织成员的单个个体行为，却忽视了整个组织的综合管理，有一定的局限性。

虽然两种企业管理模式分别存在不足之处，但如果企业组织建立安全管理体系的同时，能够充分综合上面两种模式的优点，不但可以有效地对组织成员的安全行为进行自检，而且可以不断审查组织内部存在的问题和缺陷，持续改进安全行为环境，将真正地提高企业的安全管理和职工的安全行为。

3. 企业安全文化与安全行为

全世界开始对安全问题有极大关注是 1986 年的切尔诺贝利核电站事故，在该事故的调查报告中，首次提出安全文化概念。国际原子能组织（IAEA）在调查事故后认为："安全文化匮乏是造成该事故的重要原因之一"，自此，安全领域研究的热点转向安全文化层面，此后一系列重大安全事故的调查分析中也明确安全文化是导致企业不安全行为产生，造成安全事故的重要原因之一。

（1）安全文化定义

国际核安全咨询组（INSAG）针对切尔诺贝利事故的安全报告，INSAG-1 后更新为 INSAG-7，报告提到"苏联核安全体制存在重大的安全文化的问题"。1991 年出版的（INSAG-4）报告即给出了安全文化的定义：安全文化是存在于单位和个人中的种种素质和态度的总和[1]。Mearns 和 Flin 认为：安全文化作为组织文化范畴内反映安全特征的子文化，被认为是一个抽象的、具有多层级属性的、稳定的和全局性的概念[2]。

---

[1] International Nuclear Safety Advisory Group. Safety Reports：INSAG-4 The Chernobyl Accident ［R］. Updating of INSAG-1：1991.

[2] Mearns K J, Flin R. Assessing the state of organizational safety—culture or climate ［J］. Current Psychology, 1999, 18（1）：5-17.

Pidgeon 认为安全文化是人和组织认识危险所凭借的共享价值体系，强调了安全文化是通过每个个体在组织或社会内分享自己的安全感知而形成的[1]。Cooper 将安全文化定义为心理因素、行为因素和状况因素相互作用的产物，突出了文化的三个因素的内部联系，同时为改善安全文化提供了具体的对象[2]。众多安全文化定义中，英国健康与安全委员会（HSC）提出的安全文化定义得到了较为广泛的认可和大量引用，HSC 在 1993 年出版的《核工业安全报告》中将一个组织的安全文化定义为个人和集体的价值观、态度、感知、能力和行为模式的产物，决定了组织对于健康和安全管理的承诺，以及组织对健康和安全管理的风格和能力[3]。Fang 等基于全面的文献综述，提出了一个更为精炼概括的安全文化定义——"组织内部拥有的普遍适用的关于安全的指标、信念和价值观"[4]。

（2）企业安全文化的定义

英国健康安全委员会核设施安全咨询委员会（HSCASNI）在 INSAG 的定义基础上给出了企业安全文化的定义："一个单位的安全文化是个人和集体的价值观、态度、能力和行为方式的综合产物，它决定于健康安全管理上的承诺、工作作风和精通程度。"精细管理工程创始人刘先明的定义："企业安全文化是企业在实现企业宗旨、履行企业使命而进行的长期管理活动和生产实践过程中，积累形成的全员性的安全价值观或安全理念、员工职业行为中所体现的安全性特征，以及构成和影响社会、自然、企业环境、生产秩序的企业安全氛围等的总和。"

（3）企业安全文化与安全行为

安全文化包括物质文化、制度文化、精神文化、行为文化。物质文化是企业安全文化硬件和外部形象标志，其中包括生产资料、生产条件、设备设施、生产环境、职业健康防护及安全卫生基本设施等；制度文化包括安全生产、职业卫生的法律规范、标准以及企业规章制度、安全行为准则等；精神文化包括安全生产价值观、安全管理思路、安全意识、安全绩效激励、企业文化等；行为文化包括主要负责人的决策、指挥及管理行为、从业人员操作行为、企业职工及家属的生活行为等。

第一，物质文化与安全行为。物质文化在科学技术应用方面对安全行为的影响是深刻的。科学技术包括生产工艺技术和安全防护技术。涉及到生产工具、材料、燃料、

① Pidgeon N F. Safety culture and risk management in organizations [J]. Journal of Cross-Cultural Psychology, 1991, 22 (1): 129-140.
② Cooper Ph D M D. Towards a model of safety culture [J]. Safety Science, 2000, 36 (2): 111-136.
③ Acsni. Study group on human factors, Third report: Organising for safety [M]. London: Advisory Committee on the Safety of Nuclear Installations, 1993.
④ Fang D, Chen Y, Wong L. Safety climate in construction industry: a case study in Hong Kong [J]. Journal of construction engineering and management, 2006, 132 (6): 573-584.

设备设施、仪器、物化环境，以及安全工程设施、设备、装置、检测手段、防火及应急手段、安全信息手段等硬件条件。通过采用先进、高效的生产工艺技术，灵敏、可靠的安全预警、预报和防护系统，快捷的事故应急响应系统来影响人的安全行为。

第二，制度文化与安全行为。制度文化是企业安全生产的运作保障机制，是软件文化。制度文化对人的安全行为的影响表现为对于企业责任落实、国家法规制度认识和理解、企业自身安全制度和标准体系建设等方面。责任制度落实包括：法人代表、主管领导、各职能部门及其负责人、各级（车间、班组等）机构及负责人的安全生产职责，对国家法规执行的学习、认识及落实状况。企业自身的安全制度和标准体系的建设包括各种岗位和工程的安全制度及规范：安全检查、检验制度、安全学习及培训制度、安全训练（操作、防火、自救等）制度、安全教育及宣传制度、事故调查与处理制度、劳动保护和女工保护等一系列的制度建设，这些制度和标准起着规范人们安全行为的作用。

第三，精神文化与安全行为。精神文化包括价值观、士气、信念、准则、态度、意识、社会知觉及认识观等思想和观念，属于上层精神范畴，是个体和团体行为、活动的理论基础。精神文化对人的安全行为的影响主要通过以下几个方面：安全第一的哲学理念；预防为主，安全为天的意识；安全维系职工的生命、健康与幸福的伦理观念；安全会带来经济和社会双重效益的价值观念；安全科学技术是第一生产力的科学观念；安全系统是控制系统，生产系统是由安全系统控制的辩证观念。对于领导要建立安全为生产，生产必须安全的总体管理方针，全面安全管理的思路；"三同时""五同时"的要求，安全经济保障观念；安全责任制与事故超前预防的意识等。职工要建立安全生产人人有责的理念；遵章光荣，违章可耻的责任感；珍惜生命，修养自我的认识；自律、自爱、自护、自救、爱护他人的意识；事故源于"三违"与失误的认识；消除隐患，事事警觉、遵照科学、规范行为的科学意识；学习技术、提高技能的意识等。精神文化能够促使一个企业的管理者和从业者养成安全行为的良好习惯，并对企业创造安全氛围起到决定性作用。

第四，行为文化与安全行为。行为文化是企业安全文化的动态部分。行为文化对人的安全行为主要通过几个方面来实现：①安全行为文化对领导安全行为的影响有领导对安全工作的关心及态度，对安全经费的决策及态度，对现场指挥的策略、方式及能力，对安全管理人员的任用和委派，在"五同时"要求下的行为表现，责任制范围内的工作表现，学习安全规程、知识、管理等方面的表现，事故发生时的行动及指挥能力表现等。②行为文化对职工安全行为的影响，具体表现为：遵章守纪、操作技能、安全行为、工作态度等表现等。③职工及其家属安全行为的影响为家庭生活对职工工作和劳动的协调及影响。

4. 作业环境、物的状况与安全行为

作业环境、物的状况对从业人员安全行为的影响显著。环境变化会刺激人的心理、影响人的情绪，甚至打乱人的正常行为：环境差（如噪声大、尾气浓度高、气温高、温度大、光亮不足等）造成人的不舒适、疲劳、注意力分散，人的正常能力受到影响，从而造成行为失误和差错；物（设备设施）的运行失常及布置不当，不但可能造成混乱和差错，影响人机信息交流，操作谐调性差，形成错误的识别与误操作行为，还可能引起人的不愉快刺激、烦躁知觉，产生急躁等不良情绪，导致不安全行为的产生，引发事故。作业环境与物（设备）对作业人员的影响模式图，如图 10-2 所示。

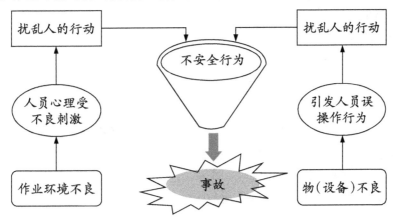

图 10-2 不良环境和物对人员影响模式图

反之，作业环境改善后，不但能调动作业人员的积极性，而且能调节人的心理，激发人的有利情绪，有助于避免或减少不安全行为的出现；物（设备）运行正常、布置合理、符合人机要求，有助于作业人员的正确操作和控制。要保障人的安全行为，必须创造良好的环境，保证物的状况良好、布置合理、符合人机功效模式，使人、物、环境和谐，从而保证人的安全行为。

三、个体生理心理与安全行为

1. 生理因素与安全行为

在不安全行为的影响因素中，作业人员的生理状态会影响其对外界刺激的感知，同一个人处于不同的生理状态时，对外界的感知也不一样，不同的人，具有不同的生理状态，对外界的感觉都会因人而异，外界的刺激会引起作业人员的感知从而影响其行为。当人的生理状态差的时候，会对外界的刺激产生不恰当或者错误感知，很可

能会引起不恰当或者错误行为。因此作业人员的生理状态对安全行为的影响不容忽视。

（1）体力疲劳

人的疲劳程度影响其对疼痛的感知能力，企业员工在较大体力消耗时，会感觉体力不支，疲劳感加强。当疲劳程度越大，对疼痛感感知能力则会越低，导致企业员工无法及时感知潜在危险的存在，极易产生不安全行为。

（2）摄氧量不足

由于某些作业场所通风设施不健全，加之作业节奏紧张，作业量较大，可能出现员工的摄氧量不足的情况，即出现缺氧现象，而人体只有在摄氧正常的情况下才可正常工作，摄氧量不足常常导致不安全行为的产生。

（3）心率波动大

心率上下波动过大，会导致作业人员机能的混乱，反映到行为上，则导致出现不安全行为。同时，心率的变化可以反映出一个人的情绪波动，在心率大范围变化时，人处于情绪焦急的状态。

除以上三种生理变化有可能导致员工不安全行为的产生外，排汗量、体温、血压、乳酸值、血糖的非正常变化也会导致员工产生无意识不安全行为，例如夏季高温情况下，户外建筑人员的高处作业过程中，常常会由于较高气温影响人员的生理指标的不正常变化，做出不安全的行为，导致事故发生等。

2. 心理固有因素与安全行为

人的行为是复杂和动态的，具有多样性、计划性、目的性、可塑性，受安全意识水平以及思维、情感、意志等心理活动的支配，同时也受道德观、人生观和世界观的影响；态度、意识、知识、认知决定人的安全行为水平，尤其是情绪因素、气质因素、性格因素等体现个人差异性的心理固有因素，使人的安全行为表现出显著的差异性和不确定性。

（1）情绪因素对人安全行为的影响

情绪为每个人所固有，是受客观事物影响的一种外在心理表现，这种表现是体验、反应、冲动和行为。从安全行为的角度分析得出：情绪处于兴奋状态时，人的思维与动作较快；处于抑制状态时，思维与动作显得迟缓；处于强化阶段时，往往有反常的举动，这种情绪可能导致思维与行动不协调、动作之间不连贯，从而导致不安全行为产生。当不良情绪出现时，可临时改换工作岗位或暂时让其停止工作，并需要领导和同事的鼓励及安慰，避免将消极和抑郁情绪带入工作中，防止因误操作而造成的事故发生。

（2）气质因素对人安全行为的影响

气质是表达人个性的重要因素之一，是一个人所具有的典型的、稳定的心理特征。

气质分为多血质、胆汁质、黏液质和抑郁质四种。①多血质：活泼、好动、敏捷、乐观、情绪变化快、善于交际，待人热情，易于适应变化的环境，工作和学习精力充沛，安全意识较强，但是持久性不好、不稳定；②胆汁质：易于激动、精力充沛、反应速度快，但不灵活、容易暴躁、情感难以抑制，安全意识较前者差；③黏液质：安静沉着，情绪反应慢、不易发怒、很少流露感情，在工作中能坚持不懈、有条不紊，但动作迟缓、不灵活、有惰性以及环境变化的适应性差；④抑郁质：敏感多疑、易动感情、情感表达丰富，工作中能表现出胜任工作的坚持精神，但行动迟缓、忸怩、腼腆、胆小怕事，动作反应慢，在困难面前优柔寡断。

气质对人的安全行为有很大的影响，每个人都有不同的特点和对安全工作的适宜性，因而，所表现出来的行为也具有个人的独特色彩。例如，同样是积极工作，有的人表现为遵章守纪，动作及行为可靠安全；有的人则表现为蛮干、急躁，安全行为较差。因此，分析职工的气质类型，在工种安排、班组建设、使用安全干部和技术人员，以及组织和管理工人队伍时，要根据实际需要和个人特点来进行合理调配、合理安排和任用，对保证工作行为的安全性有积极作用。

（3）性格因素对人安全行为的影响

性格是每个人所具有的、最主要的、最显著的心理特征，表现在人的安全管理活动目的和行为方式上。性格较稳定，不能用一时的、偶然的冲动作为衡量人性格特征的依据。但人的性格不是天生的，是在长期发展过程中所形成的稳定特性的心理表现。人的性格表现有理智型、意志型、情绪型三种。理智型：用理智来衡量一切，并支配行动；情绪型：情绪体验深刻，安全行为受情绪影响大；意志型：有明确目标、行动主动、安全责任心强。性格对人的自觉性、自制性和果断性方面均有一定的影响：自觉性方面表现在从事工作的不同行为模式，可能出现盲目性、自动性、依赖性、纪律性、散漫性的工作行为模式；自制性方面表现在自制能力程度的不同，可能出现约束、放任、主动、被动的工作方式；果断性方面表现在长期的工作过程中处理工作的不同状态，可能出现坚持不懈、半途而废、严谨、松散、意志顽强和懦弱的工作状态。因此，在实际工作中，不同岗位选择相适宜性格特征的作业人员非常重要。

3. 人的意识与安全行为

意识是表达人心理活动的最高形式，人对所发出行为的目的、评价、调节和控制等都具有意识的基本特征。从意识影响行为的角度，可以分为有意识不安全行为和无意识不安全行为两类。

（1）有意识不安全行为

有意识不安全行为指作业人员在对行为性质及行为风险具有一定认识的思想基础上，表现出来的不安全行为，即有意识不安全行为是在有意识的冒险动机支配之下产生的行为。有意识不安全行为的动机是两个方面原因共同造成的结果：一是对行为后果价值过分追求的动力和对自己行为能力的盲目自信，造成行为风险估量错误；二是由于个人安全文化素质较低，以及企业没有建设起较强的安全文化氛围，使行为者的不安全行为动机不能得到及时准确的校正。

（2）无意识不安全行为

无意识不安全行为指作业人员可能由于对行为所存在的危险性未知、未能掌握该项作业的安全技术、不会正确的安全操作、由于作业环境和外界的干扰、生理及心理的偶然波动等原因，从而破坏了其正常行为的能力而出现危险性操作。显然无意识不安全行为属于人的失误，按产生失误的根源可以将其分为两种：一种是随机失误，另一种是系统失误。①随机失误是指行为者具有安全行为能力，同时知晓不安全行为的危害，但是由于外界的干扰（如违章指挥等），或行为者自身出现的生理心理状况恶化（例如：疾病、疲劳、情绪波动等），发生的不安全行为。②系统失误有两种：第一种是人机界面设计不当，不能与人的生理心理条件相匹配，提供了必然失误的作业条件，属于工程设计问题；第二种是作业人员自身条件不足，作业人员可能不具备从事某项作业的安全行为能力、可能不清楚某项作业的安全操作规程、可能不具备某项安全操作技术而在作业中，凭借自己的方法蛮干，其导致不安全行为发生的原因是作业者本身具有必然失误的条件，管理者用人不当、未对行为者进行安全能力的认真培养和严格考核是出现此种情况的原因。

4. 安全行为的经典实践：手指口述法

（1）手指口述法的界定

手指口述：主要针对生产过程高危及操作复杂的行业，员工容易发生遗忘、错觉、注意力不集中、先入为主和判断失误等问题，运用心想、眼看、手指、口述等一系列行为，使人的注意力和物的可靠性达到高度统一，从而避免违章、消除隐患、杜绝事故。

（2）操作要点

①心想：现场工作人员要想一想自己岗位操作程序、正规动作和安全规程等，对相关安全事项进行初步的确认。

②眼看：现场工作人员对自己工作的场景和设备进行，看检查是否有安全隐患，工作中要时刻注意机械设备的运行状态是否正常。

③手指：现场工作人员按照标准动作，用手指向操作的对象或工作环境，准确定位需要确定的对象和自己所处的具体工作环境。

④口述：在对人、机、环境等因素检查完毕后，对确认安全的因素进行口述，提醒自己以及与自己一起工作的人员，达到消除不安全因素的目的。

（3）本质

①确定安全：安全生产过程中，对人—机—环境进行认真、反复地确认，降低发生危险的可能性。

②使工作标准化：要求工作人员按照正规的操作和准确的动作，减少不必要的失误。

③企业管理具体化：手指口述法实行过程中，具体到每个员工，使每个员工都能安全认真的工作，从而提高企业的生产效率。

④安全生产自我管理：生产过程中，只有员工自身意识到安全是很重要的，才能够更好地实行自我管理，从而对自己的心理、行动和思想等，进行有效的控制或管理。

（4）意义

①提高员工的注意力：由于人员的注意力不集中造成事故的发生，而手指口述法则可以解决工作时的注意力不集中，避免由于注意力不集中造成的失误。

②提高员工生产意识：通过教育培训增强员工的安全意识，自觉地养成安全行为。通过手指口述的方法员工能够熟练地掌握安全的工作模式。

③使员工迅速进入工作：有些员工开始工作时，常常不知道想些什么，不能好好的工作，手指口述法能快速地将员工的身心调整到工作中来。既提高了工作效率，又提高了安全性。

④提高员工的规范性：工作开始前，使用手指口述法对工作设备和环境进行一一检查，看是否符合规定。这样可以提前预防一些事故的发生，减少伤害。

⑤提高员工的精确性：手指口述法能使员工精确的操作，减少失误、误差，以确保安全。

⑥使员工做出正确的反应：手指口述法可以使员工在遇到实际问题时做出最正确的选择，避免慌乱做出错误的选择，造成更加严重的后果。

（5）应用

目前，手指口述法主要应用于煤矿的各个行业之中，包括采煤专业、掘进专业、机电专业、运输专业以及安全专业手指口述法。有些煤矿行业将手指口述法和三三整理结合应用，称为手指口述三三整理作业法[①]。该方法实际是通过现场动态和定时进行整理环境、整理隐患、整理情绪，消除现场所有影响安全生产的不利因素，使现场条件更适合继续安全生产的要求。在整理中应用手指口述操作法，对现场的某一特定物及设备、条件，指定专人进行安全检查，经过 10 分钟以上的分项检查和处理，现场的安全隐患消除了，作业环境更好了，员工情绪更加稳定。

---

① 官世文，许胜利，郭凤，等．"手指口述安全确认操作法"与"手指口述三三整理作业法"在煤矿现场的应用［J］．煤矿安全，2009（9）．

（6）手指口述法的考核与评价

手指口述法的考核。主要包括四个方面：对作业人员认识程度和安全思想的考核、对手指口述法的具体内容学习和掌握情况的考核、对各岗位操作人员的实际操作行为的考核、对作业人员实施手指口述法后企业安全生产绩效的考核。考核会根据各岗位的实际生产特性和环境因素等选择不同考核频度，主要有日常考核、周期考核、专项考核和综合考核。

手指口述法的评价。任何一种安全管理方法都具有优缺点，为了将手指口述法的实施而对工作现场带来的新的安全问题降到最低程度，使其更加适合企业的实际情况，消除隐患，从而达到安全管理的目的，因此就要预先对各行业各岗位的手指口述操作要领、动作和流程进行辨识、评价、控制和持续改进。评价主要针对手指口述法的内容、组织管理和实施情况。

第三节　企业安全行为评价体系

一、企业员工安全行为评价指标

1. 企业员工安全行为评价指标确定

影响人类行为的因素是多种多样的，德国心理学家勒温（Kurt Lewin）认为：人的行为取决于内在需要和周围环境的相互作用。当人的需要尚未得到满足时，个体就会产生一种内部力场的张力，而周围环境则起着导火线的作用。他提出了一个著名的行为公式：

$$B = f\,(P \times E)$$

式中：B——Behavior（行为）；

P——Person（个人——内在因素）；

E——Environment（外界环境的影响，包括自然环境、社会环境）。

结合煤矿、建筑、化工等高危行业的环境条件、工作强度等外在因素的作用，企业人员的安全行为评价指标如图 10-3 所示。

2. 企业员工安全行为评价指标分析

（1）生理健康要素

生理健康要素主要是指作业人员的有无疾病情况、身体生理指标变化情况以及身体是否处于疲劳状态中。生理健康是企业员工一切作业活动的基础。缺乏健康体魄，就难以控制其行为的安全性，尤其是在环境条件恶劣、劳动强度大的高危行业中显现得尤为突出。

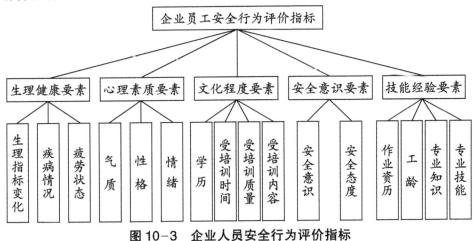

图 10-3 企业人员安全行为评价指标

（2）心理素质要素

企业员工的心理素质直接影响其安全行为。良好的心理承受能力、情绪的控制能力、性格对岗位的协调度等都在作业活动中发挥非常重要的作用。例如，对煤矿救援人员、消防人员、警察、指挥、医生、司机等从业人员的心理素质要求更加严格，如果心理素质不够过硬，遇紧急事件就会惊慌失措，情绪急躁，手忙脚乱，正常的作业水平也无法发挥。另外，情绪的好坏还会影响其他作业人员的心情等。

（3）文化程度要素

学历情况即是工作前的受教育程度，能够反映作业人员的基本素质，而进入工作之后的接受培训情况则反映员工专业知识程度的掌握情况。如果员工（尤其是特殊工种）受训时间不足、受训内容不贴合实际工作、受训质量不过关，员工的知识技能不能够满足其岗位作业要求，则无法胜任岗位，无法保证作业行为的安全性。

（4）安全意识要素

安全态度是安全意识的外在反映，是人的安全感觉和思维等各种心理过程的实践表现。作业人员端正的安全态度是保证岗位作业安全的基本条件，只有具备正确的安全意识，才能具备良好的安全态度，实现对自身行为的调控，使自己的行为安全可靠；如果作业人员（尤其是特殊工种、高危行业人员）不具备良好的安全态度，做事侥幸心理严重，则会对安全构成极大的威胁。

（5）技能经验要素

操作工等通常是实践性较强的作业人员，因此作业经验与事故发生的可能性关系密切，经验不足常常是发生事故的重要原因之一。作业经验由作业资历和工龄组成。

如果作业人员仅有良好的安全意识和态度，也经过一定的培训，但没有真正掌握应有的专业知识和技能，那么他们的作业行为是盲目的，根本无安全保障。因此，技能是作业人员是否能切实履行职责的最根本能力。

二、企业组织安全行为评价方法

1. 企业安全生产指数法

（1）基本概念

企业安全生产指数：是在一般指数理论指导下，根据揭示安全生产特性综合规律的需要，设计出的反映企业安全生产状况的一种综合性定量指标。它具有无量纲性、相对性、动态性和综合性的特点，可以对企业（一段时期）的安全生产状况进行科学的分析、合理的评价，从而指导安全生产的科学决策。我们定义的安全生产指数包括三个概念，一是"作业工序流程化"，反映企业的安全管理能力；二是"作业工种标准化"，反映企业的安全行为能力；三是"作业条件监控化"，反映企业的监控预警能力。

（2）数学模型

"安全生产指数"以企业的安全管理能力、安全行为能力和监控预警能力作为分析对象或指数基元，根据分析评价的需要进行指数测算，从而对安全生产的规律进行科学的评估和分析。

"安全生产指数"的数学模型（定义）有三个：

①安全管理能力 A

a_i = 第 i 个作业中遵循由上一步到下一步的步骤数求和/第 i 个作业的步骤总数

$$A = (a_1 + a_2 + \cdots + a_{n_1}) / n_1$$

式中：A 为该企业的安全管理能力，n_1 为某一个岗位的班组长人数总和。

②安全行为能力 B

b_i = 第 i 个作业中作业内容符合作业标准的项数求和/第 i 个作业的作业内容总数

$$B = (b_1 + b_2 + \cdots + b_m) / n_2$$

式中：b_i 为该企业的安全行为能力，n_2 为"除去班组长和安全管理员"的人数求和。

③监控预警能力 C

c_i = 监控到的作业条件数求和/作业条件总数

$$C = (c_1 + c_2 + \cdots + c_{n_2}) / n_3$$

式中：C 为该企业的监控预警能力，n_3 安全管理员的人数求和。

④安全生产指数 K

安全生产指数的计算遵循安全生产事故的"20-80"原理：80%以上的事故是由

于违章指挥、违章作业和设备隐患没能及时发现和消除等人为因素造成的。

$$K = (0.2 * C + 0.8 * B) * A$$

式中：K 为该煤矿的安全生产指数。

2. 企业安全信用等级

推行企业的安全信用等级的评估工作应该是企业信用评估的一项重要内容，这对于保障国家和企业的财产及人民群众的生命安全，促进社会安定和经济建设的稳步发展都有重要的意义。根据确定的企业安全生产指数 K，按照以下标准进行企业安全生产基础要素的综合评价。

①$0.8 < K \leqslant 1.0$，处于安全状态，无预警，状态颜色为绿色，安全信用等级为五星级。

②$0.6 < K \leqslant 0.8$，处于较为安全状态，预警显示零级预警，预警颜色为蓝色，安全信用等级为四星级。

③$0.4 < K \leqslant 0.6$，处于亚安全状态，预警显示 I 级预警，预警颜色为黄色，安全信用等级为三星级。

④$0.2 < K \leqslant 0.4$，处于危险状态，预警显示 II 级预警，预警颜色为橙色，安全信用等级为二星级。

⑤$K \leqslant 0.2$，处于高危险状态，预警显示最高级别 III 级预警，预警颜色为红色，安全信用等级为一星级。

3. 企业组织安全行为评价平台（APP 客户端）

APP 端登录"企业安全生产基础建设平台"，根据用户的作业工种获取对应的作业名称，根据作业名称和作业工种获取对应的作业条件、作业工序、作业内容、作业标准。

APP 端登陆成功后，把相关的作业信息下载下来。以作业条件、作业工序、作业内容为标题。以答题形式对每道题进行勾选并保存到移动端数据库。全部勾选完毕后弹出最终确认页面（一旦确认上传则不可修改），点击上传把数据上传到 web 服务器。

APP 端主要功能包括：作业数据下载、作业数据录入、作业数据确认、作业数据上传和作业数据更新，APP 端运行图如图 10-4 所示。

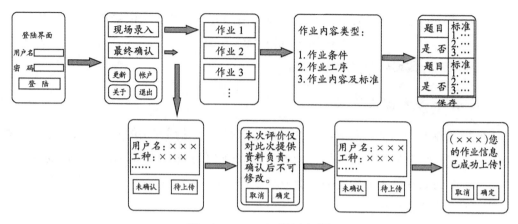

图 10-4　APP 端运行图

4. 企业组织安全行为评价的平台结果管理

（1）作业结果管理以某煤矿为例（图 10-5）

图 10-5　作业结果管理图

（2）指数评价管理（图 10-6）

图 10-6　指数评价管理图

（3）星级评价管理（图 10-7）

图 10-7 星级评价管理图

下 卷

安全生产新学科和新理论探索

《周易》的安全哲学思想论纲*

与追求"存在之所以存在的根据"的本体论哲学不同，当代哲学①把客观对象看成是有结构层次的现象性的存在，有效地避开了以往西方传统哲学在"终极关怀"问题上陷入二律背反的误区，进而使哲学研究的对象从抽象的本体转移到认知方法、价值观念、美感心理等直接与民众生活息息相关的现实问题方面。其中，"安全"问题以其时代性、普遍性和突出性②进入哲学的视域当中。"安全哲学"以"安全"问题为研究对象，包含世界观、方法论和价值观。

从人性到法律，从哲学到政治，从理论到制度，关于安全的研究和对策层出不穷。安全的内涵是生命没有危险，不被威胁。安全的外延包括身体安全、心理安全、权利安全、环境安全等。最根本的是生命安全，寻求安全是人类的本能，安全是人类社会的基本需求，安全的社会秩序是人类社会可持续发展的前提条件。因此，通过探讨异质的前工业化社会，或许可以在更根本的问题上发现相通之处，诸如跨越时代的人性和人类基本思维方法。

有一种观点认为，17世纪前，人类的安全观念是宿命论的，行为特征是被动承受型的，以此为人类古代安全文化的特质③。本文不同意这种观点，《周易》这部典籍弥漫着浓浓的忧患意识和居安思危、险中求胜的安危转换思维，具有非常丰富的主动获求安全的理念和方法。

---

*本文亦为中央高校基本科研业务费资助，项目编号3142014055。

① 从19世纪末到20世纪初，在"回到康德去"的口号下，西方哲学新体系如雨后春笋层出不穷，先后陆续出现存在论、结构论、现象论、符号论等一系列被称之为新康德主义的各哲学流派。

② 当前中国社会广泛存在的安全问题，从个人层面到社会层面，从人伦关系到生态伦理，都在遭遇着前所未有的挑战，近年来不绝于耳的海啸、飓风、山体滑坡、恐怖袭击、禽流感、矿难、化工厂爆炸、饮用河水污染、儿童伤害、女性侵犯、价值紊乱……让我们无法免于恐惧和匮乏。毒奶粉、瘦肉精猪肉、毒姜毒蒜、地沟油等，如同电脑病毒程序，老是删除不了，民众惊呼我们还能吃什么？我们引以为傲的祖国变成了无处安身无处可逃的危险地带，人人自危，感受到来自自然、社会、他人的恐惧和威胁，我们不禁自问，本是符合人类本能，人类基本要求的"安全"，每个人都需要的远离伤害的感觉，时时刻刻与每个生存者同在的安全感，为什么在堪称文明社会的当下，变得如此稀缺，成为普遍的社会现象和严重的社会问题。

③ 张传毅，李泉. 安全文化建设研究［M］. 徐州：中国矿业大学出版社，2012.

一、《周易》的安全世界观和方法论

所谓安全世界观，即是人类关于安全的根本看法和基本观点，《周易》作为中国农业社会的经典文献，昭示了古代人们在战胜自然灾害、确保人的安全方面的基本观点和看法。同时，《周易》更体现了古代哲学家们思考安全世界观的基本方法。

1. 充满忧患的安全世界观

《周易·系辞下》在论及《周易》的写作年代时指出："《易》之兴也，其于中古乎？作《易》者其有忧患乎？""《易》之兴也，其当殷之末世，周之盛德邪？是故其辞危，危者使平，易者使倾。其道甚大，百物不废。惧以终始，其要无咎。此之谓《易》之道也。"《系辞》当作于战国时期，《周易》一书作于殷末周初，称之为"中古"[①]。殷朝与西周形成鲜明对比，前者是易者使倾，后者为危者使平；殷纣居安不思危，甚至居危不思危；周文周武周公不论居危还是居安，时刻保持警惕，思危不忘危。西周创立者从殷朝灭亡西周建立的过程中得出经验：惧以终始，其要无咎。古书记载文王被囚羑里[②]时，因困于忧思，屡涉险境，值商纣无道之世，为天下而忧为众生而患，"益《易》之八卦为六十四卦"（《史记·周本纪》），将伏羲创造的八卦（即"先天八卦"）进行推演，得到了与之卦序不同的"文王八卦"（即"后天八卦"），将八卦上下两两相叠，所得到的六十四个六爻卦，就是今天我们看到的《易经》。《易经》作者战战兢兢、如履薄冰的忧患心态在卦爻辞中随处可见。

《易》卦多危辞，在64条卦辞和386条爻辞中，悔、吝、凶等占断之辞占了绝大多数。"凶，恶也"（《说文》），事有恶果为凶，故凶者，祸殃也。占断之辞有言"终凶"，谓事之结果为凶；"有凶"，谓有祸殃；"贞凶"，犹言占凶即占卜的结果为凶。"悔，恨也"（《说文》），为较小之困厄。"有悔"谓事有困厄；"无悔"谓事无困厄；"悔亡"谓昔有悔而今其悔去也。"吝，疵也"（《周易集解》引虞翻语），"艰难也"（《周易古经今注》），其不顺的程度较悔为轻。"小吝"，谓小有不顺。悔与吝对言，二者介于吉与凶之间，吉凶是得失，悔吝是小疵，即小问题。"厉，危也"（《释文》）。"有厉"谓事有危险，"贞厉"犹言占厉。咎，灾也，患也，有过错、罪过、灾祸之意。"为咎"谓将成为灾患，"匪咎"谓此非祸患，"何咎"谓不致有灾患。《系辞传》说：

---

① 三古即上古、中古、下古。但说法不一。《汉书·艺文志》："易道深矣，人更三圣、世历三古。"唐代学者颜师古注引三国魏孟康曰："伏羲为上古，文王为中古，孔子为下古。"《礼》："伏羲为上古，神农为中古，五帝为下古。"

② 《史记·殷本纪》："纣囚西伯（即周文王）羑里。"羑里，古地名，一作牖里，在今河南省安阳市汤阴县北4.5千米的羑里城遗址。羑里城是我国遗存下来的历史最悠久的国家监狱遗址。

"吉凶者，言乎其失得也；悔吝者，言乎其小疵也；无咎者，善补过也。"这是卦爻辞使用这类断语的通例，小险大易，大过小疵，表现了程度的不同。

饱含忧患之意的占辞背后是《易经》作者的世界观。首先，这个世界无时无刻不在变化之中。汉郑玄《易赞》及《易论》说："易一名而含三义：易简，一也；变易，二也；不易，三也。"关于变易，一指占筮时每次都有不同的卦、爻象，一是《易》书认为万物都分阴阳，"刚柔相推而生变化"。《系辞传》说："易之为书也不可远，为道也屡迁，变动不居，周流六虚，上下无常，刚柔相易，不可为典要，唯变所适。"正是因为万物变动不居，上下无常，如果不时时保持戒惧警惕，无法跟上事物发展变化的脚步，必将陷自身于危难之中。其次，变化无非两类，一类是由吉到凶，一类是由凶到吉。根据《易经》六爻卦爻位变化规律来看，初爻到上爻是渐变的过程，以《乾卦》为例，从初九"潜龙勿用"，九二"见龙在田"，至九五"飞龙在天"得中得正①，必须"终日乾乾，夕惕若"（《九三爻辞》），无时不在戒惧之中，才能获此大吉。九五"飞龙在天"到上九"亢龙有悔"，是由吉到凶的过程，后世的注易者将其概括为盛极必衰，提醒世人不仅在上升期要谨慎而努力，更要在功成名就之时戒骄戒躁，惧以终始，才能避免前功尽弃。因此，在《易经》的世界里，万事万物莫不遵循从初爻到五爻的由低到高、由弱到强、由少到多，又从五爻到上爻的由壮到老、由盛到衰、由强到弱，前者需要谨慎而努力方能大吉，后者更加需要戒惧终始，方能全身而退，忧患是不变的应对策略。

从行为主体的立场来看，为何具有忧患意识，"戒惧终始"，就可以"其要无咎"呢？原因在于忧患赋予的"正能量"。忧患并不是恐怖、绝望、惧怕之意，徐复观先生曾言："忧患心理的形成，乃是从当事者对吉凶成败的深思远虑而来的远见；在这种远见中，主要发现了吉凶成败与当事者行为的密切关系，及当事者在行为上所应负的责任。忧患正是这种责任感来自要以己力突破困难而尚未突破的心理状态。所以忧患乃人类精神开始对事物发生责任感的表现，也即是精神上开始有了人的自觉的表现。"②在中国人的世界里，很早便树立起一个大写的人，主张尽人事知天命，从当事者的责任感以及行为举止来分析吉凶成败的缘由，反对怨天尤人。所以"忧患"的内涵是对个人责任和使命的内在反省。

有反省能改过亦能由凶转吉，至少可以无过，这是忧患起到的作用。《易经》肯定"人非圣贤，孰能无过！过而能改，善莫大焉"（《左传·宣公二年》）。《易经》之前，殷代的龟卜等卜辞关于吉凶福祸的预言相当决断。所卜之事，吉就是吉，凶就是

---

① 如果一个爻位既"得中"（处于内卦或外卦的中间，亦即二、五位），又"得正"（阳爻处于一、三、五位，阴爻处于二、四、六位），就是"中正"。六爻中，只有阴爻处在第二位（六二）、阳爻处在第五位（九五）才是"中正"。中正一般都吉，九五还被认为是"君位"，故有"九五之尊"的说法。——出自《四书五经辞典》。

② 徐复观. 中国人性论史·先秦篇［M］. 台北：台湾商务印书馆，1987：24.

凶，"受祐"与"不受祐"等界限分明，不可更改。《易经》卦爻辞断定吉凶，则明显增加了人为的因素，筮得之卦即使不吉利，也可通过占者的努力化凶为吉[1]。若固守其至凶之道而无悔改，必将至凶。所谓"人为的因素"是指能改过，改过的前提是知过，知过的前提是能反省，反省的预设条件是具有忧患意识。悔与吝见于爻辞，《系辞传上》："悔吝者忧虞之象也""悔吝者言乎其小疵也""震无咎者存乎悔""忧悔吝者存乎介"。朱震《汉上易集传》："悔者，追悔前失不惮改也""吝者，言当悔而止，护小疵至大害者也"。故朱熹《语录》有言："悔自凶而趋吉，吝自吉而趋凶。"卦辞言无咎，咎指过错、罪过、灾祸之意，《易·系辞上》："无咎者，善补过也。"金景芳《周易讲座》："《周易》中凡出现'无咎'二字，便是嘉许其能补过。"[2]善补过则无灾咎。是否具有忧患意识才是决定吉凶悔吝的因素。吉凶悔吝是安全与否或者不同程度的安全，决定安全的关键是忧患意识。

2. 居安思危的方法论

如前所述，《周易》具有忧患意识，主张戒惧终始。围绕"安全"而言，结果无非安、危，过程无非从安到危，亦或从危到安。处在危险之境，危险显而易见，自然会保持警惕，小心谨慎，使形势发生转换。《周易》特别就身处和平安乐之地，功成名就之时，安全形势大好之际，告诫人们应当"安而不忘危，存而不忘亡，治而不忘乱，是以身安而国家可保也"（《系辞下》）。"安而不忘危"是事故预防的积极思维方式，"危者使平"提供事故处理的方法。

"安而不忘危"告诉人们置身顺境之时，要居安思危，无患思患，思患防患。尤其是处于中正九五大吉之位，若不知戒惧忧患，就会导致"亢龙有悔"（乾卦上九爻辞）。兹举两个大吉之卦进行说明。

《既济卦》离下坎上，水火相交，各当其用，阴阳各当其位，天下万事各得其治。然而卦辞却言"初吉终乱"，《程氏易传》注解曰："初吉，方济之时也；终乱，济极则反也。"《既济·象》曰："终止则乱，其道穷也"，将居安思危的意思表达得淋漓尽致。物不可穷，事物发展到极限，就会通过变而走向另外一个方向，不能因为"初吉"或者现在安全而麻痹大意，贪图安逸，放松警惕，不思进取，应该时刻保持忧患之心，如既济卦《象传》说"君子以思患而豫防之"，《周易》作者无患思患，思患防患的良苦用心清晰可见。

《泰卦》反映的是一种"天地交而万物通""上下交而其志同"（《象·泰》）的阴阳交通和畅的最佳状态，这种状态可能是《周易》作者心目中最理想的时代。即使如

① 朱伯崑. 周易知识通览 [M]. 济南：齐鲁书社，1993：46.
② 金景芳，吕绍纲. 周易讲座 [M]. 桂林：广西师范大学出版社，2005.

此安全的时刻，作者仍提醒人们要特别小心谨慎，"用中行之道，有含弘之度，无忿疾之心，反之无深远之虑，有暴扰之患，深弊未去，而近患已生矣"（《程氏易传·泰·九二》），到九三爻居二阳之上，三阴之下，正是天地阴阳乾坤交接之际，"无平不陂，无往不复"（《泰·九三》），"无常安平而不险陂者，谓无常泰也；无常往而不返者，谓阴当复也。平者陂，往者复，则为否矣。当知天理之必然，方泰之时，不敢安逸，常艰危其思虑，正固其施为，如是则可以无咎。处泰之道，既能艰贞，则可常保其泰，不劳忧恤；得其所求也，不失所期。"（《程氏易传·泰·九三》）告诫人们时刻提防危险发生，即便是在安平之时，也不敢安逸，保持对危险的思虑，修正自己的行为，才可以无咎。

千里之堤毁于蚁穴，由安到危亦始于细微之处。《周易》坤卦初六爻辞"履霜，坚冰至"，其象意为脚下既已踏霜，则坚冰必将到来，"履霜"行为的可预见的结果是"坚冰至"，这是一个简单的自然现象，是人们对自然规律即"天之道"的掌握。就"安全"问题而言，防微杜渐，将危险扼杀于苗头之中，是非常积极的预防措施。《易传》作者却由"履霜"的行为联想到"积善"与"积不善"的行为，《文言·坤》解释该爻说："积善之家，必有余庆。积不善之家，必有余殃。臣弑其君，子弑其父，非一朝一夕之故，其所由来者渐矣，由辩之不早辩也。""如果转换为"安全"话语，大意是，如果能够认真解决细小危险因素，一定不至于积少成多，最后酿成安全事故。

3. 转危为安的方法论

《周易》表达安危的特点是根据爻位来分析，就《周易》爻位来说，两爻为一组，分为天地人三才，三爻四爻位居人位，分别与地、天相交，值此之际，往往存在危险，尤当戒惧。如：

乾·九三，君子终日乾乾，夕惕若，厉无咎。

李士珍曰：天之行一日一周，至夕犹惕，则乾乾不息，无时不在戒惧之中。（乾卦取象于天，日月运行永无停息，君子应效法天道，自强不息，毫无倦怠，时刻处在戒惧之中。）……乾为天道，三为人位，是天人之际，危微之界也。处两乾相行之间，是绝续之交也。卦至三而将变，是变动之地也。（三爻处于天人相交之际，内卦与外卦相接之位，变动之地，属危险之地，危机之时，需要时时警惕，方能顺利度过变动之际。）惟因时而惧，故能谨持于天人绝续之交，防闲于出入变动之际，虽有危而无咎矣[①]。

---

① 马振彪，张善文. 周易学说 [M]. 广州：花城出版社，2002：4.

真正的"道"不是面对人生的风险、危险而袖手旁观、裹足不前之道，而是"解"卦所谓的"险以动，动而免乎险"（《解卦》象曰）之道，《系辞》所谓的"危者使平"之道。故"困，君子以致命遂志"（《困卦》象曰）；"蹇，君子以反身修德"（《蹇卦》象曰）；"震，君子以恐惧修省"（《震卦》象曰）。当中，否卦最能彰显转危为安，险中求胜的力量。否卦是泰卦的反面，正处于"天地不交，而万物不通""上下不交，而天下无邦"（《象·否》）的闭塞不通之状态。九五是否卦之主爻，阳刚中正且居尊得位，有能力有条件"休否"，即具有拨乱反正、扭转乾坤的力量。

就"安全"而言，最好的方法不是置之死地而后生，而是知"进退存亡"，"亢之为言也，知进而不知退，知存而不知亡，知得而不知丧。其惟圣人乎！知进退存亡而不失其正者，其惟圣人乎！"（《乾·文言》）若知"进退存亡"，则"安全"之意自在其中。知"进退存亡"之关键点是"待时而动"，"君子藏器于身，待时而动，何不利之有。"（《系辞传》）对于"时"的认识，来源于对事物细致入微的观察、体悟，此即《系辞传》所谓"知几"，"几者，动之微，吉凶之先见者也。君子见几而作，不俟终日。"（《系辞传》）。"几"即"微"，是事物发展变化的苗头或萌芽，是吉凶的预兆。作为行为主体应趋时而作，不可逆时而行。只有"知几"，才能防患于未然。

二、《周易》的安全伦理思想

伦理学是关于道德哲学的学问。关于人伦关系、人际规范、社会秩序等，是《周易》的主要内容；《周易》关于安全的伦理思想同样得到重要表达。

1.《周易》的规范伦理及其安全规范

从伦理学的角度来看，当代中国严重的安全问题应当归咎于现代社会的功利追求以及物质利益至上的价值态度，现代人面对的是远比古人更强大的贪欲和私欲的诱惑。"陌生人社会"的到来以及网络虚拟世界又使得现代人有着更多作恶的社会可能。这些令儒家"慎独"式的德性伦理太过于理想而缺乏实效性，"安全"伦理理念体现的则是作为社会底线的、足以约束共同体所有成员，对于共同体"公共"价值准则、"公共"利益分配方式的伦理建构。作为一种规范伦理，"安全"伦理是对于大众的生命和生存安全的保障，它的着眼点是可行性与现实性，依赖一定的规范来规定人们在公域范围内，必须做什么和不能做什么。安全伦理规范适用于每一个人，使每一个人不能从事一些侵犯他人、破坏社会秩序，以及危及社会合作关系的行为，这种普遍的义务和要求，可以使人人各定其位、各安其分。

《周易》一书特别强调规则和秩序，中国古代称规则和秩序为"礼"。《程氏易传》在《泰卦》卦象之下，根据《序卦》"履而泰，然后安，故受之以泰"，解释道："履得其所则舒泰，泰则安矣，泰所以次履也。"《序卦》对《小畜》后《履》的顺序解释原因为"物畜然后有礼，故受之以履"，《程氏易传》解释《履》在《小畜》之后的原因是"夫物之聚，则有大小之别，高下之等，美恶之分，是物畜然后有礼，履所以继畜也。履，礼也。礼，人之所履也。"《周易》所谓"礼"是秩序之意，包括天地人的秩序和人伦秩序。秩序以规则的形式表达自身，从而为行为主体提供行为规范。就安全问题而言，具体如生产安全、交通安全、食品安全等，对于相关操作章程和法律法规的遵守是最基本的要求也是最起码的行为要求。

《周易》表达"礼"——秩序和规则——的独特方式是爻位。一卦六爻，每爻所在的位置有其特定属性，如一、三、五爻为阳位，二、四、六爻为阴位，《易传》认为卦爻吉凶的基本原理之一便是阳爻须居阳位，阴爻须居阴位，这称之为当位或得位。如果阳爻居阴位或阴爻居阳位，即为不当位或失位，当位则吉，失位则凶。如既济卦阳爻居初、三、五位，阴爻居二、四、上位，阴阳爻都当位，《象》传为了解释此卦之吉，说"利贞，刚柔正而位当也"。就"安全"问题而言，基本要求同时也是重要保障是各当其位，各司其职，严格按照规章制度办事。

《周易》经文不是完全符合传文归纳的当位或不当位说，如《未济》卦六爻皆不当位，卦辞占断却是亨，《象传》解释原因为"虽不当位，刚柔应也"。或者避开当位不当位说，以中道来解释，如《坤卦·六五》爻辞"黄裳，元吉"，《象传》说"黄裳元吉，位在中也"。从易学解释学来说，包括《易传》在内的诸多解易著作归纳了诸多吉凶判断的依据，当位说只是基本依据之一，适用于小部分卦爻，不能涵括所有六十四卦。因此，解易的过程中变通非常重要，如果拘泥于某一种或几种解易方法，都有解释不通的地方。根据《系辞》"化而裁之谓之变，推而行之谓之通，举而措之天下之民而谓之事业。""极天下之赜者存乎卦，鼓天下之动者存乎辞，化而裁之存乎变，推而行之存乎通。"后世易学家总结出了丰富多彩的"变卦"体例，对卦爻的变化加以裁节，使阳爻变为阴爻，使阴爻变为阳爻，这就是"变"，即卦画的变易；爻象往来上下，刚柔变动、周流无穷，这就是"通"。有互卦、错卦和综卦等，通过某爻阴阳变动之后等到的变卦判断吉凶。所以《系辞》又说："阖户谓之坤，辟户谓之乾，一阖一辟谓之变，往来不穷谓之通。"乾为纯阳，其画为一，坤为纯阴，其画为阳刚柔的往来推移，正如门之一开一关，这就是"变"，这个过程循环不已就是"通"。因此变通是指对立面相互更易而没有穷尽的过程，既指卦爻的推移无碍，又同时指天地造化无穷之妙。

《系辞》认为，卦爻象的变通与天地人事的变化有关。"圣人立象以尽意，设卦以尽情伪，系辞焉以尽其言，变而通之以尽其利，鼓之舞之以尽神。"主张人可以利用爻象的变通来显示天地人事变化的趋势，趋利避害，成就事业。关于变与通的关系，《系辞》还提出："易穷则变，变则通，通则久。"穷指极、尽，意谓事物发展至无可发展时就需要变，变才能通畅，保持发展的延续。这种变包含了革旧和创新之意。有了变通，才能保证"物不可以终穷也"，不断地变化和前进。变通思想成为中国人世界观的基本内容之一，即推崇变易，以变易为事物不断发展的决定因素。变通说催人奋进，不可沉溺于安稳与享乐之中，也不必因困顿而丧失斗志。变通的前提是对固有规则的破坏，其消极意义是，在传统"人治"社会和缺乏神性维度的实用文化中，变通说的错位使用和滥用，导致规则意识的淡漠。中国现代化的进程是旧有规则完全破坏之后新的规则久未确立的过程，旧规则破坏的同时本已淡漠的规则意识也消失殆尽。恪守职责，严格按照规则操作是保障安全的基本要求。安全伦理的首要任务是重建规则意识，将传统"礼"的思想进行现代转化，建立适合当下社会的礼仪规则，使人在人伦社会中能够有礼而立，改变当下无礼的状态。

2. 安全伦理的基本精神是对生命的尊重

基于"安全"的基本含义，安全伦理规范建构围绕对个体生命的尊重进行。个体生命并非只是活着，而是健康地、有尊严地活着，广义来说，不仅包括人的生命，还包括动物、植物、生态的安全存在，用中国哲学的话语来说，即"敬畏生命"[①]。《周易》有"生生之德"，主张以贵生精神看待生命的价值，以平等精神衡量各个生命的价值，以仁爱精神善待一切生命。

《周易》指导人类趋吉避凶，吉，甲骨文字形中，上象兵器，下象盛放兵器的器具。合起来表示把兵器盛放在器中不用，以减少战争，使人民没有危难。凶，表意，凵象陷坑，表示掉入陷坑发生危险，本义为不幸、不吉利，引申为死丧等不幸的事。吉凶区分的标准是安全与否，安全则吉，不安全则凶。生命安全是基本安全，《周易》卦爻辞对于吉凶判断首要地是保全生命安全。

《系辞传》中提出"日新之谓盛德，生生之谓易"。又提出"天地之大德曰生"。《说文解字》解"生"为"进也，象草木生出土上。"《周易》以天地论生，认为"生"是一种"大德"，是宇宙大化的生命运动。把生生不已看作天地事物最根本的性质。宋代的程颢最为推崇《易传》关于"生生"的思想。认为："生生之谓易，是天之所以为道。天只是以生为道，继此生理者即是善也"（《遗书》二上）。又说："万物之生意最可观，此元者善之长也，斯所谓仁也"（《遗书》十一）。他认为天道的内容就是生生不息，这种生生之道是"善"的根源，因为"生生"代表了抚育、慈爱、温暖，"仁"就是继承了这种生生之理，所以生便是仁、便是善。这种解释显然是以《易传》生生的思想来论证儒家的道德原则，既以易的生生之道为宇宙万物生育的法则，同时又把它视为人类社会道德原则的根源。

---

① 刘玮玮，张广森. 论中国传统文化的生命伦理精神 [J]. 医学与哲学，2009（9）.

3. 安全伦理的基本方法是慎密与反身内省

本着"生命至上"原则，在行动上的规范要求是"慎密"。"君不密则失臣，臣不密则失身，几事不密则害成。是以君子慎密而不出也。"（《系辞上》）意思是说任何事情在没有成功之前，都要慎密。就"安全"而言，谨慎周密是基本的行为原则。"慎密"不等于畏首畏尾，消极怠工，作为基本的安全行为原则，它的含义是生命大于天，安全无小事。因此在"安全"问题上，多么地小心谨慎都不为过。

总结安全经验，吸取事故教训，是安全建设中非常重要的内容，可以起到预防事故发生的作用，反省便成为了重要的规范要求。《周易》倡导内省，《履卦·上九》曰："视履考祥，其旋元吉"，认为只要善于回视自己的过去，时时考察自己以往的祸福得失，就必获大吉大利。由于《周易》主要是为问卦者指明未来的吉凶祸福、行为准则的，而世人多在遇到人生重大事情犹豫不决、面临困境、优柔寡断时方才占卦求问，因此《周易》对自我反省的强调多与人的困厄相联系。如蹇卦《象》曰："蹇，君子以反身修德。"通过反身内省才能摆脱困境，获得安全。

4. 安全伦理的坚实根基是德性修养

定位为规范伦理的安全伦理建构并不排斥德性伦理。德性伦理关注道德人格和意志，中国传统哲学称之为"良心"，要求人具有理想的情操、高远的气质，以人格典范作为追求的目标。德性伦理的着眼点则是高调的，虽然在一个复杂的现代大型社会，选择过什么样的人生，选择做什么样的人，个人的伦理道德省思的能力、所达到的境界问题等成为个人私域话题，不能被强制要求和统一化，但是并不意味着德性伦理没有存在的必要。

事实上，20 世纪 80 年代，美国伦理学家麦金太尔在《德性之后》对罗尔斯[①]乃至整个西方规范伦理学传统提出挑战。规范伦理过于强烈的规范化或规则化的合理性追求，使伦理学演变成了一种纯粹的规范伦理，而忽略了人的内在主体性与道德省思能力的差异性。普遍性的伦理规则与道德规范只是某种形式的"底线伦理"，它缺少对个人心性品格的关照和理想信仰的终极关切，也无力承载人们对心灵自由和生命本真的多元诉求，因而不可能真正实现道德与价值的统一。反之，一个具有较强道德省思能力、具有悲天悯人情怀的人不难具有珍惜生命的精神和尊重他人的品德，也应该具有起码的规则意识，这些恰恰是安全规范伦理的基本含义。因此，社会需要提供德性伦理资源，以提倡而不强制的方式鼓励个人提高道德反省能力，提升至更高层次的境界。

---

① 罗尔斯是美国当代最著名的伦理学家之一，其巨著《正义论》（1971 年）重新确立了西方现代规范伦理学的方向。

关于人的道德行为之善恶与吉凶祸福的关系，宋朝张载明确提出"《易》为君子谋，不为小人谋"（《正蒙·大易篇》）的观点，认为《周易》对吉凶祸福的前瞻和转化，都是为了有德之君子进一步提高道德境界，决不是为了无德之小人追名逐利，这是从伦理的角度解释《周易》。反过来说，防患于未然的关键在于谨慎自守，提高道德修养。乾卦九三爻辞说："君子终日乾乾，夕惕若厉，无咎。"君子整日进德修业，到晚上还警惕严厉地反思、反省，只有这样才不会有什么灾难降临到自己头上。

修德的最高境界是"天人合德"。正是由于"天人合一"中，天与人皆有高尚德行，所以才会有《周易》古经主张的"自天祐之，吉无不利"（《系辞传》）的思想出现。

如何做到"天人合德"？在《周易》哲学中，不论时间先后还是逻辑先后，"天"都先于"人"，故有"天行健，君子以自强不息"（《乾·象》），"地势坤，君子以厚德载物"（《坤·象》），"人"应当效法"天"（笼统地说，包括乾天坤地震雷巽风坎水离火艮山兑泽在内））。"天"有许多德行，生生不息，生而不有，包容万象等这些事具体的说法，概括起来就是一个字"诚"，诚的基本涵义是真实，其反面则是虚假。儒家认为，天的发育流行自然而真实，《系辞传》"默而成之，不言而信"是先秦思想家对"天"德的赞语。天不会说话，所以只能是"默"和"不言"的样子，但它能通过"成（通"诚"）"和"信"这些德行被人们感知到它的存在和运行规律，此即荀子所言"天行有常"，"天不言而人推高焉，地不言而人推厚焉，四时不言而百姓期焉——夫此有常，以至其诚者也。"（《荀子·不苟》）

《周易》三才之道中，天有天之道，地有地之道，人有人之道，合起来讲就是一个"诚"道，天不欺我乃天之诚，我不自欺乃人之诚。人作为自然界发育流行的产物，是真实无妄的，不能怀疑的。人要遵循本心本性，放弃种种邪思杂念，各类"小我"纷争，以真诚之心待人、接物，才能与天地合德。三才之道分而述之，则"立天之道曰阴与阳，立地之道曰柔与刚，立人之道曰仁与义"（《周易·说卦传》）阴阳之道是天之诚，刚柔之道是地之诚，仁义之道是人之诚。凡《周易》中涉及人事的吉、凶、悔、吝、厉无咎等的占断，都是根据义与不义来决定的，"易为君子谋，不为小人谋"，义是《周易》断定是非、决定吉凶的最高原则。

"诚"既是目标也是过程，尤其对于安全而言，一时一刻的不诚都有可能带来事故和灾难，因此修德是伴随人的一生的过程。《周易》"履，德之基也；谦，德之柄也；复，德之本也；恒，德之固也；损，德之修也；益，德之裕也；困，德之辨也；井，德之地也；巽，德之制也。"（《系辞传》）系统而又完整地阐述了修德的根本和过程。孔颖达认为"六十四卦悉为修德防患之事"[①]。

---

① 孔颖达. 十三经注疏［M］//周易正义. 北京：中华书局，1980：89.

以《周易·困卦》为例，动态地展示了如何依靠个人内在品德摆脱困境与危险之地。《易传》作者先说"困，德之辨也"，讲用困之义，即人处困境，更能磨练人的心志，提高其辨别是非的能力。再说"困，穷而通"，讲出困之道，即人处困境，只要坚守正道，最后肯定能靠积极的行动而摆脱困境，开创新的局面。又说"困以寡怨"，讲处困之法，即处困之时，要守节不移，不怨天，不尤人。困卦之"困"已成事实，关键是解决困中之人如何处困、如何出困的问题。处困之法是修德，是德的积累；出困之道也是先修德，然后才是困穷之时采取行动摆脱困境，困最后转化为通，不利转化为有利。因此，困卦卦辞说："困，亨。贞，大人吉，无咎。"困之结果却是亨通，但只有坚守正道的君子才能得吉而无咎。

当人处于困境时，为了摆脱困境，最容易丧失德行和操守，故《周易》特别提醒人们即使身处困境，也要守节不移，临危不乱才是摆脱困境的正道。如《泰》卦九三爻辞曰："无平不陂，无往不复，艰贞无咎，勿恤其孚，于食有福。"是说事物总是处于对立面的相互转化之中，否极必然泰来，人处困境之中，一定要不失其信念，坚持道德操守，进德修业，见几而作，才能终得善果。反之，如果不能坚持道德操守，为了摆脱困境不择手段，就不能有好的结果，此即《恒》卦九三爻辞所谓的："不恒其德，或承之羞，贞吝。"《象传》也屡屡提醒人们在困境中要注意提高道德境界，如《蒙·象》曰："山下出泉，蒙。君子以果行育德。"《否·象》曰："天地不交，否。君子以俭德辟难。"《蛊·象》曰："山下有风，蛊。君子以振民育德。"《坎·象》曰："水洊至，习坎。君子以常德行。"《蹇·象》曰："山上有水，蹇。君子以反身脩德。"《蒙》《否》《蛊》《坎》《蹇》的"卦时"都是险、难，《象传》告诫人们在此境况下千万不要受客观环境的搅扰而放弃做人的原则，而是心怀戒惧，守道行义，通过提高道德品质和精神境界来摆脱困境、转危为安①。

三、总结

以上从忧患意识以及安危转换的思维方法来分析《周易》的安全观念，可与现代安全观念衔接的有益资源有三点：第一，树立忧患意识，注重责任感教育；第二，吸收"善补过则无咎"的思想，强化对个人责任和使命的内在反省；第三，加强对事物发展变化规律的认识，能够居安思危，戒骄戒躁；第四，面对危险不退却，险中求胜转危为安。

建构伦理的两条路径——规范伦理和德性伦理——不是完全对立的关系，可以相

---

① 王永平.《周易》忧患意识探析 [J]. 社会科学战线，2010（4）.

互补充和完善，两者各有其适用领域，不可厚此薄彼。安全是人类社会的基本秩序，安全伦理是底线伦理和规则伦理，对于规范的遵守是基本伦理原则和要求，所以就安全的普适性和强制性，安全伦理是规范伦理。《周易》关于爻位的当位说，对于秩序的强调对于安全伦理具有积极意义。其变通思想的泛化和滥用导致规则意识的淡漠，在安全伦理建构中需要特别警惕和防范。安全规则的基本精神是对生命的尊重，对他人的关爱和仁慈，这些仅仅依靠规则意识远远不够。安全伦理的坚实根基是个人的道德修养。《周易》以德性判断吉凶，崇尚"诚"的天人合德思想仍然是有益的德性思想。

劳动者安全自律问题探析

在劳动生产领域，安全自律意识的形成是安全文化建设的核心目标，是实现"要我安全"到"我要安全"转变的前提和基础。从中国目前安全生产现实看，绝大多数安全生产事故的发生，都与当事人安全生产意识的缺失直接关联，而安全自律意识的养成则是形成安全生产意识稳固的心理基础。因此，安全文化的建设就是要通过切实的工作，使得生产者养成最高的安全自律心理，进而形成稳固的安全生产意识，去指导和规范自己的安全行为，从而实现安全生产。

一、安全自律的内涵

"自律"与"他律"本是伦理学中关于道德建设的两个密切相关的基本范畴。德国哲学家康德最早创造和使用了这两个概念。马克思在《评普鲁士最近的书报检查令》一文中指出："道德的基础是人类精神的自律，而宗教的基础则是人类精神的他律。"[①]罗尔斯在《正义论》中，通过对康德的解读，把其正义观建立于康德的自律概念之上；在他看来，康德理论的真正力量并不在于他强调了道德原则的一般性和普遍性，而在于他强调了道德原则是理性选择的目标。道德原则使人们有可能进行合理的预期，可用于控制人们在伦理王国中的行为。

1. 对自律的理解

一些学者的理论研究认为，"自律"有如下几层含义[②]：第一，自律总是与自由和理性联系在一起的，即要在道德领域体现出人格尊严和道德觉解，而不是被内在本能和外在必然性所决定。第二，自律是指自作主张、自我约束、自我控制，这种状态必然要通过对外在规范的同化才能达到。这就说明，自律有两类：一是有自觉的道德意

---

① （德）马克思，恩格斯. 马克思恩格斯全集（第1卷）[M]. 北京：人民出版社，1956：15.
② 詹世友."自律"与"他律"的哲理辨正 [J]. 道德与文明，1998（6）.

识和道德追求，这是一个人能够自觉接受社会道德规范的约束，限制任性的一个基本条件；二是接受了道德规范的制约并使得自己的心灵与之相融合，从而去除了道德规范的外在性，而转变为自我的生命形式。很显然"自律"与"他律"有着密不可分的关系，对个体的精神来说，不规就无以贞定，不范就无以成型。这充分说明了道德规范的先在性、外在性以及某种强制性，也即它的他律特征。个体只有接受这种道德规范的约束，才能成为为社会所认可和接受的人。很显然，道德上的自律要以这种他律为前提和内容。对个体而言，能够自觉接受他律，就是具有某种自律的表现。自觉接受社会道德规范，维护社会生活的正常秩序，尊重社会和他人的利益，这是对个人任性的一种限制。

从现实生活来看，他律有消极他律和积极他律两种类型。消极他律是指个体没有道德自觉意向，只是迫于社会舆论和人际环境等外在压力而勉强去做，外在行为与内在心理发生分离，这种消极的他律条件下才表现出来的行为是很难适应现实要求的。积极他律就是个体对道德有了自觉认同和追求，当个体把道德看作自己的尊严之所在，从而把按照道德规范行为看作自己的行为必要性时，就会自觉接受道德规范的约束，并力求使之内化，在此基础上，他律就会转化为自律。很显然，消极他律是无法转化为自律的，只有积极他律才可以向自律转化。

综上所述，所谓自律就是个体对外在的社会规范和行为准则进行学习领会后，内化为自己的内心信念，从而做到自觉认同和遵守社会规范的行为准则。它是内心信念和外在行为相一致的道德范畴。从自律的形成机制看，一方面源于个体自觉的规范认同和遵守；另一方面自律与他律又有着密不可分的关系，自律往往又是在积极他律的基础上转化而来的。

2. 安全自律的涵义

安全自律是一般的道德自律概念在安全生产领域的具体化，自律与安全自律的关系是一般和特殊，共性与个性的关系。所谓安全自律，就是指从事安全生产的个体在学习领会各项安全生产规章制度和行为规范的基础上，使之内化为自己的内心信念，并能够外化为具体的安全生产行为的主观意识。它可以由个体自觉的学习和认知实现，也可以通过积极的他律转化而成。

在一般的生产领域中，从事生产的每一个个体需要遵守生产规范，需要按照操作规程办事，也只有这样，生产才能得以进行。对于安全生产而言，尤为如此。无论是煤矿、非煤矿山，还是建筑、交通运输，各项有关安全生产的规章制度和准则规范，都立足于行业特点，从维护生产的顺利进行和从业人员的身心健康出发，在理论研究和生产实践中逐渐形成，它需要每一个生产个体去维护和遵守。否则，如果没有科学合理的安全生产规章制度和准则规范或人们对其只是见而不执行，则安全生产事故的发生同样不可避免。很显然人的因素在安全生产中所处的地位是最主要的，也正因如此，在当代安全管理界提出了"人本安全"和"本质安全"的理念。虽然通过他律措施可以在一定程度上达到使人们遵守安全生产规章制度的目的，但最根本的还是要依靠安全自律意识的形成来保障其得到践行。只要每一个生产个体形成安全自律意识，他就不仅会自觉地学习和遵守各项安全生产规章制度，而且还会对其他个体的不安全行为进行监督和约束。很显然，安全自律是安全生产意识的基础，是安全文化建设的最高境界。

二、安全自律的特点

通过对安全自律含义的认识，其具有以下主要特点。

1. 自觉认知性

从一般意义上看，自律就是对行为的自我约束和自我控制，即在认同规范的基础上，使自己的言行与规范相一致。很显然，自律的前提是对规范的习得和认同。作为安全自律，就是要求从事安全生产的个体首先认同安全生产规章制度和操作规程的科学性、合理性和可执行性；然后自觉学习和掌握这些规章制度和操作规范，并付诸于具体的生产实际之中。这种学习和认知的过程并不是在外力的约束下进行的，而是完全出于个体的主观需要，即是在个体自由选择和自主控制下进行的。

2. 自我约束性

所谓自我约束性，就是当个体遇到外界的诱惑或强迫时，仍然能够按照自己已有的意志，支配自己的行为。在道德自律中，作为自律个体不论在遇到什么样的外力影响下，仍然能够遵守社会道德规范，控制违背社会规范的思想和行为的出现，这种控制和约束的力量完全来自自律个体的主观意志，而并非来自诸如社会舆论、法律惩罚等外部力量的约束。在安全自律中，自我约束是最为重要的内涵。在安全生产中，生产个体会受到来自诸如经济利益、不安全生产氛围、贪图省事以及侥幸心理等各个方面的影响，作为具有安全自律意识的生产者，能够自觉排除这些不利于安全生产的影响，控制和约束自己的行为，严格遵守安全生产规章制度和操作规程进行生产。

3. 主观意识与客观行为的一致性

所谓主观意识与客观行为的一致性，是指个体的外在行为完全是在主观意识的指导下进行的，是个体真实的意思表现。自律与他律的差别性也集中体现在这个方面上。在他律的范畴里，个体的客观行为尽管也达到了规范要求，但是这并不是个体的真实意思表示，甚至于完全相反，个体是在外部强制力的作用下，违心地做出了符合规范要求的行为。而作为自律，则是个体在接纳了规范之后，自觉地认同规范并将规范外化为自己的行为，在自律的范畴里，个体的行为是其主观意识的真实显现。在安全生产中，安全自律的形成，也就意味着生产人员按照安全操作规程进行生产，并不是迫于安全生产奖惩措施的压力，而是在其主观上真正认识到了安全生产的重要性，已经将安全生产的思想真正内化为了自己的主观意识，实现了内在的安全生产意识与外在的安全生产行为的高度一致性。

4. 行业性

安全生产问题的重要性在不同的生产领域和行业中是有所差别的，而且具体的安全生产规章制度和操作规范也因不同的生产领域而有不同的内容。所以也就有了煤矿、非煤矿山、交通运输、建筑等高危行业的划分，而不同行业的生产特点和生产环境，特别是生产主体的个体差异，也就决定了在安全生产自律意识的培养上要有鲜明的行业特点。安全自律的行业性，一方面体现在它在不同生产领域的安全生产中所处的地位和所发挥的作用有所不同。在高危生产领域，安全生产会超越包括经济效益在内的所有指标而成为首选，因此，对职工安全生产自律的培养会显得特别突出；而在一般生产行业中，安全生产的地位可能会有所降低，对职工安全生产自律意识的培养也就会趋于一般化。另一方面，由于不同生产领域在安全生产规范内容上的差别，以及职工结构上的不同，在职工安全生产自律培养的方式方法上也会有差别。比如知识结构的不同、年龄结构的不同、文化背景的不同等都会对安全自律意识的培养产生影响。

5. 社会性

所谓安全自律的社会性，指的是安全自律从更大范围上讲并不只是安全生产本身的事情，它反映的是整个社会对安全生产的认知问题，我国安全生产的总体状况与安全生产水平较高的欧美发达国家相比，还存在较大差距，这个差距的形成，除了生产的环境条件和技术条件因素外，人们在安全生产自律意识上的差距尤为明显。究其原因，主要是社会历史和文化背景的不同，在一个金钱至上、经济效益第一的社会氛围下，特别是当经济效益与安全生产发生矛盾时，就很难想象会把安全生产放到第一位来考虑；在关爱生命、珍惜生命成为社会文化主旋律的时候，保证人生命的安全与健康被自然而然地放在了第一位，人们安全生产自律意识的养成也就会成为很自然地事情。从这个意义上讲，无论是安全自律的缺失，还是安全自律的形成，都与人们生活的社会文化背景有关。在温饱问题已基本解决的我国国情下，安全问题已然成为了一种人人关注的社会文化现象，引导和指导社会全体成员解决安全问题，实现安全自律的状态，也已成为当代社会必须肩负的责任。

三、劳动生产中安全自律缺失问题

安全生产是企业运营的生命线，是抓好企业管理的首要工作。而抓好安全生产工作，起关键作用的还是人的因素，人员的安全意识强不强、遵章守纪的行为是否一贯、能否使安全工作达到可控、在控管理进而实现"零违章"，是杜绝事故的重要前提。企业每年都要在安全管理上投入大量的人力、物力、财力，安全措施和监督体系逐年都在加强，但总还是有个别人违反"安规"，脱离约束、违章违纪，继而酿成事故，造成人员伤亡，给企业和社会造成巨大的经济损失，说到底是自我安全保护意识差、个人自律不够的结果。自律是自我监督，不论在什么情况下都会遵章守纪，它涵盖了人们的觉悟、品质和道德修养，是一个人综合素质的体现。

从中国目前的安全生产实际看，很多安全生产事故的发生都是人的原因造成的，寻根问底，总能归结到人的安全意识上，即安全自律意识欠缺。安全生产意识的缺失不只表现在安全他律的软弱上，更表现为安全自律的空白；安全生产意识的缺失不仅表现在生产组织者和管理者安全生产意识的缺失上，关键还表现在一般职工安全生产意识的缺失上。具体说，有以下几点。

1. 个别企业领导安全自律意识不强

企业单位应自觉遵守国家法律、法规及职业道德，履行行业自律义务。一些生产单位的个别干部安全意识淡薄，主要表现在：口头重视安全，行动上并没有把安全放在首位；当生产紧张时，急于完成任务指标而忽视安全；忽视细小环节，对于存在的小问题熟视无睹；出现安全事故后，着重强调客观理由，推卸责任；认为即使出现事故，受罚也是有限的。

2. 一般职工的安全自律意识缺失

在安全生产实践中，职工存在安全意识不高的情况主要表现在："不重视"，尽管再三强调，但在实际工作中，还是会忽视安全；"与己无关"，认为安全与我无关，看到别人违章不纠正、不检举、不汇报；"自我表现"，认为自己有经验，以老办法、老习惯对待工作，盲目操作，导致违章；"侥幸麻痹"，图方便、怕麻烦，违章蛮干；"愚昧冒险"，特别是在抢修工作中，感情用事，忽视安全措施的落实，冒险作业；"逆反心理"，与班组长或其他人发生矛盾，产生逆反心理，对着干；"从众心理"，看到有人不遵章守纪，不仅不及时制止，还盲目跟从。

对于高危生产行业，由于作业环境的特殊、作业条件的复杂多变、危险因素多、人员身心状态多变等诸多因素，安全工作尤为重要。从生产实际看，人不仅是生产作业的主体，同时也是生产事故的客体，是安全事故主要的危害对象。以煤炭生产为例，煤炭企业的顶板、放炮、运输、机电，特别是煤尘、瓦斯造成的事故是巨大的，轻者职工伤残，重者人员死亡乃至群死群伤，更进一步地说，它的伤害是深层次的，它对受害职工家属、子女、家庭乃至社会都将造成严重的损害和深远的影响。由此可见，杜绝安全生产事故，实现安全生产，关键在人。因此，人的安全生产意识的有无和高低，直接决定着企业安全生产状况的好坏。很显然，安全自律的实现，无疑是安全生产意识得到强化和成形的重要体现。如果人们都具备了安全自律意识，无论是领导者还是一般员工，不仅自己会自觉遵守安全生产规章制度，而且还会自觉抵制他人的不安全生产行为，则将大大推动社会安全和谐和企业的安全运营。

四、安全自律的建设与养成

根据目前中国生产人员安全自律普遍缺失的现状，安全自律的形成应该从两个方面开展：一是进一步加强安全他律工作，通过他律的约束，完成向自律的转变；二是从社会环境建设和基础教育做起，立足于长期远景目标，形成安全自律。具体说，有以下几方面。

1. 加强安全规章制度建设，实现"他律"向"自律"的转变

从实际情况看，一些企业在制度措施的建立上存在不少问题：制度不健全、不完善；可操作性不强、现实指导性差；虽然健全但执行不严、落实不到位；对职工约束多而严，对管理人员少而松；处罚多，激励少等。这些问题存在的原因主要是未能根据实际及时补充和完善一些不科学和不符合实际操作的规章制度等；制定时未认真调查研究，与实际结合不紧密；执行力不强，执行过程中大打折扣，上紧下松；制定的制度措施治标不治本；制定制度措施偏重于以罚代管，缺乏正面激励。这些问题的长期存在，在很大程度上制约着职工安全自律意识的形成。

企业只有建立起严格的安全生产规章制度，才能实现由"以人治治人"向"以法制治人"的转变，在健全的"他律"基础上完成向"自律"的转变。从煤矿等高危行业生产实际看，生产中各项规章制度必须健全，主要应包括安全目标管理制度、安全奖惩制度、安全技术措施审批制度、安全隐患排查制度、安全检查制度、安全办公会议制度等内容，而且各类制度要规范化、程序化、系统化。在制度执行中要有严格的执行力，对违反制度的严惩不贷、决不姑息，强化制度执行的严肃性。职工在坚持制度的同时，要在工作中从点滴小事做起，从自己做起，各项工作做到"不伤害自己，不伤害他人，不被他人伤害"，真正实现企业生产的本质安全。

在制度的执行中要特别加强责任追究工作。首先是要完善责任体系，并对责任进

行细化，这是落实责任的前提，也是责任追究的依据。各单位要按照职责分工的要求，在完善管理人员职责分工的同时，细化职工的职责分工，要明确每个班次、每项工作、每道工序、每台设备的具体责任，真正做到"人人都管事、事事有人管"。其次是要抓住需要追究的人和事。责任追究不是针对某个人的，目的是通过追究，教育本人、警示他人，避免类似的问题重复发生，维护绝大多数人的利益。各单位主要领导要亲自抓责任追究，该追的未追，就是放纵，就是害人。再者追究处罚必须到位，严格的处罚是责任追究效果的保证，只追不罚就会流于形式、淡化效果。

2. 严格安全生产管理，促进安全自律意识的形成

（1）建立健全安全管理体系

要建立集团公司级、单位级、区队车间级及班组级安全管理网络。明确安全文化建设由党政一把手亲自抓，安监、政工部门具体负责，每年制定下发安全文化建设意见量化责任制，细化考核办法，明确近期任务和远期目标。同时，每个基层单位都要配备分管安全的区长、群监员、青监岗员，做到每班次都有人监管；要建立单位级对工区（科室）、工区对班组、班组对个人三级考核制度和记录台账；党员、青监岗员、群监员责任区责任制度；建立安全技术责任制，即建立总工程师—副总工程师—安全生产科技术主管—区队技术员的技术管理体系，并要求技术责任人熟知并认真执行各项技术规范和技术审批制度，落实各级安全检查技术责任制。

（2）进一步推行安全自主管理

安全自主管理模式是将人本理念落实到具体的安全生产实际中，以人为根本出发点和落脚点，充分发挥人的主观能动性和创造性，把工作中的安全和保护人的安全健康融为一体，创建出一种依靠人、调动人的安全管理模式。各级管理人员，各岗位职工按照安全自主管理体系的标准和要求规范行为，形成各负其责、相互配合、上下联系、横向到边、纵向到底的安全管理运行机制，促进各级管理人员从倾向于在工作中重点抓生产向重点抓安全、以安全促生产的转变；由应付管理凑指标和靠罚款来管理向重监管、重教育转变。各单位要进一步加强对安全自主管理外延的认识和内涵的理解，同时推进安全自主管理这项复杂的系统工程，这是一项长期艰巨的任务，要持之以恒、循序渐进。

在推行安全自主管理过程中还要防止认识上的"三个误区"：一是防止产生安全自主管理就是自由管理的误区。推行自主管理，是以健全完善制度体系为保障，进一步明确界定安全生产管理中各级、各环节的职责和义务，一切管理行为、作业行为必须符合各项制度的规定。二是防止安全自主管理就是放纵管理的误区。特别是目前这个阶段，各管理层面必须加强指导和监督，确保各项政策、措施、制度得到有效落实，职工的不规范行为得到及时发现和纠正。三是防止安全管理只能靠"他律"来实现的

误区。随着干部职工队伍素质的不断提高，一味地强调"他律"，即依靠强有力的监管，将弱化各级管理干部安全工作的积极性，广大干部职工主观能动性得不到有效发挥，安全管理工作难以收到好的效果。在目前基层单位安全自主管理水平还不是很高的状况下，必要的"他律"不可或缺的，但要逐步弱化以监代管、以罚代管、强制性的"他律"，为安全自律的形成打好基础。

（3）持续完善关键核心制度的运行机制

关键核心制度是安全自主管理反映在现场安全管理中的核心，关键核心制度落实较好的单位，安全效果便相对较好，安全自主管理水平相应较高。另外，班组是企业最基本的生产和经营组织，一切工作最终要落实到班组去实现，所以安全自主管理要重心下移，要以落实班组长现场安全责任为重点，强化班组长现场自主管控作用，通过班组长走动式巡查、安全确认、质量验收，及时纠正职工不安全行为，将隐患消除在现场、消除在第一时间，最大可能地减少隐患和不安全行为的交叉几率，使安全生产始终处于在控和可控状态。

3. 加强教育培训，促进安全自律形成

安全自律的主体是从事生产活动的人，在安全自律还没有成为人们普遍共识的情况下，生产单位通过一定的方法和手段对生产个体进行安全生产的教育和培训，是安全自律建设中一种易行且有效的方法措施。

生产单位要高度重视全体人员的安全生产教育培训工作，切实认识到抓好职工的安全教育和培训，提高人的防范能力和自我保安能力的重要性。在教育和培训的实际工作中，要以安全意识、知识和技能的培养为重点，善于运用反面事例，灌输"安全"理念，让违章的职工现身说法，促进职工的理念由"要我安全"向"我要安全"转变，由"他律"向"自律"转变。安全培训要面向全员，务求实效，不仅特殊工种要培训，普通工种也要培训；不仅要培训各自专业应知应会的安全知识和技能，还要培养职工安全的法治观念，安全自救知识和技能；要有质量考核机制，并且要跟踪考核，形成人人要安全、人人学安全、人人懂安全、人人会安全的良好氛围。

4. 建立企业良好的安全文化氛围

企业要加强自身的安全文化建设，树立科学、合理、人性的安全观，利用各种宣传手段宣传优秀的安全理念，让职工的"眼、耳、嘴、脑"里全都是安全。设立安全宣传牌版、安全走廊等让职工一饱安全的眼福；利用安全广播充斥职工的耳朵；利用现身说法、安全知识竞赛、安全演讲晚会，让职工去说安全、道安全；在现场操作中"安全第一、预防为主"的理念不能丢，要从根本上改变事后分析、亡羊补牢、头痛医头、脚痛医脚的一套做法，要防患于未然，提高职工的自我保护意识。

在企业的安全文化建设中，要特别注意职工安全行为文化的建设。具体说来主要表现在三个方面，即"慎独、慎微、慎初"的"三慎"安全行为，做好"三慎"是对企业职工从事安全生产的内在要求。事实上，什么时候企业职工能够按"三慎"的要求去做，工作就不会出现问题，事故也就不会发生。勿庸讳言，在企业生产中，还有与自律要求背道而驰的行为，具体表现在：工作图省事、凭侥幸、怕麻烦、怕约束，工作敷衍了事、粗枝大叶，这种现象虽然表现在极少数人身上，但对我们实现安全生产的整体目标影响仍然很大。

为了加强企业安全文化建设，规范职工行为，激发全体员工遵章作业、珍惜生命的工作自觉性，许多厂矿企业制定并编发了各种行为规范文件，从安全生产管理经营到学习、服务、环境卫生理念及员工行为规范到认真组织职工学习，加深理解，并在日常工作、生活中自觉遵守和维护。经过多年的实践，都取得了不错的成果，职工"我要安全""我会安全""自主安全"的综合素质得到了提升。

同时，企业还要开展安全长效机制建设。企业应该认识到管理的深处是文化，素质的高处是自律。实现企业特别是高危行业企业的高效、健康、和谐发展，需要得益于安全发展。一个企业的强势快速发展关键要靠安全长效机制来推动，要通过安全长效机制的建立，从根本上改变职工轻安全重生产的错误意识。在广大干部职工中要形成多种共识："要想收入高，必须安全好""安全就是效益，安全就是幸福，没有安全一切都无从谈起"，只有这样，安全生产意识才会有较大的提高。

实践表明，建立安全长效机制，用制度来推动安全文化建设，以文化促安全，这是企业安全管理的发展趋势。因此，我们要不断研究新形势下安全文化建设的新情况、新问题，把安全文化建设推向一个新的水平。

5. 营建安全自律养成的良好环境

按照社会学关于人的社会化理论要求，人的知识素养和道德操守以及思想意识的形成，主要通过家庭教育、邻里教育、伙伴群教育以及学校教育四个途径实现。从这里可以看到，人的思想意识的形成，主要源于后天的教育，而非与生俱来。因此，个体安全自律意识的形成，从根本上看，还需要各种安全教育途径的建设，形成良好的安全教育环境，从而从根本上形成人们稳固的安全自律意识。

（1）从基础教育抓起，进一步加强中小学安全教育

青少年时期是人的思想品格和道德意识形成的关键时期，如果在中小学阶段就把安全意识的形成作为学生教育和素质培养的一项内容，无疑会对个体走向社会后的安全自律意识的培养打下坚实的基础。在欧美发达国家，特别是我们的近邻日本，对小学生的安全教育早已是学校教育的必备内容，从小不仅知道人身安全的重要性，而且获得了一定的安全常识。从我们国家的中小学教育看，在安全教育上几乎还是空白，

我们不仅没有全国统一的学校安全教育教材，多数学校也没有安排专门的安全教育课程，就更不用说专门从事安全教育的教师了。一些安全教育还只是停留在不定期的报告会，或者是散发一些文字材料上，不能形成对学生系统规范的安全教育。

从中国安全生产的长效机制出发，从人们的安全自律意识形成的基础出发，我国中小学生安全教育工作需要进一步提高。应该从课程建设、教材建设以及师资队伍建设等基础工作入手，真正认识到安全基础教育的重要性，从而为日后形成工作中的自律安全意识打好基础。

（2）营造家庭安全教育氛围

家庭教育对人们思想意识的形成有着特殊的地位和作用，家庭教育虽然不具备学校教育的系统性和规范性，但是家庭教育却具有始发性、长期性、情感性和责任感的特点。它不仅是人们接受教育的第一个环节，而且将伴随人的一生。同时出于家庭成员之间情感和责任的需要，其教育思想很容易被受教育者所接受。

在人的安全自律意识的培养上，也要重视发挥家庭教育的重要作用。一方面对于青少年学生，在他们成为一个合格的社会成员之前，父母就要注意对其进行相关的安全教育，配合学校促进学生安全意识的形成。对于已经从事安全生产的人员来讲，也要充分发挥其家庭成员对其安全自律意识形成的影响作用，亲人的叮嘱和牵挂、对家人的责任和义务等这些都是促使从业人员安全自律意识形成的推动力量。在实际生产中，生产企业要特别注意发挥家庭对安全生产的积极作用，要通过各种有效途径，利用家庭成员对职工的劝说、叮嘱、帮教等手段，有效实现职工安全自律意识的形成。

（3）加强安全自律的社会环境建设

历史文化传统、社会风气等环境内容对人的思想意识的影响也是不容忽视的，社会的主流意识会很自然形成个体的意识内容。在一个高度珍爱生命、重视生命安全的社会环境里，大多数个体会很自然的在生产中从维护自身以及他人的生命安全与健康出发，自觉遵守安全生产操作规程，自觉抵制违章操作等不安全行为。我国很长时间以来，安全生产状况较之于欧美发达国家存在较大差距的一个重要原因，就是没有形成全社会人人重视安全、人人尊重生命的社会氛围。特别是在市场经济的冲击下，一些利益熏心的人，只为经济效益，忽视安全生产，造成了安全意识的较大缺失。

随着社会经济的大发展，人们的认识也在不断进步。特别是"以人为本""和谐社会"等战略目标的提出，已经为安全生产社会大环境的形成创造了前提条件，各级政府和厂矿企业要在实际工作中真正贯彻这个思想，并在社会中大力宣传和倡导，营造出珍爱生命、重视安全的社会氛围，在耳濡目染中促进人们安全自律意识的形成。

企业安全亚文化的基本分析

在文化话题中，亚文化是一个重要的话题。"亚文化"一词是由英文 Subculture 译过来的，又称"副文化""次文化""小群体文化"，术语正式出现于 20 世纪 40 年代中期[①]。作为煤矿企业安全文化的重要组成部分，安全亚文化对矿工的思想和行动具有重要的影响。

一、安全亚文化含义与特征

按照安全文化构成元素的不同特点，可以将安全文化进一步划分为安全主文化、安全反文化、安全亚文化。

安全主文化指在社会上占主导地位，为多数人所接受的文化。安全主文化当中既包括先进的文化，也包括落后的文化。先进文化包括政府所倡导的、不完全是现实、代表社会发展方向的文化规范；安全主文化中的糟粕，比如在安全方面，很多矿工都受到风水和命运思想的影响，当这种认识不对生产造成或者矿工本人造成重大影响时，这也属于主文化，只不过属于主文化中的糟粕；安全主文化还指长期形成的、深入矿工骨髓、成为矿工文化基因的中国传统文化，如儒家思想，不管你承认还是不承认，读不读孔子的书，这种文化对矿工的思维方式、行为方式、价值观、日常生活都具有潜移默化的影响，这种影响也分正、负两个方面。

安全反文化从根本上背离和否定主文化，如黑社会的文化、淫秽文化、算命的文化，对不同历史条件下的反文化的作用要作具体分析，反文化的性质取决于它所反对的文化的性质，反对的是代表历史发展方向的优秀文化的反文化是阻碍社会发展的腐朽文化，反对落后文化的反文化则能推动社会的发展。在社会主义社会以前的阶级社会，有一些背离、否定安全主文化的反文化，是有进步意义的，比如 1922 年 10 月爆

---

① 方元务，王淑江. 安全亚文化概述 [J]. 煤炭经济研究，2008 (12)；陶东风，胡疆锋. 亚文化读本 [M]. 北京：北京大学出版社，2011.

发的开滦工人大罢工，从思想文化层面表达了对反动统治阶级的反抗，对管理者不把工人当人、不管安全只顾效益的重大不满，罢工产生了重大的影响，推动了社会的发展，也推动安全文化的发展。在社会主义社会中，一般说来，安全反文化是不利于社会主义社会的稳定和发展的。

美国芝加哥学派是最早对亚文化进行学科化研究的学派，而英国伯明翰学派是在亚文化方面研究成果最丰富、影响最大的学派。相对于安全主文化和反文化，安全亚文化具有以下的特点。

1. 从属于安全主文化或与主文化对立，处于次属地位

有一种观点认为，安全亚文化是安全主文化的一个分支，是主文化的组成部分，这种观点只看到了安全亚文化与主文化一致性的方面，没有看到安全亚文化还有与主文化对立的一面。从属于主文化或与主文化一致的情况，是因为亚文化是一个相对的概念，从层次结构的角度，如把国家文化做主文化，那么有自己的特点，形成自己的亚文化；以安全文化为主文化，那么该内部不同的群体形成自己的安全亚文化，如青年的、老人的、男人的、女人的亚文化。这种情况下所形成的安全亚文化往往借用主文化的符号形成自己的风格，大多与主文化在方向上是一致的，有利于维护和改善现有的社会秩序，因与主文化不存在冲突或对主文化有利，从而受到了主文化法律的保护[①]。如青年矿工爱运动、爱交际，平时喜欢打打球、蹓旱冰、游泳等，这对工会组织一些健康的活动非常有好处。对立于安全主文化的情况，是因为主文化存在局限性，为安全亚文化的产生、传播与流行提供了空间，构成叛逆的亚文化，在推行主文化的过程中，特定群体为了解决所面临的生活、社会地位、待遇等问题，通过安全亚文化的形式来为解决这些问题而进行努力，并经常因为缺乏现有的解决方案而带来不同程度的焦虑、紧张、不安，还有一些安全亚文化是为了表达特定群体对一些局面尤其是对决策层管理的不满，特定群体在追求同一种情感满足的过程中，产生了同类的文化意识。

2. 多为小群体的文化，不代表个人行为或观念

有一种观点认为主文化与亚文化的区别不能简单地以奉行人数多少来判断，某种文化在一定时期尽管被多数人奉行，也仍有可能属于亚文化，这种观点是不正确的。伯明翰学派指出："工人阶级亚文化在人数上看属于少数。"苏茜·奥布赖恩、伊莫瑞·西泽曼在著作《大众文化》一书中明确指出：亚文化总是代表少数对抗多数。安全亚文化代表了内部小群体的一种亚文化意识。

---

① 迪克·赫伯迪格. 亚文化：风格的意义 [M]. 北京：北京大学出版社，2009.

3. 本身是动态的、不断发展的文化

安全亚文化既给安全主文化带来了冲力，也带来了活力，有的时候，安全亚文化甚至会成为主文化的前奏，过去的亚文化成为今天的主文化，今天的亚文化与有可能成为未来的主文化。比如领导带班下井制度，一开始属于矿工的亚文化，少数人矿工在井下嘀咕，发泄的对领导的不满，后被政府采纳，从提倡到强力推行，逐渐成为主文化的组成部分，从小范围扩展到大范围，逐渐发展成为社会的共识。所以，对安全亚文化要进行积极的收编，引导安全亚文化朝着我们想要建立的主文化的方向发展。

4. 与安全主文化对立而具有边缘性

按伯明翰学派的理解，亚文化这个字眼暗示着秘密、共济会誓约和"地下世界"。部分安全亚文化既具有边缘性也具有隐蔽性，比如贴吧上出现的匿名的表达对安全管理领域某个领导的不满，也招来了部分人的响应，但是不敢公开自己的姓名。但隐蔽性并不是亚文化的共同特征，随着时代的发展，有一部分亚文化群体也在利用现代科技手段为自己的某些行为和观念作宣传，充分发挥网络等媒体的监督作用，以进一步扩大自己的影响，推动自己面临问题的解决。比如部分青年充分表达自我，在网络上公开自己的照片，表达对安全生产领域某种现象的不满，希望得到大家的关注，这也是一种安全亚文化的表达，这种不满在小群体范围内得到大家的认可，大多数人对某种现象习以为常、见怪不怪，这种情况下的安全亚文化具有边缘性但不具有隐蔽性。

5. 安全亚文化与安全反文化的区别在于政治色彩浓淡与否

安全主文化总会这样那样、自觉不自觉地对安全亚文化和反文化进行规范和限制，安全亚文化和反文化对于规范和限制的反应程度是不同的。安全亚文化和反文化都属于少数的文化，安全反文化具有明显的政治色彩，挑战现有的安全秩序和现有的安全价值观，安全亚文化的政治色彩没有反文化那么明显，不是直接的而是间接的、不是表现形式上而是实质上带有一点政治色彩。安全亚文化与主文化、反文化之间并没有明显的界线，因此安全主文化要对安全亚文化进行积极的收编，防止部分安全亚文化发展成为反动的反文化。

二、安全亚文化的形态层次

从形态构成上看，安全亚文化可以分为物质态安全亚文化、观念态安全亚文化、行为态安全亚文化三个层次。

1. 物质态安全亚文化

物质态安全亚文化指由各种物质设施等构成的器物文化，这些器物成为亚文化的载体，表现出矿工的亚文化价值观。

对于来说，工作环境、生活区里的安全设施建设、所贴的标语往往表现的是主文化，但从中也能透出一些亚文化的信息，如部分橱窗里、专栏上所宣传的内容长时间不变，字迹出现了模糊，胶没了导致纸张鼓起，有的内容旁边贴着许多小广告，这反映出中某个部门没有好好执行上级的要求，属于表面上重视，缺乏持续的维护和更新，这种情况在环境好的矿上不容易看见，环境越差的越容易出现，存在"马太效应"，比如山西潞矿集团王庄生活区的环境就非常好，看不到任何的小广告，矿上安排有专人打扫卫生，不允许张贴任何的小广告。另外还包括一些应急救灾器具的摆放（空间布局方面是否有越位和缺位的现象）、机器运行状态的维护与管理、安全隐患的排查与整改情况等，这些是不能通过阅读文字材料所能了解到的，必须深入才能了解到。有的企业抱怨煤监部门的检查太多，标准太多太细，有的难以做到，时间一长产生厌倦情绪，出现一些作假现象，文字方面自我标榜在安全设施方面加大了多少多少投入，设备如何如何的先进，但到现场一看，设备老化，安全设施根本不到位，这种情况反映出了管理层的亚文化价值观。

矿工的工作环境、生活环境包括生产区、家属区、单身宿舍等。在一些隐蔽的空间里，大量在工作环境中被压抑的亚文化价值观念都会通过一些细节表现出来。比如宿舍墙上某些员工的胡乱涂鸦却能表现出员工的一种真实的心态，反映出某个群体的思想观念。要了解真实的安全亚文化状态，就必须深入到矿工工作的一线，尽量接触到矿工工作与生活的真实状态。进而对安全管理方面存在的问题进行反思和改进。

2. 观念态安全亚文化

观念态安全亚文化属于安全亚文化最重要的组成部分，与矿工的年龄和工种往往有很大的关系。

观念态安全亚文化中有很大一部分是用来表达特定群体对安全管理、安全培训、安全制度的不满。比如在安全培训方面，刚参加工作的青年矿工往往带有很大的叛逆性，一般来说他们刚进入，矿上要对他们进行安全方面的教育，但他们往往不愿意参加这种理论学习，视参加这种学习为浪费时间，这种观念很容易在青年矿工中得到认可，具有极强的感染性；临时工对培训也有很多的抱怨，他们认为，正式工是带工资培训的，而他们培训时间内没有工资，由此产生不满，不愿意参加安全培训，对培训很不重视；还有的矿工认为抓安全生产是干部无所事事、不务正业的表现，安全检查是故意找岔子，干部应该把精力放在如何提高职工待遇上。

观念态安全亚文化中还有一部分属于消极心态。有的存在迷信心理，经常烧香拜佛；有的存在侥幸心理，一次没出事，二次没出事，就认为没事了，从此认为遵守安全规程纯粹是多此一举，他不再严格地按规章制度去办事，而是按他自己过去的一套经验去操作，这些都容易导致安全事故的发生。

3. 行为态安全亚文化

行为受思想控制，许多事故的发生与习惯性行为有很大关系，习惯具有非常顽固的力量，与标准的要求有一定的冲突，对此我们不可小视。如在输送带停止的情况下，违章用手清理带式输送机尾处的杂物，一旦输送带运转，容易造成事故；井下运输坑木、支架、轨道等颠簸材料不使用专用材料车，违章用矿车拖拉等。作为领导和监管部门来说，我们对一些不良习惯绝不可忽视，绝不可睁一只眼闭一只眼姑且放过，应及时、有力、明确地予以纠正。

三、安全亚文化的功能

根据文化的普遍性功能分析，我们可以对安全亚文化的社会功能及其特殊表现归纳如下。

1. 表达功能

亚文化之所以存在，是因为特定群体面临的一些问题没有得到解决，安全亚文化反映了特定群体在安全文化方面存在一些问题，反映了特定群体为解决这些问题而正在进行的努力，或者表达矿工对主流文化的不满意。比如部分矿工经常去寺庙祈求平安，这反映出部分矿工生活在一种没有安全感的状态下。因此，管理层对矿工在安全亚文化方面的表现要进行认真的分析，比如说对于矿工"发牢骚"等要反思而不要反感，对存在的一些亚文化现象，要指导而不要指责，并换位思考，查找主文化自身存在的问题，否则会挫伤特定群体的积极性，引起特定群体的逆反，导致特定群体的安全亚文化转化为反文化。

2. 凝聚功能

安全亚文化一旦成为特定群体的共同观念、共同规范，对特定群体都会产生一定的约束作用，一般的说，这种亚文化虽然没有强制力，但每一个成员都会自觉的遵守，当群体中出现了有悖于这种亚文化的思想和行动，就会对这个群体产生或大或小的影响，甚至会改变群体的安全亚文化价值观的取向，从而有可能被主文化收编；部分安全亚文化虽然暂时还没有被主文化收编，但代表了一种新生事物，符合社会的发展方向，这样的安全亚文化最终会逐渐发展成为主文化的内容，将特定群体在心理和行为上联结到一起，产生了一种巨大的向心力。领导层要了解特定群体的安全亚文化，善于发掘这种安全亚文化当中蕴含的积极力量，利用广大员工的共同心智，为安全生产工作的稳定持续发展做出更大贡献。对某些对安全不利的亚文化，不能过于迎合和纵容，要进行积极的引导。

3. 抗拒功能

安全生产方面的消极认识一旦成为某个群体的安全亚文化，就会对主流文化产生巨大的抗拒力，耗散主流文化宣传的作用，这种消极或积极的影响甚至会向群体外扩散，对此我们绝不可小视，要采取积极的措施，把安全亚文化的消极影响降到最低限度。比如部分矿工对安全培训作用的消极认识，会在整个班组内造成不好的影响，时间一长，势必会弱化企业安全培训的积极作用。当然，这种抵抗也会促进对主流文化存在问题的反思，在某种程度上发挥积极的作用。

四、安全亚文化的社会成因

企业内部安全亚文化的形成原因是多方面的，涉及经济社会各个方面，具体如下。

1. 经济收入分化因素

经济收入的差距是一个社会性的问题，改革开放以来社会的收入差距呈现不断扩大的趋势，这种情况在煤矿企业同样存在。随着煤炭企业改革力度的加大，煤炭企业的经济成分、利益关系和分配方式等都发生了深刻的变化，煤矿企业内部存在的收入方面的差距导致特定群体的出现。一是高级管理者群体。主要是企业的董事长、总经理、董事、监事，或者是矿长、书记等，执行年薪制等分配方式。二是中层管理者群体。这主要是中层干部。这一部分人作为企业的中层，享受比较好的待遇，甚至于享受企业的分红和股份。三是科研人员。随着煤炭企业科技水平的不断提高，煤炭企业更加注重人才和知识，资本、技术等要素进入分配领域的改革，知识分子的劳动作为分配要素参与分配。四是普通职工群体。他们是煤炭企业人数最为庞大的群体，主要通过较简单技能和较繁重的劳动来取得工资，大多处于低收入状态。很多矿工是单职工，单收入，老婆孩子一家人全靠矿工一人到井下去挖煤。五是打工者群体，社会来源比较复杂。主要是农民轮换工、劳务派遣工、外来管理雇佣工、外包工等，他们靠具体繁重劳动来获取报酬，他们大都来自农村，文化水平较低，家庭贫困，生活压力较大。六是非法小煤矿的劳动者，中国实行的是矿产资源国有制度，国家实际上只想保护国有煤矿产权，但巨大获利机会仍推动了国有大煤矿周围小煤矿的发展，导致私挖滥采现象也非常严重，不具备开采资格的煤矿为政府官员提供干股或暗股，政府官员为煤矿提供保护伞。提供较好的待遇，拉拢一些国有大煤矿的工人、农民工进入小煤矿劳动，这些人的待遇方面可能会好一些，但安全方面没有保障。上述这些不同的职工群体由于所处的地位不同，收入会有一定的差距，从而形成一定的亚文化群体。

经济基础决定上层建筑，同一收入层次的群体由于趋同的经济问题、消费倾向、心理落差，从而拥有更多的共同语言，形成相类似的文化观念，这种文化往往对主文化既有补充作用，也有抵抗作用。经济收入差距对煤矿安全亚文化的影响将是长期的，而且是最主要的，短时间内这种差距将无法消除，随着社会保障事业的发展，经济因素的影响将会有所减弱。

2. 社会结构分化因素

这主要表现为社会结构分化、社会分层加剧。矿区生态环境较差，容易产生事故，工作环境不好，煤矿矿工的文化素质较低，社会地位低，是最苦的，最底层的，从而在社会上被人看不起。当今社会的主流文化认为到煤矿挖煤是一个不好的行业，社会对此存在偏见。矿工的孩子会产生一种紧张感，家庭背景好不会把自己的孩子送到矿上去，觉得生活没有尊严，有一种被社会遗弃的感觉，美国犯罪社会学家阿尔伯特·科恩把这种紧张感称为"地位挫折"。面对这种挫折，矿工子弟为了消除这种紧张感，他们会以自己的行为做出反应，如：不好好学习，成人后无所事事，没有正当的职业，整天瞎混，成为影响矿区安定的隐患；到煤矿工作，但工作不认真，拉帮结派，工作之余，不断寻找刺激和冒险；努力成为大学生，离开煤矿，谋求更好的发展。煤矿企业养育的人数远远超过煤矿企业所需要的劳动力，所以大多数人还需要另谋出路。由于社会因素的影响，矿工们都在为自己和孩子寻找其他的出路，他们与社会当中的其他群体之间的文化会产生差异。

煤矿企业内部也存在两极分化。当前一线矿工主要分为正式工、合同工、临时工（也称协议工），以王庄煤矿为例，正式工的待遇非常好，有季度奖、半年奖、年终奖，各项加起来一年十来万应该不成问题，合同工一个月能拿 5000～6000 元，合同时间有长有短，有一年、二年的，长的有八年的，临时工一个月能拿 2000～3000 元，但临时工干的是最脏、最累的活，一般情况下是包工头包一二个巷道，再让临时工去干，没有周六周日，三班倒，包工头抽去了一部分利润，所以临时工工资比正式工和合同工都要少。相对于一线矿工来说，二线、三线单位的待遇就要差一些，一线、二线、三线是围绕一线展开或者为一线服务的，比如铁路运营公司算是二线单位，正式工一年约 6000～7000 元，有半年奖、年终奖，但是没有季度奖；洗衣房算是三线单位，每个月 1000 多元工资，年终 10000 多元资金，一年大概 30000 元左右，大多是女同志或者老同志干。很多临时工想转为合同工，如果能成为合同工，还是愿意下井挖煤，主要是因为待遇好、稳定，现在成为合同工不容易，一要有机会，二要有关系，还得搭上几万块钱。

3. 文化多元冲突因素

这里的文化冲突具体表现为以下几点。

（1）两种主文化或主行为准则之间的碰撞和冲突

当人同时面对两种主流文化或主流行为规则时，这种文化冲突就会发生。例如，煤矿企业在进行国有企业改革时，不少人脑子里还是过去的国有企业的文化观念，现在一下子过渡到公司制集团化管理，中国曾长期处于封建社会，形成了以经验主义、自然主义为基础的农耕文化传统，这种文化传统对煤矿职工影响极大，甚至于有些煤矿矿工就是由刚刚放下锄头的农民转化而来的，有的矿工现在还是农民，他既不可能简单地割断与旧的农耕文化的联系，又要同时面对新的煤矿文化的支配，很难适应，当他按照旧的文化准则行事时，就有可能与新的文化准则发生冲突。不破不立，旧的文化往往势力很强，导致新的文化准则难以确立。再如，对于青年矿工来说，可能会面对两种消费文化的冲突，一种是长辈渗透的勤俭节约的消费方式，一种可能是现实生活中出现的超前消费理念、网上购物的方式。

（2）煤矿等企业的安全主文化与中国传统文化的冲突

中国传统文化的特点：重礼治轻法治、重伦常轻制度、重经验轻逻辑、重宗族轻国家，传统文化对煤矿矿工的影响是全方位的，家庭的影响，还有社会的影响，传统文化的影响还是潜移默化、根深蒂固的，尤其是当今随着中国经济的趋强，传统文化更受重视，在这种背景下，传统文化的影响趋强，一方面是传统，另一方面是现代，在文化价值观、文化元素方面都存在很多的不同。甚至有的矿工还存在很浓厚的封建迷信思想，坚持认为女同志不能下井，女同志下井，矿井容易出事。

（3）主文化的衰微

为建设公共文化，煤矿也会拿出一部分资金，多用于建立公共文化活动场所，加大公共文化设施建设，实施文化共享工程，开展公共文化活动，以资源整合实现区域共享，大力传播中华民族优秀传统文化，煤矿企业所提供的每项文化服务，即使是纯娱乐性的，也会对人们的思想产生影响。也有企业认为煤矿安全文化建设毫无用处，煤矿安全文化是务虚、空谈，因此没有必要建设煤矿安全文化，还有的企业将煤矿安全文化与某种特定的文化形式等同起来，例如有的煤矿认为安全文化建设就是搞文体活动，或者是报纸上登几篇文章，电视里播出几条新闻，墙上写几条标语，从而忽视了文化的真正的内涵，使文化失去了生命力和活力，有的企业虽然做得不错，但只是在局面方面，没有从总体、全局、战略性的高度上进行综合。企业在提供文化服务时要坚持始终把社会效益放在首位，但现在不少煤矿企业在传播主文化时，显得信心不足，问题主要表现在：一是重形式轻内容，形式上的东西很多，花了很多心思，很好看，但是具有内涵的、能打动人的东西很少，把重点放在应付上级检查上来，表明我做了，但是做得怎么样就不好说了；二是追求简单快乐，一味追求快乐而忽略了理性的思考，过度强调视听语言给受众感官上的刺激和快感，造成了观众的精神美感和反思能力的逐渐衰减。当然，主文化的衰微与社会主流媒体，如广播、电视、报纸等在传播主文化方面存在的缺陷也有着重大的联系，如形式不生动、板着面孔说教，没有把理念通过丰富的感性宣传表达出来，不能从情感上感化人，适当地唤起情感和理智的力量，是宣传工作的一个重要的方法。还有的文化宣传为了一味的迎合市场，存在低俗化现象，没有始终坚持把社会效益放在首位等。

4. 社会心理因素

这些影响因素具体包括以下几点。

（1）怀疑心理

怀疑主义成为一个学派的学说最初是由亚历山大时代的皮浪提出来的。当时，哲学学派之间的分歧与争论比较激烈，怀疑主义应运而生并一定程度上系统化。"怀疑主义自然地会打动许多不哲学的头脑"，"怀疑主义在一般人中就享有了相当的成功"，"怀疑主义是懒人的一种安慰，因为它证明了愚昧无知的人和有名的学者是一样的有智慧。"在当今时代，网络发达，信息铺天盖地，正面的反面的，主流的非主流的甚至反动的，舆论上的争论、观点上的不统一的现象也比较明显，矿工的文化程度并不高，于是，他们对别人宣传的内容产生怀疑，怀疑别人通过实干当上领导，怀疑公开招聘背后的不正当勾当，怀疑领导的两面性，怀疑规则的合理性，并且往往把这种怀疑加以放大。

（2）消极心理

在网络时代，易受社会消极面的影响，尤其是许多年轻的矿工。他们是时尚的先锋，喜欢使用许多比较先进的媒体，同时也会在信息的海洋中迷失自己，当然这也与当前的不健康的网络环境有关系。

（3）迷信心理

少数矿主有这样的心态，刚检查过的煤矿容易出事。一些小煤矿在井口都设有香炉、油灯，风井挡墙前的神位碑已被香火熏黑，在他们看来，安全生产可以"变通"，但各路神佛却不能不拜[①]。生活中的一些巧合也会加剧迷信心理。

（4）麻痹心理

万物都处于流变状态是赫拉克利特最有名的观点，柏拉图、亚里士多德、黑格尔、

---

① 廖水南. 生产安全要靠烧香拜佛 [N]. 光明日报，2011-9-26（2）.

马克思都有类似表述。变的思想大家从理论上都好理解，难的是融入生活实践，依据经验，一段时间内有很多不变的东西，生活不变，工作不变，每天都差不多，导致我们不能用"变"去看待一些问题。思想层面，比如煤炭形势好的时候看不到隐患，煤炭形势坏的时候看不到希望，如果能看到隐患，我们就应该像某些动物那样"秋天为冬天贮存些粮食"，为了希望，要想办法提高大家的"抗挫折"的情商。实践层面，比如有的矿工向下开挖时，本来要求系安全绳的，但由于一段时间内都是安全的，前 N 次安全绳都白系的，况且系上安全绳不利于手脚的伸展，一段时间内的安全导致了不变的思想，不变的思想导致了不系安全绳的实践，但是没看到在开挖的过程中，地质条件在发生变化，没有看到有些隐患一直处于量的积累状态中，在某个点可能就会发生质的变化。

（5）投机心理

由于长期的麻痹心理还会导致投机心理的产生。如 2013 年 3 月 29 日和 4 月 1 日，位于吉林省白山市江源区的通化矿业（集团）有限责任公司八宝煤矿连续发生两起瓦斯事故。3 月 29 日晚，这家煤矿在组织抢险过程中发生了一起瓦斯爆炸事故，造成重大伤亡。4 月 1 日上午 8 时，值班人员通过井下监控系统发现井内出现烟雾，便立即向值班负责人报告。公司有关责任人在没制订有关抢险方案的情况下，擅自决定带人下井组织抢险，再次发生伤亡事故[1]。这种做法不尊重科学，有相当大的投机成分。

---

[1] 安全榜样何以事故连发？——吉林八宝煤矿连续瓦斯事故调查，新华网吉林频道，2013 年 4 月 3 日.

劳动生产领域安全监管与安全管理新论

这里，我们在对安全监管与安全管理进行对比分析的基础上，对它们各自进行系统性分析，以期提出新的见解。

一、安全监管的系统解析

安全监管本身也是一个独立的小系统，有其特定内涵和目标，有其自身的内在结构和外在功能。

1. 安全监管的内涵与目标

安全生产关系人民群众生命财产安全，关系改革开放、经济发展和社会稳定的大局。高度重视和切实抓好安全监管工作，是贯彻落实科学发展观的必然要求，是实现好、维护好、发展好最广大人民群众根本利益的必然要求，也是构建社会主义和谐社会的必然要求。安全监管的宗旨是切实保障人民群众的生命财产安全以及促进经济社会安全发展、科学发展和可持续发展。安全健康利益是广大人民群众的根本利益之一，安全生产是先进生产力的发展要求之一，科学的安全文化是先进文化的重要内涵之一。做好安全监管工作，是统筹经济社会全面发展的重要内容，是深入贯彻落实科学发展观、实施可持续发展战略的重要组成部分，是政府履行社会管理、市场监督和宏观调控职能的基本任务，是企业生存与发展的基本要求。

安全监管是指为了维护人民群众的生命财产安全，政府运用政治的、经济的、法律的手段和力量，对各行业、部门和领域企事业单位的安全生产活动进行监督与管制的一种特殊的管理活动。

安全监管的目标是：建立和完善适应中国社会主义市场经济体制的统一高效、执法权威、权责明确、行为规范、监督有效、保障有力的安全监管体系，严格履行安全生产和职业健康执法主体责任，从根本上提高政府的安全监管水平，大力推进安全生产长效机制建设，从而实现中国安全生产形势的根本性好转。

2. 安全监管的三个维度

安全监管是一个复杂的社会系统，包含很多要素。根据安全监管的内涵和目标，可以从三个维度审视和分析安全监管，将其拆解为下述要素。

（1）第一个维度——"主体维（Subject，简称 S）"

主体维即安全监管的主要参与者，是人格化的主体，包括监管方——政府（S_1）、被监管方——主要是企业（S_2）和社会中介组织（S_3）。政府是安全执法监察主体和政策制定主体，企业是安全生产主体、安全责任主体、安全投入主体和安全受益主体，相关社会中介组织是安全生产服务主体。

（2）第二个维度——"政策维（Policy，简称 P）"

政策维即安全监管的各类政策，根据规制经济学和公共管理学，笔者认为，安全监管政策有三类：一是安全监管的经济性政策（P_1），即通过财政、税收等经济手段规制企业的生产经营行为和安全生产活动，使之达到政府设定的安全目标；二是安全监管的社会性政策（P_2），即通过政府的行政引领和干预，利用安全伦理、安全文化、安全诚信、安全评价、舆论监督、公众参与等一系列政策、措施、手段、行动准则和规定政策，促进安全生产和安全监管工作，解决事故和灾害引发的社会问题，改善社会环境，增进社会福利，促进社会稳定和和谐，降低市场经济下公民的安全风险；三是安全监管的法律性政策（P_3），指与安全监管立法、司法和执法相关的政策，旨在从法律和法制层面规制生产经营单位的安全生产活动，重典治安，促进安全生产长效机制的构建。

（3）第三个维度——"要素维（Element，简称 E）"

要素维即安全生产和安全监管的五要素：安全文化（E_1）、安全法制（E_2）、安全责任（E_3）、安全科技（E_4）和安全投入（E_5）。这是安全监管工作的五项重要内容和抓手，它们之间是相对独立的，但也是可以协同配套、共同发生作用的。

①安全文化。安全文化是在生产活动的实践过程中，为保障身心健康安全而创造的一切安全物质财富和精神财富的总和。安全文化的核心是安全素质，人的安全素质关键是安全意识。全社会应认识安全文化的重要作用，决策者和大众共同接受安全意识、安全理念、安全价值标准，当前尤其应树立预防为主、安全也是生产力、安全第一、安全就是政绩、安全性是生活质量的观点，树立自我保护、除险防范等意识，坚持以人为本，珍惜生命、关爱生命，通过安全文化建设提高全民安全素质，为安全生产提供强大的精神动力和智力支持。

②安全法制。安全法制是指制定和完善与安全生产和安全监管有关的法律法规并在实践中严格执法等，内涵包括：理顺法律关系，明确法律责任，提高执法水平，改

善执法条件，加大执法力度，严肃追究法律责任，使安全生产法律法规成为任何社会成员不可逾越的界线；健全安全法规，做到有法可依，措施得力，推进安全监管工作从人治向法治转变；完善行业规章、规范和标准，依法加强执行力度。这是安全生产的治本之策。

③安全责任。安全责任是指"确保政府承担起安全生产监管主体的职责，确保企业承担起安全生产责任主体的职责"。在安全监管工作中，政府工作的第一要务就是促进企业落实安全生产管理的主体责任。应突出企业安全生产的主体地位，落实好生产经营单位在机构、投入、人员素质、管理、经济赔偿方面的制度，促使企业建立安全生产自我完善的长效机制。

④安全科技。安全科技是指与安全生产相关的科学技术。加强安全基础科学研究和理论创新，重点研究安全监管理论、安全心理理论、安全行为理论、安全工程理论、安全经济理论、安全管理理论、安全执法理论、安全文化理论、本质安全理论等，为安全生产和安全监管提供正确的指导方向。安全技术研发方面，应加强典型重大灾害事故致因机理及演化规律的研究，加强事故隐患诊断、预测与治理的技术研究，加强燃烧、爆炸、毒物泄漏等重大工业事故防控与救援技术研究及相关设备开发。开展安全生产监督监察技术的研究，创新安全生产监管监察手段。推动安全技术资源整合，建立国家安全生产科技创新、技术研发与成果转化基地，形成以企业为主体、产学研相结合的安全技术创新机制。鼓励和支持先进、适用安全技术的推广应用，实施安全技术示范工程，提升安全生产科技水平。加快安全生产信息化和安全生产技术保障体系建设。利用现代通信技术，建立高效灵敏、反应快捷、运行可靠的信息系统，及时掌握安全生产动态，为安全生产监管提供信息和技术保障，提高监管决策的科学性和有效性。

⑤安全投入。安全投入是指制定和完善财政、金融、保险、税收等有利于安全生产的经济政策，拓宽安全生产投入渠道，形成以企业投入为主、政府投入导向、金融和保险参与的多元化安全生产投融资体系，引导社会资金投入安全生产，改善安全生产条件。其内涵包括：运用财政政策，加大政府对安全生产的投入；综合运用产业政策，提高企业的安全生产保障能力；建立工伤保险与事故预防相结合机制，运用工伤保险行业差别费率和企业浮动费率机制，促进企业加强事故预防和工伤预防；鼓励和推动意外伤害险、责任险等商业保险进入安全生产领域；用资源、安全、环保、技术标准、维护职工权益等方式，合理提高煤炭及非煤矿山的市场准入标准。

3. 安全监管系统分解的数学表达

安全监管系统分解用数学形式可表达为：

$$S = \{S_1, S_2, S_3\}$$

$$P = \{P_1, P_2, P_3\}$$

$$E = \{E_1, E_2, E_3, E_4, E_5\}$$

用立坐标形式可直观地描述为图1。

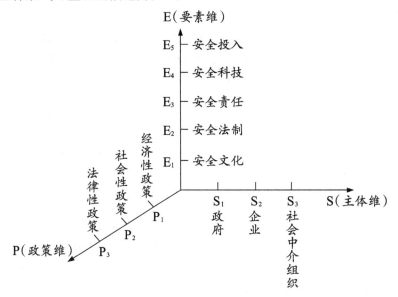

图1　安全监管系统分解图

4. 安全监管系统三维组合分析

可考虑上述三个维度的组合，如果每个维度选取一个值，则共有45种组合方式，每一种组合都有特定的意义和内涵。例如，①$S_1P_1E_5$组合，表征的是：政府通过采取经济性政策，引导和规制企业加大安全投入，实现安全监管的目标；②$S_2P_2E_3$组合，表征的是：企业在安全监管法律性政策的规制下，履行安全生产责任；③$S_3P_2E_4$组合，表征的是：社会中介组织在安全监管社会性政策的引领下，积极进行安全科学研究与技术创新，并对政府提供安全监管服务，对企业提供安全技术、管理和工程咨询及服务，提升全社会的安全生产水平；④$S_2P_2E_1$组合，表征的是：企业在安全监管社会性政策的引领下，从物质层面、制度层面、价值规范层面和精神层面，积极营造积极的、浓郁的、科学的企业安全文化，为企业安全生产提供良好的软环境保障。

当然，同一维度的要素也可以组合在一起，例如$S_1S_2P_1P_3E_4E_5$组合，表征的是：政府通过安全监管的经济性政策，如税收优惠政策或财政补贴等，激励、引导和规制企业加大安全投入，积极进行安全科技创新，从而履行安全生产主体责任，提高企业安全生产水平。

总之，通过对安全监管的系统解析，我们可以从三个维度，即政府、企业、社会中介组织三个主体，经济性政策、社会性政策、法律性政策三类政策，安全文化、安全法制、安全责任、安全科技和安全投入五项要素，以及它们之间的相互关系更加深入地了解和认识安全监管和安全生产。隐藏在要素及其关系之后的是政府、企业和社会中介组织的关系；换言之，在社会主义市场经济体制下，必须依靠行政的驱动和市场的驱动，才能构建完善的安全监管体系，实现安全生产形势的根本性好转。

二、"安全要素流"与企业系统安全管理

这里，我们拟从安全要素构成角度探讨企业内部安全管理体系。

1. 企业安全管理与系统安全管理

企业安全管理就是以安全生产为目的，进行有关决策、计划、组织、协调和控制方面的活动。由于安全管理的地位和作用不断增强，安全管理贯穿企业各项业务流程，并已经发展成为与人力资源管理、财务管理、物流管理、生产管理、销售管理、信息管理等并列的一项职能管理。

企业系统安全管理是指综合考虑各方面的安全问题，全面分析整个企业系统，并对系统中各要素和子系统给予特别重视。系统安全管理通过制订并实施系统安全程序计划进行记录，交流和完成管理部门确定的任务，以达到预定的安全目标。

2. 企业系统安全管理的"点""线""面"

企业系统安全管理包含四个主要阶段，分别如下。

（1）计划阶段

确定企业系统的目标和安全任务，决定达到目标的方法，根据系统特征、复杂性、成本、发展过程、组织结构等信息，适当地拟定系统安全程序计划，并在运行中对其进行周期性检查和必要修改。

（2）组织阶段

确定执行安全任务的部门和人选，进行任务和活动的分配，这些任务包括：确定及评价潜在的关键安全领域；建立安全要求；控制、消除有关危险和风险评定的决策；危险和风险信息的交流和记录；安全程序复查和审核等。

（3）领导阶段

在进行涉及安全生产的权力分配时，主要考虑各部门的不同责任，基层管理部门主要负责并及时完成安全任务的大多数，系统安全管理部门则负责系统安全任务及使高层管理部门认识剩余风险等。明智的管理决策应建立在对风险的充分认识之上，因此，风险评价应是关键点检查的一个重要组成部分，建立系统安全管理与日常安全管理程序和直接的安全问题之间的联系，也应是此阶段的重要工作。

（4）控制阶段

安全评价与测量系统的输出，将其与理想输出（安全标准）做出比较，当有重大差异时加以矫正，符合要求时继续正常工作。如果系统输出与实际输出有重大差异时，应确定采用何种安全技术或管理措施加以矫正并实施。

实际上，以上四个阶段或者叫过程、职能正是管理的阶段、过程和职能在安全生产中的应用。这些阶段可以继续分解为"点""线""面"。"点"指的是安全要素，也就是我们通常说的人、机、环三要素；"线"指的是安全流程，安全流实际上是安全要素的流动，"流"是受到了目标和动力的指引，也就是安全、高产、高效的驱使，从而裹挟着安全要素而流动；"面"指的是安全系统，由于生产和安全是"孪生姐妹"，企业的生产经营活动都蕴含着安全问题，因此安全系统指的就是企业整体。换言之，如果一旦企业发生事故，要么在"点"上，要么在"线"上，使"面"遭受损失。

3."安全要素流"的集成与分解

企业安全管理对与安全生产工作、安全隐患排查工作相关的资源和过程进行宏观调控，从而实现安全信息流、安全物资流、安全资金流、安全价值流、安全人员流和安全契约流的系统集成与科学分解。这六种与安全相关的"流动"可统称为"安全要素流"。在企业系统中，六种安全要素流相互耦合、相互依存、相互影响，统一于企业的安全生产工作；同时，六种安全流各自又独立运行，充分发挥作用。只有"六流合一"才能实现科学、先进的安全管理，才能真正实现企业的本质安全。下面对六种安全要素流进行简要论述。

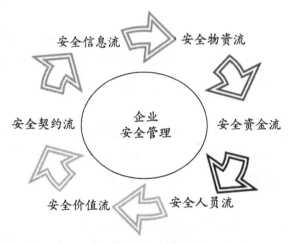

图2 安全要素流"六流合一"

（1）安全信息流

安全信息分为安全需求信息和安全供给信息，以及安全内部信息和安全外部信息。

安全需求信息来源于企业内部各生产经营单位，即直接与安全生产和事故防控相关的单位、部门。一方面，安全需求信息和安全供给信息是企业的子系统（各部门）内部自循环的，各部门首先要对自身的安全隐患进行自我检查、自我清除；另一方面，如果部门自身没有发现安全隐患，而被企业领导和安全管理部门检查出来，这样的安全需求信息和安全供给信息相对于本部门就外化了。内在的和外化的安全信息流会引发安全资金流、安全价值流、安全物资流、安全人员流和安全契约流。从安全管理的角度看，安全信息流实际上把安全信息（隐患信息）赋予了经济含义，这样的信息传递的不仅仅是安全隐患的排查、发现、治理信息，更是具有交易价值的安全供求信息。

（2）安全物资流

在企业系统内部，一旦出现安全信息流，最直接地就会触发与安全生产与隐患治理相关的物资流动。安全物流从供应部门开始，沿着各个环节向需方移动。为了保持安全物资的流动，在各个环节之间，都存在运输、搬运和作为供需不平衡缓冲措施的仓储。安全物资流是安全生产链上最显而易见的实体流动，直接影响和支撑事故隐患的清除和安全生产的实现。

（3）安全资金流

安全物资是有价值的，物资的流动引发资金的流动。企业的安全活动会消耗一定的资源，发生成本。消耗资源会导致资金流出，只有当消耗资源生产出的产品或服务（从不安全状态到安全状态）出售给客户后，资金才会重新流回该实体，并产生利润。因此，企业的安全生产链上必须有资金的流动。为了合理利用安全资金，规范安全成本管理，企业应建立健全安全资金的预决算制度，并同时严格监控安全资金流的流向和损耗。

（4）安全价值流

前文已经阐明，安全生产活动是有价值的。安全价值是伴随安全设施的完善、安全隐患的排除而得以体现，是"负负得正"的价值。随着安全信息流的命令机制、安全物资流和安全资金流的到位，安全价值流就会深刻地体现出来。同时，这种价值不仅是经济性的，而且是伦理性的、社会性的。当然，我们不必苛求企业的安全管理系统能够解决所有的安全问题，这里包括复杂的安全社会学、安全伦理学、安全经济学命题；然而最起码这样一个体系具备了一定的安全价值，在具备利益导向的同时具备了一定的道德导向。

（5）安全人员流

人是生产力诸要素中最活跃的要素，在安全生产活动和安全管理系统中，人同样是决定性要素。安全信息、安全物资、安全资金都不会长了腿或翅膀自己流动，安全生产活动本身也不会平白无故地自动增值，都要靠企业管理人员、技术人员和广大职工的业务活动——安全人员流来完成。企业的体制和组织机构必须保证安全管理机制和安全人员流的畅通，以便对瞬息万变的安全态势做出响应，加快各种流的流速，在此基础上增大流量，为企业谋求更大的安全效益。

（6）安全契约流

契约可理解为合同，契约流就是指合同流，就是一种买卖或者说是一种交易活动过程。在企业安全管理系统中，上下级之间、部门与部门之间，实质上在履行着一种契约。这种契约有双重性质，一是由于内部成本转移机制引起的交易契约，二是与安全生产和隐患排查相关的安全契约。前者是载体，体现了经济性；后者是内容，体现了社会性。正是安全契约流的存在，体现了安全管理蕴含企业制度和制度经济的深邃内涵。

总之，从集成的角度看，以上六种"安全要素流"相互关联、相互影响，形成了"六流合一"企业内部安全生产链；从分解的角度看，六种"安全要素流"或具体或抽象地串联着整个企业各项安全生产活动。

企业安全管理可以看作一个复杂系统，可以分解为"点""线""面"。其中，"点"指的是安全要素，"线"指的是安全流程，"面"指的是安全系统。安全流程可以分为：安全信息流、安全物资流、安全资金流、安全价值流、安全人员流和安全契约流。在企业系统中，这六种"安全要素流"相互依存和影响，统一于企业的安全生产工作；同时，六种安全流各自又独立运行，充分发挥作用。只有"六流合一"才能实现科学、先进的安全管理，才能真正实现企业的本质安全。同时，"安全要素流"理论也可以从企业内部推广到更大更广阔的社会安全生产和安全管理系统。

煤矿企业安全市场化精细管理实施与运行机制研究

煤矿企业作为一个具体社会小系统，其安全管理在实践中逐步走出一种内部市场化的精细管理模式。为此，我们尝试从理论上对其实施环节和运行机制进行归纳总结分析。

一、煤矿企业安全市场化精细管理的基本内涵

煤矿企业安全市场化精细管理是煤矿企业实施的一种安全管理模式或体系，即采用内部市场化的方法，在煤矿企业内部通过市场机制这只"看不见的手"，将事先明确好价格的安全隐患作为商品进行交易，是一个安全管理人员深入现场、查找隐患、处理隐患、出售隐患，为现场提供安全服务，而现场单位和人员收购隐患的过程。这种管理模式即是通过内部市场化产生的利益和成本机制，科学配置与安全相关的人、财、物、信息等资源，调控生产和管理流程，作用于人、机、环等安全要素，最终将安全精细化管理驱动到位，从事实现建设本质安全型矿井的目的。

具体说，所谓安全市场，是指企业安全隐患交易关系的总和。就是在企业安全管理工作中引入市场机制，将企业安全管理的各项安全指标细化量化，同时将可能造成事故的诸多因素（如员工的不规范操作行为、现场施工质量不合格、现场文明生产环境差、设备设施不完好等原因形成的影响企业安全的各种隐患，按照可能造成事故的危险程度、处理难易程度）进行量化，并在充分考虑职工承受能力的基础上形成具有一定价值的"服务价格"，按照此价格进行内部安全隐患服务交易的市场运作体系。

煤矿企业安全市场化精细管理重点突出三项基本要求：①细分安全管理单元。把安全管理对象尽可能细化到最小的工作单元，安全责任具体化，落实到位，使细化管理的过程成为不断深化、不断完善安全管理工作的过程。②量化安全考核指标。在不同的安全管理过程和安全管理单元中，都制定明确的、量化的、科学的，且经过努力

可以实现的安全考核指标，把安全管理的具体工作目标分解、落实到每一个岗位、每一个员工，做到横向到边、纵向到底，不留死角。③安全管理主体的责、权、利统一。就是建立起与安全管理主体劳动业绩挂钩的分配机制，使每名员工都能根据其对安全生产的责任、贡献大小取得相应的劳动报酬或付出相应的代价。

二、实施安全市场化精细管理的动因

中国国有煤矿企业过去在安全管理上，主要是以各式各类检查为主要方法，以处罚和事后整改为基本手段。这种传统管理方式虽然在很大程度上对安全生产起到了重要保证作用，但也存在着一定的负面效应。一是安全管理主体不清、职责不明，虽然各式各类检查不断，但安全隐患、安全问题仍然层出不穷；二是依靠检查、监管的方式，不能充分调动基层自主安全管理的积极性，以点代面、以好掩差、突击应付、凑合对付等现象大量存在；三是安全管理中的强制扣罚，容易使员工产生逆反心理，甚至对抗情绪，即使有些查出的问题也不能得到很好的落实。为彻底解决这些问题，充分调动人人参与安全管理的积极性，把市场机制引入安全领域，变安全监管、检查为有偿安全服务，充分运用价值杠杆激活广大员工的安全自主管理的积极性。煤矿的安全市场化精细管理是以价格测算为天平，以票据传递为血脉，以计量设备为眼睛，以日清日结为中枢的运行机制。实行安全市场化精细管理机制，就是要通过市场机制的引领、推动和作用，把职工的每一步工作行为分解，让分解后的行为与职工的切身利益紧密挂钩，形成新的工作价格体系和薪金分配体系，从而实现职工安全行为的自主引导管理，实现职工自发的"我要安全"，进而建立安全生产长效机制并推动本质安全型矿井建设。实施安全市场化精细管理的动因主要有以下几个方面。

1. 强化安全生产意识的需要

安全事故发生的条件和过程虽然各不相同，但人的安全意识与事故的发生是密切相关的。事故发生的起因可以概括为"隐患＋行为"。行为的控制在于思想，在于意识。安全意识受诸多因素的影响，主要有经济利益因素、社会因素、管理因素和职工的综合素质。不良的安全意识容易造成事故，个人的不良安全意识在煤矿生产中的主要表现为：违章作业，忽视隐患；乐观生产，轻视安全；思想麻痹，冒险蛮干。煤矿企业安全市场化精细管理将员工的责、权、利紧密地结合起来，在促进经济效益飞速增长的同时，建立健全独具特色的内部安全管理制度及岗位责任制，在员工中树立了"安全为天""不安全不生产""不伤害自己，不伤害他人，不被他人伤害"的安全理念，使百分之百的员工成为抓安全的主人。安全意识的提高，使得员工在工作中不仅能自觉地遵章守纪，严格执行操作规程，杜绝"三违"现象的发生，并且能提示同班人员和检查上班人员的实际操作，及时发现和排除故障和隐患，把事故消灭在萌芽状态。

2. 深化安全成本意识的需要

在国有企业的体制下，煤矿是集团部门的生产中心即"大车间"，不是利润中心，不负责销售，因而形成了以完成企业下达的生产任务为目标的观念，对成本的概念也停留在领导重视的程度，没有把全矿和员工的节约意识彻底解决，更不要说对安全与经济效益的关系和安全与成本的关系的认识了。实行安全市场化精细管理，矿内各虚拟市场主体自觉地把安全生产和安全管理过程中所发生的各类收入或成本变为自己的收入或成本进行管理，在日清日结的制度下经过矿、区科、班组和个人四级核算，每级每个市场主体都能计算出每天在安全上的投入和产出、收益和成本。全矿安全成本意识、安全效益意识显著增强。

3. 激活安全创新意识的需要

根据赫兹伯格的双因素理论，影响员工的工作因素有保健因素和激励因素。有限的物质及荣誉奖励，难以真正激发广大基层员工对于安全生产和安全管理工作的创新积极性，因此也就难以得到真正具有应用价值的创新成果。但是，安全市场化精细管理的推行激发了广大干部员工的管理创新和技术创新意识，而且由于是市场化引导的创新活动，因此创新项目不仅不断涌现，而且真正针对工作中出现的实际问题与要求，获得了良好的效果。

4. 树立安全经营意识的需要

在煤矿企业安全市场化精细管理改革中，受利益和成本的驱动，大到科室、区队，小到班组、员工，都将自身作为一个经营单位，以安全作为产品，以隐患作为交易对象，将安全经营的观念意识贯彻到了内部各工序、各部门的联系与合作的过程中。建立了完善的安全激励机制，将安全和隐患排查作为日清日结考核中的一项重要指标。对于安全生产和安全管理工作优秀的行为及个人，进行大张旗鼓的表扬和奖励，以榜样的力量来激励大家都参与到提高安全质量和安全水平的行列中来。在日清日结的管理模式下，人人作为一个市场，人人又面对一个市场，上道工序的安全问题，可以在下道工序被及时发现并找出责任人，经济惩罚直接落实到当天的收入中，提高了员工的安全经营意识。

5. 树立安全危机意识的需要

国有煤矿企业在长期的计划经济体制下，形成了较为严重的等、靠、要思想，而这种思想直接导致了落后观念的风行，安全危机意识的欠缺，以致出现了矿工工作效率低下，安全观念严重不足的局面。安全市场化精细管理机制推行后，指标层层分解到实体和个人。内部安全市场的建立，使每个部门、每名员工都产生了安全危机意识，所有的单位都开始按照安全生产的需要和利润最大化的原则，优化组织结构和生产流程，促进了工作效率的不断提高，以及安全水平的整体提升。

三、安全市场化精细管理的总体思路和实施目的

安全市场化精细管理的总体思路是：将安全隐患作为商品，通过安全管理人员主动深入现场，查找隐患（为现场提供安全服务），处理隐患，出售隐患和现场作业员工收购隐患的过程，形成二者服务与被服务的关系。运用市场买卖机制，调控服务与被服务双方的经济往来关系，利用利益对称原则逐步实现服务方安全服务最大化，接受服务方自我损失最小化。

安全市场化精细管理是将企业内部市场化应用于安全生产实际的安全管理理论和方法的创新。通过推行安全市场化精细管理，一是力图唤起员工强烈的安全价值意识。使"安全隐患有价值"的思想在员工中得以确立，使员工把安全作为个人价值和成就的一部分，真正激发基层单位和广大员工自主管理的积极性，消除员工对安全检查的抵触情绪。二是力图促进安全行为养成。使员工真正明确"上面抓不如自己做"的道理，使无需监督、无需要求、自觉主动地搞好安全成为每个员工的内在需求和动力。安全市场化精细管理的实施，将加入安全元素细化后的标准化要求下沉到工序、岗位、个人，使每项工作、作业工序、环节、岗位及每个员工的工作都有标准可供遵循，都必须在标准的指导和约束下进行，让员工明确上岗做什么、为什么做、由谁来做、什么时间做、在什么地方做、怎么做、做到什么程度等，真正把岗位作业安全标准化落到实处。进而消除操作行为的随意性，培育员工标准化意识，规范员工的操作行为，促进员工标准化行为的养成，克服员工的习惯性违章行为，减少事故的发生概率，实现人、机、物、环的和谐统一，保证安全生产。市场机制的引入，摒弃过去那种人盯人式的检查、监管方式，使员工逐渐成为安全生产活动过程及每个环节的主体，促进员工安全观念的深刻转变。三是力图塑造员工的团队精神。安全市场化精细管理机制的推行，使员工充分认识到，花钱买隐患，买的不仅仅是价值，更重要的是买的是自己的生命，从而规范员工的操作行为，形成自上而下、环环相扣的安全隐患排查体系，使安全管理工作呈现出人人有责任、时时有检查、事事有人管、处处有服务的良好局面。特别是在工程质量方面，使员工充分认识到只做好本岗位工作并不能保证整个工程的安全质量，必须形成团队合力，保证每道工序、每个环节的安全质量，才能交出

让接收单位满意的合格产品。从而使员工都把保证工程的安全质量作为一项集体荣誉，规范群体的安全质量行为，工作中员工不仅自己保证安全质量，还帮助别人遵守各项规章制度和标准；员工在工作中不但观察自己岗位上而且留心他人岗位上的不安全行为和条件，提醒安全操作，将自己的安全知识和经验分享给其他同事。过去以牺牲工程内在安全质量为代价，加快工程进度的现象消失了，上标准岗、干标准活、交标准班成为每名员工的自觉行为，真正实现由过去靠活动"搞标准化"向靠管理"做标准化"的转变，实现工程安全质量动态达标。总之，通过实施安全市场化精细管理，激发员工主动参与安全管理的潜能，促进制度管理向自主管理的转变，实现安全管理"主体回归，自动自发；主体规范，自我完善；主体锻造，自我超越；主体提升，自我实现"的目标，为塑造本质型安全人搭建有效的机制平台，形成安全工作良性互动的局面。

安全市场化精细管理的实施目的在于如下方面。

1. 实现安全管理目标与单位目标、个人目标的有机统一

安全市场化精细管理就是通过市场的相互制约机制、利益对称机制，将企业的安全管理目标通过内部"市场链"逐级分解传递到各单位、各班组和员工个人，特别是企业"零事故、零伤亡指标"的安全管理奋斗目标的确立，更加突出了企业安全管理目标与单位目标、个人目标的有机统一。

2. 实现生产全过程的安全监控

安全市场化精细管理就是科学运用市场的利益驱动机制，最大限度地激活了专业安全管理人员在安全管理工作上的内在潜力，充分调动了其积极性、主动性和创造性，激发了安全管理人员"上特殊班""多下井""多发现和解决隐患问题"的动力，特别是部门实行的"管技人员现场带班制度"，确保了每个生产班次都有管技人员、安全管理人员在生产现场带班作业、指导和帮助一线员工规范操作、检查和督导排除安全隐患问题，实现了生产全过程的安全管理与监控。

3. 实现本质型安全矿井

安全市场化精细管理的实施，不仅及时发现和解决了生产过程中的安全隐患问题、有效地制约了一些不规范的"三违"行为，而且正确地引导员工在安全生产中"自我约束、自我管理、自我负责、自我学习"，努力成为"本质型安全人"，从而逐步提高了员工的安全文化素质，提升了企业的安全管理水平，使企业向着"本质型安全矿井"方向稳步发展。

四、安全市场化精细管理的运作原则和特点

安全市场化精细管理模式是充分体现精细化、市场化和具有前瞻性的安全管理模式，是一套完整的并运用现代管理理论和管理技术的安全管理长效机制，有其自身运行特点。

1. 安全市场化精细管理的运作原则

（1）层次管理原则

尽管煤矿企业的安全管理工作是一个全员性的工作，甚至是党政工团"齐抓共管"，但是，科学、规范的安全管理必须有侧重点、有层次性，责任与管理范围明确。坚持层次管理原则就是按照各层次的管理责任和管理范围，按照"谁主管、谁负责"和"谁检查、谁负责"的管理程序，一级管理一级，一级对一级负责。因此，煤矿企业安全市场化精细管理的层次化管理程序是：矿领导→安全副矿长→安全市场部→各专业室→基层单位→工班长→现场操作工人。原则上不越级管理和考核，除非因个人行为造成重大安全事故或安全隐患而追究个人责任。

（2）利益对称原则

所谓安全市场化精细管理的利益对称原则，就是运用市场机制，调控提供安全服务与接受安全服务双方的经济往来关系，由提供服务方与接受服务方（单位）形成服务协议并相互结算，将提供服务方与接受服务方均视为虚拟的安全管理实体，各安全管理实体必须通过自身的努力工作和加强内部安全管理来获取更多的经济利益或劳动报酬。利用利益对称原则逐步实现提供安全服务方"安全服务收益最大化"和接受安全服务方"经济利益损失最小化"的相互制约机制，从而激发安全管理人员和基层单位务实安全工作的积极性、主动性和创造性。

（3）逐级落实原则

所谓逐级落实，就是对安全管理中的隐患问题必须以得到落实解决为目的，层层负责、逐级落实。在煤矿生产中以最大的努力，尽可能做到不出现安全隐患问题（这是比较理想的，目前的煤矿生产条件和员工素质还不具备），但是一旦出现了安全隐患问题，一是能够及时准确地发现这些问题，二是能够迅速解决处理这些问题，二者都是非常关键的。安全市场化精细管理中对重复出现的安全隐患、未及时解决处理的安全隐患问题，采取由安全市场部督导解决、加倍收取服务费用和安全隐患问题通过矿内部网络及时"公示"等方法，运用市场管理机制和现代化管理手段有效地推动和促进了各级管理者的逐级落实。

（4）人本管理原则

煤矿企业"以人为本"的安全管理原则，一方面体现在安全管理的目的就是保证员工的生命安全，为员工创造良好的生产工作环境，确保员工的生存与利益不受损害；另一方面体现在企业的安全管理不以处罚为目的，而以引导员工如何"以正确的工作方式、方法和规范的行为去做正确而规范的事情"为管理方向，将员工视为企业实现安全生产的主人，而非管理处罚的对象。安全市场化精细管理中"安全隐患需双方确认"的做法及矿明确"安全市场部负责指导各单位的安全管理工作"的规定等，都是在企业内部市场机制条件下"人本管理"原则的集中体现。

2. 安全市场化精细管理的基本特点

（1）人本化

首先是把理念引领和人的素质提升放在首位，作为支配性要素来建设，并强调各个主体的责任观念和责任设置；其次是把关注点放在了人的安全行为产生的内在驱动力上，在深刻探求人的行为动因和基本需求的相互关系之后，找到了二者联系的中介——安全市场化精细管理，充分运用了安全管理者追求安全服务价值最大化和被管理者追求自我损失最小化的利益驱动效应。

（2）系统化

在系统理论指导下，按照系统思维和系统原则去构建安全管理体系。一方面体现了全员、全方位、全过程的特点，把安全管理体系放在安全理念、安全行为和安全环境组成的三维空间内去组织架构和实践运用。另一方面，充分考虑了系统内部各子系统、各要素之间相互影响、相互促进、相互融合、相互支撑的链接关系，体现了系统的集合性、关联性、整体性和目的性的特点。

（3）流程化

在煤矿企业体系运转过程中，有六条不停运作的安全流程线，就是输入输出转换的安全信息流、收入支出构成的安全资金流，以及与安全生产工作密切相关的安全物资流、安全人员流和安全价值流，加之内部市场机制催生的"安全契约流"。各体系之间有物质、信息和能量的传递，每一个体系内部都有各种安全物质、信息和能量的汇集、处理和转换，都要按规范的流程运作。安全市场化精细管理体系是在安全管理中引入市场机制，将安全隐患变为"商品"，形成交易关系，产生了直接的资金流动，这种流动是按照规范流程来操作的。

（4）激励化

利益需求是主体行为的直接动因，力求最小付出，谋求最大收益，是现实的和普遍的。安全市场化精细管理运用市场机制实行"商品"交易，让单位或个人因为安全管理和操作方面的漏洞支付一定的成本，同时也激励安全管理人员通过查找更多的安全隐患，并作为"商品"交易出去而获得更多的收益。在安全市场化精细管理模式下，直接将预警分析结果与安全工资挂钩考核，不仅考核单位或部门，还直接考核到了个人，发挥了有效的激励作用。

（5）信息化

依靠信息化支撑是安全市场化精细管理体系的显著特征。依托人、机、物、环实时监控系统软件，以及计算机局域网能够实现安全信息的实时输入、转换、处理与输出；通过建立安全隐患市场交易的网络操作平台，实现了交易费用的自动划转和生成；通过系统追问网上工作系统，能够实现追问过程、措施落实过程、追问情况考核过程一体化的便捷操作程序。尤其是随着计算机技术与现代网络技术的发展，将给安全管理工作提供更加宽广的平台。

五、煤矿企业安全市场化精细管理的运作机制

安全市场化精细管理的运行机制必然涉及机构精细化设置、职能定位、业务流程、费用体系、运行规则等。

1. 组建安全市场化精细管理的组织机构

（1）组织机构的设置

煤矿企业可设置安全市场专业化管理的主体部门——安全市场部。其主要业务和人员可将安全监察处过去的"安全检查""质量标准化检查"及"井口安全检查小分队"等职能和人员划分出来，成立独立运作、机关化管理的基层单位。安全市场部内部按照管辖业务范围可设置四个业务室，分别是采掘室、开拓运输室、机电通防室和地面室。

这种组织机构改革和设置的创新之处在于：一是将安全隐患变为"商品"，运用市场机制实行"商品"交易，让各单位因为安全管理漏洞而支付一定的管理成本，同时也激励安全管理人员通过自己的认真努力工作获得相应的经济收益；二是将安全管理变为安全服务，改变了传统的行政命令式安全管理方式，让专业安全管理人员深入基层生产一线去指导服务，实现了由"管安全""抓安全"向"做安全"的根本性转变；三是增强了基层单位安全管理工作的自主性和自觉性，实现了由"要我安全""为别人而安全""为迎接检查、怕检查而安全"向"我要安全""为了自己而安全""为了安全而打基础、做工作"的实质性转变；四是以安全工资的形式体现各单位的安全管理成果和经济效益，科学运用安全管理激励机制，努力做实安全管理长效机制。

（2）安全市场部的定位及职能

安全市场是市场化精细管理的安全服务市场。安全市场部以保证企业的日常安全

生产为宗旨，是企业动态安全管理的专业服务机构，也是专业化管理的独立运行机构，是机关化管理的基层单位，在履行专业化管理职能的同时，通过内部市场交易而实现自主经营。其基本职能是：①负责全矿的现场安全管理工作。依据《安全生产法》《煤矿安全规程》《各工种操作规程》《工作面作业规程》，上级及企业的安全管理制度、规定、政策和办法对矿各单位进行业务管理与服务，确保部门"安全第一"生产方针的贯彻、落实和有效执行。②负责指导各单位的安全管理工作，帮助各单位解决安全管理中的疑难问题。并通过现场的监督检查，及时准确地发现各种安全隐患、违章行为等，并以提供正确解决隐患问题的办法、制止和纠正违章行为的做法来为各单位提供安全服务。③负责接受上级部门的安全质量检查，接受矿领导、机关部室的安全业务监督，确保全矿的动态安全生产。④负责编制安全市场运行管理办法、规则及政策等，确保安全管理办法政策的有效性、可行性和准确性。⑤负责全矿安全管理状况的总结分析，及时督导基层单位解决安全管理中的隐患问题，并协助矿领导完成对各单位的安全管理评价和绩效评价考核工作。⑥负责全矿的安全工资管理，起草制定矿安全工资管理办法，报矿审批后执行。⑦负责组织安全事故分析。⑧负责组织每月的质量标准化动态达标检查验收工作，参加有关生产单位和机关部室组织的工作面交接验收工作、工程竣工验收工作等。

（2）安全市场部的工作内容

第一，安全法规贯彻。依据国家安全生产管理的有关法律法规，上级部门的安全管理制度、规定和办法等，认真履行企业赋予的安全监督检查职能，做好生产现场的贯彻执行工作，确保安全管理的法律法规、规章制度在每一单位、每一工作地点、每一工作岗位、每一名员工身上的贯彻落实，有效保障企业的安全生产。

第二，组织安全检查。根据有关规定，定期或不定期地组织安全质量动态达标检查，并按检查标准进行打分和评估；及时组织一般性安全事故分析，并通过事故分析，查找事故原因、追究事故责任、明确整改意见、制定预防措施和办法。

第三，安全业务协作。积极协助和配合矿有关部门开展安全工作，协助和配合上级部门的安全动态检查和质量标准化动态检查工作，协助安全管理部制定部门的安全管理政策和办法，协助和配合有关部门进行安全事故分析和安全事故调查，配合其他部门进行质量监督、工程监理、交接验收、工程竣工验收等工作。

第四，安全指导服务。积极深入生产现场和基层单位，指导帮助其进行安全管理工作，及时准确地查处安全隐患、"三违"现象等不安全行为或现象，及时发现和纠正不规范的操作行为和管理行为，积极督导各单位在规定期限内完成安全隐患的整改工作。

第五，安全工资控制。正确运用安全管理激励机制，在矿下达的"安全工资"总额范围内，根据对各单位的安全管理评估情况、贯彻安全管理法律法规和企业规章制度情况、生产过程中的安全管理效果情况等，依据安全工资管理办法，完成对各单位的安全工资支付工作。

第六，收支业务结算。根据每月检查发现的安全隐患问题，按照内部安全隐患服务价格和管理办法，办理支付矿领导、机关职能部门检查发现安全隐患服务费用的结算业务，与各单位办理收取安全市场部所发现安全隐患服务费用的结算业务。

第七，调查分析研究。一方面，就全矿的安全管理状况进行分析研究，对各单位的安全管理水平、安全管理的重视程度、安全管理效果、员工的安全意识和安全素质等进行综合分析与研究，建立并逐渐完善企业内部安全管理评价系统，为矿领导进行安全管理决策提供基础依据；另一方面，就安全市场的运行情况进行定期研究分析，掌握安全市场运行情况，及时向有关部门，领导反馈相关信息，提出调整和修改意见。

2. 建立隐患交易价格和工程费用体系

安全市场是安全隐患及单项工程交易关系的总和，这种关系的形成需要对"交易物"进行明确标价，没有价格，形不成市场。因此，建立科学、准确、完整的内部安全隐患价格体系和工程费用预算体系，是实施安全市场化精细管理的重要依据。

按照常见隐患的不同性质，将影响安全、可能造成事故的诸多因素，包括员工不规范作业行为、规程措施不能在现场落实的具体问题、工作现场的不安全因素、设施设备方面的不完好问题、工程质量方面的隐患问题、文明生产方面的隐患问题等，按照可能造成事故的危险程度和处理难易程度，分别赋予不同的价格。最后，形成一般规定、一通三防、采掘管理、机电设备、运输、岩巷掘进、综采准备、采掘杂活、地面部分等多种类价格条目，满足安全市场隐患交易的需要。

在价格体系的形成过程中，一是成立安全隐患价格制定领导小组和分线工作组；二是明确原则，统一口径，确定价格体系的构成分项；三是按照行为、制度、质量、环境、设备等方面，分线查找可能存在的隐患问题；四是按照隐患的危险程度和处理难易程度分别给出权重系数；五是全面汇总，参照相关规定，统一划定价格档次，做到完全量化；六是广泛征求意见，进一步修改完善，初步形成价格体系；七是全面试运行，并在试运行中进行价格调整；八是正式实施，并经过一定阶段以后修改完善。

工程管理市场化机制是按照"测定整体工程造价、确定分项工程费用、分项工程施工、安全质量控制、移交验收、费用结算"的步骤推进。其中，上道工序分项费用的10%由下道工序的施工主体控制，并根据移交验收的安全质量情况进行交易。

3. 厘清安全市场化精细管理的业务流程

安全市场化精细管理的运作就是"安全流"的运作。安全市场部以向各单位提供安全隐患服务而取得服务收入，以支付矿机关部室及以上部门和领导所检查的安全隐患服务费用为支出，依靠自主经营获取经济收益。

（1）安全市场部检查安全隐患流程

第一，安全市场部管理人员深入生产现场履行安全管理职责时，对行走路线和生产现场存在的安全隐患问题，及时填写"现场安全问题服务收费单"（表1），写清责任单位、隐患地点、安全隐患问题内容、发现时间（精确到分钟）、整改处理意见等，并经责任单位现场管理人员（区队干部或工班长等）现场确认后，由双方在"现场安全问题服务收费单"签字，由责任单位现场管理人员填写处理整改措施和时间，并将"现场安全问题服务收费单"的第二联交责任单位现场管理人员留存。

表1　现场安全问题服务收费单

单位：　　　　　　　　　检查地点：　　　　　　　年　月　日　班

价格表序号	存在问题	整改措施	限改时间	收费金额(元)	责任人(签名)

检查人员：　　　　服务费收入单位：　　　　　　服务费支出单位：

第二，当班能够解决和处理的安全隐患问题，由安全市场部管理人员督促责任单位现场管理人员组织整改处理，并负责（或指定现场专人）整改情况的验收。

第三，安全市场部管理人员上井后，将本班所填写的所有"现场安全问题服务收费单"的第一联交井口信息站备案核查。同时由安全管理人员本人通过矿网络系统将"现场安全问题服务收费单"的内容逐一输入网络系统之中，并按规定填写上（由网络数据库中查询）安全隐患服务价格，进行安全隐患问题"公示"、核查和监督。

第四，同一安全隐患问题，以发现者的时间先后确认，首先发现者获得安全隐患服务收入，以后再发现者不计入安全隐患服务收入。责任单位现场管理人员有权拒绝在首先发现者以后的安全管理人员开据有"现场安全问题服务收费单"上签字；若已经签字或由不同的现场管理人员签字时，井口信息站负责按时间先后进行核实，确认首先发现安全隐患者；若非首先发现安全隐患者已经通过部门网络系统上网"公示"安全隐患问题，由安全市场部主任协助网络管理中心通过"网络操作员"系统将其删除，并通知本人。

第五，对同一单位、同一工作区域发生的重复性安全隐患问题或在规定的限期整改时间内没有及时整改（包括整改不符合要求）的安全隐患问题，安全市场部管理人员在办理安全隐患服务时，可以按照原服务价格的2倍收取责任单位的服务费用。

第六，每月月末，由安全市场部按照矿网络系统中统计的各单位安全隐患服务费用总额与各单位办理安全隐患服务费用结算业务，并由各单位开据"矿内部银行支票"，经单位行政正职签字、盖单位章后，由安全市场部统一交内部银行，计入安全市场部的安全隐患服务收入。

（2）安全市场部支付上级单位和矿领导安全隐患服务费用流程

第一，矿的上级有关部门来矿检查安全工作，或进行安全质量动态达标检查验收工作时，所发现的所有安全隐患问题，按照内部安全隐患服务价格，计入安全市场部的支出。

第二，矿领导下井时所发现的安全隐患问题，由矿领导填写"现场安全问题服务收费单"，并经责任单位现场管理人员签字，上井后交井口信息站，由井口信息站通过矿网络系统进行"公示"和核查。每月月末，各位矿领导的安全隐患服务费用计入安全市场部的支出。

第三，矿机关科室的管技人员下井时所发现的安全隐患问题，由本人填写"现场安全问题服务收费单"，经责任单位现场管理人员签字，上井后交井口信息站一份（第一联），并由各部室通过矿网络系统进行"公示"和核查。每月月末，各部室的安全隐患服务费用计入安全市场部的支出。

第四，同一安全隐患问题被不同的管理人员先后发现时，以发现时间先后计算，计入首先发现者的安全隐患服务收入。操作程序同上。

第五，每月月末，由安全市场部汇总上级单位、矿领导、机关科室的安全隐患服务费用，由安全市场部开据"内部银行支票"并经市场部主任签字、盖市场部章后，报矿内部银行进行核算。

（3）安全工资管理流程

第一，安全工资的考核内容主要是生产中安全过程管理的内容，即：除重伤以上安全事故、二级及以上非伤事故、质量标准化检查验收结果、职业安全健康检查结果、安全技术培训等以外的所有安全管理内容。

第二，安全工资的提取：按照各单位年度承包费用指标中工资总额的30%，由矿指标测算小组在测算完矿年度内部经营指标后，统一提取，并以年度总额的形式承包给安全市场部。

第三，安全市场部起草制定安全工资管理办法和实施细则，报矿党政班子讨论审批，最后提请矿职代会讨论审议通过后执行。

第四，各单位按照矿安全工资管理的相关要求和规定，认真履行本单位的安全管理职责，完成安全工资管理办法和细则中的所有要求内容后，方可获得足额的安全工资，否则只能获得部分安全工资。

第五，每月月末，由安全市场部按照矿安全工资管理办法和细则，根据当月对各单位的实际考核评价结果，进行安全工资的分配。此分配只对单位，不对班组或个人。

第六，因出现安全质量事故，上级单位对矿实施处罚时（包括工程质量罚款，重大隐患罚款，质量标准化达不到规定分数罚款等），所罚款项由安全工资中列支。

第七，年终，矿对安全市场部的安全工资管理与控制情况进行考核，原则上要求安全市场部每月支付各单位的安全工资与支付上级单位的罚款数额之和不得突破年度控制总额。

可见，安全市场化精细管理催生了煤矿企业的业务流程再造，尤其是安全管理业务流程的再造，使煤矿企业的安全管理在"看不见的手"的指挥下业务流程更加顺畅、资源配置更加合理、本质安全更易实现。

4. 制定安全市场化精细管理的运行规则

（1）调控仲裁规则

为解决安全管理人员与施工单位或责任人的纠纷，使安全问题得到及时处理和责任人受到教育，矿成立安全市场化精细管理调控仲裁领导小组，成员由安全管理部、组织人事部、纪委监察部、综合办公室、党建工作部、生产技术部、工会、团委等有关工作人员组成，下设调控仲裁办公室，由安全副矿长任办公室主任。

调控仲裁原则：公平、公正、准确。

调控仲裁依据：《安全生产法》《煤矿安全规程》《岗位操作规程》《生产作业规程》《安全市场化精细管理运行办法》及上级安全管理的规定、制度和办法等。

工作制度：当因隐患发生纠纷时，及时组织有关人员进行调控仲裁，需要下井调查了解情况时，应及时下井，具体安排由调控仲裁办公室负责。

评判终结：对每一条有争议的安全隐患问题，都必须做出明确的调控仲裁结论。属于安全隐患问题的，还必须明确责任单位或责任人。

（2）安全隐患服务规则

第一，矿领导、机关部室管技人员、安全市场部管理人员下井时，必须随身携带"现场安全问题服务收费单"，发现安全隐患问题后，必须及时填写"现场安全问题服务收费单"，写清安全隐患问题的责任单位、隐患地点、安全隐患问题内容、安全患服务价格（不清楚时，现场可以不写，上井后再写）、发现时间（精确到分钟）、整改处理意见等。

第二，上级单位到矿进行安全质量动态达标检查或指导工作时，所发现的安全隐患问题，由安全市场部按照内部安全隐患服务价格逐一进行统计汇总。

第三，矿领导或安全管理人员在生产现场发现的安全隐患问题，原则上必须经责任单位现场管理人员（班长以上）签字，对查出的个人"违章"行为问题，需经本人现场签字确认后才能生效，否则视为无效收费单。

第四，沿途检查发现的安全隐患问题，现场无责任单位管理人员时，应当首先就近使用电话通知责任值班领导（或值班调度），并在上井后立即到责任单位找管理人员签字。对于井下发现而需上井后才能签字的安全隐患问题，以第一个电话通知者确认第一个发现，上井后，责任单位只在第一个发现者的"现场安全问题服务收费单"上签字，不再给其他发现者签字。

第五，为防止因同一个问题或同一责任人而对责任单位重复收取服务费用，各级领导或安全管理人员开据的"现场安全问题服务收费单"必须给现场管理人员一份，凭此单，随后的各级领导或安全管理人员不能再开收费单，责任单位的现场管理人员可以拒绝对同一问题再次签字。

第六，对各级领导或安全管理人员检查发现的安全隐患问题，责任单位和现场管理人员拒不签字时，经矿安全市场化精细管理调控仲裁办公室核实仲裁后属实的，对责任单位加倍收取安全服务费用。

第七，对于发现的安全隐患问题，发现者与责任单位现场管理人员有不同意见看法，或处理结果相差悬殊时，提交矿安全市场化精细管理调控仲裁小组进行仲裁解决。

第八，各级领导或安全管理人员发现的安全隐患问题中，属于矿管理范围或基层单位无法自己解决的，经矿有关领导结合确认后，不收取基层单位的安全隐患服务费用，但必须由矿有关部门进行答复。

第九，各级领导和安全管理人员必须根据"安全服务价目表"中的项目进行安全服务收费，价目表中没有的项目内容不能收取安全隐患服务费用。若现场发现有价目表外的安全隐患时，同样必须责成责任单位安排专人组织处理，责任单位不得以任何借口拒绝处理。

（3）安全隐患处理规则

第一，各级领导或安全管理人员现场发现的安全隐患问题，能够立即整改和当班能够整改的，由责任单位现场管理人员或安全管理人员（或指定专人）现场督促责任单位及时组织整改和处理。

第二，各级领导或安全管理人员在现场检查发现的当班不能整改的安全问题，必须通知责任单位，在填写完"现场安全问题服务收费单"后，还要填写"安全服务整改复查表"，由责任单位现场管理人员签字，并汇报安全信息站值班人员备案，责任单位必须安排班组织处理。施工单位现场交接班时，须将"安全服务整改复查表"交给下一班复查人员，并督促整改，直至整改完毕。

第三，所有现场发现的安全隐患问题，责任单位必须在规定的时间内解决处理。在规定时间内不重复收费，但现场负责人需出具上次安全服务收费单的时间限定。如果在规定时间内没有解决，则可以继续收费，直至问题解决为止。

第四，对现场查出的安全隐患问题，如果责任单位不按要求及时整改或组织处理时，所有检查人员均有权责令其立即停止作业。

第五，任何人员在生产现场发现严重危及安全生产的隐患问题时，无论是否为价目表中收费项目，必须首先立即停止作业。

（4）安全事故分析规则

第一，一般性安全隐患或安全事故（包括轻伤以下事故，不含生产事故）由安全市场部组织分析。

第二，通过安全市场化精细管理的运作，安全市场部建立健全安全隐患分析制度，对安全隐患和违章行为的类别、种类、发生的单位、发生部位、发生的人群（包括工种、工龄、家庭住址、婚姻状况等）、发生的概率以及发生的时间、作业点班等，通过分析，不断总结出企业中安全隐患及员工违章行为的一般规律，从而制定有针对性的防范措施和安全工作重点。

第三，安全市场部负责的一般安全事故分析内容主要有：轻伤事故、非伤安全事故（如：斜井与大巷运输一般事故、一般机电安全事故、一般采掘安全事故等）。对这类事故的分析，安全市场部由专业室负责组织，发生事故单位及涉及单位的主要管理人员（一般指安全副职）、现场工班长、事故小组成员等参加，就事故发生的时间、地点、事故原因、事故责任者、处理意见、整改防范措施及吸取的事故教训等进行详细的分析、研究和认定。

第四，安全市场部在组织分析安全隐患和安全事故时，严格按照安全管理的法律法规、上级有关规定、企业规章制度等执行，严肃认真地对待每一个安全隐患和每一起安全事故，不得随意夸张或任意缩小安全隐患或事故的性质，定性要准，对隐患及事故原因分析要透，责任查找的要清，整改防范措施有针对性、实效性和可操作性。

第五，属于重大安全隐患（A级、B级安全隐患）、重大安全事故（重伤、二级及以上事故）时，由矿领导班子按照规定的事故处理程序组织分析、进行处理，不属于安全市场运作范畴。

（5）安全管理评价规则

第一，建立健全安全管理评价体系是安全市场化精细管理的目标之一，也是构建安全长效机制的重要基础。

第二，对基层单位安全管理评价的主要内容有：安全事故考核、"三违"情况、质量标准化情况、"一警两书"情况、安全隐患自查情况、安全市场化运作情况、职业安全健康体系、安全工作临时任务等。

第三，每月月末，由安全市场部完成对各单位的安全管理评价工作。

第四，对各单位的安全管理评价是对各单位安全管理工作水平和效果的总体评价，其结果不与任何考核挂钩，只是通过矿内部网络系统进行"公示"和通报，以非经济手段激励各单位重视安全管理、提高安全管理水平。

第五，对各单位的安全管理评价重在真实，安全市场部必须实事求是、认真开展安全管理评价工作，确保安全管理评价结果的公平、公正、科学、合理，能够真正体现各单位的安全管理水平和管理效果。

（6）其他规则

第一，安全市场化精细管理是企业市场化精细管理模式的重要组成部分之一，是构建煤矿企业安全长效机制的重要基石。安全市场化精细管理的规范运作是改变"传统粗放式""就事论事式"或"头痛医头、脚痛医脚"安全管理方式的重要保证，因此，煤矿企业的各级安全管理人员，必须树立规范管理的思想观念和工作方法。

第二，安全市场化精细管理的着重点是煤矿企业生产过程中的安全管理，并不能完全覆盖企业安全管理工作，如：企业员工安全知识技能的培训、重大安全事故与安全隐患的处理、严重违章人员的处罚等，这些安全管理内容还需要通过非市场化的形式来开展。

第三，煤矿企业安全管理的目的是为生产提供基础保证，没有企业生产的安全是"空谈安全"，因此，企业的安全管理工作必须紧密围绕企业的生产来进行，必须与企业生产有机的结合起来，正确处理好安全与生产的关系是煤矿企业管理中至关重要的环节，以安全保生产、以安全促生产是企业安全市场化精细管理的发展方向。

第四，正确处理安全与企业效益的关系是煤矿企业当前所面临的严峻问题。且不说个体煤矿企业，就国有煤矿企业来讲，"企业效益最大化、成本最低化"指导思想，往往干扰企业领导者的安全决策。实施安全市场化精细管理，可以充分体现"安全就是效益"的管理思想，为煤矿企业正确解决和处理安全与效益的关系进行了积极而有益的探索。

矿井瓦斯事故多因素
模糊综合安全评价研究

瓦斯事故是我国煤矿中最常见的事故，根据国内外统计资料表明，瓦斯事故危害性居煤矿各类事故之首[1]。由于它的发生频率高，危害性最大，所以要避免和减少瓦斯事故的发生，就必须充分了解和掌握发生瓦斯事故的原因，对煤矿进行安全评价，并采取相应措施予以预防[2]。本文认为瓦斯危险性是由许多定性变量决定的，就必须对定性变量进行定量化和模糊综合处理。

一、矿井瓦斯事故的危险因素确认

由于每个灾害的危险程度受诸多因素影响。同样，矿井瓦斯事故发生的危险程度将受矿井瓦斯的等级、矿井瓦斯的管理水平、瓦斯检查员的素质、放炮员的素质、矿井通风管理及采面通风状况等多因素的制约，因而在评价过程中，人们就必须对影响瓦斯灾害发生的各种客观因素进行剖析和评价，从而判定出整个矿井的安全（危险）程度，使企业管理和生产人员做到心中有数，在生产中有的放矢地采取防范措施。综合国内一般煤矿的瓦斯事故危险性，借鉴国内评价理论[3]，本文把影响我国瓦斯事故危险性的主要因素确定了 9 大类评价项目，并把每个项目划分为 3 到 4 个类目，共 31 个类目，用 x_1, x_2, $\cdots$, x_9 表示各项目，用 A_{ij}（$i=1$, 2, $\cdots$, 9; $j=1$, 2, 3, 4）表示各类目，如表 1 所示。

---

① 《中国煤矿统计年鉴 2000—2011》。

② 罗云，等. 风险分析和安全评估 [M]. 北京：化工大学出版社，2004：4.

③ 注册咨询工程师（投资）考试教材编委会等. 现代咨询方法与实务 [M]. 北京：中国计划出版社出版，2003：4；罗云，樊运晓，黄盛仁. 安全经济学 [M]. 北京：化学工业出版社，2004：4；郭亚军. 综合评价理论方法及应用 [M]. 北京：科学出版社，2007：5；沈裴敏. 安全系统工程理论与应用 [M]. 北京：煤炭工业出版社，2001：1；王立杰，韩小乾. 事故经济损失评估理论与方法研究 [J]. 中国安全科学学报，2002（1）.

表 1 矿井瓦斯安全程度预评价项目及类目

评估因子	矿井实际情况
矿井等级(x_1)	A_{11}煤与瓦斯突出矿井;A_{12}高瓦斯矿井;A_{13}较低瓦斯矿井;A_{14}低瓦斯矿井
矿井瓦斯管理(x_2)	A_{21}瓦斯管理制度混乱(瓦斯检查制、局部通风机管理制度等有一条不符合规定);A_{22}瓦斯管理制度完善,但有部分条款不符合瓦斯等级管理制度;A_{23}瓦斯管理制度完善,符合《煤矿安全规程》的要求,但有少数次要项目不落实;A_{24}全部符合瓦斯等级管理制度
瓦斯检查员素质(x_3)	A_{31}检查员未经培训就上岗,有填假瓦斯日报等违章行为;A_{32}检查员当中有未经培训就上岗者;或检查员在检测中有漏检的现象;A_{33}全员虽经过培训,但考核当中有5%～10%不及格;A_{34}瓦斯检查员全部经培训,责任心强,素质好
栅栏管理(x_4)	A_{41}井下盲巷、报废巷或采空区存在没打栅栏、挂警示牌;A_{42}井下所有盲巷、报废巷或采空区虽部分打上栅栏、警示牌;A_{43}井下所有盲巷、报废巷或采空区虽均打上栅栏、警示牌,且部分质量符合有关规定;A_{44}井下所有盲巷、报废巷或采空区虽均打上栅栏、警示牌,且质量符合有关规定
放炮员素质(x_5)	A_{51}放炮员未经培训就上岗;A_{52}放炮员当中有未经培训就上岗者;A_{53}放炮员虽经过培训,但考核当中有5%～10%不及格;A_{54}放炮员全部经培训,责任心强,素质好
机电设备失爆率(x_6)	A_{61}照明、机械设备不符合国家标准,能引起火花;A_{62}照明、机械设备偶尔能引起火花;A_{63}照明、机械设备符合国家标准,照明、机械设备很少引起火花;A_{64}照明、机械设备符合国家标准,照明、机械设备不能引起火花
井下通风管理(x_7)	A_{71}矿井通风系统运行不正常,局部通风、永久性密闭、临时密闭、永久性风门、风桥不符合规定;A_{72}矿井通风系统运行较正常,部分局部通风、永久性密闭、临时密闭、永久性风门、风桥有不符合规定;A_{73}矿井通风系统运行正常,部分局部通风、永久性密闭、临时密闭、永久性风门、风桥有不符合规定;A_{74}矿井通风系统良好,局部通风、永久性密闭、临时密闭、永久性风门、风桥符合规定
领导执行安全方针(x_8)	A_{81}无领导分管安全工作,机构不健全,人员不适应工作需要,煤矿会议无安全技术人员参加,无会议记录;A_{82}各级领导树立"安全第一"思想,但无领导分管安全工作,按规定配备专职安技人员,但不稳定,安技人员每周参加生产调度,无会议记录,坚持中层以上干部或安全值班员值班制度,无记录或记录填写不全;A_{83}各级领导树立"安全第一"思想,有领导分管安全工作,按规定配备专职安技人员,并保持相对稳定,认真贯彻"五同时",安技人员每周参加生产调度,有会议记录,坚持中层以上干部或安全值班员值班制度,记录认真填写;A_{84}领导执行安全方针符合《煤矿安全规程》要求
采面通风状况(x_9)	A_{91}采面通风经常不符合规定;A_{92}采面通风有时不符合规定;A_{93}采面通风偶尔不符合规定;A_{94}采面通风符合规定

二、对瓦斯危险性进行多因素模糊综合评价

这里，我们着重从几个方面进行分析。

1. 确定评价瓦斯危险性因素的集合

确定为 9 个评价指标，即：$U = \{u_1, u_2, \cdots, u_p\}$ = {矿井等级（x_1）、矿井瓦斯管理（x_2）、瓦斯检查员素质（x_3）、栅栏管理（x_4）、放炮员素质（x_5）、机电设备失爆率（x_6）、井下通风管理（x_7）、领导执行安全方针（x_8）、采面通风状况（x_9）}，其中 $p = 9$。

2. 确定评语等级论域

把瓦斯危险程度划分为 4 个等级（组别）：极危险、危险、比较安全、安全。即：$V = \{v_1, v_2, \cdots, v_m\}$ = {极危险、危险、比较安全、安全}，其中 $m = 4$。

3. 进行单因素评价，建立模糊关系矩阵 R

以评价论域中的 x_2（矿井瓦斯管理）为例，某个矿井瓦斯管理不可能完全属于 A_{21}，A_{22}，A_{23} 或者 A_{24} 其中的一类，也就是说瓦斯管理制度混乱还是瓦斯管理制度完善，但有部分条款不符合瓦斯等级管理制度；还是瓦斯管理制度完善，符合《煤矿安全规程》的要求，但有少数次要项目不落实；还是全部符合瓦斯等级管理制度对以上 4 个模糊集合的属性并不是"非此即彼"，而往往是"亦此亦彼"。如果能得到每个评价指标对各自模糊子集的隶属度，那么问题就基本解决了，为此，先从单方面（指标）考虑，即单因素评价，然后再综合得到总的评价结果。集合还以 x_2 为例，为了得到 x_2 对 A_{21}、A_{22}、A_{23}、A_{24} 的隶属度，可以聘请一批专家和经验丰富的管理人员，采用专家评估法。如请 n（如 $n = 20$）位矿业专家进行评估，第 i 个专家认为某个矿瓦斯管理制度属于 A_{21} 的成分为 a_{21i}，认为属于 A_{22} 的成分为有 a_{22i}，认为属于 A_{23} 的成分为有 a_{23i}，认为属于 A_{24} 的有成分为 a_{24i}，特殊情况是 a_{21i}，a_{22i}，a_{23i}，a_{24i} 中只有一个 1，其他项为 0。很自然的，可以用 $\sum a_{21j}/n$，$\sum a_{22j}/n$，$\sum a_{23j}/n$，$\sum a_{24j}/n$ 作为 x_2 对 A_{21}、A_{22}、A_{23}、A_{24} 的隶属度，即：

$R_2 = \{r_{21}, r_{22}, r_{23}, r_{24}\} = \{\sum a_{21j}/n, \sum a_{22j}/n, \sum a_{23j}/n, \sum a_{24j}/n\}$，$j = 1, 2, 3, \cdots, n$。其中，$j$ 表示第 j 位专家对该煤矿 x_2 方面的评估，其他评价指标同样可以得到各自的隶属度。具体如表 2 所示。

表 2　n 位专家对煤矿瓦斯管理制度的评估

	A_{21}	A_{22}	A_{23}	A_{24}
第一位专家	a_{211}	a_{221}	a_{231}	a_{241}
第二位专家	a_{212}	a_{222}	a_{232}	a_{242}
……	……	……	……	……
第 i 位专家	a_{21i}	a_{22i}	a_{23i}	a_{24i}
……	……	……	……	……
第 n 位专家合计	$\sum a_{21n}$	$\sum a_{22n}$	$\sum a_{23n}$	$\sum a_{24n}$
平均	$r_{21}=\sum a_{21j}/n$	$r_{22}=\sum a_{22j}/n$	$r_{23}=\sum a_{23j}/n$	$r_{24}=\sum a_{24j}/n$

平均：

$$R=\begin{bmatrix} R & | & u_1 \\ R & | & u_2 \\ \vdots & & \vdots \\ R & | & u_p \end{bmatrix}=\begin{bmatrix} r_{11} & r_{12} & \cdots & r_{1m} \\ r_{21} & r_{22} & \cdots & r_{2m} \\ \vdots & \vdots & \ddots & \vdots \\ r_{p1} & r_{p2} & \cdots & r_{pm} \end{bmatrix} \tag{1}$$

以某煤矿为例说明该方法：仍以 x_2 为例，为了得到 x_2 对 A_{21}、A_{22}、A_{23}、A_{24} 的隶属度，可以聘请一批专家，采用专家评估法。比如，请 20 位矿业专家进行评估，某专家认为某个矿瓦斯管理制度属于 A_{21} 的成分为 0，认为属于 A_{22} 的成分为有 0.6，认为属于 A_{23} 的成分为有 0.25 人，认为属于 A_{24} 的有成分为 0.15，因此，可以用 0，0.6，0.25，0.15 作为 x_2 对 A_{21}、A_{22}、A_{23}、A_{24} 的隶属度，见表 3。

即：$R_2 = \{r_{21}, r_{22}, r_{23}, r_{24}\} = \{0, 0.04, 0.19, 0.77\}$，其他评价指标同样可以得到各自的隶属度。因此，$R$ 为：

$$R=\begin{bmatrix} 0 & 0 & 0 & 0 & 0 & 0.15 & 0.2 & 0 & 0 \\ 0.03 & 0.04 & 0.05 & 0.04 & 0.02 & 0.35 & 0.25 & 0.05 & 0 \\ 0.18 & 0.19 & 0.17 & 0.18 & 0.16 & 0.35 & 0.45 & 0.25 & 0.2 \\ 0.79 & 0.77 & 0.78 & 0.78 & 0.82 & 0.15 & 0.1 & 0.7 & 0.8 \end{bmatrix}_{4 \times 9}^{T}$$

4. 确定评价因素的模糊权向量 $A = (a_1, a_2, ..., a_p)$

模糊权向量的确定多采用专家估计法，[1]即请几位专家分别估计出评价指标 x_i 对瓦斯危险性的隶属度，然后对不同专家的估计结果求平均并归一化就可以得到 A。此煤矿瓦斯危险性评价中确定 A 为：

$A = (a_1, a_2, \cdots, a_9)$

$= (0.20, 0.10, 0.20, 0.05, 0.1, 0.05, 0.1, 0.05, 0.15) \left(\sum_{i=1}^{9} a_i = 1\right)$

---

① 罗云，樊运晓，马晓春. 风险分析和安全评估 [M]. 北京：化学工业出版社，2004：4.

表3 20位专家对河北唐山××煤矿瓦斯管理制度的评估

专家序号	A_{21}	A_{22}	A_{23}	A_{24}
专家1	0	0	0.2	0.8
专家2	0	0	0.15	0.85
专家3	0	0.05	0.15	0.8
专家4	0	0.06	0.14	0.8
专家5	0	0	0.2	0.8
专家6	0	0.05	0.25	0.7
专家7	0	0.05	0.3	0.65
专家8	0	0.01	0.2	0.79
专家9	0	0.08	0.14	0.78
专家10	0	0.01	0.18	0.81
专家11	0	0.06	0.15	0.79
专家12	0	0	0.2	0.8
专家13	0	0.06	0.15	0.79
专家14	0	0.02	0.26	0.72
专家15	0	0.04	0.24	0.72
专家16	0	0.05	0.25	0.7
专家17	0	0.06	0.16	0.78
专家18	0	0.04	0.2	0.76
专家19	0	0.06	0.1	0.84
专家20	0	0.05	0.15	0.8
平均	0	0.04	0.19	0.77

5. 选择合适的合成算子, 将 A 与 R 合成, 得到各被评事物的模糊综合评价结果向量 B

采用 $M(\bullet, \quad)$ 算子进行模糊变换, 即:

$$b_j = \sum_{i=1}^{9}(a_i, \ r_{ij}) = \min(1, \ \sum_{i=1}^{9} a_i r_{ij}), \ j = 1, \ 2, \ \cdots, \ m$$

由此可得:

$$B = A \circ R = (a_1, \ a_2, \ \cdots, \ a_p)\begin{bmatrix} r_{11} & r_{12} & \cdots & r_{1m} \\ r_{21} & r_{22} & \cdots & r_{2m} \\ \vdots & \vdots & \ddots & \vdots \\ r_{p1} & r_{p2} & \cdots & r_{pm} \end{bmatrix} = (0.0275, \ 0.069, \ 0.219, \ 0.6845)$$

即：$B = (0.0275, 0.069, 0.219, 0.6845)$

6. 对模糊综合评价结果向量进行分析

由于采用最大隶属度原则，[①]求出 $\alpha = 0.093 < 0.5$，最大隶属度原则是低效的。所以采用加权平均求隶属等级方法，即将等级看作一种相对位置，使其连续化，用 $j = 1, 2, 3, \cdots, m$ 表示各等级的秩。即：

$$Q = \sum_{j=1}^{m} b_j^k \cdot j \Big/ \sum_{j=1}^{m} b_j^k \tag{3}$$

通常情况下取 $k = 2$。可求得：$Q = 3.89$

可以看出该矿的瓦斯危险性评价结果为在较安全与很安全之间，偏向于安全，因此，安全性是比较大的，然而需要深入分析个别项目，以便确定安全投资以提高安全等级。

三、对瓦斯危险性进行模糊综合评价的结论

模糊综合评价法的运用结果 $Q = 3.89$，使矿井瓦斯事故发生与否趋于数量化和明确化。从分析可以看出，模糊综合评价法采用了合适的模糊算子进行模糊变换，采用加权平均原则来对评价结果向量进行分析，最终评判该矿瓦斯危险性为较安全与安全之间，完全偏向于安全，因此，安全性是比较高的。个别因素评价 $Q_1 \sim Q_9$ 的分值分别为：3.95，3.94，3.94，3.94，3.96，2.5，2.57，3.87，3.94。其中，$Q_6 = 2.5$，$Q_7 = 2.57$ 比较低，即机电设备失爆率和井下通风管理安全水平偏低。煤矿应针对这两个个别危险因素进行安全投资以提高安全等级。

在上述评价中，机电设备失爆率存在有一定危险性，它介于 A_{62}（照明、机械设备偶尔能引起火花）与 A_{63}（照明、机械设备符合国家标准，照明、机械设备很少引起火花）之间；井下通风管理存在有一定危险性。井下通风管理介于 A_{72}（矿井通风系统运行较正常，部分局部通风、永久性密闭、临时密闭、永久性风门、风桥有不符合规定）与 A_{73}（矿井通风系统运行正常，部分局部通风、永久性密闭、临时密闭、永久性风门、风桥有不符合规定）之间。

模糊综合评价法为矿井做好瓦斯危险性评价、矿山安全生产打下良好的基础，该评价结果有利于寻找瓦斯危险性因素，并为安全投资方向的确定打下基础。可见，模糊综合安全法评价更为精确。

---

① 王志亮，吴兵，邢书仁，等. 模糊集值统计法在煤矿安全评价指标权值中的应用 [J]. 中国安全科学学报，2004（1）.

安全产业学初探

安全保障产品或服务作为一种产业,在第二次世界大战结束以后得到了迅速发展;尤其是进入新世纪以来,伴随着人类社会进入高风险时代,安全产业得到更加广泛的关注和兴盛。近几年,中国各级政府也纷纷出台政策和措施,扶持安全产业成长和壮大。学界对于安全产业的实践和理论探索也不断深入,但能否使之发展成为一门类似于信息产业学、文化产业学等新兴交叉学科,尚需时日和思考。在这里,我们不妨初步对其学科基本体系创建略作探讨。

一、安全产业:现代社会兴盛的重要产业分域

产业(industry),是伴随着人类社会生产力巨大发展而诞生的,尤其是工业化革命以来,社会分工促进了产业的形成。一般而言,产业是指由分工不同,但产品或服务相同、相近或前后关联的,且利益相关的行业所组成的业态总称。1935年新西兰经济学家费歇尔在其著作《安全与进步的冲突》中系统地划分了农业、工业制造业、服务业三大产业。产业经济的兴盛则主要发生在第二次世界大战结束以后,尤其是日本,战后完备的产业政策促进了其产业经济的兴盛。安全保障(safety & security)成为产业,最初发轫于20世纪60年代的英美等发达国家。近年来,中国将安全产业视为"朝阳产业"、战略性新型产业加以开发。

所谓"战略性新型产业",主要表现在三个方面:一是它在技术创新方面能够占据世界科技前沿;二是它在经济创值方面能占国民生产总值的较大比重;三是在社会服务和民生建设中,它将成为首要的不可或缺的社会需求。从目前全球趋势看,在技术创新方面,安全产业必将与兴盛的信息化、新型工业化紧密结合,会有一个较大的飞跃。在经济创值方面,中国(南京)首届安全产业高峰论坛上有人估算认为,经济发达国家的安全产业产值一般占国家GDP的8%;目前中国正处在城镇化和新型工业化加速发展阶段,每年因各类安全事故导致的人员伤亡和财产损失占GDP的6%,由此估算在"十二五"期间,安全产业有望达到千亿元左右的市场规模;到2020年以

后，安全产业将成为年产值数百亿元的产业①。在社会服务需求方面，贝克意义的"风险社会"已经来临，人们面临着更多的技术风险、制度风险和其他不确定性风险，"人类生活在文明的火山口"②，因而对于安全的需求、安全保障产品和服务的需求将越来越旺盛。

就中国而言，安全产业虽然也有长时间的发展，但目前并没有达到规模化、集约化的状态；中国安全产业发展趋势大体分为三大阶段：2011—2015 年是发展期；2016—2020 年是迅猛增长期；2020 年以后将进入稳定发展期。当然，这还要取决于国家政策和经济社会形势的变化。2012 年，国家工业化与信息产业部颁发《关于促进安全产业发展的指导意见》提出："到 2020 年，安全产业形成一批具有较强国际竞争力的安全产品研发、制造和服务企业，打造一批具有较强市场影响力的品牌；全社会安全保障能力显著提升。"

二、安全产业实践与研究的国内外现状

国内外在安全产业的理论研究与实践工作方面都进行了一定的探索和发展。如总部设在华盛顿的安全产业协会（SIA，Security Industry Association），较早成立于 1969 年③，旨在通过信息交流、洞察力和影响力，促进全球安全产业（安防产业）发展；国际安全产业组织（ISIO，International Security Industry Organization）则是一家全球性的该领域贸易组织④；英国安全产业联盟（British Safety Industry Federation）成立于 1992 年，是一家为会员提供安全信息、安全新闻和便利等的贸易组织⑤。国外对于私人保安产业、职业安全产业的研究比较深入。

中国在 1980 年代初，国务院就批准设立全国社会公共安全行业管理委员会（由公安部牵头，计委、经委、机械部、电子部等各部委参加），统一规划和管理社会公共安全行业，行管办设在公安部科技局⑥；1992 年成立了中国安防产品行业协会（CSPIA），偏重于公共安全防卫产品研发、经营和服务⑦；首届中国安防论坛于 2001

---

① 我国"安全产业"10 年后将形成数百亿元年产值，http：//news.xinhuanet.com/fortune/2011－12/14/c_111243461.htm［浏览日期：2013－11－09］.

② Ulrich Beck. Risk Society：Towards a New Modernity［M］. Translated by Mark Ritter. London：Sage Publications Ltd，1992：21.

③ Security Industry Association，http：//www.siaonline.org/Pages/Home.aspx［浏览日期：2013－11－05］.

④ International Security Industry Organization，http：//www.intsi.org/homepage/home.htm［浏览日期：2013－11－05］.

⑤ British Safety Industry Fedaration，http：//www.bsif.co.uk［浏览日期：2013－11－09］.

⑥ 《安全行业的兴起》，http：//www.cnr.cn/home/column/2004lhqz/beiyong/200402190424.html［浏览日期：2013－11－09］.

⑦ "中国安防协会"，http：//baike.baidu.com/view/3945528.htm［浏览日期：2013－11－05］.

年 10 月在深圳召开，至今论坛以构架中国安防理论体系、研讨中国安防发展战略及促进中国安防科学发展为宗旨[①]；2006 年首家中国安全产业网创办运营[②]，中国安全生产网于 2007 年也创办了安全产业分网[③]，重庆西部安全（应急）产业基地于 2013 年创办了中国安全产业应急网[④]，这些网站业务范围涵盖煤矿、建筑、个人防护等诸多相关行业产品和服务，致力于传播安全文化、传递安全产品和服务信息、提高公众安全意识和素质等。近 10 年（2005 年以来），国内学者也开始对中国安全产业的界定和类型、发展现状和趋势、战略规划等进行了研究[⑤]。总体上看，这些研究还处于初步探索阶段，谈不上学科意义的安全产业学建设。

近年，中国在安全产业政策方面动作比较大。如 2010 年，中国国务院发出《关于进一步加强企业安全生产工作的通知》，首次在官方文件中提出培育安全产业的要求；2011 年，《国务院关于坚持科学发展安全发展　促进安全生产形势持续稳定好转的意见》再次提出把安全产业纳入国家重点支持的战略产业，同时《国务院办公厅关于印发安全生产"十二五"规划的通知》进一步明确了培育发展安全产业的扶持政策，并提出到 2015 年，建成若干国家安全产业示范园区；2012 年，国家工业化与信息产业部颁发《关于促进安全产业发展的指导意见》，对安全产业发展意义、原则目标、主要方向、重点任务、保障措施等方面作了较为具体的阐述，并提出到 2015 年，初步形成门类比较齐全的安全产业体系。

三、安全产业学学科建构的条件具备

根据上述分析，下面我们主要从学科建构的必要性和可行性方面进行论证。

---

① "第十一届中国安防论坛"，http：//www.cpsforum.com.cn［浏览日期：2013－11－17］.

② "中国安全产业网"，http：//www.chinaosh.com［浏览日期：2013－11－05］.

③ "中国安全生产网·安全产业"，http：//www.aqsc.cn/102001/9492.html［浏览日期：2013－11－05］.

④ "中国安全（应急）产业网"，http：//www.csein.cn［浏览日期：2013－11－05］.

⑤ 罗云，宫运华. 发展中国安全产业　提升公共安全保障能力［J］. 劳动保护，2005（4）；高科，陈建宏，黄锐，等. 我国安全产业的现状与发展［J］. 安全生产与监督，2007（3）；闫胜利，李彤，张浩，等. 论我国社会公共安全产业化的模式［J］. 科技管理研究，2009（6）；李强. 基于多智能体的重庆市安全产业集约化研究［D］. 鞍山：辽宁科技大学，2009 年；杜旭宇，闫胜利，倪荫林. 社会公共安全产业及其产业化的科学界定［J］. 科技管理研究，2009（7）；重庆市安全生产科学研究院. 重庆市安全产业集约化发展模式研究，2009；菅青. 合肥公共安全产业模式初探［J］. 安徽科技，2010（12）；张文昌，刘桂法，于维英. 山东省安全产业发展战略研究［J］. 山东经济战略研究，2011（7）；李文龙，李强，刘克辉，等. 安全产业的内涵与分类研究［J］. 重庆科技学院学报（社科版），2011（10）；王建光. 我国安全（应急）产业基地发展模式研究［J］. 中国应急管理，2012（2）；王建光. 我国安全产业发展现状与趋势分析［J］. 中国安全生产科学技术，2012（3）；黄盛初. 我国安全产业发展现状与战略研究［J］. 中国安全生产科学技术，2012（增刊）；重点行业发展迅猛　形成规模尚需扶持——我国安全产业发展现状调查（上）［N］. 中国安全生产报，2013-1-29（7）；迎来一个全新快速发展期——我国安全产业发展现状调查（下）［N］. 中国安全生产报，2013-2-5（7）.

1. 安全产业学学科创建具有社会需求的客观性

从上述分析看，人类面临的社会风险越来越繁多，人因的不确定性日益增加，因而安全产业加速发展的趋势将会得到进一步加强；尤其对于中国这类发展中国家来说，对于安全产业的发展和理论研究将会更加深入。这方面不赘述。

2. 产业理论研究是安全产业学建构的学理基础

在中文里，"行业"与"产业"有一定区别。"行业"是企业、政府、社会三者共同构成的一个小的社会共同体，主要是一种社会属性；而"产业"主要依托于企业而运营，讲求投入—产出的经济效应，主要表现一种经济属性，因而最初的产业理论研究主要是产业经济学（20 世纪 30 年代诞生于美国）。但随着产业化的深入发展，产业不再仅仅局限于经济学范畴，而广泛涉及社会学、管理学、政治学、法学、社会心理学等学科理论，逐渐发展为综合交叉学科。目前的产业研究已经涵盖产业结构和产业关联、产业组织和产业管理、产业布局和产业集群、产业需求和产业市场、产业分化和产业社会、产业安全和产业竞争秩序、产业评价和产业发展战略、产业法规政策和产业体制机制、产业技术服务和产业文化等诸多理论。这些理论同样适应于安全产业学研究，是它的重要基础。

3. 安全产业研究共同体和范式形成是主要元素

学科共同体和范式是学科得以形成和创建的主要元素。从科学社会学角度看，所谓学科范式，一般是指在某一时期，学科共同体成员基本认同、共同享有的理念价值、思想内容、方法技术等元素的集合；它具有学术规范性、话语共同性、历史延续性。就此而言，安全产业的发展历史如果从 20 世纪 50 年代算起，至今也有 60 年了；安全产业理论研究群体正在逐步通过前述的联盟协会、会议研讨、互联网络、学术期刊等，对安全产业理论的主要发展方向、学科话语、主要思想、基本政策等，开展圈内的交流、争鸣、融汇，逐步范式化。目前，安全产业理论正处于从库恩所指的前科学范式向新科学范式转换的阶段[①]，即从产业理论锤炼成安全产业学新的学科范式的阶段。

四、安全产业学研究对象及学科架构

作为一门学科，有其特定的研究对象，也应该有其主要原理和方法、研究内容，需要对其学科体系进行架构。

---

① ［美］托马斯·库恩. 科学革命的结构［M］. 北京：北京大学出版社，2003：11.

1. 安全产业学的研究对象

安全产业学既可以说是研究"安全"（safety & security）的"产业学"，也可以说是研究"安全产业"的学问，但更偏重于后一种表达。它需要研究安全产业本身的发展历史和内在变迁规律、基本类型，也需要研究安全产业与外部经济社会发展变迁的关系、与其他产业的关系（相互联系和相互影响）。

一句话，安全产业学即是研究安全产业内在发展规律及其外在关系的一门综合性交叉学科。也就是说，其特定对象是安全产业内在发展规律和外在关系，其学科属性则是综合性交叉科学，涉及经济、政治法律、社会（组织和公民）、文化等方方面面的学科内容。

2. 安全产业学的主要研究内容

根据上述学科界定，安全产业学的主干性研究内容大体包括：

第一，安全产业的兴起和发展历史。

第二，安全产业作为社会系统的具体小系统与经济社会发展变迁的关系。这主要从社会学角度研究安全产业对经济社会变迁的社会功能，以及经济社会发展对安全产业的影响。

第三，安全产业的基本定义和基本类型。2010年，中国国家工信部《关于促进安全产业发展的指导意见》认为，安全产业是为安全生产、防灾减灾、应急救援等安全保障活动提供专用技术、产品和服务的产业。这种定义仅仅局限于安全生产或灾害灾难防范和救援层面。安全产业必然要围绕维护和保障人的安全来发展，即保障人的身体安全、心理安全和权利安全[①]。因此，安全产业门类还是要回到大安全上来，即包括自然灾害防范救援、事故灾难防范救援、公共卫生防范救护、社会安全保卫救护四大公共安全产业，以及日常个人安全防卫产业这五大方面。当然，也有很多学者从"国民经济行业分类"（GB/T/4754-2002）角度，对安全产业进行分类，如可分为安全科技产业（安全工程项目、研究开发等）、安全装备设施产业（安全机械设备、防护用品等）、安全制造产业、安全文化产业（安全教育宣传、传媒传播等）、安全服务产业（安全咨询、资讯信息、市场销售、检测检验等）、应急救援产业等，这有一定的道理。

第四，安全产业结构和安全产业关联。这主要是从产业经济学角度进行研究。前者主要是指安全原材料产业、安全制造产业、安全服务（文化）产业三大产业之间的结构关系；后者主要是指安全产业与其他产业之间、安全产业内部各个企业之间的中间关联（如中间交换及其代价）。

---

① 颜烨. 安全社会学的内涵与体系深化研究［J］. 中国安全科学学报，2013（4）.

第五，安全产业布局和安全产业集群。这主要是从经济学、社会学角度研究安全产业的区域布局、行业布局、相关企业规模集聚及其效应（规模化、集约化、专业化生产经营）。

第六，安全产业组织和管理、安全产业政策和法规、安全产业运行体制机制。这主要是从行政学、管理学、法学等角度研究安全产业的内在运行机理。

第七，安全产业需求和安全产业市场、安全产业竞争秩序和安全、安全产业评价和安全产业发展战略。这主要是从经济学、社会学等视角研究安全产业发展的内外条件、可持续发展和稳定性。

第八，安全产业技术服务和安全产业文化。这主要是从科技文化和社会心理角度研究安全产业的社会服务功能，以及安全产业所形成的特定文化氛围（包括安全产业意识、教育培训、宣传传播等）。

第九，安全产业分化和安全产业社会。这主要是从事社会学角度研究安全产业所形成的一个特定社会领域，因内部人群在工种职位和收入分配等经济资源、组织资源、文化资源方面的占有不同，而产生社会分化和阶层结构、阶层关系。这对安全产业发展同样有很大的影响。

3. 安全产业学的基本原理和研究方法

基本原理在上述相关内容中已有阐述，不赘述。研究方法涉及多种学科，有哲学研究方法、经济学研究方法、社会学研究方法、法学研究方法等，具体涉及历史分析法、因果分析法、系统分析法、比较分析法、归纳—演绎法、定性—定量分析法等，以及更为具体的方法如抽样调查法、实地观察法、个案访谈法、问卷调查法、回归分析法、相关分析法、矩阵分析法、网络分析法、综合评价法等。

综上所述，我们特将安全产业学学科体系绘制如图1所示。

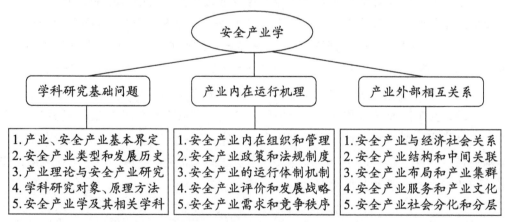

图1 安全产业学学科体系及其研究架构

五、安全产业体系的学理建构

目前，国内学界对于安全产业体系并没有进行系统研究；国家工信部《关于促进安全产业发展的指导意见》等文件所指的"门类较为齐全的安全产业体系"，也仅仅相当于安全产业的门类类型。因此，结合上述安全产业学学科架构，我们尝试从学理上，对全国性安全产业体系的内涵和构成等进行系统的、层次性的科学界定和厘清（安全产业体系与安全产业学学科体系有所不同）。

从社会学角度看，作为一种具体的社会子系统，安全产业体系同样具有自身的内在结构和外部功能指向（图 2），即同样涉及安全产业的经济子体系、政治法律子体系、社会共同体子体系、文化子体系，同样分别对应着社会适应、目标实现、功能整合、模式维持的社会功能；所谓"结构决定功能，功能反作用于结构调整和优化"的原理，同样适用于安全产业体系。

图 2　安全产业体系的内外结构简图

1. 安全产业体系的外部指向

这里所谓的外部指向，主要是指安全产业的社会功能所呈现的外部对象性，因此基于安全产业的社会服务功能，可以将安全产业的外部指向分为基本类型、基本主体、客体对象、外部关系四大方面（如图3）。

（1）安全产业的基本类型

安全产业的基本类型也就是安全产业的基本门类，这在前面已经作了简要分析，不赘述。

（2）安全产业的基本主体

在社会系统中，社会的基本主体即政府（及其部门）、市场（企业及其联盟）、社会（公民个人和社会共同体如社区、社会组织），也是三大社会主体力量，三者相互制衡，才能构筑起一个现代性的社会。安全产业体系作为一个社会小系统，同样不可避免地以这三大基本主体作为推动发展的力量。但有所不同的是：企业及其企业联合组织是安全产业的最基本主体，承载着安全产业的生产经营这一中心任务，执行社会适应性发展功能；政府及其部门则是安全产业的引导性或指导性主体力量，着重于从政策法规和组织制度层面把握和推动安全产业系统的目标实现；而社会共同体、公民个人以及社会文化，则在安全产业体系中起着社会整合和系统整合的功能，即通过民主、社会评价等方式，维护市场公平竞争秩序，同时起着模式维持的功能，即延续和传递产业价值并使之具有可持续发展能力。

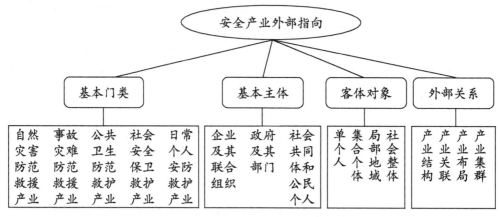

图3　安全产业体系的外部指向

（3）安全产业的客体对象

这主要是指安全产业的服务对象，具体包括服务于公民个人的安全需求，服务于集合性个体如各类单位组织及其内部成员的安全、动态性交通工具及其乘客群体的安全等，服务于局部地域人群的安全，服务于这个社会的安全稳定。总之，人是安全产业最基本的服务客体和对象。

（4）安全产业的外部关系

这主要是从产业经济学、产业社会学角度进行理解和把握，前面也有所提及。按照三大产业的划分，安全产业同样可分为安全制造业、安全服务业、安全原材料供应业，三者之间即形成相互影响的产业结构；这些安全产业因不同地域、不同行业具有一定的比较优势，因而有不同的偏重，同样会形成安全产业的区域布局和行业布局；安全产业始终与其他产业之间存在外部关联，同时安全产业各企业之间也会产生交换和流通，因而必然形成安全产业的中间关联；与此同时，随着高新技术发展尤其信息化技术的飞速发展以及成本控制技术水平的提升，产业集群成为后发优势，因而安全产业集群更符合现代市场经济的发展方向，有利于各集群的安全企业组织之间联产联营、节省成本、提升效益，形成规模化效应。

2. 安全产业体系的内部构成

这里，我们将前述安全产业的经济、政治、社会、文化四大子系统分解为具体的、相互关联和相互影响的六个方面的小项目（图4），这是安全产业体系的内在核心构成。

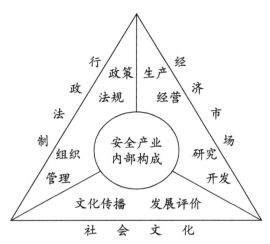

图4　安全产业体系的内部构成

（1）安全产业的政策法规、组织管理

政策法规主要是政府和立法系统对安全产业进行宏观架构和顶层设计，规定安全产业"可为"和"不可为"的范畴，以及在安全产业的目标方向、权利义务、市场秩序、产业关系、规格标准等方面做出制度性安排。组织管理则是安全产业的具体抓手和载体，与前述的安全产业主体合一，仍然涉及政府组织、企业组织、社会组织三大部分。其中企业组织是安全产业的核心主体，全面承担内部生产经营的规划设计、目标把握、管理控制、市场调研、效益盈亏等；政府组织起着引导、指导、协调、监管等作用；社会组织提供公共服务或准公共产品服务，起着服务中介、社会监督评价等作用，可以节省政府行政成本和企业成本，因而会形成一些民办的安全事业单位组织（中国目前称为民办非企业单位）。

（2）安全产业的生产经营、研究开发

生产经营是任何产业和企业的中心任务。安全产品和服务的生产经营同样包括投入（物资、资金投入和原材料投入）、生产（安全产品制造）、流通（促销和销售）、服务等基本环节。研究开发直接服务于生产经营，主要包括两个方面即：安全产业和产品的工程设计、技术攻关和创新等硬研发，以及安全产业的发展方向、发展形势、市场需求、内外交流、政策咨询、基础理论探索等软研发。

（3）安全产业的文化传播、发展评价

文化传播也是一种社会服务，这里主要是指面向全社会或特定领域人群，对安全产业、安全产品、安全技术、安全服务等进行宣传推介、信息交流、服务功能介绍，使得安全产业、安全产品、安全服务凝练为一种文化，深入人心，促成全社会的安全文化自觉。发展评价则包括政府或第三方机构对安全产业的专项评估和整体评价，也包括全社会对安全产业信誉度、知名度和美誉度的基本反映；发展评价既是对安全产业发展成就和不足的回顾、检视和督促，更主要的是决定安全产业或企业的可持续发展问题，反过来促使安全产业变革和创新，不可小觑。

企业全员安全风险抵押金制度研究

在中国经济社会实务中，风险抵押金的类型很多，如企业安全生产风险抵押金、全员安全风险抵押金等，甚至有些企业还推出了经营风险抵押金。司法实务认为，劳动者通过提供劳动获取劳动报酬，是企业的雇员，不是企业的所有人，不应分担经营企业的商业风险。因此，公司向项目经营人收取的风险抵押金应为无效[①]。企业向员工收取经营风险抵押金的行为无效，这一点实务界与理论界不存在争议。而与安全生产相关的风险抵押金主要有企业安全生产风险抵押金与全员安全风险抵押金，这两种风险抵押金事关生产安全大局，其合法性得到国务院、地方各级人民政府以及安全生产监督管理总局的肯定。其中，企业安全生产风险抵押金是企业以其法人或合伙人名义将本企业资金专户存储，用于本企业生产安全事故抢险、救灾和善后处理的专项资金。它是由安全生产监督管理机构负责监督企业缴纳。中国已经为企业安全生产风险抵押金建立起了较为完善的法律制度，至少从法律层面的角度看，它存在的法律依据非常充分。但企业安全生产风险抵押金在实践中存在很多难以克服的困难，其实际效果并不好，笔者已经在《企业安全生产风险抵押金制度当废》《煤矿企业安全生产风险抵押金废止论》两篇文章中对中国的企业安全生产风险抵押金制度的存废问题进行了研究。本文将主要研究全员安全风险抵押金制度。全员安全风险抵押金是生产经营单位为保障生产安全之目的的实现，依据不同岗位员工承担的安全生产风险的大小，向全体员工收取的生产安全保证金。目前，煤矿企业等高危企业都已经开始实行全员安全风险抵押金制度。然而，立法上关于风险抵押金的规定尚不明确，全员安全风险抵押金法律制度尚未建立起来。而理论界对全员安全风险抵押金存在的价值、合法性、适用范围等鲜有探讨。本文将对全员安全风险抵押金适用的现状、存在价值、合法性以及立法完善等方面进行研究，希望达到抛砖引玉的效果。

---

① 杨颖辉. "风险抵押金" 有风险 [N]. 中国劳动保障报，2010-6-8（005）.

一、企业全员安全风险抵押金制度适用的现状

为了遏制各类事故的发生，按照"统一领导、落实责任、分级管理、全员参与"的原则，贯彻"谁主管、谁负责""谁在岗、谁负责"及"全员参与、安全共保、风险共担"的原则，将安全目标分解落实到具体工作中，落实到每一个人，从而使安全风险抵押金制度发挥应有的作用，形成长效的安全考核激励机制，很多企业实行安全生产风险抵押金制度。如果我们"百度"检索一下，就会很轻易地发现用人单位向劳动者收取风险抵押金的实例比比皆是，甚至有企业通过制度的形式明确全员安全风险抵押金，大多数煤矿企业都采取了全员安全风险抵押金，职工要按照级别、岗位等向企业缴纳几百元不等的风险抵押金。例如，包钢集团决定施行安全生产绩效风险抵押金奖惩制度，将安全绩效与安全生产管理人员的收入长期相连。按照安全风险的高低，依据科学的风险评估标准，包钢集团将生产单位（分子公司）分为三类安全生产单位。风险抵押金年度考核突出对工亡指标的考核，如果生产单位年度内没有发生工亡事故，返还安全生产绩效风险抵押金。一类单位的安全生产直接责任人按安全生产绩效风险抵押金额的三倍给予奖励，二类单位按抵押金额的两倍给予奖励，三类单位按抵押金额的一倍给予奖励。如果生产单位发生死亡事故，扣除安全生产直接责任人的年度安全生产绩效风险抵押金，并视情况进行加倍处罚[①]。兰州石化也推出了类似的风险抵押金制度[②]。而煤炭企业推行全员安全风险抵押金制度则更为积极，例如陕煤铜川矿业公司王石凹煤矿就直接从劳动者工资中扣取 100～300 元不等的全员安全风险抵押金，如果本年度没有发生安全违规事件，将全额退还风险抵押金并获得红利。此外，临城煤业公司、皖北煤电集团任楼煤矿等也都推行了全员安全风险抵押金制度[③]。可见，很多企业已经实行了全员安全风险抵押金制度。

二、企业全员安全风险抵押金制度的利弊分析

全员安全风险抵押金作为一种企业管理制度，像其他制度一样，也有其利弊。分析全员安全风险抵押金制度利弊对克服该制度的弊端，发挥其应用的价值，完善该制度的立法等具有非常重要的作用。

---

① 王平. 包钢施行安全生产绩效风险抵押金制度［N］. 中国冶金报，2011-3-31（A04）.

② 何平. 兰州石化实行领导干部风险抵押金制度［N］. 中国石油报，2009-2-24（003）.

③ 代海军. 如何"押"住风险——煤炭企业推行全员安全风险抵押金制度问题探讨［J］. 现代职业安全，2012（11）.

1. 全员安全风险抵押金制度的弊端

全员安全风险抵押金是生产经营单位向劳动者收取的金钱，它主要存在以下几个方面弊端。

其一，生产经营单位在与劳动者订立劳动合同、建立劳动关系时，把收取风险抵押金作为录用的前提条件。这不仅增加了劳动者经济负担，加大就业难度，而且严重侵害了合同主体地位平等原则。

其二，生产经营单位将收取风险抵押金作为一种普遍的管理手段，不论企业是否属于高危行业，不论劳动者从事的工作有无危险性或者危险性高低，一概收取全员安全风险抵押金，扩大了风险抵押金收取的范围。例如，人民法院判决商场向其员工收取全员安全风险抵押金的行为无效。

其三，在劳动力成本日趋上升的今天，很多生产经营单位将收取的风险抵押金作为限制员工离岗、辞职的手段，严重侵害了劳动者自主择业权。

其四，滥用风险抵押金制度现象严重。有些生产经营单位假"风险抵押金"之名，行经营风险转嫁之实。例如，2009 年，某公司改制，张某作为职工出资成为股东。2010 年，张某与公司签订劳动合同，双方建立无固定期限劳动关系。同年在一个建设工程项目中，张某与公司签订了《项目承包经济责任书》，其作为项目经理支付了 27 万元"风险抵押金"，并约定项目经理对工程全过程的各项经济技术指标负责。2010 年 4 月，张某被调离项目部。之后，张某要求公司退还风险抵押金，未果。法院审理后认为，原告张某虽然承包了建设工程项目，但其仍然是企业的劳动者，其承包人的身份并没有改变这一基本性质。劳动者通过提供劳动获取劳动报酬，是企业的雇员，不是企业的所有人，不应分担经营企业的商业风险。因此，被告公司收取的风险抵押金应为无效。遂判决公司返还风险抵押金 27 万元[①]。

其五，法律没有对全员安全风险抵押金保管与使用制度做出明确规定，企业对风险抵押金之管理与使用多根据企业内部的规章制度进行，缺少必要的监督管理，随意性比较大，可能侵害员工的合法权利。例如，某企业将其收取的风险抵押金列入流动资金，用于经营活动，后来该企业经营失败并破产，员工要求企业退还风险抵押金，而企业则以破产应对，员工取回全部风险抵押金的可能性非常小。

2. 全员安全风险抵押金制度的价值

很多生产经营单位尤其是高危行业的生产经营单位实施全员安全风险抵押金制度，其目的就是实现全员安全风险共担，更好地调动广大职工的工作积极性，不断增强他

---

① 杨颖辉. "风险抵押金"有风险［N］. 中国劳动保障报，2010－6－8（005）.

们的安全意识，最大限度地消除各种安全隐患，防止安全事故的发生[①]。全员安全风险抵押金制度具有如下几个方面价值。

其一，全员安全风险抵押金是一种现代化管理手段。现代企业管理制度围绕资本的经营展开，而资本经营的核心则是"安全"。所以，安全是现代企业管理制度的重中之重。生产安全属于资本安全的重要内容。我国《安全生产法》第 17 条规定，生产经营单位的主要负责人对本单位安全生产工作负有建立、健全本单位安全生产责任制的职责。《北京市安全生产条例》[②]等地方性法规进一步规定，生产经营单位的安全生产责任制应当明确各岗位的责任人员、责任内容和考核要求，形成包括全体人员和全部生产经营活动的责任体系。生产经营单位安全生产责任体系的建立需要全员参与，全员安全风险抵押金制度则是调动生产经营单位职工全员参与生产安全的主要手段，是生产经营单位建立、健全本单位安全生产责任制的重要举措。

其二，全员安全风险抵押金制度是生产经营单位落实安全生产奖惩制度的重要方式。根据《安全生产法》，各地方制定的安全生产条例等多规定生产经营单位要依法制定安全生产规章制度，企业安全生产规章制度的内容要包括安全生产奖励和惩罚制度。而企业对员工安全生产的奖惩制度则主要通过全员安全风险抵押金制度得以落实。

其三，全员安全风险抵押金有助于培养本质安全型员工。生产要素包括人、物与环境，在三个要素中，人是核心。"人本安全"原理要求培养本质安全型员工，本质安全型员工的核心要素是实现"我要安全"，"我要安全"本质安全型员工的培养方式是多层次、全方位的，主要包括安全文化的熏染、安全生产教育培训、物质激励、制度规范等多个方面。企业向员工收取全员安全风险抵押金，并根据员工遵守生产安全规程、有无安全生产事故等进行奖惩，可以发挥物质奖惩作用，并通过全员安全风险抵押金制度化建设对员工产生威慑力，督促其转变为追求生产安全的本质安全型员工。

三、企业全员安全风险抵押金合法性分析

学术界关于企业全员安全风险抵押金是否有效的问题存在争论，引发争论的主要原因是中国现行立法对全员安全风险抵押金的立法态度并不明朗。造成这种局面的主要原因是各行政机关条块分割，疏于对相关法律的立改废等造成的。笔者通过梳理中国现有关于全员安全风险抵押金制度来探讨其存在的合法性问题。

---

① 杨涛. 风险抵押金要兑现 [N]. 中国矿业报，2013-1-22（B02）.
② 《北京市安全生产条例》第 14 条。

1. 全员安全风险抵押金无效的法律依据

《关于加强外商投资企业和私营企业劳动管理切实保障职工合法权益的通知》（劳部发［1994］118 号）第 2 条规定："企业不得向职工收取货币、实物等作为'入厂押金'，也不得扣留或者抵押职工的居民身份证、暂住证和其他证明个人身份的证件。对擅自扣留、抵押居民身份证等证件和收取抵押金（品）的，公安部门、劳动监察机构应责令企业立即退还职工本人。"本条隐含了外商投资企业和私营企业不得向全员收取安全风险抵押金。劳动部办公厅对安徽省劳动局"关于国有企业和集体所有制企业能否参照执行劳部发［1994］118 号文件中有关规定的请示"的复函中进一步指出：你局"关于国有企业和集体所有制企业能否参照执行劳部发［1994］118 号文件中有关规定的请示"（劳仲字［1994］第 326 号）收悉。经研究，现函复（［1994］256 号）如下：当前，一些企业在与职工建立劳动关系时擅自向职工收取货币、实物等作为"入厂押金"或者"风险金"，这一做法违反国家关于劳动关系当事人平等、自愿和一致建立劳动关系的规定，侵害了职工的合法权益，必须予以制止。国家劳动部、公安部、全国总工会曾于 1994 年 3 月联合发出了《关于加强外商投资企业和私营企业劳动管理切实保障职工合法权益的通知》（劳部发［1994］118 号），对制止企业收取抵押金（品）的问题做了明确规定。同样，国有企业和集体所有制企业也不得向职工收取货币、实物等作为"入厂押金"或"风险金"。对擅自收取抵押金（品）的，劳动行政部门应责令企业立即退还给职工本人。该复函中明确提出企业不得向员工收取"风险金"。

但是，2003 年 2 月 25 日，国家劳动和社会保障部、公安部、中华全国总工会联合发文：1994 年 3 月 4 日劳动部、公安部、全国总工会《关于加强外商投资企业和私营企业劳动管理切实保障职工合法权益的通知》（劳部发［1994］118 号）的内容已被《中华人民共和国劳动法》及其配套法规、规章替代，现决定予以废止，自即日起不再执行。但无明文废止劳动部办公厅"关于国有企业和集体所有制企业能否参照执行劳部发［1994］118 号文件中的有关规定的请示"的复函，那么，该复函是否继续有效呢？笔者认为，该复函存在的依据是劳部发［1994］118 号，118 号被明文废止的情形下，该复函（［1994］256 号）自然也就失去效力。

1995 年，原国家劳动部在《关于贯彻执行〈劳动法〉若干问题的意见》第 24 条中明确规定，"用人单位在与劳动者订立劳动合同时，不得以任何形式向劳动者收取定金、保证金（物）或抵押金（物）"。《劳动合同法》第 3 条规定，订立劳动合同，应当遵循合法、公平、平等自愿、协商一致、诚实信用的原则。因此，在订立劳动合同的过程中，任何一方不得向对方强行附加不合理的或者违反法律规定的条件。《劳动合同法》第 9 条规定，用人单位招用劳动者，不得扣押劳动者的居民身份证和其他证件，不得要求劳动者提供担保或者以其他名义向劳动者收取财物。

根据上述规定，用人单位招用劳动者，不得扣押劳动者的居民身份证和其他证件，不得要求劳动者提供担保或者以其他名义向劳动者收取财物。所以，从这些规定来看，用人单位向员工收取抵押金的行为是违法的、无效的；用人单位在招录员工时，也不得与劳动者约定风险抵押金。

《企业安全生产风险抵押金管理暂行办法》第 5 条第 1 款第 1 项规定："企业不得以任何形式向职工摊派风险抵押金。"该项明确禁止将企业缴纳的风险抵押金向员工进行摊派。企业缴纳风险抵押金后，再向员工收取风险抵押金，难免有向员工摊派风险抵押金的嫌疑。

2. 全员安全风险抵押金有效的法律根据

主张"全员安全风险抵押金有效说"的依据则主要是原劳动部《对"关于用人单位要求在职职工缴纳抵押性钱款或股金的做法应否制止的请示"的复函》（劳办发〔1995〕150 号）。为便于说明问题，特将本复函全文摘录如下：

吉林省劳动厅：

你厅《关于用人单位要求在职职工缴纳抵押性钱款或股金的做法应否制止的请示》（吉劳函字〔1995〕20 号）收悉。经研究，现函复如下：

为规范用人单位与劳动者依法建立劳动关系的行为，劳动部、公安部、全国总工会《关于加强外商投资企业和私营企业劳动管理切实保障职工合法权益的通知》（劳部发〔1994〕118 号）和劳动部办公厅《对〈关于国有企业和集体所有制企业能否参照执行劳部发〔1994〕118 号文件中有关规定的请示〉的复函》（劳办发〔1994〕256 号）对制止国有、集体、外商投资和私营企业在建立劳动关系时向职工收取抵押金（品）的问题作了明确规定。同样，对用人单位向职工收取的"劳动合同保证金""劳动保护物品及生产工具使用（承包）抵押金"等行为也应予以制止，至于一些用人单位与职工建立劳动关系后，根据本单位经营管理实际需要，按照职工本人自愿原则向职工收取"风险抵押金"及要求职工全员入股等企业生产经营管理行为，不属上述规定调整范围。但是，用人单位不能以解除劳动关系等为由强制职工缴纳风险抵押金及要求职工入股（实行内部经营承包的企业经营管理人员、实行公司制企业的董事会成员除外）。否则，由此引发的劳动争议，按照《中华人民共和国企业劳动争议处理条例》规定处理。

根据本复函，企业向员工收取风险抵押金时，要充分尊重公司员工的意思自由，由员工自主决定是否缴纳风险抵押金，企业更不得以解除劳动关系为要挟迫使员工缴纳风险抵押金。否则，企业属于违法收取风险抵押金，行为无效。

《安全生产法》第17条规定，生产经营单位的主要负责人对本单位安全生产工作负有建立、健全本单位安全生产责任制的职责。本条虽然没有全员安全风险抵押金制度，但生产经营单位安全生产责任制的建立离不开全员安全风险抵押金，否则生产经营单位的安全生产责任制难以落到实处。《国务院关于进一步加强企业安全生产工作的通知》（国发〔2010〕23号）第22条规定："高危行业企业探索实行全员安全风险抵押金制度。"为高危企业实施全员安全风险抵押金制度指明了方向，也明确了全员安全风险抵押金制度存在的政策依据。

3. 实务中政府与人民法院截然不同的两种态度

实务中，企业热衷于全员安全风险抵押金制度。而地方各级人民政府、安全生产监督管理部门对全员安全风险抵押金也多采取积极的态度。例如，《北京市安全生产条例》第14条明确规定，生产经营单位的安全生产责任制应当明确各岗位的责任人员、责任内容和考核要求，形成包括全体人员和全部生产经营活动的责任体系。很多地方人民政府处于对安全生产的重视，也对全员安全风险抵押金制度采取了积极的态度，甚至明确提出高危企业应实行"安全风险抵押金制度"。例如，《重庆市人民政府关于进一步加强企业安全生产工作的意见》（渝府发〔2010〕93号）第2条明确规定："进一步强化法定代表人（实际控制人）第一责任人责任和班子成员'一岗双责'责任制，高危行业（领域）全员安全风险抵押金制度和安全绩效工资制度，安全绩效工资原则上不低于员工收入的20%。"可见，不论是国务院，还是地方各级人民政府对全员安全风险抵押金持肯定态度。

与各级人民政府、安全生产监督管理部门对全员安全风险抵押金观点截然不同的是，人民法院根据《劳动合同法》第9条的规定，对全员安全风险抵押金则采取了另外一种态度，认为员工缴纳风险抵押金的行为是一种单务行为，难有员工自愿缴纳风险抵押金的情形，企业向员工收取全员安全风险抵押金的行为无效[①]。例如，北京市第二中级人民法院在舒世良诉北京城建五建设工程有限公司风险抵押金案（〔2009〕二中民终字第18718号）中认为"该类收取风险抵押金的行为无效"。

国务院、地方各级人民政府、安全生产监督管理部门与人民法院对全员安全风险抵押金的态度缘何有如此大的差距？笔者认为，产生这一问题的主要原因是"全员安全风险抵押金制度的立法与政策打架。"从上文对全员安全风险抵押金现有法律制度的介绍来看，没有哪一部法律、地方性法规或者部门规章直接对"全员安全风险抵押

---

① 舒世良诉北京城建五建设工程有限公司风险抵押金案。一审：（2009）朝民初字第19648号；二审：（2009）二中民终字第18718号。

金"进行明确规定。国务院《关于进一步加强企业安全生产工作的通知》（国发〔2010〕23 号）（以下简称《通知》）第 22 条虽然直接规定了"高危行业企业探索实行全员安全风险抵押金制度。"地方各级人民政府、安全生产监督管理部门受中央人民政府领导，当然要严格贯彻国发〔2010〕23 号文的规定，积极推动高危行业企业收取安全风险抵押金。然而，国发〔2010〕23 号并非法律，只是政策，人民法院裁判案件不能依据政策而只能"依法"断案，且该《通知》要求高危行业企业"探索"实行全员安全风险抵押金，仅处于探索阶段，在立法尚未明确的情况下，人民法院只能依据《劳动合同法》第 9 条的规定裁判案件。第 9 条虽然没有明确规定用人单位不得向劳动者收取"安全风险抵押金"，但本条却明确规定"用人单位不得要求劳动者提供担保或者以其他名义向劳动者收取财物。"生产经营单位向劳动者收取"安全风险抵押金"的行为显然属于"劳动者提供担保或者以其他名义向劳动者收取财物"。因此，法院在裁判案件时依据《劳动合同法》第 9 条的规定认定"企业收取安全风险抵押金的行为无效"有法律依据。要解决这一问题并非难事，笔者建议在修订《安全生产法》时，明确将"全员安全风险抵押金制度"写入其中即可，无须修改《劳动合同法》第 9 条。因为，《劳动合同法》第 9 条是一般性规定，而《安全生产法》为特别规定，根据特别法优于一般法的原则，人民法院在裁判案件时，自然会援引《安全生产法》关于"全员安全风险抵押金"的规定，认定高危行业企业向员工收取安全风险抵押金的行为有效。

四、企业全员安全风险抵押金制度的法律构建

国家在今后修订《安全生产法》时，应当直接规定"全员安全风险抵押金"。《安全生产法》作为安全生产法典，无须对"全员安全风险抵押金制度"做出面面俱到的规定，而应以授权立法的形式授权安全生产监督管理部门、人力资源与社会保障部门共同制定更为详细的"全员安全风险抵押金制度"。作为一项法律制度，笔者认为，中国应主要从以下几个方面进行立法构建。

1. 企业全员安全风险抵押金备案制度

企业实行安全风险抵押金，需要企业制定详细的规章制度，其内容包括安全风险抵押金收取的对象、抵押金的管理、奖惩等，它属于劳动规章制度的内容之一。劳动规章制度在国外称为"雇佣规则""工作规则"，中国《劳动法》将其规定为"用人单位的劳动规章制度"，《劳动合同法》也延续了相同的称谓。但是，不论是劳动法还是劳动合同法，对劳动规章制度的概念都没有做出明确的规定，从原劳动部公布了《关于对新开办用人单位实行劳动规章制度备案制度的通知》，决定从 1998 年 1 月 1 日

起，对新开办用人单位实行劳动规章制度备案制度。通过对新开办用人单位实行备案制度，能够及时发现和解决新开办用人单位在制定劳动规章制度过程中存在的问题，预防劳动违法行为的发生，更好地维护劳动者的合法权益。所以，对新开办用人单位实行备案制度也是劳动行政部门加强劳动监察管理工作的方式之一，企业安全风险抵押金制度也必须办理备案，以便执法机构能够有效保护劳动者的合法权益。但因安全风险抵押金制度主要涉及安全生产问题。因此，企业全员安全风险抵押金制度备案应主要由安全生产监督管理部门负责，劳动监察部门为辅。

2. 明确全员安全风险抵押金的适用范围

实践中，很多企业通过向员工收取全员安全风险抵押金的方式为其员工设套，其行为严重侵害了劳动者的合法权益，法律必须禁止这种行为。对这类企业的负责人要依法追究其相关法律责任[①]，并强制企业退还已经收取的抵押金。全员安全风险抵押金制度适用的对象应限于"高危行业企业"。高危行业企业必须以立法的形式明确下来，从目前来看，高危行业企业应限于矿山（包括煤矿）、交通运输、建筑施工、危险化学品、烟花爆竹等。当然，法律将"高危行业企业"限制在一定的范围内，并非说明这一范围是一成不变的，随着科技的进步，可能会产生新型的高危行业企业，那时必须通过修改法律的形式扩大其适用范围。

是不是高危行业企业中的所有员工毫无例外地都要缴纳安全风险抵押金呢？笔者认为，高危行业企业中有些工种危险性不高，让从事危险性较低的工种的员工也缴纳全员安全风险抵押金与该制度的立法宗旨相悖，法律应该予以禁止。例如，高危行业企业不得对勤杂人员收取安全风险抵押金。当然，高危行业企业管理人员虽然从事管理工作，管理行为本身不具有危险性，但管理的水平等对企业安全生产具有重大影响，这类人员也应缴纳安全风险抵押金。同时，高危企业应当根据员工从事行业的危险程度、责任大小等有差别、按比例收取安全风险抵押金。因此，全员安全风险抵押金并非向全体员工收取，而仅向高危岗位的员工收取。

3. 全员安全风险抵押金收取时间

高危行业企业收取全员安全风险抵押金的时间也是一个非常值得研究的问题。在用人单位与员工签订劳动合同，形成劳动关系时不得向员工收取安全风险抵押金，否

---

① 有人指出：生产经营单位依法规定以"全员安全风险抵押金"名义向从业人员收取钱财或向管理人员变相发钱的，由安全生产监管监察部门责令限期退还本人，并对违规人员按每人 500 元以上 2000 元以下的标准处以罚款；给从业人员造成损害的，应当承担赔偿责任。——参见代海军：《如何"押"住风险——煤炭企业推行全员安全风险抵押金制度问题探讨》，《现代职业安全》2012 年第 11 期。

则无异于企业在订立合同时向劳动者收取货币，该行为将严重侵害劳动者的合法权利。全员安全风险抵押金的收取应该从劳动者的工资中扣除，每一个月扣除一定比例的安全风险抵押金。

4. 全员安全风险抵押金的管理与返还

《企业安全生产风险抵押金管理暂行办法》第 5 条第 1 款第 1 项规定："企业不得以任何形式向职工摊派风险抵押金。"因此，高危行业企业向员工收取安全风险抵押金的，应当与企业缴存企业安全生产风险抵押金分离，杜绝以向员工收取的安全风险抵押金缴纳企业安全生产风险抵押金，也不得以员工缴存的全员安全风险抵押金购买高危行业企业安全生产责任保险。为了防止企业擅自挪用全员安全风险抵押金，立法中必须明确全员安全风险抵押金的管理采取专款专用，同时企业应匹配一定数额的资金用于对员工的奖励，确保企业在员工完成安全生产目标、企业破产、员工辞职等情形下将安全风险抵押金能够顺利返还给员工（包含同期银行存款利息）。

5. 贯彻奖惩一致原则

高危行业企业收取全员安全风险抵押金的目的在于保障安全生产的顺利进行。因此，安全生产风险抵押金应该体现奖惩一致原则。对那些严格按照操作规程进行，杜绝安全生产事故发生的员工逐年降低缴纳安全风险抵押金的比例，并逐年提高安全风险抵押金奖励比例；对存在安全隐患，导致安全生产事故发生的员工则采取逐年增加安全风险抵押金比例，并逐年降低安全风险抵押金返还比例。同时警惕个别企业以推行全员安全风险抵押金为名，变相给企业负责人、管理者或高管等发钱[①]。

---

① 代海军. 如何"押"住风险——煤炭企业推行全员安全风险抵押金制度问题探讨 [J]. 现代职业安全，2012（11）.

职业安全权保护制度的人权法审视*

劳动者安全健康权是人权的重要组成部分,反映一个国家或地区的文明进步状态。中国作为最大的发展中国家,目前正处于工业化中期阶段,其劳动从业者尤其底层农民工的安全健康保障日益面临着严峻挑战。时至今日,很难说有一种长期有效的机制来保障从业者的生命安全健康;现有的保障体制机制方面,有的已经过时,有的是碎片化的、短效的。因此,改进和创新职业安全健康保障体系及长效机制,尤其从立法和执法层面推进职业安全健康问题治理现代化亟待深入思考。这应该成为中共十八届三中全会提出的国家治理体系和治理能力现代化的重要组成部分。

中国安全生产事故频繁原因是多方面的,其中重要原因之一就是,劳动者职业安全保护滞后,国家关于职业安全保护的基本原则、方针、监督管理制度和措施未能法律化、规范化,没有形成体系和制度的全面架构。为了完善安全生产法律体系,以有效地保障、推动市场经济发展及和谐社会建设,必须从理论和实践的结合上对劳动者职业安全权的保护的独立性和体系化做出充分的论证。

一、作为重要人权的职业安全权及其形成历史

在法理学上,广义的人权是指在一定的历史条件下,人作为人依其自然属性和社会属性,基于一定的经济社会结构所应平等享有的权利。人权涉及经济、社会、政治、道德、法律以及人的主观精神活动等诸多方面。

1. 职业安全权:人权的重要组成部分

从业劳动者的职业安全权是一种基本的人权。从法律角度界定,职业安全权是指劳动者依法所享有的、在劳动过程中不受职场危险因素侵害而使身心保持正常状态的权利,包括职业安全权与职业卫生权两种基本人权。前者主要指在伤害事故突发时保

---

*本文亦为中央高校基本科研业务费资助,项目编号3142014008。

障职工的人身安全，是职业安全健康管理体系的重点；后者主要指防止对职工身体健康日积月累的慢性侵蚀和损伤①。这两种职业安全权相辅相成，密不可分。

从人权的内容和结构分析，职业安全权既有个体性权利如拒绝权，也有集体性权利如建议权；既有实体性权利如紧急避险权，又有程序性权利如民事索赔权；既有劳动过程中的权利如知情权，也有劳动过程之外的权利如工伤保险权、培训权等②。人权与职业安全权是递进的关系，职业安全权实现的好坏及其程度，都会直接或间接地影响到劳动权和人权的实现，其现实意义相当重要。

从国际人权法的形成和发展历史看，国际劳工组织 1919 年到 2007 年所制定的 188 国际劳动公约和 199 个建议书，其中约 70%是涉及职业安全卫生标准、职业安全卫生监察以及职业安全卫生法律责任等职业安全权保护。其中比较有代表性的公约是 1981 年国际劳工大会通过的第 155 号公约，即《职业安全与工作环境公约》及作为补充的第 164 号建议书。该公约和建议书，不但标志着国际劳工组织由制定单一的适用于特定范围的职业安全标准过渡到制定综合性的适用范围广泛的国际职业安全标准，而且建构了政府、雇主、工人三方共同"管理"职业安全的制度框架。1985 年，国际劳工组织又制定了第 161 号公约和第 171 号建议书两项职业安全国际标准，作为第 155 号公约和第 164 号建议书的补充。2002 年，国际劳工大会通过的议定书，对第 155 号公约中有关职业事故、职业病登记和报告等内容进行了修订补充。这就形成了内容较为完整的国际劳工职业安全保护制度体系。作为国际劳工组织的成员国，中国已于 2006 年批准加入了第 155 号公约。虽然这些公约、建议书没有规定政策的具体内容，但这些公约和议定书都着重强调了从职业安全卫生和工作环境的角度对职业安全卫生工作应采取的全面预防措施，是考察当前中国职业安全权的重要视角。目前这方面国内已有零星的研究③。

2. 职业安全权保护制度形成的阶段性考察

国际上关于劳动者职业安全权法律保护，大体可以分为三个阶段进行考察④。

---

① 国际劳工组织. 职业安全卫生及工作环境公约（第 155 号）。
② 郭捷. 论劳动者职业安全权及其法律保护 [J]. 法学家，2007（2）.
③ 关彬枫. 试论劳动法与劳动者的人权保障. (中国人大复印报刊资料)，经济法学、劳动法学，2001（8）；常凯. 劳权：劳动法律体系构建的基点和核心（中国人大复印报刊资料). 经济法学、劳动法学，2002（4）；冯彦君. 劳动权略论 [J]. 吉林大学学报（哲社版），2004（1）；孙冰心. 职业安全权的法律保护 [D]. 长春：吉林大学，2004；刘铁民等. 国际劳工组织与职业安全卫生 [M]. 北京：中国劳动社会保障出版社，2004；杜晓郁. 全球化背景下的国际劳工标准分析 [D]. 大连：东北财经大学，2006；郭捷. 论劳动者职业安全权及其法律保护 [J]. 法学家，2007（2）；苗金明，周心权. 从业人员安全卫生权利法律定位及保护问题综述 [J]. 中国安全科学学报，2008（12）；秦晓琼. 国际职业安全卫生立法研究及对我国的启示 [D]. 长沙：湖南大学，2009.
④ 参考郭捷. 论劳动者职业安全权及其法律保护 [J]. 法学家，2007（2）.

（1）第一阶段：职业安全权伴随劳动法诞生

从英国工业革命开始到 19 世纪初期，劳动者职业安全权基本被忽视；之后随着工业化的深入发展，底层劳工的抗争日益高涨，资本家本身也考虑要实现扩大化再生产，需要保护劳工的生命延续，因而职业安全权伴随着 19 世纪初劳动法的产生而初步萌芽。当初，劳动权立法的保护范围极其狭小，只限于保护童工、妇女及最高工时等，广大劳动者的职业安全保障极不彻底。如当初所推行的工伤赔偿责任中坚持"过错责任"原则，其结果则是伤亡事故和职业病时有发生，工矿企业事故和死亡率猛增，必然导致劳资关系日趋紧张，工人运动不断高涨，社会秩序动荡不安。

（2）第二阶段：劳动者职业安全权入法立规

到了 19 世纪末期，随着全球工人阶级斗争的日趋高涨，以及深受 18 世纪启蒙运动和法国革命的影响，一些国家的左翼社会政治力量纷纷同情和支持工人的要求，推行罢工、谈判、非暴力不合作甚至政治革命等斗争方式，迫使西方各国对职业安全权的保护理念发生转变。他们开始倾向于将劳动者作为一种特殊的社会弱势群体加以保护，如德国 1884 年出台的《劳工伤害保障法》、英国 1897 年出台的《劳工赔偿法令》，则确立了雇主方责任原则、无过错责任原则，使资方对劳方在劳动安全中的赔偿责任具有了绝对性。

（3）第三阶段：从人权高度俯瞰职业安全权保护

20 世纪中期以来，职业安全权保护进入新的境界，即从国家强制雇主承担劳动安全保护的义务，转变到劳动者作为人本身应享有的法律保护权利。如美国 1920 年代到 1970 年代，随着煤矿安全事故的不断暴发，先后强令颁布法律、成立机构保护矿工安全权益。由此，西方国家纷纷将职业安全权的权利内容由过去的预防和救济伤害事故，转变到体面、舒适、健康、安全的职业权益，由单纯的劳动安全保护提高到人权保护的高度，推进综合性立法保护。突出的国家相关法律如：瑞典 1978 年制定的《工作环境法》、1970 年的美国《职业安全卫生法》、1972 年的日本《劳动安全法》。上述国际劳工组织 1981 年 6 月通过的《职业安全与工作环境公约（155 号）》，逐步将劳动安全标准全球化，建构起政府、雇主、工人三方共同监管职业安全的制度框架；且在 2002 年，国际劳工大会通过议定书，对第 155 号公约中有关职业事故、职业病登记和报告等内容进行了修订补充，由此形成了内容较为完整的国际劳工职业安全保护制度体系。

二、中国职业安全权保护面临的形势及立法现状

这里，我们主要从当前中国从业劳动者职业安全权面临的严重危害以及立法保护现状来考察。

1. 职业安全权保护面临的严峻形势

从中国官方公布的各类生产安全事故（交通、矿山、建筑、消防等）情况看，改革开放 30 多年来死亡人数大约 300 多万人，年均约 10 万人；2002 年各类事故（包括交通、矿山、建筑、消防等）死亡 139 393 人，是新中国成立以来最多的一年；2012 年全国各类生产安全事故 33 万起，平均每天近 1000 起，死亡 71 983 人，平均每天死亡 200 人，10 年来死亡人数下降 48.8%（年均下降 4.9%），亿元 GDP 下降了 89.3%（从 2002 年的 1.33 下降到 0.142）[①]。从职业病危害情况看，全国没有系统完整的统计数据，据不完全统计，2002 年全国累计各类职业病（慢性和急性中毒、职业性皮肤病和耳鼻喉口腔病等）581 377 例，其中尘肺病（442 200 例）占 76.1%；2012 年累计职业病达 807 269 例，其中尘肺病（727 148 例）占 90.1%[②]；10 年来职业病发病率以年均新增 2 万多病例的速度增长。

从上述数据看，当前中国的突发性生产安全事故的死亡人数逐步下降，相反，职业病病例持续增升，2009 年媒体还报道过河南籍农民工张海超开胸验肺事件、150 名湖南耒阳籍农民工胸透结果异常事件等，所以今后职业安全健康卫生工作的重点在职业病防治方面。但不能说，安全事故监管工作不重要了，用官方的话说，重特大安全生产事故依然没有得到遏制，影响安全生产的深层次、结构性问题依然存在[③]；与美国等发达国家比较，中国安全事故总量、亿元 GDP 死亡率都很高（目前美国安全事故亿元 GDP 死亡率每年低于 0.05）。因此说，目前中国从业劳动者职业安全权损害较为严重。

2. 职业安全权保护的国内立法现状

新中国成立以来就比较重视劳动者职业安全的法律保护。比如，1949 年在全国第一次煤矿会议上，周恩来总理就提出"安全第一"的企业生产方针；1950 年代起，颁布了大量的职业安全权保护方面的法规和规章，如 1950 年燃料工业部颁布的《公私

---

① 2002 年全国伤亡事故情况分析. 国家安全监管总局网 http://www.chinasafety.gov.cn/zhuantibaodao/2004-01/16/content_1680.htm；中华人民共和国国民经济和社会发展统计公报. 国家统计局网 http://www.stats.gov.cn/tjsj/tjgb/ndtjgb/qgndtjgb/201302/t20130221_30027.html.

② 我国职业病防治调研报告. 百度文库 http://wenku.baidu.com；欧文. 卫生部通报 2010 年职业病防治工作情况和 2011 年重点工作 [J]. 安全与健康, 2011 (7)；关于 2011 年职业病防治工作情况的通报, 国家卫生和计划生育委员会网 http://www.moh.gov.cn/jkj/s5899t/201309/14ddbd8fcd7b4385a1d0a6351b5cebfc.shtml；关于 2012 年职业病防治工作情况的通报, 国家卫生和计划生育委员会网 http://www.moh.gov.cn/jkj/s5899t/201309/9af5b88cc6ea40d592e8a5e0aa76914a.shtml.

③ 国务院办公厅关于印发安全生产"十二五"规划的通知, 国家安全监管总局网 http://www.chinasafety.gov.cn/newpage/Contents/Channel_6652/2011/1017/152312/content_152312.htm.

营煤矿安全生产管理要点》、1951 年颁布的首部《煤矿技术保安试行规程（草案）》（成为后来《煤矿安全规程》的最初蓝本）、1963 年煤炭部颁布的《煤矿企业安全工作条例》《煤矿安全监察工作条例》；之后，陆续修订、制定并实施《矿山安全法》《工会法》《劳动法》《安全生产法》《职业病防治法》等一系列重要法律；加上国务院及其行政主管部门以及各地方政府颁布的大量行政法规与规章，已基本形成了一个包括宪法在内的多层次立法相结合的法律体系①。此外，国家还先后制定了 100 多项劳动安全的国家标准，逐渐与国际劳工公约接轨。尤其是 2002 年 11 月 1 日《安全生产法》的正式颁布实施，标志中国第一部安全生产方面的全面规范性专门法律正式生效。应该说，中国关于劳动安全权的立法，与国际劳工公约的内容和要求基本上是一致的。

三、中国职业安全权保护制度的优缺点审察

从人权法角度审视上述中国职业安全权保护法律法规和规章制度看，既具有一些优点，但也存在一定缺陷②。

1. 职业安全权保护的正面功能和优点

（1）明确劳动者的权利主体地位和权利内容，一定程度上从人权角度体现了劳动者的人格尊严

在上述法律法规中，尤其是《安全生产法》，将现代国家立法的人本精神同社会和谐的人文价值理念结合起来，首次明确规定了职业从业者在劳动生产过程中应该享有的知情权、建议和批评权、检举和控告权、紧急避险和拒绝危险作业权、工伤保险和民事赔偿权等权利，同时重申劳动者接受安全教育培训的权利、接受职业病防治的权利等。这表明，此类新法突破了以往有关法律法规仅仅规制用人单位的职业安全保护义务（即仅将劳动者置于权利被动受保的地位），而将劳动者视为具有经济、社会、政治、文化、法律的权利主体，体现了劳动者的人格尊严、人之为人的权利价值。

（2）法律规定呈现立体综合型架构，体现了人权保护的全面性和有效性

首先，在职业安全权施保主体及其架构方面，安全生产法、职业病防治法等明确规定政府、企业（生产经营单位）、工会（或社会中介机构、媒体）"三方组织"各负其责，各担义务。其次，在职业安全权保护机制方面，安全生产法、职业病防治法明确规定了安全卫生保障规范、安全卫生设备设施建设的投入、从业者教育培训、安全卫生监管体制机制、应急救援制度，以及奖惩规定、事故或职业病调查处理、违法

---

① 颜烨. 煤殇——煤矿安全的社会学研究［M］. 北京：社会科学文献出版社，2012：119-134.
② 部分参考郭捷. 论劳动者职业安全权及其法律保护［J］. 法学家，2007（2）.

责任追究制度等。再次，法律责任体系较为健全。如安全生产法、职业病防治法等明确了相关违法行为的行政责任、民事责任和刑事责任的追究及其方式，由此形成一个综合性的、较为完整的责任制度体系。这些都符合《经济、社会和文化权利国际公约》的规定（"各国承认人人有权享受公正和良好的工作条件，特别要保证：……（乙）安全和卫生的工作条件"），体现了人权保护的全面有效性。

（3）劳动安全卫生法超越了劳动法等保护人权的局限性

如劳动法仅定位为调整劳动关系的法律部门，仅适用于劳动者和用人单位，而安全生产法则不仅适用于生产经营单位，而且适用于其所有从业人员（包括劳教期间的从业者）。就是说，任何生产经营单位，无论是否属于用人单位，都应当承担职业安全权保护的义务；凡是从业人员，无论是否具有劳动者资格，都应当受安全生产法的保护。

与此同时，还值得注意的是，安全生产法的适用范围突破了主体合格与否的界限。如有的学者认为，劳动法只适用于合格的劳动者和用人单位，一方或双方当事人不合格的劳动关系作为民事雇佣关系适用民法而不适用劳动法；而安全生产法则将从事生产经营活动的单位统称为生产经营单位，其中没有合格与否之区分，即便非法生产经营单位，也必须对劳动从业者的安全保护负有不可推卸的责任。这也是对以往立法的超越①。

2. 职业安全权保护制度存在的缺陷

目前中国劳动者遭受的职业伤害危险的形势依然严重，重特大工伤事故时有发生，职业病发病率连年上升。究其原因，相关法律法规执行效果不太理想、实施面较窄，追逐经济资本及其利润而侵蚀劳动权利等是问题的实质，当然官员腐败、社会结构失衡（上层过强下层过弱）等也是其中重要原因。从人权法角度审视，职业安全权保护制度有以下一些缺陷和不足。

（1）制度设置存在经济生产安全优先于职业安全权、人权保护意识淡薄

如《安全生产法》第一条就是，"为了加强安全生产监督管理，防止和减少安全生产事故，保障人民群众生命和财产安全，促进经济发展"，这很明确地显示出其侧重点在于经济意义上的安全，即其首先保护的是生产安全，即是资本在生产过程中的安全性运行和保值增值的稳定性；生产过程中不发生重大事故，其目标就基本实现。这恰恰是把劳动者及其生命当作经济盈利的"工具"；这种经济市场的工具理性无疑淹没了人权保护的价值理性，与国际劳工立法和北欧一些国家劳动安全法、工作环境权法相比，反映了中国处于市场化转型时期，立法和决策者的人权保护意识和理念仍然滞后。

---

① 王全兴.《安全生产法》的定位 [J]. 现代职业安全，2007（7）.

（2）全国缺乏以职业安全权保护为基点的系统性具体法规体系

目前，中国虽然颁布了诸如安全生产法、职业病防治法等一系列涉及职业安全保护的法律法规，但这些法律法规大都是按照部门职能划分执法权，各自为政；尤其是安全生产法与职业病防治法的管辖部门分割，造成了部门之间执法扯皮和冲突；安全生产法是职业安全权保护和工伤事故防范的立法，而职业病防治法是工业卫生与职业病防范的法律制度，两者各有其立法体系，互不衔接。这实际耽搁了真正的从业者职业安全权保护问题。并且，立法技术比较粗糙，规定制定过于疏松，执法的可操作性不强，如：劳动者作为职业安全权利的主体地位和身份难以体现、劳动者权利保护的规定缺乏可操作性、对违反法律责任的行为处罚过轻并难以追究、职业病申诉受理和防治权限不清楚等。这些都严重地削弱了法律保护职业安全权的作用，表明目前中国尚无系统化的职业安全卫生法律体系。

（3）职业安全权保护制度施行的覆盖范围偏窄、赔偿偏低，人权保护具有不完全性

根据劳工组织的研究资料，判定一个国家职业安全法律法规的实施覆盖率，可用工伤保险覆盖率来判定。工伤保险覆盖率即指参加工伤保险的职工占按全国劳动力活动人口的比例。从中国统计年鉴（2013年）、国民经济和社会发展统计公报（2012年）看，2012年全国经济活动人口为78 894万人，而参加工伤保险的人员为18 993万人，仅占全部经济活动人口的24.1%；与高达98%的日本、德国等国家的工伤保险覆盖率相比，中国工伤保险覆盖率非常低。而且，在工伤赔偿方面，对城乡来源的员工还存在"同命不同价"的现象。这表明很多从业劳动者的安全健康权得不到有效保护，也即缺乏公正平等性。另外，长期以来国家推行给予事故死难者的家属赔偿费不低于20万元或30万元的赔偿政策，直到2009年国家出台《侵权责任法》、2010年规定死难赔偿费不低于上一年度全国城镇居民人均工资的20倍（即每个死难者家属获得目前不低于60万元的赔偿费），这种状况才有所改观，但需要进一步改善。这些制度问题都与《经济、社会和文化权利国际公约》所要求的"人人有权享受公正和良好的工作条件""人人有权享受社会保障，包括社会保险"等宗旨不相符合。

四、矫正完善中国职业安全权保护制度的建议

这里，我们着重从国际人权法的角度，就中国职业安全权保护制度矫正完善提出以下几点建议。

第一，在现有安全生产法、职业病防治法、工伤保险条例等相关法律法规的基础上，着眼于人权保护的全面性、统一性和有效性，屏蔽部门利益分割、职能分割等现状，整合出一套具体的、可操作的职业安全卫生法律法规体系，甚至于以组建国家安全与卫生健康局为依托，加大立法和执法力度。

第二，需要进一步凸显产业劳动者的人权主体地位和公民权利内容，而不是像目前这些法律着重从经济安全角度来考量从业劳动者的安全，即要把保护劳动者职业安全权放在第一位考虑，而不是附属于经济安全和利益理性，应该使得经济安全从属于劳动者安全。在相关的具体制度设计方面，可以加大对生产经营者义务的规定，突出规定从业劳动者的经济、社会和文化权利，特别是保障安全所必须的权利；同时在责任机制设计上，应加大处罚力度和经营者的违法成本，明确个人责任，严格执法。

第三，鉴于目前中国存在强政府—强企业—弱社会（弱公民）的格局，执政党和政府应该按照《经济、社会和文化权利国际公约》关于"工会有权建立全国性的协会或联合会，有权组织或参加国际工会组织"的要求，允许同一行业或跨行业组建全国性或行业性工会或工会联盟，壮大社会组织力量，以此带动行业劳动者进行职业安全权保障和维护。条件许可的话，还可以在安全卫生监管部门或其他行政部门，或人民大会常务委员会，附设和加强人权（或安全卫生权）事务委员会或劳动仲裁机构，着重审查当事单位的人权和职业安全权保障状况，依法受理申诉人的申诉，并适度将劳动违法事件移交司法机关依法处置，以此推进依法维权和严格执法。

总之，通过上述研究，可以得到如下结论和启发：第一，中国的劳动法、安全生产法、职业病防治法等一系列法律法规，在保护劳动者职业安全权方面有了一定的立法和执法实践，并且有一定的专门研究。第二，中国职业安全权保障已经实现从劳动保护转型到人权保护的高度来加以观照，如体现了劳动者的人格尊严，反映了劳动者的主体地位，立法执法有一定的全面性和有效性等。第三，与发达国家和国际劳工组织的要求相比，中国职业安全权保护制度一度存在施行的覆盖范围偏窄、赔偿偏低、人权保护意识淡薄，缺乏以职业安全权保护为基点的系统性具体法规体系。第四，在现有相关法律法规的基础上，需要着眼于人权保护的全面性、统一性和有效性，加大立法和执法力度，整合出一套具体的、可操作的职业安全卫生法律法规体系，进一步凸显劳动者的人权尊严，改变职业安全权保护的体制格局。

劳动生产领域安全行为
分类与特征研究

在劳动生产活动中，人的行为是事故发生的主要初始触发危险源[①]，统计资料表明，80%以上的事故都是由人的不安全行为引起的，同时职工积极参与安全生产活动的行为能有效提高企业的安全文化水平[②]，因此，对安全生产中人的行为的研究一直是安全管理研究的热点，对事故预防具有重要的理论和实践意义。

安全行为科学正是这些研究的主要成果的集中体现，它已经成为安全科学与技术领域里的一门新兴学科，它不仅吸收和借鉴行为科学的理论和方法，还继承和发扬了早期安全行为科学的研究成果，为行为科学丰富了内容和扩大了内涵[③]。安全行为科学是运用科学的方法去研究人与安全的问题，揭示人在生产环境中的行为规律，从安全角度分析、预测和控制人的行为的理论和方法的科学[④]。

安全行为科学与行为科学的发轫时间基本相同，但由于其与管理工作联系密切，因此得到更多的关注，发展得更为完善。安全行为科学等分支学科为行为科学丰富和扩大了内涵。然而，查阅各类文献发现，有关安全行为科学自身特点的研究非常少，安全行为科学对行为科学知识和理论体系的引用不加甄别（有些理论甚至不适用安全行为科学），牺牲了安全行为科学研究的针对性。为此，我们从安全行为概念入手，通过对安全行为科学与行为科学在研究对象、研究内容等方面进行对比，得出安全行为的主要特征，并对之进行分类，更进一步了解安全行为。深入分析两者主要的异同，来研究安全行为科学与行为科学之间的区别，使安全行为科学的研究和应用更加具体和针对。

---

① 张跃兵，王凯，王志亮. 危险源理论研究及在事故预防中的应用 [J]. 中国安全科学学报，2013（6）.

② COOPER M D, PHILLIPS R A. Exploratory analysis of the safety climate and safety behavior relationship [J]. Journal of Safety Research, 2004, 35 (5): 497–512.

③ 罗云. 安全行为科学 [M]. 北京：北京航空航天大学出版社，2012：3.

④ 梁丽. 关于安全行为科学的探讨 [J]. 中国安全科学学报，1997（2）.

一、行为科学与安全行为科学概述

安全行为科学是行为科学的一个重要分支，是行为科学在安全生产领域的应用，是建立在社会学、心理学、生理学等学科基础上，分析、认识、研究影响人的安全行为因素及模式，掌握人的行为规律，实现激励安全行为和抑制不安全行为的应用性学科[①]。因此行为科学的有关理论可以直接应用于安全行为科学中，但是，两者又有显著的区别。

一般认为，对行为科学起到奠基作用的是梅奥的霍桑实验。行为科学主要研究个体行为、群体行为和组织行为，支配个体行为的理论有需要理论、双因素理论、期望理论、成熟理论和挫折理论等；支配群体行为的理论主要有群体分类理论（人与人之间的关系是如何结合起来的理论）、群体冲突理论（人与人之间发生冲突的原因和解决方法的理论），还有诸如群体压力、群体规范、群体凝聚力、群体士气、群体中的人际关系与信息沟通等；支配组织行为的理论主要有领导效率的理论等。目前，国外有关行为科学的涉猎的范围非常广泛，包括很多宏观社会问题，如老年人赡养、青少年社会化和犯罪等问题；中观的企业和组织行为问题，如企业安全生产问题、组织文化等；微观的个人行为问题，如药物成瘾、慢性疾病的形成原因、人的教育等。虽然从哲学、历史、政治、宗教、法律等方面对于人的思考和研究已有长远的历史，但是只在 19 世纪末和 20 世纪初才出现对人的行为的系统、科学的研究。

人们很早就注意到安全生产中的不安全行为问题，对不安全行为的研究最早可追溯到 1919 年格林伍德和伍慈提出的事故频发倾向理论，后来的海因里希因果连锁论、博德的因果连锁理论、瑟利模型等事故致因理论都与人的不安全行为有关。但普遍认为最早提出和系统研究安全行为科学的是英国 Gene Earnest 和 Jim Palmer，即在 1979 年以行为安全管理（BBS，Behavior Based Safety）的名称提出[②]。但在随后的发展中，安全行为科学不断吸取和借鉴了其他学科的理论成果，使得这一学科的知识更加饱满、充实。例如：借鉴了人机工程和工效学的人的可靠性和人为差错研究成果，提出控制人失误的行为理论及对策[③]；从人类学、社会学等方面，研究社会文化、企业文化等

---

① 梁丽. 关于安全行为科学的探讨 [J]. 中国安全科学学报，1997（2）.
② John Austin. An introduction to behavior-based safety [J]. Stone，Sand & Gravel Review，2006（2）：38-39.
③ 张彤，张利臣. 人的可靠性与人为差错 [J]. 辽宁工学院学报（社会科学版），2003（3）；张晶晶，张礼敬，陶刚. 人的可靠性分析研究 [J]. 中国安全生产科学技术，2011（1）.

对人们安全意识与行为的影响[①]；以系统论的观点为基础，综合考虑各种安全行为的影响因素，即借鉴心理学、行为科学、人机工程和工效学、社会学、人类学和生理学等学科的研究成果，对人的安全行为和不安全行为的行为形成因子 PSF（Performance Shaping Factor）进行研究，确定影响安全行为有哪些因素，各因素对行为产生何种影响[②]。安全行为科学的研究和产生，不仅是社会生产实践的需要，也是现代科学向综合化发展的必然[③]。

可以看出，行为科学的研究具有一般性，安全行为科学是在特定领域，针对特定目的进行的研究。

二、安全行为概念的界定

这里，我们从人的不安全行为谈起。

1. 人的不安全行为和安全行为

安全行为科学的研究对象主要是人的不安全行为和安全行为。由于人的不安全行为较容易导致事故的发生，因此，最先被关注。人的不安全行为是由劳动者在劳动实践中提出的，在学术界其定义至今仍有很多争议，国内比较权威的是《企业职工伤亡事故分类标准》（GB 6446—1986）中的定义：能造成事故的人为错误。按照该定义，在事故发生前如何判断某一行为是否为不安全行为却是一件困难的事，往往只能凭借经验总结归纳或推理出各种常见的行为。在生产实践中，为了使不安全行为的界定更加具有可操作性，通常认为"三违"行为即是不安全行为，即有关的规章制度和管理规定成为衡量一个行为是否为不安全行为的标准，这就要求企业的规章制度和管理规定要具有科学性。但实际上，受制度制定者知识水平和经验等的限制，制度很难绝对的科学，甚至有一些科学的管理制度无法执行。企业的各种规章制度和安全管理规定只能确保在可接受范围内的秩序最优化，企业所有员工都按照企业的制度行事并不能

① 刘峰，黄浩，林保果，等. 组织安全文化的动力初探——行为基础安全 [J]. 工业安全与环保，2007（4）；刘影，施式亮，何利文. 基于行为科学的煤矿安全文化建设模式研究 [J]. 中国安全科学学报，2008（8）；POUSETTE A，LARSSON S，TORNER M. Safety climate cross-validation，strength and prediction of safety behaviour [Z]，2008：398-404；WILLS R A，WATSON B，BIGGS C H. Comparing safety climate factors as predictors of work-related driving behaviour [J]. Journal of Safety Research，2006（37）：375-383；QUAN Zhou，FANG Dong-ping，WANG Xiao-ming. A method to identify strategies for the improvement of human safety behavior by considering safety climate and personal experience [Z]，2008：1406-1419.
② 蒋英杰，李龙，孙志强，等. 行为形成因子分析方法评述 [J]. 中国安全科学学报，2011（1）；孙志强，史秀建，刘凤强，等. 人为差错成因分析方法研究 [J]. 中国安全科学学报，2008（6）.
③ 栗继祖. 安全行为学 [M]. 北京：机械工业出版社，2009：1-5.

确保不发生事故，而是只能将事故发生的可能性降到尽可能的低。例如，高处作业规定要系安全带，但在移动安全带时有可能会坠落。

通常，制度制定者为了规避自己的责任风险总是将制度制定得尽可能的严格，而制度执行者是制度约束的"受害者"，因此，两者的矛盾在企业是普遍存在的，这也正是很多规章制度得不到遵从的主要原因，而为了避免违章，企业内就应该在不安全行为界定上努力达成一致。根据 GB 6441—86 的定义，事前对不安全行为的判断具有相对性。首先，不安全行为必须是针对具体的工作环境及其中的直接危险源而说的，否则没有意义。例如，在一个有易燃易爆物质存在的环境中抽烟属于不安全行为，而在一个四周都是水泥、钢铁，且通风良好的环境中抽烟就不属于不安全行为；其次，不安全行为的确定受到人的认识水平的限制，可以肯定，还有很多不安全行为是人类还没有认识到的；最后，不安全行为与行为人的能力和对事故损失的可接受程度也有关系，例如，对于一个老年人来说滑旱冰是不安全行为，而对于一个年轻人来说是安全行为。总之，不安全行为是一个相对概念，是各人认识问题，脱离具体情况谈行为是否为不安全行为没有意义。具体示例如表 1 所示。

表 1　事前不安全行为界定举例

行　　为	发生事故可能性	行为性质
易燃易爆环境中抽烟	很大	不安全行为
通风良好,无易燃易爆物品环境中抽烟	很小	安全行为
年轻人学滑旱冰	较小	安全行为
老人学滑旱冰	很大	不安全行为
按照交通规则开车	一般	安全行为
存在未知危险的活动	大	安全行为

人的不安全行为一直都是安全行为科学研究的主要对象，并将其置于社会、企业或组织中进行考察，研究其产生的原因及规律，从而提出预防措施。然而，现在越来越多的研究开始关注人的"安全行为"，如：安全的组织公民行为、特发事件的应急处置、安全隐患的排查治理、安全检查和纠正及积极参加安全会议等[1]。安全行为一般有两层含义，一是与不安全行为相对的，是狭义的安全行为；二是与生产行为等相对的，是与安全生产密切相关的行为，是安全科学领域研究的行为范围，即广义的安全行为。为了加以区分，建议将不安全行为称作事故倾向行为，而与之相对的"安全

① 刘峰，黄浩，林保果，等. 组织安全文化的动力初探——行为基础安全 [J]. 工业安全与环保，2007 (4).

行为（即狭义的安全行为）"称为非事故倾向行为。本文所称的安全行为即是指广义的安全行为，是包括事故倾向行为和非事故倾向行为在内的行为，是安全行为科学研究的主要对象。

2. 事故倾向行为（人的不安全行为）与人为差错

与事故倾向行为（人的不安全行为）相近的术语有人的失误（或者称人为差错（human error））和人的可靠性（human reliability）。三个术语描述的意思比较接近，都是与事故发生有一定关系的人的行为，但他们又存在一定的区别。

人的可靠性和人为差错实际上是一个事物的正反两种叫法。人的可靠性的概念，是从研究产品的可靠性引出的，这个概念认为人的行为与机械设备一样存在可靠性，即某项行为能否达到预定目标具有统计的规律。而人为差错被定义为在预先规定的范围外发生的行为，或者说人的行为结果偏离了规定的目标，并产生了不良影响。因此，可将人的行为不发生差错的可能性叫做人的可靠性[1]。

人的差错和人的不安全行为两者既有区别又有联系，周刚等[2]认为，不安全行为是操作者在生产过程中发生的、直接导致事故的人失误，是人失误的特例。而人的差错只是达不到既定的目标，但不一定发生事故，只有当目标是安全目标时，人的差错才与人的不安全行为画上等号，例如，为了达到避免碰撞的安全目标，需要踩刹车时结果发生人的差错，即没有踩刹车甚至踩了油门，结果发生了事故。夏威夷大学的Ray Panko 教授认为人的差错和失误从生理和心理上来讲是难以避免的，应该从其他方面进行解决[3]。

人的行为差错与不安全行为的关系如表 2 所示，表中将人的行为目标分三种：安全目标、事故目标和非安全目标。前两种都是与安全生产密切相关的，安全目标是为了防止某种事故发生所采取的行动，事故目标一般是指故意违章行为或非理智行为，这主要是由于行为人的安全生产知识缺乏或获取信息不足，从而对行为的结果不清楚造成的，或者是为了实现某种不当需要，在确定的收益和可能的风险之间做出错误的选择，没有人主观愿意发生事故。非安全目标表示行为目标与事故没有关系，例如，足球比赛时的射门行为，球射进球门行为的可靠性并不会与事故有关。

---

① 张晶晶，张礼敬，陶刚. 人的可靠性分析研究 [J]. 中国安全生产科学技术，2011（1）.

② 周刚，程卫民，诸葛福民，等. 人因失误与人不安全行为相关原理的分析与探讨 [J]. 中国安全科学学报，2008（3）.

③ Reason J. Human Error [M]. Cambridge：Cambridge University Press，1990；张力. 人因分析面临的问题及发展趋势 [J]. 中南工学院学报，1999（2）.

表2 行为差错与不安全行为之间的关系

	与目标的符合性	目标性质	会否发生事故	行为性质
人的行为	差错	安全目标	发生	为了避开某种危险的行为(安全行为)
		非安全目标	不发生	本质安全行为(安全行为)
		事故目标	不一定	不安全行为
	无差错	安全目标	不发生	为了避开某种危险的行为(安全行为)
		非安全目标	不发生	本质安全行为(安全行为)
		事故目标	发生	不安全行为

三、安全行为的特征研究与应用

安全行为科学是行为科学的一个特例,因此,安全行为科学不但要借鉴行为科学的理论,同时应该发展自己独有的理论。与生产行为相比,安全行为有其自身的特征。

1. 安全行为具有辅助性、伴生性

很多企业存在"重生产、轻安全""安全说起来重要、干起来次要、忙起来不要"的现实问题,之前,人们总是期望通过强调安全生产工作的重要性来引起人们对企业安全生产工作的重视,如安全会创造间接效益,安全能为生产保驾护航,等等,但这并未起到很好的效果。因此,如何客观正确地认识和对待安全行为的地位是至关重要的。

企业进行生产行为能带来直接效益,安全行为只能创造间接的效益,避免损失。如果不生产,企业就不可能发生事故,但也不会创造效益。与生产行为相比,安全行为具有辅助性、伴生性,脱离这一点谈安全是不切实际的。安全具有辅助性和伴生性并不表示安全不重要,相反,随着物质生活的满足程度提高,人们对安全的需求也越来越高。在进行生产作业时,行为人会同时具有两个目标,一是完成生产任务,二是不发生事故,两个目标的同时存在,导致行为人需要合理分配有限的注意力资源。

注意力就是把自己的感知和思维等心理活动指向和集中于某一事物、过程的能力。安全生产中存在生产信息和安全信息等,信息的识别和处置需要注意力资源。大多数不安全行为的发生均是由注意力不集中造成的,如没有注意到相关信息或对信息分析不充分等。正如诺贝尔经济学奖获得者赫伯特·西蒙所说:"随着信息的发展,有价值的不是信息,而是注意力"[1]。

---

① 柯平,李卓卓. 从"注意力经济"看图书馆用户需求 [J]. 图书馆工作与研究,2004 (1).

基于上述认识,安全管理就是要确定作业期间行为人合理的注意力资源分配曲线。如图 1 所示,生产作业期被分为三个阶段,准备期、操作期和收尾期。

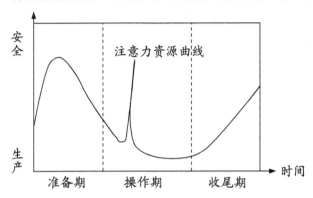

图 1 典型的作业期间注意力资源分配曲线

从图 1 中可以看出,在作业准备期应当先将更多的注意力资源分配到生产上,仔细观察作业环境、现场具备的作业条件,制定具体的作业步骤和计划等,其次,生产安排结束后应当将注意力更多地集中到安全上,分析此次作业可能带来的风险,如何预防和避免事故的发生,事故发生后应当如何处置和逃生等;在操作期,行为人的注意力一般会更多地集中到生产上,按照既定的计划和步骤操作,使各种操作行为不会发生失误。按照预想的可能危险和注意事项在恰当的时机分配注意力资源,确保操作安全;作业结束进入收尾期,行为人在总结这次作业的成果后,会将注意力逐渐从生产向安全转移,分析本次作业是否存在安全隐患,需要与下一项工序进行哪些内容的安全交接等。这种注意力资源随时间分配的规律是客观存在的,应当认识并顺应这种规律。

2. 安全行为动机的复杂性

行为科学主要研究人各种行为产生的机理及行为影响因素,人的行为由行为目标(动机)、行为程序和动作等要素组成。安全行为科学主要研究两类行为,即事故倾向行为和避灾减灾行为。避灾减灾行为是以降低作业的风险值或降低事故损失为目的的,如各种安全技术措施的实施、安全检查、安全会议、安全的组织公民行为等。这些安全行为不像其他生产行为那样能直接得到有形的物质回报,同时,由于事故发生的偶然性和不确定性,避灾减灾行为的成果很难客观表现出来,因此,这些行为的动机都不是直接的,而是需要通过组织任务强制实施或通过行为人的尊重需要和自我实现需要(组织公民行为)来激发的;而事故倾向行为一般是其他行为的伴生产物,没有人愿意发生事故,人的事故倾向行为的动机主要有偷懒、图省事、逞能等,这些动机是间接地将人的行为向事故方向发展,事故倾向行为缺少直接的行为动机。

从上述分析可以看出，避灾减灾行为的动机主要通过尊重需要和自我实现需要来激发，而根据马斯洛需要层次理论，尊重需要和自我实现需要处于更高的层次，只有在生理需要、安全需要和社交需要得到满足后其动机水平才能提高，例如，对于非安全管理人员向组织提出安全建议属于组织公民行为，这种行为的动机主要是由人的自我实现需要产生的，对于待遇低下，不能满足基本生活需要，没有归属感的员工来说很难提出积极的建议。最新的很多研究提倡通过提高企业的安全文化水平来增强企业员工避灾减灾行为动机，同样也需要先提高员工归属感。同时，事故倾向行为的动机是由生理需要（偷懒、图省事）和尊重需要（逞能）产生的，因此，可通过提倡事故倾向行为可耻、避灾减灾行为光荣来改变人们的观念，从而使偷懒、图省事和逞能的需要得到抑制。

3. 安全行为责任的边界模糊性和事后追究性

责任落实是行为控制的有效手段，责任落实首先要明确责任主体的责任范围，责任主体在了解责任范围后，通过外部激励（奖惩制度）或自我激励完成要求应该完成的行为，不做严令禁止的行为。对责任的理解通常可以分为两个含义，一是指分内应做的事，二是指没有做好自己工作，而应承担的不利后果或强制性义务。对于前一种意义上的责任，其边界是清楚的、明确的，要求其应该做什么，不应该做什么；对于后一种意义上的责任，其行为边界就比较模糊。与生产行为责任相比，安全行为责任的边界是比较模糊的。企业只要发生事故，肯定是因为某些人员，特别是与安全生产直接相关的岗位人员的责任缺失造成的，但事故发生前又很难确定完成哪些行为就不会发生事故。同时，事故发生具有偶然性、不确定性和必然性，仅仅以是否发生事故来衡量安全工作好坏会严重挫伤分管安全人员的积极性。

《牛津法律大辞典》关于"责任"的三种不同解释，其中之一是：如果一个人考虑到其行为的可能后果，则可能说他是负责任的。因此，责任追究对提高作业人员的安全关注度具有很好的作用，事故后的责任追究也应该与行为人事故前对安全的关注度相联系，这种关注度会从日常行为中表现出来，相反，那种不管事故前行为人具体行为表现的责任追究是不可取的。

四、安全生产中人的行为分类

在安全生产中，人的行为多种多样，不同行为的发生所遵循的作用机理不同，而且不同行为对安全生产产生的影响也有很大区别。为此，有必要对各种行为进行深入的研究和分类。

1. 根据行为主动—被动分类

Motowidlo 和 Scotter[1]于 1994 年提出了个体行为是由任务行为和情景行为这两种行为构成的论断，其中任务行为强调的是行为的被动性，即个体在工作中必须遵从的行为，如安全规章制度和安全操作规程等；情景行为强调的是行为的主动性，即个体在工作中自觉参与的行为，如安全讨论、安全沟通等。对此，Cheyne 等[2]则使用结构性安全行为和交互性安全行为这两个指标来表达。Neal 等[3]则更进一步地使用安全服从行为与安全参与行为这两个指标来揭示员工的行为安全绩效，其中安全服从行为是员工严格遵守规章制度，依照安全流程规定进行工作的行为，安全参与行为是员工在工作中主动参与安全的行为，如对同事的帮助和监督、对领导提出安全意见和建议等，它虽然并不会对安全绩效做出直接的贡献，但却能促进良好的安全氛围的形成，进而影响个体的安全意识和行为动机。后来的研究者虽然也有使用三个或更多个变量来描述员工的不安全行为，但大多数都直接或间接源自上述 Cheyne，Neal 等学者的研究结论。

上述关于安全行为分类是从行为是主动行为还是被动行为来进行区分的，笔者更加赞同任务行为和情景行为的分类名称，但从 Motowidlo 和 Scotter 对这两种行为的解释来看这种分类方法更加适合管理层和执行层的行为，而决策层的行为基本都是情景行为。笔者认为任务行为是为了完成组织的目标，根据组织结构的权责关系，由上级机构分配、下级机构或人员执行的一系列行为，这些行为是与行为执行人的工资奖励等直接联系的，能满足行为人的生理需要。而情景行为是那些不是由组织指派的行为，笔者认为这又可以分为两类：一是组织不希望发生的行为，例如各种违章行为，其行为动机并非来自个体为了获得报酬满足生存的需要，而是来自其他生理和心理需要，如偷懒、爱出风头、爱冒险、好奇心强、图省事或其他下意识行为等，我们可称这种情景行为为负情景行为；二是组织希望发生但考虑不到或无法具体要求的行为，如一些突发事件的现场处置，安全生产主动参与行为，安全建议、对同事的帮助和监督等等，称之为正情景行为。

情境行为的约束超出企业管理作用的范围，企业应根据行为人需要，采取相应措施抑制负情景行为，促进正情景行为，例如树立违章可耻，安全作业是一种能力等观念。

---

① Motow S J, Scotter J T. Evidence that task performance should be distinguished from contextual performance [J]. Journal of Applied Psychology, 1994, 79 (4): 475-480.

② Cheyne A, Cox S. Modeling safety climate in the prediction of levels of safety activity [J]. Work and Stress, 1998, 12 (3): 255-271.

③ Neal A, Griffin M A, Hart P M. The impact of organizational climate on safety climate and individual behavior [J]. Safety Science, 2000, 34 (1-3): 99-109.

2. 根据行为所处的阶段分类

根据行为所处的阶段，可以将人的行为分为决策行为和执行行为。个体在受到自身生理因素的影响和周围环境条件的作用下，产生不同层次水平的需要，这些需要在经过不同结构和功能的大脑（按照物质决定意识，结构决定功能，个性心理是不同大脑结构的外在表现）处理（大脑需要提取以往的经验和知识信息）后，产生可能满足需要的行为动机，需要转化为行为动机是一个个体决策过程，即个体根据自己的知识、经验、观念来决定哪些行为能满足需要，再根据自己的能力和周围的实际情况判断这些能满足需要的行为中哪些是可行的，最终得到个体的行为动机。例如，对于一项开车从 A 地到 B 地的任务行为，行为人首先清楚完成这项任务能满足个体的生理、心理需要。他知道靠右行驶符合中国的交通规则，这也是开车人的行为准则，这样做会满足被尊重的需要。

在企业生产中，事故的发生是由人的执行行为导致的，即由于执行者的触发能量与完整的事故触发链条的存在而引发的[①]，因此，关于不安全行为的研究大多数都是关于执行行为的。然而，决策行为却起着至关重要的作用，即由于决策行为人大脑的决策错误就已经决定了事故的发生是不可避免的。这里所说的决策行为既包括决策层和管理层的决策行为，也包括执行层的决策行为，即有些决策行为与执行行为是由同一人完成的。安全生产事故是人们都不希望其发生的，因此，造成不安全决策行为的主要原因只有两个：一是决策所需要的知识缺乏。尽管有安全需要，但不知道什么样的行为能满足安全的需要，或者说不知道什么样的行为会导致事故的发生。例如，2011年6月30日上午，江苏南通通州区兴东镇永庆村工艺胶塑软木厂爆燃，导致4人死亡11人受伤，事故原因是该厂使用一种强力胶的溶剂挥发出易燃易爆气体，同时，加工车间内通风不良，致使易燃易爆气体达到爆炸极限，最终遇火源发生爆炸事故，这起事故的发生就是由于知识缺乏造成的；二是由于决策所依据的信息不完整。由于信息不完整，因此，某种行为是否会导致事故的发生就具有很大的偶然性和不确定性，特别是当遇到某项确定的收益后，决策者在可能的损失和确定的收益之间往往都会选择确定的收益。必须要指出的是，这里所说的确定的收益与人的观念十分相关。例如，如果企业中树立冒险作业可耻，安全作业光荣的观念，那么安全行为就能得到企业其他人员的尊重，而冒险作业就会得到唾弃、鄙视，这样，安全作业后的受到尊重就是确定的收益。很多时候作业人员的违章是故意的，并且自己也知道违章有危险，但还是违章，原因就在于偷懒的生理需要是确定的收益。因此，又可以将不安全决策行为分为知识缺乏型不安全决策行为和信息不完整型不安全决策行为。相比而言，知识缺

---

① 张跃兵，王凯，王志亮. 危险源理论研究及在事故预防中的应用 [J]. 中国安全科学学报，2013（6）.

乏型不安全决策行为危害更大一些，而信息不完整型决策行为的危害要小一些，因为，这种决策行为尽管掌握的信息不完整，但决策者知道可能发生什么样的事故，并能初步估计这种可能性的大小。严格意义上来说，人们所有的决策行为都是信息不完整型决策行为，只是信息不完整的程度不同而已。

执行行为是指行为人在决策结束后按照一定的程序去完成各种动作，这些动作是事故发生的初始触发能量。执行行为发生事故主要是由人的失误或人为差错造成的，造成人为差错的原因很多，如光线的明暗，操作是否符合人的习惯等，特别是对于复杂的操作系统，这种人为差错发生的可能性更大。这在工效学或人机工程领域已经做了大量的研究。

3. 根据行为的意识深浅分类

人的每种行为并非都会经过大脑的深思熟虑，有些行为会经过大脑仔细考虑，而有些行为会考虑较少，甚至会不经过大脑考虑，因此，可以将安全行为分为有意识行为、浅意识行为和无意识行为。

企业生产中应多增加行为人的意识性，在执行某个行为前多考虑这种行为会有什么危险，这种危险应该如何避免，危险的严重性如何，发生这种危险后有没有补救的措施等，也就是说要增强企业职工的安全意识。例如，企业职工在换下窗户上的破玻璃后，如果安全意识较差可能就会随手放在垃圾桶上，但如果安全意识较强就会考虑到这样放会把人割伤。

英国著名的心理学家 Reason 在他所著的《人的失误》（1990）一书中认为，大多数人的失误是非意向性的（unintended），即漫不经心下的疏忽动作造成的；有些失误是意向性的（intended），即操作者以一套不正确的计划、方案去解决问题，但他相信这是正确的或是更好的方法。人的故意的破坏行为不在考虑之内。可以看出，前一种人的失误的原因是人的注意力资源没有集中到这项行为上来，后一种人的失误原因是由于知识水平和经验不足，或者是获取的信息不充分。图 2 给出了 Reason 关于人的不安全行为的分类框架[①]。

同时，我们应该看到，人的注意力资源是有限的，对每件事都认真的深思熟虑既不可能也不现实，因此，企业应识别出企业内各种常发生的，特别是可能造成危险的行为，然后对这些行为进行仔细研究，制定标准的行为动作，并让大家养成安全行为习惯，尽可能节约注意力资源，让更多的安全注意力集中在其他的行为中。另外，还要通过同行业发生的大量事故案例的宣讲，减少意识行为中判断的脑力劳动。对于故意违章行为要找出其深层次原因，从而有效预防故意违章行为的发生。

---

① Reason J. Human Error［M］. Cambridge：Cambridge University Press，1990.

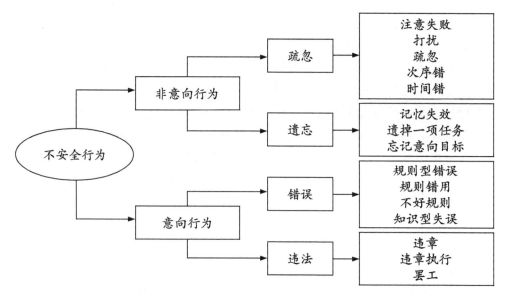

图2　Reason 关于人的不安全行为的分类框架

除了上述三种分类方法外，Rasmussen（1983）将人的行为分为三种类型：技能型行为、规则型行为、知识型行为。技能型行为只需要操作者对系统信息做出下意识的响应；规则型行为是由一组规则或程序所控制和支配的，需要操作者对规则和程序的理解及相应的经验作支撑；知识型行为发生在当前情景症状不清楚，目标状态出现矛盾或者完全未遭遇过的新鲜情景环境下，操作人员必须依靠自己的知识经验进行分析诊断和制定决策。

另外与安全生产有关的人的失误类型也有人进行相应的分类，最早是用于 THERP 方法中的分类，分为：执行型（commission）和疏漏型（omission），前者指任务或步骤没有完成，后者指任务或步骤被遗漏。

五、主要研究结论及建议

通过研究，得到如下主要结论，并针对问题提出几点简要建议。

第一，近年来，安全行为科学逐渐成为安全科学领域的研究热点，安全行为科学既借鉴了行为科学的很多理论成果，同时，安全行为科学又是针对特有的领域进行的研究，对安全行为科学的研究对象，即安全生产领域中人的行为的分类研究有利于更深入的认识安全行为科学。

第二，安全行为包括事故倾向行为和非事故倾向行为，行为科学中的人为差错与事故倾向行为存在本质区别，人为差错是行为结果与行为目标的不一致，而事故倾向行为的行为目标为事故。

第三，安全行为科学既借鉴了行为科学的很多理论成果，同时，安全行为科学又有其独有的内容和自身特点：①与生产行为相比，安全行为具有辅助性和伴生性的特点。生产作业过程中，行为人同时具有安全和生产两个目标，行为人在两个目标上的注意力资源分配需要符合一定的规律。②事故倾向行为的动机都是间接的、复杂的，在企业安全生产管理中，应深入分析各种事故倾向行为的复杂动机，根据行为人各种需求的层次水平确定相应的激励方式，树立安全行为光荣、不安全行为可耻的安全生产观，来激励安全行为、抑制不安全行为。③安全行为责任的边界模糊性和事后追究性决定了应制定相关制度进一步明确责任，使事故处理与行为人安全表现相一致，以免挫伤安全生产积极性。进一步深入研究上述三个特征对安全行为控制具有重要的价值。

第四，通过对安全生产领域中人的行为研究，企业对不安全行为的控制主要做到以下几点：①根据人的需要，对情景行为中正情景行为进行激励，负情景行为进行抑制；②增强企业内所有行为人的安全意识，对各种行为多考虑存在什么样的危险，可能发生什么事故，如何预防以及事故发生后如何控制和自救等；③对于意识行为，建立安全行为与尊重需要、社交需要等之间的联系，并通过宣传等手段强化这种需要；④认真研究风险较大的、经常发生的一些行为，将这些行为规范化，并通过训练让企业内所有员工养成正确的行为习惯，或宣讲、分析同行业的典型事故案例，从而节约用于安全生产的注意力资源；⑤增强决策行为的科学性，加强安全知识的学习和培训，加强安全信息的采集、管理和利用；⑥从人机工程和工效学的角度提高执行行为的可靠性；⑦加强技能型行为的练习，提高对规则型行为的认识，增进知识型行为的学习。